Kark

Compliance-Risikomanagement

Compliance-Risikomanagement

Gefährdungslagen erkennen und steuern

von

Prof. Dr. Andreas Kark, LL.M. (Miami)
Rechtsanwalt in Horb am Neckar

3., überarbeitete und erweiterte Auflage, 2024

C.H.BECK

Zitiervorschlag: Kark Compliance § … Rn. …

beck.de

ISBN 978 3 406 79180 2

Wilhelmstraße 9, 80801 München
Druck: Beltz Grafische Betriebe GmbH
Am Fliegerhorst 8, 99947 Bad Langensalza

Satz: 3w+p GmbH, Rimpar
Umschlag: Martina Busch, Grafikdesign, Homburg Saar

chbeck.de/nachhaltig

Gedruckt auf säurefreiem, alterungsbeständigem Papier
(hergestellt aus chlorfrei gebleichtem Zellstoff)

Für Myriam, Anne, Jessica und Dominique

Vorwort zur 3. Auflage

Das Compliance-Risikomanagement rückte in den vergangenen Jahren weiter in den Fokus der Betrachtung, da es den Schlüssel zu einer effektiven und nachhaltigen Compliance-Arbeit im Unternehmen darstellt. Dies wird durch unterschiedliche Entwicklungen gefördert.

Immer neue Compliance-Skandale, wie zuletzt die durch eine großangelegte Veruntreuung ausgelöste Insolvenz des Finanzdienstleistungsunternehmen Wirecard AG, führen sowohl dem Gesetzgeber als auch den Verantwortlichen in Unternehmen immer stärker vor Augen, dass eine Verbesserung des Compliance-Risikomanagements nicht nur eine freiwillige Beschäftigung mit einem ungeliebten Thema darstellt, sondern zwingend erforderlich ist, will man den Bestand eines Unternehmens nicht gefährden, wie dies im o.g. Fall für zahlreiche Investoren zur bitteren Konsequenz wurde.

Der deutsche Gesetzgeber reagierte mit der zusätzlich in § 91 Abs. 3 AktG aufgenommen Verpflichtung börsennotierter Gesellschaften, ein im Hinblick auf den Umfang der Geschäftstätigkeit und der Risikolage des Unternehmens angemessenes und wirksames internes Kontrollsystem und Risikomanagementsystem einzurichten.

Auch das vom deutschen Gesetzgeber über mehrere Jahre sehr zögerlich behandelte und am 2.7.2023 in Kraft getretene Hinweisgeberschutzgesetz ist ein Beitrag zu einer Verbesserung des Compliance-Risikomanagements in Unternehmen und Behörde. Es eröffnet neue Quellen für Informationen über Compliance-Risiken oder gar Compliance-Verstöße, indem sich Beschäftigte erstmals in einem vom Arbeitgeber zu etablierenden, sicheren Informationskanal mit Hinweisen melden können, ohne Sorge vor Repressalien haben zu müssen. Daher wurde diese neue Auflage um einen neuen Abschnitt zu den praktischen Umsetzungsaspekten in Zusammenhang mit dem Hinweisgeberschutzgesetz ergänzt.

Dass ein solches Hinweisgeberschutzgesetz überhaupt erforderlich ist, lässt jedoch Rückschlüsse auf das Verhältnis von Mitarbeitern und Führung in Unternehmen zu. Es scheint trotz aller moderner Kommunikationsmittel nicht die Regel zu sein, dass Mitarbeiter, die auf Missstände hinweisen wollen, diese bedenkenlos kommunizieren, sondern vielmehr die persönlichen Vor- und Nachteile eines solchen Schrittes abwägen. Daher ist nicht nur das Hinweisgeberschutzgesetz zu begrüßen, sondern auch, dass in der wissenschaftlichen Diskussion die Verbesserung der psychologischen Sicherheit und der damit einhergehenden Compliance-Kultur in Unternehmen langsam mehr Raum einnimmt. Aus diesem Grund wurden Erläuterungen zur psychologischen Sicherheit in einem zusätzlichen Kapitel aufgenommen.

Die US-amerikanischen Justizbehörden fordern daher aus gutem Grund das Vorhandensein und Fördern einer Kultur der Compliance in Unternehmen ein. Für Bundesstaatsanwälte hat das US-Justizministerium konsequenterweise einen Fragenkatalog entwickelt, auf Basis dessen diese die Qualität von Compliance-Managementsystemen iRv Ermittlungsverfahren bewerten können. Und auch hier spielt das Vorhandensein eines effektiven Compliance-Risikomanagement und die Förderung einer Kultur der Compliance eine herausragende Rolle, ebenso wie die Durchführung regelmäßiger Compliance-Audits und das Vorhandensein eines Hinweisgeberschutzsystems. Daher wurde ein weiteres umfangreiches Kapitel den US-amerikanischen Anforderungen an ein effektives Compliance-Risikomanagement gewidmet, was auch in die deutlich umfangreicheren Checklisten aufgenommen wurde, da diese zur Überprüfung des unternehmenseigenen Compliance-Risikomanagements dienen mag. Des Weiteren wurde eine ausführliche Beschreibung der Vorgehensweise bei einem Compliance-Risikoaudit hinzugefügt.

Die Bedeutung einer nachhaltigen Unternehmensführung ist in Deutschland mittlerweile unbestritten. Auch diese Entwicklung, die z. B. ihren Niederschlag im Gesetz über die unternehmerischen Sorgfaltspflichten in Lieferketten findet, sorgt dafür, dass das Management der Compliance-Risiken immer wichtiger wird. So werden bereits seit vielen Jahren von Großunternehmen internetbasierte Fragebögen verwendet, um von ihren Zulieferern und Dienstleistern Informationen zu Compliance und sozialer sowie ökologischer Nachhaltigkeit abzufragen. Diese, von der freiwilligen Bindung zahlreicher Unternehmen an die Vorgaben des UN Global Compact verstärkte Entwicklung, lässt vermuten, dass in den kommenden Jahren das Management von Compliance-Risiken zunehmend auch Themen umfassen wird, die aufgrund einer immer höheren Regulierungsdichte Themen der sozialen und ökologischen Nachhaltigkeit umfassen werden.

Daher nehmen die Anforderungen an ein effektives Compliance-Risikomanagement weiter zu, sodass eine rechtzeitige Befassung mit der Identifizierung, Bewertung und Mitigierung der Risiken immer wichtiger wird – aus Sicht des Gesetzgebers und auch aus Sicht der Kunden des Unternehmens. Ein erfolgreiches Compliance-Risikomanagement wird den wachsenden rechtlichen Anforderungen und damit potenziellen Compliance-Risiken am besten gerecht werden können, wenn es das im Unternehmen verborgene Wissen um Compliance-Risiken oder gar Compliance-Verstöße immer effektiver und effizienter erschließen kann. Dabei kann eine interdisziplinäre Betrachtung, die auch die Kultur der Compliance einbezieht und die es den Mitarbeiter und den Mitgliedern der Führungsebenen eines Unternehmens erleichtert, Missstände zu adressieren, einen wichtigen Beitrag leisten.

Horb am Neckar, im August 2023 *Andreas Kark*

Vorwort zur 2. Auflage

In den vergangenen Jahren setzte der Begriff „Compliance" seinen Weg in die Unternehmen in Deutschland weiter fort. Waren es zunächst große börsennotierte Unternehmen, die durch die Justizbehörden vor allem der USA und Deutschlands, aber auch die anderer Länder, gezwungen waren, sicherzustellen, dass Korruptionstaten aufgeklärt werden und durch ein Management der Compliance-Risiken präventiv erneuten Rechtsverstößen aus dem Unternehmen heraus vorgebeugt wird, so ist diese Entwicklung inzwischen sehr viel breiter und auch tiefer in der deutschen Unternehmenswelt verankert.

Diese Entwicklung wird durch große Konzerne unterstützt, die von ihren Zulieferern und Dienstleistern verlangen, dass auch diese ihren Compliance-Anforderungen gerecht werden müssen, wenn sie nicht das Ende der Geschäftsbeziehung riskieren wollen.

Umso erstaunlicher ist es, dass immer wieder zum Teil sehr erhebliche Compliance-Verstöße bekannt werden, und dies selbst in Unternehmen, die umfangreiche Compliance-Managementsysteme etabliert haben. Dabei erreichen manche dieser Gesetzesverstöße Dimensionen, dass in der Presse und seitens der Politik die Frage aufgeworfen wird, inwieweit der Wirtschaftsstandort Deutschland darunter leiden und das Qualitätssiegel „Made in Germany" in Mitleidenschaft gezogen wird.

Unterstellt man, dass heute einer Unternehmensleitung, ihren Führungskräften und Mitarbeitern iRv Compliance-Schulungen nahegebracht worden ist, wie wichtig ein rechtlich einwandfreies Verhalten seiner Beschäftigten für den nachhaltigen Erfolg des Unternehmens ist und kann man die entsprechenden rechtlichen Vorgaben als bekannt unterstellen, so können nur andere Mechanismen diese Phänomene erklären.

So wird zum einen anhand dieser Compliance-Verstöße deutlich, dass ein Management von Compliance-Risiken nur dann nachhaltig erfolgreich sein kann, wenn nicht nur die inhaltlichen Vorgaben des Gesetzgebers sowie die der internen Unternehmensrichtlinien bekannt sind. Soll das Compliance-Risikomanagement, und damit das gesamte Compliance-Managementsystem, dauerhaft Gesetzesverstöße unterbinden, muss zum anderen der Vorstand oder die Geschäftsführung eines Unternehmens bereits auf eine entsprechende Gestaltung der Unternehmens- und Compliance-Kultur hinwirken, die ethisch richtiges und damit rechtlich einwandfreies Handeln aller für das Unternehmen Tätigen fördert und fordert.

Daher wurde, neben zahlreichen anderen Ergänzungen, diesem Buch ein weiteres Kapitel zur Bedeutung der Unternehmens- und Compliance-Kultur für ein nachhaltig wirksames Compliance-Risikomanagement hinzugefügt, das auch entsprechende Hinweise enthält, welche Schritte bei einer aktiven Gestaltung der Compliance-Kultur zu beachten sind.

Des Weiteren wurde das Kapitel über die Art und Weise wie wir Menschen mit Risiken umgehen, deutlich erweitert. Ähnlich wie in Bezug auf die aktive Gestaltung einer ethischen Compliance-Kultur ist für Entscheidungsträger, die die Verantwortung für den Erfolg eines präventiven Compliance-Risikomanagements tragen, wichtig zu verstehen, dass es kognitive Defizite des einzelnen Mitarbeiters, der Führungskraft oder des Mitglieds eines Vorstands sind, die zu Compliance-Verstößen führen können. Da wir Menschen uns nicht durch einen als optimal zu beschreibenden Umgang mit Risiken auszeichnen, ist es daher umso wichtiger, diese Defizite durch die Gestaltung einer entsprechenden Prozesslandschaft aufzufangen.

Darüber hinaus kommt dem Aufsichtsrat eine immer wichtigere Rolle zu, auch hinsichtlich seiner Aufgabe, das Management des Compliance-Systems zu überwachen. In einem zusätzlichen Abschnitt wird daher in dieser Auflage erläutert, wie die Mitglieder des Aufsichtsrates die Rechtmäßigkeit, Ordnungsmäßigkeit, Zweckmäßigkeit und Wirtschaftlichkeit des Compliance-Risikomanagementsystems überwachen können.

Die Internationale Organisation für Normung (ISO), wie auch das Institut der Wirtschaftsprüfer (IDW) haben Leitlinien bzw. Standards veröffentlicht, die sich auch mit dem Management von Compliance-Risiken befassen. Deren inhaltliche Ausgestaltung war ebenfalls im Rahmen eines zusätzlichen Kapitels in dieser Auflage zu beschreiben.

Das Management der Compliance-Risiken eines Unternehmens ermöglicht die begrenzten Ressourcen für die Entwicklung und die Umsetzung effizienter und effektiver Präventivmaßnahmen richtig zu allokieren, sodass Risiken nicht in Compliance-Verstöße umschlagen. Ein Compliance-Risikomanagement, das auch die „soft facts" in seinen Prozessen berücksichtigt, stellt sicher, dass das Unternehmen rechtlich einwandfrei und damit nachhaltig tätig ist.

Horb am Neckar, im Dezember 2018 *Andreas Kark*

Vorwort 1. Auflage

Compliance wurde in deutschen Unternehmen lange Zeit als eine Aufgabenstellung betrachtet, die primär von Juristen zu lösen sei. Erst Strafverfahren amerikanischer und deutscher Ermittlungsbehörden gegen große deutsche Unternehmen verdeutlichten auf weithin publizierte Weise, dass Compliance auch ein sehr persönliches Thema werden kann, wenn ein Vorstand oder die Geschäftsführung einer GmbH es versäumt haben, Maßnahmen zu ergreifen, die einem Rechtsbruch aus dem eigenen Unternehmen vorbeugen sollten.

Auch wenn sich mittlerweile die Erkenntnis durchsetzt, dass Compliance zunehmend an Bedeutung gewinnen wird, so besteht noch immer eine nicht geringe Unsicherheit in den Unternehmen, wie man sich diesem doch recht abstraktem Thema nähern soll. Wo setze ich am besten an, wenn ich mein Unternehmen „compliant" machen möchte?

Voraussetzung jeglicher präventiver Compliance-Maßnahmen ist die Kenntnis der bestehenden Compliance-Risiken. Erst wenn man diese identifiziert hat, kann man wirksame und möglichst ressourcenschonende Präventivmaßnahmen einleiten. Dieses Buch beschreibt die Vorgehensweise bei diesem kritischen ersten Schritt. Anhand von fiktiven Beispielen und durch die Einbindung verschiedener Abbildungen wird anschaulich dargestellt, wie der Prozess des Compliance-Risikomanagements abläuft. Darüber hinaus werden immer wieder Bezüge zu amerikanischen Vorschriften hergestellt, da diese für international tätige Unternehmen ebenfalls immer wichtiger werden.

Dieses praxisorientierte Buch wendet sich an die Mitglieder der Geschäftsleitung von Unternehmen und an die mit Compliance-Themen betrauten Mitarbeiter, die die Compliance-Risiken ihres Unternehmens erfassen und vorhandene Präventivmaßnahmen systematisieren und weiterentwickeln wollen. Darüber hinaus richtet sich dieses Werk auch an Juristen, die ihre Kenntnisse der betriebswirtschaftlichen Aspekte von Compliance erweitern möchten.

Eingang in dieses Buch haben die praktischen Erfahrungen des Autors als Berater von Unternehmen in Compliance-Fragen gefunden sowie seine langjährige Befassung als Mitglied der Geschäftsführung von mehreren ausländischen Tochtergesellschaften eines deutschen Konzerns, für die er für die Umsetzung von Compliance-Anforderungen verantwortlich zeichnete.

Horb am Neckar, im April 2013 *Andreas Kark*

Inhaltsverzeichnis

§ 3. Das Management von Risiken

§ 4. Das Management klassischer Unternehmensrisiken

§ 5. Das Management von Compliance-Risiken

§ 6. Compliance-Risikomanagement in kleinen und mittelständischen Unternehmen

§ 7. Compliance-Risikomanagementstandards der ISO und des IDW

§ 8. Anglo-amerikanische Anforderungen an das Compliance-Risikomanagement

§ 9. Compliance-Kultur als Grundvoraussetzung eines erfolgreichen Compliance-Risikomanagements

Abkürzungsverzeichnis

Abschlussprüfer-RL .... Richtlinie 2006/43/EG des Europäischen Parlaments und des Rates vom 17. Mai 2006 über Abschlussprüfungen von Jahresabschlüssen und konsolidierten Abschlüssen, zur Änderung der Richtlinien 78/660/EWG und 83/349/EWG des Rates und zur Aufhebung der Richtlinie 84/253/EWG des Rates
AktG .... Aktiengesetz
AO .... Abgabenordnung

BaFin .... Bundesanstalt für Finanzdienstleistungsaufsicht
BBodSchG .... Gesetz zum Schutz vor schädlichen Bodenveränderungen und zur Sanierung von Altlasten
BGB .... Bürgerliches Gesetzbuch
BilMoG .... Gesetz zur Modernisierung des Bilanzrechts
BilRUG .... Gesetz zur Umsetzung der Richtlinie 2013/34/EU des Europäischen Parlaments und des Rates vom 26. Juni 2013 über den Jahresabschluss, den konsolidierten Abschluss und damit verbundene Berichte von Unternehmen bestimmter Rechtsformen und zur Änderung der Richtlinie 2006/43/EG des Europäischen Parlaments und des Rates und zur Aufhebung der Richtlinien 78/660/EWG und 83/349/EWG des Rates

CAA .... Clean Air Act
Cal. App. .... California Court of Appeal
Cat. .... Catastrophe
CCO .... Chief Compliance Officer
CFR .... Code of Federal Regulations
CMS .... Compliance-Managementsystem
CRM .... Compliance-Risikomanagement
CSR .... Corporate Social Responsibility
CSRRLUmsG ..... CSR-Richtlinie-Umsetzungsgesetz

DCGK .... Deutscher Corporate Governance Kodex
DIN .... Deutsches Institut für Normung e.V.
DoJ .... Department of Justice
DRÄS .... Deutscher Rechnungslegungs Änderungsstandards
DRS .... Deutscher Rechnungslegungs Standard
DRSC .... Deutsches Rechnungslegungs Standards Committee e.V.
DS-GVO .... Verordnung (EU) 2016/679 des Europäischen Parlaments und des Rates vom 27. April 2016 zum Schutz natürlicher Personen bei der Verarbeitung personenbezogener Daten, zum freien Datenverkehr und zur Aufhebung der Richtlinie 95/46/EG
DVZ .... Deutsche Verkehrs-Zeitung

EIU .... Economist Intelligence Unit
EntgTranspG .... Gesetz zur Förderung der Entgelttransparenz zwischen Frauen und Männern
EPA .... US Environmental Protection Agency
EWR .... Europäischer Wirtschaftsraum

F&E	Forschung und Entwicklung
FASB	Financial Accounting Standards Board
FCA	Financial Conduct Authority
FCPA	Foreign Corrupt Practices Act 1977
FINRA	Financial Industry Regulatory Authority
FRC	Financial Reporting Council (Großbritannien)
FSB	Financial Stability Board
FWB	Frankfurter Wertpapierbörse
GB	Großbritannien
GeschGehG	
GmbH	Gesellschaft mit beschränkter Haftung
GmbHG	Gesetz betreffend die Gesellschaften mit beschränkter Haftung
HGB	Handelsgesetzbuch
HinSchG	Gesetz für einen besseren Schutz hinweisgebender Personen
IAS 37	International Accounting Standard 37 – Rückstellungen, Eventualverbindlichkeiten und Eventualforderungen
IASB	International Accounting Standards Board
ICC	International Chamber of Commerce
ICFR	Internal Controls Over Financial Reporting
IDW	Institut der Wirtschaftsprüfer in Deutschland e.V.
IFRS	International Financial Reporting Standards
IN	Introduction
InstitutsVergV	Verordnung über die aufsichtsrechtlichen Anforderungen an Vergütungssysteme von Instituten
ISO	International Organization for Standardization
JM	Justice Manual
KGaA	Kommanditgesellschaft auf Aktien
KMU	Kleine und mittlere Unternehmen
KonTraG	Gesetz zur Kontrolle und Transparenz im Unternehmensbereich
L.C.O.	Lokaler Compliance Officer
LkSG	Gesetz über die unternehmerischen Sorgfaltspflichten zur Vermeidung von Menschenrechtsverletzungen in Lieferketten
nChr	nach Christus
NHTSA	National Highway Traffic Safety Administration
Öffentliche-Auftragsvergabe-RL	Richtlinie 2014/24/EU des Europäischen Parlaments und des Rates vom 26. Februar 2014 über die öffentliche Auftragsvergabe und zur Aufhebung der Richtlinie 2004/18/EG
OWiG	Gesetz über Ordnungswidrigkeiten
PCAOB	Public Company Accounting Oversight Board
PublG	Gesetz über die Rechnungslegung von bestimmten Unternehmen und Konzernen
RegBegr.	Regierungsbegründung
RegE.	Regierungsentwurf
rev.	revised
Rn.	Randnummer
ROI	Return on investment

SE	Societas Europaea
SEAG	Gesetz zur Ausführung der Verordnung (EG) Nr. 2157/2001 des Rates vom 8. Oktober 2001 über das Statut der Europäischen Gesellschaft (SE)
SEC	US Securities and Exchange Commission
Sec.	Section
SE-VO	Verordnung (EG) Nr. 2157/2001 des Rates vom 8. Oktober 2001 über das Statut der Europäischen Gesellschaft (SE)
SOX	Sarbanes-Oxley Act 2002
StaRUG	Gesetz über den Stabilisierungs- und Restrukturierungsrahmen für Unternehmen
StGB	Strafgesetzbuch
StVO	Straßenverkehrsordnung
TranspRLDV	Verordnung zur Umsetzung der Richtlinie 2007/14/EG der Kommission vom 8. März 2007 mit Durchführungsbestimmungen zu bestimmten Vorschriften der Richtlinie 2004/109/EG zur Harmonisierung der Transparenzanforderungen in Bezug auf Informationen über Emittenten, deren Wertpapiere zum Handel an einem geregelten Markt zugelassen sind
TUG	Gesetz zur Umsetzung der Richtlinie 2004/109/EG des Europäischen Parlaments und des Rates vom 15. Dezember 2004 zur Harmonisierung der Transparenzanforderungen in Bezug auf Informationen über Emittenten, deren Wertpapiere zum Handel auf einem geregelten Markt zugelassen sind, und zur Änderung der Richtlinie 2001/34/EG
Tz.	Textziffer
U.S.S.G.	2016 Federal Sentencing Guidelines Manual
UK	United Kingdom
UK-GAAP	United Kingdom Generally Accepted Accounting Principles
UN	United Nations
US	United States
USD	US-Dollar
US-GAAP	US Generally Accepted Accounting Principles
VaR	Value at Risk
vChr	vor Christus
VerSanG	Verbandssanktionengesetz
VOB/A	Vergabe- und Vertragsordnung für Bauleistungen Teil A Allgemeine Bestimmungen für die Vergabe von Bauleistungen
WpHG	Gesetz über den Wertpapierhandel
WpÜG	Wertpapiererwerbs- und Übernahmegesetz

Weitere allgemeine Abkürzungen finden Sie als Anlage 1 unter:

https://rsw.beck.de/verlag/redaktionsrichtlinie

Verzeichnis der (abgekürzt) zitierten Literatur

AEO	Anderson/van Essen/Olshausen, Directed Visual Attention and the Dynamic Control of Information Flow, in Itti/Rees/Tsotsos, Neurobiology of Attention, 2005, S. 11
Altmeppen	Altmeppen, GmbHG, 11. Aufl. 2023
Ariely	Ariely, The (Honest) Truth about Dishonesty, 2012
Aristoteles Nikomachische Ethik	Aristoteles, Nikomachische Ethik, Übersetzung Dirlmeier, 1969
Aristoteles Politik	Aristoteles, Politik, Übersetzung Bernays, 1872
Asch	Asch, Forming Impressions of Personality, 41 Journal of Abnormal and Social Psychology 258 (1946)
Ashforth/Mael	Ashforth/Mael, Social Identity Theory and the Organization, 14 Academy of Management Review 20 (1989)
Austin/Klimchuk/Bearbeiter	Austin/Klimchuk, Private Law and the Rule of Law, 2014
Axelrod	Axelrod, The Evolution of Cooperation, 1984
Baer/Frese	Baer/Frese, Innovation is not enough: climates for initiative and psychological safety, process innovations, and firm performance, 24 Journal of Organizational Behavior 45 (2003)
Baird/Gertner/Picker	Baird/Gertner/Picker, Game Theory and the Law, 1994
Bandura	Bandura, Social foundations of thought and action: A social cognitive theory, 1986
Bandura Social cognitive theory of moral thought and action	Bandura, Social cognitive theory of moral thought and action, in Kurtines/Gewirtz, Handbook of moral behavior and development 45 (1991)
Barnard	Barnard, The Function of the Executive, 1938
BDI/PwC	BDI/PwC, Risikomanagement 2.0: Ergebnisse und Empfehlungen aus einer Befragung in mittelständischen deutschen Unternehmen, 2011
BeckOGK	Gsell/Krüger/Lorenz/Reymann, beck-online.GROSSKOMMENTAR, Band BGB, 44. Aufl. 2022
Bernoulli	Bernoulli, Specimen theoriae novae de mensura sortis (übersetzt in: Exposition of a New Theory on the Measurement of Risk, 22 Econometrica 23 (1954)
Bernstein	Bernstein, Against the Gods: The Remarkable Story of Risk, 1998
BHS Compliance Officer	Bürkle/Hauschka/Schieffer, Der Compliance Officer, 2. Aufl. 2023
BKM	Bertram/Kessler/Müller, Haufe HGB Bilanz-Kommentar, 14. Aufl. 2023
Black/Scholes	Black/Scholes, The Pricing of Options and Corporate Liabilities, 81 Journal of Political Economy 637 (1973)
Board Agenda/Mazars/INSEAD	Board Agenda/Mazars/INSEAD, Board Leadership in Corporate Culture: European Report 2017, 2018

Bortkiewicz .... Bortkiewicz, Das Gesetz der kleinen Zahlen, 1898
Bratton .... Bratton, Enron and the Dark Side of Shareholder Value, 76 Tulane Law Review 1275 (2002)
Braun/Gstach .... Braun/Gstach, Rating kompakt: Basel II und die neue Kreditwürdigkeitsprüfung, 2002
BTH .... Brown/Treviño/Harrison, Ethical leadership: A social learning perspective for construct development and testing, 97 Organizational Behavior and Human Decision Processes 117 (2005)
Calabresi .... Calabresi, Some Thoughts on Risk Distribution and the Law of Torts, 70 The Yale Law Journal 499 (1961)
Coase .... Coase, The Problem of Social Cost, 3 The Journal of Law and Economics 1 (1960)
Covello/Mumpower .... Covello/Mumpower, Risk Analysis and Risk Management: An Historical Perspective, 5 Risk Analysis 103 (2005)
Crain .... Crain, Theories of Development: Concepts and Applications, 1985
Daniel/Metcalf .... Daniel/Metcalf, The Management of People in Mergers and Acquisitions, 2001
Deakin/Konzelmann ...... Deakin/Konzelmann, Learning from Enron, ESRC Centre for Business Research, University of Cambridge Working Paper No. 274 (2003)
Depping/Walden .... Depping/Walden, LkSG, 1. Aufl. 2022
Detert/Burris .... Detert/Burris, Leadership Behavior and Employee Voice: Is The Door Really Open? 50 The Academy of Management Journal 869 (2007)
Diederichs Risikomanagement/ Risikocontrolling .... Diederichs, Risikomanagement und Risikocontrolling, 5. Aufl. 2023
DoJ JM .... US Department of Justice, Justice Manual, 9–28.000 – Principals of Federal Prosecution of Business Organizations, https://www.justice.gov/jm/jm-9-28000-principles-federal-prosecution-business-organizations, Stand: March 2023
DoJ/Criminal Division .... Criminal Division of the US Department of Justice, Evaluation of Corporate Compliance Programs (Updated March 2023), https://www.justice.gov/criminal-fraud/page/file/937501/download
DoJ/SEC .... Criminal Division of the US Department of Justice and the Enforcement Division of the US Securities and Exchange Commission, A Resource Guide to the US Foreign Corrupt Practices Act, 2nd Edition, July 2020
Dreher/Lange .... Dreher/Lange, Der „hinreichende Risikotransfer" bei der Finanzrückversicherung, WM 2009, 193
Economist Intelligence Unit .... Economist Intelligence Unit, From burden to benefit: making the most of regulatory risk management, 2008
Edmondson .... Edmondson, Psychological Safety and Learning Behavior in Work Teams, 44 Administrative Science Quarterly, 350 (1999)
Edmondson .... Edmondson, Die angstfreie Organisation: Wie Sie psychologische Sicherheit am Arbeitsplatz für mehr Entwicklung, Lernen und Innovation schaffen, 2019

Edmondson/Lei	Edmondson/Lei Psychological Safety: The History, Renaissance, and Future of an Interpersonal Construct, 1 Annual Review of Organizational Psychology and Organizational Behavior 23 (2014)
Ehnert	Ehnert, Standardisierung mit Variablen – Compliance Standards ISO 19600 und ISO 37001, CCZ 2015, 6
Einhorn	Einhorn, Private Profits and Socialized Risk, 42 Global Association of Risk Professionals Risk Review 10 (2008)
FCA	Financial Conduct Authority, Transforming Culture in Financial Service, Discussion Paper, DP18/2, March 2018
Feldman/Harel	Feldman/Harel, Social Norms, Self-Interest and Ambiguity of Legal Norms: An Experimental Analysis of the Rule vs. Standard Dilemma, 4 Review of Law & Economics 81 (2008)
Feldman/Smith	Feldman/Smith, Behavioral Equity, 170 Journal of Institutional and Theoretical Economics 137 (2014)
Festinger	Festinger, A Theory of Cognitive Dissonance, 1957
Fleischer VorstandsR-HdB	Fleischer, Handbuch des Vorstandsrechts, 1. Aufl. 2006
Franklin	Franklin, The Science of Conjecture: Evidence and Probability Before Pascal, 2001
FRC	Financial Reporting Council, The UK Corporate Governance Code, 2018
Freeman	Freeman, Strategic Management: A Stakeholder Approach, 1984
Frese/Fay	Frese/Fay, Personal initiative: An active performance concept for work in the 21st century, in Straw/Sutton (Hrsg.), 23 Research in organizational behavior, 133 (2001).
Friedman	Friedman, The Social Responsibility of Business is to Increase its Profits, New York Times Magazine, September 13, 1970
Ghoshal	Ghoshal, Sumantra Ghoshal on Management: A Force for Good, 2006
Gigerenzer	Gigerenzer, Risiko: Wie man die richtigen Entscheidungen trifft, 2013
Gleißner	Gleißner, Grundlagen des Risikomanagements, 4. Aufl. 2022
Gneezy/Rustichini	Gneezy/Rustichini, A Fine is a Price, 29 Journal of Legal Studies 1 (2000).
GNW	Gino/Norton/Weber, Motivated Bayesians: Feeling Moral While Acting Egoistically, 30 Journal of Economic Perspectives 189 (2016)
GroßkommAktG	Hirte/Mülbert/Roth, AktG, Band 1, 2/1, 2/2, 3, 4/1, 4/2, 5, 7/1, 7/2, 7/3, 12, 5. Aufl. 2015
Grüneberg	Grüneberg, Bürgerliches Gesetzbuch, 82. Aufl. 2023
Guidance	The Bribery Act 2010, Guidance about procedures which relevant commercial organisations can put into place to prevent persons associated with them from bribing (section 9 of the Bribery Act 2010), 2011.
Hacking	Hacking, Risk and Dirt, in Ericson/Doyle (Hrsg.), Risk and Morality, 2003, 22

Hall .... Hall, Beyond Culture, 1989
Halley .... Halley, An Estimate of the Degrees of the Mortality of Mankind (1693), http://www.pierre-marteau.com/editions/1693-mortality.html
Hansberry .... Hansberry, In Spite of Its Good Intentions, the Dodd–Frank Act Has Created an FCPA Monster, 102 The Journal of Criminal Law & Criminology 195 (2012)
Heinen/Frank Unternehmenskultur ...... Heinen/Frank, Unternehmenskultur: Perspektiven für Wissenschaft und Praxis, 2. Aufl. 1997
Hellriegel/Slocum Organizational Behavior .... Hellriegel/Slocum, Organizational Behavior, 13. Aufl. 2010
Hembach Praxisleitfaden LkSG .... Hembach, Praxisleitfaden Lieferkettensorgfaltspflichtengesetz (LkSG), 1. Aufl. 2022
HML Corporate Compliance .... Hauschka/Moosmayer/Lösler, Corporate Compliance, 3. Aufl. 2016
Höffe Gerechtigkeit .... Höffe, Gerechtigkeit, 6. Aufl. 2021
Hölters/Weber .... Hölters/Weber, Aktiengesetz, 4. Aufl. 2022
Horváth Controlling .... Horváth, Controlling, 14. Aufl. 2019
HSPLTKADD .... Hannah/Schaubroeck/Peng/Lord/Treviño/Kozlowski/Avolio/Dimotakis/Doty, Joint Influences of Individual and Work Unit Abusive Supervision on Ethical Intentions and Behaviors: A Moderated Mediation Model, 98 Journal of Applied Psychology 579 (2013)
Hume .... Hume, Traktat über die menschliche Natur, Buch III „Über Moral“, 1738, Übersetzung Lipps, 1902
IASB .... International Accounting Standards Board, IFRS Practice Statement: Management Commentary, A framework for presentation, 2010
ICC .... International Chamber of Commerce, Rules on Combating Corruption, 2011
IIA .... The Institute of Internal Auditors, Sarbanes-Oxley Section 404: A Guide for Management by Internal Controls Practitioners, 2. Aufl. 2008
IPA .... Fraunhofer Institut für Produktion und Automatisierung IPA, Studie Risikomanagement in der Beschaffung, 2010
Jacque .... Jacque, Global Derivative Debacles: From Theory to Malpractice, 2010
James/Wooten .... James/Wooten, Leadership as (Un)usual: How to Display Competence In Times of Crisis, 34 Organizational Dynamics 141 (2005)
JBTF .... Jordan/Brown/Treviño/Finkelstein, Someone to Look Up To: Executive–Follower Ethical Reasoning and Perceptions of Ethical Leadership. 39 Journal of Management 660 (2011)
Jolls/Sunstein/Thaler ...... Jolls/Sunstein/Thaler, A Behavioral Approach to Law and Economics, 50 Stanford Law Review 1471 (1998)
Jorion .... Jorion, Value at Risk, 3. Aufl. 2006

K. Schmidt/Lutter	K. Schmidt/Lutter, AktG, 4. Aufl. 2019
Kahn	Kahn, Psychological Conditions of Personal Engagement and Disengagement at Work 33 Academy of Management Journal 692 (1990)
Kahneman Schnelles Denken	Kahnemann, Schnelles Denken, langsames Denken, 1. Aufl. 2012
Kahneman/Tversky	Kahneman/Tversky, Prospect Theory: An Analysis of Decision under Risk, 47 Econometrica 263 (1979)
Kant	Kant, Grundlegung zur Metaphysik der Sitten, Ausgabe der Preußischen Akademie der Wissenschaften, 1900ff.
Kapellmann/ Messerschmidt	Kapellmann/Messerschmidt, VOB Teile A und B, 8. Aufl. 2022
Kark Compliance Officer	Kark, Plötzlich Compliance Officer, 2021
KBFW	Kremer/Bachmann/Favoccia/von Werder, Deutscher Corporate Governance Kodex, 9. Aufl. 2023
KHK	Kish-Gephart/Harrison/Klebe Treviño, Bad Apples, Bad Cases, and Bad Barrels: Meta-Analytic Evidence About Sources of Unethical Decisions at Work, 95 Journal of Applied Psychology 1 (2010)
Kim/Mauborgne	Kim/Mauborgne, New dynamics of strategy in the knowledge economy, in Mastering strategy: the complete MBA companion in strategy, 2000
KK-AktG	Noack/Zetzsche, Kölner Kommentar zum Aktiengesetz, Band 1, 2, 4. Aufl. 2020
KK-OWiG	Mitsch, Karlsruher Kommentar zum Gesetz über Ordnungswidrigkeiten: OWiG, 5. Aufl. 2018
Klein Sources of Power	Klein, Sources of Power: How People Make Decisions, 1999
Klein The Power of Intuition	Klein, The Power of Intuition, How to Use Your Gut Feelings to Make Better Decisions at Work, 2004
Knight Risk, Uncertainty and Profit	Knight, Risk, Uncertainty and Profit, 1921
KNK	Klebe Trevinõ/Nieuwenboer/Kish-Gephart, (Un)Ethical Behavior in Organizations, 65 Annual Review of Psychology 635 (2014)
Koch	Koch, Aktiengesetz, 17. Aufl. 2023
Kohlberg Moralentwicklung	Kohlberg, Die Psychologie der Moralentwicklung, 2. Aufl. 1996.
Kotter/Heskett	Kotter/Heskett, Corporate culture and performance, 1992
Krieger/Schneider Managerhaftung-HdB	Krieger/Schneider, Handbuch Managerhaftung, 4. Aufl. 2023
Kronman	Kronman, The lost lawyer: Failing ideals of the legal profession, 1995
Langenbucher/Blaum	Langenbucher/Blaum, Audit Committees – Ein Weg zur Überwindung der Überwachungskrise, DB 1994, 2197
Langer	Langer, The Illusion of Control, 32 Journal of Personality and Social Psychology 311 (1975)

Langevoort .... Langevoort, Cultures of Compliance, 54 American Criminal Law Review 933 (2017)

LFF .... Liang/Farh/Farh, Psychological antecedents of promotive and prohibitive voice: a two-wave examination, 55 Academy of Management Journal 71 (2012)

LHF .... Lüdenbach/Hoffmann/Freiberg, Haufe IFRS-Kommentar, 21. Aufl. 2023

LKH .... Lackner/Kühl/Heger, StGB, 30. Aufl. 2023

LK-StGB .... Cirener/Radtke/Rissing-van Saan/Rönnau/Schluckebier, Leipziger Kommentar Strafgesetzbuch: StGB, Band 1, 3, 4, 6, 13. Aufl. 2019

LLL Organizational Behavior .... Luthans/Luthans/Luthans, Organizational Behavior: An Evidence-based Approach, 14. Aufl. 2021

Lord/Ross/Lepper .... Lord/Ross/Lepper, Biased Assimilation and Attitude Polarization: The Effects of Prior Theories on Subsequently Considered Evidence, 37 Journal of Personality and Social Psychology 2098 (1979)

Lorenz Managerhaftung .... E. Lorenz, Karlsruher Forum 2009: Managerhaftung, 2010, 5

Luhmann Soziologie Risiko .... Luhmann, Soziologie des Risikos, 1. Aufl. 1993

Lutter/Hommelhoff .... Lutter/Hommelhoff, GmbH-Gesetz, 21. Aufl. 2023

Makowicz Globale Compliance Management Standards .... Makowicz, Globale Compliance Management Standards, 1. Aufl. 2018

March/Shapira .... March/Shapira, Managerial Perspectives on Risk and Risk Taking, 33 Management Science 1404 (1987)

Markowitz .... Markowitz, Portfolio Selection, 7 The Journal of Finance 77 (1952)

Martin/Cullen .... Martin/Cullen, Continuities and Extensions of Ethical Climate Theory: A Meta-Analytic Review, 69 Journal of Business Ethics 175 (2006)

Maslow .... Maslow, A Theory of Human Motivation, 50 Psychological Review 370 (1943)

McGregor .... McGregor, The Human Side of Enterprise, 46 Management Review 22 (1957)

McGregor .... McGregor, The Human Side of Enterprise, 1960

MDKBM .... Moore/Detert/Klebe Treviño/Baker/Mayer, Why employees do bad things: Moral disengagement and unethical organizational behaviour, 65 Personnel Psychology 1 (2012)

Mengel Compliance .... Mengel, Compliance und Arbeitsrecht, 2. Aufl. 2023

Merton .... Merton, Theory of Rational Option Pricing, 4 The Bell Journal of Economics and Management Science 141 (1973)

Miller .... Miller, An Economic Analysis of Effective Compliance Programs, in Arden, Research Handbook on Corporate Crime and Financial Misdealing, 247 (2018)

MKGBS .... Mayer/Kuenzi/Greenbaum/Barde/Salvador, How does ethical leadership flow? Test of a trickle-down model, 108 Organizational Behavior and Human Decision Processes 1 (2009)

MLL Managerhaftung ..... Melot de Beauregard, Managerhaftung, 1. Aufl. 2022

MNKTSS .... Mayer/Nurmohamed/Klebe Treviño/Shapiro/Schminke, Encouraging employees to report unethical conduct internally: It takes a village, 121 Organizational Behavior and Human Decision Processes 89 (2013)

Moody's .... Moody's Investors Service Inc., Anti-Bribery, Corruption Enforcement Efforts Pick Up Steam Worldwide, https://moodys.alacra.com/moodys-credit-research/a–PR_331645

Moore/Gino .... Moore/Gino, Ethically adrift: How others pull our moral compass from true North, and how we can fix it, 33 Research in Organizational Behavior 195 (2013)

Moore/Healy .... Moore/Healy, The trouble with overconfidence, 115 Psychological Review 502 (2008)

Moosmayer Compliance .... Moosmayer, Compliance, 4. Aufl. 2021

Moosmayer Compliance-Risikoanalyse .... Moosmayer, Compliance-Risikoanalyse, 2. Aufl. 2020

MüKoAktG .... Goette/Habersack/Kalss, Münchener Kommentar zum Aktiengesetz, Band 2, 5, 6. Aufl. 2023

MüKoGmbHG .... Fleischer/Goette, Münchener Kommentar zum Gesetz betreffend die Gesellschaften mit beschränkter Haftung, Band 1, 2, 3, 4. Aufl. 2022

MüKoStGB .... Erb/Schäfer, Münchener Kommentar zum Strafgesetzbuch, Band 1, 2, 3, 4, 5, 6, 7, 8, 9, 4. Aufl. 2020

Mutter Unternehmerische Entscheidungen und Haftung des Aufsichtsrats der Aktiengesellschaft ...... Mutter, Unternehmerische Entscheidungen und Haftung des Aufsichtsrats der Aktiengesellschaft, 1994

Nagel/Swenson .... Nagel/Swenson, The Federal Sentencing Guidelines for Corporations: Their Development, Theoretical Underpinnings, and Some Thoughts About Their Future, 71 Washington University Law Review 205 (1993)

NCKRC .... Neubert/Carlson/Kacmar/Roberts/Chonko, The Virtuous Influence of Ethical Leadership Behavior: Evidence from the Field, 90 Journal of Business Ethics 157 (2009)

Neumann/Morgenstern .... Neumann/Morgenstern, The Theory of Games and Economic Behavior, 3. Aufl. 1953

Nickerson .... Nickerson, Confirmation Bias: A Ubiquitious Phenomenon in Many Guises, 2 Review of General Psychology 17 (1998)

Niestedt AußenwirtschaftsR .... Niestedt, Außenwirtschaftsrecht, 2024

Nitzsch Entscheidungslehre .... Nitzsch, Entscheidungslehre, 11. Aufl. 2021

NWB .... Nation/Williams/Buxton, Relationship Between Audit Manager Experience and Compliance Audit Outcomes, 19 Journal of Accounting and Finance 101 (2019)

Paal/Pauly .... Paal/Pauly, DS-GVO BDSG, 3. Aufl. 2021

Paine .... Paine, Managing for Organizational Integrity, 72 Harvard Business Review 106 (1994)

PBD IFRS-HdB .... Bansbach/Dornbach/Petersen, IFRS Praxishandbuch, 15. Aufl. 2023

Pelzmann	Pelzmann, Wirtschaftspsychologie: Behavioral Economics, Behavioral Finance, Arbeitswelt, 6. Aufl. 2012
Peters/Waterman	Peters/Waterman, In Search of Excellence, 2008
Pfeifer Wörterbuch	Pfeifer, Etymologisches Wörterbuch des Deutschen, 8. Aufl. 2005
Pfeil/Mertgen Compliance	Pfeil/Mertgen, Compliance im Außenwirtschaftsrecht: Zoll, Exportkontrolle, Sanktionen, 2. Aufl. 2023
Pierce/Snyder	Pierce/Snyder, Ethical Spillovers in Firms: Evidence from Vehicle Emissions Testing, https://papers.ssrn.com/sol3/papers.cfm?abstract_id=1157996
Porter	Porter, Competitive Advantage: Creating and Sustaining Superior Performance, 1998
Power	Power, Organized Uncertainty, 2007
Pschyrembel	Pschyrembel, Pschyrembel – Klinisches Wörterbuch, 268. Aufl. 2020
Quinn	Quinn, Outsourcing Innovation: The New Engine of Growth, 41 Sloan Management Review 4 (2000)
Robbins/Judge	Robbins/Judge, Essentials of Organizational Behavior, 14. Aufl. 2018
Ryneck	Ryneck, 10 Stocks to Last the Decade, FORTUNE, 14.8.2000, 114
Sackmann Cultural knowledge	Sackmann, Cultural knowledge in organizations, 1991
Sackmann Unternehmenskultur	Sackmann, Unternehmenskultur: Erkennen – Entwickeln – Verändern, 2. Aufl. 2017
Schaps/Abraham	Schaps/Abraham, Seehandelsrecht, 4. Aufl. 1978
Schein	Schein, How can organizations learn faster? The challenge of entering the green room, 34 Sloan Management Review 85 (1993)
Schein Corporate Culture	Schein, Corporate Culture Survival Guide, 3. Aufl. 2019
Schein/Bennis	Schein/Bennis, Personal and Organizational Change through Group Methods: The Laboratory Approach, 1965
Schein/Schein Organisationskultur	Schein/Schein, Organisationskultur und Leadership, 5. Aufl. 2018
Schneider/Schmidpeter CSR	Schneider/Schmidpeter Corporate Social Responsibility, 2. Aufl. 2015
Schwartz	Schwartz, The Myth of the Ford Pinto Case, 43 Rutgers Law Review 1013 (1991)
SHSS	Schneider/Hanges/Smith/Salvaggio, Which Comes First: Employee Attitudes or Organizational Financial and Market Performance?, 88 Journal of Applied Psychology 836 (2003)
Singh	Singh, Geheime Botschaften: Die Kunst der Verschlüsselung von der Antike bis in die Zeiten des Internet, 2001
SMGAB	Shu/Mazar/Gino/Ariely/Bazerman, Signing at the beginning makes ethics salient and decreases dishonest self-reports in comparison to signing at the end, 109 Proceedings of the National Academy of Sciences 15197 (2012)

Spindler	Spindler, Unternehmensorganisationspflichten: Zivilrechtliche und öffentlich-rechtliche Regelungskonzepte, 2001
SSP	Sun/Stewart/Pollard, Corporate Governance and the Global Financial Crisis: International Perspectives, 2011
Standard & Poor's	Standard & Poor's, Sovereign Rating Methodology, December 18, 2017
Starr	Starr, Social Benefit versus Technological Risk, 165 Science 1232 (1969)
Stevenson/Wagoner	Stevenson/Wagoner, FCPA Sanctions: Too Big to Debar? 80 Fordham Law Review 775 (2011)
Taleb	Taleb, Der schwarze Schwan: Die Macht höchst unwahrscheinlicher Ereignisse, 2008
TBSL	Tanner/Brügger/van Schie/Lebherz, Actions Speak Louder Than Words: The Benefits of Ethical Behaviors of Leaders, 218 Journal of Psychology 225 (2010)
TDWB	Tenbrunsel/Diekmann/Wade-Benzoni/Bazerman, The ethical mirage: A temporal explanation as to why we aren't as ethical as we think we are, 30 Research in Organizational Behavior 153 (2010)
TSU	Tenbrunsel/Smith-Crowe/Umphress, Building houses on rocks: The role of the ethical infrastructure in organization, 16 Social Justice Research 285 (2003)
Tversky/Kahneman	Tversky/Kahneman, Availability: A Heuristic for Judging Frequency and Probability, 42 Cognitive Psychology 207 (1973)
TWR	Treviño/Weaver/Reynolds, Behavioral Ethics in Organizations: A Review, 32 Journal of Management 951 (2006)
Tyler	Tyler, Reducing corporate criminality: The role of values, 51 The American Criminal Law Review 267 (2014)
v. Soldenhoff Tucholsky	v. Soldenhoff, Kurt Tucholsky, 1890–1935 Ein Lebensbild
Vanini/Rieg	Vanini/Rieg, Risikomanagement, 2. Aufl. 2021
Victor/Cullen	Victor/Cullen, The Organizational Bases Of Ethical Work Climates, 33 Administrative Science Quarterly 101 (1988)
WAE Strategisches Management	Welge/Al-Laham/Eulerich, Strategisches Management, 7. Aufl. 2017
Wason	Wason, On the Failure to Eliminate Hypothesis in a Conceptual Task, 12 Quarterly Journal of Experimental Psychology 129 (1960)
Weaver/Treviño Attitudes and Behavior	Weaver/Treviño, Compliance and Values Oriented Ethics Programs: Influences on Employees' Attitudes and Behavior, 9 Business Ethics Quarterly 315 (1999)
Weaver/Treviño Harmful and Helpful Behavior	Weaver/Treviño, Organizational Justice and Ethics Program Follow-Through Influences on Employees Harmful and Helpful Behavior, 11 Business Ethics Quarterly 651 (2001)
Weibler Personalführung	Weibler, Personalführung, 4. Aufl. 2023
Wolke Risikomanagement	Wolke, Risikomanagement, 3. Aufl. 2016

Wong/Conroy	Wong/Conroy, FCPA Settlements: It's a Small World After All, Nera Economic Consulting, 28.1.2009, http://www.mondaq.com/unitedstates/x/73626/Class+Actions/FCPA+Settlements+Its+A+Small+World+After+All
Wußing Mathematik	Wußing, Vorlesungen zur Geschichte der Mathematik, 2008
Zamir/Teichman	Zamir/Teichman, The Oxford Handbook of Behavioral Economics and the Law, 2014

Gesetzessammlungen und ergänzende Materialien

https://www.compliance-consultancy.de/compliance-informationen-downloads.html
Die Website wird vom Verfasser betrieben. Sie beinhaltet gesetzliche Vorschriften und Richtlinien, die branchenunabhängig Compliance-Anforderungen begründen bzw. beeinflussen können. Darüber hinaus sind dort ua auch sogenannte „Resource Guides", „Enforcement Manuals" sowie „Evaluation of Corporate Compliance Programs", angloamerikanischer Behörden zu finden, die hilfreiche Hinweise zum Aufbau eines Compliance-Managementsystems und Compliance-Risikomanagements geben.

- ❑ Deutschland:
  - Aktiengesetz (AktG)
  - GmbH-Gesetz (GmbHG)
  - Handelsgesetzbuch (HGB)
  - Strafgesetzbuch (StGB)
  - Gesetz gegen Ordnungswidrigkeiten (OWiG)
  - Gesetz gegen Wettbewerbsbeschränkungen (GWB)
  - Vergabe- und Vertragsordnung für Bauleistungen Teil A (VOB/A)
  - Gesetz über das Kreditwesen (KWG
  - Gesetz über den Wertpapierhandel (WpHG)
  - Gesetz über die Beaufsichtigung der Versicherungsunternehmen (VAG)
- ❑ Rechtsvorschriften und Richtlinien der EU und der OECD
- ❑ Rechtsvorschriften Großbritannien
  - UK Bribery Act 2010
    - Bribery Act 2010
    - Bribery Act 2010 Bribery Act – Explanatory Notes
    - The Bribery Act 2010 – Guidance
    - Bribery Act 2010: Joint Prosecution Guidance of The Director of the Serious Fraud Office and The Director of Public Prosecutions
  - Kartellrechtliche Vorschriften und Erläuterungen
    - Quick Guide to Competition Law, OFT 1330
    - Agreements and concerted practices, OFT 401- deutsch
    - Abuse of a dominant position, OFT 402
    - How your business can achieve compliance with competition law, OFT 1341 | Guidance
    - A quick guide to competition and consumer protection laws that affect your business, OFT 911
    - Company directors and competition law, OFT 1340 | Guidance
    - Quick Guide to Cartels and Leniency for Businesses, OFT 1495b
    - Competition Act 1998: Guidance on the CMA's investigation procedures in Competition Act 1998 cases, CMA8
    - Cartel Offence Prosecution Guidance, CMA9
    - Director disqualification orders in competition cases, OFT 510 | Guidance
    - OFT's guidance as to the appropriate amount of a penalty, OFT 423
    - Rewards for Information about Cartels
  - Erläuterungen zu Vorschriften gegen Bestechung, Betrug und Geldwäsche
    - Fraud, Bribery, And Money Laundering Offences – Definitive Guideline 2014
    - Criminal Finances Act 2017
    - Criminal Finances Act 2017 | Explanatory Notes
- ❑ Rechtsvorschriften USA
  - Sarbanes-Oxley Act 2002 und Erläuterungen
    - Sarbanes-Oxley Act 2002

  - SEC Enforcement Manual
- Federal Sentencing Guidelines, U.S. Attorney's Manual und Erläuterungen
- 2018 Federal Sentencing Guidelines Manual Chapter 8
- U.S. Attorney's Manual 9–28.000 Principles of Federal Prosecution of Business Organizations
- DoJ, Evaluation of Corporate Compliance Programs, 2023
- Anti-Korruptionsbestimmungen und Erläuterungen
  - Foreign Corrupt Practices Act 1977 (FCPA) – English
  - Foreign Corrupt Practices Act 1977 (FCPA) – Deutsch
  - A Resource Guide to the U.S. Foreign Corrupt Practices Act, 2. Aufl. 2020
  - U.S. Attorney's Manual 9–47.000 Foreign Corrupt Practices Act of 1977
  - U.S. Travel Act, 18 U.S.C. § 1952
- Bestimmungen zur Prävention der Geldwäsche und Erläuterungen
  - Anti-Drug Abuse Act of 1986
  - U.S. Attorney's Manual 9–105.000 Money Laundering
  - Criminal Resource Manual 2101 – Money Laundering Money Laundering
  - 2017 No. 692 Financial Services – The Money Laundering, Terrorist Financing and
  - Transfer of Funds (Information on the Payer) Regulations Money Laundering

sowie

❑ Vorschriften Österreichs, der Schweiz, Kanadas, Brasiliens und Italiens.

Abbildungsverzeichnis

Checklistenverzeichnis

§ 1. Ausgangssituation

Seit Jahrhunderten gehört es zum Bild eines erfolgreichen Unternehmers, Chancen zu erkennen und für sich zu nutzen. Die damit oft einhergehenden Risiken werden eingegangen, solange sie als beherrschbar erscheinen. Unternehmensrisiken können dabei sehr vielfältiger Natur sein. Die klassischen wirtschaftlichen Risiken eines Unternehmens, wie zum Beispiel Markt-, Kredit-, Liquiditäts-, Rechts- und Betriebsrisiken, die von Banken zur Bonitätsprüfung analysiert werden,[1] finden Eingang in operative Entscheidungen und strategische Weichenstellungen der Unternehmensleitung. Investoren und Banken lassen sich das von ihnen wahrgenommene Risiko durch eine entsprechend hohe Verzinsung des eingesetzten Kapitals vergüten. Kunden und Mitarbeiter eines Unternehmens wägen die Risiken ab, bevor sie sich dazu entscheiden, erstmalig oder weiterhin mit einem bestimmten Unternehmen zusammenzuarbeiten. 1

Ende des letzten Jahrtausends wurde jedoch die Öffentlichkeit in den USA von einer Reihe von Unternehmenszusammenbrüchen aufgerüttelt, die offenbar eine neue Qualität aufwiesen. Große amerikanische Konzerne waren in Spekulationsgeschäfte und Verstöße gegen Bilanzierungsregeln verwickelt. Waghalsige geschäftliche Risiken gepaart mit eklatanten Rechtsverstößen hatten für die Unternehmen existenzbedrohende Folgen oder führten zu deren Konkurs.[2] 2

Mehrere Konzerne verursachten Schäden in Milliardenhöhe und zehntausende von Mitarbeitern verloren nicht nur ihre Arbeitsplätze, sondern auch ihre Altersversorgung.[3] Das Vertrauen in Unternehmensführer war beschädigt und man suchte nach Wegen, um eine Wiederholung zu verhindern. 3

Nach eingehenden Untersuchungen durch das *Senate Committee on Banking, Housing, and Urban Affairs* und das *House Committee on Financial Services* verabschiedete der amerikanische Kongress den **Sarbanes-Oxley Act 2002** (SOX).[4] Durch das Gesetz sollten Anleger künftig besser geschützt werden, indem durch zum Teil detaillierte Vorgaben Unternehmensinformationen genauer und verlässlicher werden sollten. 4

Als ursächlich für die Bilanzierungsskandale kristallisierten sich in den Hearings heraus:
- unzureichende Kontrollen der Bilanzierungsbereiche,
- fehlende Unabhängigkeit der Wirtschaftsprüfer,
- schwache Corporate Governance Prozesse,
- Interessenkonflikte von Aktienanalysten,
- unzureichende Vorschriften über die Berichterstattung von Unternehmen sowie
- völlig unzureichende Finanzierung der US Securities and Exchange Commission (SEC).[5]

Eine Analyse des Niedergangs der *Enron Corporation* zeigte jedoch auch, dass das Versagen des Risikomanagements eine entscheidende Rolle spielte.[6] Weder die finanzwirtschaftlichen noch die rechtlichen Risiken, die das Unternehmen einging, waren in adäquater 5

---

[1] Braun/Gstach S. 46.

[2] Zu den prominentesten Fällen in den USA gehört, neben WorldCom Inc. und Tyco International Ltd., der Konkurs der Enron Corporation im Dezember 2001, deren Aktien noch ein Jahr zuvor im Fortune-Magazin zu den zehn besten Werten gezählt wurden, die für die Altersvorsorge besonders gut geeignet wären: Ryneck S. 114.

[3] In den USA wird die betriebliche Altersversorgung regelmäßig mittels eines sogenannten Section 401K Plan angespart. Im Fall von Enron war der Plan zu 60% in Aktien des eigenen Unternehmens investiert, dessen Börsenkurs noch im August 2000 bei fast 90 USD lag und am 10.12.2001, acht Tage nach der Konkursanmeldung, auf 0,60 USD gestürzt war, Bratton 76 Tulane Law Review 1277 (2002).

[4] Public Law No. 107–204, 116 STAT. 745, 15 U.S.C. §§ 7201 et seq. (2003).

[5] Vgl. Lucas, An interview with United States Senator Paul S. Sarbanes, 11 Journal of Leadership & Organizational Studies Summer (2004), 3.

[6] Das Unternehmen war noch bis kurz vor seinem Zusammenbruch für seine innovativen Risikomanagementprozesse gerühmt worden, Quinn 41 Sloan Management Review 17 (2000), Kim/Mauborgne S. 81.

Weise behandelt worden. Darüber hinaus erschwerte die im Unternehmen herrschende Risikokultur die offene Adressierung von Risiken durch seine Mitarbeiter.[7]

6 In Deutschland zielte das Gesetz zur Kontrolle und Transparenz im Unternehmensbereich **(KonTraG)** bereits 1998 zwar primär auf die Verbesserung der Wettbewerbsfähigkeit deutscher Unternehmen auf dem Markt für Risikokapital.[8] Die Hervorhebung der Verpflichtung des Vorstandes, für eine angemessene Vorsorge gegen Risiken, die den Fortbestand des Unternehmens gefährden können sowie für eine angemessene interne Revision zu sorgen, erhielt jedoch durch den Niedergang *Enrons,* aber auch deutscher Unternehmen im selben Zeitraum, wie der *Metallgesellschaft AG, Klöckner-Humboldt-Deutz AG, Dr. Jürgen Schneider AG* oder der *Balsam AG,* eine unerwartete Aktualität. Es hatte sich auf dramatische Weise gezeigt, dass selbst hoch angesehene Großunternehmen ohne ein adäquates Management sowohl ihrer betriebs- und finanzwirtschaftlichen als auch ihrer Compliance-Risiken innerhalb weniger Monate aufhören konnten zu existieren.

7 Mit der zunehmenden Verschärfung der Sanktionen für zB Verstöße gegen Kartellvorschriften oder wegen Verletzungen der strafrechtlich bewehrten Anti-Korruptionsbestimmungen können daher nicht nur klassische betriebswirtschaftliche Risiken eine für das Unternehmen bestandsgefährdende Wirkung entfalten, sondern auch Compliance-Risiken.

8 Compliance-Risiken werden durch die zunehmende internationale Vernetzung deutscher Unternehmen immer zahlreicher. Diese sind nicht nur den EU-Vorschriften und nationalen Bestimmungen unterworfen, sondern müssen auch die für sie maßgeblichen ausländischen Vorschriften beachten. Gleichzeitig nimmt die Anzahl der gesetzlichen Vorgaben stetig zu.[9] Da auch die ausländischen Gesetzgeber ihre Sanktionsmechanismen verschärfen, nimmt das Compliance-Risiko eines Unternehmens sowohl hinsichtlich der Anzahl der Risiken als auch in Bezug auf den möglicherweise eintretenden Schaden stetig zu.

9 Die Gesetzgeber in den USA und in Großbritannien haben jedoch – anders als in Deutschland – recht weit entwickelte Hinweise gegeben, was sie von Unternehmen im Hinblick auf die Ausgestaltung von risikobasierten, wirksamen Compliance- und Ethikprogrammen erwarten. Darüber hinaus wird im anglo-amerikanischen Rechtskreis ein wirksames Compliance-Programm im Rahmen eines Ermittlungsverfahrens honoriert, indem es zu einer Strafmilderung bzw. sogar zu einer Straffreiheit führen kann.[10]

10 In Deutschland hat der BGH im Jahr 2017 in einer Steuerstrafsache entschieden, dass es iRd Bemessung der Geldbuße gem. § 30 Abs. 3, § 17 Abs. 4 S. 1 OWiG von Bedeutung ist, inwieweit die Nebenbeteiligte ihrer Pflicht, Rechtsverletzungen aus der Sphäre des Unternehmens zu unterbinden, genügt und ein effizientes Compliance-Management installiert hat, das auf die Vermeidung von Rechtsverstößen ausgelegt sein muss. Dabei kann auch eine Rolle spielen, ob die Nebenbeteiligte in der Folge dieses Verfahrens entspre-

[7] Deakin/Konzelmann S. 12.

[8] Gesetzentwurf der Bundesregierung, Entwurf eines Gesetzes zur Kontrolle und Transparenz im Unternehmensbereich (KonTraG), BT-Drs. 13/9712, 11.

[9] Allein in Deutschland wuchs die Zahl der gesetzlichen Einzelnormen und der Einzelvorschriften der Rechtsverordnungen des Bundes von 80.615 im Jahr 2012 auf 93.328 im Jahr 2022 (jeweils Stand 1. Januar), BT-Drs. 20/721, 2; nicht enthalten sind die Einzelnormen der Bundesländer oder die der EU-Vorschriften.

[10] → Rn. 1172 ff. (Anglo-amerikanische Anforderungen an das Compliance-Risikomanagement). So wurde vom DoJ zwar der frühere Vorstandsvorsitzende sowie den Leiter der Rechtsabteilung der PetroTiger Ltd., die Bestechungszahlung an einen kolumbianischen Amtsträger leisteten, wegen Bestechung und Betrug verurteilt. Aufgrund der vorbehaltlosen Zusammenarbeit mit den Behörden wurden jedoch gegen PetroTiger Ltd. keine Anklagen erhoben und auch von der Vereinbarung eines Verzichts auf Strafverfolgung (non-prosecution agreement) abgesehen. DoJ, Miller, Marshall L., Principal Deputy Assistant Attorney General for the Criminal Division, Remarks at the Global Investigation Review Program, New York, NY, United States, September 17, 2014, S. 2.

chende Regelungen optimiert und ihre betriebsinternen Abläufe so gestaltet hat, dass vergleichbare Normverletzungen zukünftig jedenfalls deutlich erschwert werden.[11]

Mit dieser Entscheidung wurde auch für deutsche Unternehmen ausgesprochen, dass der Aufbau eines Compliance-Managementsystems (CMS) nicht nur sehr sinnvoll in Bezug auf die präventive Verhinderung von Gesetzesverstößen aus dem Unternehmen heraus ist, sondern dass auch entsprechende Anstrengungen bei der Strafzumessung eine wichtige Rolle spielen.[12] 11

Einen Schritt weiter ging der Regierungsentwurf eines Gesetzes zur Stärkung der Integrität in der Wirtschaft.[13] Danach soll ein Gericht Sanktionen mildern, wenn das Unternehmen oder der von ihm beauftragte Dritte wesentlich dazu beigetragen haben, dass der Rechtsverstoß und die damit zusammenhängenden Verantwortlichkeiten aufgeklärt werden konnten. Gleiches gilt, wenn das Unternehmen bzw. die von diesem beauftragten Dritten ununterbrochen und uneingeschränkt mit den Verfolgungsbehörden zusammengearbeitet haben. Auch soll das Gericht strafmildernd berücksichtigen, wenn das Unternehmen oder der von ihm beauftragte Dritte den Verfolgungsbehörden nach Abschluss der internen Untersuchung das Ergebnis dieser Untersuchung einschließlich aller für diese wesentlichen Dokumente, auf denen dieses Ergebnis beruht, sowie des Abschlussberichts zur Verfügung stellen. Dies soll jedoch nur gelten, wenn die Befragungen in der unternehmensinternen Untersuchung unter Beachtung der Grundsätze eines fairen Verfahrens durchgeführt worden sind.[14] Der Regierungsentwurf wurde bisher noch nicht im Bundestag eingebracht. 12

Das Compliance-Risikomanagement ist der Schlüssel, der den Zugang für ein wirksames Compliance-Programm eröffnet. Erst wenn die Geschäftsführung oder der Vorstand eines Unternehmens die Compliance-Risiken identifiziert hat, kann er diese priorisieren und durch die Einleitung von Gegenmaßnahmen entschärfen, um so frühzeitig eine für das Unternehmen möglicherweise bestandsgefährdende Entwicklung abzuwenden. Durch ein risikobasiertes Compliance-Programm werden die knappen Ressourcen eines Unternehmens dort eingesetzt, wo die Risiken am höchsten, die Folgen eines Compliance-Verstoßes am weitreichendsten wären. 13

Eine rechtzeitige Risikofrüherkennung, sei es von klassischen Unternehmensrisiken oder von Compliance-Risiken, ist ein elementarer Bestandteil einer vorausschauenden Unternehmensführung. Daher ist auch der Prozess des Compliance-Risikomanagements in die operativen Prozesse eines Unternehmens zu integrieren. Sowohl die Identifikation als auch die spätere Steuerung von Compliance-Risiken ist daher ebenso Teil der operativen Verantwortung des Managements eines Unternehmens wie die Erreichung seiner kurzfristigen betriebswirtschaftlichen und langfristigen strategischen Ziele. 14

[11] BGH BeckRS 2017, 114578 Rn. 118. In seinem Urteil gegen Ferrostaal AG und zwei ihrer Manager hat das Landgericht München I bereits 2011 entschieden, dass die Aufwendungen für die Aufklärung der begangenen Straftaten der Manager in Höhe von rund 60 Mio. EUR zur Hälfte vom abzuschöpfenden Gewinn in Abzug gebracht wird. LG München I Urt. v. 20.12.2011 – 6 KLs 565 Js 33037/10.

[12] Das Bundeskartellamt lehnt dies bisher noch ab, vgl. Interview Mundt, Andreas: Die Behörden tun sich mit der Frage der Berücksichtigung von Compliance nicht leicht, 18.2.2015, https://www.bundeskartellamt.de/SharedDocs/Interviews/DE/2015/Compliance_Manager.html, zuletzt abgerufen am 14.2.2018.

[13] RegE: Entwurf eines Gesetzes zur Stärkung der Integrität in der Wirtschaft, https://www.bmj.de/SharedDocs/Gesetzgebungsverfahren/DE/2020_Staerkung_Integritaet_Wirtschaft.html, Bearbeitungsstand: 16.06.2021.

[14] RegE: Entwurf eines Gesetzes zur Stärkung der Integrität in der Wirtschaft, § 17f.

§ 2. Rechtliche Bedeutung der Risikofrüherkennung im Unternehmen

Unternehmensrisiken präventiv durch geeignete Maßnahmen frühzeitig zu begegnen ist eine Aufgabe, der sich die Geschäftsleitung annehmen muss, will sie vermeiden, dass das Unternehmen wirtschaftlichen Schaden nimmt und seine Reputation als vertrauenswürdiger Geschäftspartner einbüßt. 15

A. Risikofrüherkennung als Leitungsfunktion

Mit der Änderung des Aktiengesetzes durch das KonTraG wurde die Verpflichtung des Vorstandes in § 91 Abs. 2 AktG hervorgehoben, für ein angemessenes Risikomanagement und eine ebensolche interne Revision zu sorgen.[15] Es handelt sich dabei nach allgemeiner Auffassung um eine Leitungsfunktion. Diese Aufgabe bestand bereits vor der Gesetzesänderung und wurde aus § 76 Abs. 1 AktG, § 93 Abs. 1 AktG abgeleitet, die die Aufgaben und Kompetenzen des Vorstandes bestimmen.[16] Zu diesen zählt es auch, die organisatorischen Voraussetzungen für die frühzeitige Erkennung von Unternehmensrisiken zu schaffen. 16

Eine inhaltliche Erweiterung hat diese, dem Gesamtvorstand zukommende Verpflichtung, durch die Hervorhebung dieser Leitungsaufgabe in § 91 Abs. 2 AktG nicht erfahren. Dem Unternehmensvorstand wird durch § 91 Abs. 2 AktG die Verpflichtung zur Früherkennung bestandsgefährdender Entwicklungen als Organisationsziel vorgegeben. Zur Erreichung dieses Ziels wird vom Vorstand gefordert, dass er geeignete Maßnahmen ergreift, insbes. ein Überwachungssystem implementiert, um diese Risiken abzuwenden. Die Regelungen des § 91 Abs. 2 AktG verdrängen dabei jedoch nicht die weiteren, aus den § 76 Abs. 1 AktG, § 93 Abs. 1 AktG folgenden Leitungsaufgaben.[17] 17

Ob der Vorstand eines börsennotierten Unternehmens seiner Verpflichtung aus § 91 Abs. 2 AktG in geeigneter Form nachgekommen ist und ob das von ihm eingerichtete Überwachungssystem seine Aufgabe erfüllen kann, hat gemäß § 317 Abs. 4 HGB der Wirtschaftsprüfer iRd Jahresabschlussprüfung zu beurteilen. Nicht Gegenstand der Prüfung ist jedoch, ob ein anderes Überwachungssystem eine optimalere Erfüllung dieser Verpflichtung hätte gewährleisten können. 18

Die Verpflichtung des § 91 Abs. 2 AktG soll nach dem Willen des Gesetzgebers auch für die Mitglieder der Geschäftsführung einer GmbH gelten, auch wenn bewusst auf eine Neuregelung im GmbHG verzichtet wurde. Je nach Größe, Komplexität, Struktur usw. des Unternehmens komme § 91 Abs. 2 AktG eine **Ausstrahlungswirkung** auf den Pflichtenrahmen der Geschäftsführer auch anderer Unternehmensformen zu.[18] Auch wenn diese Beschreibung wenig konkret ist, so ist die Erweiterung der Pflichten des GmbH-Geschäftsführers dennoch sachgerecht,[19] da die Rechtsform des Unternehmens nicht maßgeblich dafür ist, welche betriebs- und finanzwirtschaftlichen sowie Compliance-Risiken eine für das Unternehmen existenzgefährdende Qualität entwickeln können. 19

---

[15] BT-Drs. 13/9712, 15.

[16] MüKoAktG/Spindler AktG § 91 Rn. 1; K. Schmidt/Lutter/Krieger/Sailer-Coceani AktG § 91 Rn. 1; Koch AktG § 91 Rn. 1; Hölters/Weber/Müller-Michaels AktG § 91 Rn. 4.

[17] MüKoAktG/Spindler AktG § 91 Rn. 3.

[18] BT-Drs. 13/9712, 15.

[19] MüKoAktG/Spindler AktG § 91 Rn. 87; BeckOGK/Fleischer AktG § 91 Rn. 41; Hölters/Weber/Müller-Michaels AktG § 91 Rn. 13 alle mwN.

Auf eine detailliertere Regelung der organisatorischen und inhaltlichen Ausgestaltung eines Früherkennungssystems für Unternehmensrisiken – etwa in Anlehnung an die entsprechenden Bestimmungen des KWG, VAG und WpHG – hat der Gesetzgeber richtigerweise verzichtet. Sie birgt das Risiko, dass es zu einer weiteren Bürokratisierung der Unternehmenstätigkeit kommt, ohne dass dies den operativen Anforderungen der betroffenen Unternehmen im Einzelfall gerecht werden könnte. Daher beschränkt sich die Gesetzesbegründung zu Recht auf die drei primär maßgeblichen Komponenten, die die Implementierung eines Frühwarnsystems bestimmen: die Größe, Komplexität und Struktur des Unternehmens.

20 Darüber hinaus gilt für den Vorstand einer Kommanditgesellschaft auf Aktien diese Verpflichtung gem. § 278 Abs. 3 AktG, § 91 Abs. 2 AktG ebenso wie für den Vorstand eines Versicherungsvereins auf Gegenseitigkeit (§ 34 S. 2 VAG, § 91 Abs. 2 AktG). Detailliertere Sonderregelungen in Bezug auf die Geschäftsorganisation bestehen für Kreditinstitute (§ 25a KWG), für Versicherungsunternehmen (§ 64a VAG) sowie für Wertpapierdienstleistungsunternehmen (§ 33 WpHG).

Checkliste 1: Risikofrüherkennung als Leitungsfunktion

❑ Nehmen die Geschäftsführung bzw. der Vorstand im Rahmen ihrer **Leitungsfunktion** ihre Verantwortung wahr, für den **Aufbau**
- eines angemessenen **Risikomanagements** zur Früherkennung bestandsgefährdender Entwicklungen?
- einer internen Revision?

I. Der Risikobegriff

21 In der allgemeinen Begründung zum Gesetzesentwurf des KonTraG wird hervorgehoben, dass das Gesetz dazu dienen soll, Schwächen und Verhaltensfehlsteuerungen zu korrigieren,[20] vor allem aber dazu, deutsche Unternehmen im Wettbewerb um Kapital internationaler Investoren konkurrenzfähiger zu machen, indem mehr **Transparenz** und **Publizität** in allen Bereichen hergestellt wird.

1. Klassische Unternehmensrisiken

22 Die von renditeorientierten Investoren geforderte Transparenz erfordert unter anderem auch die Offenlegung maßgeblicher Unternehmensrisiken. Erst wenn diese bekannt sind, kann ein Investor vom Unternehmen kommunizierte Daten und Gewinnprognosen ernsthaft bewerten. Der in § 91 Abs. 2 AktG verwendete Risikobegriff umfasst diejenigen Risiken, die für das Unternehmen von bestandsgefährdender Natur sind. Beispielhaft werden im Gesetzentwurf einige typische Risiken genannt, wie zB „risikobehaftete Geschäfte, Unrichtigkeiten der Rechnungslegung und Verstöße gegen gesetzliche Vorschriften, die sich auf die Vermögens-, Finanz- und Ertragslage der Gesellschaft oder des Konzerns wesentlich auswirken."[21]

23 Im Hinblick auf die Historie und die Zielsetzung des KonTraG soll mit dieser Regelung sichergestellt werden, dass die Risiken von Vorstandsentscheidungen transparent gemacht und verfolgt sowie vom Aufsichtsrat kritisch begleitet werden,[22] sodass rechtzeitig wirksame Gegenmaßnahmen eingeleitet werden können. Dies bezieht sich primär auf

[20] Diese hatten sich in spektakulären Firmenzusammenbrüchen manifestiert (betroffen waren ua Metallgesellschaft AG, Klöckner-Humboldt-Deutz AG und Bremer Vulkan AG).

[21] BT-Drs. 13/9712, 11.

[22] Vgl. § 107 Abs. 3 S. 2 AktG, der, durch das BilMoG im Jahre 2009 eingeführt, verdeutlicht, dass es sich bei der Kontrolle des internen Revisionssystems und des Risikomanagementsystems um eine originäre Aufgabe des Aufsichtsrates handelt, s. Gesetzentwurf der Bundesregierung Entwurf eines Gesetzes zur Modernisierung des Bilanzrechts (Bilanzrechtsmodernisierungsgesetz – BilMoG), BT-Drs. 16/10067, 102.

klassische Unternehmensrisiken, wie die Beispiele spektakulärer Firmenzusammenbrüche Mitte der neunziger Jahre zeigten.[23]

Darüber hinaus soll für den Fall, dass durch eine unternehmerische Entscheidung des Vorstands dem Unternehmen ein Verlust droht, durch die erhöhte **Transparenz** auch verhindert werden, dass diese kritische Situation durch weitere Maßnahmen, wie zB die Manipulation von Geschäftsbüchern, verschleiert wird. 24

Eine Klassifizierung der verschiedenen Unternehmensrisikoarten kann nach unterschiedlichen Gesichtspunkten vorgenommen werden. Eine durchgängige Klassifizierung der Risiken eines Unternehmens hat sich bisher noch nicht durchgesetzt.[24] In Abhängigkeit von der spezifischen Unternehmenssituation kann es sinnvoll erscheinen, zwischen finanz- und leistungswirtschaftlichen Risiken zu unterscheiden. 25

a) Finanzwirtschaftliche Unternehmensrisiken

Zu den klassischen finanzwirtschaftlichen Unternehmensrisiken werden Markt-, Kredit-, Liquiditäts-, Rechts- und Betriebsrisiken gezählt. Diese werden von Banken bei der Kreditprüfung regelmäßig analysiert, um Bonität und Werthaltigkeit der Forderung zu bewerten.[25] 26

aa) Marktrisiken. Das Ergebnis eines Unternehmens kann durch verschiedene finanzwirtschaftliche Risiken beeinflusst werden. Zunächst kann der Aktienkurs eines Unternehmens negative Auswirkungen auf das Unternehmensergebnis haben, wenn zB eine börsennotierte Beteiligung durch einen Kurseinbruch an Wert verliert.[26] 27

Der Zinssatz, den das Unternehmen für seine Refinanzierung bezahlt, ist ein weiteres Risiko, das sowohl von der Entwicklung des Kapitalmarktes abhängt als auch von der Bonität des Unternehmens selbst beeinflusst wird. 28

Bei exportorientierten oder bei von ausländischen Zulieferungen abhängigen Unternehmen spielt die Entwicklung der Wechselkurse eine erhebliche Rolle. Veränderungen im Währungsgefüge schlagen sich direkt in der Gewinn- und Verlustrechnung eines Unternehmens nieder. 29

Bewegen sich Einkauf und Vertriebsaktivitäten zB im US-Dollarraum in der gleichen Größenordnung, so sind Wechselkursänderungen neutral, da sich das Einkaufs- und Vertriebsergebnis iRd Netting gegenseitig neutralisieren. Daher ist ein solch „natürliches Hedging" ein eleganter Weg, Wechselkursrisiken zu reduzieren.

Gleiches gilt für Veränderungen bei den Rohstoffpreisen, deren Fluktuation das Unternehmensergebnis beeinflusst. 30

bb) Kreditrisiko. Mit dem Gewähren von Zahlungszielen an seine Kunden wird ein Unternehmen selbst zum Kreditgeber und trägt damit ein entsprechendes Kreditausfallrisiko.[27] Vor allem in Zeiten wirtschaftlicher Krisen kann sich durch verspätete Zahlungen oder den Zahlungsausfall mehrerer Kunden eine Situation ergeben, durch die das das Zahlungsziel gewährende Unternehmen selbst in Gefahr gerät, insolvent zu werden. 31

cc) Liquiditätsrisiko. Abgesehen von dem Zahlungsausfall von Kunden kann ein Unternehmen sich Liquiditätsrisiken gegenübersehen, wenn kreditgebende Banken ihr Engage- 32

[23] So verlor die Metallgesellschaft AG im Jahre 1993 durch Termingeschäfte mit Öl 1,3 Mrd. USD und stand dadurch am Rand der Zahlungsunfähigkeit, Jacque S. 73ff. KHD Wedag geriet durch nicht tragfähige Angebotskalkulationen für drei Zementanlagen in Saudi-Arabien in Schieflage, Wer passt eigentlich auf?, Der Spiegel, 1996, Heft 23, 96f.

[24] Diederichs S. 18.

[25] Braun/Gstach S. 46.

[26] Handelt es sich um finanzielle Vermögenswerte wie zB Aktien oder GmbH-Anteile sind diese mit dem fair value zu bilanzieren, International Accounting Standards (IAS) 9, PBD IFRS-HdB S. 205ff.

[27] Gleiches gilt für Finanzierungs- oder Leasingangebote.

ment in dem Unternehmen reduzieren wollen und daher Kreditlinien nicht verlängern oder kürzen. Weitere Liquiditätsrisiken können entstehen, wenn das Unternehmen nicht fristenkongruent finanziert wird. Darüber hinaus können zB Investitionen, die in einer Phase getätigt werden, in der geplante Umsatzziele nicht erreicht werden können, dazu führen, dass der Cashflow aus der laufenden Geschäftstätigkeit nicht ausreicht, um alle Zahlungsverpflichtungen zu erfüllen. Auch kann das Angebot, den Produkterwerb für Kunden zu finanzieren zu einer Belastung der Liquidität führen.[28]

33 **dd) Rechtsrisiko.** Das Unternehmen kann sich einer Erhöhung seiner Risikoposition gegenübersehen, wenn zB vertragliche Vereinbarungen mit Geschäftspartnern strittig werden und dadurch Zahlungseingänge ausbleiben oder Schadensersatz für mangelhafte Lieferungen gefordert wird. Darüber hinaus können Gesetzesänderungen dazu führen, dass die Implementierung neuer Bestimmungen erhebliche Kosten im Unternehmen verursacht oder der Zugang zu Märkten erschwert oder gar unmöglich gemacht wird. Diese Rechtsrisiken können dazu führen, dass sich das Liquiditäts- und Kreditrisiko des Unternehmens erhöht.

34 **ee) Betriebsrisiko.** Risiken, die einem Unternehmen aus zB technischen Störungen, Auftragsmangel, Verknappung von Betriebs- und Hilfsstoffen oder einem Brand entstehen, werden als Betriebsrisiken bezeichnet.[29]

b) Leistungswirtschaftliche Risiken

35 Im Rahmen der Leistungserbringung sind zahlreiche Risiken zu beherrschen. Eine Klassifizierung der einzelnen Risiken kann vorgenommen werden, indem sie den einzelnen Gliedern der Wertschöpfungskette des Unternehmens zugeordnet werden.

36 **aa) Risiken bei Forschung und Entwicklung.** Hier steht das Risiko im Vordergrund, den Schwerpunkt des Forschungsprogramms an der richtig prognostizierten Marktentwicklung auszurichten. Darüber hinaus können technische Probleme bei der Produktneuentwicklung schnell zu einer Aufzehrung der geplanten Budgets führen, ohne dass ein verkaufsfähiges Produkt entwickelt wurde. Eine enge Verzahnung mit Rechtsrisiken ist gegeben, wenn es um den Schutz von eigenen Entwicklungen vor der Nutzung durch Dritte oder die Verletzung von Patenten anderer Unternehmen geht.

37 **bb) Risiken im Einkauf.** Im Bereich der Beschaffung bestehen nicht nur Risiken für das Unternehmen in Bezug auf die Höhe bzw. Angemessenheit der Preise für die eingekauften Produkte. Da aus betriebswirtschaftlichen Gründen das gebundene Kapital in Form von Vorräten so gering wie möglich zu halten ist, kommt dem Einkauf eine bedeutsame Rolle zu, Lieferungen zu vereinbaren, die, angepasst auf die Erfordernisse der Produktion, termingerecht in der richtigen Qualität und Quantität erfolgen, um so Risiken durch fehlende oder mangelhafte Produkte im nachgelagerten Produktionsprozess auszuschließen. Diese Aufgabe wird erschwert, wenn das Unternehmen von nur einem Lieferanten abhängig ist oder es an einem effizienten Lieferantenmanagement fehlt.

38 **cc) Risiken in der Produktion.** Hier können vor allem suboptimale Fertigungsanlagen und -prozesse zu erheblichen Risiken für das Unternehmen führen. Es wird zu kostenintensiv produziert, eine durchgängig hohe Qualität lässt sich nur mit einer zu hohen Ausschussrate im Produktionsverlauf darstellen oder nachgelagerte Reklamationen bzw. Produkthaftungsrisiken führen zu Folgekosten. Darüber hinaus muss der Produktionsprozess flexibel genug sein, um auf Marktschwankungen reagieren zu können. Anderenfalls kann eine erhöhte Nachfrage nicht befriedigt werden oder, im umgekehrten Fall, muss auf Lager produziert werden.

[28] Dies trifft auch für Leasingangebote zu.
[29] Gem. § 615 S. 3 BGB trägt grds. der Arbeitgeber das Betriebsrisiko, Grüneberg/Weidenkaff BGB § 615 Rn. 21f.

dd) Risiken im Vertrieb. Die Abhängigkeit von einem Vertriebskanal oder von einem Großkunden birgt erhebliche Risiken im Vertrieb. Darüber hinaus kann die zB durch eine nachlässige Auftragsabwicklung oder Kundendienstbetreuung verursachte geringe Kundenbindung zu Risiken führen. 39

ee) Risiken in der Logistik. Die termingerechte Lieferung von Produkten des Unternehmens in der vereinbarten Menge und Qualität, ohne dass dies hohe Lagerbestände voraussetzt, hilft die Risiken aus diesem Bereich zu minimieren. Zunehmend wichtig ist dabei, dass auch die Logistik in der Lage ist, flexibel auf Kundenwünsche zu reagieren, und, sofern erforderlich, auch dringend benötigte Lieferungen zB per Kurier oder Luftfracht ins Ausland zu expedieren. 40

ff) Risiken in den Lieferketten. Ausgelöst durch die COVID-19-Pandemie im Jahre 2020 wurden die globalen Lieferketten, die eine effiziente globale Arbeitsteilung ermöglichten, stark in Mitleidenschaft gezogen, da es durch die Erkrankung von Mitarbeitern und Abschottungsreaktionen der Regierungen verschiedener Staaten zu Kettenreaktionen in diesem hochentwickelten System von Lieferungen und Leistungen kam, die bis zu einem Mangel an Transportkapazitäten reichten. Dies schlug sich in den vorgenannten leistungswirtschaftlichen Risiken als eine gemeinsame Ursache für weitere, bisher in diesem Ausmaß nicht bekannte Risiken nieder. Der Krieg in der Ukraine verschärfte die Störungen in den internationalen Lieferbeziehungen weiter.[30] 41

Mit dem Lieferkettenschutzgesetz (LkSG) des Jahres 2021, das Unternehmen verpflichtet, ihrer Verantwortung in der Lieferkette in Bezug auf die Achtung international anerkannter Menschenrechte durch die Implementierung der Kernelemente der menschenrechtlichen Sorgfaltspflicht besser nachzukommen, treten zusätzliche, rechtliche Risiken aus den Lieferketten eines Unternehmens hinzu.[31] Der Gesetzgeber sieht drei unterschiedliche Risikoarten, die die Erreichung dieser Ziele gefährden. Hierbei handelt es sich um länder-, branchen- und warengruppenspezifische Risiken, die durch ein entsprechendes Risikomanagement zu adressieren und zu vermeiden sind.[32] 42

Auch wenn das LkSG ab 2023 zunächst nur für Unternehmen mit mehr als 3.000 Mitarbeitern und ab 2024 für Unternehmen mit mind. 1.000 Beschäftigten gilt, so ist doch bereits heute festzustellen, dass die betroffenen Unternehmen ihre Pflichten aus dem LkSG nachkommen, indem sie von Zulieferern Nachweise einfordern, dass diese ihrerseits ihren Sorgfaltspflichten in ihren jeweiligen Lieferketten erfüllen – und dies grds. unabhängig von der Unternehmensgröße des Zulieferers. 43

Checkliste 2: Klassische Arten der Unternehmensrisiken

- ❑ Sind die unterschiedlichen Klassifizierungen klassischer Unternehmensrisiken bekannt und werden diese erfasst?
- ❑ Welche finanz- und leistungswirtschaftlichen Risiken gibt es im Unternehmen?
- ❑ Werden die Risiken aus den Lieferketten des Unternehmens identifiziert und wird diesen ggf. rechtzeitig entgegengesteuert?

---

[30] Zur Störungen in den internationalen Lieferketten durch die Pandemie und die Auswirkungen des Ukraine-Krieges s DIHK-Lieferkettenbericht | Jahresbeginn 2022, https://www.dihk.de/resource/blob/68144/d33a202f9302986eddfc4e1b5471fff5/dihk-lieferkettenbericht-2022-data.pdf, zuletzt abgerufen am 5.10.2022.

[31] S Begründung des RegE eines Gesetzes über die unternehmerischen Sorgfaltspflichten in Lieferketten, BT-Drs. 19/28649, 2 iVm der Beschlussempfehlung und Bericht des Ausschusses für Arbeit und Soziales, BT-Drs. 19/30505, 2. Zum Einstieg in die Vorgaben des LkSG s Hembach, Praxisleitfaden Lieferkettensorgfaltspflichtengesetz, 2022 sowie die Kommentierung dieses Gesetzes von Depping/Walden, LkSG, 2022.

[32] RegE zum LsKG S. 42. Zum Einstieg in die Vorgaben des LkSG s Hembach, Praxisleitfaden Lieferkettensorgfaltspflichtengesetz, 2022 sowie die Kommentierung dieses Gesetzes von Depping/Walden, LkSG, 2022.

c) Bewertung der gängigen Risikoklassifizierungen

44 Die Zuordnung der Risiken in finanzwirtschaftliche und leistungswirtschaftliche Risiken zeigt, dass zwischen diesen Risikogruppen durchaus Überlappungen und Interdependenzen bestehen. Dies würde auch gelten, wenn man sich für eine Gliederung in zB interne und externe Risiken entscheidet. In diesem Fall würden Risiken nach der Möglichkeit des Unternehmens klassifiziert werden, diese zu beherrschen und damit zu verantworten.[33]

45 Darüber hinaus ist die Zuordnung nicht vollständig. So beinhalten Veränderungen eines bestehenden Marktgefüges durch zB den Eintritt eines neuen Anbieters ebenso Marktrisiken wie die Eroberung eines neuen Marktes, sei es durch die geographische Ausdehnung der bisherigen Vertriebsaktivitäten zB durch eine Internationalisierung oder durch die Erweiterung des Portfolios um ein neues Produkt. Auch die durch eine Veränderung der Kundenpräferenzen ausgelöste Produktsubstitution wirkt sich direkt auf die Risikosituation des Unternehmens aus.

46 Hinzu kommen politische Risiken, die auch ihren Niederschlag zB in den Länderratings der internationalen Ratingagenturen finden.[34] Eine ebenso bedeutsame Rolle für das Risikoprofil eines Unternehmens spielt dessen Personal. Die Qualifikation und Motivation der Mitarbeiter beeinflussen – egal in welcher Risikogruppe – das Unternehmensrisiko nachhaltig.

47 In kleineren und mittleren Unternehmen (KMU) können Risiken entstehen, indem aufgrund knapper personeller Ressourcen nur beschränkte Möglichkeiten zur Trennung von Funktionen bestehen. Dies kann wiederum zu einer Konzentration von Entscheidungsbefugnissen führen. Liegt die Führung des Unternehmens in der Hand eines Eigentümer-Geschäftsführers, so birgt dessen möglicher Ausfall durch Krankheit, Unfall oder Tod erhebliche Gefahren für den Fortbestand des KMU, wenn keine Nachfolge- bzw. Vertretungsregelung für diesen Notfall getroffen wurde.

48 Die verschiedenen Ansätze der Risikoklassifizierung erleichtern es dennoch, bestehende Risiken eines Unternehmens zu identifizieren, indem sie eine gewisse Struktur vorgeben.

2. Risikosegmentierung des Deutsche Rechnungslegungs Standards Committee e.V.

49 Das Bundesministerium der Justiz hat im Jahre 2012 detaillierte Beschreibungen der zu veröffentlichenden Inhalte der externen Risikoberichterstattung iRd Konzernlageberichts und der Zwischenberichte bekannt gemacht. Die Inhalte dieser Vorgaben wurden durch den Deutschen Rechnungslegungs Standards Committee e.V. (DRSC) definiert und in dem branchenübergreifenden Deutschen Rechnungslegungs Standard Nr. 20 – Konzernlagebericht beschrieben.[35] Dieser wird durch den Deutschen Rechnungslegungs Standard Nr. 16 – Zwischenberichterstattung ergänzt.[36] Beide Standards definieren den **Begriff**

[33] In Anlehnung an die Betriebsrisikolehre des BAG, zB bei Streiks, BAG NJW 80, 1649. HML Corporate Compliance/Glage/Grötzner § 14 Rn. 9 unterteilen die Unternehmensrisiken zB in Risiken höherer Gewalt, politische und ökonomische Risiken, sowie Unternehmensrisiken.

[34] Vgl. die Ratingkriterien von Standard & Poor's, Sovereign Rating Methodology, December 18, 2017.

[35] Verabschiedung durch das Deutsche Rechnungslegungs Standards Committee (DRSC) am 2.11.2012. Bekanntmachung der deutschsprachigen Fassung gem. § 342 Abs. 2 HGB durch das Bundesministerium der Justiz v. 25.11.2012 (BAnz AT 4.12.2012 B1), zuletzt geändert durch das Deutsche Rechnungslegungs Standards Committee (DRSC) am 11.2.2022. Bekanntmachung des Deutschen Rechnungslegungs Änderungsstandards Nr. 12 mit den Änderungen an DRS 20 in der deutschsprachigen Fassung gem. § 342 Abs. 2 HGB durch das Bundesministerium der Justiz und für Verbraucherschutz am 7.32022.

[36] Bekanntmachung des Deutschen Rechnungslegungs Standards Nr. 16 (DRS 16) – Konzernlagebericht – des Deutschen Rechnungslegungs Standards Committees e.V., Berlin, nach § 342 Abs. 2 des Handelsgesetzbuchs v. 25.11.2012 (BAnz AT 04.12.2012 B2, 1), zuletzt geändert durch Deutscher Rechnungslegungs Änderungsstandard Nr. 10 (DRÄS 10) v. 17.10.2019 (BAnz AT 20.12.2019 B3, 1).

„Risiko“ als mögliche künftige Entwicklungen oder Ereignisse, die zu einer für das Unternehmen negativen Prognose- bzw. Zielabweichung führen können.[37]

Sofern ein Konzern iRd Risikomanagements keine eigene unternehmensspezifische Klassifizierung der Unternehmensrisiken vorgibt, um gleichartige Risiken zu Kategorien zusammenzufassen, schlägt der DRS die Verwendung der folgenden **Risikokategorisierung** vor: 50

- Umfeldrisiken,
- Branchenrisiken,
- leistungswirtschaftliche Risiken,
- finanzwirtschaftliche Risiken und
- sonstige Risiken.[38]

In dem mittlerweile durch DRS 20 ersetzten „Deutscher Rechnungslegungs Standard Nr. 5, DRS 5 – Risikoberichterstattung,[39] wurde beispielhaft eine noch weitergehende Kategorisierung vorgestellt:[40] 51

1. Umfeldrisiken und Branchenrisiken zB: 52
   - Politische und rechtliche Entwicklung
   - Umweltkatastrophen/Krieg
   - Volkswirtschaftliche Risiken
   - Verhalten der Wettbewerber
   - Marktrisiko (Mengen-/Preisrisiko)
   - Branchen- und Produktentwicklung
2. Unternehmensstrategische Risiken zB:
   - Produktportfolio
   - Beteiligungsportfolio
   - Investitionen
   - Standort
   - Informationsmanagement
3. Leistungswirtschaftliche Risiken zB:
   - Entwicklung
   - Fertigung
   - Beschaffung
   - Vertrieb
   - Logistik
   - Umweltmanagement
4. Personalrisiken zB:
   - Personalbeschaffung
   - Personalentwicklung
   - Fluktuation
   - Schlüsselpersonen
5. Informationstechnische Risiken zB:
   - Datensicherheit
   - Verfügbarkeit (Ausfall/Datenverlust)
6. Finanzwirtschaftliche Risiken zB:
   - Liquidität
   - Wechselkurs
   - Zinsänderung

[37] Ziff. 11 DRS 20, Ziff. 10 DRS 16.

[38] Ziff. 164 DRS 20.

[39] Bekanntmachung des Deutschen Rechnungslegungs Standards Nr. 5 (DRS 5) „Risikoberichterstattung“ v. 3.4.2001 (BAnz. Nr. 98a v. 29.5.2001), geändert durch Art. 8 des Deutschen Rechnungslegungsstandards Nr. 1 (BAnz. Nr. 121a v. 2.7.2004), geändert durch Art. 8 des Deutschen Rechnungslegungsstandards Nr. 3 (BAnz. Nr. 164 v. 31.8.2005).

[40] Anhang DRS 5.

   - Wertpapierkursrisiken
   - Kreditrisiko
7. Sonstige Risiken zB:
   - Organisations- und Führungsrisiken
   - Rechtliche Risiken
   - Besteuerung/Betriebsprüfungen
   - Personengefährdung/Arbeitsschutz
   - Steuerungs- und Kontrollsysteme.

53 Es kann daher für ein Unternehmen, das sich bisher noch nicht intensiv mit der Erfassung und Steuerung seiner Risiken befasst hat, von Vorteil sein, wenn es diese Klassifizierung von Unternehmensrisiken übernimmt, sofern sie nicht einer effizienten Unternehmensführung widersprechen würde. Dies könnte zB dann der Fall sein, wenn das Unternehmen seinen Jahresabschluss in Form einer Segmentberichterstattung erstellt. Eine Erfassung und Steuerung der Unternehmensrisiken auf Basis dieser Segmentierung wäre folgerichtig und damit auch eine externe Berichterstattung entsprechend dieser Logik sinnvoll.

54 Weder die klassische Unterteilung der Unternehmensrisiken in finanzwirtschaftliche und leistungswirtschaftliche Risiken noch die Vorschläge des DRS für eine Kategorisierung der Unternehmensrisiken beinhalten Compliance-Risiken als eine Gruppe oder einen Teil einer Gruppe von Risiken, die den Fortbestand eines Unternehmens gefährden können.

Checkliste 3: Risikosegmentierung des Deutsche Rechnungslegungs Standards Committee e.V.

❑ Wird die Klassifizierung klassischer Unternehmensrisiken des **DRS Nr. 20** genutzt?

3. Compliance-Risiken

55 Neben den klassischen Unternehmensrisiken erwachsen Unternehmen, ihren Vorständen bzw. Geschäftsführern sowie den Mitarbeitern eine weitere Gruppe von Risiken, die aus einer Verletzung bestehender Gesetze und interner Richtlinien entstehen können. Auch ohne ein Unternehmensstrafrecht in Deutschland[41] können die wirtschaftlichen Konsequenzen eines Compliance-Verstoßes für ein Unternehmen bereits aufgrund der bestehenden Gesetzeslage durchaus **bestandsgefährdende** Ausmaße annehmen.[42]

56 So kann gegen ein Unternehmen eine Geldbuße von bis zu zehn Mio EUR verhängt werden.[43] Da die Geldbuße jedoch die Höhe des wirtschaftlichen Vorteils übersteigen soll, den das Unternehmen aus der Ordnungswidrigkeit gezogen hat, kann auch eine höhere Geldbuße festgelegt werden.[44] Auf diese Weise werden unrechtmäßig erworbene **Gewinne abgeschöpft.**

57 In dieselbe Richtung zielt die strafrechtlich geregelte Einziehung,[45] durch die wirtschaftliche Vorteile aus einer Straftat, wie zB die Bestechung von Amtsträgern, eingezogen

[41] Dazu der Entwurf der Bundesregierung eines Gesetzes zur Stärkung der Integrität in der Wirtschaft vom 16.06.2020, https://www.bmj.de/SharedDocs/Gesetzgebungsverfahren/DE/2020_Staerkung_Integritaet_Wirtschaft.html, zuletzt abgerufen am 26.10.2022. Der RegE sieht deutlich schärfere Sanktionen als das bisher maßgebliche OWiG vor. Diese orientieren sich am Kartellrecht (vgl. § 81 Abs. 4 S. 2 GWB) mit einer Geldstrafe von bis zu 10 Prozent des durchschnittlichen Jahresumsatzes bei vorsätzlichen (§ 9 Abs. 2 Nr. 1) und einem Betrag von bis zu 5 Prozent des durchschnittlichen Jahresumsatzes bei fahrlässigen Straftaten (§ 9 Abs. 2 Nr. 2).

[42] Die Konsequenzen für Aufsichtsrat, Vorstand bzw. Geschäftsführer, sowie für die Führungskräfte und Mitarbeiter, welchen ein Compliance-Verstoß nachgewiesen wurde, können durch ihre straf- und zivilrechtliche Haftung nicht minder bedrohlich für deren wirtschaftliche Existenz sein.

[43] § 30 Abs. 2 Nr. 1 OWiG.

[44] § 30 Abs. 4 OWiG iVm § 17 Abs. 4 OWiG.

[45] §§ 73ff. StGB.

werden. Die **Einziehung** bezieht sich auf den Bruttogewinn, ohne dass das Unternehmen etwaige Gegenleistungen oder eigene Aufwendungen vom Erlangten in Abzug bringen darf.[46]

Ebenso existenzbedrohend kann sich für ein Unternehmen der **Ausschluss von Ausschreibungen** für Projekte öffentlicher Auftraggeber auswirken. So sind Angebote von Bietern auszuschließen, die in Bezug auf die Ausschreibung eine Abrede getroffen haben, die eine unzulässige Wettbewerbsbeschränkung darstellt.[47] Hat der Bieter nachweislich eine schwere Verfehlung begangen, die seine Zuverlässigkeit als Bewerber in Frage stellt, wie zB eine auf den geschäftlichen Verkehr bezogene strafrechtliche Verurteilung, wie zB eine Bestechung, Vorteilsgewährung und Urkundenfälschung so kann können Angebote dieses Unternehmens ebenfalls von öffentlichen Vergabeverfahren ausgeschlossen werden.[48] 58

Aufgrund der überarbeiteten und verschärften Leitlinie der EU-Kommission zur Festsetzung von Geldbußen bei Kartellverstößen[49] kann die Kommission Sanktionen bis zur Höhe von 10% des Jahresumsatzes des Unternehmens verhängen. Nicht nur in Zeiten wirtschaftlicher Krisen kann eine solche Strafe für ein kleines oder mittelständisches Unternehmen die Insolvenz bedeuten. 59

Komplexitätserhöhend wirkt für Unternehmen in diesem Zusammenhang, dass eine rasant zunehmende Zahl von Gesetzen, Verordnungen, Richtlinien und Durchführungsbestimmungen zu beachten ist. Auch wenn nicht alle Neuregelungen für ein Unternehmen relevant sind, so wird jedoch der unternehmensseitige Aufwand immer höher, zunächst die anzuwendenden Vorschriften herauszufiltern, um diese dann in den internen Richtlinien und in den Geschäftsprozessen des Unternehmens zu operationalisieren. 60

Es sind jedoch nicht nur die Folgen von Rechtsverstößen im Inland, die den Fortbestand eines Unternehmens gefährden können. Eine Vielzahl von Unternehmen unterhält Geschäftsbeziehungen auf der ganzen Welt, hält Kontakt zu ihren Kunden über Vertriebspartner oder Tochtergesellschaften. Sie kaufen weltweit ein und wenn nötig, folgen sie mit eigenen Fertigungsanlagen als Zulieferer den Produktionswerken ihrer Kunden zB nach Rumänien oder China. Damit können im **Ausland** tätigen Unternehmen gravierende Compliance-Risiken aus möglichen Verstößen nicht nur gegen deutsches, sondern auch gegen das jeweils geltende **Landesrecht** erwachsen. Dies kann bedeuten, dass sowohl gegen Mitglieder der Geschäftsleitung sowie deren Mitarbeiter als auch gegen das Unternehmen selbst im Ausland ermittelt werden kann. 61

Dies ist v.a. für deutsche Großunternehmen relevant, deren Aktien oder festverzinsliche Wertpapiere an einer US-amerikanischen Börse notiert werden. Mit der Börsennotierung als Anknüpfungspunkt müssen sich auch deutsche Unternehmen den Regeln des **SOX** unterwerfen. Diese, wegen ihrer Komplexität bisweilen scharf kritisierten Vorschriften[50], sind nicht nur in den USA, sondern auch bei Geschäftsaktivitäten in anderen Ländern zu beachten, sofern diese einen wesentlichen Einfluss auf das Geschäftsergebnis des Unternehmens haben. 62

Das sog. „scoping“ erfolgt auf Basis des „Materiality“-Tests. Danach sind SOX-Regeln der internen Kontrolle (15 USC § 7262 – Section 404 Management assessment of internal controls) auf

---

[46] Sog. Bruttoprinzip, BGHSt 47, 369 (370f.); MüKoStGB/Joecks/Meißner StGB § 73 Rn. 34 mwN.

[47] § 16 Abs. 1 Nr. 5 VOB/A, Kapellmann/Messerschmidt/Frister VOB/A § 16 Rn. 45ff.

[48] § 16 Abs. 2 Nr. 3 VOB/A Kapellmann/Messerschmidt/Frister VOB/A § 16 Rn. 53ff. Für die EU geregelt in Art. 57 Abs. 1 Buchst. a Öffentliche-Auftragsvergabe-RL. Ein Ausschluss kann auch bei Ausschreibungen supranationaler Institutionen erklärt werden. So haben die Vereinten Nationen und die Weltbank die Siemens AG nach dem Vergleich mit dem DoJ und der SEC von Ausschreibungen ausgeschlossen, FCPA Settlements Can Become Costly Burdens, WSJ, 20.10.2011, https://www.wsj.com/articles/SB10001424052970204618704576641414241674164, zuletzt abgerufen am 14.2.2018.

[49] Leitlinien für das Verfahren zur Festsetzung von Geldbußen gemäß Artikel 23 Absatz 2 Buchstabe a) der Verordnung (EG) Nr. 1/2003 (ABl. Nr. C 210, 2).

[50] Zur Kritik an Section 404 SOX, SEC, Study of the Sarbanes-Oxley Act of 2002 Section 404 Internal Control over Financial Reporting Requirements, September 2009.

alle Geschäftsvorgänge anzuwenden, wenn dadurch ein substanzieller Fehler vermieden oder aufgedeckt werden kann. Substanziell ist ein Fehler dann, wenn er für die Entscheidungen eines vernünftigen Anlegers in Wertpapiere eines Unternehmens zu investieren, bedeutsam ist. Dies kann grds. bei einer Veränderung des Vorsteuergewinns in Höhe von 5% vermutet werden.[51]

63 Mit der Börsennotierung gehen gleichzeitig Berichtspflichten an die amerikanische Börsenaufsicht, der **US Securities and Exchange Commission** (SEC), einher, die ihrerseits eine weitere Zuständigkeit der SEC begründet. So kann die SEC beim Verdacht auf Verstöße gegen die Bilanzierungsvorschriften des Foreign Corrupt Practices Act 1977 **(FCPA)** ein Ermittlungsverfahren einleiten.

64 Aber auch ohne eine US-amerikanische Börsennotierung können aus deutscher Sicht überraschende Kettenreaktionen durch einen Compliance-Verstoß ausgelöst werden. Überweist zB ein deutsches Unternehmen Bestechungsgelder in USD auf ein offshore-Konto eines Amtsträgers, um einen Auftrag in Afrika zu erhalten, so wurde damit nicht nur gegen deutsches und das Recht des afrikanischen Staates verstoßen. Sofern das Unternehmen eine Geschäftsbeziehung im Vereinigten Königreich unterhält, kann auch ein Verstoß gegen britisches Recht damit einhergegangen sein.[52] Darüber hinaus kann das **US Department of Justice** (DoJ) Ermittlungen gegen das Unternehmen einleiten, ohne dass zusätzliche Anknüpfungsgründe zu den USA bestehen müssen. Ausreichend ist die Überweisung in USD, da das DoJ eine Zuständigkeit nach FCPA bereits annimmt, wenn bei der Zahlung des Bestechungsgeldes eine amerikanische Korrespondenzbank iRd Zahlungsverkehrs involviert war, was bei einer Überweisung in USD regelmäßig der Fall ist.[53]

65 Zusätzlich risikoerhöhend wirkt, wenn das Unternehmen im Auftrag eines an einer amerikanischen Börse notierten Auftraggebers tätig war. In diesem Fall nimmt die SEC eine eigene **FCPA-Zuständigkeit** an, um wegen Verstoßes gegen die FCPA-Bilanzierungsbestimmungen zu ermitteln. Da es sich hierbei nicht um strafrechtliche Ermittlungen wie beim DoJ handelt, sondern um eine zivilrechtliche Untersuchung, gelten geringere Anforderungen an die Beweisführung seitens der SEC, was die Position des betroffenen Unternehmens im Ermittlungsverfahren erschwert.[54] Daher muss sich das betroffene Unternehmen mit Ermittlungen zweier US-Behörden gleichzeitig auseinandersetzen, die beide aggressiv FCPA-Verstöße verfolgen. Die FCPA-Ermittlungsverfahren gegen Unternehmen durch das DoJ und die SEC enden regelmäßig mit einem Vergleich, so dass die Vorgehensweise beider Behörden und ihre juristische Argumentation bisher nur selten einer gerichtlichen Überprüfung unterzogen wurden.[55]

---

[51] IIA, Sarbanes-Oxley Section 404: A Guide for Management by Internal Controls Practitioners, 2. Aufl. 2008, S. 28.

[52] Bribery Act 2010, Section 6 iVm Section 7 (5).

[53] So zB in US v. Snamprogetti Netherlands B.V. bei dem es um die Zahlung von Bestechungsgeldern auf ein schweizerisches Bankkonto für einen Auftrag in Nigeria ging, Deferred prosecution agreement and a criminal information, Court Docket Number 10-CR-460 filed on July 7, 2010, in the Southern District of Texas.

[54] Securities and Exchange Commission, v. Panalpina, Inc., Civil Action No. 4:10-cv-4334 (Southern District of Texas, November 4, 2010). Obwohl Panalpina, Inc. weder selbst börsennotiert noch Tochtergesellschaft einer börsennotierten Gesellschaft war, wurde das Unternehmen von der SEC im Rahmen des zivilrechtlichen Ermittlungsverfahrens behandelt, als wäre es selbst ein US-börsennotiertes Unternehmen. Dies wurde damit begründet, dass Panalpina, Inc. als Vertreter eines börsennotierten Unternehmens handelte. Die parallel durchgeführten strafrechtlichen Ermittlungen des DoJ wurden mit einem Deferred Prosecution Agreement eingestellt, United States v. Panalpina, Inc., Court Docket Number: 10-CR-765 November 4, 2010, Southern District of Texas.

[55] Hansberry, In Spite of Its Good Intentions, the Dodd–Frank Act Has Created an FCPA Monster, 102 The Journal of Criminal Law & Criminology, 197 (2012). Die Härte mit der das DoJ FCPA-Verstöße verfolgt, wurde ua deutlich in United States v. Joel Esquenazi, et al. Court Docket Number: 09-CR-21010-JEM. Der Hauptangeklagte wurde wegen Bestechung von haitianischen Amtsträgern in Höhe von 890.000 USD und dem damit in Zusammenhang stehenden Vorwurfs der Geldwäsche zu 15 Jahren Haft verurteilt.

Geldbußen und die Einziehung der unrechtmäßig erworbenen wirtschaftlichen Vorteile sind für die Gesellschafter des Unternehmens schmerzhaft. Dabei handelt es sich um Zahlungen in zT beträchtlicher Höhe.[56] 66

Über Geldbußen hinaus drohen Unternehmen regelmäßig zivilrechtliche Ansprüche auf **Schadensersatz** zB von Kunden, die durch eine unzulässige Preisabsprache ihres Lieferanten oder Dienstleisters überhöhte Preise gezahlt und damit einen Schaden erlitten haben. Sowohl die Europäische Union als auch der deutsche Gesetzgeber unterstützen die Geschädigten dabei, den erlittenen Schaden einzufordern, indem sie hierfür gesetzliche Regelungen zur Erleichterung der Beweisführung verabschiedet haben.[57] 67

Die Höhe dieser Schadensersatzforderungen übersteigt nicht selten den der Geldbuße erheblich. 68

Beispiel: Die EU-Kommission verhängte wegen Preisabsprachen Bußgelder gegen elf Luftfrachtunternehmen in Höhe von rund 774 Mio. EUR, wobei Air France mit 182,9 Mio. EUR den höchsten Betrag zu zahlen hatte.[58] Die Deutsche Bahn AG, ein Kunde der Lufthansa, die iRd Kartellverfahrens die Kronzeugenregelung in Anspruch genommen hatte, fordert von Lufthansa Schadensersatz in Höhe von 1,76 Mrd. EUR. Weitere fünf Unternehmen klagen auf Schadensersatz in Höhe von rund 3 Mrd. EUR.[59]

Auch wenn die EU-Kommission Geldbußen in einer Höhe bemisst, die für die betroffenen Unternehmen zwar schmerzhaft, aber nicht bestandsgefährdend sind, so können jedoch die Schadenersatzforderungen vor allem für klein- und mittelständische Unternehmen existenzbedrohende Dimensionen erreichen. 69

Hinzu kommen die durch die Ermittlungen beim Unternehmen verursachten **Kosten** für Wirtschaftsprüfer, Rechtsbeistand, PR-Berater und v.a. die schwer zu quantifizierenden Kosten der Managementattention, die entstehen, wenn sich der Vorstand mit der Aufklärung der Compliance-Verstöße befassen muss, anstatt sich um die Weiterentwicklung des Unternehmens und seiner Kundenbeziehungen zu kümmern. 70

Gravierender für den Unternehmenswert als die – wenn auch zT sehr hohen – Einmalzahlungen sind die Auswirkungen auf den Aktienkurs des Unternehmens. Bereits die Bekanntgabe der Eröffnung eines Ermittlungsverfahrens kann sich sehr negativ auf die **Marktkapitalisierung** auswirken. 71

Die Vorzugsaktie der **Volkswagen AG** stürzte am ersten Handelstag nach Bekanntwerden des Einsatzes einer Software zur Manipulation der Ergebnisse von Abgastests in den USA am 21.9.2015 von 160,23 EUR um zunächst 20,7% auf 127 EUR ab. Als weitere Details möglicher Verstöße gegen amerikanische Umweltvorschriften an die Öffentlichkeit drangen, gab die Aktie bis zum 5.10. auf 95,07 EUR nach. Damit sank der Börsenwert des weltweit größten Automobil-

[56] Ferrostaal AG wurde wegen Bestechungen in Griechenland und Portugal zu einer Geldbuße in Höhe von rund 139,8 Mio. EUR verurteilt. Diese setzt sich aus einem Ahndungsanteil in Höhe von 500.000 Mio. EUR und einem Abschöpfungsanteil von 139.286.376 EUR zusammen, LG München I Urt. v. 20.12.2011 – 6 KLs 565 Js 33037/10.

[57] Richtlinie 2014/104/EU des Europäischen Parlaments und des Rates vom 26. November 2014 über bestimmte Vorschriften für Schadensersatzklagen nach nationalem Recht wegen Zuwiderhandlungen gegen wettbewerbsrechtliche Bestimmungen der Mitgliedstaaten und der Europäischen Union (ABl. Nr. L 349, 1) sowie §§ 33a ff. GWB.

[58] EU Kommission Pressemitteilung IP/10/1487 vom 9.11.2010.

[59] https://www.wiwo.de/unternehmen/dienstleister/luftfracht-kartell-bmw-und-conti-klagen-gegen-lufthansa/11304706.html, zuletzt abgerufen am 26.10.2022.
Die Deutsche Bahn AG hat sich bis zum Jahr 2020 mit sieben von elf Fluggesellschaften außergerichtlich verglichen, wodurch ca. 75 Prozent der Schadensersatzforderung in Höhe von ca. 3 Mrd. EUR abgegolten wurden, DVZ, 2.12.2020, Luftfracht-Kartell: Deutsche Bahn und British Airways einigen sich, https://www.dvz.de/unternehmen/luft/detail/news/luftfracht-kartell-deutsche-bahn-und-british-airways-erzielen-aussergerichtliche-einigung.html, zuletzt abgerufen am 28.10.2023 sowie Handelsblatt, Klage gegen Luftfrachtkartell: Bahn kassiert Schadensersatz in Millionenhöhe https://www.handelsblatt.com/unternehmen/dienstleister/logistiktochter-schenker-klage-gegen-luftfrachtkartell-bahn-kassiert-schadensersatz-in-millionenhoehe/26672864.html, jeweils zuletzt abgerufen am 28.3.2022.

herstellers innerhalb von nur drei Wochen um 41 %.[60] Der designierte Aufsichtsratsvorsitzende soll intern von einer existenzbedrohenden Krise gesprochen haben.[61]

72 Aber auch mittelständische Unternehmen werden von den Kapitalmärkten abgestraft, wenn sie aufgrund eines Compliance-Verstoßes in die Schlagzeilen geraten. Regelmäßig sinkt die Marktkapitalisierung eines Unternehmens mindestens um den Betrag der möglichen Sanktionen, Schadensersatzklagen usw.

Im November 2006 schloss *Willbros Group, Inc.* einen Vergleich mit der SEC und dem DoJ, in dem sich das Unternehmen verpflichtete, insgesamt 32,3 Mio. USD an die Behörden zu zahlen. Der Aktienkurs war jedoch im Mai 2005 bereits um 30,9 % gefallen, als bekannt wurde, dass gegen das Unternehmen wegen eines FCPA-Verstoßes ermittelt wird. Dieser Kursverfall reduzierte den Börsenwert des Unternehmens um 105 Mio. USD.[62]

73 Mit der Bekanntgabe eines Ermittlungsverfahrens werden naturgemäß auch Details bekannt, in welchem Land vermutete FCPA-Verstöße oder andere Gesetzesverletzungen begangen worden sind. Durch den damit einhergehenden **Reputationsverlust** in dem betreffenden Land, kann sich ein dadurch verursachter Umsatzrückgang sehr schnell in der Bilanz des Unternehmens niederschlagen, was, je nach Abhängigkeit von diesem Markt, existenzielle Folgen für das Unternehmen nach sich ziehen kann.

74 Weiterer Schaden entsteht dem Unternehmen, wenn die Erreichung **strategisch** wichtiger **unternehmerischer Ziele** durch bekanntgewordene Ermittlungen wegen Compliance-Verstößen gestört wird. So müssen unter Umständen Unternehmenszusammenschlüsse oder Joint Ventures aufgegeben werden, weil sich der Partner zurückzieht.[63]

75 Da die Zahlung von Bestechungsgeldern regelmäßig nicht entsprechend der steuerrechtlichen Buchführungspflicht (§§ 140 ff. AO) korrekt verbucht wird, kann die Unternehmensleitung darüber hinaus mit **Betriebsprüfungen** durch die jeweils zuständigen Finanzbehörden rechnen. Diese wird unter Umständen eine Aberkennung von geltend gemachten Betriebsausgaben und damit eine Steuernachzahlung in entsprechender Höhe nach sich ziehen.

76 Diese wenigen Beispiele illustrieren, dass nicht nur die klassischen Unternehmensrisiken, sondern auch Compliance-Risiken für ein Unternehmen ebenso katastrophale Folgen haben können. Wie auch bei klassischen Unternehmensrisiken kann bei Compliance-Risiken daher nicht auf deren genaue Analyse verzichtet werden, will man die Fragen, welche Compliance-Risiken für ein Unternehmen bestehen und ob bestehende Sicherungen im Unternehmen ausreichen, um präventiv gegen Compliance-Verstöße wirken zu können, beantworten können.

77 Somit kommt § 91 Abs. 2 AktG unter Compliance-Gesichtspunkten eine zweifache Rolle zu. Zum einen muss die Geschäftsleitung im Rahmen ihrer Legalitätspflicht für ein Früherkennungssystem sorgen, das die für das Unternehmen bestandsgefährdenden klassischen Unternehmensrisiken rechtzeitig aufdeckt. Tut sie dies nicht, läge darin ein Compliance-Verstoß und sie wäre für Schäden haftbar.

---

[60] Jeweils Börsenschlusskurse. Bis zum Januar 2018 erholte sich der Aktienkurs wieder auf den Stand von September 2015.

[61] Die Dimensionen der VW-Krise sind schwindelerregend, Welt, 4.10.2015, https://www.welt.de/wirtschaft/article147163133/Die-Dimensionen-der-VW-Krise-sind-schwindelerregend.html, zuletzt abgerufen am 14.2.2018.

[62] Wong/Conroy, FCPA Settlements: It's a Small World After All, 7, mit weiteren Beispielen auf S. 11.

[63] So zogen sich Daimler AG und ThyssenKrupp AG von einen Joint Venture mit Ferrostaal AG zurück, das in Algerien die Produktion leichter Militärfahrzeuge aufbauen sollte, nachdem die staatsanwaltschaftlichen Ermittlungen gegen Ferrostaal bekannt wurden, Daimler und ThyssenKrupp wenden sich von Ferrostaal ab, Augsburger Allgemeine, 9.8.2010, https://www.augsburger-allgemeine.de/wirtschaft/Daimler-steigt-aus-Ruestungsprojekt-mit-Ferrostaal-aus-id8291681.html, Daimler steigt aus Rüstungsprojekt mit Ferrostaal aus, zuletzt abgerufen am 28.10.2023. Sicherlich handelt es sich bei diesem Beispiel nicht um eine für die Ferrostaal AG bestandsgefährdend wirkende Entscheidung ihrer Joint Venture Partner. Dennoch zeigt es, wie nachhaltig Reaktionen sein können.

Dies gilt umso mehr für börsennotierte Aktiengesellschaften, die seit dem Jahr 2021 gem. § 91 Abs. 3 AktG verpflichtet sind, im Hinblick auf den Umfang der Geschäftstätigkeit und der Risikolage des Unternehmens angemessene und wirksame interne Kontroll- und Risikomanagementsysteme zu implementieren. Im Leitungsermessen des Vorstandes steht nur noch die konkrete Ausgestaltung dieser Systeme.[64] 78

Zum anderen muss sich die Geschäftsleitung gem. § 91 Abs. 2 AktG auch mit Compliance-Risiken befassen, da auch diese eine bestandsgefährdende Dimension annehmen können. Im Rahmen eines Compliance-Risikomanagements hat sie sicherzustellen, dass die Wirksamkeit der Wahrnehmung dieser Aufgabe in einem kontinuierlichen Prozess immer wieder überprüft wird, sodass dem Unternehmen auch aus möglichen Gesetzesverstößen keine bestandsgefährdenden Entwicklungen erwachsen können. 79

Checkliste 4: Compliance-Risiken

- ❑ Sind die gravierendsten Compliance-Risiken bekannt, welchen das Unternehmen ausgesetzt ist?
- ❑ Sind im Unternehmen auch die **lokalen Vorschriften** der Auslandsmärkte bekannt, in welchen es Geschäftsaktivitäten unterhält?
- ❑ Unterhält das Unternehmen Geschäftskontakte in die **USA** oder **Großbritannien**, die u. a. besonders scharfen Antikorruptionsregeln unterworfen sind?
- ❑ Sind im Unternehmen die möglichen **straf- und zivilrechtlichen Konsequenzen** von Compliance-Verstößen bekannt?

II. Bestandsgefährdung

Die Pflicht des Vorstands zur Früherkennung von Risiken beschränkt sich zunächst gem. § 91 Abs. 2 AktG auf Entwicklungen, die das Unternehmen in seinem Bestand gefährden können. Daher sind mit dieser Regelung zunächst nur solche Risiken gemeint, die eine Insolvenz auslösen oder das **Insolvenzrisiko** deutlich erhöhen können.[65] Dazu muss das Risiko geeignet sein, in **eine wesentliche Verschlechterung der Vermögens-, Finanz- oder Ertragslage des Unternehmens** umschlagen zu können. Darüber hinaus zählt das Gesetz zu den bestandsgefährdenden Entwicklungen, neben risikobehafteten Geschäften, auch die Unrichtigkeiten der Rechnungslegung und Verstöße gegen gesetzliche Vorschriften.[66] Dies schließt aus, dass der Vorstand aufgrund § 91 Abs. 2 AktG dazu verpflichtet ist, jedweden Geschäftsvorgang auf sein Gefährdungspotential zu analysieren und zu verfolgen.[67] 80

Dennoch kann sich ein Vorstand nicht auf die Abwehr derjenigen Risiken beschränken, die, jedes für sich genommen, ausreichen würden, um das Unternehmen in seinem Bestand zu gefährden. Zwar zeigte sich im Vorfeld der Einführung des KonTraG, dass zB einzelne Warentermingeschäfte einen Konzern an den Rand der Insolvenzbringen können.[68] Tatsächlich dürfte eine Bestandgefährdung jedoch regelmäßig durch das kumulierte Umschlagen unterschiedlicher Risiken ausgelöst werden. 81

Welches diese Risiken sind, hängt u. a. von der Größe, Struktur und Komplexität des Unternehmens ab, von seiner wirtschaftlichen und finanziellen Lage, von seiner Branchenzugehörigkeit der internationalen Ausrichtung seiner Aktivitäten und den bereits in der 82

[64] RegBegr. zum Entwurf eines Gesetzes zur Stärkung der Finanzmarktintegrität (Finanzmarktintegritätsstärkungsgesetz – FISG), BT-Drs. 19/26966, 115.
[65] MüKoAktG/Spindler AktG § 91 Rn. 21.
[66] BT-Drs. 13/9712, 15.
[67] MüKoAktG/Spindler AktG § 91 Rn. 21; GroßkommAktG/Kort AktG § 91 Rn. 33; BeckOGK/Fleischer AktG § 91 Rn. 32; Hölters/Weber/Müller-Michaels AktG § 91 Rn. 6.
[68] Jacque S. 73 ff.

Vergangenheit festgestellten Schwachpunkten im Risikoprofil des Unternehmens oder dem von Wettbewerbern.[69]

83 Es kommt daher für die Analyse der bestandsgefährdenden Risiken darauf an, eine unternehmensspezifische Definition derjenigen Risiken zu wählen, die als wesentlich angesehen werden. Fehlende gesetzliche Vorgaben erleichtern dabei nicht die Grenzziehung zwischen den für den Fortbestand eines Unternehmens wesentlichen oder unwesentlichen Risiken.

84 Als ein Orientierungspunkt kann die in den USA gängige Grenzziehung für die **„Materiality"** der Section 404 SOX dienen[70]. Danach gilt die „Daumenregel", dass eine gemäß US-GAAP unrichtige Darstellung im Jahresabschluss, die eine Abweichung von weniger als 5% vom Gewinn vor Steuern und vom Gewinn pro Aktie bewirkt, als nicht wesentlich anzusehen ist, sofern keine zusätzlichen, „unerhörten" Vorfälle bekannt sind, wie zB eine Selbstkontrahierung oder eine Unterschlagung durch das Management.[71]

85 Die SEC macht jedoch gleichzeitig deutlich, dass die Anwendung dieser Regel nur der erste Schritt einer weitergehenden Analyse der **Wesentlichkeit** sein kann. Es kommt bei der Abwägung darauf an, die Gesamtumstände[72] sowie die gesamten zur Verfügung stehenden Informationen[73] zu betrachten. Dabei spielt zum einen in quantitativer Hinsicht das prozentuale Verhältnis der Abweichung eine Rolle. In qualitativer Hinsicht kommt es darauf an, eine vorsichtige Bewertung der Schlussfolgerungen vorzunehmen, die ein verständiger Aktionär aus den gegebenen Fakten ziehen würde und welche Bedeutung sie für ihn hätten. Wenn zB eine verschwiegene Information von so offensichtlicher Bedeutung für einen Investor ist, dass sich auch vernünftige Menschen über deren Wesentlichkeit einig sind, ist auch die Wesentlichkeit im rechtlichen Sinne zu bejahen.[74] Daher können

---

[69] Diese Kategorien werden unter anderem auch von der SEC für ihren risikobasierten Ansatz der ICFR-Kontrollen verwendet, 17 Code of Federal Regulations (CFR) part 241, 20.7.2007, 13.

[70] Ob man der Forderung nachgibt, einen internen Kontrollbericht entsprechend der in Section 404 SOX und dessen Ausführungsbestimmungen definierten, amerikanischen Vorgaben auch für in Deutschland börsennotierte Unternehmen einzuführen, vgl. Schneider ZIP 2003, 650, will angesichts der erheblichen Kritik amerikanischer und ausländischer, in den USA börsennotierter Unternehmen wohl überlegt und im Ergebnis sicher abzulehnen sein. Die Störung operativer Unternehmensprozesse durch eine Bürokratisierung sowie die mit Sec. 404 verbundenen Kosten sind erheblich, ohne dass dadurch ein Äquivalent an Sicherheit erzeugt würde. Zur Kritik s. auch → Fn. 70; Hauschka ZIP 2004, 877.

[71] SEC Staff Accounting Bulletin: No. 99 – Materiality, Securities and Exchange Commission, 17 CFR Part 211 [Release No. SAB 99], 2, https://www.sec.gov/interps/account/sab99.htm, zuletzt abgerufen am 26.10.2022.

[72] FASB, Statement of Financial Accounting Concepts No. 2, Qualitative Characteristics of Accounting Information („Concepts Statement No. 2"), 132 (1980).

[73] „Total" mix of information, US Supreme Court, zB in TSC Industries v. Northway, Inc., 426 US 449 (1976), zuletzt in Matrixx Initiatives, Inc. v. Siracusano, No. 09–1156, 563 US (2011).

[74] US Supreme Court, TSC Industries v. Northway, Inc., 426 US 450 (1976). In diesem Fall entschied das Oberste Bundesgericht über die Frage, ob Informationen, die Aktionäre vor einer wichtigen Abstimmung nicht erhalten hatten, wesentlich („material") für ihre Entscheidung waren.

Auch im Bereich des Internal Controls Over Financial Reporting (ICFR) verfolgt die SEC einen risikobasierten Ansatz. Im Jahre 2007 hat des SEC eine „Commission Guidance Regarding Management's Report on Internal Control Over Financial Reporting Under Section 13(a) or 15(d) of the Securities Exchange Act of 1934" (17 CFR part 241, 20.6.2007) veröffentlicht. Darin formuliert die SEC zwei Grundprinzipien, die dem Management bei der Bewertung der Qualität der internen Kontrollen über die Finanzberichterstattung (ICFR) als Orientierung dienen sollen:

- Das erste Prinzip fordert, dass das Management zu bewerten hat, ob die eingeführten Kontrollen geeignet sind, die Risiken einer wesentlichen Falschdarstellung („material misstatement") im Jahresabschluss zu verhindern oder in einer angemessenen Zeit aufzudecken, 17 CFR part 241, 4.
- Das zweite Prinzip enthält die Vorgabe, dass das Management bei seiner Beurteilung der Belege für den Nachweis der Wirksamkeit der eingeführten Kontrollen einen risikobasierten Ansatz wählen soll, 17 CFR part 241, 5.

Die Handlungsempfehlung stellt das Management von der Verpflichtung frei, alle Prozesskontrollen auf ihre Geeignetheit zu evaluieren, Risiken für wesentliche Falschdarstellung der Finanzberichterstattung zu verhindern. Vielmehr soll sich das Management auf eine Identifizierung und Bewertung derjenigen Kontrollen fokussieren, die, nach seinem Urteil, das Risiko einer wesentlichen Falschdarstellung der Finanzabschlüsse behandeln. 17 CFR part 241, 9 ff.

auch quantitativ geringe Abweichungen qualitativ für den Investor eine erhebliche Rolle spielen, da sie zu einer anderen Bewertung der sonstigen Informationen führen können.[75]

86 Wichtig ist dabei, dass das Unternehmen Kriterien für die als wesentlich zu betrachtenden quantitativen und qualitativen Abweichungen entwickelt. Nur so können bei einem Überschreiten der Grenzwerte entsprechende Gegenmaßnahmen eingeleitet werden.

87 Zum gleichen Ergebnis kommt man unter Heranziehung des § 93 Abs. 1 S. 1 AktG, der durch § 91 Abs. 2 AktG nicht verdrängt wird.[76] Danach hat der Vorstand bei seiner Geschäftsführung die kaufmännische Sorgfalt anzuwenden. Dies bedeutet nicht, dass der Vorstand keine unternehmerischen Chancen wahrnehmen darf, nur um keine Risiken einzugehen.[77] Vielmehr hat der Vorstand bei risikobehafteten geschäftlichen Entscheidungen die Vor- und Nachteile bzw. die Chancen und Risiken des Geschäftes gegeneinander abzuwägen.[78] Damit sind auch andere als per se bestandsgefährdende Risiken durch den Vorstand zu erfassen und zu beobachten.[79]

III. Frühzeitiges Erkennen bestandsgefährdender Risiken

88 Um noch rechtzeitig Maßnahmen einleiten zu können, die geeignet sind, die Realisierung der erkannten bestandsgefährdenden Risiken vom Unternehmen abzuwenden, verlangt § 91 Abs. 2 AktG, dass die Risiken früh erkannt werden müssen. Wie frühzeitig die den Fortbestand der Gesellschaft gefährdenden Entwicklungen zu identifizieren sind, ist im Kontext der erforderlichen **Gegenmaßnahmen** zu sehen.

89 Kann einem Risiko durch das Ergreifen kurzfristig wirkender Maßnahmen gegengesteuert werden, so sind die Anforderungen an die Frühzeitigkeit des Erkennens von Risiken weniger hoch als bei Sanierungsmaßnahmen, die erst über einen längeren Zeitraum hinweg ihre Wirkung entfalten können. So führen zB effizienzsteigernde Programme naturgemäß erst nach mehreren Monaten, v. a. wenn damit auch ein Personalabbau verbunden ist, zu spürbaren Kosteneinsparungen. Um dem Ziel der Vorschrift gerecht zu werden, ist daher zu verlangen, dass bestandsgefährdende Risiken so frühzeitig erkannt werden müssen, dass die geeigneten Gegenmaßnahmen noch wirksam werden können.[80]

90 Ob die vom Vorstand ergriffene Maßnahme eine angemessene Reaktion auf die konkrete Risikolage darstellt, ist nach §§ 76, 93 AktG zu bewerten.

Checkliste 5: Bestandsgefährdung durch Unternehmensrisiken

- ❑ Werden die **Unternehmensrisiken erfasst** und im Hinblick auf ihren bestandsgefährdenden Charakter **bewertet?**
- ❑ Hat das Unternehmen **Kriterien** entwickelt, ab wann quantitative und qualitative Planabweichungen als bestandsgefährdende Risiken eingestuft werden?
- ❑ Gibt es im Unternehmen Geschäftsprozesse, die Risiken identifizieren und den rechtzeitigen Einsatz von Gegenmaßnahmen erlauben?

[75] SEC Staff Accounting Bulletin: No. 99, 3f. mit Beispielen für quantitativ geringe aber qualitativ wesentliche Abweichungen.

[76] LG Berlin AG 2002, 682.

[77] Zur Diskussion um die Haftungsverschärfung des Vorstands s. GroßkommAktG/Hopt/Roth AktG § 93 Rn. 31; MüKoAktG/Spindler AktG § 91 Rn. 29f.

[78] BGH NZG 2008, 706 (für GmbH-Geschäftsführer); Hölters/Weber/Müller-Michaels AktG § 91 Rn. 6.

[79] So vertritt Spindler die Auffassung, dass nicht jeder einzelne Geschäftsvorfall erfasst werden muss, sondern vielmehr ein kontinuierlicher Abgleich der Gesamtlage zwischen den geplanten Umsatz- und Gewinnzielen und der tatsächlich eingetretenen Situation ausreichend ist, Fleischer VorstandsR-HdB/Spindler § 19 Rn. 10.

[80] BT-Drs. 13/9712, 15; Koch AktG § 91 Rn. 4.

IV. Sorgfaltspflicht und Sorgfaltsmaßstab

91 Der Vorstand hat das Unternehmen unter eigener Verantwortung zu leiten (§ 76 Abs. 1 AktG).[81] Um seine Leitungsverantwortung wahrnehmen zu können, steht dem Vorstand ein weitgehender Entscheidungsspielraum zu, innerhalb dessen er sein **unternehmerisches Ermessen** ausüben kann.[82]

92 In § 93 Abs. 1 S. 1 AktG ist festgelegt, dass der Vorstand seine Pflichten unter Aufwendung der Sorgfalt eines ordentlichen und gewissenhaften Geschäftsleiters zu erfüllen hat. Damit ist dem Vorstand sowohl ein subjektiver Verschuldensmaßstab als auch ein objektiver Maßstab für die Erfüllung seiner materiellen Pflichten vorgegeben.[83]

93 Der Maßstab, der an die Sorgfaltspflicht anzulegen ist, ist nicht einheitlich definiert. Er ist jedoch ein strengerer als der an die Sorgfaltspflicht eines ausschließlich mit eigenem Vermögen wirtschaftenden Einzelkaufmanns anzulegende, da dem Vorstand einer AG eine dem Treuhänder fremden Vermögens vergleichbare Funktion zukommt.[84]

94 Die Anforderungen an die Sorgfaltspflicht hängen ab von der Art und Größe des Unternehmens, von der Mitarbeiterzahl, dem Grad der Internationalisierung und der wirtschaftlichen Lage, in der sich das Unternehmen befindet, sowie von der Konjunkturentwicklung allgemein. Um den spezifischen Anforderungen zu genügen, müssen die Vorstandsmitglieder die Fähigkeiten und Kenntnisse besitzen, die zur Wahrnehmung ihrer Leitungsaufgabe erforderlich sind.

95 Die Regelung des **Sorgfaltsmaßstabes** ist normatives Recht. Daher können die Anforderungen an die aufzuwendende Sorgfalt weder vertraglich noch durch Regelungen in der Satzung verschärft oder reduziert werden.[85] Branchenstandards, die eine weniger sorgfältige Aufgabenwahrnehmung vorgeben, können einen Vorstand nicht davon entlasten, die Geschäfte des Unternehmens mit der Sorgfalt eines pflichtbewussten, in eigener Verantwortung tätigen Geschäftsleiters zu führen.[86]

96 Daher ist auch nicht automatisch von einer pflichtgemäßen Wahrnehmung der Leitungsaufgabe auszugehen, wenn der Vorstand anerkannte betriebswirtschaftliche Modelle in die Unternehmensorganisation und -prozesse implementiert.

97 Vielmehr kommt es darauf an, dass auch hier der Vorstand im Rahmen seines Leitungsermessens zunächst prüft, ob die Einführung der konkreten betriebswirtschaftlichen Standards der spezifischen Situation des Unternehmens gerecht wird und ob die Vorgaben der betriebswirtschaftlichen Standards ggf. auf die Unternehmenssituation zu adaptieren sind.[87]

98 Dies gilt ebenso für die organisatorische und inhaltliche Ausgestaltung des Risikofrüherkennungssystems nach § 91 Abs. 2 AktG. Die Einführung eines Standardsystems, das zB auf dem vom *Institut deutscher Wirtschaftsprüfer (IDW)* aufgestellten Prüfungsstandard **IDW PS 340** basiert, befreit den Vorstand nicht von seiner Obliegenheit, im Vorfeld einer Implementierung zu prüfen, ob die Einführung dieses Standards zu den Gegebenheiten des

---

[81] Unter dem Begriff der gesetzlich nicht näher definierten „Leitung“ eines Unternehmens ist aktienrechtlich ein dem Gesamtvorstand als Kollegialorgan vorbehaltener, herausgehobener Teilbereich der Geschäftsführung zu verstehen. Zu diesem gehören die dem Gesamtvorstand in den § 83 AktG, § 90 AktG, § 91 AktG, § 92 AktG, § 110 Abs. 1 AktG, § 118 Abs. 2 AktG, § 121 Abs. 2 AktG, § 170 AktG, § 245 Nr. 4 AktG zugewiesenen Funktionen sowie die durch den Vorstand für andere Organe zu erbringenden Aufgaben (s. § 119 Abs. 2 AktG, § 124 Abs. 3 AktG, § 161 AktG). Zu den Leitungsaufgaben können auch die organisatorischen Maßnahmen zum Aufbau eines Compliance-Managementsystems gezählt werden, MüKoAktG/Spindler AktG § 76 Rn. 17, iE dazu Hölters/Weber/Weber AktG § 76 Rn. 28ff., Koch AktG § 76 Rn. 25ff.

[82] MüKoAktG/Spindler AktG § 93 Rn. 43ff.

[83] MüKoAktG/Spindler AktG § 93 Rn. 21.

[84] MüKoAktG/ Spindler AktG § 93 Rn. 5, 63.

[85] Hölters/Weber/Hölters AktG § 93 Rn. 12.

[86] MüKoAktG/Spindler AktG § 93 Rn. 25.

[87] So auch MüKoAktG/Spindler AktG § 91 Rn. 16, 31.

Unternehmens passt und damit zu einer wirksamen Früherkennung von bestandsgefährdenden Risiken führt.[88]

Die vorausschauende Risikofrüherkennung und -bewertung ist ein komplexer Prozess, 99
der auf die Unternehmensgröße, den Internationalisierungsgrad, die Branche und Struktur des Unternehmens sowie auf dessen Kapitalmarktzugang angepasst werden muss. Standardprozesse passen bestenfalls auf ein dem Durchschnitt entsprechendes Unternehmen, nicht jedoch auf jedes. Es obliegt damit dem Vorstand, nachzuweisen, dass das gewählte Managementsystem den Anforderungen der konkreten Unternehmenssituation gerecht wird.[89]

Checkliste 6: Anzuwendender Sorgfaltsmaßstab beim Aufbau eines Risikomanagements

- ☐ Wird berücksichtigt, dass das Risikomanagement den Anforderungen gerecht werden muss, die einhergehen mit
  - der Unternehmensgröße?
  - dem Internationalisierungsgrad?
  - der Branche?
  - der Unternehmensstruktur?
  - dem Kapitalmarktzugang?
  - der Historie vergangener Compliance-Verstöße?

V. Organisations- und Überwachungspflicht

Mit zunehmender Unternehmensgröße ist der Vorstand gezwungen, zumindest teilweise 100
die Wahrnehmungen der von seiner Leitungsfunktion abgeleiteten Aufgaben zu delegieren. Nicht delegierbar ist jedoch die Verantwortung für die sorgfältige und effiziente Wahrnehmung dieser Pflichten. Der Vorstand hat daher durch eine entsprechende Organisation und ein wirksames Kontroll- und Überwachungssystem sicherzustellen, dass seine Mitarbeiter die ihnen übertragenen Aufgaben korrekt erfüllen (vertikale Überwachungspflicht).[90]

In diesem Zusammenhang kann jedoch eine über die Einrichtung eines Frühwarnsys- 101
tems hinausgehende Pflicht des Vorstandes zum Aufbau einer Compliance-Organisation weder aus § 91 Abs. 2 AktG noch aus § 93 Abs. 1 AktG abgeleitet werden.[91] Vielmehr hängt es von der Art und Größe des Unternehmens, von seiner Branchenzugehörigkeit und dem Grad der Internationalisierung seiner Geschäftsbeziehungen ebenso ab, wie von der Historie vergangener Compliance-Verstöße, ob sich der Vorstand im Rahmen seines Leitungsermessens für den Aufbau einer umfassenden Compliance-Organisation entscheiden sollte.

Das Landgericht München I hat in seiner **„Siemens/Neubürger"-Entscheidung** 102
diese Auffassung bestätigt, da im Rahmen seiner Legalitätspflicht ein Vorstandsmitglied dafür Sorge zu tragen habe, dass das Unternehmen so organisiert und beaufsichtigt wird, dass keine Gesetzesverletzungen, wie in diesem Fall die grenzüberschreitenden Schmiergeldzahlungen, stattfinden. Dieser, in § 91 Abs. 2 AktG konkretisierten Überwachungspflicht genügt der Vorstand nur, wenn er ein Überwachungssystem installiert, das geeignet ist, bestandsgefährdende Entwicklungen frühzeitig zu erkennen, was auch Verstöße gegen ge-

[88] Dies muss erst recht für ISO-Zertifizierungen gelten, durch die sicher keine Enthaftung erreicht werden kann, vgl. Spindler S. 809ff. Zu den Compliance-Risikomanagementstandards der ISO → Rn. 1063ff.

[89] Um seiner Leitungsverantwortung gerecht zu werden, muss der Vorstand in Bezug auf das auf sein Unternehmen zugeschnittene Risikofrüherkennungssystem das Rad jedoch nicht neu erfinden. Es ist sehr wohl geboten, sich an den erprobten und wirksamen Risikomanagementlösungen zu orientieren.

[90] Vgl. auch § 130 OWiG, § 9 Abs. 1 OWiG.

[91] So auch HML Corporate Compliance/Hauschka/Moosmayer/Lösler § 1 Rn. 30ff.; weitergehend BeckOGK/Fleischer AktG § 91 Rn. 69ff.

setzliche Vorschriften einschließt. Bei entsprechender Gefährdungslage erfüllt der Vorstand seine Organisationspflicht nur dann, wenn er eine auf Schadensprävention und Risikokontrolle angelegte Compliance-Organisation einrichtet. Entscheidend für deren Umfang im Einzelnen sind dabei Art, Größe und Organisation des Unternehmens, die zu beachtenden Vorschriften, die geografische Präsenz wie auch die Verdachtsfälle aus der Vergangenheit.[92]

103 Damit ist die Compliance-Risikosituation, in der sich das Unternehmen befindet, von maßgeblicher Bedeutung für die Frage, ob sich die im Ermessen der Unternehmensleitung liegende Entscheidung, eine Compliance-Organisation aufzubauen, zu einer Pflicht verdichtet.

104 Die Beantwortung dieser Frage ist unabhängig davon zu beantworten, ob eine solche Compliance-Organisation einem unter Umständen auch kleineren Unternehmen **betriebswirtschaftlich zumutbar** ist. Vielmehr kommt es auf die Frage an, ob der Geschäftsleiter ohne Zugriff auf Informationen, die eine Compliance-Organisation erfasst, in der Lage ist, zu beurteilen, in welcher Gefährdungssituation sich das Unternehmen befindet, um den Anforderungen des § 91 Abs. 2 AktG gerecht zu werden bzw. um die allgemeine Leitungspflicht der § 76 Abs. 1 AktG, § 93 Abs. 1 AktG zu erfüllen.[93]

105 In einem **KMU,** das ausschließlich im Inland und auf der Basis eines einfachen Geschäftsmodells tätig ist, kann dies ein Geschäftsleiter sehr gut selbst beurteilen, da er sich in aller Regel sehr wohl seiner Legalitätspflicht bewusst ist und die zu analysierenden Geschäftsprozesse eher überschaubare Compliance-Risiken beinhalten. Dies wird ihm dadurch erleichtert, dass die Transparenz in dem Unternehmen eine sehr hohe ist. Die Hierarchie ist flach und die Entscheidungswege sind nicht nur kurz, sondern an ihrem Ende entscheidet oftmals der Geschäftsleiter persönlich. Darüber hinaus kennt der Geschäftsleiter die meisten seiner Mitarbeiter. Die Sorgfalt des ordentlichen Kaufmanns stellt sicher, dass das Design der einzelnen Prozesse die erforderliche Sicherheit aufweisen, um das Unternehmen zB vor Unterschlagungen oder Untreue seitens seiner Mitarbeiter zu schützen. Darüber hinaus bewirkt ein Übriges eine entsprechende Unternehmenskultur, deren Leitbild, Integrität und wertorientierte Führung, in einem familiengeführten Unternehmen glaubhaft täglich gelebt wird sowie die damit einhergehende soziale Kontrolle am Arbeitsplatz.[94]

106 Richtigerweise muss ein KMU des hier beschriebenen Zuschnitts intern **keine institutionalisierten Compliance-Strukturen** aufbauen. Das kann aber nicht heißen, dass die Geschäftsleitung eines KMU nicht analysieren muss, ob das Unternehmen Compliance-Risiken ausgesetzt ist.[95]

107 Es ist dabei völlig der Unternehmensleitung überlassen, wie sie sicherstellt, dass Compliance-Risiken identifiziert und ggf. entsprechende Gegenmaßnahmen ergriffen werden. Ohne spezialisierte Strukturen im Unternehmen hierfür aufzubauen, kann ein Unternehmen fehlendes Know-how einkaufen. Ist eine Compliance-Risikolandkarte einmal etabliert, kann diese völlig ausreichen, um im laufenden Geschäft als Grundlage für die künftige Befassung mit Compliance-Risiken zu dienen.[96]

108 Dass auch sehr kleine Unternehmen dies leisten, belegt, dass es sich vielfach um eine bewusste Entscheidung der Unternehmer handelt, ihrer Legalitätspflicht auf der einen Seite, aber auch ihrer gesellschaftlichen Verantwortung auf der anderen Seite gerecht zu wer-

[92] LG München NZWiSt 2014, 183 mAnm Rathgeber.

[93] Zur Business Judgement Rule und der mit ihr verbundenen Verpflichtung des Geschäftsleiters Entscheidung auf der Grundlage angemessener Information zu treffen → Rn. 122ff.

[94] Zur richtigen Unternehmenskultur als elementarer Bestandteil eines erfolgreichen Compliance-Risikomanagements → Rn. 1309ff.

[95] Als ein sicher extremes Beispiel dafür, das auch sehr kleinste und in einem sehr lokalen Markt tätige Unternehmen vor Compliance-Problemen nicht gefeit sind, mag der Fall Tübinger Eisdielen dienen, deren Eigentümer gegenüber der Presse bestätigt hatten, Preiserhöhungen abgesprochen zu haben, Tagblatt, 28.3.2017, https://www.tagblatt.de/Nachrichten/Kartellamt-ermittelt-gegen-Eishersteller-325948.html, zuletzt abgerufen am 14.2.2018.

[96] Zur Umsetzung eines Compliance-Risikomanagements in KMU → Rn. 976ff.

den, indem sie sich mit ihren Compliance-Risiken präventiv befassen und durch entsprechende Maßnahmen auch den modernen Anforderungen an die Corporate Social Responsibility gerecht werden.[97]

Ganz anders sieht dies in einem international tätigen Unternehmen aus, dessen Größe ein höheres Maß an Delegation von Aufgaben erfordert, in welchem die Unternehmensleitung nur noch eingeschränkt die Führungskräfte oder Mitarbeiter unterhalb einer bestimmten Leitungsebene kennt, und in dem die operativen Geschäftsprozesse außerordentlich zahlreich und komplexer Natur sind. 109

Die Gefährdungslage durch mögliche Compliance-Verstöße in einem solchen, sehr viel heterogeneren Umfeld richtig einschätzen zu können, ist nur schwer vorstellbar, ohne ein auch auf Compliance-Risiken ausgerichtetes Frühwarnsystem im Unternehmen organisatorisch fest zu etablieren, das erst die für diese Beurteilung **notwendigen Informationen** zur Verfügung stellen kann. 110

Daher besteht zwar auch nach der hier vertretenen Ansicht grundsätzliche keine Pflicht, eine Compliance-Organisation in einem Unternehmen zu etablieren. Sehr wohl besteht aber eine Pflicht, sich darüber zu informieren, ob das Unternehmen Compliance-Risiken ausgesetzt ist. In Bezug auf die konkreten Compliance-Maßnahmen, die diese identifizierten Risiken unterbinden sollen, hat die Geschäftsleitung wiederum ein breites Organisationsermessen.[98] 111

Aber auch gegenüber seinen Vorstandskollegen hat der Vorstand eine **Informationspflicht** (horizontale Überwachungspflicht). Um seiner Gesamtverantwortung für das Unternehmen gerecht zu werden, muss sich der Vorstand über die Angelegenheiten der anderen Vorstandsressorts informieren und seinen Vorstandskollegen über die Aktivitäten in seinem eigenen Ressort berichten. Die Einhaltung des Legalitätsprinzips und demgemäß die Einrichtung eines funktionierenden Compliance-Managementsystems gehört zur Gesamtverantwortung des Vorstands. Daher hat ein Vorstandsmitglied die Pflicht, sich regelmäßig zu informieren, welche Ergebnisse interne Ermittlungen gebracht haben, ob personelle Konsequenzen gezogen worden sind und ob und wie ein dahinterstehendes System bekämpft wird.[99] 112

Dabei darf sich der Vorstand nicht regelmäßig in die Führung der Geschäfte seiner Kollegen einmischen, da dies die Grenze der Ressortverantwortung verletzen würde.[100] 113

Checkliste 7: Organisations- und Überwachungspflicht

- ❑ Wird der Vorstand seiner **Leitungsverantwortung** gerecht, indem er das Unternehmen so organisiert hat, dass keine Rechtsverstöße aus dem Unternehmen heraus erfolgen?
- ❑ Sind die diesbezüglichen Anforderungen der „Siemens/Neubürger"-Entscheidung bekannt?
- ❑ Wird im Unternehmen ein wirksames Kontroll- und Überwachungssystem installiert, das auch Compliance-Risiken erfasst?

VI. Pflichtverletzung

Die unternehmerische Entscheidungsfreiheit stößt jedoch immer dann an ihre Grenzen, wenn das Vorstandsmitglied in seiner Aufgabenwahrnehmung die ihm übertragenen Pflichten verletzt. 114

---

[97] Als ein Beispiel mag die **Michael Koch GmbH** dienen, ein Unternehmen mit rund 40 Mitarbeitern, das aber zusammen mit Dax-30 Unternehmen korporatives Mitglied bei Transparency International Deutschland e.V. ist, https://bremsenergie.de/de/unternehmen, zuletzt abgerufen am 14.2.2018.

[98] BeckOGK/Fleischer AktG § 91 Rn. 71.

[99] LG München NZWiSt 2014, 183 (187).

[100] Fleischer NZG 2003, 449 (452).

115 Die in § 93 Abs. 1 AktG geregelte allgemeine Sorgfaltspflicht wird durch konkrete Pflichten im Innenverhältnis gegenüber dem Unternehmen in den Abs. 2–6 näher beschrieben. Darüber hinaus ergeben sich **Organpflichten** aus weiteren Vorschriften des Aktiengesetzes, der Satzung und der Geschäftsordnung sowie aus dem Anstellungsvertrag des Vorstandes. So muss er zB die in § 82 Abs. 2 AktG geregelten Kompetenzen der Organe der Gesellschaft wahren.[101]

116 Die Einrichtung eines Früherkennungssystems für bestandsgefährdende Risiken gem. § 91 Abs. 2 AktG stellt eine weitere Konkretisierung der Pflichten des Vorstandes im Rahmen seiner Leitungsaufgabe dar.

117 Auch im Außenverhältnis muss ein Vorstandsmitglied die für das Unternehmen maßgeblichen gesetzlichen Bestimmungen einhalten. Dazu gehören die Vorschriften des Zivilrechts, des Straf-[102] und Ordnungsrechts, des Wettbewerbs- und Kartellrechts, die einschlägigen Bestimmungen des Gewerbe-, Arbeits-, Sozial- und Steuerrechts, sowie die Vorgaben des öffentlichen Rechts bis hin zum Daten- und Umweltschutzrecht.

118 Das unternehmerische Ermessen stößt daher sowohl im Innen- als auch im Außenverhältnis an die Grenzen der **Legalitätspflicht,** wobei eine Rechtsverletzung im Außenverhältnis gleichzeitig eine Verletzung der Legalitätspflicht im Innenverhältnis darstellt.[103] Der Vorstand kann sich daher auch nicht im Innenverhältnis gegenüber seinem Aufsichtsrat darauf berufen, dass das Unternehmen Vorteile aus der Gesetzesverletzung gezogen hat.[104] Vielmehr geht die Einhaltung der Rechtsordnung dem Gesellschaftsinteresse an **„nützlichen" Pflichtverletzungen** vor, da es für illegales Verhalten keinen **„sicheren Hafen"** gibt.[105]

119 Aufgrund der immer stärkeren Internationalisierung der Geschäftsaktivitäten eines Unternehmens ist auch die jeweilige Rechtsordnung des Staates, in dem das Unternehmen tätig ist, zu beachten, vor allem wenn eigene Tochtergesellschaften oder Joint Ventures im Ausland unterhalten werden. Dies gilt umso mehr, als amerikanische und britische Bestimmungen eine über das jeweilige Staatsgebiet hinausgehende Zuständigkeit der eigenen Strafverfolgungsbehörden definieren.[106] Auch kann das deutsche Internationale Privatrecht im Kollisionsfall mit ausländischen Bestimmungen zum Ergebnis kommen, dass nicht die deutsche, sondern die ausländische Schutznorm für die rechtliche Bewertung des Sachverhaltes maßgeblich ist. Gleiches gilt für das öffentlich-rechtliche Kollisionsrecht.

120 Darüber hinaus sind zunehmend Vorschriften supranationaler Organisationen wie die der Europäischen Union zu beachten, die eine direkte Rechtswirkung entfalten können. Auch werden, wie im Fall des Übereinkommens vom 17.12.1997 über die Bekämpfung der Bestechung ausländischer Amtsträger im internationalen Geschäftsverkehr, internationale Regeln in das deutsche Recht überführt. Dadurch wurde die Bestechung von Amtsträgern ausländischer Staaten ebenso unter Strafe gestellt,[107] wie die Bestechung von Privatpersonen im Geschäftsverkehr im In- und Ausland[108]. Damit sind, anders als noch vor

[101] Zu einer Auflistung weiterer gesetzlich geregelter Einzelpflichten des Vorstandes s. Fleischer VorstandsR-HdB/Fleischer § 7 Rn. 6.

[102] So stellt zB das Einrichten sog. schwarzer Kassen (durch leitende Angestellte) gem. § 266 StGB eine strafbare Untreue dar, BGHSt 52, 323.

[103] Ganz hM, vgl. GroßkommAktG/Hopt/Roth AktG § 93 Rn. 133; BeckOGK/Fleischer AktG § 93 Rn. 20 ff. jeweils mwN.

[104] HM, vgl. KK-AktG/Mertens/Cahn AktG § 93 Rn. 34 mwN.

[105] BT-Drs. 15/5092, 11; Fleischer VorstandsR-HdB/Fleischer § 7 Rn. 22; → Rn. 122 ff. (Business Judgement Rule).

[106] S. zB entsprechende Vorschriften des SOX und vgl. Ausführungen zum Foreign Corrupt Practices Act 1977 und den britischen Bribery Act 2010, → Rn. 1172 ff. (Anglo-amerikanische Anforderungen an das Compliance-Risikomanagement).

[107] S. § 334 StGB iVm § 5 Nr. 12–15 StGB.

[108] S. § 299 StGB, der Bezug nimmt auf den „inländischen oder ausländischen Wettbewerb".

1998, ausländische Geschäftsgepflogenheiten, wie zB die Zahlung von Bestechungsgeldern zur Erlangung von Aufträgen, kein Rechtfertigungsgrund.[109]

Sofern es möglich ist, die maßgeblichen Inhalte des ausländischen Rechts durch zB die Einholung von Rechtsrat vor Ort, zu erschließen, kann von einem Vorstand grds. erwartet werden, dass er sich vor einem geschäftlichen Engagement entsprechend kundig macht.[110] 121

Checkliste 8: Mögliche Pflichtverletzung durch die Unternehmensleitung

- ❑ Wurde durch eine mangelhafte Risikofrüherkennung eine allgemeine **Sorgfaltspflicht** des Vorstandes im Innenverhältnis verletzt?
- ❑ Wurden die Organpflichten aus dem **Aktiengesetz**, der Unternehmenssatzung, der Geschäftsordnung des Vorstandes oder seinem Anstellungsvertrag verletzt?
- ❑ Wurden Pflichten des Vorstandes im **Außenverhältnis** verletzt (zB Zivilrecht, Strafrecht, Ordnungswidrigkeitenrecht)?
- ❑ Wurde bei Rahmen internationaler Geschäftsaktivitäten **lokales Recht** verletzt?
- ❑ Wurden die Vorschriften supranationaler Organisationen (zB der EU) verletzt?

VII. Business Judgement Rule

Nach allgemeiner Auffassung haftet der Vorstand nicht für den Erfolg, sondern für die Verletzung der ihm obliegenden Sorgfaltspflichten.[111] Grds. steht dem Vorstand bei einer unternehmerischen Entscheidung ein gerichtlich nur beschränkt überprüfbares Ermessen zu. Dies wurde mit der Einführung der sog. Business Judgement Rule in § 93 Abs. 1 S. 2 AktG auch gesetzlich verankert. Die Regelung stammt aus dem angelsächsischen Rechtskreis und entspricht der Rechtsprechungspraxis des BGH.[112] 122

Die Business Judgement Rule eröffnet dem Vorstand einen **Beurteilungsspielraum** auch in Bezug auf die Bewertung identifizierter Risiken und ermöglicht ihm, risikobehaftete Geschäfte vorzunehmen, ohne dass ihn der Vorwurf einer Pflichtwidrigkeit trifft, sollte sich das Risiko wider Erwarten realisieren. Dieser sichere Hafen **(safe harbor)** steht dem Vorstand jedoch nur dann zur Verfügung, wenn er bei seiner Entscheidung auf der Grundlage angemessener Information vernünftigerweise annehmen durfte, dass er zum Wohle der Gesellschaft handelt. Ob diese Voraussetzungen der Business Judgement Rule erfüllt wurden, ist sehr wohl einer gerichtlichen Überprüfung zugänglich. Ist eine der Voraussetzung nicht erfüllt, so unterliegt die Vorstandsentscheidung der vollen gerichtlichen Nachprüfbarkeit im Falle eines Haftungsprozesses.[113] 123

1. Unternehmerische Entscheidung

Unternehmerischen Entscheidungen liegen regelmäßig zukunftsbezogene Prognosen und Einschätzungen zugrunde. Diese sind risikobehaftet und stellen das Ergebnis einer Auswahlentscheidung aus mehreren zur Verfügung stehenden Handlungsalternativen dar. Diese sind nicht justiziabel. Im Gegensatz dazu steht die Beachtung gesetzlicher, satzungsmäßiger oder anstellungsvertraglicher Pflichten, die keinen tatbestandlichen Beurteilungsspielraum aufweisen und daher einer gerichtlichen Überprüfung zugänglich sind.[114] 124

---

[109] LG München NZWiSt 2014, 183 (187). Eine Rechtfertigung kraft Gewohnheitsrecht oder Verkehrssitte ist nicht anzunehmen, da die Sozialadäquanz des hingegebenen Vorteils bereits bei der Prüfung der Verwirklichung des objektiven Tatbestandes zu untersuchen ist, MüKoStGB/Korte StGB § 331 Rn. 136f.

[110] So auch MüKoAktG/Spindler AktG § 93 Rn. 109f.

[111] BT-Drs. 15/5092, 11; BGHZ 75, 96 (113); BeckOGK/Fleischer AktG § 93 Rn. 79ff. mwN.

[112] BGHZ 135, 244 – ARAG/Garmenbeck.

[113] Fleischer ZIP 2004, 690.

[114] Entwurf eines Gesetzes zur Unternehmensintegrität und Modernisierung des Anfechtungsrechts (UMAG), BT-Drs. 15/5092, 11.

125 Dabei ist die Tragweite der Entscheidung für das Unternehmen nicht als ein zwingendes Abgrenzungskriterium für unternehmerische und nicht-unternehmerische sowie gebundene Entscheidungen geeignet. Sicherlich ist eher von einer unternehmerischen Entscheidung auszugehen, wenn der Entscheidung ein für die wirtschaftliche Situation des Unternehmens hohes Risiko innewohnt. Gleiches gilt für Weichenstellungen, die die langfristige Entwicklung des Unternehmens prägen.[115]

126 Vorstände treffen ihre Entscheidungen nicht auf der Basis einer Qualifikation von „unternehmerisch" oder „nicht unternehmerisch". Entscheidungen sind unter Zeitdruck zu treffen, manchmal auch auf der Grundlage begrenzter Informationen. Darüber hinaus mag ein zu entscheidender Sachverhalt zunächst eine nur geringe Tragweite aufweisen, kann jedoch durch eine spätere Veränderung der Gesamtumstände die wirtschaftliche Situation des Unternehmens erheblich beeinflussen.

127 Daher endet das Ermessen unternehmerischer Entscheidungen dort, wo rechtlich gebundene Entscheidungen zu treffen sind.[116] Diese von der Tragweite der Entscheidung unabhängige Differenzierung mindert die Gefahr, dass unternehmerische Entscheidungen des Vorstandes einer zunehmenden Verrechtlichung unterworfen werden. Auch wird das Risiko reduziert, dass Vorstandsentscheidungen nicht mehr allein aus der ex ante Perspektive des Vorstandes gerichtlich überprüft werden, sondern ex post, im Lichte der tatsächlich genommenen Entwicklungen beurteilt werden.[117]

128 Eine unternehmerische Entscheidung setzt jedoch zwingend voraus, dass der Vorstand sich positiv oder negativ in Bezug auf zB die Wahrnehmung einer geschäftlichen Chance entscheidet. Das Vorbeiziehenlassen einer solchen Chance, ohne eine Entscheidung zu treffen, würde nicht den Tatbestand durch Unterlassen erfüllen, denn auch einem Unterlassen geht eine bewusste Entscheidung voraus.[118]

129 Auch wenn dem Vorstand kein Ermessensspielraum bei der Frage, ob er seine Organisations-, Planungs- und Überwachungsaufgaben wahrnimmt, einzuräumen ist, so kommt ihm ein solcher Spielraum sehr wohl bei der Entscheidung über die Art und Weise der Wahrnehmung dieser Aufgaben zu. Dieses Verständnis entspricht auch dem des § 91 Abs. 2 AktG, der zwar die Einrichtung eines Risikofrühwarnsystems zwingend vorschreibt, dessen Ausgestaltung jedoch in das pflichtgemäße Ermessen des Vorstandes stellt.[119]

2. Handeln zum Wohle der Gesellschaft

130 Ein weiteres Tatbestandsmerkmal der Business Judgement Rule ist das Handeln im Interesse der Gesellschaft.[120] Dies wird dann als gegeben angesehen, wenn die unternehmerische Entscheidung des Vorstands der langfristigen Ertragsstärkung und Wettbewerbsfähigkeit des

[115] So Mutter S. 23.

[116] Dies wird auch in BT-Drs. 15/5092, 11 hervorgehoben; s. auch GroßkommAktG/Hopt/Roth AktG § 93 Rn. 8ff.

[117] Der Gefahr des „hindsight bias" ist sich der deutsche Gesetzgeber sehr bewusst. In den Erläuterungen zum UMAG, BT-Drs. 15/5092, 11, wird betont, dass es bei der Beurteilung der unternehmerischen Entscheidung zum Wohle der Gesellschaft nicht um das ex post ermittelte Wohl der Gesellschaft gehe, da es sich in den hier interessierenden Fällen stets im Nachhinein herausgestellt habe, dass die Maßnahme fehlgeschlagen ist und der Gesellschaft geschadet hat. Auch die amerikanische Rechtsprechung spricht die Risiken des „hindsight bias" deutlich an. Ironisch stellte zB der United States Court of Appeals, Seventh Circuit, in der Entscheidung Paloian v. Lasalle Bank N.A., 619 F.3d 688, 27.8.2010 fest, dass „hindsight" wunderschön klar sei, ..., das aber „hindsight bias" bekämpft und nicht mit offenen Armen begrüßt werden sollte. In Iron Grip Barbell Company v. USA Sports, Inc., 392 F.3d 1317 v. 14.12.2004 weist der United States Court of Appeals, Federal Circuit, ausdrücklich auf die Warnungen des Obersten Gerichtshofes hin, die Gefahren einer „hindsight bias" ernstzunehmen (Graham v. John Deere Co., 383 US 1, 36 (1966).

[118] GroßkommAktG/Hopt/Roth AktG § 93 Rn. 81.

[119] BT-Drs. 13/9712, 15: „Die konkrete Ausformung der Pflicht ist von der Größe, Branche, Struktur, dem Kapitalmarktzugang usw. des jeweiligen Unternehmens abhängig."; so auch MüKoAktG/Spindler AktG § 91 Rn. 28; BeckOGK/Fleischer AktG § 93 Rn. 69.

[120] Vgl. Hölters/Weber/Hölters AktG § 93 Rn. 35ff.

Unternehmens und seiner Produkte oder Dienstleistungen dient.[121] Was jedoch im Einzelnen unter dem Wohle des Unternehmens zu verstehen ist, ist weitgehend offen. Im Hinblick auf das am langfristigen Bestand der Gesellschaft ausgerichtete Tatbestandsmerkmal, kann man davon ausgehen, dass eher ein **Stakeholder orientiertes Verständnis** richtig erscheint. Zwar haben sicher die Aktionäre ein ganz offensichtliches Interesse am Wohlbefinden des Unternehmens. Heute mag jedoch ein Aktienengagement durchaus nicht mehr so langfristig angelegt sein wie früher. Hingegen können Mitarbeiter, Zulieferer und Kunden ein vitales Interesse am langfristigen Fortbestand der Gesellschaft haben.[122] Dem vom Deutscher Corporate Governance Kodex (DCGK) verfolgte Ansatz, ein breiteres Interessenspektrum als das der Aktionäre zu berücksichtigen, ist daher zu folgen.[123]

3. Handeln ohne Sonderinteressen und sachfremde Einflüsse

Um in den **„safe harbor"** der Business Judgement Rule zu gelangen, muss der Vorstand seine unternehmerische Entscheidung unbefangen und frei von unmittelbarem Eigennutz oder Sondereinflüssen außerhalb des Unternehmens treffen.[124] Nahen Angehörigen oder Freunden einen Vorteil zu verschaffen, erfüllt dieses Tatbestandsmerkmal sicher genauso wenig wie eine mit dem Vorstand verbundene Unternehmung. 131

Handelt es sich um eine dem Gesamtvorstand obliegende Entscheidung, sollte ein Mitglied des Vorstandes, das einen Interessenkonflikt in dieser Angelegenheit offen gelegt hat, sowohl von der Beratung als auch von der Abstimmung selbst ausgeschlossen werden. Anderenfalls besteht die Gefahr, dass seine Beteiligung den sicheren Hafen auch für seine Vorstandskollegen schließt.[125] 132

Unbenommen bleibt ein Handeln zum eigenen Vorteil des Vorstandes, wenn sich dieser aus dem Wohl des Unternehmens ableitet, wie zB seine variable Tantieme oder aktienorientierte Vergütungsbestandteile. 133

4. Handeln auf der Grundlage angemessener Informationen

Der Gesetzgeber erkennt an, dass unternehmerische Entscheidungen oftmals auf Instinkt, Erfahrung, Phantasie und Gespür für künftige Entwicklungen und einem Gefühl für die Märkte und die Reaktion der Abnehmer und Konkurrenten beruhen. Sie müssen nicht selten unter hohem Zeitdruck getroffen werden, in einem Umfeld, in dem keine vollständige Transparenz über die Faktenlage hergestellt werden und damit eine umfassende **Entscheidungsvorbereitung** schwierig oder gar unmöglich sein kann. Daher reicht es aus, dass ein Vorstandsmitglied vernünftigerweise angenommen hat, dass er zum Zeitpunkt seiner Entscheidung diese auf Grundlage angemessener Informationen und nach deren freier Würdigung getroffen hat.[126] 134

Damit soll auf der einen Seite der Mut zur Entscheidung nicht unterminiert werden. Auf der anderen Seite ist leichtsinnigen und unter selbsterzeugtem Zeitdruck getroffenen Entscheidungen mit Rücksicht auf die Interessen der Aktionäre und der Arbeitnehmer kein Vorschub zu leisten.[127] 135

[121] BT-Drs. 15/5092, 11.
[122] Wie Ghoshal S. 80 feststellte, können die meisten Aktionäre sehr viel einfacher ihre Aktien verkaufen als die meisten Mitarbeiter einen neuen Job finden.
[123] S.a. die Begründung des UMAG mit Bezug auch die Interessen der Arbeitnehmer, BT-Drs. 15/5092, 12. In der Präambel DCGK, Bekanntmachung des „Deutschen Corporate Governance Kodex" idF v. 28.4.2022 (BAnz AT 27.06.2022 B1), unterstreicht die Regierungskommission, dass mit dem Kodex das Vertrauen der internationalen und nationalen Anleger, der Kunden, der Mitarbeiter und der Öffentlichkeit in die Leitung und Überwachung deutscher börsennotierter Gesellschaften gefördert werden soll.
[124] BT-Drs. 15/5092, 11.
[125] Habersack S. 23; BeckOGK/Fleischer AktG § 93 Rn. 96ff.
[126] BT-Drs. 15/5092, 11f.
[127] BT-Drs. 15/5092, 12.

136 Ob der Vorstand seinen Informationsstand ohne groben Pflichtverstoß und unter Berücksichtigung anerkannter betriebswirtschaftlicher Verhaltensmaßstäbe als angemessen betrachten kann, hängt, neben seinem bereits vorhandenen Spezialwissen, von der Materie ab, von der Art und dem Gewicht der zu treffenden Entscheidung, der zur Verfügung stehenden Zeit und den rechtlichen und tatsächlichen Möglichkeiten zur Informationsbeschaffung. Dabei muss der Vorstand die Anforderungen bei der Vorbereitung von Entscheidungen, die für das Unternehmen eine große Tragweite haben, deutlich höher ansetzen als bei Entscheidungen im Tagesgeschäft. Darüber hinaus kann er iRd **Informationsbeschaffung** eine Abwägung treffen zwischen den Kosten und dem Nutzen der Informationserhebung.[128]

137 Es besteht dabei keine Pflicht, iRd Informationsbeschaffung alle nur denkbaren Aspekte abzudecken. Vielmehr ist eine Schwerpunktbildung bei der Informationsbeschaffung auf betriebswirtschaftlich besonders relevante Themen, wie zB Rentabilität, Risikobewertung, Investitionsvolumen, Finanzierung möglich, solange damit die Entscheidung gründlich vorbereitet werden und der Vorstand zu einer sachgerechten Risikobewertung gelangen kann.[129]

138 Dabei zielt die Business Judgement Rule keinesfalls auf das routinemäßige Einholen externer **Gutachten,** die der rechtlichen Absicherung der Vorstandsentscheidung dienen sollen. Ob externe Analysen zur besseren Entscheidungsvorbereitung in Auftrag gegeben werden, sollte sich nur nach der betriebswirtschaftlichen Notwendigkeit und den Möglichkeiten des Unternehmens richten.[130] Das Einholen eines Sachverständigengutachtens enthebt den Vorstand jedoch nicht von der Pflicht, den Gutachter richtig auszuwählen, dh den Rat eines unabhängigen, fachlich qualifizierten Experten einzuholen, der von ihm über alle relevanten Fakten im Rahmen einer umfassenden Darstellung der Verhältnisse der Gesellschaft und durch Offenlegung der erforderlichen Unterlagen ordnungsgemäß informiert wurde. Der Vorstand muss den Inhalt des Gutachtens einer sorgfältigen Plausibilitätsprüfung unterziehen und kann dieses sodann in seine Bewertung der Entscheidungslage einbeziehen.[131]

139 Die Business Judgement Rule gewährt dem Vorstand einen erheblichen Spielraum, seinen Informationsbedarf selbst abzuschätzen. Damit ist eine gerichtliche Überprüfung des Entscheidungsprozesses grds. nur eingeschränkt möglich.[132] Dennoch entschied der BGH, dass der Geschäftsführer einer GmbH nur dann in den Genuss der Haftungsprivilegierung gem. § 43 Abs. 2 GmbHG kommen kann, wenn er zuvor alle verfügbaren Informationsquellen tatsächlicher und rechtlicher Art ausgeschöpft und auf dieser Grundlage sorgfältig die bestehenden Handlungsoptionen abgeschätzt und den erkennbaren Risiken Rechnung getragen hat.[133]

140 Die Frage ist ungeklärt, wie in der Praxis eine Informationslage auszusehen hat, von der auf der einen Seite der Vorstand zum Zeitpunkt der Entscheidung vernünftigerweise ausgehen durfte, dass diese angemessen ist,[134] und von der auf der anderen Seite die Bildung einer Entscheidungsgrundlage unter Ausschöpfung jeder verfügbaren Information verlangt wird.

141 Es ist jedoch davon auszugehen, dass in Bezug auf die Informationsflüsse im Unternehmen über bestehende Risiken klare Berichts- und Dokumentationsvorgaben definiert sein müssen, die sicherstellen, dass den Vorstand Informationen über bestandsgefährdende Risiken unverzüglich erreichen.[135]

[128] K. Schmidt/Lutter/Krieger/Sailer-Coceani AktG § 93 Rn. 17.
[129] BT-Drs. 15/5092, 12; BeckOGK/Fleischer AktG § 93 Rn. 88f.
[130] BT-Drs. 15/5092, 12.
[131] BGH NZG 2007, 547.
[132] BT-Drs. 15/5092, 12.
[133] BGH NJW 2008, 3361.
[134] Vgl. den Wortlaut des § 93 Abs. 1 S. 2 AktG.
[135] BeckOGK/Fleischer AktG § 93 Rn. 78.

Es empfiehlt sich daher, den Prozess der Entscheidungsfindung von der Informationsbeschaffung- und -auswahl, über die vorstands- bzw. ressortinterne Diskussion und die Abwägung der Chancen und Risiken bis hin zur Entscheidungsfindung im Gesamtvorstand respektive der Ressortentscheidung des einzelnen Vorstandsmitglieds ordentlich zu dokumentieren. 142

5. Gutgläubigkeit

Nur wenn ein Vorstand gutgläubig das Wohl des Unternehmens anstrebt, ist auch das letzte Tatbestandmerkmal erfüllt. Wenn der Vorstand darum weiß, dass seine Entscheidung nicht dem Wohle der Gesellschaft dient, würde er pflichtwidrig handeln und eine Berufung auf den **„safe harbor"** der Business Judgement Rule wäre rechtsmissbräuchlich.[136] Dies gilt vor allem dann, wenn der Vorstand bösgläubig eine Entscheidung trifft, die nicht im Interesse des Unternehmens liegt. Hier würde der Vorstand einem höheren Sorgfaltsmaßstab gerecht werden müssen. Allerdings dürfte es an der Pflichtverletzung fehlen, wenn eine bösgläubig getroffene Entscheidung im Interesse des Unternehmens lag.[137] 143

Checkliste 9: Business Judgement Rule

- ❑ Handelt es sich um eine **Ermessensentscheidung** oder ist der Vorstand in seiner Entscheidung **rechtlich gebunden?**
- ❑ Handelt der Vorstand **gutgläubig** und zum **Wohle der Gesellschaft,** ohne sachfremde Einflüsse oder um **Sonderinteressen** wahrzunehmen?
- ❑ Handelt der Vorstand auf einer der Komplexität des Sachverhaltes und dem Risiko, das mit der Entscheidung für das Unternehmen einhergeht, angemessenen **Informationsgrundlage?**

VIII. Haftung

Verletzt ein Vorstand seine organschaftlichen Pflichten, so haftet er gegenüber dem Unternehmen gem. § 93 Abs. 2 AktG auf **Schadensersatz,** sofern er schuldhaft, dh vorsätzlich oder fahrlässig gehandelt hat.[138] Zwischen der pflichtwidrigen Handlung und dem eingetretenen Schaden muss ein Ursachenzusammenhang bestehen. 144

Die Bestimmung soll, neben der Regelung der Wiedergutmachung des erlittenen Vermögensnachteils, auch eine präventive Wirkung entfalten. Der Vorstand soll motiviert werden, die verlangte Sorgfalt bei seiner Aufgabenwahrnehmung aufzubringen, um einen möglichen Schaden für das Unternehmen zu vermeiden. Dem Vorstand obliegt es, das Vorliegen der Tatbestandsmerkmale der Business Judgement Rule darzulegen und zu beweisen.[139] 145

IX. Geltungsbereich

1. Geltungsbereich des § 91 Abs. 2 AktG

Es wird diskutiert, ob und mit welcher Begründung eine Pflicht zur Risikoüberwachung auch für die GmbH besteht und ob § 91 Abs. 2 AktG auch für einen Konzern gilt. 146

[136] GroßkommAktG/Hopt/Roth AktG § 93 Rn. 115.
[137] MüKoAktG/Spindler AktG § 93 Rn. 76.
[138] Es dürfte bei einer Pflichtverletzung regelmäßig der Fall sein, dass es der Vorstand an der geforderten Sorgfalt eines ordentlichen und gewissenhaften Geschäftsleiters hat fehlen lassen, so dass sowohl eine objektive als auch eine subjektive Pflichtwidrigkeit vorliegt.
[139] BT-Drs. 15/5092, 12.

a) Risikoüberwachung in der GmbH

147 Im GmbH-Gesetz findet sich keine dem § 91 Abs. 2 AktG entsprechende Vorschrift. Der Gesetzgeber hat vielmehr bewusst auf eine Änderung des GmbHG verzichtet und in der Begründung des KonTraG darauf verwiesen, dass, je nach Größe, Komplexität und Struktur usw. der GmbH nichts anderes gilt und somit die Regelung des § 91 Abs. 2 AktG eine **„Ausstrahlungswirkung“** auf die Pflichten des GmbH-Geschäftsführers habe.[140]

148 Da der Geschäftsführer einer GmbH in den Angelegenheiten des Unternehmens gemäß § 43 Abs. 1 GmbHG die Sorgfalt eines ordentlichen Geschäftsmannes anzuwenden hat, obliegt ihm damit auch eine **allgemeine Organisations- und Kontrollpflicht.**[141]

149 In kleinen, gut geführten und überschaubaren Unternehmen mit wenigen Mitarbeitern und einem unterschwelligen Risikoprofil kann davon ausgegangen werden, dass der Gesellschafter-Geschäftsführer die Risiken dieses Unternehmens bestens überblickt, ohne ein institutionalisiertes Risikofrüherkennungssystem implementieren zu müssen.[142] Allerdings sind die Grenzen fließend, da auch in gut geführten kleinen Unternehmen ein klares Verständnis von möglichen Gefahrensituationen fehlen kann. So stoßen Gastfreundlichkeit und ein normaler, adäquater Umgang mit Geschäftspartnern schnell an unbekannte rechtliche Grenzen, wenn es um den „sozialadäquaten“ Umgang mit Amtsträgern in Bezug auf Einladungen, Bewirtungen und Geschenke geht.[143] Daher ist ein **Mindestmaß an Beobachtungspflichten zur Risikofrüherkennung** und rechtzeitiger Anpassung an veränderte wirtschaftliche und rechtliche Rahmenbedingungen zu fordern. Letzteres wird durch die überbordende Regulierungsenergie des Gesetzgebers nicht gerade erleichtert.

150 Unabhängig von der Frage, was aus rechtlicher Sicht in Bezug auf das Compliance-Risikomanagement von kleinen Unternehmen zu fordern ist, verlangen, vor allem in der Automobilindustrie, immer mehr Hersteller von ihren Zulieferern und Dienstleistern Antworten in Bezug auf die Qualität ihrer Compliance-Arbeit. Diese werden über **internetbasierte Fragebögen,** aber auch durch Onsite-Auditierungen erhoben.[144] Durch diese Entwicklung werden faktisch auch kleinere Unternehmen zu einer intensiveren Befassung mit ihren Compliance-Risiken gezwungen, wenn sie weiterhin Aufträge von ihren Kunden erhalten wollen.

151 Im Ergebnis ist daher für die GmbH-Geschäftsführung ebenfalls davon auszugehen, dass für sie eine Pflicht zur Einführung eines angemessenen Risikomanagements besteht. Die Art und Weise der Wahrnehmung dieser Pflicht liegt im pflichtgemäßen Ermessen der Geschäftsführung. Sie kann, abhängig von der Größe, Komplexität, Struktur und Internationalität der Gesellschaft entscheiden, wie umfänglich das Risikomanagement auszulegen ist, um wirkungsvoll die gestellte Aufgabe zu erfüllen.

b) Risikoüberwachung im Konzern

152 Der Gesetzgeber bezieht die Reichweite des Risikofrüherkennungssystems auch auf Verstöße gegen gesetzliche Vorschriften, die sich auf die Vermögens-, Finanz- und Ertragslage

[140] BT-Drs. 13/9712, 15.

[141] Altmeppen GmbHG § 43 Rn. 6 ff., Lutter/Hommelhoff/Kleindiek GmbHG § 43 Rn. 31 f., der auch auf § 1 Abs. 1 StaRUG, verweist, wonach die Geschäftsleitung fortwährend über bestandsgefährdende Entwicklungen zu wachen hat. Nach anderer Auffassung wird die Verpflichtung zur Risikofrüherkennung zum Teil auf große Gesellschaften iSd § 267 Abs. 3 HGB oder auf kapitalmarktorientierte Gesellschaften beschränkt oder aus einer Analogie zu § 91 Abs. 2 AktG hergeleitet, s. MüKoGmbHG/Fleischer GmbHG § 43 Rn. 61 mwN.

[142] MüKoGmbHG/Fleischer GmbHG § 43 Rn. 61.

[143] S. auch MüKoStGB/Korte StGB § 331 Rn. 134 ff. zu der Komplexität, die mit der Frage verbunden ist, welches Verhalten gegenüber Amtsträgern statthaft ist.

[144] S. zB der Online-Fragebogen von Drive Sustainability, der von namenhaften Automobilherstellen verwendet wird. Bei den Partnerunternehmen handelt es sich um die BMW Gruppe, Daimler AG, Fiat Chrysler Automobiles, Ford, Honda, Jaguar Land Rover, Scania CV AB, Toyota Motor Europe, Volkswagen Group, Volvo Cars sowie die Volvo Gruppe, https://www.drivesustainability.org/wp-content/uploads/2023/07/SAQ-5.0_DS-Format_DE.pdf, zuletzt abgerufen am 28.10.2023.

der Gesellschaft oder des Konzerns wesentlich auswirken. „Bei Mutterunternehmen im Sinne des § 290 HGB ist die Überwachungs- und Organisationspflicht im Rahmen der bestehenden gesellschaftsrechtlichen Möglichkeiten konzernweit zu verstehen, sofern von Tochtergesellschaften den Fortbestand der Gesellschaft gefährdende Entwicklungen ausgehen können."[145] Ebenso bezieht sich Grundsatz 4 **DCGK** auf den Konzern, wenn er dem Unternehmensvorstand aufgibt, für ein angemessenes Risikomanagement zu sorgen.[146]

Es wird in der Literatur die Auffassung vertreten, dass die Obergesellschaft keine umfas- 153
sende Konzernleitungspflicht und damit auch keine Pflicht zur Verschaffung gesellschaftsrechtlicher Einflussrechte habe.[147] Für den Vertragskonzern und bei eingegliederten Gesellschaften hat der Konzernvorstand ein Weisungsrecht gem. § 308 Abs. 1 S. 1 AktG bzw. § 323 Abs. 1 S. 1 AktG, durch das er ein Früherkennungssystem für bestandsgefährdende Risiken auch in Tochtergesellschaften der Obergesellschaft durchsetzen kann.[148]

Im Fall des **faktischen Konzerns** wird vom Konzernvorstand verlangt, dass er darauf 154
hinwirken soll, dass sich die Konzernunternehmen an dem Überwachungssystem beteiligen.[149] Bei inländischen Konzerngesellschaften dürften die Geschäftsleiter regelmäßig selbst gem. § 91 Abs. 2 AktG oder gem. § 43 GmbHG zur Einrichtung eines Risikofrüherkennungssystems für ihr Unternehmen verpflichtet sein. Dessen Ergebnisse sind regelmäßig dem Aufsichtsgremium vorzutragen und gelangen auf diesem Wege zur Kenntnis der Obergesellschaft.

Rechtlich schwieriger mag sich dies in **Auslandsgesellschaften** eines Konzerns darstel- 155
len, die in Ländern beheimatet sind, deren Rechtsordnung den Aufbau eines angemessenen Risikomanagements nicht vorschreibt. Hier dürfte es jedoch zum Beispiel einem Board of Directors, das in aller Regel mehrheitlich mit Vertretern des Anteilseigners besetzt ist, leicht möglich sein, darauf hinzuwirken, dass die Unternehmensleitung ein solches System implementiert und den Konzern in seinen Bemühungen unterstützt, Risiken frühzeitig zu erkennen und entsprechende Gegenmaßnahmen einzuleiten.

Im Hinblick gerade auf Compliance-Risiken, aber auch in Bezug auf die klassischen 156
Unternehmensrisiken, ist eine konzernweite Erfassung von potenziell bestandsgefährdenden Risiken dringend angeraten. Je dezentralisierter und internationaler das Unternehmen aufgebaut ist, umso wichtiger ist es für den Konzernvorstand, dass er darauf vertrauen kann, dass Risiken auch unterhalb der Ebene der Obergesellschaft, die uU selbst nicht einmal operativ, sondern als Holding tätig ist, erfasst und verfolgt werden. Dies setzt eine Organisation und Prozesse voraus, die geeignet sind, nicht nur in der Konzernzentrale, sondern konzernweit bestehende Risiken zu erfassen und zu verfolgen, um den Konzernvorstand rechtzeitig in die Lage zu versetzen, Gegenmaßnahmen zu ergreifen. Anderenfalls könnten zielgerichtete Maßnahmen zur Prävention von Compliance-Verstößen, zB in Ländern mit einem hohen Korruptionsrisiko, nicht geplant und umgesetzt, sondern nur „auf gut Glück" veranlasst werden.

In solch einem Fall könnten zB in **Auslandsgesellschaften** Compliance-Risiken, wie 157
etwa die Bestechung von Amtsträgern, entstehen, ohne dass diese bei einem allein auf die Obergesellschaft fokussierten Risikomanagement zu Tage treten würden. Gleiches gilt für

[145] BT-Drs. 13/9712, 15. Zu den unterstützenden Unternehmen gehören Stellantis, Polestar, UD Trucks, Volta Trucks GWM, https://www.drivesustainability.org/members/, zuletzt abgerufen am 5.4.2023.

[146] Vgl. Präambel DCGK, S. 2: „In Regelungen des Kodex, die nicht nur die Gesellschaft selbst, sondern auch ihre Konzernunternehmen betreffen, wird der Begriff „Unternehmen" statt „Gesellschaft" verwendet."

[147] MüKoAktG/Spindler AktG § 91 Rn. 74 mwN.

[148] So auch Fleischer DB 2005, 764, der allerdings auch einräumt, dass im faktischen Konzern der Vorstand an rechtliche Grenzen stößt.

[149] Hölters/Müller-Michaels AktG § 91 Rn. 8; K. Schmidt/Lutter/Krieger/Sailer-Coceani AktG § 91 Rn. 10.

die klassischen Unternehmensrisiken, die sich in einem solchen Fall unkontrolliert kumulieren und die Existenz des Konzerns mehr als nur gefährden könnten.[150]

2. Geltungsbereich des § 93 AktG

158 Grds. gilt § 93 AktG sowohl für Tochtergesellschaften als auch für den Gesamtkonzern.[151] Die Haftung nach § 93 AktG wird jedoch regelmäßig durch die Spezialvorschriften der §§ 309, 310 AktG (Vertragskonzern), § 323 Abs. 1 AktG (Eingliederung), § 317 Abs. 3 AktG, § 318 AktG (faktischer Konzern) verdrängt.

159 Gem. § 116 AktG gelten für den Aufsichtsrat die Regelungen des § 93 AktG entsprechend. Der Geschäftsführer haftet aufgrund der Parallelvorschrift des § 43 GmbHG. Der KGaA-Vorstand haftet gem. § 278 Abs. 3 AktG sinngemäß nach § 93 AktG. Gleiches gilt gem. Art. 51 SE-VO für den Vorstand einer Europäischen Aktiengesellschaft (SE) mit einer dualistischen Organisation. Für einen Verwaltungsrat gem. § 39 SEAG und für die Geschäftsführung ist § 93 AktG entsprechend anzuwenden.[152]

B. Die Überwachung der Risikofrüherkennung durch den Aufsichtsrat

160 Waren in der Vergangenheit Sitzungen eines Aufsichtsrates nicht selten sehr harmonische Veranstaltungen, in denen man bestenfalls dem Vorstand zustimmend eine hervorragende Führung der Geschäfte attestierte, hat sich das Bild auch aufgrund der zum Teil ganz erheblichen Compliance-Verstöße von Unternehmen langsam geändert. Aufsichtsräte müssen sich zunehmend fragen lassen, wie gut sie ihre Überwachungspflichten wahrgenommen haben, wenn die Unternehmensleitung den Aktionären eingestehen muss, dass Compliance-Verstöße Sanktionen und Schadensersatzzahlungen in Millionen- oder gar Milliardenhöhe verursacht haben.

161 Daher werden in den folgenden zwei Abschnitten die rechtlichen Vorgaben für die Überwachungstätigkeit durch den Aufsichtsrat erörtert, um dann die Überwachung des Compliance-Risikomanagements im Unternehmen näher zu beleuchten.

I. Allgemeine Vorgaben für die Überwachungstätigkeit des Aufsichtsrates

162 Gem. § 111 AktG obliegt dem Aufsichtsrat die Überwachung der Leitung des Unternehmens. Diese Überwachungspflicht bezieht sich auch auf die Rechtmäßigkeit der Geschäftsaktivitäten und ist auf ihre **Ordnungsmäßigkeit, Zweckmäßigkeit sowie Wirtschaftlichkeit** gerichtet.[153]

163 Zur Ordnungsmäßigkeit der Geschäftsführung durch den Vorstand gehört auch die Einrichtung einer sinnvollen Organisation, zu der auch die Schaffung eines Risikomanagementsystems und die Einrichtung eines Compliance-Systems zur Verhinderung von Verstößen gegen maßgebliche Rechtsvorschriften oder interne Richtlinien zählt.

164 Der Vorstand verfügt zwar iRd Business Judgement Rule[154] über ein weitgehendes Ermessen in Bezug auf die inhaltliche Ausgestaltung dieser Aufgaben. Dennoch unterliegt er der Überwachung durch den Aufsichtsrat.

---

[150] Zum Untergang von Barings P.L.C. s. The Collapse of Barings: The Overview; Young Trader's $ 29 Billion Bet Brings Down a Venerable Firm, New York Times, 28.2.1995.

[151] BT-Drs. 15/5092, 12.

[152] Hölters/Weber/Hölters AktG § 93 Rn. 10.

[153] Hölters/Weber/Groß-Bölting/Rabe AktG § 111 Rn. 10ff. Zur Kontrolle der Ordnungsmäßkeit und Zweckmäßigkeit des Risiko-Managements durch den Aufsichtsrat der GmbH s. MüKoGmbHG/Spindler GmbHG § 52 Rn. 282.

[154] → Rn. 122ff.

Dem Aufsichtsrat obliegt die Pflicht, sich über einzelne Compliance-Maßnahmen und -Vorkommnisse unterrichten zu lassen sowie die Plausibilität und Effizienz der gewählten Vorgehensweise zu prüfen, ohne dass er jedoch seine eigenen Zweckmäßigkeitserwägungen über die des Vorstandes stellen darf.[155] 165

Die **Überwachungsintensität** muss der jeweiligen Risikolage des Unternehmens angepasst sein. Sie richtet sich nach der wirtschaftlichen Situation, in der sich das Unternehmen befindet. Reicht eine periodische Berichterstattung an den Aufsichtsrat in guten Zeiten aus, muss der Aufsichtsrat den Vorstand in Zeiten einer wirtschaftlichen Krise der Aktiengesellschaft entsprechend engmaschiger überwachen. So kann aus einer begleitenden Überwachung der gewöhnlichen Geschäftstätigkeit eine unterstützende Überwachung werden, die, sofern sich die Unternehmenssituation weiter verschlechtert, sogar zu einer gestaltenden Überwachung werden kann.[156] Eine höhere Überwachungspflicht geht für den Aufsichtsrat auch mit **risikoreicheren** Geschäften des Vorstandes einher, die jenseits der gewöhnlichen Geschäftstätigkeit liegen.[157] 166

II. Überwachung des Compliance-Risikomanagements

Im Rahmen der operativen Berichterstattung an den Aufsichtsrat, muss der Vorstand den Aufsichtsrat über die **Funktionsweise** des implementierten Compliance-Managementsystems unterrichten. Um bewerten zu können, ob die initiierten Maßnahmen ordnungsmäßig sind, sollte sich der Aufsichtsrat darüber informieren lassen, wie Compliance-Risiken identifiziert, analysiert und bewertet werden. Dabei sollte sich der Aufsichtsrat zunächst erläutern lassen, ob der Vorstand uU **Schwerpunktsetzungen** bei der Betrachtung von Compliance-Risiken angeordnet hat. Damit einher gehen notwendige Informationen zur **Ressourcenallokation** für die Wahrnehmung der vom Vorstand definierten Compliance-Risikobefassung.[158] 167

Diese Informationen sind relevant, da der Aufsichtsrat überprüfen muss, ob knappe Ressourcen zweckmäßig, dh in diesem Fall sachgerecht, effizient und vorausschauend eingesetzt werden. 168

Im Rahmen der Berichterstattung werden dem Aufsichtsrat auch die Ergebnisse der Identifikation, Analyse und Bewertung der Compliance-Risiken erläutert. Die Mitglieder des Aufsichtsrates sind nun keineswegs gehalten, die Erkenntnisse und die daraus gefolgerten Konsequenzen durch eigene Überlegungen zu ersetzen. Doch kann der Aufsichtsrat durch seine Erfahrung und durch die ihm zugänglichen, zusätzlichen Informationsquellen einen wichtigen Beitrag dazu leisten, den Vorstand in seiner Aufgabe zu unterstützen, eine möglichst vollständige Identifikation und sachgerechte Analyse und Bewertung der Risiken zur Grundlage weiterer Entscheidungen zu machen. 169

Die Informationen über Compliance-Risiken, die der Aufsichtsrat hierbei erhält, ermöglichen ihm auch eine Einschätzung, ob die für das Compliance-Risikomanagement allokierten Ressourcen effizient eingesetzt werden und ob die Schritte zur Identifikation der Compliance-Risiken nachvollziehbar und deren Ergebnisse plausibel sind. 170

Hat der Vorstand entschieden, die Betrachtung der Compliance-Risiken einzuschränken oder auf priorisierte Themengebiete zu fokussieren, so obliegt es dem Aufsichtsrat zu hinterfragen, ob die der Entscheidung zugrundeliegenden **Kriterien sachgerecht** waren. 171

Der Vorstand unterrichtet regelmäßig den Aufsichtsrat und vorab, soweit vorhanden, den Prüfungsausschuss, über den Stand der Entwicklungen und der Ergebnisse des Compliance-Risikomanagements. Der Aufsichtsrat kann in diesem Kontext auch hinterfragen, ob alle relevanten Unternehmensbereiche und die Wirtschaftsprüfer des Unternehmens 172

[155] BeckOGK/Fleischer AktG § 111 Rn. 23ff.
[156] MüKoAktG/Habersack AktG § 111 Rn. 55ff.
[157] BeckOGK/Fleischer AktG § 111 Rn. 23.
[158] Kark Der Aufsichtsrat 2014, 54 (55).

über gewonnene Erkenntnisse informiert worden sind. Auch kann der Aufsichtsrat zusammen mit dem Vorstand definieren, in welchen Fällen er in welcher Form von ad hoc aufgetretenen Compliance-Risiken informiert werden will. In jedem Fall sollte sich der Aufsichtsrat bzw. der Prüfungsausschuss Revisionsberichte vorlegen lassen (§ 111 Abs. 2 AktG).[159]

173 Darüber hinaus ist es für die Wahrnehmung der Überwachungsfunktion für den Aufsichtsrat bedeutsam, sich darüber informieren zu lassen, mit welchen **Maßnahmen** die erkannten Compliance-Risiken gesteuert werden sollen. Auch hierbei ist die Plausibilität der eingeleiteten Gegenmaßnahmen und deren Effizienz durch den Aufsichtsrat zu hinterfragen. In welcher Breite und in welcher Tiefe der Aufsichtsrat zu diesem Themenkomplex informiert wird, hängt, wie immer bei der Aufsichtsratsbefassung, von der Unternehmensgröße und dessen wirtschaftlicher Lage ab.

174 In der Unternehmenspsychologie ist seit langem bekannt, wie wichtig die **Unternehmenskultur** für den Erfolg eines Unternehmens ist. So stellte bereits *Edgar Schein* fest, dass „Organizational culture in particular matters because cultural elements determine strategy, goals, and modes of operating. … If we want leadership to be more effective, we have to make leaders aware of their unique role as culture creators, evolvers, and managers."[160]

175 Dass diese Botschaft auch in den Aufsichtsgremien der Unternehmen verstanden wurde, belegt eine Studie, wonach die Unternehmenskultur das drittwichtigste Thema für eine Aufsichtsratsbefassung sei, nach Finanzthemen und der Unternehmensstrategie. Allein die Reihenfolge der Priorisierung (Strategie vor Kultur) deutet jedoch schon an, dass die Botschaft noch nicht ganz bzw. überall angekommen ist. Dies wird auch dadurch belegt, dass 40 Prozent der Befragten glauben, dass sie diesem Thema nicht genügend Zeit widmen. Darüber hinaus gaben nur knapp 37 Prozent an, dass sie Risiken, die auf die bestehende Unternehmenskultur zurückzuführen sind, in das Risikomanagement integrieren.[161]

176 Teil der Unternehmenskultur sind die Risiko- und Compliance-Kultur des Unternehmens. Daher gelten Aussagen *Scheins* für diese in gleicher Weise.[162]

177 Will der Aufsichtsrat seiner Überwachungsfunktion gerecht werden und die Legalität der Unternehmensprozesse absichern, sollte er eine angemessene **Compliance-Kultur einfordern** und diese durch entsprechende Vorgaben an den Vorstand **fördern.** Hat man in einem Unternehmen praktisch erlebt, mit welcher Anspannung eine Aufsichtsratssitzung vorbereitet wird, so kann man gar nicht die Wirkung unterschätzen, die eine klar definierte Erwartungshaltung des Aufsichtsrates zur Umsetzung einer entsprechenden Unternehmens-, Risiko- und Compliance-Kultur auf die Mitglieder des Vorstands hat. Wichtig ist dabei, dass der Aufsichtsrat selbst die eingeforderte Kultur vorlebt, um dem Thema nicht die Glaubwürdigkeit zu nehmen.

178 Das Compliance-Management und damit auch das Management der Compliance-Risiken, ist ein kontinuierlicher Verbesserungsprozess. Daher sind die Maßnahmen der Compliance-Risikosteuerung dem Aufsichtsrat im Rahmen einer Fortschrittsberichterstattung zu erläutern und von diesem auf ihre Wirksamkeit zu überprüfen.

179 Selbstverständlich sind die Berichterstattung an den Aufsichtsrat, die Diskussionsergebnisse und die veranlassten Maßnahmen zu dokumentieren, damit auch der Aufsichtsrat die Ordnungsmäßigkeit seiner Aufgabenwahrnehmung nachweisen kann.

180 Somit hat der Aufsichtsrat durch die Überwachung des Compliance-Risikomanagements die Möglichkeit, präventiv die Steuerung von Compliance-Risiken zu fördern und damit die Legalität der Unternehmenstätigkeit entscheidend zu verbessern.

---

[159] MüKoAktG/Habersack AktG § 111 Rn. 74.

[160] Schein, Corporate Culture Survival Guide, 2009, S. 19.

[161] Es wurden hierzu 450 Vorstände und Aufsichtsräte europäischer Unternehmen befragt. Board Agenda/Mazars/INSEAD, Board Leadership in Corporate Culture: European Report 2017, 2018 S. 8, 10 und 12.

[162] S. hierzu ausf. → Rn. 1309ff.

Checkliste 10: Überwachung der Risikofrüherkennung durch den Aufsichtsrat

- ❑ Wird dem Aufsichtsrat die **Funktionsweise** des (Compliance-)Risikomanagementsystems und die **Ressourcenallokation** erläutert?
- ❑ Wird der Aufsichtsrat über eingeleitete **Gegenmaßnahmen** informiert und über die Schritte zur Verbesserung **der Compliance-Kultur** unterrichtet?
- ❑ Gibt es eine regelmäßige **Fortschrittsberichterstattung** zu den Compliance-Risiken und deren Steuerung?

C. Risikofrüherkennung im Deutschen Corporate Governance Kodex

I. Inhaltliche Regelung

Der Deutsche Corporate Governance Kodex (DCGK) bestimmt in Grundsatz 4 DCGK, dass ein verantwortungsvoller Umgang mit den Risiken der Geschäftstätigkeit ein angemessenes und wirksames internes Kontrollsystems und Risikomanagementsystems bedarf, die einer entsprechenden internen Kontrolle unterworfen sind. Entsprechend der Präambel DCGK wird hier die bestehende Gesetzeslage (§ 91 Abs. 2 AktG) wiedergegeben. 181

Damit verzichtete die Regierungskommission gleichzeitig auf eine nähere Konkretisierung organisatorischer Anforderungen, wie sie in den zT detaillierten Beschreibungen des SOX vorgegeben werden.[163] 182

Auch wenn Grundsatz 4 die Einrichtung eines „geeigneten und wirksamen internen Kontroll- und Risikomanagementsystems" fordert, ist hiermit keine konkrete Vorgabe für den Vorstand verbunden. Vielmehr ist damit das zu implementierende Überwachungssystem gemeint, das gemeinsam mit dem Risikomanagement die Risikofrüherkennung gewährleisten soll.[164] 183

Ebenfalls stellt die Einführung des Begriffs „angemessenes Risikomanagement und Risikocontrolling „ statt des Bezugs auf „bestandsgefährdende Risiken" keine über die gesetzliche Regelung hinausgehende Erweiterung des Spektrums der Risikofrüherkennung dar. Vielmehr sind bereits heute nicht nur die schon bestehenden bestandsgefährdenden Risiken in das Risikomanagement einzustellen, sondern vor allem auch jene, die das Potential dazu haben können.[165] 184

II. Entsprechenserklärung gemäß § 161 AktG

Durch die Pflicht des Vorstands und des Aufsichtsrats einer kapitalmarktorientierten AG, eine Erklärung über die Einhaltung des DCGK abzugeben und Abweichungen zu erläutern, wird der an sich unverbindliche Kodex auf eine **quasi-normative Ebene** gehoben. 185

Der Zwang zu begründen, warum das Unternehmen Empfehlungen der Regierungskommission des DCGK für eine gute Unternehmensführung nicht folgt, geht mit der 186

[163] Vgl. Sec. 302, 404 SOX, die de facto den Wortlaut einer Erklärung beinhalten, mit welcher der Vorstand eines Unternehmens dem Aufsichtsrat in jedem Quartalsabschluss bestätigt, dass sie ein internes Kontrollsystem eingeführt sowie dieses in der vorgeschriebenen Weise kontrolliert haben, und in der er bestätigt, ob oder ob nicht „bedeutsame Fehler und wesentliche Schwächen" (significant deficiencies and material weaknesses) aufgetaucht sind. Gleichzeitig wird damit die organisatorische Verantwortung dem Gesamtvorstand zugeordnet, der die operative Wahrnehmung dieser sehr beschwerlichen Aufgabe idR an den Finanzvorstand delegiert. Sec. 404 SOX erweitert diese Pflichten weiter, die darüber hinaus von Wirtschaftsprüfern gemäß den sehr detaillierten Anforderungen des Public Company Accounting Oversight Board (PCAOB), beschrieben im Auditing Standard No. 5, An Audit of Internal Control Over Financial Reporting That Is Integrated with An Audit of Financial Statements, effective pursuant to SEC Release No. 34–56152, File No. PCAOB-2007–02 (July 27, 2007), zu prüfen sind.

[164] KBLW/Bachmann G4, Rn. 3ff.

[165] → Rn. 80ff. (Bestandsgefährdung).

Sorge einer damit verbundenen, möglicherweise negativen Auswirkung auf die Reputation des Unternehmens einher. Diesem Rechtfertigungsdruck können sich Vorstand und Aufsichtsrat durch ein Befolgen der DCGK-Empfehlungen entziehen.[166]

187 Über die damit gewonnene Publizität soll wiederum das deutsche Corporate Governance System transparent und nachvollziehbar gemacht werden, um so das Vertrauen der internationalen und nationalen Anleger, der Kunden, der Mitarbeiter und der Öffentlichkeit in die Leitung und Überwachung deutscher börsennotierter Gesellschaften zu fördern.[167]

188 Die Entsprechenserklärung bezieht sich nur auf die Empfehlungen des DCGK. Da es sich bei Grundsatz 4 DCGK um eine Bestimmung handelt, die als geltendes Gesetzesrecht von den Unternehmen zu beachten ist, nimmt somit auch die Entsprechenserklärung keinen Bezug auf diesen Abschnitt.[168]

D. Fazit

189 Risiken, die im Rahmen eines angemessenen Risikomanagements frühzeitig zu erkennen und zu kanalisieren sind, umfassen sowohl klassische Unternehmensrisiken als auch Compliance-Risiken. Beide Risikoarten können für das Unternehmen bestandsgefährdende Dimensionen erreichen.

190 Die Pflicht, ein adäquates Risikomanagement aufzubauen betrifft nicht nur den Vorstand einer AG, sondern auch die Geschäftsführung einer GmbH. Besonders in Bezug auf Compliance-Risiken ist eine konzernweite Erfassung von potenziell bestandsgefährdenden Risiken dringend angeraten. Dem Geschäftsleiter steht ein erheblicher Ermessensspielraum zu, innerhalb dessen er über die Art und Weise der Gestaltung des Risikomanagements in seinem Unternehmen entscheiden kann.

191 Dem Aufsichtsrat obliegt die Überwachung der Rechtmäßigkeit der Geschäftsaktivitäten. Damit ist er auch für die Überwachung der Ordnungsmäßigkeit, Zweckmäßigkeit und Wirtschaftlichkeit des Compliance-Risikomanagements verantwortlich. Um seiner Verantwortung gerecht zu werden, hat er eine Unternehmens-, Risiko- und Compliance-Kultur einzufordern, die die Grundlage für eine nachhaltige Compliance und damit der Legalität der Unternehmenstätigkeit ist.

---

166 MüKoAktG/Goette § 161 Rn. 1.

167 Vgl. Präambel DCGK.

168 Begründung zum Regierungsentwurf eines Gesetzes zur weiteren Reform des Aktien- und Bilanzrechts, zu Transparenz und Publizität (Transparenz- und Publizitätsgesetz) vom 11.4.2002, BT-Drs. 14/8769, 21.

§ 3. Das Management von Risiken

A. Historischer Überblick

Der Umgang mit Risiken beschäftigt Menschen schon seit vorchristlicher Zeit. Risikoerwägungen ließen unsere Urahnen in Verbänden jagen und entscheiden, Vorräte nicht nur an einem Ort zu lagern, sondern an verschiedenen Stellen zu verstecken. Was zunächst als eine Reduzierung von „Klumpenrisiken" begann, entwickelte sich, getrieben durch die kommerziellen Interessen des Handels sowie das Glücksspiel, zu einer wissenschaftlichen Auseinandersetzung mit Statistik und Wahrscheinlichkeitsrechnung und mündete in die Entwicklung von Versicherungen, derivativen Instrumenten sowie von Methoden zum Management von Risiken. 192

I. Risiken verteilen

Mit dem wachsenden Handel wurden die Erwägungen, Risiken zu verteilen, schon bald ergänzt durch Wege, Risiken zu verlagern. Im Codex Hammurabi wurde bereits ca. 1750 vChr festlegt,[169] dass der Gläubiger eines seerechtlichen Darlehens, das zu einem höheren als dem üblichen Zinssatz ausgereicht wurde, seinen Rückzahlungsanspruch verliert, sofern das Haftungsobjekt auf See zB durch Sturm oder Piraterie verloren geht.[170] Dieser versicherungsrechtliche Gedanke findet sich auch im römischen Recht wieder, wo er als „foenus nauticum" (Bodmerei) bekannt war.[171] In Deutschland war die Bodmerei bis zu ihrer Aufhebung durch das Seerechtsänderungsgesetz im Jahre 1972 im HGB geregelt.[172] 193

In Genua wurde nachweislich 1347 vChr der erste schriftliche Seeversicherungsvertrag geschlossen. Die Versicherung war nicht mit einer Finanzierung der Fracht oder deren Transport gekoppelt, wodurch eine in der Seeversicherung als vorteilhaft erachtete Trennung zwischen Investor und Versicherer erreicht werden konnte. Auch wenn bereits im 9. Jahrhundert statistische Methoden Verwendung fanden,[173] hatten Versicherer jedoch noch keine Möglichkeit, die Prämie auf der Grundlage von Statistik und Wahrscheinlichkeit eines Schadenseintritts zu berechnen. Vielmehr konnten sie die Prämienhöhe nur auf der Basis ihrer Erfahrungen und der Informationslage über die Gefahren für Transporte in bestimmte Gebiete zu bestimmten Jahreszeiten schätzen. Dementsprechend konnten die Prämien erheblich variieren.[174] 194

II. Risiken managen

In der Betriebswirtschaft wird allgemein unter dem Begriff „Risikomanagement" die Messung und Steuerung aller betriebswirtschaftlichen Risiken verstanden.[175] Dabei impliziert der Begriff Risiko, im Gegensatz zu Gefahr und Ungewissheit, dass der künftige Verlauf 195

---

[169] Es handelt sich hierbei um die vom sechsten König der 1. Dynastie von Babylon, Hammurabi, erlassene Sammlung von 282 gesetzlichen Vorschriften, die als Steinsäule in Form eines erhobenen Zeigefingers erhalten geblieben ist.

[170] Risk Encyclopedia, Hazard Insurance: A Brief History, S. 784.

[171] Schaps/Abraham AllgEinl. Rn. 9.

[172] Sechster Abschnitt, Bodmerei, §§ 679–699 HGB, aufgehoben durch BGBl. 1972 I 966. Heute werden Versicherungen dieser Art als Insurance-Linked Bonds oder CAT-Bonds, die auch „Act of God Bonds" genannt werden, eingesetzt, Dreher/Lange WM 2009, 193 (198).

[173] Diese wurden allerdings zur Entschlüsselung von kodierten Nachrichten von Al-Kindi entwickelt, Singh S. 33ff.

[174] Franklin S. 274ff.

[175] Wolke Risikomanagement S. 1.

der Ereignisse durch eine Entscheidung positiv, also risikoreduzierend oder -ausschließend, beeinflusst werden kann. Damit geht einher, dass die Verantwortung für diese Entscheidung zugeordnet werden kann.[176]

196 Die ersten Ansätze für ein Risikomanagement können historisch zurückverfolgt werden bis 3.200 vChr. Im Tal von Euphrat und Tigris waren die Gruppe der *Asipu* als Ratgeber in risikobehafteten, schwierigen Situationen für ihre Klienten tätig. Anders als Orakel oder andere Ratgeber, die vorgaben, in die Zukunft sehen zu können, analysierten die *Asipu* den ihnen vorgelegten Sachverhalt auf der Basis eines durchgängigen Prozesses.[177] Da die *Asipu* der Auffassung waren, die Zeichen der Götter lesen zu können, spielten Berechnungen von Eintrittswahrscheinlichkeiten für sie keine Rolle.

197 Quantitative Analysen von Risiken wurden erstmalig 400 Jahre vChr durch *Arnobius den Älteren* dokumentiert, der seine Überzeugung, zum Christentum zu konvertieren zu wollen, u. a. mit einer 2 x 2 Risikomatrix zu untermauern suchte. Diese Matrix stellte die erste Anwendung des Dominanzprinzips dar, eine Entscheidungsregel, die bei multikriteriellen Entscheidungsproblemen zur Anwendung kommt.[178]

198 Erst als Mathematiker im 16. Jahrhundert erkannten, welche Möglichkeiten das indoarabische Zahlensystem durch seine Verbreitung in Europa durch *Fibonacci*[179] für die Berechnung von Wahrscheinlichkeiten im Glücksspiel eröffnete, wurden Risiken berechenbar. Mit dem „Buch vom Würfelspiel" von *Cardano* lag die Grundlage der mathematischen Wahrscheinlichkeitstheorie vor.[180]

199 In einem Briefwechsel über die Berechnung der Gewinnchancen bei Würfelspielen zwischen den französischen Mathematikern *Pascal*[181] und *Fermat*[182] wurden weitere Grundlagen der Wahrscheinlichkeitsrechnung geschaffen und dieses Gebiet als eine eigenständige Wissenschaft etabliert.[183]

200 Im Jahre 1738 erkannte der schweizerische Mathematiker *Daniel Bernoulli,*[184] dass Entscheidungen unter Unsicherheit nicht auf der Basis von Erwartungswerten getroffen werden. Vielmehr sei die subjektive Bewertung des Nutzens des Auswahlergebnisses für den Entscheidungsträger maßgeblich.[185] Systematisch wurden die jüngsten Erkenntnisse der Wahrscheinlichkeitsrechnung erstmalig durch *von Bortkiewicz*[186] angewendet, der unter-

---

[176] Luhmann Soziologie Risiko S. 128. Beachtenswert erscheint, dass für immer mehr Bereiche unseres Daseins ein Risikomanagement die Zukunft gestalten soll, unabhängig davon, ob das zur Verfügung stehende Datenmaterial überhaupt Aussagen zur Wahrscheinlichkeit des Eintritts eines Ereignisses zulässt. Dass damit auch die Verantwortung für die künftige Entwicklung nicht mehr nur bei der eigenen Person zu sehen ist, sondern einer anderen Person zugeordnet werden kann, mag ein diese Entwicklung begünstigender Effekt sein, vgl. Power S. 1 ff.

[177] Dabei wurden zunächst die wichtigsten Dimensionen des Falls herausgearbeitet und alternative Handlungsmöglichkeiten identifiziert. Das Resultat der Analyse wurde für die unterschiedlichen Alternativen mit Pluszeichen im positiven Fall und mit Minuszeichen bei vermutlich negativen Wirkungen dokumentiert. Die Asipu empfahlen ihrem Klienten die günstigste Handlungsalternative und übergaben ihm einen Abschlussbericht in Form einer Tontafel, Covello/Mumpower, Risk Analysis and Risk Management: An Historical Perspective, 5 Risk Analysis 103 (2005).

[178] Arnobius analysierte die Alternativen „zum Christentum konvertieren" bzw. „Heide bleiben" indem er ihnen die Hypothesen gegenüberstellte, dass Gott existiert bzw. nicht existiert. Er kam zu dem Ergebnis, dass, sofern Gott nicht existiert, es keinen Unterschied zwischen beiden Alternativen gibt. Wenn jedoch Gott existieren sollte, schlussfolgerte Arnobius, wäre es für seine Seele deutlich vorteilhafter, zum Christentum zu konvertieren, Grier/Brown, The Early History of the Theory and Management of Risk, Paper presented at the Judgement and Decision Making Group Meeting, Philadelphia, Pa. (1981), unveröffentlichter Vortrag zitiert nach Covello/Mumpower S. 104 f.

[179] Bigollo, Leonardo Pisano (ca. 1170 – ca. 1250), Liber Abaci von 1202.

[180] Cardano, Gerolamo (1501–1576), Liber de Ludo Aleae von 1524.

[181] Pascal, Blaise (1623–1662).

[182] Fermat, Pierre de (1607–1665).

[183] Wußing Mathematik S. 200. IÜ wurde die Matrix von Arnobius zur Grundlage der Pascal'schen Wette, mit der dieser beweisen wollte, dass es von Vorteil sei, an Gott zu glauben.

[184] Bernoulli, Daniel (1700–1782).

[185] Bernoulli Exposition of a New Theory on the Measurement of Risk, 22 Econometrica 23 (1954).

[186] von Bortkiewicz, Ladislaus J. (1868–1931).

suchte, ob die Zahl der in 14 preußischen Kavallerieregimentern durch Pferdetritte getöteten Soldaten zwischen 1875 und 1894 auf Zufallsereignisse oder auf durch disziplinarische Maßnahmen korrigierbares Fehlverhalten zurückzuführen war.[187]

Der amerikanische Wirtschaftswissenschaftler *Frank Knight* führte die Unterscheidung 201
von wirtschaftlichem Risiko und Ungewissheit ein. Er wies nach, dass im Falle von wirtschaftlichen Risiken, der Ausgang zwar zunächst ungewiss sei, jedoch von einer von Beginn an bekannten Wahrscheinlichkeitsverteilung abhänge. Damit wäre die Möglichkeit eröffnet, in risikobehafteten Situationen wirtschaftlichen Gewinn zu erzielen.[188]

Zusammen mit *Morgenstern* entwickelte *von Neumann* Anfang der Vierzigerjahre die 202
Spieltheorie.[189] Neu an diesem Ansatz war, dass nicht die Wahrscheinlichkeit des Eintritts eines bestimmten Ereignisses, wie zB beim Glücksspiel, oder die Entscheidungsalternativen einer Person analysiert wurden. Vielmehr war es durch die Spieltheorie möglich, mathematisch eine Entscheidungssituation abzubilden, in der die Wahl der optimalen Entscheidungsalternative eines Menschen davon abhängt, wie sich andere Menschen entscheiden, die ebenfalls das für sie optimale Ergebnis erreichen wollen.[190]

Auf Basis der Spieltheorie und deren späteren Weiterentwicklung wurden sehr bald 203
auch wirtschaftliche Entscheidungssituationen mathematisch analysiert, nachdem man erkannte, dass anzuwendende Strategien und zu treffende Entscheidungen in Spielen wie Schach, Go oder Poker durchaus vergleichbar sind mit der Wettbewerbssituation von Unternehmen oder mit Verhandlungen, sei es zB über Preise oder Tariferhöhungen.

Auch fanden Risikoerwägungen und die Spieltheorie in den USA Eingang in die Ana- 204
lyse des Rechts unter ökonomischen Gesichtspunkten.[191] Unter der Bezeichnung „Law and Economics „ wurden Gesetze auf ihre Effizienz hin bewertet, unter der Annahme, dass sich zB Unternehmen rational verhalten und eine unerlaubte Handlung (tort) nicht begehen, wenn die Summe der Nachteile für das Unternehmen höher sei als die der Vorteile. Damit erhielten rechtliche Sanktionen den Charakter eines Preises.[192] Eine gesetzliche Regelung wird dann als effizient gewertet, wenn eine Kosten-/Nutzenanalyse zum Ergebnis kommt, dass die Regelung den Wohlstand der Gesellschaft mehrt.[193]

Der Einfluss von „Law and Economics „ auf die amerikanische Rechtslehre und Recht- 205
sprechung war und ist außerordentlich weitreichend.[194] Mittlerweile wurde das dem ihr zugrundeliegende neoklassische Wirtschaftsverständnis um die Perspektive der sogenannten „Behavioral Law and Economics" erweitert. Sie ergänzt die bisherige Sicht um Erkenntnisse aus der Verhaltenswissenschaft, umso die Analyseergebnisse des „Law and Economics"-Ansatzes zu verbessern.[195]

Dies spiegelt sich auch in Compliance-relevanten Regelungen wider,[196] wie dem **2018** 206
Federal Sentencing Guidelines Manual.[197] Die Präambel zum Kapitel 8[198] definiert

[187] von Bortkiewicz, Das Gesetz der kleinen Zahlen, 1898, 23ff. Er kam zum Ergebnis, dass es sich in der Tat um Zufallsereignisse handelte und somit keine Änderung der Kavallerie-Dienstordnung erforderlich war.

[188] Knight, Frank H. (1885–1972), Knight Risk, Uncertainty and Profit S. 197ff. Im Gegensatz dazu ist die Wahrscheinlichkeitsverteilung im Falle von Unsicherheit nicht bekannt.

[189] von Neumann/Morgenstern, The Theory of Games and Economic Behavior, 3. Aufl. 1953.

[190] Die Spielregeln schreiben vor, dass die Spieler streng logisch, dh ohne Einfluss eigener Emotionen Entscheidung treffen, die für sie den Nutzen in der gegebenen Situation maximieren – immer bedenkend, dass diese Regel auch für den anderen gilt. Eine Kommunikation zwischen den Spielern findet nicht statt. Ein bekanntes Beispiel für die Spieltheorie ist das „Gefangenendilemma", Axelrod, The Evolution of Cooperation, 1984.

[191] Ausf. dazu Baird/Gertner/Picker, Game Theory and the Law, 1994.

[192] Calabresi 70 The Yale Law Journal 499 (1961); Coase 3 The Journal of Law and Economics 1 (1960); Posner, Economic Analysis of Law (1973).

[193] Zur Messung wird das Kaldor-Hicks-Kriterium verwendet, durch das Wohlstandsgewinne und Wohlstandsverluste gegeneinander aufgerechnet werden.

[194] Zum überragenden Einfluss dieser Ausrichtung s. Kronman, The lost lawyer: Failing ideals of the legal profession, 1995.

[195] Jolls/Sunstein/Thaler 50 Stanford Law Review, 1471 (1998).

[196] Zu FCPA und „Law and Economics" Stevenson/Wagoner 80 Fordham Law Review 775 (2011).

u. a. den Maßstab, den ein Gericht bei der Strafzumessung von Straftaten durch Unternehmen zugrunde legen soll. Dieser Maßstab enthält nicht nur Elemente, die die Strafe erhöhen.

„Culpability generally will be determined by six factors that the sentencing court must consider. The four factors that increase the ultimate punishment of an organization are:
(i) the involvement in or tolerance of criminal activity;
(ii) the prior history of the organization;
(iii) the violation of an order; and
(iv) the obstruction of justice."

Vielmehr enthält er auch, wie es die Präambel explizit ausführt, zwei weitere Elemente, die den Unternehmen als **Anreiz** dienen sollen, kriminelle Verhaltensweisen in der Organisation zu reduzieren oder gar zu eliminieren.

„The two factors that mitigate the ultimate punishment of an organization are:
(i) the existence of an effective compliance and ethics program; and
(ii) self-reporting, cooperation, or acceptance of responsibility."[199]

207 Die weiteren Bemühungen, Risiken berechenbarer und für Entscheidungen zugänglicher zu machen wurden von Finanzmathematikern vorangetrieben. So entwickelte *Harry Markowitz* die **Portfoliotheorie,** durch die es ihm gelang, die Risikoüberlegungen in Beziehung zu den Renditeerwartungen eines Investors zu setzen.[200]

208 Risikoanalyse als Instrument der Unternehmensführung außerhalb der Versicherungsindustrie wurde 1969 durch *Chauncey Starr* etabliert.[201] Er entwickelte ein Entscheidungsmodell, das bewertet, welche Risiken die Öffentlichkeit bereit ist zu akzeptieren. *Starr* machte deutlich, dass die Wahrnehmung von Risiken in der Öffentlichkeit verzerrt ist durch ihre Differenzierung in freiwillig bzw. unfreiwillig eingegangene Risiken. Anders als bei aufoktroyierten Risiken wären Menschen sehr viel eher bereit, freiwillig ganz erhebliche Risiken einzugehen, wie zB beim Sport, wenn sie dies auf der Basis ihres individuellen Wertesystems selbst entscheiden könnten und der wahrgenommene Nutzen die Risiken vernachlässigbar erscheinen lässt. Hingegen sei die Akzeptanz von aufoktroyierten Risiken deutlich geringer.[202]

209 Risikomanagement greift die durch die Risikoanalyse gewonnenen Erkenntnisse auf und sucht nach Lösungen, die Auswirkungen von Risiken auf das Unternehmensergebnis soweit wie möglich zu minimieren.[203] Aufgrund der sich immer mehr beschleunigenden Entwicklungen auf dem Gebiet der Finanzmathematik konnten immer komplexere Modelle zur Risikovermeidung erdacht werden.

210 Dazu leisteten im Jahre 1973 die Finanzmathematiker *Black* und *Scholes* zusammen mit *Merton* mit ihrem Bewertungsmodell für Finanzoptionen einen wichtigen Beitrag.[204] Durch die *Black-Scholes* Preisformel war der Wert eines derivativen Instruments mathematisch darstellbar und konnte an der Börse gehandelt werden. Waren früher Risiken nur versicherbar, so konnten nun Finanzrisiken übertragen und gehandelt werden.

---

[197] 15 U.S.C. §§ 78dd-1; zur Entstehungsgeschichte Nagel/Swenson 71 Washington University Law Review 205 (1993).

[198] 2018 Federal Sentencing Guidelines Manual (U.S.S.G.) § 8 B 2.1. Effective Compliance and Ethics Program; s. auch US Attorneys Manual (USAM), Title 9, Chapter 9–28.000 Principles of Federal Prosecution of Business Organizations, 9–28.800 Corporate Compliance Programs.

[199] Chapter Eight, – Sentencing of Organizations, Introductory Commentary.

[200] Markowitz 7 The Journal of Finance 77 (1952).

[201] Hacking S. 30.

[202] Starr 165 Science 1232 (1969). Zum Gebiet der Risikoanalyse gehört zB auch die Kosten-Nutzen-Analyse, vgl. Fischhoff S. 102.

[203] Hacking S. 31.

[204] Black/Scholes 81 Journal of Political Economy 637 (1973); Merton 4 The Bell Journal of Economics and Management Science 141 (1973).

Große Verbreitung erreichte das von der Investmentbank JP Morgan entwickelte Modell des **Value at Risk** (VaR).[205] Der Vorzug dieser Kennzahl besteht zunächst darin, dass es in der Tat nur eine Zahl ist, die den maximalen Verlust zeigt, den ein Portfolio innerhalb eines vorgegeben Kurzfristzeitraums und mit einer vorgegebenen Wahrscheinlichkeit erleiden kann. Auch kann dieses Modell sowohl für das Wertpapierportfolio eines einzelnen Händlers als auch für das Portfolio eines ganzen Unternehmens eingesetzt werden. In letzterem Fall müssen die einzelnen VaR-Bewertungen des Unternehmens zu einem Gesamt-Value-at-Risk zusammengeführt werden. 211

Nachdem der Einsatz derivativer Instrumente erheblich zugenommen hatte, ordnete die SEC im Jahre 1997 an, dass börsennotierte Unternehmen quantitative Informationen über ihr Marktrisiko zu veröffentlichen haben. Eine der drei zur Wahl gestellten Berechnungsmethoden war VaR.[206] Zahlreiche Unternehmen und vor allem Banken wählten diese Methode für ihre Berichterstattung. Darüber hinaus wurde VaR vom Basler Ausschuss für Bankenaufsicht iRv **Basel II** als Standard für die Berichterstattung der Banken über ihre Marktrisiken eingeführt.[207] Im Gefolge dieser Entwicklungen entstand sogar das neue Berufsbild der „quantitative analysts" oder kurz „quants". 212

Es ist nicht verwunderlich, dass auch außerhalb der stark von Finanzkennzahlen getriebenen Bankenwelt, die Industrie zunehmend Risiken quantitativ abbildete und unternehmerische Entscheidungen auf Basis der Ergebnisse der VaR-Methode und anderer Formen der Risikoanalyse traf. 213

Spätestens das Bekanntwerden der unternehmensethisch außerordentlich fragwürdigen Rolle, die Risikokalkulationen in Zusammenhang mit der Entwicklung eines neuen Automodells, des Ford Pintos, spielten, wäre Anlass gewesen zu hinterfragen, ob quantitative Risikobetrachtungen allein Managemententscheidungen bestimmen sollten. 214

Beispiel: Der Ford Pinto 215

Ford Motor Co. sah sich Ende der 1960er Jahre im Kleinwagensegment einer zunehmenden Konkurrenz japanischer Automobilhersteller ausgesetzt. Die Antwort darauf sollte mit dem Ford Pinto gegeben werden, der unter extremen Zeit- und Kostenzielen und ebensolchen technischen Vorgaben entwickelt werden sollte.

Auch wenn dem Ford-Management nach entsprechenden Tests bekannt war, dass der Benzintank des Pinto bei einem Heckauffahrunfall mit weniger als 20 Meilen pro Stunde explodieren würde, entschied man sich gegen technisch leicht durchführbare Verbesserungen.[208] Die zusätzlichen Kosten hierfür in Höhe von 9 USD pro Fahrzeug hätten die Erreichung des Kostenziels von 2.000 USD gefährdet.[209]

Es kam in der Folge zu einer Reihe schwerer Heckauffahrunfällen, bei denen der Benzintank explodierte. Die Insassen der betroffenen Ford Pintos erlitten schwerste Brandverletzungen, die in einer Reihe von Fällen auch zum Tode führten.

Der Ford Pinto kam als „Feuerfalle" in Verruf und Ford Motor Co. wurde in mehreren Zivilklagen zu hohen Schadenersatzzahlungen verurteilt. Darüber hinaus wurde Ford Motor

[205] ZB bedeutet der Wert „1% VaR in Höhe von 1 Mio. EUR für einen Tag", dass das Portfolio mit einer Wahrscheinlichkeit von 0,01 bis zum nächsten Tag um 1 Mio. EUR an Wert verlieren wird, sofern nicht gehandelt würde. IE zum VaR-Konzept s. Jorion, Value at Risk, 3. Aufl. 2006.

[206] Vgl. SEC Form 20F, Item 11, Quantitative and Qualitative Disclosures About Market Risk. (a) Quantitative information about market risk (i)–(iii).

[207] Jorion S. 60ff.

[208] Allerdings darf man nicht unerwähnt lassen, dass auf der einen Seite, das Fahrzeug den zu diesem Zeitpunkt geltenden Sicherheitsstandards der National Highway Traffic Safety Administration (NHTSA) entsprach. Auf der anderen Seite war ebenfalls bekannt, dass die NHTSA diese Standards deutlich verschärfen wollte und der Pinto diese nicht erfüllen würde, ausführlich zu diesem Fall Schwartz, The Myth of the Ford Pinto Case, 43 Rutgers Law Review 1013 (1991).

[209] Grimshaw v. Ford Motor Co., 119 Cal. App. 3d 757, 777 (1981).

Co. als erstes Unternehmen in den USA wegen „leichtfertigem Totschlag" (reckless homicide) und „Krimineller Leichtfertigkeit" (criminal recklessness) angeklagt.

In dem ersten Schadensersatzprozess (Grimshaw v Ford Motor Company)[210] wurde Ford vorgeworfen, es habe für die Kosten eines Heckauffahrunfalls mit tödlichem Ausgang für einen Insassen Schadensersatzansprüche in Höhe von 200.000 USD je Todesfall kalkuliert. Für Unfallverletzte mit schweren Verbrennungen wurden 67.000 USD veranschlagt. Die Beträge stammten ursprünglich von der NHTSA und tauchten in den Prozessakten auf. Sie trugen wesentlich dazu bei, dass Ford einen erheblichen Imageschaden nahm, da der Berechnung des Risikos möglicher Schadensersatzansprüche die Kosten für eine technische Lösung gegenübergestellt wurden.

Tatsächlich wurde im ersten Schadensersatzprozess den Hinterbliebenen der Fahrerin 560.000 USD Schadensersatz, dem Beifahrer, der schwerste Verbrennung erlitt, über 2,5 Mio. USD Schadensersatz sowie 3,5 Mio. USD Strafschadensersatz zugesprochen.[211]

So urteilte im Zivilverfahren das Berufungsgericht, dass Ford

„decided to defer correction of the [Pinto's] shortcomings by engaging in a cost-benefit analysis balancing human lives and limbs against corporate profits. Ford's institutional mentality was shown to be one of callous indifference to public safety."[212]

„[T]he conduct of Ford's management was reprehensible in the extreme. It exhibited a conscious and callous disregard of public safety in order to maximize corporate profits."[213]

216 Nicht nur im Fall des Ford Pinto zeigten sich die Schwächen einer ausschließlich quantitativ orientierten Risikobetrachtung. Zum einen hängt das Ergebnis von der Qualität und Auswahl bzw. Vollständigkeit des zu analysierenden Datenmaterials ab. Fehlen Daten, wie zB die Kosten einer umfassenden Rückrufaktion von über einer Million Fahrzeugen oder Reserven für unter Umständen deutlich höhere als erwartete Schadensersatzzahlungen, so wird das Ergebnis der Risikobetrachtung ebenfalls fehlerhaft sein.[214]

217 Zum anderen scheitert oftmals eine korrekte Quantifizierung der „soften" Faktoren, wie zB den negativen Auswirkungen auf die Reputation des Unternehmens. Ex ante sind diese nur außerordentlich schwer abschätzbar und werden daher gern ignoriert oder negiert.[215]

218 Dennoch ist der Glaube an die **Quantifizierbarkeit** von Risiken ungebrochen und die Kontroverse, ob Entscheidungen am besten auf der Grundlage von quantifizierten Modellen getroffen werden, die auf Vergangenheitswerten basieren, oder auf subjektiven Einschätzungen einer Zukunft, die viel zu komplex ist, um sie in mathematischen Modellen abbilden zu können, keineswegs entschieden.[216]

219 Die Vergangenheit lehrt, dass der mechanistischen Darstellung künftiger Entwicklungen in einem durch finanzmathematische Modelle dominierten Risikomanagement Grenzen gesetzt sind. Immer komplexere Modelle, die auf immer schnelleren Großrechnern Risiken in Prozentwerte oder Währungseinheiten übersetzen können, bergen die Gefahr in sich, dass sie gerade durch ihre Komplexität den Eindruck vermitteln, dass sie tatsächlich die künftige Realität präzise und auf beliebig viele Nachkommastellen genau abbilden können.[217] Diese Scheingenauigkeit verleitet dazu, sich darauf zu verlassen und eigene Risikoerwägungen hintenanzustellen.

[210] Grimshaw, 119 Cal. App. 3d 757.
[211] Schwartz S. 1017.
[212] Grimshaw, 119 Cal. App. 3d 757, 813.
[213] Grimshaw, 119 Cal. App. 3d 757, 819.
[214] Informatikern ist dieses Phänomen als „Garbage in – garbage out" bekannt.
[215] Sherefekin, Lee Iacocca's Pinto: A fiery failure, Exploding gas tanks killed and maimed hundreds and wrecked Ford's reputation, Automotive News, June 16, 2013.
[216] Bernstein S. 15.
[217] Dies ist insofern auch leicht nachvollziehbar, da aus Sicht einer Geschäftsleitung ein System, dessen Entwicklung uU mehrere Mio. EUR gekostet hat, sicherlich auch fantastisch funktioniert.

Der Gründer von Greenlight Capital, einem bekannten amerikanischen Hedge Fund, beschreibt die weitverbreitete VaR-Methode als einen Airbag, der immer funktioniert, außer man hat einen Unfall:

„A 99% VaR calculation does not evaluate what happens in the last 1%. This, in my view, makes VaR relatively useless as a risk management tool and potentially catastrophic when its use creates a false sense of security among senior managers and watchdogs.“[218]

Allzu leicht wird vergessen, dass es sich zunächst nur um die mathematische Darstellung 220
möglicher künftiger Entwicklungen handelt, die allein auf Vergangenheitsdaten basiert.

Darüber hinaus werden durch die Risikomanager verschiedene Annahmen getroffen, zB 221
im Falle von VaR beschränkt man sich auf die Eingabe von Daten der jüngsten Vergangenheit. Durch die Datenauswahl wird jedoch das Ergebnis der mathematischen Modelle nachhaltig beeinflusst.[219] So sagte der frühere Vorsitzende der US-Notenbank *Alan Greenspan* vor einem Kongressausschuss zur Finanzkrise und der Rolle der Bundesbehörden aus:

„It was the failure to properly price such risky assets that precipitated the crisis. In recent decades, a vast risk management and pricing system has evolved, combining the best insights of mathematicians and finance experts supported by major advances in computer and communications technology. A Nobel Prize was awarded for the discovery of the pricing model that underpins much of the advance in derivates markets. This modern risk management paradigm held sway for decades. The whole intellectual edifice, however, collapsed in the summer of last year because the data inputted into the risk management models generally covered only the past two decades, a period of euphoria. Had instead the models been fitted more appropriately to historic periods of stress, capital requirements would have been much higher and the financial world would be in far better shape today, in my judgement.“[220]

Als Fazit der verschiedenen Gründe für das völlige Versagen des Risikomanagements der großen Banken im Vorfeld der Finanzkrise wird genannt:

„And, ultimately, the most important risk-management systems are the ones that have gray hair. „It's not just the Ph.D.'s who must run risk management,“... „It is the people who know the markets and have lifelong perspective.“ And at too many firms it is those people who failed to make sure the quants really did their jobs.“[221]

Dennoch wäre es ein Fehlschluss, betriebswirtschaftlich anerkannte Instrumente, wie zB 222
das kritisierte VaR, nicht einzusetzen. Die Anforderungen des § 91 Abs. 2 AktG ohne ein Bewertungsmodell erfüllen zu können, das zB für finanzwirtschaftliche Risiken, die aus den Aktivitäten des Währungs- und Zinsmanagements des Treasury-Bereichs einem Unternehmen erwachsen können, ist nur schwer vorstellbar. Ein Vorstand würde daher seiner Sorgfaltspflicht nicht entsprechen, wenn er ohne weitere Prüfung der zur Verfügung stehenden Bewertungsmodelle auf jedwede entscheidungsvorbereitende Systemunterstützung verzichtete.

---

[218] Einhorn, 42 Global Association of Risk Professionals Risk Review 11 (2008). Zu den Ursachen der Finanzkrise aus Corporate Governance Sicht s. Sun/Stewart/Pollard, Corporate Governance and the Global Financial Crisis: International Perspectives, 2011.

[219] Nocera, Risk Management, New York Times, January 2, 2009, 5.

[220] The Financial Crisis and the Role of Federal Regulators, Hearing before the Committee on Oversight and Government Reform, House of Representatives, one hundred tenth Congress second session, Testimony of Dr. Alan Greenspan, October 23, 2008, https://www.gpo.gov/fdsys/pkg/CHRG-110hhrg55764/html/CHRG-110hhrg55764.htm, zuletzt abgerufen am 6.11.2023.

[221] Hansell, How Wall Street Lied to Its Computers, New York Times, 18.9.2008, https://archive.nytimes.com/bits.blogs.nytimes.com/2008/09/18/how-wall-streets-quants-lied-to-their-computers/, zuletzt abgerufen am 6.11.2023.

III. Fazit

223 Zusammenfassend kann festgestellt werden, dass das Bestreben, die Risiken des Lebens zu minimieren oder, soweit möglich, Risiken sogar gänzlich zu eliminieren die wissenschaftliche Befassung mit Möglichkeiten der Berechnung von Eintrittswahrscheinlichkeiten, Schadenshöhen usw. in erheblichen Maße befeuert hat. Ob es der Wunsch des byzantinischen Frachtführers oder Investors war, sich gegen den Untergang der Handelsware auf ihrem unsicheren Transportweg abzusichern oder die Neugier von Mathematikern, dem Risiko bei Glücksspielen auf die Spur zu kommen, allen war das Ziel gemeinsam, die Folgen ihrer Entscheidungen und Handlungen berechenbar zu machen.

224 Der rationale Umgang mit Risiken und die damit verbundenen Fortschritte in der Versicherungs- und Finanzmathematik erlaubten nicht nur die Entwicklung immer komplexerer Absicherungsstrategien iRd Risikomanagements, sie verleitete auch zu der Annahme, dass die Folgen von Risiken und die Ergebnisse einer hochentwickelten Risikosteuerung – und damit letztlich die Zukunft – tatsächlich prognostiziert werden können.[222]

225 Es ist nach der hier vertretenen Auffassung jedoch von entscheidender Bedeutung, dass sich Entscheidungsträger der Stärken und vor allem auch der Schwächen des ausgewählten Bewertungsmodells bewusst sind. Vorstandsmitglieder und Geschäftsführer müssen wissen, was sie von seinem Risikobewertungssystem erwarten dürfen und sie müssen sich darüber bewusst sein, was es nicht zu leisten vermag. Lassen sich Maßnahmen ergreifen, um die Schwächen zu minimieren, sind diese zu ergreifen, sofern der damit verbundene Aufwand nicht unverhältnismäßig hoch ist.

226 Wie auch beim Einsatz anderer betriebswirtschaftlich anerkannter Methoden und Prozesse obliegt es damit dem Vorstand, nachzuweisen, dass das gewählte Bewertungsmodell den Anforderungen der konkreten Unternehmenssituation gerecht wird. Es kommt darauf an, dass eine Geschäftsleitung die Ergebnisse der Risikobewertung hinterfragt und auf ihre Plausibilität überprüft. Dabei muss das Spezialwissen des Vorstandes und dessen auf Erfahrungen und der Analyse verschiedenster ihm zugänglicher Informationen basierende subjektive Einschätzung ebenso in den Entscheidungsprozess Eingang finden, wie die Ergebnisse des Risikobewertungssystems.

227 Auch das ausgefeilteste Bewertungsmodell kann immer nur Indikationen über eine in der Zukunft stattfindende, möglich Entwicklung geben. Diese Indikationen zu ignorieren ist ebenso fahrlässig wie ihnen blind zu vertrauen.

Checkliste 11: Grundsätzliche Vorgehensweise beim Risikomanagement

- ❑ Wird die **„Value at Risk"**-Methode zur Quantifizierung von Risiken im Unternehmen verwendet und sind deren Nachteile bekannt?
- ❑ Werden bei unternehmerischen Entscheidungen auch deren **ethische** Tragweite berücksichtigt?

B. Risikomanagementim Unternehmen

228 Die Entwicklung des Risikomanagements in deutschen Unternehmen ist keine einheitliche. In Abhängigkeit von der Unternehmensgröße und der Branche sowie der Komplexität des Geschäftsmodells und der internationalen Ausrichtung eines Unternehmens entwickelte sich das Risikomanagement in deutschen Unternehmen auf eine eher heterogene Weise.

---

[222] Dazu Nobelpreisträger Kenneth J. Arrow S. 46 „Our knowledge of the way things work, in society or in nature, comes trailing clouds of vagueness. Vast ills have followed a belief in certainty, whether historical inevitability, grand diplomatic designs, or extreme views on economic policy".

Durch zum Teil detaillierte Vorgaben des Gesetzgebers und der entsprechenden Aufsichtsbehörden ist das Risikomanagement bei Banken und Versicherungen sicherlich am weitesten entwickelt. Außerhalb des Finanzdienstleistungssektors gewann das Risikomanagement durch die Einführung des KonTraG an Bedeutung. Dies gilt zumindest für große börsennotierte Unternehmen. Bei kleinen und mittleren Unternehmen (KMU) hingegen findet Risikomanagement als definierter Prozess eher am Rande der operativen Geschäftstätigkeit statt und der Nachholbedarf ist evident.[223] 229

Gemäß § 91 Abs. 2 AktG ist der Vorstand verpflichtet, geeignete Maßnahmen zur Früherkennung von bestandsgefährdenden Risiken zu ergreifen. Wie bereits dargestellt, können diese Risiken sowohl aus finanz- und leistungswirtschaftlichen als auch aus Compliance-Verstößen erwachsen. Da eine Verletzung der Vorgaben des § 91 Abs. 2 AktG in Bezug auf die klassischen Unternehmensrisiken einen Compliance-Verstoß darstellt, werden in den folgenden Unterkapiteln die Unterschiede zwischen dem klassischen Risikomanagement (→ Rn. 233ff.) und dem Compliance-Risikomanagement (→ Rn. 291ff.) herausgearbeitet. 230

In Kapitel § 4 (→ Rn. 380ff.) werden sodann die einzelnen Prozessschritte des klassischen Risikomanagements erläutert. Dabei kann zum Teil auf die umfangreiche betriebswirtschaftliche Literatur zu diesem Thema verwiesen werden. 231

Die einzelnen Prozessschritte des Compliance-Risikomanagements werden in Kapitel § 5 (→ Rn. 634ff.) behandelt. In Kapitel § 6 wird dabei auf die Anforderungen an ein effizientes Compliance-Risikomanagement in KMU eingegangen (→ Rn. 976ff.). 232

I. Das klassische Risikomanagement

Das klassische Risikomanagement, das sich mit finanz- und leistungswirtschaftlichen Risiken befasst, ist Gegenstand einer intensiven Erörterung in der betriebswirtschaftlichen Literatur. Dabei nimmt die Quantifizierung iRd Bewertungsprozesses von Risiken einen erheblichen Raum ein, was angesichts der historischen Entwicklung des Risikomanagements nicht überraschend ist. 233

Bilanzierungsregeln sowie steuerliche Vorgaben für die Bildung von Rückstellungen trugen ebenfalls zu einer zahlenorientierten, bilanztechnischen Betrachtung von Unternehmensrisiken bei. 234

1. Bilanzierungs- und steuerrechtliche Vorgaben

Gem. § 249 HBG sind Pensionsrückstellungen und Steuerrückstellungen sowie im Rahmen sonstiger Rückstellungen, Drohverlustrückstellungen, Kulanzrückstellungen, Rückstellungen für Garantieverpflichtungen, Prozessrückstellungen, Provisionsrückstellungen, Jahresabschluss- und Prüfungsrückstellungen und Aufwandsrückstellungen, zu bilden.[224] Die Bewertung dieser Rückstellungen hat gem. § 253 Abs. 1 S. 2 HGB in Höhe des nach vernünftiger kaufmännischer Beurteilung notwendigen Erfüllungsbetrages zu erfolgen.[225] Durch die Bildung von Rückstellungen wird der bilanzielle Jahresüberschuss reduziert und damit die steuerliche Belastung gesenkt ohne dass das Unternehmen Liquidität verliert. 235

Gemäß den Regeln der International Financial Reporting Standards (IFRS) ist die Bildung von Rückstellungen nach den Vorgaben des **International Accounting Standards** 236

---

[223] BDI/PwC: Bei 80% der befragten Unternehmen aus den Branchen Elektronik, IT und Telekommunikation besteht ein großer Handlungsbedarf bezüglich Risikoidentifikation und -bewertung.

[224] Durch das BilMoG wurde die Bildung von Aufwandsrückstellungen weitestgehend verboten.

[225] Bei der Rückstellungsbewertung sind zukünftige Preis- und Kostensteigerungen einzubeziehen. Darüber hinaus sind Rückstellungen mit einem fristenkongruenten Marktzinssatz abzuzinsen.

(IAS) 37 (Rückstellungen, Eventualschulden und Eventualforderungen) erforderlich.[226] Die IAS behandeln spezifisch die Passivierung von betrieblichen Verlusten,[227] von drohenden Verlusten aus belastenden Verträgen[228] sowie die Rückstellung für Restrukturierungen.[229]

237 Eine Rückstellung ist gem. Ziff. 10 IAS 37 eine Schuld, die in Bezug auf ihre Fälligkeit oder Höhe ungewiss ist. Voraussetzung für die Bildung einer Rückstellung ist, dass dem Unternehmen aus einem Ereignis aus der Vergangenheit eine gegenwärtige Verpflichtung (rechtlich oder faktisch) erwächst, eine Zahlung wahrscheinlich ist, dh mehr Gründe für eine Zahlung sprechen als dagegen, und dass die Höhe der Ausgabe zuverlässig geschätzt werden kann.[230] Gerade bei den Regelungen zur Bildung von Rückstellungen wird in erheblichem Umfang auf die Wahrscheinlichkeit abgehoben, ohne dass diesem Begriff eine praktisch verwendbare Definition unterlegt wird.[231]

238 Die Bewertung der Rückstellungshöhe erfolgt nach dem Best Estimate-Konzept.[232] Danach ist der Betrag, der erforderlich ist, um eine gegenwärtige Verpflichtung zum Bilanzstichtag zu erfüllen, nach einer bestmöglichen Schätzung der Ausgabe anzusetzen.[233] Sofern das Gesetz der großen Zahl anwendbar ist, soll gem. IAS 37 Ziff. 39 die Bewertung auf Basis der Wahrscheinlichkeit des Eintritts der Ereignisse erfolgen. Die höchste Wahrscheinlichkeit ist maßgeblich für die Bewertung der Rückstellung für ein singulär eintretendes Ereignis.[234]

239 Darüber hinaus sollen gem. Ziff. 42 IAS 37 auch bestehende Risiken und Unsicherheiten bei der Schätzung der Rückstellungshöhe berücksichtigt werden. Auch der Eintritt zukünftiger Ereignisse (Ziff. 48 IAS 37) ist bei der Bewertung von Rückstellungen einzustellen, sofern hinreichend belegt werden kann, dass diese Ereignisse auch eintreten werden.[235]

240 Wenig zur Klarstellung trägt der Verweis des BFH auf die Sicht eines ordentlichen und gewissenhaften Kaufmanns bei, der die Wahrscheinlichkeit auf der Grundlage objektiver, am Bilanzstichtag vorliegender und spätestens bei Aufstellung der Bilanz erkennbarer Tatsachen und nicht nach subjektiven Erwartungen des Managements beurteilt.[236]

241 Letztlich obliegt es gemäß den IAS dem Vorstand zu entscheiden, in welcher Höhe eine Rückstellung zu bilden ist. Dabei soll er seine Erfahrung aus ähnlich gelagerten Geschäftsvorfällen in der Vergangenheit nutzen und ggf. den Rat unabhängiger Experten einholen.[237] Vor allem kommt es in der Praxis darauf an, die Bewertung der Rückstellung in einer Form zu dokumentieren, dass diese iRd Jahresabschlussprüfung nachvollziehbar ist.

---

[226] Gem. Ziff. 10 IAS 37 ist eine Rückstellung eine Schuld, die bezüglich ihrer Fälligkeit oder ihrer Höhe ungewiss ist. Schuld ist hierbei definiert als eine gegenwärtige Verpflichtung des Unternehmens, die aus Ereignissen der Vergangenheit entsteht, deren Erfüllung für das Unternehmen erwartungsgemäß mit einem Abfluss von Ressourcen mit wirtschaftlichem Nutzen verbunden ist (Zahlung). Eventualschulden und -forderungen sind im Anhang der Bilanz zu erläutern, werden aber nicht passiviert.

[227] Ziff. 63 IAS 37, keine Rückstellung künftiger betrieblicher Verluste; dennoch ist eine Wertminderung von Vermögenswerten nach IAS 36 uU möglich.

[228] Ziff. 66 IAS 37.

[229] Ziff. 70 IAS 37.

[230] Ziff. 14 IAS 37. Dabei wird noch zwischen „provisions" (Rückstellung) und „accruals" differenziert, wobei bei letzteren, die Verbindlichkeit dem Grunde nach feststeht. Bei Rückstellung ist dies noch nicht gegeben. Bei beiden sind Höhe und/oder Fälligkeit noch offen. Vgl. Ziff. 11 IAS 37.

[231] LHF/Hoffmann § 21 Rn. 34, 45.

[232] Vgl. § 253 Abs. 1 S. 2 HGB.

[233] Ziff. 36 IAS 37. Diesen Regeln gehen die spezielleren Vorschriften zu drohenden Verlusten aus Fertigungsaufträgen (IFRS 15), Steuern vom Einkommen (IAS 12), Leasingverhältnissen (IAS 17) und die für Arbeitnehmervergütungen (IAS 19) vor.

[234] Ziff. 40 IAS 37.

[235] Dies gilt für die Auswirkungen neuer Technologien, Ziff. 49 IAS 37, sowie für die Berücksichtigung von Gesetzesänderungen sofern diese so gut wie sicher sind, Ziff. 50 IAS 37. Bei der Bewertung einer Rückstellung wird ein möglicher künftiger Veräußerungsgewinn von Vermögenswerten nicht berücksichtigt, Ziff. 51 IAS 35.

[236] BFH BeckRS 1984, 22006964.

[237] Ziff. 38 IAS 37.

Es ist daher nicht verwunderlich, dass die Prozessschritte der Erfassung und Bewertung von Rückstellungen dem klassischen Risikomanagement ähneln. So ist eine unternehmensweite Erhebung der Sachverhalte erforderlich, die zur Bildung von Rückstellungen führen. Diese Sachverhalte sind zu analysieren und zu bewerten, wobei der Betrachtung von Wahrscheinlichkeiten und Risiken eine erhebliche Bedeutung zukommt.[238] Eine vergleichbare Vorgehensweise wird bei der Erfassung von Unternehmensrisiken angewendet, bei der diese unternehmensweit erfasst und durch ihre potenzielle Schadenshöhe und ihre Eintrittswahrscheinlichkeit beschrieben werden.[239] 242

Checkliste 12: Risikomanagement im Unternehmen

- ❑ Werden die bilanzierungs- und steuerrechtlichen Vorgaben für Rückstellungen berücksichtigt (zB **HGB**, **IAS**)?

2. Vorgaben durch Basel II, Basel III und Solvency II

Der Basler Ausschuss für Bankenaufsicht hat im Jahre 2004 ein Konsultationspapier veröffentlicht, das zum Ziel hatte, einen internationalen Standard für Bankenaufsichtsbehörden zu schaffen.[240] Durch verschiedene Vorgaben zur Mindestkapitalanforderung, durch ein neues Vorgehen bei der Bankenaufsicht und durch neue Pflichten zur Offenlegung von Ausfall- und operativen Betriebsrisiken der Banken sollte einer Krise des internationalen Bankensystems vorgebeugt werden. 243

a) Basel II

Die beiden letztgenannten sog. Säulen von Basel II enthalten Regelungen, die sich ausschließlich auf die Tätigkeit der Banken beziehen. Die Vorgaben zu den **Mindestkapitalanforderungen** kreditgebender **Banken** wirken sich jedoch direkt auf Unternehmen aus, die auf eine Fremdfinanzierung durch ihre Hausbanken angewiesen sind. 244

Vereinfacht dargestellt, hat eine kreditgebende Bank Eigenkapital in Höhe eines bestimmten Prozentsatzes von der ausgelegten Kreditsumme zu hinterlegen. Die Höhe dieses Prozentsatzes ist abhängig von der Bonität des kreditnehmenden Unternehmens. Weist dieses zB ein **Rating** zwischen BBB+ und BB- auf, beträgt der Prozentsatz 8 %.[241] Die Bonität des Unternehmens wird auf Basis eines externen oder auch durch ein internes, durch die Bank selbst erstelltes Rating festgestellt. Ein besseres Rating reduziert die Höhe der **Eigenkapitalunterlegung,** ein schlechteres Rating führt zu einer Erhöhung des Standardansatzes. 245

Dadurch gewinnt das Risikomanagement des kreditnehmenden Unternehmens eine erhebliche Bedeutung für die **Finanzierungskosten** des Unternehmens, da es Banken die Sicherheit gibt, dass das Unternehmen die Bedeutung einer adäquaten Risikosteuerung erkannt hat und diese nutzt. Zusammen mit den fundierten Daten eines Controllings kann das Unternehmen seinem Fremdkapitalgeber eine größtmögliche Transparenz über die aktuelle Risikosituation geben und so die Ratingbewertung positiv beeinflussen. 246

Ohne das Vorhandensein eines Risikomanagements ist die Bank auf eigene Einschätzungen angewiesen, die naturgemäß konservativer ausfallen müssen, wenn keine unternehmensinternen Erkenntnisse über die Risikosituation dem Rating zugrunde gelegt werden können. 247

---

[238] BKM/Bertram HGB § 249 Rn. 11f.

[239] Dies wird auch als Regulatorisches Risikomanagement bezeichnet, was der dritten von sechs Entwicklungsstufen des Risikomanagements entspricht, Gleißner S. 8f.

[240] Kurz Basel II genannt, Basel Committee on Banking Supervision, International Convergence of Capital Measurement and Capital Standards A Revised Framework, Updated November 2005, https://www.bis.org/publ/bcbs118.pdf, zuletzt abgerufen am 14.01.2023.

[241] Risikogewichtung nach Standard & Poor's, Basel II, 15.

248 Somit wurden durch die Vorgaben von Basel II risikogewichtete Kreditkonditionen auch für Nichtbanken eingeführt. Dadurch haben Unternehmen mit einem Risikomanagement, das sich auch aus Sicht der finanzierenden Bank nachhaltig mit den Unternehmensrisiken befasst, einen Vorteil im Wettbewerb um knapper werdendes Kapital.[242]

b) Basel III

249 Nachdem die Regelungen von Basel II die Finanzkrise des Jahres 2008 und deren Folgen keineswegs verhindern konnten, hat der Basler Ausschuss für Bankenaufsicht im Jahre 2010 ein neues Konzept zur Stabilisierung des internationalen Bankensystems und zur Prävention künftiger Krisen erarbeitet.[243] Dazu sollen Regeln zur Verbesserung der globalen **Eigenkapitalregelung** sowie ein höherer globaler **Liquiditätsstandard** und Vorgaben zur **Fristentransformation**[244] für Banken eingeführt werden, die die Regeln von Basel II ergänzen sollen.

250 Banken werden nach Inkrafttreten von Basel III ab 2013[245] rund 30% mehr und qualitativ höherwertiges Eigenkapital für ausgelegte Kredite hinterlegen müssen. Damit erhöhen sich die **Kreditkosten** für die Banken, was sich in einer Erhöhung der Refinanzierungskosten der Unternehmen widerspiegeln dürfte.[246] Darüber hinaus sorgen die Vorgaben zur Liquiditätshaltung dafür, dass sich Banken künftig längerfristig refinanzieren müssen.

251 Diese, die bestehenden Regeln von Basel II verschärfenden, neuen Vorgaben, werden die Kosten für Unternehmensfinanzierung durch Bankkredite weiter erhöhen. Dabei wird sich ein funktionierendes Risikomanagement, das die relevanten Themengebiete – und damit auch Compliance-Risiken – abdeckt, ebenso wie eine gute Eigenkapitalausstattung, umso positiver auf die Finanzierungskosten eines Unternehmens auswirken.

c) Basel III und Solvency II

252 Mit der Richtlinie Solvency II führt die EU ab 2013 u. a. auch neue Eigenkapitalvorgaben für **Versicherungsunternehmen** ein.[247] Diese sehen vor, dass künftig eine risikobezogene Bewertung der Kapitalanlagen vorzunehmen ist. Dabei begünstigt das Regelwerk Investitionen der Versicherer in eher kurzfristige Anleihen guter Bonität.

253 Die Unternehmensfinanzierung in Deutschland wird noch immer zu einem großen Teil durch Banken dargestellt. Durch die Vorgaben von Basel III werden sich diese vermutlich vermehrt langfristig refinanzieren müssen. Da jedoch die Versicherer künftig eher in kurzfristige Anleihen investieren werden, ist davon auszugehen, dass ihre Nachfrage nach langfristigen Bankanleihen rückläufig sein wird. Damit wird sich die Refinanzierung der Ban-

[242] Dies gilt sowohl für die Fremdkapital- als auch Eigenkapitalbeschaffung.

[243] Basel Committee on Banking Supervision, Basel III: Ein globaler Regulierungsrahmen für widerstandsfähigere Banken und Bankensysteme Dezember 2010 (rev. Juni 2011), https://www.bis.org/publ/bcbs189_de.pdf, zuletzt abgerufen am 14.01.2023.

[244] Mittels einer sog. Fristentransformation kann eine Bank langfristige Kredite durch kurzfristige Einlagen refinanzieren. Dies birgt das Risiko in sich, dass eine Bank in Liquiditätsschwierigkeiten geraten kann, wenn kurzfristige Anlagen, wie zB Fest- oder Termingelder abgezogen werden.

[245] Verordnung (EU) Nr. 575/2013 des Europäischen Parlaments und des Rates vom 26. Juni 2013 über Aufsichtsanforderungen an Kreditinstitute und zur Änderung der Verordnung (EU) Nr. 648/2012 (ABl. L 176, 1, ber. L 208, 68, L 321, 6, 2015 L 193, 166, 2017 L 20, 3, ber. 2023 ABl. L 92, 29).

[246] Da die Hinterlegungskosten für das Eigenkapital nur einen Teil der Kreditkosten ausmachen, werden sich die Finanzierungskosten der Unternehmen nicht um 30%, sondern um einen geringeren, aber dennoch spürbaren Prozentsatz erhöhen. Bankenverband und DIHK, Folgen von Basel III für den Mittelstand, Oktober 2011, S. 15 ff.

[247] Richtlinie 2009/138/EG des Europäischen Parlaments und des Rates vom 25. November 2009 betreffend die Aufnahme und Ausübung der Versicherungs- und der Rückversicherungstätigkeit (Solvabilität II) (ABl. L 335, 1, ber. 2014 L 219, 66). Darüber hinaus werden die Aufsicht über Versicherungsunternehmen sowie die Offenlegungspflichten der Versicherer neu geregelt. Sa BaFin, Solvency II – Eigenmittel und Eigenmittelanforderungen, idF v. 21.4.2020, https://www.bafin.de/DE/Aufsicht/VersichererPensionsfonds/Eigenmittelanforderungen/SolvencyII/solvencyII_node.html, zuletzt abgerufen am 14.1.2023.

ken tendenziell verteuern. Für Unternehmen heißt dies, dass sich für sie über die indirekten Auswirkungen von Basel III und Solvency II die Unternehmensfinanzierung durch Banken verteuern wird. Damit wird sich der Wettbewerb um günstige Finanzierungsmittel verschärfen.

Da sowohl Basel III als auch Solvency II risikobezogene Bewertungen des investierten Kapitals fordern, wird es für Unternehmen künftig noch wichtiger sein, ihre kreditgebende Bank davon zu überzeugen, dass sie alle relevanten Unternehmensrisiken im Rahmen eines adäquaten Risikomanagements identifiziert und unter Kontrolle haben. Dazu gehören aus den in → Rn. 55 ff. angesprochenen Gründen auch Compliance-Risiken. 254

Checkliste 13: Compliance-Risiken und Unternehmensrating

- ❑ Weist das Unternehmen **Ratingagenturen** aktiv auf das bestehende Compliance-Risikomanagementsystem zur Optimierung des Unternehmensratings hin?
- ❑ Nutzt das Unternehmen aktiv das bestehende Risikomanagement als Argument zur Optimierung der Konditionen der **Bankenfinanzierung?**

d) Unternehmensrating und Compliance-Risiken

Im Hinblick auf das von der Bank zu ermittelnde Unternehmensrating stellen Compliance-Risiken ein aus Bankensicht schwer lösbares Problem dar. Durch eine Verschärfung der gesetzlichen Sanktionen werden die negativen Folgen von Compliance-Verstößen immer gravierender. Dies gilt nicht nur für die direkten materiellen Schäden, die ein Compliance-Verstoß für ein Unternehmen mit sich bringen kann. Diese können sich gerade bei KMU, aber auch bei börsennotierten Unternehmen, außerordentlich schmerzhaft auf die Liquiditätssituation und Rentabilität des Unternehmens auswirken. Auch die möglichen Reputationsschäden sind keineswegs zu vernachlässigen. 255

Diese negativen Effekte können direkt die Fähigkeit des Unternehmens, den Kredit zu den vereinbarten Konditionen zu bedienen, belasten. Daher hat die Hausbank eines Unternehmens ein erhebliches Eigeninteresse an der Gesetzestreue ihres Firmenkunden. 256

Klassische Unternehmensrisiken kann die Bank anhand von aus der Bilanz und Gewinn- und Verlustrechnung gewonnenen Kennzahlen sowie aus der bankinternen Analyse der Kontobewegungen des kreditnehmenden Unternehmens und den in der Bank vorhandenen Branchenkenntnissen zumindest abschätzen. Es ist jedoch einer außenstehenden Bank praktisch unmöglich, eine sinnvolle Bewertung der Gesetzeskonformität des kreditbeantragenden Unternehmens vorzunehmen. 257

Um Compliance-Risiken in einem Unternehmensrating bewerten zu können, muss eine Bank auf die unternehmensinternen Erkenntnisse des Compliance-Risikomanagements zurückgreifen können. Allein das Vorhandensein einer solchen Funktion bedeutet aus Sicht der Bank, dass sich das Unternehmen ernsthaft mit seinen Risikopositionen befasst und diese steuert. Ohne eine solche Funktion kann sich eine Bank nur am Branchenstandard orientieren oder eine pauschale Bewertung dieses Risikos vornehmen. Da diese jedoch mangels Informationen aus einem Compliance-Risikomanagement eher konservativ ausfallen muss, wird das Rating nicht so positiv ausfallen können wie im Falle einer transparenten Darstellung der Compliance-Risiken durch das Unternehmen. Damit erhöhen sich künftig die **Unternehmensfinanzierungskosten** und es wird deutlich, dass das Management von Compliance-Risiken zu einem Vorteil im Wettbewerb um knapper und damit teurer werdendes Fremdkapital wird. 258

So hat zB die US-amerikanische **Ratingagentur *Moody's*** im Rahmen einer Analyse der Entwicklung der **Kreditwürdigkeit** staatlicher Emittenten sowie öffentlicher und anderer Unternehmen festgestellt, dass diese von Maßnahmen zur **Korruptionsprävention** profitieren, da sich Antikorruptionsmaßnahmen positiv auf die Anfälligkeit für Geldbußen, 259

Schadensersatzzahlungen, Reputationsverlust und höhere Kapitalkosten (Eigen- und Fremdkapitalkosten) niederschlägt.

260 Die Maßnahmen zur Korruptionsprävention erhöhen u.a. die Transparenz im Unternehmen und die Disziplin bei Investitionsentscheidungen durch einen Fokus auf ihren wirtschaftlichen und gesellschaftlichen Nutzen. Somit wirken sich die Anti-Korruptionsmaßnahmen aus Sicht von *Moody's* positiv auf die Kreditwürdigkeit aus, und damit auf das Unternehmensrating, was sich wiederum in günstigen Kapitalkosten manifestiert.[248]

3. Betriebswirtschaftliche Zielsetzung des Risikomanagements

261 Die Aufgabe des Risikomanagements ist, die Planungssicherheit für den Vorstand zu erhöhen, indem die Schwankungsbandbreite zukünftiger Ereignisse und damit deren Auswirklungen auf das Unternehmen reduziert werden.[249] Dadurch wird der Vorstand in die Lage versetzt, das Unternehmen langfristig besser steuern zu können, was sich positiv auf dessen **Ertragskraft** auswirken sollte.

262 Gleichzeitig wird mit der Verstetigung der Ertragskraft des Unternehmens auch eine stabilere **Liquiditätsplanung** ermöglicht, was wiederum zu einer Optimierung der Liquiditätskosten führt. Auch können Kosten für das eingesetzte Eigen- und Fremdkapital reduziert werden, da sich das **Rating** des Unternehmens durch ein adäquates Risikomanagement verbessert. Darüber hinaus ist ein Unternehmen mit stabiler Ertragskraft sowohl als Arbeitgeber als auch als Kunde und Lieferant attraktiv.

4. Beispiele spezialisierter Risikomanagement-Funktionen

263 Die Risiken eines Unternehmens hängen ab von dessen Größe, Komplexität, seiner Branchenzugehörigkeit und auch dem Grad der Internationalisierung seiner Geschäftstätigkeit. So sieht sich ein Unternehmen der Baubranche ganz anderen Risiken ausgesetzt als ein Unternehmen, das internationale Logistikdienstleistungen erbringt.

264 Auch kann eine Differenzierung der Risikobefassung nach bestimmten funktionalen Aufgabenbereichen im Unternehmen vorgenommen werden. So wächst die Erkenntnis, dass die Risiken von Lieferketten einem Risikomanagement zugänglich sind. Auch können Unternehmen, die zB im Anlagenbau und damit stark projektorientiert tätig sind, sehr von einem projektbezogenen Risikomanagement profitieren.

265 Die Entwicklung eines Umweltrisikomanagements steckt sicher noch in den Anfängen. Die Gefahren, die Wirtschaftsunternehmen entlang ihrer Wertschöpfungskette aus dem Umwelt- bzw. Ökologiebereich drohen, nehmen jedoch in immer stärkerem Maße zu. Daher ist in Europa eine ähnliche Entwicklung in Bezug auf Vorgaben zum Risikomanagement wie in den USA absehbar.

266 Dementsprechend ließe sich eine Vielzahl von möglichen speziellen Ausformungen von zu steuernden Risiken definieren, die ein ebenso spezielles Risikomanagementsystem erfordern würden. Dennoch entsprechen die Risikomanagementprozesse weitestgehend dem des klassischen Risikomanagements, das sich mit den traditionellen Unternehmensrisiken befasst.[250]

267 Dieser klassische Risikomanagementprozess stößt jedoch an seine Grenzen, wenn diese Vorgehensweise nicht geeignet ist, die ganze Bandbreite der operativen Risiken eines Unternehmens abzubilden. So hat die operative Geschäftstätigkeit der Treasury-Abteilung in einem produzierenden Unternehmen einen bankähnlichen Charakter. Die damit einher-

[248] Moody's Investors Service Inc., Anti-Bribery, Corruption Enforcement Efforts Pick Up Steam Worldwide, https://moodys.alacra.com/moodys-credit-research/a–PR_331645, zuletzt abgerufen am 27.10.2023.
[249] Gleißner S. 14.
[250] → Rn. 380ff. Das Management klassischer Unternehmensrisiken.

gehenden Risiken können daher nur schlecht von dem auf das Kerngeschäft des Unternehmens ausgerichteten Risikomanagement eingefangen werden.

In diesen Fällen bietet es sich an, die Befassung mit diesen Risiken spezialisierten Risikomanagementfunktionen zuzuordnen. 268

a) Treasury-Risikomanagement

Die Treasury eines Unternehmens befasst sich iRd Cash-Managements u. a. mit dem 269 Geld- und Devisenhandel und uU mit dem Commodity-Handel. Entsprechend den Planungsvorgaben des Vorstands oder eines Treasury-Ausschusses, werden durch den Einsatz derivativer Instrumente Zins-, Währungs-, Liquiditäts-, Kredit- und ggf. auch Commodity-Risiken gemanagt.

Darüber hinaus wird der gesamte unternehmensinterne und -externe Zahlungsverkehr 270 durch die Treasury abgewickelt. Auch befasst sich der Bereich mit der mittel- und langfristigen Fremdkapitalaufnahme, sei es in Form von Kreditlinien oder durch Emission von festverzinslichen Wertpapieren. Ebenso gehört die Planung der Eigenkapitalentwicklung, einschließlich der Durchführung von Eigenkapitalerhöhungen, zu den Aufgaben einer Treasury wie auch das Treasury-Risikomanagement und die Berichterstattung über die Treasury-Aktivitäten an den Vorstand.

Diese nicht abschließende Beschreibung wichtiger Treasury-Funktionen zeigt, dass die- 271 se, auch wenn sie zB in einem Industrieunternehmen wahrgenommen werden, eine große Nähe zum originären Geschäft von Banken aufweisen. Um effektiv für das Unternehmen tätig zu sein, benötigt die Treasury möglichst belastbare Angaben über die die Liquidität beeinflussenden Faktoren in den verschiedenen Währungsräumen, in welchen das Unternehmen tätig ist, wie zB den geplanten Umsatz, das Finanzierungsvolumen von Leasinggeschäften oder anstehende Gehaltszahlungen.[251] Dabei ist es für das operative Geschäft der Treasury weitestgehend unerheblich, ob das Kerngeschäft des Unternehmens die Produktion von Maschinen, die Gewinnung von Rohstoffen oder das Erbringen von Dienstleistungen umfasst.

Aufgrund der erheblichen Risiken, die mit den oben beschriebenen Geschäften einher- 272 gehen, ähneln sowohl die operativen Prozesse als auch die Organisationsstruktur der von Banken. So sind regelmäßig größere Treasury-Bereiche in ein Front-, Middle- und Back-Office unterteilt.

Das Front-Office ist für die operativen Handelsaktivitäten zuständig. Das Middle-Office wacht über die Einhaltung der definierten Risikovorgaben (Handelslimite usw.) und berichtet über die Aktivitäten der Treasury. Das Back-Office bestätigt die abgeschlossenen Treasury-Geschäfte und initiiert entsprechende Zahlungen und Buchungen.

Die Treasury eines Unternehmens stellt daher eine in sich geschlossene Einheit dar, die über ihr eigenes, separates und auf die speziellen Erfordernisse des Bankgeschäfts ausgerichtetes Risikomanagement verfügt. Aufgrund dieser bankspezifischen Ausrichtung soll hier auf eine detaillierte Behandlung verzichtet werden.

b) Projekt-Risikomanagement

Für ein Unternehmen zB im internationalen Anlagenbau ist es sinnvoll, die Risiken, die 273 mit den jeweiligen Projekten einhergehen, im Vorfeld der Auftragserteilung, dh bereits während der Angebotsphase sowie während der Projektabwicklung zu identifizieren, zu bewerten sowie Maßnahmen zur Bewältigung möglicher Risiken rechtzeitig einzuleiten. Anders als zB bei einem traditionellen Produktionsunternehmen im Maschinenbau ist eine solche Aufgabe von einem klassischen Risikomanagement kaum zu leisten, da entspre-

[251] Dies gilt v. a. für anstehende Zahlungen in erheblicher Höhe wie zB die jährlichen Tantiemen, das Urlaubs- und Weihnachtsgeld oder Zahlungen für Investitionen in neue Anlagen.

chend der projektbezogenen Tätigkeit des Unternehmens die Risiken von Projekt zu Projekt stark variieren können und sich diese projektspezifischen Risiken nur unzureichend in einem sich jährlich wiederholenden Risikoidentifikationsprozess abbilden lassen.

274 Daher liegt es nahe, die Projektrisiken in die Projektvorbereitungsarbeiten zu integrieren. Dies mag dazu führen, dass bei drei parallel abzugebenden Projektangeboten ebenfalls parallel in drei Risikomanagementprozessen Risikoanalysen und -bewertung durchzuführen sind. Die einzelnen Prozessschritte des Risikomanagements werden in diesen drei verschiedenen Projekten weitestgehend dem des klassischen Risikomanagements entsprechen.

275 Das Projekt-Risikomanagement ist in eine auf die speziellen Bedürfnisse des Projektgeschäfts zugeschnittenen, projektnahen Organisationsstruktur eingebettet.

c) Supply-Chain-Risikomanagement

276 Produktionsprozesse sind heute in aller Regel darauf ausgerichtet, mit möglichst geringer Lagerhaltung möglichst schnell auf erforderliche Anpassungen reagieren zu können. Dadurch ist das Unternehmen in der Lage, sich flexibel auf Nachfrageschwankungen oder neue Kundenwünsche einzustellen und gleichzeitig den Anforderungen der Gesellschafter gerecht zu werden, den Mitteleinsatz zu optimieren, indem zB durch eine just-in-time Produktion die Vorratshaltung minimiert und die Lagerhaltung auf die Straße oder die Schiene verlagert wird.

277 Bei Unternehmen, deren Wertschöpfung am eigenen Produkt relativ gering ist, besteht bei dieser Vorgehensweise jedoch eine zunehmende Abhängigkeit von ihren Zulieferunternehmen. Pünktliche Lieferungen der benötigten Rohstoffe und Halbfertigwaren, die in der richtigen Menge, am richtigen Ort und in der vereinbarten Qualität durch die Zulieferer in den Fertigungsprozess eingeführt werden müssen, entscheiden in erheblichem Maße über den wirtschaftlichen Erfolg des Unternehmens. Je länger die Lieferketten sind, desto höher ist die Abhängigkeit des Unternehmens, das am Ende dieser Lieferkette steht.[252]

278 Jede Falsch- oder Schlechtlieferung kann, mangels entsprechender Reserven in Form eigener Lagerbestände, zu einem Stillstand der Produktion führen. Dies zieht eine Einstellung der Lieferungen der eigenen Produkte an Kunden nach sich, die ggf. wiederum ihre Produktion einschränken müssen. Nicht nur entsteht in einem solchen Szenario dem betroffenen Unternehmen ein erheblicher Reputationsschaden. Vielmehr kann durch einen Ausfall der Belieferung auch ein erheblicher wirtschaftlicher Schaden entstehen, der durch Schadensersatzforderungen des eigenen Kunden weiter erhöht wird.

279 Es ist daher wichtig, dass ein Unternehmen, das von einem funktionstüchtigen Netz von Zulieferern abhängig ist, Klarheit über die Risiken in diesem Netz besitzt. Nur dadurch können ungewollte Abhängigkeiten, die im Fall einer Insolvenz durch ein Zulieferunternehmen bestandsgefährdende Ausmaße erreichen können, vermieden werden und Problemen durch mangelhafte Qualität usw. rechtzeitig durch entsprechende Gegenmaßnahmen begegnet werden.[253]

[252] Durch die mittlerweile globale Vernetzung von Produktionsbeziehungen können Risiken für die eigene Produktion durch Naturkatastrophen entstehen, durch die sie, obwohl tausende Kilometer entfernt, nachhaltig negativ beeinflusst wird, s. die Tsunami-Katastrophe in Indonesien (2004), das Erdbeben in Fukushima (2011) oder die negativen Folgen des Vulkanausbruchs in Island (2011). Ähnlich katastrophale Folgen können jedoch auch politische Entscheidungen für stark vernetzte Lieferketten haben, wie zB das britische Referendum zum Brexit, s. zB The Economist, What to expect from a no-deal Brexit: The terrifying consequences if nothing is sorted, Nov. 24th, 2018 sowie The cost of Brexit becomes apparent, Mar. 13th, 2021.

[253] Ähnlich wie im projektbezogenen Risikomanagement sollte auch im Supply-Chain Risikomanagement bereits bei der Auswahl der Lieferanten darauf geachtet werden, dass keine absehbaren Risiken eingegangen werden. Zu diesem Themenkomplex s. IPA, Studie Risikomanagement in der Beschaffung 2010; Hermann/Schatz, Supply Chain Risk Management – Relevanz und Handlungsbedarf, Zeitschrift für wirtschaftlichen Fabrikbetrieb, 2011, S. 301 ff.

Sofern eine auf Fragen der **Zuliefererketten** eines Unternehmens spezialisierte Risikomanagementfunktion eingerichtet worden ist, ist sie regelmäßig der Einkaufsabteilung zugeordnet. 280

d) Umweltrisikomanagement

Dem Management von Umweltrisiken kommt, abhängig von der Größe und der Branchenzugehörigkeit eines Unternehmens, eine erhebliche Bedeutung zu. Auch wenn es noch nicht weit verbreitet ist, so wird es dennoch vor dem Hintergrund der außerordentlich hohen Kosten, die Umweltschäden verursachen können, zunehmend aktiver betrieben. Dabei gilt es nicht nur Schäden für die menschliche Gesundheit abzuwenden, sondern auch Belastungen der Natur durch Schadstoffe auszuschließen. Darüber hinaus müssen sich Unternehmen mit ihren Produkten zunehmend auf das wachsende Umweltbewusstsein ihrer Kunden einstellen. Unter dem Begriff der Nachhaltigkeit ist somit bei der Produktion und dem Vertrieb von Produkten auf deren Umweltverträglichkeit zu achten. Gleiches gilt für die in der Fertigung eingesetzten Roh- und Betriebsstoffe, deren umweltverträgliche und nachhaltige Gewinnung zunehmend im Interesse der Kunden steht. Veränderungen in der Umwelt selbst können ihrerseits ein Risiko für Unternehmen darstellen, ohne dass sich dies zB in Form einer Erdbebenkatastrophe schlagartig manifestieren muss.[254] 281

In Deutschland wird zB der Grundstückseigentümer und der Inhaber der tatsächlichen Gewalt über ein Grundstück sowie derjenige, der Verrichtungen auf einem Grundstück durchführt oder durchführen lässt, die zu Veränderungen der Bodenbeschaffenheit führen können, durch § 7 BBodSchG dazu verpflichtet, Vorsorge dagegen zu treffen, dass durch seine Grundstücksnutzung schädliche Bodenveränderungen entstehen. Bereits deren Besorgnis verpflichtet den genannten Personenkreis zu entsprechenden Vorsorgemaßnahmen. 282

Diese Vorschrift bleibt jedoch weit hinter den detaillierten Risikomanagementregelungen zurück, die bereits in den USA gelten. Die dort zuständige Umweltschutzbehörde, die US Environmental Protection Agency (EPA), ist zB gem. Section 112(r) des Clean Air Act (CAA) dazu verpflichtet, Vorschriften zur Prävention von Chemieunfällen zu erlassen. Die EPA setzte diese Aufgabe in einem „Risk Management Program" um, das sich in drei Teile gliedert.[255] Zunächst werden Vorgaben zur Gefahreneinschätzung definiert.[256] Vorschriften zur Vorgehensweise zur Gefahrenpräventionen bei verschiedenen chemischen Prozessen[257] werden gefolgt von Anforderungen an das Krisenmanagement im Falle einer drohenden Kontaminierung.[258] 283

Hervorzuheben ist dabei, dass die EPA in § 68.15 (Management) den Eigentümer oder Betreiber einer stationären Quelle, von der Gefahren iSd in Subsection 2 und 3 beschriebenen Prozesse ausgehen können, verpflichtet, ein **Managementsystem** einzuführen, das es ermöglicht, die Implementierung der einzelnen Prozessschritte des zu etablierenden Risikomanagements zu überwachen.[259] Diese Verpflichtung wird in Subsection G in sehr detaillierten Vorgaben über die Inhalte der Berichterstattung an die EPA spezifiziert.[260] Durch diese Berichtsvorschriften wird dem Eigentümer oder Betreiber einer chemischen Anlage vorgegeben, in welcher Weise er sein Risikomanagement zu organisieren hat, um Kontaminierung zu verhindern. 284

---

254 So ist zB die Freizeitindustrie durch die von Klimaveränderungen beeinflusste Nachfrageverlagerung nachhaltig betroffen.

255 40 CFR Part 68.

256 Subpart B—Hazard Assessment, §§ 68.20–68.42.

257 Subparts C, D—Program 2 and, 3 Prevention Program, §§ 68.48–68.87.

258 Subpart E—Emergency Response §§ 68.90–68.96. Subpart F—Regulated Substances for Accidental Release Prevention, beinhaltet eine Auflistung der als gefährlich eingestuften chemischen Substanzen, §§ 68.100–68.130.

259 Subpart A—General, § 68.15 (a).

260 Subpart G—Risk Management Plan, §§ 68.150–68.195.

285 Auch wenn der Detaillierungsgrad dieser Regelungen zunächst einen nicht-amerikanischen Betrachter erschrecken mag, so ist es jedoch nur eine Frage der Zeit, bis auch in Deutschland der Gesetzgeber den amerikanischen Vorreitern hier ebenso folgen wird, wie er es auch schon in anderen Fällen getan hat.

Checkliste 14: Betriebswirtschaftliche Zielsetzung des Risikomanagements

- ❑ Wird das Risikomanagement der Branche des Unternehmens angepasst und wird es seinem Ziel gerecht, die **Ertragskraft** zu erhöhen und die **Liquiditätsplanung** zu erleichtern?
- ❑ Wird das Management der Risiken des **Kerngeschäfts** als ausreichend erachtet oder sollten **spezielle Risiken** besonders betrachtet werden (zB Treasury, Projekte, Supply Chain, Umweltschutz)?

II. Abgrenzung zum Krisenmanagement

286 Ebenso wie die Entwicklung des Risikomanagements in deutschen Unternehmen eine sehr heterogene ist, wird auch die Wahrnehmung dieser Aufgabe auf unterschiedliche Weise gelöst. Sofern ein Risikomanagement überhaupt betrieben wird, ist damit oft das Management von Krisen gemeint.[261]

287 Im Gegensatz zum Risikomanagement, bei dem sich das Unternehmen weit im Vorfeld eines Schadensfalls damit befasst, potenzielle Risiken für das Unternehmen zu identifizieren und zu bewerten, um dann Schritte einzuleiten, die die Realisierung dieser Risiken verhindern, wird ein Krisenmanagement dann erforderlich, wenn das Risiko in eine konkrete Bedrohung bzw. Schaden für das Unternehmen umgeschlagen ist.[262]

288 Das Krisenmanagement erfordert daher die Fähigkeit, unter hohem Zeitdruck, bei einer unsicheren und nicht selten emotionsbestimmten Informationslage, schnell und flexibel Maßnahmen einzuleiten, um die überraschend eingetretenen Folgen der Krise so lange einzudämmen, bis Notfallpläne greifen können – soweit welche existieren.

289 Ziel dieser Maßnahmen ist, die negativen Auswirkungen, die die Krise sowohl auf das Unternehmen und dessen Reputation als auch auf seine Stakeholder hat, soweit wie möglich einzugrenzen. Idealerweise werden bereits in der Krise Maßnahmen eingeleitet, die dazu führen, dass nicht nur der akute Schadensfall möglichst geringe Nachteile nach sich zieht. Vielmehr sollten die erforderlichen Entscheidungen auch mit dem Ziel getroffen werden, dass das Unternehmen gestärkt aus der Krise hervorgeht und somit die Krise als Katalysator für sinnvolle Veränderungen in der operativen Tätigkeit und der strategischen Ausrichtung des Unternehmens genutzt werden kann.

290 Daher spielt sowohl die unternehmensinterne als auch die nach außen gerichtete Kommunikation des Unternehmens in der Krise eine erhebliche Rolle. Je besser der Informationsstand des Krisenmanagements ist, desto gezielter können Gegenmaßnahmen ergriffen werden. Auch wird die Unternehmensleitung durch eine entsprechende Kommunikation in die Lage versetzt, die Stakeholder des Unternehmens und die Medien über die Krise, ihre Auswirkungen und die eingeleiteten Gegenmaßnahmen zu informieren.

---

[261] S. hierzu die Studie „Technisches Risikomanagement" des Fraunhofer IPT und P3, die zu dem Ergebnis kam, dass das vorhandene Risikomanagement allenfalls als Krisenmanagement zu bezeichnen ist, da es nicht präventiv, sondern nur reaktiv zum Einsatz kommt, https://www.ipt.fraunhofer.de/de/presse/Pressemitteilungen/20111215TechnischesRisikomanagement.html, zuletzt abgerufen am 14.2.2018 und die veröffentlichte Studie von Zentis/Czech/Prefi/Schmitt, Technisches Risikomanagement in produzierenden Unternehmen, 2011.

[262] Krise wird definiert als entscheidender Punkt, Höhepunkt einer gefahrvollen Entwicklung, schwierige, gefährliche Lage, vgl. Pfeifer, „Krise". Im Gegensatz dazu stehen schwelende Krisen, die ihren Ausgang in kleinen, zunächst bedeutungslos erscheinenden unternehmensinternen Problemen haben, die sich dann, über Zeit, zu einer ausgewachsenen Krise entwickeln. James/Wooten 34 Organizational Dynamics 143 (2005).

Checkliste 15: Spezialisierte Risikomanagementfunktionen

- ❑ Wurde der eingeführte Risikomanagementprozess der Branche des Unternehmens angepasst?
- ❑ Wurde der Tatsache Rechnung getragen, dass bestimmte Bereiche des Unternehmens andere Risikomanagementprozesse benötigen, als das Kerngeschäft des Unternehmens dies vorgibt?
- ❑ Beispielee
  - Treasury-Risikomanagement
  - Projekte-Risikomanagement
  - Supply-Chain-Risikomanagement
  - Umweltrisikomanagement
  - Krisenmanagement

III. Abgrenzung zum Compliance-Risikomanagement

Compliance-Themen beeinflussen in zunehmendem Maße unternehmerische Entschei- 291
dungen.[263] Damit geht einher, dass die Erfassung und das Management von Compliance-Risiken immer wichtiger werden.

Auch wenn aus rechtlicher Sicht das klassische Risikomanagement und das Compli- 292
ance-Risikomanagement den Schutz des Unternehmens vor bestandsgefährdenden Risiken zum Ziel haben,[264] liegt es doch in der Natur der zu betrachtenden Risiken, dass sich zwar die Vorgehensweise des Managements der jeweiligen Risikogruppe ähneln kann, sie aber keineswegs identisch ist.

Darüber hinaus gehend erfüllt das klassische Risikomanagement eine nicht zu unter- 293
schätzende Aufgabe bei der operativen Erfassung von Sachverhalten, die durch Rückstellungen oder Wertberichtigungen Eingang in den Jahresabschluss finden müssen. Diese wichtige Funktion schlägt sich sowohl im Prozessablauf als auch in der organisationsstrukturellen Zuordnung der Aufgabenwahrnehmung nieder. Hierin besteht ein wesentlicher Unterschied zur operativen Erfassung von Compliance-Risiken und deren Management.[265]

IV. Risikowahrnehmung und Risikokultur

Die Effektivität eines jeden Risikomanagementsystems hängt zum einen maßgeblich von 294
der im Unternehmen herrschenden Risikokultur ab, die, ebenso wie die Compliance-Kultur, Teil der Unternehmenskultur ist.[266]

Zum anderen kann das Compliance-Risikomanagement nachhaltige Wirkung nur er- 295
zielen, wenn es die wissenschaftlichen Erkenntnisse über menschliche Verhaltens- und Reaktionsmuster angesichts von „Chancen und Risiken" in Rechnung stellt. Dies ist nicht nur ein Thema, das der Domäne der Psychologie sowie vielleicht noch der Finanz- und Betriebswirtschaft zuzurechnen ist. Vielmehr befassen sich seit Jahrzehnten amerikanische Juristen mit **„Behavioral Law and Economics"**.[267] Auch in der **EU** ist man sich darüber bewusst, dass rechtliche Vorgaben, die erwünschte Verhaltensänderungen bewirken

[263] Das Economist Intelligence Unit (EIU) Risikobarometer zeigt, dass die befragten Unternehmensvorstände Compliance-Risiken als die größte Bedrohung für ihre Unternehmen ansahen, noch vor spezifischen Länderrisken, Markt-, Kredit- oder IT-Risiken usw., Economist Intelligence Unit S. 2f.

[264] S. § 91 Abs. 2 AktG.

[265] → Rn. 380ff. (Das Management klassischer Unternehmensrisiken) und → Rn. 634ff. (Das Management von Compliance-Risiken).

[266] Zur Unternehmenskultur → Rn. 1309ff., zur Compliance-Kultur → Rn. 1370ff.

[267] Umfassend dazu Zamir/Teichman, Behavioral Law and Economics, 2018 und Thaler/Sunstein, Nudge, 2009 sowie Kahneman, Schnelles Denken, langsames Denken, 24. Aufl. 2012.

sollen, sinnvollerweise das menschliche Verhalten in die Gestaltung europäischer Politik integrieren sollten.[268]

1. Schnelles Denken, langsames Denken

296 Grundlegend ist in diesem Zusammenhang, dass man sich nicht nur als Legislative, sondern auch tagtäglich als Mitglied der Unternehmensführung mit den Effekten zweier Systeme unseres Denkens befassen muss, möchte man das Verhalten der Mitarbeiter des Unternehmens, zB hin zur Verbesserung der Compliance des Unternehmens bewegen.

297 Der Unterschied der beiden Systeme besteht darin, dass **„System 1" automatisierte Denkprozesse** umfasst, die zB beim Autofahren ablaufen, wenn wir, ohne darüber nachzudenken, den Gang wechseln oder bei einer roten Ampel anhalten. „System 1" ist schnell, instinktiv und emotional. Es werden Entscheidungen getroffen auf der Basis von kognitiven Verzerrungen und Heuristiken.

298 Für die Compliance eines Unternehmens kann dies bedeuten, dass dadurch ohne weiteres Nachdenken, durch das „System 1" ausgelöste und damit völlig automatisiert erfolgende Rechtsverstöße durch Mitarbeiter begangen werden, ohne dass sich der Mitarbeiter dessen bewusst ist.[269]

299 Im **„System 2"** erfolgt das eigentliche **Nachdenken.** Es ist daher langsamer, bewusster und logischer. So bedarf es zB beim Autofahren manchmal genauerer Überlegungen, um zu entscheiden, wer denn nun wirklich das Vorfahrtsrecht hat.[270]

300 Da unsere Wahrnehmungen bereits vielfältige unbewusst ablaufende Filterprozesse durchlaufen, bevor uns Informationen für eine Entscheidungsfindung zur Verfügung stehen, die dann nicht immer rational getroffen wird, sind wir Menschen in Bezug auf ein effektives Risikomanagement als **risikoinkompetent** zu bezeichnen.[271] Dies macht Compliance-Risikomanagementprozesse zur Abwehr der rechtlichen und für viele Mitarbeiter sehr viel abstrakteren Compliance-Risiken unverzichtbar.

301 In den folgenden Abschnitten wird daher zunächst auf die Defizite, die bereits im Vorfeld des Risikomanagements bei der Wahrnehmung von Risiken bestehen, eingegangen. Im Weiteren wird sodann die zum Teil nicht gerade als optimal zu bezeichnende Befassung mit Risiken durch das „System 1" beschrieben.

2. Die menschliche Risikowahrnehmung

302 Die Forschung auf dem Gebiet der Risikowahrnehmung, die ihren Ursprung in der Untersuchung des Konsumentenverhaltens in den USA in den 1960er Jahren hatte,[272] wurde bald ausgeweitet auf andere Gebiete, wie zB das verhaltensorientierte Rechnungswesen (behavioural accounting), die verhaltensorientierte Finanzierungslehre (behavioural finance) und natürlich das Marketing. Im Folgenden werden die im Fokus der Organisationslehre stehenden zwei Phänomene der menschlichen Wahrnehmung näher beschreiben, die sensorische Seite und die Seite der Verarbeitung der wahrgenommenen Signale.

---

[268] Europäische Kommission, Applying behavioural sciences to EU policy-making, 2013, https://op.europa.eu/en/publication-detail/-/publication/bc430f3c-23d0-4441-8671-d5fc803a7cf6/language-en, zuletzt abgerufen am 6.11.2023.

[269] So löst das „System 1" eigennütziges Verhalten aus, was ein Compliance-Risiko darstellen kann, dazu näher → Rn. 1408 ff. (Eigennutz).

[270] Kahneman S. 31 ff.

[271] Gigerenzer S. 12.

[272] Bauer, Consumer Behavior as Risk-Taking, in Hancock, Dynamic marketing for a changing world 389 (1960).

a) Die sensorische Wahrnehmung

Die Wahrnehmung unserer Umwelt über unsere Sinnesorgane ist ein sehr individueller Prozess, der nicht zu einer genauen und objektiv richtigen Abbildung unserer Umgebung oder zu einer exakten Aufzeichnung einer Situation führt.[273] 303

Bereits im Jahre 1921 beschrieb der Schweizer Psychiater *C.G. Jung* in seinem Werk „Psychologische Typen", dass ein betrachteter Gegenstand nicht nur einfach als objektiver Reiz aufgenommen und verarbeitet wird, sondern bereits einer subjektiven Veränderung unterliegt, und dadurch von unterschiedlichen Menschen unterschiedlich wahrgenommen wird.[274] 304

Unabhängig davon, ob wir etwas mehr oder weniger oder gar nicht interessant finden, nehmen wir diese Reize unbewusst auf. Allerdings müssen wir uns mit einem sehr reduzierten Informationsvolumen zufriedengeben. So sorgen bereits die sehr begrenzten physiologischen Fähigkeiten eines Menschen dafür, dass ein sehr großes Spektrum an Reizen gar nicht erst aufgenommen, geschweige denn verarbeitet werden kann. Die „sensorische" Ausrüstung eines Menschen macht es uns unmöglich zB infrarote Reize wahrzunehmen. 305

Auch gehen wir regelmäßig davon aus, dass das Wahrnehmungsspektrum aller Menschen vergleichbar gut ist. Dies ist jedoch durchaus nicht der Fall. Offensichtliche Beispiele hierfür sind Schwerhörigkeit, eine eingeschränkte Sehkraft usw. Aber auch bei einer gut ausgebildeten Sehkraft ist das menschliche Auge nur in der Lage bis zu 10 Mrd. Bits/Sek. Informationseinheiten über die Netzhaut aufzunehmen. Davon werden nach einer weiteren Vorverarbeitung nur noch 3 Mio. Bits/Sek. durch die Sehnerven unserem Gehirn zugeleitet[275] 306

Bevor zB die visuell wahrgenommenen Informationen das eigentliche Sehzentrum erreichen, werden die Informationen weiter komprimiert, sodass von dem ursprünglichen Informationsvolumen von ca. 10 Mrd. Bits/Sek. nur noch weniger als 10.000 Bits/Sek. dort ankommen und als visueller Reiz überhaupt erst einer Verarbeitung zur Verfügung stehen.[276] Diese reduzierte Wahrnehmung von Umweltreizen gilt natürlich nicht nur für visuelle Reize, sondern auch für die Weiterleitung der von unseren anderen Sinnesorganen aufgenommenen Informationen. 307

b) Der Prozess der Wahrnehmung

Erst nach diesem Kompressionsverfahren, das automatisiert im Hintergrund abläuft, nehmen wir die auf diese Weise reduzierten Umwelteindrücke als einen visuellen Sinneseindruck wahr – und sind in aller Regel davon überzeugt, dass wir ein objektives Bild der Realität sehen. 308

Ob wir etwas bewusst wahrnehmen hängt zB von den Charakteristika des Betrachtungsgegenstandes ab, von dessen Größe, Intensität, wie zB der Helligkeit oder Lautstärke eines Objektes, von dem Kontrast, ob es in Bewegung ist, sich wiederholt oder ob es ein neues oder ein bereits bekanntes Objekt ist.[277] 309

---

[273] LLL Organizational Behavior?, S. 112 ff.

[274] So beschreibt C.G. Jung den Typ eines introvertierten und intuitiv veranlagten Menschen in seiner Typenlehre wie folgt:
„Auch das Empfinden, das seinem ganzen Wesen nach auf das Objekt und den objektiven Reiz angewiesen ist, unterliegt in der introvertierten Einstellung einer beträchtlichen Veränderung. Auch es hat einen subjektiven Faktor, denn neben dem Objekt, das empfunden wird, steht ein Subjekt, welches empfindet und welches dem objektiven Reiz seine subjektive Disposition beiträgt."… „Wenn zB mehrere Maler eine und dieselbe Landschaft malen mit der Bemühung, dieselbe getreu wiederzugeben, so wird doch jedes Gemälde vom andern verschieden sein, nicht etwa bloß vermöge eines mehr oder minder entwickelten Könnens, sondern hauptsächlich infolge eines verschiedenen Sehens, ja es wird an einigen Gemälden sogar eine ausgesprochen psychische Verschiedenheit in der Stimmungslage und Bewegung von Farbe und Figur zutage treten. Diese Eigenschaften verraten ein mehr oder weniger starkes Mitwirken des subjektiven Faktors", Jung, Gesammelte Werke, Bd. VI, S. 428, 13 Aufl. 1967.

[275] AEO S. 11 f.

[276] AEO S. 11 f.

[277] Hellriegel/Slocum, Organizational Behavior, 13. Aufl. 2010, S. 105 ff.

310 Auch die Lebenseinstellung, die Persönlichkeit, die Motive, Interessen und Erwartungen sowie die bereits gemachten Erfahrungen eines Menschen beeinflussen dessen Wahrnehmung.[278] Dadurch ist das Ergebnis dieses Filterungsprozesses ein jeweils sehr individuelles. Daher ist das „Filtersystem" eines japanischen Mitarbeiters ein anderes als das eines Deutschen, das eines Mitarbeiters in einem Großkonzern ein anderes als das eines Mitglieds einer Künstlerkolonie.

311 Haben wir etwas nicht nur sensorisch aufgenommen, sondern es tatsächlich als etwas wahrgenommen, was für uns ein Risiko darstellen könnte, so beginnen wir uns erst jetzt mit dem Risiko zu beschäftigen. Dabei gehen wir aber nicht selten viel weniger rational vor als wir denken. Regelmäßig halten wir uns für vernunftbegabte Wesen, die sachlich und zielgerichtet vorgehen und objektive Entscheidungen treffen.

312 Tatsächlich ergänzen wir die bereits in Bezug auf die physiologischen Leistungen unserer Sensorik festgestellten Defizite durch weitere Unzulänglichkeiten der kognitiven Ebene.

3. Menschliche Verhaltensmuster bei der Befassung mit Risiken

313 Zunächst muss man sich als Geschäftsführung darüber bewusst sein, dass Menschen grds. – und damit auch die Mitglieder der Geschäftsleitung selbst sowie die Mitarbeiter des Unternehmens – keine ausgeprägte Affinität zur Befassung mit Risiken haben. Dies liegt vor allem daran, dass sich Menschen in einem Umfeld wohler fühlen, das sie **kontrollieren** können. Die Möglichkeit, Themen gestalten zu können, vermittelt das Gefühl von **Macht und Kompetenz** und verstärkt somit die Wahrnehmung des eigenen **Selbstwertes.** Risiken haftet hingegen ein Element der Ungewissheit an, das sich einer Kontrolle verschließt.[279] Damit passen Risiken nicht in das gewünschte Bild und werden daher allzu gern ausgeblendet.

314 Daher sollte eine Geschäftsleitung nicht verkennen, dass Risiken Auslöser einer **kognitiven Dissonanz** sind. Menschen fühlen sich wohl, wenn sich ihre Wahrnehmung ihrer Umwelt, ihrer selbst oder ihres eigenen Verhaltens in Einklang mit ihrer Meinung oder ihrem Glauben darüber befindet, wie diese Umwelt usw. aussehen sollte. Wird es für den Menschen erkennbar, dass dies nicht der Fall ist, so ruft dies ein Unwohlsein hervor.

315 Dies löst zwei unterschiedliche Reaktionen aus. Man versucht zunächst, die **Dissonanz** zu minimieren, um Konsonanz herzustellen. Dabei werden bestehende Unterschiede im Wahrnehmungsbild „weg erklärt". Darüber hinaus werden künftig Situationen und Informationen aktiv vermieden, die erneut eine Dissonanz hervorrufen könnten.[280] Auch dieses Verhaltensmuster ist einem professionellen Umgang mit Risiken nicht sonderlich zuträglich, da wir uns in einer solchen Situation nicht mit einem Risiko befassen, da ja kein Risiko besteht.

316 Bei manchen Entscheidungen sind die Konsequenzen des Eintretens gewiss (Entscheidungen unter Sicherheit). Dies macht die Entscheidung nicht immer einfacher, aber wir müssen uns nicht mit Risiken auseinandersetzen.

317 Anders als bei Entscheidungen unter Sicherheit wissen wir bei einer Entscheidung unter Risiko nicht, welche der möglichen Folgen eintreten wird. Uns ist nur bekannt, mit welcher Wahrscheinlichkeit die unterschiedlichen Konsequenzen verbunden sind.[281] Dadurch kommen wir also genauso wenig in den Genuss der doch so ersehnten Planungssicherheit.

[278] Robbins/Judge, Essentials of Organizational Behavior, S. 96 f.
[279] Nitzsch Entscheidungslehre S. 49 ff.
[280] Dazu iE Festinger, A Theory of Cognitive Dissonance, 1957.
[281] So war den Führungskräften der Banken im Vorfeld der weltweiten Finanzkrise im Jahre 2008 durchaus bekannt, dass die Eintrittswahrscheinlichkeit für den Zusammenbruch der Finanzmärkte weniger als ein Prozent betrug, Nocera, Risk Mismanagement, New York Times Magazine, 2.1.2009.

Dieser unerwünschte Zustand besteht ebenso im Falle einer Entscheidung unter Unsicherheit, wenn wir also die Eintrittswahrscheinlichkeit der möglichen Konsequenzen nicht kennen. 318

Die damit erhöhte Komplexität und Unsicherheit sorgt nur für eine Verstärkung der kognitiven Dissonanz. Im Weiteren soll anhand einiger ausgewählter Beispiele gezeigt werden, mit welchen cerebralen Vorgängen wir bei der Befassung mit (per se unschönen) Risiken rechnen müssen, um zu verstehen, wie wichtig die Prozesse des Risikomanagements sind, um der menschlichen Neigung andere als objektiv richtige Entscheidungswege zu beschreiten, entgegenzuwirken. 319

a) Die Prospect Theory

Menschen reagieren unterschiedlich in Bezug auf die erwartete Wahrscheinlichkeit der Konsequenzen ihrer Entscheidungen. Nach der Prospect Theory des Nobelpreisträgers *Kahneman* und *Tversky* tendieren wir dazu, unsere Entscheidungen zunächst an einem von uns definierten Ausgangswert zu orientieren und nicht an dem wirtschaftlichen Ergebnis der Entscheidung. Dieser Referenzpunkt gibt uns die Bezugsgröße, an der wir bemessen, ob wir die Entscheidung als profitabel oder nicht betrachten. Dieser Referenzpunkt ist oft der Ist-Zustand im Augenblick der Entscheidung. 320

In einem zweiten Schritt bewerten wir die Handlungsalternativen. Dabei nehmen wir einen Gewinn weniger positiv wahr im Vergleich zu einem Verlust, den wir in derselben Höhe als negativer empfinden. Konkret wird der Verlust eines bestimmten Betrages doppelt so stark negativ empfunden, wie ein gleich hoher Gewinn positiv wahrgenommen werden würde. 321

Gleichzeitig unterziehen wir die erwarteten Eintrittswahrscheinlichkeiten einer Gewichtung, bei der wir einer geringeren Wahrscheinlichkeit ein höheres Gewicht zumessen und einer hohen Wahrscheinlichkeit ein geringes Gewicht im Rahmen unserer Entscheidungsfindung zumessen. Dadurch nehmen wir eine geringe Wahrscheinlichkeit einen Gewinn zu machen ernster als eine hohe Wahrscheinlichkeit einen Verlust zu realisieren. 322

Im Ergebnis realisieren wir daher lieber einen kleinen Gewinn, da wir Verluste scheuen, auch wenn diese zB bei einer positiven Aktienkursentwicklung eigentlich unwahrscheinlich sind. Befinden wir uns aber bereits in einer Verlustzone, wird durch diesen Mechanismus unser Verhalten erstaunlicherweise risikofreudiger. Bezogen auf einen Aktienkauf, der bereits zu einem Buchverlust führte, kommen wir also auf den Gedanken, noch mehr dieser Aktien zu einem noch schlechteren Börsenkurs zu erwerben, damit wir in Summe „schneller" in die Gewinnzone kommen, sobald der Aktienkurs wieder steigen würde (und wir somit am Ende mit der eigenen Entscheidung doch recht behalten haben), statt durch einen rechtzeitigen Verkauf einen noch höheren Verlust zu vermeiden.[282] 323

Dies erfolgt durch die Überschätzung der eigenen Möglichkeiten, ein Risiko kontrollieren zu können (Kontrollillusion).[283] Dabei werden erzielte Erfolge dem eigenen Sachverstand zugeschrieben, während für Misserfolge ein uU inkompetentes Umfeld verantwortlich gemacht wird (Attribution).[284] 324

Grds. scheinen Führungskräfte, wie auch andere Menschen, Risiken zunächst nur unter dem Gesichtspunkt der möglichen **Verlusthöhe** zu betrachten. Die **Wahrscheinlichkeit** des Risikoeintritts wird nicht in die Analyse mit einbezogen.[285] 325

---

[282] Kahneman/Tversky, Prospect Theory: An Analysis of Decision under Risk, 47 Econometrica 263 (1979); Pelzmann S. 25 ff.

[283] Dies kann zB verursacht werden durch die Überschätzung der eigenen Fähigkeiten oder durch die Überbewertung dessen, was sie vor dem Ereignis über dessen Ausgang gewusst haben (wollen) – der sog. hindsight bias, Nitzsch S. 95 ff., Zur Kontrollillusion s. Langer, The Illusion of Control, 32 Journal of Personality and Social Psychology 311 (1975).

[284] Zu Psychologie, Risiko und Risikoblindheit s. auch Gleißner S. 64 f.

[285] March/Shapira 33 Management Science 1411 (1987).

326 Je größer das **persönliche Interesse** am Erfolg zB eines Projektes ist, umso eher ist davon auszugehen, dass es der betreffenden Person schwerer fällt als einem außenstehenden Dritten mit vergleichbaren Fachkenntnissen, die Risiken sachgerecht einzuschätzen und Vorsorge gegen deren Eintritt zu treffen. So kann ein erfolgreicher Projektabschluss ein wichtiger Baustein in der Karriereentwicklung eines Mitarbeiters sein, der dieses Projekt leitet. Er besitzt in aller Regel ein erhebliches Spezialwissen über das Projekt, das er leitet (kontrolliert!) und kann daher verleitet sein, durch sein Expertenwissen sich in der Lage zu sehen, mögliche Risiken schon gar nicht als Risiken zu betrachten oder sie gegenüber der Geschäftsleitung als völlig beherrschbar darzustellen – um seinen Karrierebaustein nicht zu gefährden. Dazu kann auch die Unterlassung einer entsprechenden Risikovorsorge gehören, die in aller Regel das Projektbudget und damit die Rentabilität des Projektes belastet.

Diese Verhaltensmuster können zwar durchaus für den Mitarbeiter sehr bewusst ablaufen, sodass der betreffenden Person ein bösgläubiges Handeln bzw. Unterlassen zum Nachteil des Unternehmens vorwerfbar wäre. In den allermeisten Fällen dürften jedoch solche Prozesse unterbewusst ablaufen und daher vermeintlich außerhalb der Kontrolle des Mitarbeiters liegen, was allerdings an dem Schaden für das Unternehmen nichts ändert.

b) Heuristische Entscheidungsmethode

327 Die Anwendung heuristischer Entscheidungsmethoden führt ebenfalls leicht zu einer Fehlbeurteilung von Risiken, deren Eintrittswahrscheinlichkeit nur schwer zu quantifizieren ist.[286] Ein bestimmtes Ergebnis wird dann als für wahrscheinlicher erachtet, wenn wir uns zB an eine ganze Reihe vergleichbarer Ereignisse erinnern können, die alle diesen Ausgang nahmen. Daher neigen wir dazu anzunehmen, dass ein weiteres Ereignis dieser Art ebenfalls denselben Ausgang nehmen wird. Je leichter wir diese Vergleichsbeispiele aus unserer Erinnerung abrufen können, weil sie sich zB erst vor wenigen Tagen ereigneten oder besonders positive oder negative Emotionen mit diesen verbunden sind, desto eher beurteilen wir den neuen Sachverhalt nach den alten Erfahrungswerten **(Verfügbarkeitsheuristik).**

328 Auch werden wir durch eine einzelne Information im Rahmen einer Entscheidungsfindung beeinflusst. Dieser sogenannte Anker sorgt dafür, dass wir uns mit unserer Einschätzung der Situation inhaltlich an diesem Anker orientieren, und dies selbst dann, wenn die Information zufällig gewählt wurde und objektiv betrachtet, nicht von entscheidender Bedeutung für die Entscheidung ist.

329 Der Anker ist eine bestimmte Information. Die Information kann der Betreffende selbst aus den Umständen entwickeln oder von einer anderen Person erhalten. Diese Information ist beim Einschätzen einer Situation und beim Fällen einer Entscheidung ausschlaggebend. Es spielt keine Rolle, ob die Information für eine rationale Entscheidung tatsächlich relevant und gar nützlich ist. Dieses Phänomen der **Ankerheuristik** ist aus Preisverhandlungen bekannt, in der der zuerst genannte Preis als Referenzwert aufgefasst wird. Oder beim Aktienkauf definiert der Investor einen Zielkurs, der, anders als bei Anlageprofis der Banken, nicht selten auf der Basis des Wunsches zB zehn Prozent Rendite erwirtschaften zu wollen, zu einem entsprechenden Zielverkaufspreis führt.

330 Wenn eine Führungskraft beurteilen muss, mit welcher Wahrscheinlichkeit ein bestimmtes Ereignis eintreten wird, kann sie sich auch daran orientieren, in welche Kategorie der zu beurteilende Sachverhalt fällt. Handelt es sich zB um ein Geschäft mit einem Vertragspartner aus Dorotokia, das ja in unseren Beispielen ein Hochrisikoland in Bezug auf Korruption ist, so legt die **Repräsentativitätsheuristik** den Schluss nahe, da ja Doro-

[286] Tversky/Kahneman, Availability: A Heuristic for Judging Frequency and Probability, 42 Cognitive Psychology 207 (1973).

tokia ein Synonym für Korruption ist, dass man bei einem „Repräsentanten“ dieses Landes ebenfalls mit Bestechungsversuchen rechnen muss.

c) Bestätigungsfehler (confirmation bias)

Ganz iSd Beschleunigung von Entscheidungen neigen wir auch dazu, die Vergangenheit 331 fortzuschreiben. So leiten wir aus Wahrnehmungen, die wir in der Vergangenheit gemacht haben, ab, wie wir ähnliche Sachverhalte in der Zukunft wahrnehmen werden. Diese Hypothesen, stehen sie einmal fest, werden von uns nicht mehr in Frage gestellt, selbst, wenn wir feststellen könnten, dass die Hypothese empirisch nicht wirklich haltbar ist.[287]

Auch wenn diese Vorgehensweise vielfach zum richtigen Ergebnis führt, besteht den- 332 noch die Gefahr, dass durch eine unbewusste, aber dennoch zielgerichtete **selektive Wahrnehmung** entscheidungsrelevanter Aspekte, diejenigen Informationen, die nicht zu dem aus früheren Erfahrungen gewonnenen Bild passen, nicht erfasst und damit nicht in die Bewertung des Sachverhalts eingestellt werden.[288]

Auch werden eigentlich als **ambivalent** zu bewertende **Informationen** in diesem Zu- 333 sammenhang eher als **Bestätigung** der eigenen Auffassungen betrachtet und widersprechende Erkenntnisse einer kritischen Überprüfung unterzogen.[289]

d) Dominanz der ersten Informationen (primacy effect)

Darüber hinaus zeigen Studien, dass Menschen dazu neigen, sobald sie eine Hypothese 334 über Wirkzusammenhänge aufgrund erster Informationen gebildet haben, alle weiteren Erkenntnisse nicht mehr neutral und mit ihrem ursprünglichen inhaltlichen Gehalt wahrzunehmen. Ihr **Informationswert** wird vielmehr durch die ersten Informationen „eingefärbt“ wahrgenommen, so dass sich aus einer ersten Idee schnell eine stabile Arbeitshypothese bildet, die die weitere Vorgehensweise definiert.[290]

e) Selbstüberschätzung (overconfidence bias)

Studien belegen des Weiteren, dass Menschen dazu neigen, ihre eigenen Leistungen über- 335 zubewerten, wenn sie diese individuell betrachten. Aber auch im Vergleich zur Leistung anderer tendieren wir regelmäßig dazu, die eigene Leistung höher einzuschätzen. Dabei machen Menschen erstaunlich präzise Angaben, wenn es darum geht, die eigene Leistung absolut oder in Relation zu anderen zu quantifizieren.[291]

Aus dieser Überschätzung der eigenen Fähigkeiten resultieren weitere Probleme, die für 336 Unternehmen sehr teure Konsequenzen haben können. Auf der einen Seite erliegen wir leicht der Illusion, das Problem unter Kontrolle zu haben, auch wenn dies nicht der Fall ist **(Kontrollillusion).**[292] Auf der anderen Seite führt dies nicht selten zu Fehlschlüssen zB bei der Projektplanung **(planning fallacy),** die zur Folge haben, dass die geplante Projektlaufzeit deutlich unterschätzt wird und, von Studien belegt, in der Realität zT um 100 Prozent länger waren als budgetiert.[293]

---

[287] Nickerson, Confirmation Bias: A Ubiquitious Phenomenon in Many Guises, 2 Review of General Psychology 17 (1998).
[288] Wason, On the Failure to Eliminate Hypothesis in a Conceptual Task, 12 Quarterly Journal of Experimental Psychology 129 (1960).
[289] Lord/Ross/Lepper, Biased Assimilation and Attitude Polarization: The Effects of Prior Theories on Subsequently Considered Evidence, 37 Journal of Personality and Social Psychology 2098 (1979).
[290] Asch, Forming Impressions of Personality, 41 Journal of Abnormal and Social Psychology 258 (1946).
[291] Moore/Healy, The trouble with overconfidence, 115 Psychological Review 502 (2008).
[292] Dazu bereits → Rn. 324.
[293] Kahneman Schnelles Denken S. 303 ff.

f) Zwischenergebnis

337 Die Auswahl der hier beschriebenen kognitiven Fehlsteuerungen unserer Entscheidungsprozesse zeigt, dass wir keineswegs ausschließlich objektiv und sachlich richtig entscheiden. Darüber hinaus gibt es eine Vielzahl weiterer Fehlleistungen in der Verarbeitung der Informationen,[294] die uns unser ebenfalls alles andere als perfekt arbeitender sensorischer Apparat, aufgrund seiner physiologischen Grenzen nur in eingeschränktem Umfang zur Verarbeitung zur Verfügung stellen kann.

338 Generell kann man sagen, dass diese Fehlsteuerungen darauf abzielen, uns das Gefühl der Sicherheit zu vermitteln. Wir sorgen durch diese Fehlsteuerungen dafür, dass wir uns das Gefühl bewahren, die Kontrolle über die Situation zu haben. Auch zielen wir damit auf den Erhalt des Status Quos.

339 In der Konsequenz bedeutet dies für Compliance und das Management von Compliance-Risiken, dass eine Unternehmensführung vernünftigerweise Wege finden sollte, den **Umgang mit Risiken zu professionalisieren.** Dies gelingt am einfachsten durch den Aufbau von Compliance-Risikomanagementprozessen. Sind Mitarbeiter und Führungskräfte gezwungen, bestimmte Prozessschritte abzuarbeiten, gelingt es eher, kognitiven Fehlsteuerungen bei der Identifikation und bei der Steuerung der Compliance-Risiken vorzubeugen.

4. Leistungsorientierte Vergütungssysteme

340 Ähnliche Auswirkungen auf die Objektivität unserer Entscheidungsfindung können Anreizsysteme, wie zB leistungsorientierte Vergütungssysteme haben. Werden die falschen Anreize in einem solchen System zielebasierter variabler Vergütungen und Aktienoptionspläne gesetzt, so können Mitarbeiter dazu verleitet werden, erheblich risikoreichere Geschäfte einzugehen und dabei auch installierte Sicherheitsmaßnahmen zu umgehen.[295] Die Gefahren dieser exzessiven Bereitschaft, Risiken einzugehen, werden auch von den Aufsichtsbehörden angeprangert, da sie die Compliance-Anstrengungen des Unternehmens unterlaufen.[296]

341 Dies gilt auch für die Mitglieder der Geschäftsführung bzw. des Vorstands eines Unternehmens. Haben sich diese gegenüber dem Aufsichtsgremium oder durch entsprechende Pressemitteilungen gegenüber den Eigentümern und anderen **Stakeholdern** bezüglich eines bestimmten Vorhabens kommittiert, so wird es schwer fallen, einzugestehen, dass Risiken, die vorher nicht oder nur peripher analysiert wurden, plötzlich zu einer Beendigung dieses wichtigen Projektes zwingen oder es sich herausstellt, wie es bei mehr als der Hälfte aller Unternehmenskäufe der Fall ist, dass der Zusammenschluss nicht die erwarteten Ergebnisse brachte.[297]

---

294 Weitere Problemfelder sind zB: Verknüpfungstäuschung (conjunction fallacy), Fehlschluss durch falsche Disjunktion (disjunction fallacy), Prävalenzfehler (base rate fallacy), Umkehrfehler (invers fallacy), Sicherheitseffekt (certainty effect), Unempfindlichkeit in Bezug auf Stichprobengröße (insensitivity to sample size), Subadditivität (subadditivity), Rückschaufehler (hindsight bias), Ellsberg-Paradoxon (ambiguity aversion), uvm.

295 Eines von mittlerweile vielen Beispielen ist ein Händler der französischen Bank Société Générale, der durch seine Spekulationsgeschäfte einen Schaden in Höhe von 4,9 Mrd. EUR verursachte und wegen Untreue, Dokumentenfälschung und der Manipulation von Computerdaten verurteilt worden ist, SocGen will mit Kerviel verhandeln, Börsen-Zeitung, 4.12.2012, 3.

296 „[...] placing excessive value on risk-taking can minimize the importance of compliance – because compliance efforts may be seen only as box-checking inhibitors to profit-making, rather than as healthy assurance that risk-taking is occurring within the limits of the law, and the firm's policies and risk appetite." Speech by SEC Staff: Working Towards a Culture of Compliance: Some Obstacles in the Path by Lori Richards, Director, Office of Compliance Inspections and Examinations, US Securities and Exchange Commission at the National Society of Compliance Professionals 2007 National Membership Meeting, Washington, D.C., October 18, 2007, https://www.sec.gov/news/speech/2007/spch101807lar.htm, zuletzt abgerufen am 14.01.2023.

297 Daniel/Metcalf S. 9 ff.

Um die negativen Auswirkungen leistungsorientierter Anreizsysteme auf die Finanzindustrie zu minimieren, wurde zB eine Verordnung über die aufsichtsrechtlichen Anforderungen an Vergütungssysteme von Finanzdienstleistungsunternehmen (InstitutsVergV) erlassen,[298] die die Vorgabe des § 25a Abs. 1 S. 3 Nr. 6 KWG zur angemessenen, transparenten und auf eine nachhaltige Entwicklung des Instituts ausgerichteten Vergütungssysteme für Geschäftsleiter und Mitarbeiter konkretisiert. Ziel dieser Vorschriften ist, Vergütungsanreize für Vorstände und Mitarbeiter zu eliminieren, die mitursächlich für die Finanzkrise des Jahres 2008 waren. 342

Die InstitutsVergV verlangt, dass die Vergütungssysteme für Mitarbeiter und Vorstände auf die Erreichung der Ziele ausgerichtet sein müssen, die in den Geschäfts- und Risikostrategien des jeweiligen Instituts niedergelegt sind.[299] Das heißt, dass die entsprechenden Vergütungsparameter die Erreichung der strategischen Ziele unterstützen und sich an der Unternehmenskultur orientieren müssen.[300] Durch ein ausgewogenes System von Anreizen für die Erfüllung der Zielvereinbarungen und Sanktionen im Falle von Zielverfehlungen, soll das Erreichen eines langfristigen und nachhaltigen Unternehmenserfolges sichergestellt werden. 343

Welche Mitarbeiter betroffen sind, regelt eine Delegierte Verordnung der EU-Kommission und für bedeutende Institute, § 18 Abs. 2 InstitutsVergV. 344

Dieser sehr durch die Finanzkrise und die spezifischen Risiken des Bankgeschäfts geprägte Sicht, mit seinen stark IT-getriebenen Prozessen, durch die innerhalb von Sekundenbruchteilen Milliarden bewegt werden können, ist auch auf das Compliance-Risikomanagement in Unternehmen außerhalb der Finanzdienstleistungsindustrie übertragbar. 345

Der Einfluss von Zielvereinbarungen auf den Erfolg der Compliance des Unternehmens ist im positiven wie im oben beschriebenen negativen Sinne evident. So warfen zB im Jahre 1992 Kunden und Staatsanwaltschaften der Warenhauskette *Sears, Roebuck & Co.* in vierzig Bundesstaaten der USA vor, dass die Mitarbeiter der Automobil-Service-Sparte Kunden durch irreführende oder falsche Informationen veranlasst hätten, unnötige Reparaturen vornehmen zu lassen oder ebensolche Ersatzteile zu erwerben. Eine Analyse ergab, dass dies weder auf das Fehlverhalten einzelner Mitarbeiter noch auf eine Managementstrategie, Kunden zu übervorteilen, zurückzuführen war. 346

Vielmehr wurde festgestellt, dass dieses Verhalten die Konsequenz eines neuen Vergütungssystems war, das zum Zwecke der Umsatzerhöhung Mindestzielgrößen für Reparaturen, Produktivitätsanreize für Mechaniker und produktspezifische Verkaufsziele für das Beratungspersonal sowie an Umsatzzahlen geknüpfte Kommissionszahlungen vorsah. Darüber hinaus wurden in diesem neuen Anreizsystem spürbare Sanktionen für das Nichterreichen von Zielen definiert. Der CEO des Unternehmens, *Edward Brennan,* stellte fest, dass neue Vergütungssystem „created an environment in which mistakes did occur."[301] 347

---

[298] Mit der InstitutsVergV wurden die Vorgaben der Europäischen Bankenaufsichtsbehörde (EBA) umgesetzt. Dazu die Erläuterungen der BaFin, Auslegungshilfe zur Verordnung über die aufsichtsrechtlichen Anforderungen an Vergütungssysteme von Instituten, https://www.bafin.de/SharedDocs/Veroeffentlichungen/DE/Auslegungsentscheidung/BA/ae_180216_institutsvergv.html, zuletzt abgerufen am 14.1.2023.

[299] Welche Mitarbeiter betroffen sind, regelt die Delegierte Verordnung (EU) 2021/923 der Kommission vom 25. März 2021 zur Ergänzung der Richtlinie 2013/36/EU des Europäischen Parlaments und des Rates durch technische Regulierungsstandards zur Festlegung der Kriterien für die Definition der Managementverantwortung, der Kontrollaufgaben, der wesentlichen Geschäftsbereiche und einer erheblichen Auswirkung auf das Risikoprofil eines wesentlichen Geschäftsbereichs sowie zur Festlegung der Kriterien für die Ermittlung der Mitarbeiter oder Mitarbeiterkategorien, deren berufliche Tätigkeiten vergleichsweise ebenso wesentliche Auswirkungen auf das Risikoprofil des Instituts haben wie diejenigen der in Artikel 92 Absatz 3 der genannten Richtlinie aufgeführten Mitarbeiter oder Mitarbeiterkategorien (ABl. L 203, 1, ber. ABl. L 430, 43).

[300] Zur Compliance-Kultur als wichtiges Element eines effektiven Compliance-Risikomanagements → Rn. 1370ff.

[301] Das Unternehmen zahlte in Folge dieses Skandals für Vergleiche und Rückerstattungen für die Zeit zwischen 1990 und 1992 einen Betrag von ca. 60 Mio. USD, Paine, S. 107f.

348 Daher ist es nicht überraschend, dass die *SEC* empfiehlt, ethisch einwandfreies und rechtstreues Verhalten der Mitarbeiter eines Unternehmens zur Voraussetzung für Beförderungen und Zahlungen variabler Vergütungsbestandteile sowie zum Inhalt ihrer Leistungsbeurteilungen zu machen. Wohlverhalten zu honorieren, auch durch das Vergütungssystem, ist der effektivste Weg, das erwünschte Verhalten zu erreichen.

349 Sollte jedoch das System der variablen Vergütung darauf ausgerichtet sein, nur eine kurzfristige Zielerreichung, auch mit ethisch und rechtlich zweifelhaften Methoden zu belohnen, werden sich Mitarbeiter leider nicht selten auch an diesem Maßstab orientieren.[302]

350 In Großbritannien hat das *Financial Reporting Council* (FRC), im UK Corporate Governance Code, der für alle im Vereinigten Königreich börsennotierten Unternehmen maßgeblich ist, bestimmt, dass gehaltliche Anreizsysteme der Vorstandsvergütung in einer Weise zu gestalten sind, dass diese ein Verhalten fördern, das Risiken für die Reputation des Unternehmens oder andere Risiken, die durch exzessive Belohnungen entstehen können, ebenso identifiziert und reduziert wie auch Verhaltensrisiken, die durch zielvereinbarungsbasierte Anreizsysteme entstehen können. Anreizsysteme müssen daher mit den **Zielen,** den **Werten** und der **Strategie** des Unternehmens in Einklang stehen.[303]

351 Daraus wird deutlich, wie eng die Verbindung zwischen den Werten, der Unternehmenskultur und den Führungsinstrumenten eines Unternehmens ist.

5. Risikokultur

352 Die Risikokultur eines Unternehmens hängt maßgeblich davon ab, ob die Unternehmensführung diese menschlichen Reaktionsmuster kennt und beim Management der Unternehmensrisiken in Rechnung stellt. Ähnlich wie bei der Entwicklung einer spezifischen Unternehmenskultur muss die Unternehmensleitung auch in Bezug auf die Einführung und Pflege einer Risikokultur im Unternehmen durch das Vorleben des gewünschten Verhaltens in Vorleistung gehen.

353 Möchte die Geschäftsleitung um die Risiken wissen, die den Weg zum Unternehmenserfolg verlegen oder gar nachhaltig blockieren können, würde es zB iS einer positiven Risikokultur wenig helfen, wenn die Mitarbeiter und Führungskräfte den Eindruck gewännen, dass der Überbringer schlechter Botschaften bestraft wird. Stattdessen müssen die Mitarbeiter darauf vertrauen können, dass die Unternehmensleitung verantwortungsvoll und professionell mit Informationen über mögliche Risiken umgeht.[304]

354 Dementsprechend trägt die Geschäftsleitung zu einer positiven Risikokultur bei, indem sie eine qualitativ hochwertige Risikoberichterstattung einfordert und diese in der Geschäftsleitungssitzung und mit den relevanten Funktional- und Geschäftsbereichen kritisch diskutiert. Nur wenn es der Geschäftsleitung gelingt, aussagekräftige Berichte über die Risikosituation des Unternehmens zu erhalten, kann sie auch die Implementierung wirksamer Gegenmaßnahmen veranlassen.

355 Spätestens mit der Finanzkrise in den Jahren 2008 und 2009 wurde deutlich, dass das exzessive Eingehen von Risiken nicht nur durch Defizite bei der Finanzaufsicht und in den bestehenden Regelwerken ermöglicht wurde. Vielmehr spielte die in der Finanzindustrie dominierende Risikokultur eine wichtige Rolle. Daraus haben die Regulierungsbe-

[302] Speech by SEC Staff: Second Annual General Counsel Roundtable: Tone at the Top: Getting it Right by Stephen M. Cutler, Director, Division of Enforcement US SEC, December 3, 2004, https://www.sec.gov/news/speech/spch120304smc.htm, zuletzt abgerufen am 14.01.2023.

[303] FRC, The UK Corporate Governance Code, 2018, Rn. 40.

[304] Die Mythologie scheint im Denken der Menschen bis heute einen nachhaltigen Eindruck hinterlassen zu haben: ein wunderschöner weißer Singvogel überbrachte Apollon, dem griechischen Gott des Lichts, der Heilung, des Frühlings und der sittlichen Reinheit, die Botschaft, dass dieser von seiner Geliebten betrogen wurde. Daraufhin wurde der Bote bestraft, indem er in eine krächzende Aaskrähe verwandelt wurde; das Schicksal der Dame Koronis war allerdings noch unerfreulicher – all dies nachzulesen bei Roscher, Ausführliches Lexikon der griechischen und römischen Mythologie, Band 2, 1890–1897, S. 1387 ff.

hörden Konsequenzen gezogen, die zu einer stärkeren Kontrolle auch der Risikokultur in den Finanzdienstleistungsunternehmen geführt hat.

Das *Financial Stability Board* (FSB) hat in seiner Guidance zur Überwachung der Risikokultur beschrieben,[305] was es unter einer soliden Risiko-Kultur versteht. Es sollten drei Elemente gegeben sein: 356

1. Eine effektive Risiko-Governance,
2. eine effektive Definition des Risikorahmens (risk appetite) und
3. effektive Anreizsysteme, die über die Vergütungsmodelle ein angemessenes Risikoverhalten der Mitarbeiter erzeugen.

Indikatoren einer adäquaten Risikokultur sind ein entsprechender „tone from the top" durch die Unternehmensleitung, die Verantwortlichkeit aller Mitarbeiter für die Umsetzung der Unternehmenswerte und Risikokultur, eine offene Kommunikation im Unternehmen und ein die Risikokultur unterstützendes Vergütungssystem.[306] 357

Die Bedeutung dieses Themas wurde auch durch die *BaFin* hervorgehoben, die in einem Rundschreiben zu den „Mindestanforderungen an das Risikomanagement (BA)" den Geschäftsleitern vorgibt, dass sie ihrer Verantwortung gem. § 1 Abs. 2 KWG für Prozesse in Bezug auf alle wesentlichen Elementen des Risikomanagements nur gerecht werden, wenn sie u. a. auch die erforderlichen Maßnahmen zur Entwicklung, Förderung und Integration einer angemessenen Risikokultur innerhalb des Instituts und der Gruppe treffen.[307] 358

Vergleichbare Vorgaben für Unternehmen außerhalb des Finanzsektors gibt es bisher noch nicht. Dennoch kann man daraus iRd Aufbaus eines Compliance-Risikomanagements im Unternehmen Rückschlüsse für die Bedeutung der Risikokultur für den Erfolg eines nachhaltigen Risikomanagements ziehen. 359

Die Bandbreite der möglichen Vorgaben an die Mitarbeiter zu bestimmen, bleibt der Unternehmensleitung überlassen. Sie reicht im Extremfall von einem Ignorieren der Legalitätspflicht, die ausschließlich den kurzfristigen wirtschaftlichen Erfolg als Ziel definiert, der jedes Mittel heiligt, über ein aggressives Ausnutzen jedweder gesetzlichen Grauzone, auch auf die Gefahr hin, immer wieder die Legalitätspflicht zu verletzen, bis hin zu einem Geschäftsgebaren des ordentlichen Kaufmanns, der sich an das bestehende und für ihn maßgebliche Regelwerk hält, auch wenn es ihm nicht immer, zumindest kurzfristig, zum Vorteile gereicht. 360

Einerlei wie sich eine Geschäftsleitung entscheidet, es wird sich direkt auf das Verhalten ihrer Mitarbeiter und damit auf die Compliance des Unternehmens auswirken.[308] 361

6. Risiken der Risikoberichterstattung

Bestehen bei der Identifikation der Unternehmensrisiken bereits mögliche Schwachstellen, die eine vollständige Erfassung und objektive Bewertung von Risiken erschweren,[309] so muss man sich als verantwortliche Geschäftsführung auch darüber bewusst sein, dass bei der Berichterstattung über Risiken weitere Schwachstellen das Ergebnis der Analyse beeinträchtigen können, die hier nur anhand von vier Beispielen exemplarisch dargestellt werden sollen. 362

---

[305] FSB, Guidance on Supervisory Interaction with Financial Institutions on Risk Culture: A Framework for Assessing Risk Culture, 7.4.2014.

[306] FSB, Guidance on Supervisory Interaction with Financial Institutions on Risk Culture: A Framework for Assessing Risk Culture, 7.4.2014, S. 2f.

[307] BaFin, Rundschreiben 10/2023 (BA) vom 29.6.2023, geändert am 18.10.2023, Mindestanforderungen an das Risikomanagement – MaRisk, AT 3, Gesamtverantwortung der Geschäftsleitung, Rn. 1 sowie dazu Mindestanforderungen an das Risikomanagement – MaRisk Erläuterungen zum Rundschreiben 10/2021 (BA) in der Fassung vom 16.8.2021, AT 3 Rn. 1.

[308] Zu dem damit sehr eng verknüpften Thema der Unternehmens- und Compliance-Kultur → Rn. 1309ff.

[309] → Rn. 294ff. (Risikowahrnehmung, Unternehmens- und Risikokultur).

a) Fachsprache

363 Bei der Erfassung und der Berichterstattung von Risiken sind die am Prozess beteiligten Mitarbeiter oftmals Spezialisten in ihrem jeweiligen Fachgebiet. Naturgemäß findet die Kommunikation dieser Spezialisten untereinander in der in ihrem jeweiligen Fachgebiet eingesetzten Fachterminologie statt. Es kann daher leicht zu Missverständnissen kommen, sofern bei der Erfassung und Kommunikation von Unternehmensrisiken nicht auf ein einheitliches Verständnis der verwendeten Begriffe vertraut werden kann.

Der Begriff „Compliance" mag hier als Beispiel dienen, der von einem Mediziner entweder als ein Maß für die Dehnbarkeit von Körperstrukturen, wie zB die der Lunge, verstanden wird oder als die Bereitschaft des Patienten, sich iRd Diagnose und der Therapie kooperativ zu verhalten, indem er sich zB an die ärztlichen Verordnungen hält.[310] Der Jurist hingegen subsumiert unter diesen Begriff das Thema Haftungsvermeidung.

364 Es wirkt sich daher positiv auf das Analyseergebnis aus, wenn die mit dem Risikomanagement im Unternehmen befassten Mitarbeiter Vorgaben für die Kommunikation der von ihnen identifizierten Risiken erhalten. Die Vereinheitlichung der Terminologie kann durch die Verwendung eines Katalogs mit **Definitionen** erreicht werden. Darüber hinaus erleichtern entsprechend eindeutig formulierte **Formulare** deren Befüllung mit Daten, was wiederum zu terminologisch einheitlichen Ergebnissen führt. Ebenso hilfreich für das Management sind einheitliche Berichtsformate von Risiken im Unternehmen.

b) Gestörte Arbeitsbeziehungen

365 Im Allgemeinen müssen Mitarbeiter zB des Vertriebs eine optimistische Grundhaltung an den Tag legen, wenn sie erfolgreich die Produkte ihres Unternehmens vermarkten wollen. Es ist daher auch kaum vorwerfbar, dass ein mögliches Risiko, auch aus den oben genannten Gründen, eher weniger deutlich wahrgenommen, jedoch zB das bestehende Marktpotential dafür gern auch mal etwas zu optimistisch beurteilt wird.

366 Die Analyse desselben Sachverhalts durch einen Risikobeauftragten des Unternehmens kann in diesem Fall durchaus zu einer für den Vertriebsmitarbeiter wenig nachvollziehbaren, anderen Bewertung kommen. Da auch der Vertrieb die spezifischen Zielvorgaben der Geschäftsleitung erfüllen muss, kann eine konservativere Bewertung durch das Risikomanagement dazu führen, dass bestimmte Geschäfte nicht mehr getätigt werden dürfen und sich damit die Aussichten auf die Zielerreichung des Vertriebs verschlechtern.[311] Die möglichen Ausweichreaktionen können daher dazu führen, dass die Risikoberichterstattung erschwert bis blockiert wird und dass das Risikomanagement in die Ecke der **Geschäftsverhinderer** geschoben wird. Dies gilt va, wenn die Risikoanalyse durch noch eher unerfahrene Mitarbeiter erfolgt.

c) Risikoexpertise des Managements

367 Das og Problem beruht in aller Regel auf einem mangelnden Wissen um die Funktionen des Risikomanagements. Zieht sich dieses fehlende Verständnis bis zur Geschäftsleitungsebene durch, so kann es dazu führen, dass der beste Risikobericht sein eigentliches Ziel verfehlt. Daher kommt es am Ende für den Erfolg der Risikoberichterstattung entscheidend darauf an, dass bezüglich der Unternehmensrisiken nicht nur eine einheitliche Sprache verwendet wird. Vielmehr ist es ebenso wichtig, dass ein einheitliches Verständnis hinsichtlich der Funktionen des Risikomanagements besteht, die eben nicht im Verhindern von Geschäften, sondern in einer für das Unternehmen Mehrwert erzeugenden, strategischen Funktion liegt.

---

[310] S. Pschyrembel.

[311] Dies ist daher thematisch eng mit der Compliance-Kultur des Unternehmens verknüpft, → Rn. 1370 ff.

d) Risikowahrnehmung und Compliance

Manche Risiken erschließen sich dem Betrachter sehr direkt. Dies ist vor allem dann der Fall, wenn die Lebenserfahrung zeigt, sei es durch selbst Erlebtes oder durch Berichte Dritter, dass eine offensichtliche **Kausalkette** besteht, die von einem ursächlichen Ereignis zu einer Wirkung führt – und zwar regelmäßig derselben Wirkung. Diese Lebenserfahrung wurde als gesichertes Wissen abgespeichert. 368

Selbst wenn man noch nicht persönlich erlebt hat, wie ein Taifun eine Fabrikanlage auf 369 den Philippinen komplett zerstört hat, genügen die eigenen Erfahrungen mit Stürmen, angereichert um einige Bilder aus den Medien, um sofort zu verstehen, dass ein Produktions- und damit Umsatzausfall drohen kann und man sich gegen dieses Risiko durch den Abschluss einer Versicherung schützen sollte. Die Wirkung von Compliance-Risiken gehört noch nicht unbedingt zu solchen Lebenserfahrungen.

Compliance-Risiken bewegen sich auf einem sehr viel abstrakteren Niveau. Es besteht 370 zunächst schon wenig Klarheit darüber, wer für welches Fehlverhalten in welcher Form haftet. Der gedankliche Schritt, dass eine Bestechung zum Ausschluss von öffentlichen Ausschreibungen führen kann und dadurch unter Umständen der Bestand des Unternehmens gefährdet ist, erschließt sich nicht mit der gleichen Automatik wie die gedankliche Kausalkette, die die Nachricht über einen Taifun auslösen kann.

Checkliste 16: Risikowahrnehmung und Risikokultur

- ❑ Werden bei der Betrachtung von Risiken die **Schwächen** der menschlichen **Risikowahrnehmung** durch entsprechende Prozesse ausgeglichen?
- ❑ Sind die menschlichen **Verhaltensmuster** bekannt, die eine objektive Befassung mit Risiken erschweren und werden diese durch Prozesse aufgefangen?
- ❑ Ist das **Vergütungssystem** so gestaltet, dass Führungskräfte nicht ermutigt werden, überhöhte Risiken einzugehen?
- ❑ Wird die Risikokultur des Unternehmens aktiv gestaltet durch
  - eine effektive Risiko-Governance?
  - eine effektive Definition des Risikorahmens (risk appetite)?
  - effektive Anreizsysteme, die ein angemessenes Risikoverhalten erzeugen?
- ❑ Gibt es im Unternehmen eine **standardisierte,** qualitativ hochwertige **Risikoberichterstattung,** mit der sich die Unternehmensleitung **regelmäßig** befasst?
- ❑ Basiert die Risikoberichterstattung auf einer einheitlichen Terminologie?
- ❑ Wird sichergestellt, dass die mit der Risikoanalyse beauftragten Mitarbeiter als **ernstzunehmende** Experten wahrgenommen werden?
- ❑ Werden die **Mitarbeiter** über die Zusammenhänge zwischen ihrer Aufgabenwahrnehmung und daraus resultierenden, möglichen Compliance-Risiken **geschult?**

V. Schlussfolgerungen für ein Compliance-Risikomanagement

Die skizzierten sehr menschlichen Verhaltensmuster sind für ein professionelles Risikoma- 371 nagement in einem Unternehmen nicht förderlich. Der individuell unterschiedliche Umgang mit Risiken beeinflusst in erheblichem Umfang das Ergebnis des Risikomanagements – in aller Regel unbewusst und negativ.

Dies gilt umso mehr für das Compliance-Risikomanagement. Compliance-Risiken sind 372 im Vergleich zu den klassischen Unternehmensrisiken eine neue Risikogruppe, die für Nichtjuristen nur schwer nachvollziehbar ist. Anders als Risiken, die zB durch Naturkatastrophen oder durch eine zu anspruchsvolle Zeitplanung bei der Entwicklung neuer Produkte entstehen können, stoßen juristische Bedenken nicht selten auf Unverständnis, wenn es zB zu entscheiden gilt, ob man es in einem Hochrisikoland aggressiven Wettbewerbern gleichtut und ebenfalls Bestechungsgelder zahlt, um dadurch Aufträge und Arbeitsplätze zu sichern oder nicht.

373 Auch in Bezug auf die Entwicklung einer Risikokultur und den positiven Umgang mit Risiken im Unternehmen ist ein für die Ermittlung und Bewertung von Risiken etablierter Prozess von erheblichem Nutzen. Das Risikomanagement stellt einen verlässlichen Weg dar, auch uU nicht gerade erfreuliche Nachrichten über die Entwicklung von Risiken in den Informationsfluss des Unternehmens einzuspeisen, ohne in die uU prekäre Lage des oben erwähnten Boten zu kommen.

374 Daher erscheint es ratsam, unabhängig von der Unternehmensgröße, nicht nur einen formalisierten Risikomanagementprozess für die Erfassung klassischer Unternehmensrisiken zu etablieren, sondern auch Compliance-Risiken in einem entsprechenden Prozess zu erfassen und zu managen. Dadurch soll das Risikomanagement nicht bürokratisiert, sondern **professionalisiert** werden. Die einzelnen Prozessschritte des Risikomanagements definieren die durch die Geschäftsleitung zu bewältigende Aufgabe, die vorhandenen Informationen und bestehende, jedoch verstreute Risikomanagementansätze zu systematisieren und zu ergänzen.

375 Eine strukturierte Erfassung, auch der Compliance-Risiken, ist dabei dringend angeraten, um die Gefahr von Fehlbeurteilungen durch die oben aufgezeigten menschlichen Wahrnehmungs- und Verhaltensmuster zu reduzieren. So schützen sich die Geschäftsführung und die Mitarbeiter vor den Trug- und Kurzschlüssen ihrer Verhaltensmuster.

376 Aufgrund des vergleichsweise abstrakten Charakters der Compliance-Risiken und der durch Compliance-Verletzungen ausgelösten Kausalketten, kommt dem Compliance-Risikomanagement auch die Aufgabe zu, über die Folgen von Compliance-Verletzungen aufzuklären.

377 In welchem Umfang formalisiertere Compliance-Risikomanagementprozesse zu etablieren sind, hängt jedoch in der Tat von der Unternehmensgröße ab, da ein Risikomanagementprozess in einem Großkonzern eine andere Gestalt haben muss als der eines mittelständischen Zulieferunternehmens mit 200 Mitarbeitern. Daher wird in § 6 (→ Rn. 976 ff.) auf die spezifischen Anforderungen an ein Compliance-Risikomanagement in einem KMU eingegangen.

378 Der nachhaltige Erfolg des Compliance-Risikomanagements und damit letztendlich des gesamten Compliance-Managementsystems, hängt, unabhängig von der Unternehmensgröße und dem gewählten Prozessmodell, entscheidend von der gelebten **Unternehmenskultur** (→ Rn. 1321 ff.) und der damit einhergehenden **Compliance-Kultur** (→ Rn. 1370 ff.) ab.

379 Nicht von ungefähr betonen anglo-amerikanische Behörden, dass sie von der Unternehmensleitung nicht nur die Entwicklung und das Management eines Compliance-Programms erwarten. Vielmehr unterstreichen sie regelmäßig die Bedeutung einer gelebten Compliance-Kultur für den Erfolg des Compliance-Programmes, indem sie von einem „compliance and ethics program" sprechen.[312] In § 9. „Compliance-Kultur als Grundvoraussetzung eines erfolgreichen Compliance-Risikomanagements" (→ Rn. 1309 ff.) werden die unterschiedlichen Aspekte der Compliance-Kultur und ihre Bedeutung für eine nachhaltige Compliance erörtert.

[312] In den U.S.S.G. § 8 B 2.1 „Effective Compliance and Ethics Program" sowie in der Guidance, S. 22 Rn. 1.7. wird regelmäßig Compliance im Kontext eines Ethikprogrammes genannt. Auch die Leiter des britischen Serious Fraud Offices und der Public Prosecutions formulieren in den Anmerkungen zu den Strafzumessungsregeln des UK Bribery Acts „The Government intends that over time the [UK Bribery] Act will contribute to international and national efforts towards ensuring a shift away from a culture of bribery that may persist in certain sectors or markets and help ensure high ethical standards in international business transactions" und „The Act is not intended to penalise ethically run companies that encounter an isolated incident of bribery", Bribery Act 2010: Joint Prosecution Guidance of The Director of the Serious Fraud Office and The Director of Public Prosecutions, 30.3.2011, S. 3.

§ 4. Das Management klassischer Unternehmensrisiken

Zu den Pflichten des Vorstands gehört es, geeignete Maßnahmen zu treffen, insbes. ein Überwachungssystem einzurichten, damit etwaige den Fortbestand der Gesellschaft gefährdende Entwicklungen frühzeitig erkannt und Gegenmaßnahmen implementiert werden können (§ 91 Abs. 2 AktG). 380

Das traditionelle Risikomanagement soll diese Aufgaben wahrnehmen, indem es sich mit der Identifikation, Analyse und Bewertung klassischer Unternehmensrisiken, wie zB den finanz- und leistungswirtschaftlichen Risiken, befasst. Die dadurch gewonnene Transparenz über die dem Unternehmen drohenden Gefahren ermöglicht der Geschäftsleitung erst die Wahrnehmung der in § 91 Abs. 2 AktG definierten Compliance-Pflicht. 381

Handelt es sich bei der Befassung mit klassischen Unternehmensrisiken um eine Seite der Medaille, so stellt das Management von Compliance-Risiken die zweite Seite dieser Medaille dar. Letzteres zielt auf die rechtlich einwandfreie Unternehmenstätigkeit ab und soll durch entsprechend präventive Maßnahmen Rechtsverstöße verhindern und Schäden vom Unternehmen, seinen Mitarbeitern und anderen Stakeholdern abhalten. 382

Im Folgenden sollen daher die einzelnen Prozessschritte des klassischen Risikomanagements nur insoweit skizziert werden, wie sie für die in Kapitel § 5 beschriebene Vorgehensweise des Compliance-Risikomanagements (→ Rn. 634 ff.) von Relevanz sind. Für eine umfassendere Befassung mit dem Thema Risikomanagement wird auf die sehr umfangreiche betriebswirtschaftliche Literatur verwiesen. 383

Dennoch ist es wichtig, auf die einzelnen Prozessschritte des klassischen Risikomanagements einzugehen, da diesen zum einen vor allem in KMU nicht selten eine nur geringe Bedeutung beigemessen wird – und somit gegen die Vorgaben des § 91 Abs. 2 AktG (iVm § 43 GmbHG) verstoßen wird. Zum anderen sollte sich im Hinblick auf die Effizienz der operativen Prozesse in einem Unternehmen, das Compliance-Risikomanagement so weit wie möglich, jedoch nicht weiter, an die in einem Unternehmen bestehenden Risikomanagementprozesse anlehnen. 384

Weist ein Unternehmen bereits ein etabliertes Risikomanagement auf, würde anderenfalls die Gefahr drohen, dass durch den Aufbau paralleler Compliance-Risikomanagementprozesse – und damit auch Strukturen die grds. noch immer als nichtwertschöpfend angesehene Compliance im Unternehmen keineswegs seine Reputation verbessert. Zusätzliche Kosten und Komplexitäten wären die Folge einer separaten Lösung. 385

Ist im Unternehmen hingegen noch kein Risikomanagement implementiert worden, ist es am effizientesten und damit kostengünstigsten, wenn man das Management klassischer Risiken mit dem der Compliance-Risiken in einem neu zu gestaltenden, integralen Prozess entwickelt. 386

Daher wird in diesem Kapitel der operative Prozess des klassischen Risikomanagements näher beschrieben und auf die strukturelle Einbindung im Unternehmen eingegangen. Als Beispiele verwenden wir dazu drei fiktive Unternehmen, anhand derer der Prozess des Risikomanagements illustriert wird. Es handelt sich dabei um die Matrix AG, die DIV GmbH und die CRM AG, die uns in Kapitel § 5. „Das Management von Compliance-Risiken" (→ Rn. 634 ff.) wieder begegnen werden. 387

A. Prozessschritte des klassischen Risikomanagements

Das Risikomanagement umfasst regelmäßig sechs aufeinander folgende Schritte. Ausgangspunkt ist dabei die von der Geschäftsleitung verfolgte Strategie des Unternehmens. In einem zweiten Schritt sind die drohenden Risiken zu identifizieren. Diese Erfassung der Unternehmensrisiken ist die Schlüsselfunktion des gesamten Risikomanagementprozesses, 388 da nur eine fundierte Analyse auch eine wirksame **Prävention** von Unternehmensrisiken ermöglicht.

389 Die so identifizierten Risiken werden auf ihre Eintrittswahrscheinlichkeit hin analysiert und die aus ihnen potenziell erwachsende Schadenshöhe bewertet. Hier gilt es auch potenzielle Reputationsrisiken einzuschätzen. Das sich daraus ergebende Risikoprofil ist sodann in einem Bericht zusammenzufassen, aus dem in einem weiteren Schritt gezielt Gegenmaßnahmen abgeleitet und ergriffen werden. Diese richten sich auf eine Risikovermeidung, Risikominderung oder, wenn nicht anders möglich, auf eine Risikoübertragung. Ist keine dieser Möglichkeiten gangbar, so ist zu entscheiden, ob das Unternehmen bereit ist, dieses Risiko einzugehen oder nicht. Das Risikomonitoring überwacht den gesamten Prozess und fordert iRv Prozessreviews Verbesserungen in jedem der einzelnen Prozessschritte ein.

390 Im Hinblick auf den Maßstab, der bei dieser Aufgabe anzuwendenden Sorgfalt gelten für jeden der einzelnen Prozessschritte die Vorgaben der **Business Judgement Rule.**[313] Dies ist insofern bedeutsam, da vor allem bei der Identifikation, Analyse und Bewertung von Unternehmensrisiken auf der Basis von bisweilen wenig stabilen Daten Entscheidungen getroffen werden müssen, zB wie hoch ein zu erwartender Schaden und dessen Eintrittswahrscheinlichkeit ist.

[313] → Rn. 122 ff.

Abb. 1: Die sechs Schritte des klassischen Risikomanagements

Diese Vorgehensweise ist grds. auch für die Betrachtung von Projektrisiken zu empfehlen. Im Weiteren soll jedoch nur das Risikomanagement eines produzierenden Unternehmens betrachtet werden, das nicht primär im **Projektgeschäft** tätig ist. 391

Das Management der Unternehmensrisiken ist eine kontinuierlich wahrzunehmende Aufgabe. Das bedeutet, dass die Risikosituation in regelmäßigen Abständen überprüft und darüber Bericht an die entsprechenden Gremien im Unternehmen erstattet werden muss, so dass eine Entscheidung über adäquate Gegenmaßnahmen frühzeitig getroffen werden kann. Abhängig von der Branche und vom wirtschaftlichen Umfeld kann eine jährliche Berichterstattung an den Vorstand und den Aufsichtsrat durchaus ausreichend sein. Das Erfordernis der Rechtzeitigkeit kann jedoch dazu führen, dass in Zeiten großer Volatilität des Unternehmensumfeldes unerwartet auftretende, neue Risiken eine Verkürzung der Berichtsintervalle erforderlich machen.[314] 392

[314] Der IDW fordert einen permanenten Risikoüberwachungs- und -steuerungsprozess. Daher wird eine jährliche Berichterstattung für nicht ausreichend erachtet. Vielmehr müsse auch über unterjährig neu aufgetretene Risiken der Vorstand ad hoc informiert werden. IDW, PS 340. s. auch Fleischer VorstandsR-HdB/Fleischer § 19 Rn. 16ff. Zu den IDW Prüfungsstandards PS 980 und PS 981 → Rn. 1129ff.

Checkliste 17: Prozessschritte und Definition klassischer Unternehmensrisiken

- ❑ Erfüllt die Geschäftsleitung ihre **Legalitätspflicht**, indem sie Unternehmensrisiken managt?
- ❑ Werden die zu betrachtenden Unternehmensrisiken (Risikosuchfelder) **definiert?**
- ❑ Werden in diesem Prozess Unternehmensrisiken identifiziert, analysiert und bewertet?
- ❑ Wird die **Geschäftsleitung** regelmäßig über Unternehmensrisiken und deren Steuerung **unterrichtet?**
- ❑ Werden der Erfolg der Risikosteuerung und die Risikolandschaft unterjährig **überwacht?**
- ❑ Sind die Risikosuchfelder der **Größe, Komplexität** und dem Grad der **Internationalisierung** des Unternehmens angepasst?
- ❑ Berücksichtigen die Risikosuchfelder auch die zukünftige **strategische Ausrichtung** des Unternehmens?
- ❑ Wurden **adäquate Ressourcen** für das Risikomanagement allokiert?

I. Definition der Unternehmensrisiken

393 Die Blickrichtung des Risikomanagements ist maßgeblich für die Risiken, die identifiziert und in den folgenden Prozessschritten behandelt werden können. Abhängig von der Größe und Komplexität sowie dem Grad der Internationalisierung des Unternehmens kommt es entscheidend darauf an, dass die Unternehmensleitung die mit dem Risikomanagement betrauten Mitarbeiter durch die Vorgabe von Suchfeldern unterstützt.

394 Im Hinblick auf die **kapazitive Ausstattung** des Risikomanagements entscheidet die Geschäftsleitung durch ihre Ressourcenallokation direkt über den möglichen Umfang der Risikoanalyse. Richtigerweise muss daher die Geschäftsleitung eine den zur Verfügung stehenden Ressourcen angepasste Vorgabe in Bezug auf die zu analysierenden **Suchfelder** geben. So können Suchfelder vorgegeben werden in Bezug auf bestimmte Risikoarten oder sich auch auf definierte Geschäftsbereiche beziehen.

395 Dabei muss die Unternehmensleitung sowohl die bestehenden Geschäftsaktivitäten des Unternehmens als auch unter Umständen anstehende Änderungen oder Anpassungen der Unternehmensstrategie beachten. Es macht für die Risikoanalyse einen erheblichen Unterschied, ob allein der Status quo untersucht werden soll oder ob auch die Risiken, die eine strategische Neuausrichtung des Unternehmens oder eines seiner Bereiche mit sich bringen kann, in den Betrachtungshorizont aufgenommen werden sollen.

396 Darüber hinaus kann die Geschäftsleitung die Tätigkeit des Risikomanagements für einen definierten Zeitraum auf einen bestimmten Ausschnitt von Risiken fokussieren, die der Geschäftsleitung besonders virulent erscheinen. Dies kann zB dann besonders sinnvoll sein, wenn die Geschäftsleitung über ihre Informationskanäle Kenntnis von Gefährdungssituationen erhält, die ein anderes Unternehmen derselben oder einer ähnlichen Branche akut beschäftigen.

II. Identifizierung der Unternehmensrisiken

397 Im Risikomanagementprozess kommt der Identifikation der Unternehmensrisiken die Schlüsselrolle zu. Das frühzeitige Erkennen von Unternehmensrisiken ermöglicht erst das rechtzeitige Ergreifen von Gegenmaßnahmen, durch die wirtschaftliche Verluste, Reputationsschäden oder gar die Existenz des Unternehmens gefährdende Entwicklungen vermieden bzw. abgewendet werden können. Unabhängig von der Frage, ob ein Risiko zB versicherbar ist oder nicht, werden iRd Risikoidentifikation, ähnlich einem Radar, alle Gefährdungszustände erfasst, die in dem definierten Suchfeld vorhanden sind. Dadurch wird gewährleistet, dass in diesem Stadium eine **Risikolandkarte** entsteht, deren Aussage-

kraft nicht verkürzt ist durch Überlegungen bzw. Maßnahmen, die späteren Prozessschritten und anderen Entscheidungsträgern vorbehalten sind.

Ziel der Risikoidentifikation ist, Entwicklungen, die das Erreichen der Unternehmensziele gefährden könnten, zu erfassen und zu dokumentieren. Unter dem Gesichtspunkt des wirtschaftlichen Einsatzes der Unternehmensressourcen kommt es darauf an, dass eine Balance gefunden wird zwischen der notwendigen Tiefe der Risikoidentifikation und ihrer Breite. Je höher das Gefährdungspotential für die Unternehmenstätigkeit ist, desto besser sollte das Verständnis der Ursachenzusammenhänge eines Risikos sein, um diesem effektiv und auf effiziente Weise entgegen treten zu können. Handelt es sich hingegen um ein nur marginales Risiko, reicht uU bereits die Kenntnis von dessen Existenz aus, um es zu vermeiden. 398

Gleiches gilt für die Qualität der Informationen, die dem Prozess der Risikoidentifikation zugrunde gelegt werden. Je größer die von einem Risiko ausgehende Gefahr für das Unternehmen ist, desto aktueller und vollständiger sollten die darüber vorliegenden Informationen sein. 399

Die Balance zu finden zwischen der notwendigen Breite und der erforderlichen Tiefe der Untersuchung, ist eine der großen Herausforderungen bei der Identifikation von Risiken. Sicherlich mag es ein wirtschaftlich sinnvoller Ansatz sein, auf Basis des ***Pareto*-Prinzips**[315] vorzugehen. Doch zeigte die Erfahrung bezüglich der überraschend schlechten Performance des Risikoindikators **Value at Risk** im Vorfeld der Finanzkrise, dass damit ein nicht unerhebliches Risiko eingegangen würde. Selbst bei dem als beruhigend angesehenen VaR-Wert von 99%, war das verbleibende eine Prozent, das keinen Eingang in die Risikobetrachtung fand, entscheidend dafür, dass keine Gegenmaßnahmen zur Verhinderung der Finanzkrise getroffen wurden. 400

Die persönliche Kenntnis der Märkte und eine über Jahre hinweg gesammelte Erfahrung bleiben daher auch in einer Zeit, in der Risikomanagement von einem IT-getriebenen, mathematisch orientierten Ansatz geprägt ist, dennoch unverzichtbar.[316] Sie sind auch bei der Allokation der Ressourcen für den Risikomanagementprozess und bei der Identifikation von Risiken außerordentlich nützlich. 401

1. Operative Prozessschritte bei der Identifikation der Unternehmensrisiken

Das Wissen um Risiken im Unternehmen ist idR weit gestreut. Die Geschäftsleitung hat ebenso Kenntnisse von potenziellen Risiken wie auch die Sachbearbeiter im Export oder die Führungskraft in einer Auslandsgesellschaft des Unternehmens. Jeder verfügt dabei über ein aus seiner konkreten Perspektive resultierendes Spezialwissen. Es kommt daher für ein effektives Risikomanagement darauf an, diese Spezialkenntnisse iRd Prozesses der Identifikation von Unternehmensrisiken verfügbar zu machen. Um die dafür maßgeblichen Informationen auf effiziente Weise zu erhalten, muss der Prozess der **Informationsbeschaffung** die führungsorganisatorische Struktur des Unternehmens berücksichtigen. Dazu kann grds. zwischen einer Matrixorganisation und einem funktionalen bzw. divisionalen Unternehmensaufbau unterschieden werden. 402

a) Abfrage der Unternehmensrisiken in einer Matrixorganisation

Die Unternehmensrisiken sind grds. unternehmensweit zu erfassen. Das heißt, dass jeder, der Kenntnisse von Unternehmensrisiken haben könnte, sei es der Vorstand oder der 403

[315] Das nach Vilfredo Pareto (1848–1923) benannte Prinzip besagt, dass 80% einer Aufgabe in 20% der Zeit gelöst werden können, wohingegen die verbleibenden 20% der Aufgabe die restlichen 80% der Zeit erfordern.

[316] Hansell, How Wall Street Lied to Its Computers, New York Times, 18.9.2008, https://archive.nytimes.com/bits.blogs.nytimes.com/2008/09/18/how-wall-streets-quants-lied-to-their-computers/, zuletzt abgerufen am 14.01.2023.

Pförtner[317] eines Unternehmens befragt werden muss. Dies kann, je nach Unternehmenskultur, auf unterschiedliche Weise erfolgen, sollte jedoch immer als ein systematischer, streng formalisierter Prozess angelegt sein, um zu gewährleisten, dass die bereits erläuterten menschlichen Schwächen bei der Wahrnehmung von Risiken einen möglichst geringen Einfluss auf das Ergebnis des Prozesses haben.

404 In diesem formalisierten Prozess der Abfrage der Risiken ist daher darauf zu achten, dass die einzelnen Prozessschritte so angelegt sind, dass die Benennung von Risiken nicht unterbleibt, weil man sie aus den o.g. allzu menschlichen Gründen nicht gesehen hat. Ist bereits in der Vergangenheit eine Risikoabfrage erfolgt, sollten aus demselben Grund die im Vorjahr genannten Risiken der neuen Abfrage beigefügt werden – zur Erinnerung und zum Abgleich mit der Ist-Situation.

405 Die Abfrage der Risiken wird von der Unternehmenszentrale initiiert. Existiert ein Risikomanagementbereich, so übernimmt natürlich dieser die Aufgabe der Risikoidentifizierung. Wenn dem nicht so ist, wird die Aufgabe durch den Controllingbereich wahrgenommen, da Risiken eng mit der Planung und Steuerung der künftigen Entwicklung des Unternehmens verbunden sind.[318]

406 Um bereits vorhandene Erkenntnisse zu systematisieren, bietet es sich an, entlang der einzelnen Glieder der Wertschöpfungskette die vorhandenen Prozesse auf Risiken hin zu untersuchen.[319] Aus eigener Kenntnis wird der Risikomanagement- bzw. der Controllingbereich bereits eine Vielzahl von Risiken auflisten können. Auch wenn dies sehr hilfreich ist, kann es nicht das Wissen um Risiken der einzelnen Fachbereiche entlang der Wertschöpfungskette sowie die der Funktionalbereiche, wie zB Finanzen, Personal und Recht, ersetzen.

407 Daher wird der zentrale Risikomanagementbereich bzw. das Controlling eine Abfrage im Unternehmen initiieren müssen, wenn die Risiken des Unternehmens vollumfänglich erfasst werden sollen. Dabei folgt die Abfrage der Struktur und dem Aufbau des Unternehmens. Mit anderen Worten, die Abfrage der Risiken folgt den bestehenden **Berichtswegen.** Je komplexer die Organisation ist, umso wichtiger ist es, dass dieser Grundsatz eingehalten wird. Dies liegt darin begründet, dass es nicht unbedingt hilfreich ist, eingespielte Prozesse durch einen separaten Risikomanagementprozess zu überlagern oder einen zusätzlichen Parallelprozess zu etablieren.

408 Wenn das Unternehmen zB in Form einer Matrixorganisation strukturiert ist, was in der Praxis immer häufiger der Fall ist, kann eine Risikoabfrage, die an die Geschäftsbereichsleiter gerichtet würde, wie dies in einer divisionalen Organisation der Fall wäre (→ Rn. 424 ff.), für Unstimmigkeiten sorgen. Auch wüchse damit die Gefahr, dass nicht alle relevanten Bereiche adressiert würden, was, bei Einhaltung der etablierten **Berichtswege,** praktisch ausgeschlossen ist.

409 Darüber hinaus wird durch die Einhaltung der unternehmensspezifischen Berichtswege sichergestellt, dass die Informationen über die identifizierten Risiken die richtigen Adressaten auf ihrem Weg zum Risikomanagement bzw. Controllingbereich erreichen. Es ist nachvollziehbar, dass zB ein Personalvorstand auf möglichst direktem Wege erfahren möchte, welche Risiken in seinem Ressort identifiziert worden sind. Auch möchte er verständlicherweise sichergestellt wissen, dass die jeweiligen verantwortlichen Personalleiter,

[317] Letzterer wird zB praktische Verbesserungsvorschläge zu Schwachstellen in der Unternehmenssicherheit, wie zB die effektive Kontrolle von Zugangsberechtigungen machen können.

[318] Controlling hilft, die Führungsfähigkeit eines Unternehmens zu verbessern, indem es die Planung koordiniert sowie Aufgaben der Kontrolle und Informationsversorgung für die Entscheidungsträger übernimmt, Horváth Controlling/Gleich/Seiter S. 71 ff.

[319] In einem Produktionsunternehmen, wie zB der Matrix AG, bestünde die Wertschöpfungskette aus den Gliedern Eingangslogistik, Produktion, Ausgangslogistik, Marketing/Vertrieb, Service sowie den unterstützenden Funktionen Geschäftsleitung, Finanzen, Personal, Forschung und Entwicklung sowie Beschaffung, vgl. Porter S. 59 ff.

sei es in einem Geschäftsbereich oder in einem Produktionswerk in Indien, von den bei ihnen im Bereich identifizierten Risiken Kenntnis haben.

Inhaltlich richtet sich die Anfrage des Risikomanagements bzw. des Controllings auf die Identifikation der Risiken, auf deren jeweilige Eintrittswahrscheinlichkeit und auf die vermutete maximale Schadenshöhe, die das jeweilige Risiko im Falle seiner Realisierung verursachen könnte. Dabei kann auch die Benennung der nur schwer greifbaren Reputationsrisiken gefordert werden. 410

Die erwartete Antwort auf die Anfrage besteht daher aus einer Dokumentation aller identifizierten Risiken, die für jedes einzelne identifizierte Risiko eine kurze Sachverhaltsbeschreibung und die genannten Werte umfasst. Um ein möglichst zutreffendes Bild von der Risikosituation des Unternehmens zu erhalten, ist es erforderlich, dass die Beantwortung der Abfrage auch nur die tatsächlichen Risikodaten enthält. Würde die Höhe eines Risikos mit sich uU aus diesem ergebenden Chancen verrechnet oder würde eine Fehlanzeige gemeldet, da das Risiko bereits versichert ist, wäre dieses Ziel nicht zu erreichen. Daher sollten potenzielle Chancen von Risiken nachrichtlich gemeldet werden, dürfen aber nicht die Daten zur Eintrittswahrscheinlichkeit und der potentiellen Schadenshöhe des Risikos beeinflussen. 411

Gleiches gilt für bestehende Maßnahmen zur Reduzierung oder Vermeidung von bekannten Risiken. Regelmäßig wird es in einem Unternehmen dem Risikoeigner obliegen, Gegenmaßnahmen zu ergreifen bzw. vorzuschlagen, sofern die als erforderlich erachteten Maßnahmen seinen Kompetenzrahmen überschreiten. Ob und in welcher Höhe bereits ergriffene Gegenmaßnahmen wirksam die Höhe des Risikos beeinflussen und ausreichend das Unternehmen schützen, wird in nachgelagerten Prozessschritten geprüft. 412

Im Hinblick auf die Form der Abfrage der Risikoinformationen sollte diese dem formalisierten, systematischen Charakter des Prozesses Rechnung tragen. Daher bietet es sich an, eine solche Abfrage auf der Basis von auszufüllenden Formularen zu gestalten. Dies hat auch den weiteren Vorteil, dass dieselbe Risikoterminologie verwendet wird und dieselben Berechnungsmethoden zugrunde gelegt werden. 413

Am Beispiel der „Matrix AG“ soll illustriert werden, wie eine Abfrage der Unternehmensrisiken in einer Matrixorganisation durchgeführt werden kann. Aus Gründen der Übersichtlichkeit beschränken wir uns auf die Darstellung der Abfrage der Risiken, die im Personalressort zu identifizieren sind. 414

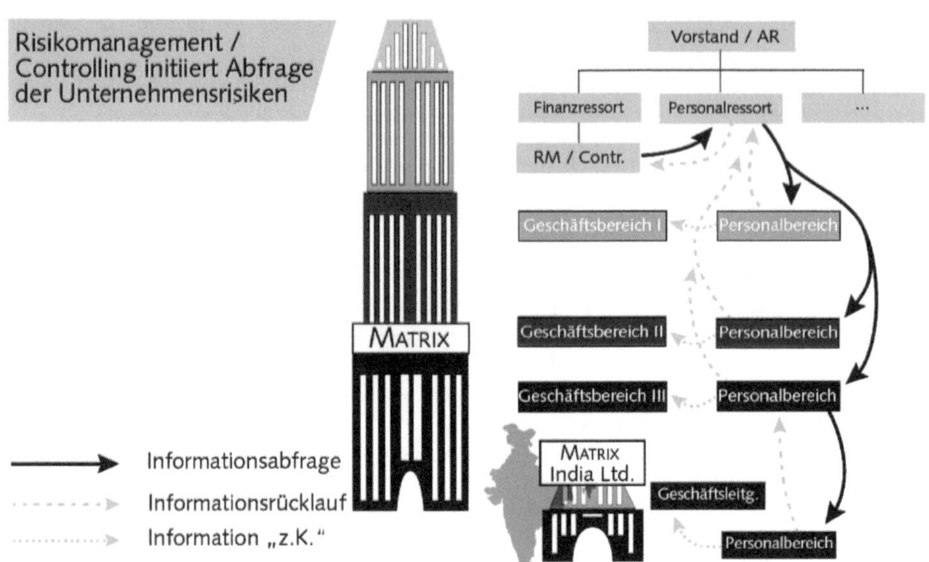

Abb. 2: Informationsabfragen und -rückläufe beim Personalressort der Matrix AG

415 Das Risikomanagement/Controlling wendet sich in unserem Beispiel an den zentralen Personalbereich. Dieser würde sich über die Risikosituation in den einzelnen Personalbereichen der Geschäftsbereiche informieren. Da die Personalleiter der Geschäftsbereiche I-III in erster Linie an den Personalvorstand der Matrix AG und nur in zweiter Linie dem Geschäftsführer des jeweiligen Geschäftsbereichs berichten, richtet sich die Abfrage des zentralen Personalressorts richtigerweise an die in den jeweiligen Personalbereichen der Geschäftsbereiche verantwortlichen Personalleiter.

416 Nach Erhalt der Anfrage durch das zentrale Personalressort würde der Personalleiter des Geschäftsbereichs I seine Abteilungsleiter und die wiederum ihre Mitarbeiter befragen, welche Risiken diese sehen. Sind an einen Geschäftsbereich weitere Tochtergesellschaften angegliedert, wie dies im Fall des Geschäftsbereichs III und dessen Tochtergesellschaft, der Matrix India Ltd., der Fall ist, muss der Personalleiter die Anfrage bezüglich möglicher Personalrisiken an den Personalverantwortlichen in der Matrix India Ltd. weiterleiten. Verfolgt das Personalressort nennenswerte Projekte, so sind auch diese in den Prozess der Risikoidentifikation aufzunehmen.

417 Wurden die Risiken auf den verschiedenen Ebenen erfasst, werden die identifizierten Risiken auf jeder Ebene auf ihre Plausibilität[320] und Vollständigkeit[321] hin überprüft. In Bezug auf die Vollständigkeit ist allerdings im Hinblick auf die Wirtschaftlichkeit des Prozesses der Risikoidentifikation eine Grenze bei der Erfassung auch von kleinsten Risiken zu ziehen. Dies ist zwar eine Selbstverständlichkeit, doch bedarf diese Grenzziehung einer genaueren Betrachtung und sollte keinesfalls dem Zufall überlassen bleiben. So würde es eine Geschäftsleitung an der erforderlichen Sorgfalt mangeln lassen, wenn sie eine Grenzziehung nur indirekt festlegt, indem sie zB den zuständigen Mitarbeitern ein Zeitfenster zur Risikoerfassung vorgibt, ohne zu prüfen, ob in dieser Zeit und mit den vorhandenen

[320] Es sollte iRd Plausibilitätskontrolle zB sichergestellt werden, dass die Informationen korrekt sind und es sich bei den genannten Sachverhalten tatsächlich um Risiken und nicht um zB Beschreibungen fehlerhafter Managemententscheidungen handelt, die ihrerseits keine weiteren Risiken nach sich ziehen. Auch sollten Fehler bei der Bezifferung von Eintrittswahrscheinlichkeiten und Schadenshöhen möglichst bereits auf dieser Ebene beseitigt werden, da die größere Nähe zu den relevanten Sachverhalten die Wahrnehmung dieser Aufgabe erleichtert.

[321] So sollten die Risiken, die im Vorjahr identifiziert worden sind, zB als fortbestehend oder vermindert/aufgelöst oder gestiegen neu klassifiziert werden.

Kapazitäten der erforderliche Detaillierungsgrad bei der Risikoidentifikation erreicht werden kann.

Daher sollte die Geschäftsleitung sehr bewusst darüber entscheiden, bis zu welcher Größenordnung Risiken zu identifizieren sind und in welcher Tiefe erheblichere Risiken zu analysieren sind. Dies hat den Vorteil, dass sich die Geschäftsleitung darüber bewusst ist, dass es auch unterhalb dieser Erhebungsschwelle Risiken gibt und sie sich, aus belegbaren Motiven heraus, für diese Grenzziehung entschieden hat. Damit kann im Schadensfall der Vorwurf der mangelnden Sorgfalt widerlegt werden. 418

Diese Vorgaben durch die Geschäftsleitung müssen im Prozess der Risikoidentifikation substantiiert werden. Wie bereits angesprochen, kann dies am ehesten erfolgreich umgesetzt werden, wenn die mit der Risikoidentifikation betrauten Mitarbeiter eine fundierte operative Erfahrung in ihrem Zuständigkeitsbereich gesammelt haben. Allein durch eine mathematisch korrekte Abschätzung lassen sich in der Praxis kaum alle relevanten Risiken erfassen. 419

Nach der Plausibilitäts- und Vollständigkeitsprüfung wird entsprechend dem Berichtsweg der jeweils anfragenden Berichtsebene eine Rückmeldung über die Risikosituation gegeben. Bevor in unserem Beispiel der Personalleiter des Geschäftsbereichs I seine Rückmeldung dem Personalressort übermittelt, sollte er jedoch den Risikobericht um seine Erkenntnisse von drohenden Risiken ergänzen, die er kraft seiner hervorgehobenen Position erlangt hat. 420

Am Ende des Berichtsweges konzentrieren sich alle Informationen in der Hand des im Personalressort zuständigen Mitarbeiters. Dieser leitet die Antwort des Personalressorts auf die Anfrage nach bestehenden Risiken im Ressort an den Bereich Risikomanagement/Controlling weiter. 421

Indem in unserem Beispiel der Personalleiter der Matrix India Ltd. oder der des Geschäftsbereichs I jeweils alle personalseitig bestehenden Unternehmensrisiken identifiziert und an die nächsthöhere Berichtsebene geleitet hat, sind jedoch noch nicht alle Berichtspflichten erfüllt, die ihnen in einer Matrixorganisation obliegen. Vielmehr muss die Leitung der Geschäftsführung der Matrix India Ltd. respektive der Leiter der Geschäftsbereichs I über die im Personalbereich identifizierten Risiken informiert werden. 422

Aufbauend auf diesem Beispiel werden Risiken in der gesamten Unternehmensgruppe entsprechend den Berichtswegen abgefragt. Auf Basis der beim Risikomanagement/Controlling eingehenden Rückmeldungen entsteht eine Risikolandkarte von ganz erheblichem Detaillierungsgrad. 423

b) Abfrage der Unternehmensrisiken in einer funktionalen bzw. divisionalen Unternehmensorganisation

Handelt es sich um ein Unternehmen, das divisional oder funktional aufgebaut ist, gilt grds. dieselbe Grundregel in Bezug auf die einzuhaltenden Wege bei der Abfrage der Unternehmensrisiken. Daher wird das Risikomanagement seine Anfrage direkt an die Leitung des jeweiligen Produktbereichs richten. Wie das Beispiel der DIV GmbH zeigt, sind die Kommunikationswege weniger komplex als in einer Matrixorganisation. 424

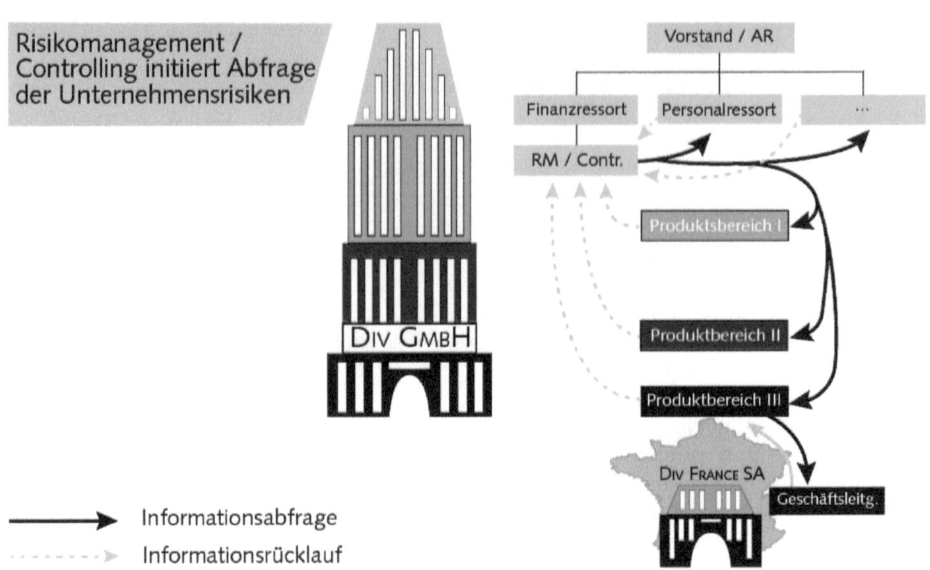

Abb. 3: Informationsabfrage und -rücklauf bei der DIV GmbH

425 In den jeweiligen Geschäftsbereichen beauftragt die Geschäftsleitung den zuständigen Risikomanager damit, die Risiken für den gesamten Geschäftsbereich zu identifizieren. Sofern es sich aufgrund der Größe des Geschäftsbereichs verbietet einen dedizierten Risikomanager einzusetzen, kann diese Aufgabe von der Controllingabteilung des Geschäftsbereichs wahrgenommen werden.

426 Dem Geschäftsbereichsrisikomanager bzw. dem Controller obliegt es, alle Abteilungen und die dem Geschäftsbereich zugeordneten Tochtergesellschaften durch Abfragen auf mögliche Risiken zu durchleuchten. Dazu wird er sich regelmäßig seinerseits Ansprechpartner in zB ausländischen Tochtergesellschaften benennen lassen. Alternativ kann er sich auch an die kaufmännische Leitung eines Tochterunternehmens wenden, die innerhalb dieses Unternehmens den Prozess der Risikoidentifizierung verantwortet und koordiniert.

427 Die Informationen über identifizierte Risiken fließen auf demselben Weg zurück, den auch die ursprüngliche Risikoabfrage genommen hat. Auf jeder Stufe ist der mit der Zusammenstellung beauftragte Mitarbeiter verpflichtet, die Informationen auf ihre Plausibilität zu überprüfen. Bevor der Geschäftsbereich seine Rückmeldung dem zentralen Risikomanagement/Controlling zuleitet, sollte die Geschäftsführung von dem Inhalt des Risikoberichts nicht nur Kenntnis erlangen; es ist vielmehr dringend angeraten, dass auch die Geschäftsführung ihrerseits den Risikobericht ihres Verantwortungsbereichs um Risiken ergänzt, die nach ihrer Kenntnis bestehen.

428 Ähnlich sieht der Abfrageprozess in einer funktionalorientierten Organisationsstruktur aus. Die Vorgehensweise unterscheidet sich nur in Bezug auf die Adressaten der Abfrage. Sind es bei einer divisionalen Unternehmensstruktur einzelne Geschäftsbereiche, so sind es in einer funktionalen Unternehmensorganisation die verschiedenen Funktionsbereiche, wie zB die Forschung und Entwicklung, die Produktion und der Vertrieb, die die Identifikation der Risiken in ihren Bereichen zu leisten haben.

429 Über einen vielleicht etwas direkteren, aber nicht minder arbeitsintensiven Weg als in einer Matrixorganisation eines großen Unternehmens, liegt nunmehr dem Risikomanagement/Controlling eine sehr erhebliche Menge an Informationen vor, die, einmal analysiert und bewertet, eine detaillierte Landkarte der bestehenden Risiken des Unternehmens ergeben. Um jedoch uneingeschränkt nutzbar zu sein, ist es Voraussetzung, dass in dem Prozess allen Beteiligten bewusst ist, dass sie in der Phase der Risikoidentifikation jegliche

Vorfilterungen der Ergebnisse ihrer Analyse unterlassen, die Risiken betreffen, die sich innerhalb des gesetzten Erfassungsrahmens bewegen. Eine Filterung der Ergebnisse der Risikoidentifikation muss dem Risikomanagement- bzw. Controllingbereich vorbehalten bleiben.

2. Informationsquellen bei der Risikoidentifikation

Der Identifizierung von Unternehmensrisiken entlang der Berichtswege des Unterneh- 430
mens stehen zahlreiche Informationsquellen innerhalb und außerhalb des Unternehmens zur Verfügung.

Eine der wichtigsten Quellen für Informationen über Risiken ist das Wissen und die 431
Erfahrung der eigenen **Mitarbeiter** des Unternehmens. In ihrem jeweiligen Tätigkeitsgebiet besitzen sie in aller Regel ein hohes Maß an Detailkenntnissen und verfügen aufgrund ihrer Erfahrung über ein historisches Wissen um Dinge, „die schiefgehen können". Hierbei erhält man ein weit gefächertes Spektrum an Informationen. Auch nehmen sie durch die Zusammenarbeit mit anderen Bereichen des Unternehmens wahr, wo Risiken außerhalb des eigenen Tätigkeitsgebietes liegen können. Dies gilt v. a. für Zentralbereiche, wie zB die Personalabteilung sowie die Buchhaltung oder das Controlling, Bereiche also, in welchen eine Vielzahl von Informationen zusammenlaufen. Diese Bereiche nehmen nicht selten eine Kontrollfunktion wahr, wie zB die Belegprüfung vor der Auslösung eines Buchungs- oder Zahlungsvorganges. Mitarbeiter dieser Abteilung wissen daher oftmals sehr gut, welche Bereiche inhärente Risiken aufweisen.

Würde zum Beispiel der Leiter der Geschäftsführung der DIV France SA, innerhalb ei- 432
nes Zeitraums von drei Jahren mehrfach die Leitung des Vertriebs, des Services-Bereichs sowie den Leiter des Einkaufs austauschen, so würde ein Personalrisiko identifiziert werden müssen, sowohl durch den Personalbereich der DIV France SA, als auch durch den zentralen Personalbereich, der über Wechsel in Führungspositionen in aller Regel unterrichtet wird, da er uU den Geschäftsbereich bei der Neubesetzung unterstützt.

Es handelt sich in unserem Beispiel um ein nicht unerhebliches Risiko. Schließlich wird 433
durch wiederholte Neubesetzungen ein Mangel der Besetzungsstrategie und der Auswahlkompetenz deutlich, durch die letztlich das Unternehmen auf Kontinuität in der Führung und die daraus resultierenden Vorteile verzichten muss. Auch kann es zu Problemen bei der Neubesetzung kommen, wenn sich bei den hochqualifizierten Kandidaten herumgesprochen hat, dass es sich bei diesen Funktionen um „Schleudersitze" handelt.

Für den Fall, dass dieses Risiko nicht von beiden Stellen, sondern nur durch den zentra- 434
len Personalbereich gemeldet worden sein sollte, ist dies Anlass genug, die Qualität des Risikoidentifikationsprozesses in einem nachgelagerten Optimierungsprozess zu überprüfen und zu verbessern.[322]

Aufgrund ihrer hervorgehobenen Position im Unternehmen kommt den **Führungs-** 435
kräften und den Mitgliedern der **Geschäftsleitung** des Unternehmens ebenfalls eine bedeutende Rolle bei der Identifikation von Risiken zu. Ihnen stehen andere Informationen durch weitergehende Möglichkeiten der Vernetzung innerhalb und außerhalb des Unternehmens zur Verfügung. So können, zB im Rahmen einer Dienstreise oder bei Gesprächen am Rande eines Empfangs oder einer Tagung, Informationen aufgenommen werden, die, übertragen auf das eigene Unternehmen, zu einer Neubewertung der eigenen Risikosituation führen und wodurch neue Risiken identifiziert werden können. Dazu zählen auch Informationen, die zB auf der Ebene der lokalen oder regionalen Politik gesammelt werden.

Es ist daher bedeutsam, dass die Risikoidentifikation nicht als eine verwaltungstechni- 436
sche Aktivität einiger Buchhalter verstanden wird, sondern dass das bei Mitarbeitern, Führungskräften und der Unternehmensleitung vorhandene Wissen um potenzielle Risiken

[322] Zum Risikomonitoring → Rn. 580 ff.

nutzbar gemacht und systematisiert wird. Alle Beteiligten an diesem Prozess müssen für sich das Recht in Anspruch nehmen dürfen, Risiken frei von Sanktionen melden zu können.

437 Darüber hinaus ist die Unternehmensführung gut beraten, wenn sie nicht nur auf Sanktionen für den Überbringer schlechter Nachrichten verzichtet, sondern **Anreize** zur Förderung einer **Risikokultur** schafft. Dies gelingt nicht, wenn zB die Mitarbeiter und Führungskräfte den Eindruck gewinnen, dass die Geschäftsleitung meint, dass das Nichtmelden von Compliance-Risiken gleichbedeutend ist mit vorausschauendem Management seiner Führungskräfte. In einem solchen Fall wäre das Unterlassen einer Risikomeldung eine persönlich durchaus verständliche, geradezu vernünftige Handlungsalternative, auch wenn es für das Unternehmen und damit für die Geschäftsleitung selbst katastrophale Folgen nach sich ziehen könnte.

438 Verfügt das Unternehmen über eine eigene **interne Revision,** ergeben sich aus den Ergebnissen ihrer Prüfungsaktivität möglicherweise Hinweise auf Risiken, die auch für bisher nicht geprüfte Unternehmensteile relevant sein können. Im Rahmen ihres Prüfungsauftrages sehen die Prüfer der internen Revision nicht ausschließlich nur einen Geschäftsbereich oder nur einen begrenzten Ausschnitt der Unternehmensaktivitäten. Vielmehr müssen sie, auch zur Vermeidung eines Gewöhnungseffektes an die Situation in einem konkreten Bereich, in aller Regel sehr unterschiedliche Teile des Unternehmens prüfen. Damit ist ihnen die Möglichkeit eröffnet, Erkenntnisse über identifizierte Risiken auf einen Bereich mit ähnlich gelagerten Sachverhalten zu übertragen, und dies weit im Vorfeld einer konkreten Gefährdungssituation.

439 Auch die Jahresabschlussprüfung kann als Informationsquelle für Unternehmensrisiken dienen. Die unabhängige Sicht auf das Unternehmen seitens der Wirtschaftsprüfer, gekoppelt mit Informationen bzw. Erfahrungen aus Prüfungen bei anderen Unternehmen, kann dazu führen, dass Risiken durch die **Wirtschaftsprüfer** adressiert werden können, die in dieser Form unternehmensintern nicht wahrgenommen werden konnten.

440 Verfügt das Unternehmen über ein **internes Kontrollsystem** (IKS) oder ist es gar den Vorschriften des **Sarbanes-Oxley Act** unterworfen, können sich aus den Fehlermeldungen dieser Kontrollsysteme mögliche Schwachstellen in der Unternehmensorganisation und in den Prozessabläufen herauskristallisieren, die in Risiken umschlagen können. Hinweise aus diesen Kontrollsystemen sind besonders hilfreich, da die zugrundeliegenden Prozessschritte im Detail dokumentiert sind. Fehler- und damit Risikoquellen lassen sich daher besonders effizient aufdecken.

441 Darüber hinaus bietet es sich an, die eigene Risikosituation zu überprüfen, wenn Risiken bei einem **Wettbewerber** zu Tage getreten sind. Auch wenn die Risikosituation eines jeden Unternehmens eine sehr spezifische, diesem Unternehmen eigene ist, so kann man doch davon ausgehen, dass Risiken, die sich in derselben **Branche** abzeichnen, auch das eigenen Unternehmen treffen könnten. Informationsquellen hierfür sind vornehmlich **Pressemeldungen,** aber natürlich auch Gespräche am Rande von **Tagungen,** mit Kollegen aus anderen Unternehmen derselben Branche oder über die **Industrie- und Handelskammern** sowie **Unternehmensverbände.** Auch sind die Branchenkenntnisse des Einkaufs und des Verkaufs bzw. Vertriebs nicht zu unterschätzen. Ggf. können auch Gespräche mit den kreditgebenden Banken des Unternehmens bei der Identifikation von Risiken nützlich sein. Die **Banken** haben ein hohes Eigeninteresse an belastbaren Informationen über Risiken ihrer Kreditkunden. Sich diese zu erschließen und sich damit eine weitere externe Perspektive auf mögliche eigene Risiken zu eröffnen kann eine sinnvolle Ergänzung der eigenen Risikobetrachtung ergeben.

442 Sowohl die allgemeinen Medien als auch die branchenspezifische **Fachpresse** können Hinweise geben, die iRd Identifikation von Risiken zu berücksichtigen sind.

443 Die hier genannten möglichen Informationsquellen zeigen, dass der Prozess der Risikoidentifikation keinen Anspruch auf eine wissenschaftliche Genauigkeit haben kann, der zu einem objektiven Bild der Risikolandschaft des Unternehmens führt. Bedeutsam für die

Qualität des Ergebnisses dieses Prozesses ist vor allem die bestehende Risikokultur des Unternehmens. Ist diese für die Aufdeckung von Unternehmensrisiken förderlich, ist es für das Ergebnis weiterhin bedeutsam, dass die Geschäftsleitung adäquate Ressourcen zur Verfügung stellt, um die Risiken innerhalb der von ihr gesteckten Grenzen aufzudecken. Mit der Auswahl der mit der Aufgabe betrauten Mitarbeiter in der Zentrale und in den dezentralen Organisationseinheiten entscheidet sich letztlich, ob im Rahmen eines stabilen und belastbaren Abfrageprozesses systematisch die Unternehmensrisiken erfasst, dokumentiert und dem zentralen Risikomanagement zur weiteren Bearbeitung zur Verfügung gestellt werden oder nicht.

Trotz allem muss man sich darüber bewusst sein, dass die Identifikation von Unternehmensrisiken einen Blick in die Zukunft wagen muss. Naturgemäß beinhaltet dies **subjektive** Bewertungselemente künftiger Entwicklungen. 444

Checkliste 18: Identifikation der Unternehmensrisiken

- ❑ Wird sichergestellt, dass in dem Prozess der Risikoidentifikation zunächst **alle Risiken**– unabhängig von ihrer Bewertung – erfasst werden?
- ❑ Stellt der **formalisierte Prozess** der Risikoabfrage sicher, dass die **menschlichen Unzulänglichkeiten** bei der Risikobefassung ausgeglichen werden?
- ❑ Erfolgt die Risikoabfrage bei den **Prozesseignern**, auch wenn es sich um ein großes Unternehmen handelt?
- ❑ Folgt der Weg der Risikoabfrage dem anderer Prozesse entlang der **Wertschöpfungskette?**
- ❑ Wird die erwartete **Eintrittswahrscheinlichkeit** abgefragt?
- ❑ Wird die **maximale Schadenshöhe** beim Eintritt des Risikos abgefragt?
- ❑ Sind Reputationsrisiken zu melden?
- ❑ Werden die **Maßnahmen** zur Risikosteuerung abgefragt?
- ❑ Erfolgt die Abfrage über ein IT-System oder auf Basis eines Fragebogens, sodass eine **einheitliche Terminologie** verwendet werden muss?
- ❑ Hat die Geschäftsleitung die zu betrachtenden Risiken in Bezug auf ihre **Größenordnung eingeschränkt?**
- ❑ Trägt der Prozess der Risikoabfrage der **Organisationsstruktur** des Unternehmens Rechnung (Matrixorganisation, divisionale Struktur)?
- ❑ Werden **alle Informationsquellen** über Risiken im Unternehmen berücksichtigt?

III. Analyse und Bewertung der Unternehmensrisiken

Mit der Erfassung der Unternehmensrisiken ist der erste entscheidende Schritt getan, um 445 entscheiden zu können, wie mit diesen Risiken umgegangen werden soll. In den folgenden Schritten wird analysiert, welche Bedeutung die einzelnen identifizierten Risiken für das Unternehmen haben. Auf dieser Ebene wird die Entscheidung vorbereitet, wie mit den Risiken seitens des Unternehmens umgegangen werden soll und welche Maßnahmen zur Risikosteuerung eingeleitet werden sollen. Je nach Risikoart können Maßnahmen ergriffen werden, diese zB zu vermeiden, zu verringern oder gegen die Zahlung einer Versicherungsprämie auf ein Versicherungsunternehmen überzuwälzen.

Zunächst sind jedoch die Ergebnisse der Risikoabfrage zu ordnen und zu **kategorisie- 446 ren.** Dabei können handwerkliche Fehler im Prozess, wie zB Doppelnennungen, beseitigt werden. Als Kategorien bieten sich die unterschiedlichsten Unterscheidungsmerkmale an. Je nach spezifischen Unternehmensgegebenheiten kann sich eine Einteilung der Risiken in zB finanz- und leistungswirtschaftliche Risiken anbieten[323] oder eine Unterscheidung in interne und externe Risiken, eine Aufteilung nach Geschäftsbereichen oder eine Gliede-

[323] Zu klassischen Unternehmensrisiken → Rn. 22 ff.

rung entsprechend den strategischen Zielen des Unternehmens, die die Risiken konterkarieren könnten.

447 Auf dieser Prozessstufe werden die Mitarbeiter bereits auf **Wechselwirkungen** zwischen einzelnen Risiken aufmerksam. So können mehrere, scheinbar nicht miteinander verbundene Risiken, die, jedes für sich betrachtet, wenig bedeutsam erscheinen, durch ihre Wechselwirkung zu einer erheblichen Gefahr für das Unternehmen werden.

448 Auch können durch die Analyse der Risiken **Kumulationen** von Gefahrenquellen entdeckt werden. Durch das vermehrte Auftreten einzelner, für sich genommen uU sogar vernachlässigbar kleiner Risiken können in der Bildung von sogenannten Klumpenrisiken nicht unerhebliche Gefahren für ein Unternehmen lauern.

449 Um jedoch die Gefahr, die ein Risiko für das Unternehmen in sich birgt, abschätzen zu können, müssen die Risiken einer Bewertung unterzogen werden. Dazu kann auf ein **Scoring-Modell** zurückgegriffen werden, durch das die erwartete Schadenshöhe für jedes identifizierte Risiko ermittelt werden kann.

Beispiel:

Das Controlling der Matrix Vietnam LLC identifizierte als eines der Risiken für die Produktion die Stromversorgung in Zeiten des Monsuns. Durch Unterbrechungen der Versorgung kam es immer wieder zu Produktionsausfällen, die zwar durch den Einsatz von Generatoren gemildert aber nicht vermieden werden konnten.

Aufgrund der Erfahrungen der vergangenen Jahre wird die Schadenshöhe auf einen Umsatzausfall von maximal 2 Mio. EUR geschätzt. Die Eintrittswahrscheinlichkeit wird mit 25 % beziffert. Nachrichtlich wurde mitgeteilt, dass keine wetterbedingten Gebäudeschäden erwartet werden.

450 Zur Berechnung der zu erwartenden Schadenshöhe wird der in unserem Beispiel auf 2 Mio. EUR geschätzte maximale Schaden mit der prognostizierten Eintrittswahrscheinlichkeit in Höhe von 25% multipliziert. Der zu erwartende Schaden beläuft sich also auf einen Umsatzausfall in Höhe von 500.000 EUR. Dieses Modell lässt sich noch weiter verfeinern, indem das Controlling den aus dem Umsatzverlust entstehenden Gewinnrückgang, die Auswirkungen auf den Cashflow oder andere wichtige Kennzahlen errechnet, die für die Unternehmenssteuerung herangezogen werden.

451 Das hier gewählte Beispiel zeigt, dass relativ präzise Werte angegeben werden können, wenn historische Daten zeigen, dass sich die **Eintrittswahrscheinlichkeit** und die **potenzielle Schadenshöhe** auch weiterhin in diesen Größenordnungen bewegen werden. Dies ist jedoch nicht immer der Fall. Vielfach handelt es sich um Risiken, die sich einer objektiven Abschätzung ihrer Folgen entziehen. Dies kann an einem Mangel an belastbarem Datenmaterial liegen oder auch können die Auswirkungen zB eines Arbeitskampfes außerordentlich komplex sein. Besonders schwer sind die Folgen immaterieller Schäden, wie etwa Reputationsschäden durch Qualitätsprobleme und erforderliche Produktrückrufaktionen, abzuschätzen.

452 Es bietet sich in diesen Fällen an, sowohl die Eintrittswahrscheinlichkeit als auch die Schadenshöhe mit Bandbreiten zu bewerten. So kann die Eintrittswahrscheinlichkeit gruppiert werden in Schritten von zB 20% oder 25%, so dass der Bearbeiter sich nicht mehr auf einen spezifischen Wert, sondern nur auf eine Größenordnung festlegen muss, wie zB 25–50% oder 50–75%. Gleiches gilt für die erwartete maximale Schadenshöhe. Abhängig von der Unternehmensgröße können Bandbreiten in unterschiedlicher Höhe definiert werden, wie zB < 0,5 Mio. EUR / 0,5–3 Mio. EUR / 3–8 Mio. EUR usw.

453 Auf diese Weise erhält das Unternehmen für jedes identifizierte Risiko eine Bewertung der Eintrittswahrscheinlichkeit, der maximalen Schadenshöhe und der sich daraus ergebenden **erwarteten Schadenshöhe.** Entsprechend der bereits erfolgten Kategorisierung der einzelnen Risiken kann eine entsprechende Darstellung der Risikosituation des Unternehmens in den gewählten Kategorien erfolgen. Ob dies durch Portfoliodarstellungen,

durch Verwendung von Säulendiagrammen oder mit einfachen Tabellen erfolgt, ist eine Frage nicht nur des Geschmacks, sondern auch der Praktikabilität und des zu vermittelnden Informationsgehalts, da manche Darstellungsformen zu einer weiteren Informationsverdichtung führen, die uU die Aussagekraft der erhobenen Daten relativiert.

Dies kann vor allem dann kontraproduktiv werden, wenn zB ein für das Unternehmen existenzgefährdendes Risiko nur eine geringe Eintrittswahrscheinlichkeit aufweist. Würde das Risikomanagement in der Darstellung seiner Risikobewertung nur die Art des Risikos und die erwartete Schadenshöhe benennen, so könnte dieses recht unwahrscheinliche, aber existenzgefährdende Risiko in eine nicht besonders beachtliche Kategorie von Risiken rutschen, deren Schadenshöhe minimal, aber sehr wahrscheinlich ist. 454

Auch kann eine schlichte Darstellung der einzelnen Risiken, die ohne weitere Analyse aneinandergereiht werden, dazu führen, dass Gefährdungssituationen, die sich aus **Wechselwirkungen** einzelner Risiken oder aus **Klumpenrisiken** ergeben können, unbeachtet bleiben. Dies kann dazu führen, dass im nachgelagerten Entscheidungsprozess über die Steuerung der Risiken falsche Weichenstellungen vorgenommen werden. 455

Wie die vorstehende Beschreibung verdeutlicht, handelt es sich um ein Verfahren, an dessen Ende zahlreiche mit konkreten Zahlen, in EUR und Prozenten bewertete Risiken dargestellt werden. Diese Risikolandkarte des Unternehmens dient im weiteren Risikomanagementprozess als Basis für Entscheidungen, wie mit den Risiken seitens des Unternehmens umgegangen werden soll. Dass es sich dabei um konkrete Zahlenwerte handelt, darf nicht darüber hinwegtäuschen, dass es sich immer noch um einen Blick in die Zukunft handelt, der wie bereits zu Zeiten der Mathematiker *Pascal, Fermat* und *Bernoulli* mit zahlreichen Unsicherheiten behaftet ist. Dass sich die Zukunft – trotz ausgefeilter mathematischer Modelle – anders entwickeln kann, als vorausberechnet, zeigte die jüngste Finanzkrise sehr schmerzhaft. 456

Dennoch ist dieser Prozess von erheblicher Bedeutung für eine vorausschauende Unternehmensführung und für die Einhaltung der Vorgaben des § 91 Abs. 2 AktG. Er gibt wichtige Indikationen über drohende Gefahren und erleichtert die frühzeitige Einleitung wirksamer Gegenmaßnahmen. Eine Geschäftsleitung ist daher gut beraten, wenn sie diese Informationen als wichtige Hinweise, nicht jedoch als ein Abbild der künftigen Entwicklungen versteht. 457

Checkliste 19: Analyse und Bewertung der Unternehmensrisiken

- ❑ Stellt die Kategorisierung von Risiken sicher, dass es zu keinen **Doppelnennungen** kommen kann?
- ❑ Bietet die Kategorisierung die Möglichkeit, **Wechselwirkungen** zwischen Risiken sichtbar zu machen?
- ❑ Können **Klumpenrisiken** erkannt werden?
- ❑ Existiert ein **Scoring-Modell**, das die Bewertung von Risiken darstellen kann (Eintrittswahrscheinlichkeit und Schadenshöhe)?
- ❑ Wird eine **aussagekräftige**, leicht verständliche **Darstellungsform** für die Berichterstattung der Analyse- und Bewertungsergebnisse gewählt?

IV. Berichterstattung über Unternehmensrisiken

Nach der Analyse und Bewertung der Unternehmensrisiken sowie deren Aufbereitung, die für die weitere Befassung iRd Risikomanagements und zu Dokumentationszwecken erforderlich ist, müssen diese Informationen den Entscheidungsträgern im Unternehmen zur Verfügung gestellt werden. Im Rahmen der Risikosteuerung entscheiden sie über die aus Unternehmensperspektive angemessene, frühzeitige Reaktion auf die identifizierten Risiken. 458

459 Aber auch Adressaten außerhalb des Unternehmens sind diese Informationen zugänglich zu machen. Dies erfolgt bei mittleren und großen Kapitalgesellschaften regelmäßig aufgrund gesetzlicher Vorgaben iRd Berichterstattung über den Jahresabschluss im Konzernlagebericht bzw. unterjährig in Zwischenberichten. Der Konzernlagebericht soll es dem verständigen Adressaten ermöglichen, sich in Verbindung mit dem Konzernabschluss ein zutreffendes Bild von der Verwendung der anvertrauten Mittel, vom Geschäftsverlauf, von der Lage und von der voraussichtlichen Entwicklung des Konzerns sowie von den mit dieser Entwicklung einhergehenden Chancen und Risiken zu machen.

460 Somit ist zwischen der internen und externen Berichterstattung zu differenzieren. Aus dem unterschiedlichen Empfängerkreis leiten sich die jeweiligen Berichtsinhalte und die entsprechenden Berichtsfrequenzen ab.

1. Interne Risikoberichterstattung

461 Grds. steht dem Vorstand ein Beurteilungsspielraum bezüglich der Ausgestaltung der Risikoberichterstattung zu und der damit einhergehenden Dokumentation der identifizierten Risiken.[324] Er hat damit die Möglichkeit, die erforderliche Risikoberichterstattung und Dokumentationspflichten entsprechend den spezifischen Anforderungen seines Unternehmens zu gestalten. Diese müssen jedoch gem. § 91 Abs. 2 AktG geeignete Maßgaben darstellen, durch die der Vorstand in die Lage versetzt wird, seiner Risikoüberwachungspflicht gerecht zu werden.

462 Je nach Größe, Komplexität, Branchenzugehörigkeit und Internationalität eines Unternehmens kann es daher erforderlich sein, dass der Vorstand detaillierte Vorgaben über die Risikoberichterstattung und Risikodokumentation definieren muss.[325] So stellt er sicher, dass er seine Leitungs- und Überwachungsfunktion auf der Grundlage angemessener Information und mit der von ihm geforderten Sorgfaltspflicht ausübt.

463 Indem sich der Vorstand mit den Vorgaben für die Berichterstattung des Risikomanagements auseinandersetzt, wird er sich darüber hinaus mit den Stärken aber auch vor allem mit den Schwächen des Risikomanagementsystems und seiner Berichtsergebnisse auseinandersetzen müssen. Durch das bessere Verständnis der Schwächen des Risikomanagementsystems verringert er die Gefahr, dass er in seinem Urteil blind auf die ausgeworfenen Risikodaten vertraut. Vielmehr kann er die Berichterstattung im Hinblick auf die Schwächen des Risikomanagementsystems gezielt hinterfragen bzw. diese bei seinen Entscheidungen entsprechend berücksichtigen.

464 Die Vorgaben des Vorstandes müssen zunächst regeln, welcher Bereich im Unternehmen die Aufgabe des Risikomanagements und die entsprechende Berichterstattung für den Vorstand wahrnehmen soll. Der Berichtszweck ergibt sich bereits aus § 91 Abs. 2 AktG, nämlich die Information des Vorstandes über die gegenwärtige und absehbare Risikosituation des Unternehmens, auf deren Basis der Vorstand frühzeitig Gegenmaßnahmen einleiten kann, um eine Gefährdung des Fortbestands des Unternehmens zu verhindern.

465 Darüber hinaus ist es hilfreich, wenn der Vorstand zumindest in groben Zügen festlegt, wie der Prozess der Risikoabfrage und die nachfolgenden Prozessschritte gestaltet werden sollen. IdR sind neben der bereits angesprochenen Definition der Breite und Tiefe der Risikoidentifikation auch die Adressaten und die Frequenz der Berichterstattung und damit die Häufigkeit der Aktualisierung der Risikosituation zu bestimmen. Dabei ist zu differenzieren zwischen der Vorgehensweise bei der regelmäßigen Berichterstattung und dem Verfahren bei einer Ad-hoc-Information aufgrund von plötzlich aufgetretenen, beachtlichen Risiken.

466 Im Hinblick auf die Frequenz, sowohl der regelmäßigen Berichterstattung als auch auf die der **Ad-hoc-Information,** ist nach Berichtsebenen zu unterscheiden, da zB nicht

[324] Fleischer VorstandsR-HdB/Fleischer § 19 Rn. 7, Koch AktG § 91 Rn. 6ff.
[325] BeckOGK/Fleischer AktG § 91 Rn. 37.

jede kleine Risikomeldung den Vorstand erreichen muss. Dennoch ist sicherzustellen, dass sich auf einer unteren Ebene Berichtsadressaten mit der Abwehr dieses Risikos befassen. Daher ist es für die Kanalisierung von Risikoinformationen wichtig, dass Wertgrenzen definiert werden. Überschreiten Risiken diese Grenze, so sind sie an die nächsthöhere Berichtsebene in detaillierter Form zu berichten. Kleinere Risiken können in einer summarischen Darstellung berichtet werden. Durch diese Informationsverdichtung bleibt für die Berichtsadressaten und v.a. für den Vorstand die große Menge an zur Verfügung stehenden Informationen über die Risiken des Unternehmens noch bearbeitbar.

Auch sollte ein Mandat erteilt werden, Vorschläge für die Steuerung der identifizierten Risiken zu erarbeiten. In dem Bericht über die identifizierten Risiken können dadurch den Entscheidungsgremien mögliche Handlungsalternativen angeboten werden. 467

Im Hinblick auf die internen **Berichtsadressaten** ist zu differenzieren zwischen dem Vorstand, dem Aufsichtsrat und ggf. dem Prüfungsausschuss sowie weiteren möglichen Adressaten des Risikoberichts. 468

a) Der Vorstand

Eine weitere wichtige Vorgabe, die der Vorstand zu definieren hat, ist der Adressatenkreis der Risikoberichterstattung. Auch hier bestimmt § 91 Abs. 2 AktG, dass die Risikoberichterstattung den Vorstand erreichen muss, will er seine gesetzlich vorgegebenen Funktionen verantwortungsvoll wahrnehmen. Daher muss der Gesamtvorstand der primäre Adressat der Risikoberichterstattung sein. 469

Je nach Größe und Komplexität des Unternehmens mag es sinnvoll sein, dass der Gesamtvorstand die Aufgabe, sich regelmäßig über die Risikosituation Bericht erstatten zu lassen, zB an den Finanzvorstand delegiert. Dieser muss dann seinerseits dem Gesamtvorstand eine Aggregation der Risikosituation zB in Form einer quartalsweisen Berichterstattung vortragen. 470

Ebenfalls abhängig von der Unternehmensgröße ist, ob sich unterhalb der Vorstandsebene ein unternehmensübergreifendes Gremium regelmäßig mit der Risikosituation des Unternehmens befassen sollte. Ein solcher Risikoausschuss könnte, bestehend aus hochrangigen Vertretern des Risikomanagements, der Revision, des Controllings und des Finanzbereichs sowie Vertretern der weiteren Segmente der Wertschöpfungskette, die Erkenntnisse aus der Risikoberichterstattung zB auf bereichsübergreifende Wechselwirkungen zwischen spezifischen Einzelrisiken prüfen und eine gemeinsame Risikosteuerung unterstützen bzw. über diese innerhalb einer vorgegebenen Grenze auch entscheiden. 471

b) Der Aufsichtsrat

Als weiterer Adressat sollte den Mitgliedern des Aufsichtsrates bzw. des Prüfungsausschusses eine entsprechend verdichtete Information über die Risikosituation des Unternehmens zur Verfügung gestellt werden. 472

Anders als im angloamerikanischen Rechtskreis haben der Aufsichtsrat und somit auch der Prüfungsausschuss keinen direkten Zugriff auf die Daten des internen Kontrollsystems des Unternehmens. Auch ist ihnen verwehrt, Mitarbeiter des Unternehmens, zB aus dem Finanzbereich, der internen Revision oder Mitarbeiter des Risikomanagements direkt zu befragen.[326] Die Aufgabe beschränkt sich auf die in § 107 Abs. 1 AktG festgelegte Überwachung und Beratung der Tätigkeit des Vorstands.[327] Damit bleibt der Vorstand alleiniger Ansprechpartner des Aufsichtsrates. 473

Gem. § 90 AktG iVm § 317 Abs. 4 HGB hat der Vorstand dem Aufsichtsrat iRd Jahresabschlusses auch über die Maßnahmen der Risikoüberwachung iSd § 91 Abs. 2 AktG Be- 474

[326] Der Vorstand kann jedoch dem Aufsichtsrat widerruflich gestatten, auf von ihm zuvor definierte Mitarbeiter direkt zuzugreifen, um diese zu befragen, BeckOGK/Fleischer AktG § 107 Rn. 171.
[327] Langenbucher/Blaum DB 1994, 2204.

richt zu erstatten. Sofern sich der Aufsichtsrat entschlossen hat, Aufgaben an einen Prüfungsausschuss zu delegieren,[328] konkretisiert Art. 39 Abschlussprüfer-RL dessen in § 107 Abs. 3 S. 2 AktG definierte Aufgaben. Danach obliegt es dem Prüfungsausschuss u. a. den Rechnungslegungsprozess zu überwachen und die Wirksamkeit des internen Kontrollsystems, ggf. auch die des internen Revisionssystems, und des Risikomanagementsystems des Unternehmens zu überwachen.[329]

475 Durch eine kontinuierliche Kommunikation zwischen Vorstand und Aufsichtsrat, auch zur Risikosituation des Unternehmens, erleichtert der Vorstand seinem Aufsichtsrat die Wahrnehmung seiner Überwachungs- und Beratungsaufgabe.

c) Weitere Adressaten

476 Der Risikobericht sollte jedoch nicht nur als Teil des Herrschaftswissens in Richtung des Vorstandes kommuniziert werden dürfen. Vielmehr ist es hilfreich für die Risikokultur eines Unternehmens, wenn auch die beteiligten Bereiche über die Risikosituation des Unternehmens in geeigneter Form informiert werden. So kann der Bericht an **hochrangige Mitglieder** der Geschäfts- und Funktionalbereiche geleitet werden, so dass auch diese umfassend über die bestehende Risikolage des Unternehmens informiert sind und entscheiden können, inwieweit sie diese zur Kenntnis ihrer Mitarbeiter bringen wollen.

477 Dies ist dann zwingend erforderlich, wenn aus dem Risikobericht weitere Maßnahmen abgeleitet werden müssen. So muss der **Bilanzierungsbereich** eine detaillierte Kenntnis über die bestehenden Risiken des Unternehmens haben, da er nur so seiner Verpflichtung entsprechen kann, rückstellungspflichtige Sachverhalte in der Bilanz abzubilden. Gleiches gilt für die Möglichkeiten, wahlweise Rückstellungsbildungen zu veranlassen.

478 Daneben hat die **interne Revision** ein originäres Interesse daran, Kenntnis von den Risiken in den einzelnen Bereichen des Unternehmens zu erlangen. Nicht nur ist die Revision dadurch in die Lage versetzt, eigene Erkenntnisse mit jenen des Berichts abzugleichen. Auch kann sie bei Prüfungen von Geschäftseinheiten deren Analysequalität und die Maßnahmen zur Risikosteuerung besser begutachten.

479 Darüber hinaus kann der Risikobericht, nachdem er durch den Vorstand zur Kenntnis genommen worden ist, den **Wirtschaftsprüfern** des Unternehmens zur Verfügung gestellt werden. So können sich diese im Vorfeld der Jahresabschlussprüfung ein Bild von der Qualität des Risikomanagementprozesses und dessen Ergebnissen machen und ggf. Nachbesserungen einfordern.

Checkliste 20: Berichterstattung der Unternehmensrisiken

- ☐ Werden alle maßgeblichen **internen und externen Adressaten** bei der Berichterstattung über die Risiken berücksichtigt?
- ☐ Entspricht die **Frequenz und Form** der Berichterstattung der Größe, Struktur und Komplexität des Unternehmens?

[328] Dies empfiehlt der DCGK in den Grundsätzen 14, 15 DCGK. Art. 39 Abschlussprüfer-RL (Richtlinie 2006/43/EG des Europäischen Parlaments und des Rates vom 17. Mai 2006 über Abschlussprüfungen von Jahresabschlüssen und konsolidierten Abschlüssen, zur Änderung der Richtlinien 78/660/EWG und 83/349/EWG des Rates und zur Aufhebung der Richtlinie 84/253/EWG des Rates (ABl. Nr. L 157, 87)) iVm Art. 2 Nr. 13 Abschlussprüfer-RL, schreibt dies allen Unternehmen des öffentlichen Interesses und damit auch börsennotierten Unternehmen vor, ermöglicht jedoch über Art. 39 Abs. 5 13 Abschlussprüfer-RL die Wahrnehmung dieser Aufgaben durch den Aufsichtsrat selbst. Die weitreichenderen Kompetenzen des US-amerikanischen Audit Committees sind in Sec. 301 SOX geregelt.

[329] Gem. § 324 Abs. 1 S. 1 HGB müssen kapitalmarktorientierte Kapitalgesellschaften (§ 264d HGB) einen Prüfungsausschuss einrichten, sofern sie nicht über einen Aufsichtsrat verfügen, der dem des aktienrechtlichen Organs entspricht.

2. Externe Berichterstattung

Im Rahmen des Jahresabschlusses von mittleren und großen Kapitalgesellschaften ist gem. § 290 Abs. 1 HGB, § 315 HGB bzw. § 11 Abs. 1 PublG iVm § 13 Abs. 1 PublG ein Konzernlagebericht zu erstellen, der die voraussichtliche Entwicklung des Konzerns mit ihren wesentlichen Chancen und Risiken beurteilt und erläutert sowie die ihnen zugrunde liegenden Annahmen beschreibt.[330] 480

Ein Unternehmen muss, sofern es seine Hauptniederlassung im Inland hat und unmittelbar oder mittelbar einen beherrschenden Einfluss auf ein anderes Unternehmen ausüben kann, den Vorschriften des PublG entsprechend Rechnung legen, wenn für drei aufeinander folgende Konzernabschlussstichtage jeweils mindestens zwei der drei folgenden Merkmale zutreffen:

1. Die Bilanzsumme einer auf den Konzernabschlussstichtag aufgestellten Konzernbilanz übersteigt 65 Mio. EUR.
2. Die Umsatzerlöse einer auf den Konzernabschlussstichtag aufgestellten Konzern-Gewinn- und Verlustrechnung in den zwölf Monaten vor dem Abschlussstichtag übersteigen 130 Mio. EUR.
3. Die Konzernunternehmen mit Sitz im Inland haben in den zwölf Monaten vor dem Konzernabschlussstichtag insgesamt durchschnittlich mehr als fünftausend Arbeitnehmer beschäftigt.

Dabei soll insbes. eingegangen werden auf die Risikomanagementziele und -methoden des Konzerns einschließlich seiner Methoden zur Absicherung aller wichtigen Arten von Transaktionen, die iRd Bilanzierung von Sicherungsgeschäften erfasst werden. Darüber hinaus ist auf die Preisänderungs-, Ausfall- und Liquiditätsrisiken einzugehen ebenso wie auf die Risiken aus Zahlungsstromschwankungen, denen der Konzern ausgesetzt ist. Dabei ist auch Bezug zu nehmen auf die Verwendung von Finanzinstrumenten durch den Konzern, sofern dies für die Beurteilung der Lage oder der voraussichtlichen Entwicklung von Belang ist (§ 315 Abs. 2 Nr. 2 HGB). Auch sind die wesentlichen Merkmale des internen Kontroll- und des Risikomanagementsystems im Hinblick auf den Konzernrechnungslegungsprozess zu beschreiben, sofern eines der in den Konzernabschluss einbezogenen Tochterunternehmen oder das Mutterunternehmen kapitalmarktorientiert ist (§ 315 Abs. 2 Nr. 4 HGB).

a) Konzernlagebericht gemäß Deutschen Rechnungslegungs Standard Nr. 20

Eine detaillierte Beschreibung der zu veröffentlichen Inhalte findet sich im branchenübergreifenden DRS 20 – Konzernlagebericht des Deutsches Rechnungslegungs Standards Committee (DRSC)[331]. Dieser wird ergänzt durch den DRS 16 – Zwischenberichterstattung.[332] 481

Dieser Standard ersetzte die bis zum Ende des Jahres 2012 geltenden DRS 15 – Lageberichterstattung und DRS 5 – Risikoberichterstattung sowie DRS 5–10 (Risikoberichterstattung von Kredit- und Finanzdienstleistungsinstituten) und DRS 5–20 (Risikoberichterstattung von Versicherungsunternehmen) in ihrer jeweils aktuellen Fassung. Sie sind 482

[330] Gem. § 264 Abs. 1 S. 4 HGB sind kleine Kapitalgesellschaften (§ 267 Abs. 1 HGB) von der Erstellung eines Lageberichts befreit. Handelt es ich bei dem Unternehmen um einen Inlandsemittenten (§ 2 Abs. 14 WpHG), so ergibt sich auch aus § 117 WpHG die Pflicht, einen Jahresfinanzbericht zu veröffentlichen, der neben dem Konzernabschluss ua einen Konzernlagebericht beinhalten muss; s. auch § 50f. Börsenordnung für die Frankfurter Wertpapierbörse, FWB 01, Stand 1.7.2019.

[331] Bekanntmachung des Deutschen Rechnungslegungs Standards Nr. 20 – Konzernlagebericht – des Deutschen Rechnungslegungs Standards Committees e.V., Berlin, nach § 342 Absatz 2 des Handelsgesetzbuchs (BAnz AT 4.12.2012 B1) geändert durch die Bekanntmachung des Deutschen Rechnungslegungs Änderungsstandards Nr. 13 (DRÄS 13) des Deutschen Rechnungslegungs Standards Committees e.V., Berlin, nach § 342q Absatz 2 des Handelsgesetzbuchs vom BAnz AT 27.7.2023 B3.

[332] Bekanntmachung des Deutschen Rechnungslegungs Standards Nr. 16 – DRS 16 (2012) – Zwischenberichterstattung – des Deutschen Rechnungslegungs Standards Committees e.V., Berlin, nach § 342 Abs. 2 des Handelsgesetzbuchs (BAnz AT 4.12.2012 B2), geändert durch Deutscher Rechnungslegungs Änderungsstandard Nr. 10 (DRÄS 10) vom 17.10.2019, BAnz AT 20.12.2019 B3, 2.

letztmals anzuwenden auf das Geschäftsjahr, das vor dem oder am 31.12.2012 beginnt.[333] Auch wenn der DRS 20 erstmals für nach dem 31.12.2012 beginnende Geschäftsjahre zu beachten ist, wird jedoch vom DRSC eine frühzeitigere Anwendung empfohlen.[334]

483 Die durch das CSR-Richtlinie-Umsetzungsgesetz[335] erforderlichen Änderungen fanden im Jahre 2017 Eingang in den Deutschen Rechnungslegungs Standard Nr. 20. Sie verpflichten bestimmte Konzerne, ihren Konzernlagebericht erstmals für das nach dem 31.12.2016 beginnende Geschäftsjahr um eine nichtfinanzielle Konzernerklärung zu erweitern.

484 Für Mutterunternehmen, die gem. § 315 HGB gehalten sind, einen Konzernlagebericht zu veröffentlichen, sind die Rechnungslegungsstandards des DRSC bindend. Durch die Veröffentlichung dieser Rechnungslegungsstandards durch das Bundesministerium der Justiz besteht gem. § 342 Abs. 2 HGB eine Vermutungswirkung dahingehend, dass sich das Unternehmen an die Grundsätze ordnungsmäßiger Buchführung hält, wenn die Vorgaben des DRS eingehalten werden. Damit ist die Einhaltung der Regeln des DRS 20 und des DRS 16 Gegenstand der Jahresabschlussprüfung durch den Wirtschaftsprüfer des Unternehmens.[336] Darüber hinaus empfiehlt das DRSC die Anwendung des DRS 20 auch auf den Lagebericht zum handelsrechtlichen Abschluss gem. § 289 HGB.[337]

485 Der Konzernlagebericht ist ein eigenständiges Berichtsinstrument, das dazu dient, es dem verständigen Adressaten zu ermöglichen, sich in Verbindung mit dem Konzernabschluss ein zutreffendes Bild von der Verwendung der anvertrauten Mittel, vom Geschäftsverlauf, von der Lage und von der voraussichtlichen Entwicklung des Konzerns sowie von den mit dieser Entwicklung einhergehenden Chancen und Risiken zu machen.[338]

486 Als **Chancen** werden dabei mögliche künftige Entwicklungen oder Ereignisse bezeichnet, die zu einer positiven Abweichung von Prognosen bzw. Zielen des Konzerns führen können. Demgegenüber stehen **Risiken,** die als mögliche künftige Entwicklungen oder Ereignisse definiert werden, die zu einer negativen Abweichung von Prognosen bzw. Zielen des Konzerns führen können.[339]

487 Dazu müssen die im Konzernlagebericht beinhalteten Informationen vollständig,[340] verlässlich und ausgewogen[341] sowie klar und übersichtlich[342] sein. Dabei muss er die Sicht der

---

[333] Ziff. 238–204 DRS 20.

[334] Ziff. 236 DRS 20.

[335] Gesetz zur Stärkung der nichtfinanziellen Berichterstattung der Unternehmen in ihren Lage- und Konzernlageberichten (CSRRLUmsG, CSR-Richtlinie-Umsetzungsgesetz), v. 11.4.2017 (BGBl. 2017 I 802).

[336] Nachdem bereits am 7.7.2005 der Hauptfachausschuss des Instituts der Wirtschaftsprüfer entschieden hatte, dass auf den Konzernlagebericht nicht mehr die IDW-Stellungnahme zur Rechnungslegung: Aufstellung des Lageberichts (IDW RS HFA 1) anzuwenden ist, sondern die Vorgaben des DRS 15 und des DRS 5, gilt dies auch für DRS 20. Der IDW-Standard IDW PS 350 zur Prüfung des Lageberichts wurde nunmehr an die Bestimmungen des DRS 20 angepasst. Er berücksichtigt darüber hinaus das Bilanzrichtlinie-Umsetzungsgesetz (BilRUG), das CSR-Richtlinie-Umsetzungsgesetz, das Entgelttransparenzgesetz (EntgTranspG) und den Deutschen Rechnungslegungs Änderungsstandard Nr. 8: Änderungen des DRS 20 Konzernlagebericht (DRÄS 8) sowie zur Klarstellung des risikoorientierten Prüfungsvorgehens bei der Prüfung des Lageberichts im Rahmen der Abschlussprüfung, vorbereitet vom Arbeitskreis „Lageberichtsprüfung", s. IDW Prüfungsstandard: Prüfung des Lageberichts (IDW PS 350 n.F. (10.2021)).

[337] Ziff. 2. DRS 20.

[338] Ziff. 3 f.. DRS 20.

[339] Ziff. 11. DRS 20.

[340] Es müssen alle Informationen in einer aus sich selbst heraus verständlichen Weise vermittelt werden, die ein verständiger Adressat benötigt, um die Verwendung der anvertrauten Ressourcen und den Geschäftsverlauf im Berichtszeitraum und die Lage des Konzerns sowie die voraussichtliche Entwicklung mit ihren wesentlichen Chancen und Risiken beurteilen zu können. Darüber hinaus sind positive und negative Aspekte separat darzustellen, Ziff. 12–16. DRS 20.

[341] Um als verlässlich zu gelten, müssen die Informationen zutreffend und nachvollziehbar sein. Sie müssen plausibel sein und dürfen keine Widersprüche zum Konzernabschluss aufweisen. Meinungen und Tatsachen müssen als solche erkennbar sein, Schlussfolgerungen müssen auch im Hinblick auf allgemein bekannte Wirtschaftsdaten schlüssig sein. Zukunftsbezogene Aussagen sind von stichtags- oder vergangenheitsbezogenen Informationen klar zu unterscheiden. Positive und negative Aspekte dürfen nicht einseitig dargestellt werden, Ziff. 17–19. DRS 20.

Konzernleitung vermitteln[343] und sich auf das Wesentliche beschränken[344]. Darüber hinaus sind die Informationen in einer angemessenen Weise abgestuft darzustellen.[345]

Nach einer Beschreibung der Grundlagen des Konzerns[346] und dem Wirtschaftsbericht[347] sind im Konzernlagebericht ein Nachtragsbericht[348] sowie der Prognose-, Chancen- und Risikobericht[349] abzugeben, um dem verständigen Adressaten zu ermöglichen, sich in Verbindung mit dem Konzernabschluss ein zutreffendes Bild von der voraussichtlichen Entwicklung des Konzerns und seiner absehbaren wesentlichen Chancen und Risiken zu machen. Dieser Bericht beinhaltet daher eine Beurteilung und Erläuterung der voraussichtlichen Entwicklung des Konzerns, einschließlich der wesentlichen Chancen und Risiken des Unternehmens.[350] 488

aa) Der Prognosebericht. Der Prognosebericht beinhaltet Prognosen zum Geschäftsverlauf und zur Lage des Konzerns in Form einer **Gesamtaussage** der Konzernleitung. Dazu gehört die Angabe des Prognosezeitraums, der mindestens ein Jahr, gerechnet vom letzten Konzernabschlussstichtag umfassen sollte, und die wesentlichen Annahmen, auf denen die Prognosen und auch ggf. der Konzernabschluss beruhen, wie zB zu Wirtschafts- und Branchenentwicklungen, Wechselkursen, Inflation, regulatorischen Maßnahmen, technischem Fortschritt, erwarteten Sondereinflüssen für den Konzern, Realisierung von Synergiepotenzialen, Abschluss von Entwicklungsprojekten und Inbetriebnahme neuer Anlagen. Dabei müssen die Prognosen auch bezüglich der bedeutsamsten finanziellen und nichtfinanziellen **Leistungsindikatoren** abgegeben werden, über die bereits im Abschnitt „Finanzielle und nichtfinanzielle Leistungsindikatoren" des Konzernlageberichts berichtet worden ist. Weichen aufgrund bereits absehbarer Veränderungen die prognostizierten Leistungsindikatoren von den entsprechenden Istwerten des Berichtsjahres ab, so sind die Richtung und Intensität der Veränderung zu verdeutlichen. Gleiches gilt für die Darstellung bereits absehbarer, langfristig wirkender Sondereinflüsse auf die wirtschaftliche Lage 489

342 Als klar und übersichtlich ist der Konzernlagebericht dann anzusehen, wenn er vom Konzernabschluss und von den übrigen veröffentlichten Informationen eindeutig getrennt und unter der Überschrift „Konzernlagebericht" aufgestellt und offengelegt wird. Darüber hinaus wird eine deutliche Gliederung in einzelne, mit Überschriften kenntlich gemachte Abschnitte verlangt. Gemäß dem Stetigkeitsgrundsatz sind Inhalt und Form des Konzernlageberichts stetig fortzuführen. Änderungen, die der Verbesserung der Klarheit und Übersichtlichkeit dienen, sind jedoch zulässig, müssen aber begründet werden. Enthält der Konzernabschluss eine Segmentberichterstattung, ist diese auch dem Konzernlagebericht zugrunde zu legen. Prognosen über die nächste Berichtsperiode sind gegebenenfalls die bereits geplanten Änderungen der Segmentberichterstattung zugrunde zu legen, sofern die Planungsrechnung bereits auf der neuen Segmenteinteilung beruht. Informationen, die aus dem Konzernabschluss abgeleitet werden, sind nachvollziehbar darzustellen, es sei denn sie sind für den verständigen Adressaten offensichtlich, Ziff. 20–30. DRS 20.

343 Die Konzernleitung ist gehalten, ihre Einschätzung und Bewertung zum Ausdruck zu bringen, Ziff. 31. DRS 20.

344 Die Beschränkung auf wesentliche Informationen verlangt, dass Informationen nur in dem Umfang dargestellt werden, wie dies zum Verständnis des Geschäftsverlaufs, der Lage und der voraussichtlichen Entwicklung des Konzerns erforderlich ist, Ziff. 32–33. DRS 20.

345 Eine abgestufte Informationsdarstellung setzt voraus, dass die Ausführlichkeit und der Detaillierungsgrad der spezifischen Unternehmenssituation, der Art seiner Geschäftstätigkeit, seiner Größe und der Inanspruchnahme des Kapitalmarktes angepasst ist, Ziff. 34–45. DRS 20.

346 Dazu zählen eine Erläuterung des Geschäftsmodells des Konzerns, seiner Ziele und Strategien, der verwendeten Steuerungssysteme sowie die Beschreibung seiner Forschung und Entwicklung, Ziff. 36–52. DRS 20.

347 Dieser beinhaltet Aussagen zu den gesamtwirtschaftlichen und branchenbezogenen Rahmenbedingungen, zum Geschäftsverlauf und der Lage. Zu Letzterem zählen nähere Angaben zur Ertrags- und Finanzlage, einschließlich der Kapitalstruktur, Investitionen, Liquidität, sowie zur Vermögenslage. Darüber hinaus sind Angaben zu machen über die finanziellen und nichtfinanziellen Leistungsindikatoren, Ziff. 53–113. DRS 20.

348 Sofern nach dem Schluss der Berichtsperiode besonders bedeutsame Vorgänge eingetreten sind, müssen diese und ihre erwarteten Auswirkungen auf die Vermögens-, Finanz- und Ertragslage dargestellt und erläutert werden. Sind keine solche Vorgänge eingetreten, ist dies anzugeben, Ziff. 114–115. DRS 20.

349 Ziff. 116–167. DRS 20.

350 Ziff. 116–117. DRS 20.

des Konzerns, die den Prognosezeitraum überschreiten. Auch sie müssen dargestellt und analysiert werden. Um die Richtung und Intensität der Veränderungen der Leistungsindikatoren erkennen zu können, muss im Konzernlagebericht ein Referenzwert genannt werden. Deutliche Abweichungen der voraussichtlichen Entwicklung eines für den Konzern wesentlichen Unternehmensteils sind gesondert darzustellen.[351]

490 **bb) Der Risikobericht.** Die Risikoberichterstattung beinhaltet eine Beschreibung des **Risikomanagementsystems,** Angaben zu den einzelnen Risiken sowie eine zusammenfassende Darstellung der **Risikolage** des Konzerns.[352] Ist das Mutterunternehmen kapitalmarktorientiert,[353] so gelten aufgrund der Informationsbedürfnisse des **Kapitalmarkts** weitergehende Regeln, die es dem verständigen Adressaten des Konzernlageberichts ermöglichen sollen, den Umgang des Konzerns mit Risiken besser einschätzen zu können.[354]

491 Danach haben kapitalmarktorientierte Mutterunternehmen im Konzernlagebericht die Merkmale des bestehenden konzernweiten Risikomanagementsystems, dessen Ziele und Strategie, seine Struktur und Prozesse darzustellen. Auch muss angegeben werden, ob nur Risiken oder auch Chancen vom Risikomanagementsystem erfasst werden.[355] Ein zur Anwendung kommendes Rahmenkonzept für das Risikomanagementsystem ist anzugeben, ebenso wie die Veränderungen gegenüber dem Vorjahr zu erläutern sind.

492 Im Rahmen der Darstellung der Ziele und der Strategie des Risikomanagements muss angegeben werden, ob und wenn ja, welche Risiken grds. nicht erfasst bzw. vermieden werden. An dieser Stelle des Konzernlageberichts können auch die Grundsätze, Verhaltensregeln und Richtlinien zum Risikomanagement im Konzern Erwähnung finden und dessen Risikotragfähigkeit erörtert werden.[356]

493 Zur Erläuterung der Struktur des Risikomanagements ist es erforderlich, auf den **Risikokonsolidierungskreis** einzugehen, sofern dieser vom Konsolidierungskreis des Konzernabschlusses abweicht. Dies kann zB durch nicht konsolidierte Zweckgesellschaften entstehen. Darüber hinaus kann hier die Ausrichtung des Risikomanagements auf die rechtliche oder wirtschaftliche Struktur des Konzerns erläutert werden. Der Grad der Zentralisierung bzw. Dezentralisierung des Risikomanagements sowie die für das Risikomanagement verantwortlichen Organisationseinheiten und auch die Wesentlichkeitsgrenzen können ebenfalls an dieser Stelle genannt werden.[357]

494 Die Identifikation, Bewertung, Steuerung und Kontrolle der Risiken sowie die interne Überwachung dieser Abläufe ist iRd Beschreibung der **Risikomanagementprozesse** darzustellen. Auch ist zu erläutern, ob der Risikomanagementprozess Gegenstand der Überprüfung der unternehmensinternen Revision ist bzw. ob eine Prüfung des Risikofrüherkennungs- und internen Überwachungssystems gem. § 317 Abs. 4 HGB durch die Abschlussprüfer erfolgt.[358]

495 Grds. haben alle Unternehmen, also auch die nicht kapitalmarktorientierten Mutterunternehmen, über Risiken zu berichten, die die Entscheidungen eines verständigen Adressaten beeinflussen können. Aus der Darstellung der Risiken muss deren Bedeutung für den

[351] Für eine ausführlichere Darstellung der geforderten Inhalte des Prognoseberichts s. Ziff. 118–134. DRS 20.

[352] Ziff. 135. DRS 20; die speziellen Regelungen für die Risikoberichterstattung von Kredit- und Finanzdienstleistungsinstituten sowie Versicherungsunternehmen sind in den Anlagen 1 und 2. DRS 20 zusammengefasst.

[353] Ein kapitalmarktorientiertes Mutterunternehmen ist ein Unternehmen, das einen organisierten Markt iSd § 2 Abs. 7 WpÜG durch von ihm ausgegebene Wertpapiere iSd § 2 Abs. 1 WpHG in Anspruch nimmt oder die Zulassung solcher Wertpapiere zum Handel an einem organisierten Markt beantragt hat; Ziff. 11. DRS 20.

[354] Ziff. K138. DRS 20.

[355] Ziff. K137., K193. DRS 20.

[356] Ziff. K140.–K141. DRS 20.

[357] Ziff. K142.–K143. DRS 20

[358] Ziff. K144.–K145. DRS 20.

Konzern oder für wesentliche Konzernunternehmen erkennbar werden.[359] Dabei bilden die mit den spezifischen Gegebenheiten des Konzerns und seiner Geschäftstätigkeit verbundenen internen und externen Risiken den Schwerpunkt der Berichterstattung. Dabei bestimmen die spezifischen Gegebenheiten des Konzerns und seiner Unternehmen sowie das markt- und branchenbedingte Umfeld den Berichtsumfang.[360] Die Darstellung der Risiken hat, sofern der Konzernabschluss in Form einer Segmentberichterstattung erfolgt, die von den Risiken betroffenen Segmente anzugeben, wenn diese nicht offensichtlich sind.[361]

Bestandsgefährdende Risiken für den Konzern oder für ein wesentliches Konzern- 496
unternehmen sind deutlich als solche zu bezeichnen und, wie auch andere wesentliche Risiken, einzeln zu beschreiben sowie die zu erwartenden Konsequenzen zu analysieren und zu beurteilen.[362]

Die Auswirkungen der weiteren Risiken sind ebenfalls zu erläutern und zu beurteilen. 497
Dazu kann im Risikobericht eine **Bruttobetrachtung** vorgenommen werden, bei der die Risiken vor den zur Begrenzung der Risiken ergriffenen Maßnahmen dargestellt werden. Wird eine ebenfalls zulässige Nettobetrachtung vorgezogen, so sind die Risiken darzustellen und zu beschreiben, die nach dem Einsatz von Maßnahmen zur Minimierung oder zum Ausschluss von Risiken noch im Konzern verblieben sind. Die Maßnahmen, die zur Risikobegrenzung eingesetzt werden, sind ebenfalls darzustellen.[363]

Die im Risikobericht beschriebenen Risiken sind zu quantifizieren. Dies ist jedoch nur 498
dann erforderlich, wenn dies bereits zur internen Steuerung der Risiken im Unternehmen genutzt wird und die quantitativen Angaben für den verständigen Adressaten wesentlich sind. In diesem Fall sind die verwendeten **Quantifizierungsmodelle,** deren Annahmen und die daraus resultierende Werte anzugeben und zu erläutern. Dabei können im Risikobericht höher aggregierte als die zur Risikosteuerung tatsächlich verwendeten Werte genannt werden.[364]

Die Risikoeinschätzung ist zum **Bilanzstichtag** vorzunehmen. Würden nach der Be- 499
richtsperiode eingetretene Veränderungen der Risikosituation zu einem unzutreffenden Bild der Risikolage des Konzerns im Risikobericht führen, so ist eine zusätzliche Darstellung der geänderten Risikolage erforderlich in Bezug auf die in ihrer Bedeutung geänderten, neu aufgetretenen oder entfallenen Risiken. Der Zeitraum, über den Risiken betrachtet werden, muss jeweils adäquat, mindestens jedoch den im Konzernlagebericht verwendeten Prognosezeitraum umfassen. Für bestandsgefährdende Risiken ist ein Betrachtungszeitraum von mindestens einem Jahr ab dem Konzernabschlussstichtag erforderlich.[365]

Um es dem verständigen Adressaten des Konzernlageberichts zu erleichtern, eine Ge- 500
samtperspektive über die verschiedenen Risikogruppen zu erhalten, sind die im Risikobericht beschriebenen Risiken zu einem Gesamtbild der Risikolage des Konzerns zusammenzufügen. Diese kann auch eine Beschreibung der Auswirkungen der Diversifizierungseffekte und Aussagen über die Risikotragfähigkeit des Konzerns beinhalten.[366]

Aus demselben Grund sind iS einer **Delta-Betrachtung** die gegenüber den Vorjahres- 501
risiken wesentlichen Veränderungen darzustellen und zu erläutern. Auch ist die Darstellung der einzelnen Risiken so zu strukturieren, dass sie entweder in Gruppen gleichartiger

[359] Ziff. 150. DRS 20.
[360] Ziff. 146.–147. DRS 20.
[361] Ziff. 151. DRS 20.
[362] Ziff. 148.–149. DRS 20.
[363] Ziff. 157. DRS 20.
[364] Ziff. 152.–153. DRS 20.
[365] Ziff. 155.–156. DRS 20.
[366] Ziff. 160.–161. DRS 20.

Risiken oder entsprechend der Segmentberichterstattung des Konzernabschlusses zusammengefasst oder in einer Rangfolge geordnet dargestellt werden.[367]

502 Sofern letztere Alternative gewählt wird, richtet sich die Reihenfolge der Rangordnung nach der relativen Bedeutung der einzelnen Risiken für den Konzern. Diese resultiert aus der Eintrittswahrscheinlichkeit des Risikos und dessen Auswirkungen auf die Zielerreichung bzw. die Prognosen des Konzerns. Werden gleichartige Risiken in Kategorien zusammengefasst, so können für den Risikobericht die Risikokategorien verwendet werden, die der Konzern bereits iRd operativen Risikomanagements einsetzt. Anstelle dieser Gliederung kann jedoch auch eine Kategorisierung gewählt werden, die Risiken unterteilt in Umfeldrisiken, Branchenrisiken, leistungswirtschaftliche Risiken, finanzwirtschaftliche Risiken und sonstige Risiken.[368]

503 Aufgrund der erheblichen Risiken, die mit dem Einsatz von **Finanzinstrumenten** einhergehen können, entwickelte das DRSC spezifische Berichtsanforderungen für die externe Risikoberichterstattung in Bezug auf die Verwendung dieser Instrumente.[369]

504 Zunächst müssen Risiken, die mit dem Einsatz dieser Instrumente einhergehen, separat beschrieben werden, sofern sie für die Beurteilung der Lage des Konzerns oder für die Beurteilung seiner Entwicklung wesentlich sind. Nur wenn die Berichterstattung über den Einsatz von Finanzinstrumenten nicht die Klarheit und Übersichtlichkeit des Konzernlageberichts beeinträchtigt, können diese Risiken in den Chancen-/Risikobericht integriert werden.[370]

505 Spezifische Vorgaben bestehen auch über die gesondert darzustellenden Inhalte der Berichterstattung über Risiken, die mit dem Einsatz von Finanzinstrumenten einhergehen. So ist jeweils separat einzugehen auf die aus dem Einsatz der Finanzinstrumente resultierenden Risikoarten und deren jeweiligen Ausmaße, welchen der Konzern ausgesetzt ist. Zu den zu berichtenden Risikoarten gehören Marktpreis-, Ausfall- und Liquiditätsrisiken. Darüber hinaus sind Risikomanagementziele für jede einzelne Risikoart zu beschreiben, welchen der Konzern durch den Einsatz von Finanzinstrumenten ausgesetzt ist und welche Risikomanagementmethoden jeweils verwendet werden.[371] Der Umfang und Detaillierungsgrad des Berichtsteils zu den Risiken aus Finanzinstrumenten bestimmt sich nach dem Volumen der mit ihnen einhergehenden Risiken je Kategorie sowie der Bedeutung der risikobehafteten Finanzinstrumente für die Vermögens-, Finanz- und Ertragslage des Unternehmens.[372]

506 Wie auch bei den anderen Unternehmensrisiken sind Art und Ausmaß der Risiken zu beschreiben, die mit dem Einsatz der Finanzinstrumente verbunden sind. Diese Darstellungspflicht gilt jedoch bezüglich des Ausmaßes des Risikos nur für jene Fälle, in denen einer offenen Risikoposition kein konkretes Sicherungsgeschäft gegenübersteht. Sicherungsgeschäfte idS decken Marktpreisrisiken, Ausfallrisiken bzw. Liquiditätsrisiken ab.[373]

507 Die Berichterstattung über die Risikomanagementziele hat eine Darstellung zu beinhalten, die für den verständigen Adressaten des Konzernlageberichts nachvollziehbar vermittelt, ob der Konzern bestimmte Risiken, die aus der Verwendung von Finanzinstrumenten resultieren können, vermeidet, oder ob und in welchem Umfang er diese eingehen muss.[374]

508 Im Rahmen des Berichtsteils über die verwendeten Risikomanagementmethoden ist zu erläutern, wie der Konzern Risiken aus dem Einsatz von Finanzinstrumenten steuert.

[367] DRS 20.159, 20.162.
[368] Ziff. 163.–164. DRS 20.
[369] Ziff. 179.–187. DRS 20.
[370] Ziff. 179.–180. DRS 20.
[371] Ziff. 181. DRS 20.
[372] Ziff. 187. DRS 20.
[373] Bei Liquiditätsrisiken ist nur das Nettorisiko darzustellen, das nach Liquiditätszusagen und eingeräumten Kreditlinien beim Konzern verbleibt, Ziff. 182. DRS 20.
[374] Ziff. 184. DRS 20.

Dazu ist einzugehen auf getroffene Maßnahmen zur Risikoreduktion und -überwälzung. Darüber hinaus sind die Systematik sowie die Art und die Kategorien der eingegangenen Sicherungsgeschäfte zu erläutern, sofern diese konkreten risikobehafteten Geschäften zuordenbar sind.[375] Sofern Finanzinstrumente nicht als Sicherungsgeschäft einer konkreten Risikoposition zugeordnet werden können, ist auf die Art der abzusichernden Risiken und die Art der Sicherungsbeziehung[376] ebenso einzugehen wie auf die Vorgaben zur Gewährleistung der Effektivität der Risikoabsicherung, wie zB Beobachtung der Risikolimits und die kontinuierliche Anpassung des Sicherungslimits an die Risikoentwicklung sowie die antizipativen Sicherungsbeziehungen. Handelt es sich um eine geschlossene Position, so ist anzugeben, ob diese auch als solche in der Konzernbilanz abgebildet wird.[377]

cc) Der Chancenbericht. Für den Bericht über die Chancen des Konzerns gelten die Vorgaben zum Risikobericht sinngemäß. In der Berichterstattung dürfen die Chancen nicht mit den Risiken verrechnet werden und der Bericht über Chancen und Risiken hat in einer ausgewogenen Weise zu erfolgen.[378] 509

dd) Internes Kontrollsystem und Risikomanagementsystem im Konzernrechnungslegungsprozess. Der Konzernlagebericht muss über die bereits beschriebenen Umfänge hinaus auch noch ausführliche Angaben über die wesentlichen Merkmale des internen Kontroll- und Risikomanagementsystems in Bezug auf den Konzernrechnungslegungsprozess machen, sofern das Mutterunternehmen oder eines der in den Konzernabschluss einbezogenen Tochterunternehmen kapitalmarktorientiert ist. Dies dient dazu, dem verständigen Adressaten zu ermöglichen, die Risiken, die der Konzernrechnungslegungsprozess birgt, besser einschätzen zu können.[379] 510

Dabei müssen u. a. die Beschreibungen des Risikomanagementsystems im Hinblick auf den Konzernrechnungslegungsprozess erläutert werden. Dazu sind die Maßnahmen zu beschreiben, die dazu dienen, diejenigen Risiken des Konzernrechnungslegungsprozesses zu identifizieren und zu bewerten, die dem Ziel der Normenkonformität des Konzernabschlusses und des Konzernlageberichts zuwiderlaufen könnten. Ebenso sind die eingeleiteten Gegenmaßnahmen zur Minimierung bzw. Begrenzung erkannter Risiken zu beschreiben. Darüber hinaus sind die eingeleiteten Maßnahmen im Zusammenhang mit der Überprüfung erkannter Risiken hinsichtlich ihres Einflusses auf den Konzernabschluss und die entsprechende Abbildung dieser Risiken darzustellen.[380] 511

ee) Nichtfinanzielle Konzernerklärung. Durch das CSR-Richtlinie-Umsetzungsgesetz wurde eine Erweiterung der bestehenden Berichtspflichten im Deutsche Rechnungslegungs Standard Nr. 20 – Konzernlagebericht erforderlich, die u. a. auch Angaben zur Korruptionsprävention erfordern. 512

Künftig muss eine nichtfinanzielle Konzernerklärung abgegeben werden von Kapitalgesellschaften und Personenhandelsgesellschaften iSd § 264a HGB, die Mutterunternehmen sind.[381] Dies setzt voraus, dass das Mutterunternehmen und die in den Konzernabschluss einzubeziehenden Tochterunternehmen zusammen nicht die Voraussetzungen für eine größenabhängige Befreiung gem. § 293 Abs. 1 HGB erfüllen und das Mutterunternehmen und die in den Konzernabschluss einzubeziehenden Tochterunternehmen insgesamt im 513

375 Sog. geschlossene Positionen, Ziff. 185. DRS 20.
376 Absicherung von Einzelpositionen, von Postengruppen sowie von Nettopositionen, Ziff. 185. DRS 20.
377 Ziff. 186. DRS 20.
378 Die Nettobetrachtung bei der Darstellung von Risiken und implementierten risikominimierenden Maßnahmen bleibt hiervon unberührt, Ziff. 165.–167. DRS 20.
379 Ziff. K168.–K178. DRS 20.
380 Ziff. K177. DRS 20.
381 Die nichtfinanzielle Konzernerklärung ist in den Ziff. 232.–303. DRS 20 ausführlich geregelt.

Jahresdurchschnitt mehr als 500 Arbeitnehmer beschäftigen. Darüber hinaus muss das Mutterunternehmen kapitalmarktorientiert iSd § 264d HGB sein.[382]

514 Die berichtspflichtigen Aspekte spiegeln inhaltliche Vorgaben des U.N. Global Compact[383] wider und umfassen die Themenbereiche

- Umweltbelange
- Arbeitnehmerbelange
- Sozialbelange
- Achtung der Menschenrechte
- Bekämpfung von Korruption und Bestechung.[384]

515 Auch sind Angaben über die im Mutterunternehmen verfolgten Konzepte, einschließlich der **Due-Diligence-Prozesse,** zu machen, sofern sie Auswirkungen auf die oben genannten berichtspflichtigen Themengebiete haben. Dies beinhaltet eine Darstellung der Ziele, der Maßnahmen, der angewandten Due-Diligence-Prozesse sowie der Einbindung der Konzernleitung und etwaiger weiterer Interessenträger (zB der Arbeitnehmer).[385] Dabei sind auch die Due-Diligence-Prozesse bezüglich der Lieferkette und der Kette der Subunternehmer zu thematisieren, sofern dies bedeutsam und zumutbar ist.[386]

516 Hervorzuheben ist dabei, dass der Deutsche Rechnungslegungs Standard Nr. 20 ausführliche Vorgaben über die Berichterstattung von Risiken aus der eigenen Geschäftstätigkeit, Geschäftsbeziehungen, Produkten und Dienstleistungen macht, die negative Auswirkungen auf die oben genannten berichtspflichtigen Themengebiete haben.[387]

517 In diesem Zusammenhang werden beispielshaft nichtfinanzielle, quantitative Leistungsindikatoren für jeden der berichtspflichtigen Aspekte genannt. Die bedeutsamsten Leistungsindikatoren sind jeweils selbstständig aufzuführen, wenn diese leicht identifizierbar und leicht auffindbar sind.

518 Zu den Leistungsindikatoren der berichtspflichtigen Aspekte gehören

- für die Umweltbelange:
  - Wasserverbrauch pro Jahr
  - Tonnen CO2-Ausstoß pro Jahr
  - Energieeffizienz der eigenen Produkte
- für die Arbeitnehmerbelange
  - Personalfluktuation
  - Mitarbeiterzufriedenheit
  - Anzahl Arbeitsunfälle

---

[382] Ziff. 232. DRS 20; weitere Befreiungsmöglichkeiten von dieser Berichtspflicht sind in Ziff. 237. DRS 20 und Ziff. 239. DRS 20 geregelt.

[383] UN Global Compact, https://unglobalcompact.org/, zuletzt abgerufen am 30.1.2023.

[384] Ziff. 258. DRS 20. Hinsichtlich der einzelnen Belange nennt Ziff. 259. DRS 20 mögliche Themenstellungen, die berichtet werden können:

- Umweltbelange: Treibhausgasemissionen, Wasserverbrauch, Luftverschmutzung, Nutzung von erneuerbaren und nicht erneuerbaren Energien, Schutz der biologischen Vielfalt.
- Arbeitnehmerbelange: Geschlechtergleichstellung, Arbeitsbedingungen, Umsetzung der grundlegenden Übereinkommen der Internationalen Arbeitsorganisation, Achtung der Rechte der Arbeitnehmerinnen und Arbeitnehmer, informiert und konsultiert zu werden, sozialer Dialog, Achtung der Rechte der Gewerkschaften, Gesundheitsschutz, Sicherheit am Arbeitsplatz.
- Sozialbelange: Dialog auf kommunaler oder regionaler Ebene, Maßnahmen zur Sicherstellung des Schutzes und der Entwicklung lokaler Gemeinschaften.
- Achtung der Menschenrechte: Maßnahmen zur Vermeidung von Menschenrechtsverletzungen.
- Bekämpfung von Korruption und Bestechung: bestehende Instrumente zur Bekämpfung von Korruption und Bestechung.

[385] Ziff. 265. ff. DRS 20.

[386] Ziff. 270. f. DRS 20.

[387] Ziff. 277. ff. DRS 20.

- für die Sozialbelange
  - Spenden an gemeinnützige Organisationen
  - Anzahl der den Mitarbeitern gewährten Sonderurlaubstage für gemeinnützige Tätigkeiten
- für die Achtung der Menschenrechte
  - Anteil der im Hinblick auf Menschenrechte zertifizierten Lieferanten bzw. Subunternehmen
  - Anzahl der Fälle von Kinderarbeit bei überprüften Lieferanten
- für die Bekämpfung von Korruption und Bestechung
  - Anteil der Mitarbeiter, die ein Compliance-Training absolviert haben
  - Anzahl bestätigter Korruptionsfälle im Geschäftsjahr.[388]

ff) Weitere Konzernlageberichtsinhalte. Der Deutsche Rechnungslegungs Standard 519
Nr. 20 – Konzernlagebericht definiert auch die Berichterstattung über die Verwendung von Finanzinstrumenten.[389] Darüber hinaus werden Vorgaben zur Darstellung von übernahmerelevanten Angaben kapitalmarktorientierter Mutterunternehmen gemacht[390] und Festlegungen getroffen über die Inhalte der Erklärung zur Unternehmensführung (§ 315d HGB).[391]

Aufgrund der durch das CSR-Richtlinie-Umsetzungsgesetz erforderlich gewordenen 520
Ergänzungen im DRS 20 müssen dazu künftige über die bisher vorgeschriebene Entsprechenserklärung zum Deutschen Corporate Governance Kodex durch den Vorstand und Aufsichtsrat gem.§ 161 AktG und relevante Angaben zu Unternehmensführungspraktiken sowie einer Darstellung der Arbeitsweise von Vorstand und Aufsichtsrat und der Zusammensetzung und Arbeitsweise ihrer Ausschüsse weitere Aussagen zum Diversitätskonzept des Konzerns veröffentlicht werden. Dazu gehören die Darstellung der Zielgrößen für den Frauenanteil in Aufsichtsrat, Vorstand und den beiden Führungsebenen unterhalb des Vorstands und deren Erreichung, sofern das Mutterunternehmen börsennotiert ist, sowie Angaben zur Einhaltung der Mindestquoten bei der Besetzung des Aufsichtsrats, sofern das Mutterunternehmen börsennotiert ist und der paritätischen Mitbestimmung unterliegt. Darüber hinaus sind nähere Angaben zum Diversitätskonzept erforderlich und dass die dafür genannten Voraussetzungen erfüllt sind.[392]

Des Weiteren sind Angaben über die Versicherung der gesetzlichen Vertreter erforder- 521
lich.[393]

Die spezifischen Vorgaben zur Risikoberichterstattung von Kredit- und Finanzdienst- 522
leistungsinstituten in ihrem Konzernlagebericht, die bisher im Standard DRS 5–10 zusammengefasst waren, finden sich nun als Teil des DRS 20 in überarbeiteter Form in dessen Anlage 1: Besonderheiten der Risikoberichterstattung von Kredit- und Finanzdienstleistungsinstituten.[394] Die für die Risikoberichterstattung von Versicherungsunternehmen maßgeblichen Bestimmungen, die bisher im Standard DRS 5–20 geregelt waren, finden sich jetzt ebenfalls im Standard DRS 20 als Anlage 2: Besonderheiten der Risikoberichterstattung von Versicherungsunternehmen wieder.[395]

Gem. § 12 TranspRLDV gelten die Regeln eines Drittstaates als gleichwertig zu den 523
Anforderungen des § 114 Abs. 2 Nr. 2 WpHG, wenn seine Rechtsvorschriften vorschrei-

[388] Ziff. 286. DRS 20.
[389] Ziff. 179.–187. DRS 20.
[390] Ziff. K188.–K223.DRS 20.
[391] Ziff. K224.–K231. DRS 20.
[392] Ziff. K227.DRS 20. Eine Veröffentlichungspflicht von Angaben zum Diversitätskonzept ist bei kapitalmarktorientierten Mutterunternehmen gegeben, sofern nicht die Befreiungsvoraussetzungen gem. § 293 Abs. 1 HGB gegeben sind, Ziff. K231d. DRS 20. Die über das Diversitätskonzept zu machenden Angaben sind in den Ziff. 231e.–231k. DRS 20 beschrieben.
[393] Ziff. K232.–K235. DRS 20.
[394] Ziff. A1.1.–A1.22. DRS 20.
[395] Ziff. A2.1.–A2.20. DRS 20.

ben, dass ein Emittent dem § 289 Abs. 1 S. 1–4, Abs. 3 HGB (Lagebericht) und § 315 Abs. 1 S. 1–4, Abs. 3 HGB(Konzernlagebericht) sowie dem § 285 Nr. 33 HGB und dem § 314 Abs. 1 Nr. 25 HGB (Sonstige Pflichtangaben) entsprechende Angaben macht.[396]

b) Halbjahresfinanzberichterstattung gemäß Deutschen Rechnungslegungs Standard Nr. 16

524 Die gesetzlichen Vorgaben zur Halbjahresfinanzberichterstattung kapitalmarktorientierter Unternehmen wurden mit der europäischen Transparenzrichtlinie-Änderungsrichtlinie des Jahres 2013 erneut aktuellen Anforderungen angepasst. Insbes. wurden die Verpflichtungen für kleine und mittlere Emittenten, die in Europa Kapital aufnehmen, vereinfacht. Darüber hinaus soll die Wirksamkeit der bestehenden Transparenzregelung verbessert werden, insbes. in Bezug auf die Offenlegung von Unternehmensbeteiligungen.[397]

525 Durch die Regelungen des Gesetzs zur Umsetzung der Transparenzrichtlinie-Änderungsrichtlinie[398] mussten die Vorgaben des Deutsche Rechnungslegungs Standard Nr. 16 (DRS 16) – Halbjahresfinanzberichterstattung – entsprechend angepasst werden.

526 DRS 16 konkretisiert die Vorgaben des TUG und der TranspRLDV zur Halbjahresfinanzberichterstattung, Quartalsfinanzberichterstattung und zu Zwischenmitteilungen der Geschäftsführung.[399]

527 Die Halbjahresfinanzberichterstattung soll den letzten Abschluss fortführen und dient dazu, dem Adressaten bestimmte Ereignisse und Geschäftsvorfälle des Berichtszeitraums darzustellen und zu erläutern sowie bestimmte prognoseorientierte Informationen des letzten Konzernlageberichts zu aktualisieren.[400]

528 Gemäß § 115 Abs. 1 WpHG sind grds. alle Unternehmen zur Veröffentlichung eines Halbjahresfinanzberichts verpflichtet, die als Inlandsemittent[401] Aktien- und Schuldtitel be-

---

[396] Verordnung zur Umsetzung der Richtlinie 2007/14/EG der Kommission vom 8. März 2007 mit Durchführungsbestimmungen zu bestimmten Vorschriften der Richtlinie 2004/109/EG zur Harmonisierung der Transparenzanforderungen in Bezug auf Informationen über Emittenten, deren Wertpapiere zum Handel an einem geregelten Markt zugelassen sind (Transparenzrichtlinie-Durchführungsverordnung – TranspRLDV) v. 13.3.2008 (BGBl. 2008 I 408).

[397] Verordnung (EU) 2017/1129 des Europäischen Parlaments und des Rates vom 14. Juni 2017 über den Prospekt, der beim öffentlichen Angebot von Wertpapieren oder bei deren Zulassung zum Handel an einem geregelten Markt zu veröffentlichen ist und zur Aufhebung der Richtlinie 2003/71/EG (ABl. L 168, 12).

[398] Gesetz zur Umsetzung der Transparenzrichtlinie-Änderungsrichtlinie vom 20.11.2015 (BGBl. 2015 I 2019). Durch das Bilanzrichtlinie-Umsetzungsgesetz (BilRuG) wurde eine ebenfalls im DRS 16 zu berücksichtigende Ausnahmeregelung von der Pflicht, über Geschäfte mit nahestehenden Unternehmen und Personen zu berichten, in § 314 Abs. 1 Nr. 13 HGB geändert, Gesetz zur Umsetzung der Richtlinie 2013/34/EU des Europäischen Parlaments und des Rates vom 26. Juni 2013 über den Jahresabschluss, den konsolidierten Abschluss und damit verbundene Berichte von Unternehmen bestimmter Rechtsformen und zur Änderung der Richtlinie 2006/43/EG des Europäischen Parlaments und des Rates und zur Aufhebung der Richtlinien 78/660/EWG und 83/349/EWG des Rates (Bilanzrichtlinie-Umsetzungsgesetz – BilRUG), v. 17.7.2015 (BGBl. 2015 I 1245).

[399] Bekanntmachung des Deutschen Rechnungslegungs Standards Nr. 16 – DRS 16 (2012) – Zwischenberichterstattung – des Deutschen Rechnungslegungs Standards Committees e.V., Berlin, nach § 342 Abs. 2 des Handelsgesetzbuchs (BAnz AT 4.12.2012 B2), zuletzt geändert durch Deutscher Rechnungslegungs Änderungsstandard Nr. 10 (DRÄS 10) vom 17. Oktober 2019 (BAnz AT 20.12.2019 B3, 2). Darüber hinaus enthalten die §§ 52f. der Börsenordnung für die Frankfurter Wertpapierbörse (FWB 01, Stand: Stand 1.7.2019 2.10.2023) weitere Vorgaben zur Erstellung von Halbjahres- und Quartalsfinanzberichten.

[400] Ziff. 1.–2. DRS 16.

[401] Inlandsemittent ist gem. § 2 Abs. 14 Nr. 1 WpHG ein Unternehmen, für das die Bundesrepublik Deutschland der Herkunftsstaat ist, sofern nicht deren Wertpapiere nicht im Inland, sondern lediglich in einem anderen Mitgliedstaat der Europäischen Union oder einem anderen Vertragsstaat des Abkommens über den Europäischen Wirtschaftsraum zugelassen sind, soweit sie in diesem anderen Staat Veröffentlichungs- und Mitteilungspflichten nach Maßgabe der Richtlinie 2004/109/EG des Europäischen Parlaments und des Rates vom 15. Dezember 2004 zur Harmonisierung der Transparenzanforderungen in Bezug auf Informationen über Emittenten, deren Wertpapiere zum Handel auf einem geregelten Markt zugelassen sind, und zur Änderung der Richtlinie 2001/34/EG (ABl. Nr. L 390, 38) unterliegen. Hat ein Unternehmen seinen Sitz in einem anderen EU- oder EWR-Vertragsstaat und sind dessen Wertpapiere

geben haben und die als Mutterunternehmen gesetzlich zur Aufstellung eines Konzernabschlusses und Konzernlageberichts verpflichtet sind. Anderen Unternehmen empfiehlt der DSRC die Anwendung des DRS 16. Ausdrücklich wird darauf hingewiesen, dass eine Verpflichtung zur Veröffentlichung eines Quartalsberichts nicht aus dem WpHG oder dem DRS 16 abzuleiten ist.[402]

Ein Zwischenbericht iRd **Halbjahresfinanzberichterstattung** beinhaltet mindestens einen **Halbjahresabschluss** und einen **Zwischenlagebericht** sowie die Versicherung der gesetzlichen Vertreter.[403] Ausführliche Vorgaben definieren die Mindestbestandteile des Halbjahresabschlusses, den Konsolidierungskreis sowie die Regeln für Bilanzierung und Bewertung sowie den verkürzten Anhang im Zwischenabschluss.[404] 529

In Ergänzung zum Halbjahresabschluss ist ein Zwischenlagebericht zu veröffentlichen. 530
Er soll bestimmte prognoseorientierte Informationen des letzten Konzernlageberichts aktualisieren. Auch für Inhalte dieses Berichts gelten Mindestanforderungen. Danach sind zumindest die wichtigen Ereignisse des Berichtszeitraums für den Konzern und deren Auswirkungen auf die Vermögens-, Finanz- und Ertragslage zu erläutern. Darüber hinaus sind wesentliche Veränderungen der Prognosen und sonstigen Aussagen zur voraussichtlichen Entwicklung aus dem letzten Konzernlagebericht zu beschreiben, wobei hier auch auf die wesentlichen Chancen und Risiken der voraussichtlichen Entwicklung des restlichen Geschäftsjahres einzugehen ist. Auch sind die wesentlichen Geschäfte mit nahestehenden Personen darstellungspflichtig.[405] Für die Halbjahresfinanzberichterstattung gelten die allgemeinen Grundsätze der Konzernlageberichterstattung des DRS 20 entsprechend.[406]

In einer Darstellung über die Vermögens-, Finanz- und Ertragslage sollen Informatio- 531
nen über den Verlauf der Geschäftstätigkeit im Berichtszeitraum gegeben werden. Dazu ist über wichtige Ereignisse und deren Auswirkungen auf die Vermögens-, Finanz- und Ertragslage des Unternehmens zu berichten, wobei auf **außergewöhnliche,** nicht periodisch oder saisonal wiederkehrende **Ereignisse** besonders einzugehen ist.

Zu den wichtigen externen Ereignissen zählen zB Änderungen der politischen und rechtlichen Rahmenbedingungen (zB Steuergesetze, Regulierung, politische Stabilität), Änderungen in der konjunkturellen Entwicklung, Änderungen von Wechselkursen und Zinsen, Änderungen von Preisen und Konditionen auf den Beschaffungs- und Absatzmärkten (zB Rohstoffpreise, Tarifabschlüsse), Durchbruch neuer Technologien, Änderungen der Wettbewerbssituation (zB neue Wettbewerber, Verhandlungsmacht von Kunden und Lieferanten, Ersatzprodukte, Marktanteile). Zu den wesentlichen internen Ereignissen, über die berichtet werden muss, gehören zB Umstrukturierungs- und Rationalisierungsmaßnahmen, Wechsel in der Geschäftsführung, Unternehmenskäufe und -verkäufe, Abschluss oder Beendigung von Kooperationsvereinbarungen und Verträgen, Veränderungen bei Rechtsstreitigkeiten, Änderungen im Investitionsprogramm, Finanzierungsmaßnahmen, wie zB die Emission von Aktien, Genussscheinen oder Anleihen und der Einsatz außerbilanzieller Finanzinstrumente (Asset-Backed-Securities- und Sale-and-Lease-Back-Transak-

nur im Inland zum Handel an einem organisierten Markt zugelassen, gilt es gem. § 2 Abs. 14 Nr. 2 WpHG ebenfalls als Inlandsemittent.

[402] Ziff. 4.–9. DRS 16.

[403] Ziff. 11.–14. DRS 16.

[404] Ziff. 15.–33. DRS 16, danach hat der Zwischenabschluss eine verkürzte Bilanz zum Stichtag des Berichtszeitraums und eine verkürzte Bilanz zum Stichtag des vorangegangenen Geschäftsjahrs zu enthalten (Ziff. 15.–17. DRS 16). Dementsprechend ist es ausreichend eine verkürzte Gewinn- und Verlustrechnung für den Berichtszeitraum und für den entsprechenden Zeitraum des vorangegangenen Geschäftsjahrs sowie einen verkürzten Anhang zu veröffentlichen. Darüber hinaus empfiehlt der DSRC, dass diese Minimalangaben ergänzt werden um eine verkürzte Kapitalflussrechnung sowie einen verkürzten Eigenkapitalspiegel für dieselben Zeiträume. Weitere Vorgaben zum Konsolidierungskreis und Bestimmungen zu Bilanzierung und Bewertung finden sich in Ziff. 18.–19. DRS 16 bzw. Ziff. 20.–30. DRS 16. Die Anforderungen an den verkürzten Anhang des Zwischenabschlusses sind in den Abschnitten Ziff. 31.–33. DRS 16 geregelt.

[405] Ziff. 34.–35. DRS 16 sowie Ziff. 50.–55. DRS 16. Darüber hinaus ist die Versicherung der gesetzlichen Vertreter gem. Ziff. 56. DRS 16 abzugeben.

[406] Ziff. 37. f. DRS 16, vgl. Ziff. 12.–35. DRS 20.

tionen etc.), Änderungen von Kreditlinien, Dividendenzahlungen, Änderungen der Forschungs- und Entwicklungsaktivitäten, Änderungen der Beschaffungs- und Vorratspolitik, Inbetriebnahme und Stilllegung von Produktionsanlagen oder Standorten, Einführung neuer Produkte, Erschließung neuer Märkte.[407]

532 **aa) Prognose-, Chancen- und Risikobericht.** Im Prognose-, Chancen- und Risikobericht sind wesentliche Veränderungen der voraussichtlichen Entwicklung des Konzerns im Vergleich zu den noch im Konzernlagebericht oder im letzten Zwischenlagebericht veröffentlichen Prognosen oder sonstigen Aussagen zu berichten. Sofern im Berichtszeitraum keine Ereignisse eintraten, die zu einer wesentlichen Veränderung der Prognosen für das verbleibende Geschäftsjahr führen, ist dies anzumerken.[408]

533 Wie auch im Konzernlagebericht sind die wesentlichen Chancen und Risiken der voraussichtlichen Entwicklung des Konzerns in den verbleibenden Monaten des Geschäftsjahrs im Zwischenlagebericht darzustellen, sofern wesentliche Änderungen zu einer neuen Beurteilung der Chancen und Risiken führen. Ist dies nicht der Fall, ist ein Verweis auf den Chancen- bzw. Risikobericht des letzten Konzernlageberichts oder Zwischenlagebericht ausreichend.[409]

534 Wesentliche Veränderungen der Chancen und Risiken können aus erheblichen Änderungen der Eintrittswahrscheinlichkeiten oder ihrer positiven bzw. negativen Auswirkungen resultieren. Dies schließt auch neue und entfallende Chancen und Risiken ein. Wie auch im Konzernlagebericht, dürfen auch im Zwischenlagebericht die Auswirkungen der Chancen und Risiken sowie deren positive und negative Konsequenzen für den Konzern nicht miteinander verrechnet werden. Auch müssen wesentliche Risiken, deren Eintritt wahrscheinlich den Fortbestand des Konzerns oder eines wesentlichen Konzernunternehmens gefährden würden, als solche dargestellt werden. Ein schlichter Verweis auf die Berichterstattung in Lageberichten der Vorperioden ist in diesem Fall nicht ausreichend.[410]

535 **bb) Quartalsfinanzberichterstattung.** Auch wenn eine quartalsweise Berichterstattung über die Risikosituation des Unternehmens weder vom WpHG noch vom TUG gefordert werden und auch nicht aus den Vorgaben des DRS 16 abgeleitet werden kann, so besteht dennoch eine Pflicht zur Quartalsfinanzberichterstattung für Unternehmen, deren Aktien an der **Frankfurter Wertpapierbörse** (FWB) notiert werden.[411]

536 Mit dem Gesetz zur Umsetzung der Transparenzrichtlinie-Änderungsrichtlinie und der dadurch erforderlichen Anpassung des DRS 16, wurden die Pflicht zur Veröffentlichung von Zwischenmitteilungen der Geschäftsführung bzw. Quartalsfinanzberichten aufgehoben.[412]

537 Unternehmen, die an einer US-amerikanischen Börse notiert sind, müssen gem. Section 13 oder 15(d) Securities Exchange Act of 1934[413] den außerordentlich detaillierten Vorgaben der SEC entsprechende Quartalsberichte veröffentlichen, in welchen umfangreiche Angaben zu den Unternehmensrisiken darzustellen sind.[414]

---

[407] Ziff. 40.–42. DRS 16.

[408] Ziff. 43.–45. DRS 16.

[409] Ziff. 46. DRS 16.

[410] Ziff. 47.–49. DRS 16.

[411] § 52 Abs. 1 Börsenordnung für die Frankfurter Wertpapierbörse, wonach der Emittent von an der FWB notierten Aktien einen Quartalsbericht nach den Vorgaben des § 115 Abs. 2 Nr. 1, 2, Abs. 3, 4 WpHG (der den Halbjahresfinanzbericht regelt) bzw. für Mutterunternehmen, die einen Konzernabschluss zu erstellen haben gem. § 117 Nr. 2 WpHG analog erstellen muss, FWB 01, Stand 1.7.2019.

[412] Vormals in Ziff. 57. ff. DRS 16 für die Quartalsfinanzberichterstattung bzw. Ziff. 61. ff. DRS 16 für die Zwischenmitteilung der Geschäftsführung.

[413] 15 U.S.C. 78 m oder 78o (d).

[414] Gem. 17 CFR 240.15d-13 – Quarterly reports on Form 10-Q (§ 249.308 of this chapter) sind Quartalsberichte auf Basis des sog. in FORM 10-Q abzugeben, das detailliert die Anforderungen der SEC an die Quartalsberichterstattung von Emittenten beschreibt. In Bezug auf die Darstellung der Unternehmensrisiken verweist Form10-Q wiederum auf die ausführlichen Beschreibungen der zu veröffentlichen Inhalte zu quantitativen und qualitativen Informationen zu bestehenden Marktrisiken in Title 17: Commodity and

c) Managementberichterstattung nach IFRS

Mit der Veröffentlichung einer nicht bindenden Leitlinie zur Managementberichterstattung hat das **International Accounting Standards Board** (IASB) einen Rahmen für die Darstellung eines Berichts des Managements abgesteckt, der dazu dient, die Interpretation der nach IFRS-Regeln erstellten Finanzberichterstattung des Unternehmens zu erleichtern.[415] 538

Dazu werden in der **Leitlinie** Prinzipien und qualitative Elemente der Managementberichterstattung beschrieben, nicht jedoch deren Form und Inhalt. Auch werden keine Vorgaben über die Häufigkeit der Berichterstattung gemacht. Diese können daher von Unternehmen zu Unternehmen variieren, je nachdem wo das Management den Schwerpunkt seiner Erläuterungen im Finanzbericht setzen möchte.[416] 539

Inhaltlich sollte das Management seine Sicht der Ereignisse erläutern und dabei sowohl die positiven als auch die negativen Begleitumstände und deren Implikationen für die künftige Entwicklung des Unternehmens beschreiben. Da das Management gehalten ist, auch über Trends und erwartete Entwicklungen im Unternehmensumfeld zu berichten, die sich auf die Zukunft des Unternehmens auswirken können, sollte sich die Managementberichterstattung nach IFRS keineswegs nur auf die zurückliegende Entwicklung des Unternehmens beziehen.[417] 540

Grds. sollte die Berichterstattung folgenden Prinzipien folgen: 541

- Sie gibt die Sicht des Managements bezüglich des Unternehmenserfolgs, der Unternehmenslage und der gemachten Fortschritte wieder.
- Sie ergänzt die bereits in der Finanzberichterstattung enthaltenen Informationen.
- Sie sollte daher Informationen umfassen, die zukunftsorientiert sind und dabei die qualitativen Anforderungen des IASB bezüglich dienlicher Informationen erfüllen.[418]

Dabei sollte der Bericht des Managements den Lesern der Finanzberichterstattung erleichtern, den Erfolg des Unternehmens und die Handlungen seines Managements im Verhältnis zur Unternehmensstrategie zu beurteilen. So werden zB Anmerkungen zur **Risikosituation** des Unternehmens und dessen **Risikomanagementstrategie** sowie deren Wirksamkeit in diesem Zusammenhang als hilfreich angesehen.[419] 542

Daher spezifiziert diese Leitlinie, dass das Management über die Hauptrisiken des Unternehmens sowie deren Veränderungen berichten sollte. Als nicht hilfreich wird dagegen eine schlichte Auflistung aller möglichen Risiken und Unwägbarkeiten betrachtet. Des Weiteren sind Pläne und Strategien zu beschreiben, wie diese Risiken getragen bzw. abgewendet werden sollen. Darüber hinaus soll die **Effektivität** der Risikomanagementstrategien bewertet werden. 543

Die zu berichtenden Risikokategorien umfassen die wichtigsten strategischen, kaufmännischen, operativen und finanziellen Risiken des Unternehmens. Wichtige Risiken sind solche, die einen signifikanten Einfluss auf die Unternehmensstrategie und die Unternehmenswertentwicklung ausüben können. 544

Securities Exchanges Part 229 Standard Instructions for Filing Forms Under the Securities Act of 1933, Securities Exchange Act of 1934 And Energy Policy And Conservation Act of 1975 – Regulation S-K § 229.305 (Item 305) Quantitative and qualitative disclosures about market risk.

[415] IASB IN 1.

[416] IASB IN 5.

[417] IASB Rn. 9f.

[418] IASB Rn. 12f., 20; im Detail beschrieben in IASB, The Conceptual Framework for Financial Reporting 2010, insbes. Kapitel 3, Qualitative characteristics of useful financial information QC1–QC39. Danach sind betriebswirtschaftliche Informationen als hilfreich anzusehen, wenn sie über das behandelte Thema relevante und ehrliche Informationen vermitteln. Die Dienlichkeit betriebswirtschaftlicher Informationen wird durch deren Vergleichbarkeit, Nachprüfbarkeit, Rechtzeitigkeit und Verständlichkeit verbessert, QC4.

[419] Weitere zu beschreibende Positionen beziehen sich auf die möglichen Auswirkungen nicht bilanzierter Ressourcen auf die Unternehmenstätigkeit sowie eine Beschreibung des Einflusses nichtbetriebswirtschaftlicher Faktoren auf die Informationen in der Finanzberichterstattung, IASB Rn. 14.

545 Um dem Leser der Finanzberichterstattung zu ermöglichen, die Risikosituation eines Unternehmens besser einschätzen zu können, sollen nicht nur die Hauptrisiken und deren negative Auswirkungen auf das Unternehmen berichtet, sondern auch potentielle Chancen erläutert werden.[420] Als dienlich gilt eine diesbezügliche Information dann, wenn sie die gravierendsten Risiken und Unsicherheiten erläutert, die notwendig sind, um die vom Management für das Unternehmen definierten Ziele und Strategien nachvollziehen zu können. Hauptrisiken und -unsicherheiten stellen dabei ein signifikantes internes oder externes Risiko dar.[421]

546 Darüber hinaus sollte das Management über Beziehungen des Unternehmens zu seinen **Stakeholdern**[422] und über die Zukunftsaussichten des Unternehmens berichten. Im Hinblick auf die Erläuterung der Prognosen der weiteren Unternehmensentwicklung sollten die diesen zugrunde liegenden Annahmen sowie die Auswirkungen von Risiken auf die Erreichung strategischer Ziele des Unternehmens beschrieben werden.[423]

547 Gleiches gilt für den Bericht über die Beziehungen des Unternehmens zu seinen Stakeholdern und deren möglichen Einfluss auf den Unternehmenserfolg und den Wert des Unternehmens. Auch hier soll eine Beurteilung, ob einzelne Beziehungen zu Stakeholdern ein substanzielles Risiko für das Unternehmen in sich bergen, für den Leser der Finanzberichterstattung erleichtert werden.[424]

548 Die Nichtanwendung dieser Leitlinie führt nicht zu einem Verstoß der Finanzberichterstattung gegen die Regeln der IFRS.[425] Gem. § 315e Abs. 1 HGB entbindet die Veröffentlichung eines Managementberichts nach IFRS das Unternehmen jedoch nicht von der Pflicht, gem. § 315 HGB einen Konzernlagebericht zu erstellen.

Checkliste 21: Externe Berichterstattung der Unternehmensrisiken

- ❑ Ist ein **Konzernlagebericht** zu erstellen und enthält er die rechtlich vorgeschriebenen Inhalte in Bezug auf das Risikomanagement?
- ❑ Werden alle Vorgaben des **DRS 20** bzw. **DRS 16** berücksichtigt?
- ❑ Werden alle rechtlichen Vorgaben zur **Halbjahresfinanzberichterstattung** (DRS 16) eingehalten?
- ❑ Werden alle Vorgaben nach **IFRS** entsprechend der Leitlinie zur Managementberichterstattung des **IASB** berücksichtigt?

V. Steuerung der Unternehmensrisiken

549 Die identifizierten und quantifizierten Risiken gilt es in einem weiteren Prozessschritt gezielt zu gestalten. Dazu werden entsprechende Maßnahmen getroffen, die sicherstellen sollen, dass die Risiken, welchen sich das Unternehmen gegenübersieht, nicht die Erreichung der strategischen Ziele des Unternehmens gefährden können.

550 In welchem Maße die Unternehmensleitung den identifizierten Risiken entgegensteuern will, hängt von verschiedenen Einflussfaktoren ab. Dazu gehören die **Risikostrategie** und die **Risikokapazität** des Unternehmens. Auch dessen **Risikotoleranz** beeinflusst die Steuerung der Unternehmensrisiken ebenso wie die konkret festgelegten **Risikogrenzen.**

[420] IASB Rn. 31 f.
[421] IASB Rn. 32.
[422] Zum Begriff des Stakeholders und der Stakeholder Theory s. Freeman, Strategic Management: A Stakeholder Approach, 1984, wonach zu den an einem Unternehmen interessierte Gruppen dessen Arbeitnehmer, Kunden, Lieferanten, Kommunen, Aktionäre, Kreditgeber uvm gehören.
[423] IASB Rn. 34.
[424] IASB Rn. 33.
[425] IASB IN 2 Rn. 4.

1. Risikostrategie

Die Risikostrategie des Unternehmens bestimmt, in welchem Umfang das Unternehmen bereit ist, Risiken zur Erreichung seiner strategischen Planungsziele einzugehen.[426] Hierzu gehören auch Überlegungen, welche Art von Risiken das Unternehmen bereit ist zu tolerieren. Es bestehen daher enge **Wechselwirkungen** zwischen der Risikostrategie und der Unternehmensstrategie sowie der Risikokapazität des Unternehmens. 551

Bei der Festlegung der Höhe und der Art von Risiken, die das Unternehmen eingehen darf, muss die Unternehmensleitung daher sowohl die Unternehmensziele als auch die zur Verfügung stehenden finanziellen Möglichkeiten des Unternehmens, Risiken zu absorbieren, ebenso in ihre Überlegungen einstellen, wie auch die Auswirkungen auf die Reputation des Unternehmens, auf seine Kreditwürdigkeit uvm[427] Die Festlegung der Risikostrategie des Unternehmens ist daher für die folgenden Prozesselemente der Risikosteuerung der richtungsvorgebende erste Schritt. 552

[426] Dies wird in der anglo-amerikanischen Literatur auch als „risk appetite" plastisch umschrieben.

[427] Nur beispielhaft sei angeführt, dass es die Kunden ebenso wie die eigenen Mitarbeiter eines bisher traditionell operierenden Familienunternehmens befremden würde, wenn über dieses Unternehmen bekannt würde, dass es zB durch Devisenspekulationsgeschäfte an die Grenze seiner finanziellen Belastbarkeit gelangte. Im umgekehrten Fall würden sich Kunden und Mitarbeiter wundern, wenn ein im Wertpapiergeschäft tätiges Unternehmen sich so konservativ verhält wie ein Familienunternehmen.

Abb. 4: Steuerung klassischer Unternehmensrisiken

2. Risikokapazität

553 Die Risikostrategie muss zunächst die Risikokapazität des Unternehmens als Grundlage aller weiteren Überlegungen zur Gestaltung der identifizierten Risiken berücksichtigen. Die Risikokapazität eines Unternehmens ergibt sich aus der Höhe und der Art der Risiken, die das Unternehmen im Hinblick auf seine **Kapitalstruktur** und seine Möglichkeiten der **Liquiditätsbeschaffung** maximal bei der Verfolgung seiner unternehmensstrategischen Ziele bewältigen kann.[428] Daher kann man die Risikokapazität mit der Fähigkeit des Unternehmens gleichsetzen, Verluste aus risikobehafteten Geschäften zu absorbieren.

554 Es wäre jedoch zu kurz gesprungen, würde man die maximale Risikokapazität nur unter rein finanzwirtschaftlichen Gesichtspunkten betrachten. Wie bereits gezeigt, können sich die nachgelagerten Folgen risikobehafteter Geschäfte sehr negativ auf die Reputation des Unternehmens und die Loyalität seiner Kunden und Mitarbeiter auswirken. Daher mag ein Unternehmen die durch eingetretene Risiken ausgelösten finanzwirtschaftlichen

[428] Vanini/Rieg S. 311 ff.

Konsequenzen zunächst überleben, kann aber aufgrund der **langfristigen** Folgen der Krise dennoch an einer Überschätzung der eigenen Risikokapazitäten scheitern.

3. Risikotoleranz

Ein weiterer, für die Gestaltung der Unternehmensrisiken bestimmender Faktor ist die Risikotoleranz des Unternehmens bzw. der Unternehmensleitung. Der Begriff wird regelmäßig in Verbindung mit der Frage verwendet, welche Art von Investition – und damit Risiko – für einen privaten Investor die richtige Wahl ist.[429] Dieser Begriff ist jedoch auch für die Perspektive einer Unternehmensleitung auf die Risiken, welchen sich das Unternehmen gegenübersieht, relevant. 555

Ähnlich wie ein privater Investor müssen sich auch die Mitglieder der Geschäftsleitung mit den Risiken, die sie mit den ihnen anvertrauten Ressourcen eingehen, **wohlfühlen.** Selbst wenn das Unternehmen auf Basis seiner starken finanzwirtschaftlichen Position eine Risikokapazität in Höhe mehrerer Mio. EUR aufweist und daher eine zu erwartende maximale Schadenshöhe in einer entsprechenden Größenordnung verkraften könnte, heißt dies noch lange nicht, dass eine konservativ orientierte, vorsichtig agierende Geschäftsleitung willens ist, diese Risikokapazität auszuschöpfen. Die geringere Risikotoleranz führt zwar dazu, dass unter Umständen stärker risikobehaftete Chancen nicht wahrgenommen werden können. Dies nimmt man jedoch gern in Kauf, wenn ein aggressiveres Verhalten nicht zur präferierten Vorgehensweise der Geschäftsleitung gehört. 556

Geschäftsführer, die ein sehr aggressives Vorgehen bevorzugen, würden dafür kein Verständnis haben und die Risikokapazität des Unternehmens ausreizen, in der Erwartung, dass das Eingehen höherer Risiken durch höhere Renditen belohnt wird – und sich dabei wohlfühlen. 557

4. Ertragschancen

In direktem Zusammenhang mit der Risikokapazität und der Risikotoleranz steht die Beantwortung der Frage, welche Risiken das Unternehmen eingehen sollte, um sich mit ihnen eröffnende Ertragschancen ausnutzen zu können. 558

Bei der Beantwortung dieser Frage ist zu klären, ob die identifizierten Chancen ein so hohes Ertragspotential aufweisen, welches das Risikopotential so weit übersteigt, dass das Eingehen dieses Risikos gerechtfertigt erscheint. Ebenso wie bei einer Risikoanalyse zwischen potenzieller Schadenshöhe und deren Eintrittswahrscheinlichkeit differenziert werden muss, ist diese Unterscheidung auch bei der Betrachtung von Ertragschancen erforderlich. Daher setzt sich der Wert einer Ertragschance zusammen aus dem potenziellen maximalen Gewinn und der **Eintrittswahrscheinlichkeit,** dass diese Chance vollumfänglich genutzt werden kann. 559

Hierbei muss beachtet werden, dass die Eintrittswahrscheinlichkeit der Möglichkeit. eine Chance wahrnehmen zu können, nicht dieselbe Höhe aufweisen muss, wie die des Risikoeintritts. Im Hinblick auf die Risikokapazität des Unternehmens und seiner Risikotoleranz kann es daher richtig sein, eine Chance ungenutzt zu lassen. 560

5. Risikogrenzen

In einem weiteren Schritt können zB einzelnen Geschäftsbereichen Risikogrenzen vorgegeben werden, die diese nicht überschreiten dürfen. Sofern das Unternehmen nicht einer 561

[429] Die SEC definiert den Begriff „Risk Tolerance" als die Fähigkeit und die Bereitschaft eines Investors, einen Teil oder das gesamte eingesetzte Investitionskapital zu verlieren im Austausch für die Aussicht auf eine höhere Rendite der Investition, SEC, Beginners' Guide to Asset Allocation, Diversification, and Rebalancing, https://www.sec.gov/about/reports-publications/investor-publications/investor-pubs-asset-allocation, zuletzt abgerufen am 14.2.2023.

solchen divisionalen Struktur folgt, sondern funktional organisiert ist, würden entsprechende Grenzen den einzelnen Gliedern der Wertschöpfungskette zugeordnet werden.

562 Diese Grenze bestimmt, in welchem Umfang letztendlich Maßnahmen der Risikosteuerung zu ergreifen sind. Dies kann von Geschäftsbereich zu Geschäftsbereich, von Funktion zu Funktion unterschiedlich sein. Sollte eine solche Grenze überschritten werden, hat das Risikomanagement bzw. die Geschäftsleitung sofort entsprechende Gegenmaßnahmen einzuleiten.

6. Maßnahmen der Risikosteuerung

563 Die Schritte zur Gestaltung der Risiken des Unternehmens können sowohl auf die Vermeidung bzw. die Minderung der Ursachen eines Risikos als auch auf die Reduzierung der Risikofolgen gerichtet sein. Des Weiteren können Maßnahmen implementiert werden, die zu einer Risikobegrenzung führen oder es werden Risiken an Dritte weitergegeben.

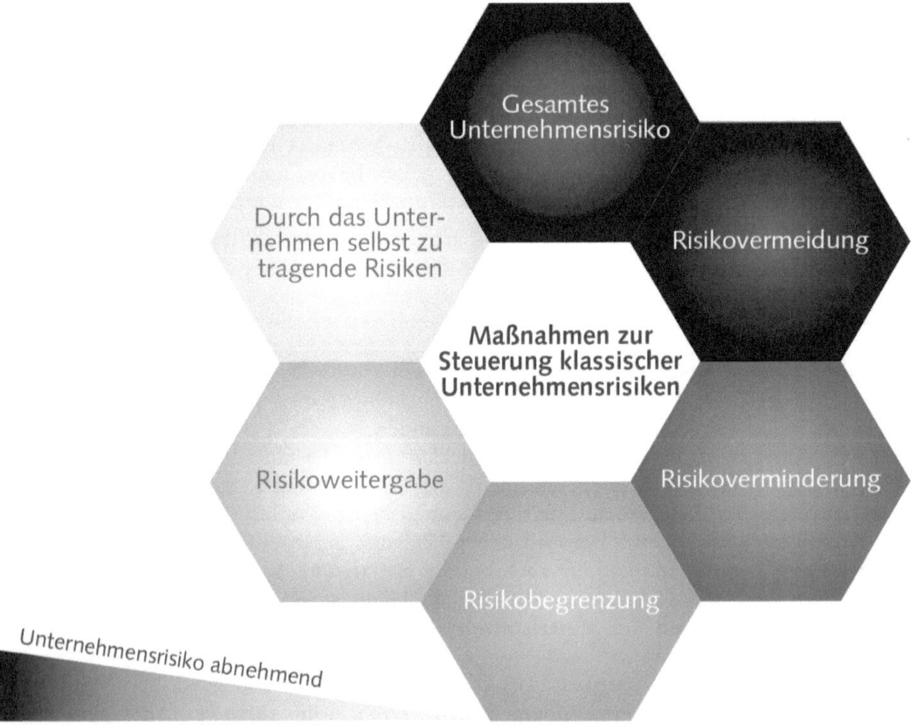

Abb. 5: Maßnahmen zur Risikosteuerung

a) Risikovermeidung

564 Das Vermeiden von Risiken zielt auf das Ausschalten von risikoverursachenden Sachverhalten. So können Maßnahmen zur Risikovermeidung darin bestehen, dass bestehende Prozesse so umgestaltet werden, dass zB eine Umweltgefährdung in einem Produktionsprozess oder **Diebstähle** von Unternehmenseigentum durch entsprechende Maßnahmen ausgeschlossen werden.

565 Sofern sich das identifizierte Risiko durch solche prozessverändernden Maßnahmen nicht ausschließen lassen kann, so bleibt als ultima ratio der Risikovermeidung die Entscheidung, den risikobehafteten Prozess bzw. das betreffende Geschäft künftig nicht mehr

durchzuführen. Dies kann zB bedeuten, dass sich die Unternehmensleitung dazu entschließt, Geschäfte in einem bestimmten hochkorruptiven Staat nicht mehr zu tätigen.

Maßnahmen, die dazu dienen, Compliance-Risiken zu vermeiden, wie zB entsprechende Schulungen, sind zunächst ein Kostenfaktor. Auch kann es bei Geschäften in Hochrisikoländern dazu kommen, dass man aus Compliance-Gründen nicht den gewohnten Absatz bzw. Umsatz erzielen kann, da man mit bestimmten Kunden keine Geschäfte machen kann, da diese zB auf schwarzen Listen stehen oder mit einem Exportembargo belegt sind. 566

Unterdurchschnittliche Umsatzzahlen verbunden mit überdurchschnittlichen Kosten für Compliance-Maßnahmen wirken sich negativ auf die in einem Markt erzielbaren Renditen aus. Dennoch ist die Entscheidung, sich aus einem Markt aus Compliance-Gründen zu verabschieden, sehr sorgfältig abzuwägen. 567

Handelt es sich um einen umsatz- *und* renditestarken Markt, so mag es sinnvoller sein, zB durch eine vorsichtige Personalauswahl, durch entsprechende Schulungen und Prozessveränderungen das **Korruptionsrisiko** zu mindern. Anders wäre die Situation zu bewerten, wenn der Markt zwar umsatzstark ist, die eingesetzten Ressourcen jedoch nicht adäquat verzinst werden. In diesem Fall müssen erhebliche Gründe vorliegen, warum man sich als Unternehmen weiterhin in einem Markt engagiert, der nicht die gesteckten Renditeziele erreicht, jedoch erhebliche (straf-)rechtliche und wirtschaftliche Risiken in sich birgt. 568

Sicherlich sollte die Aufgabe eines Marktes, eines Produktes oder eines Prozesses das letzte Mittel bleiben, um ein Risiko zu vermeiden, denn ohne das Eingehen von Risiken ist unternehmerisches Handeln nicht vorstellbar.[430] 569

b) Risikoverminderung

Maßnahmen zur Risikoverminderung zielen regelmäßig auf die Reduzierung der Eintrittswahrscheinlichkeit eines Risikos oder auf dessen maximale Schadenhöhe ab.[431] Dies kann durch eine Streuung des identifizierten Risikos erreicht werden. So bleiben dem Unternehmen durch eine **Diversifikationsstrategie** identifizierte Chancen trotz der mit ihnen verbundenen Risiken erhalten. Werden zusätzliche Märkte bzw. Kundensegmente erschlossen, ergeben sich damit zusätzliche Gewinnchancen und es lässt sich hierdurch idR auch eine Verminderung des Risikos erreichen. Denkbar ist ebenfalls die Verteilung von Risiken, indem zB Fertigungsanlagen nicht allein in einem von Umweltkatastrophen oder anderen länderspezifischen Risiken heimgesuchten Standort unterhalten werden, sondern auf verschiedene Standorte verteilt werden. 570

Voraussetzung ist allerdings, dass die Risiken nicht positiv miteinander korrelieren. Darüber hinaus ist zu beachten, dass die mit einer Diversifikation einhergehende zunehmende Komplexität der Prozesse einen deutlich höheren Managementaufwand verursacht. Zwar können durch Diversifikationen auch Skaleneffekte generiert werden, die Komplexitätskosten sind jedoch dagegen zu rechnen. Auch ist es bei einem auf Langfristigkeit angelegtem Unternehmen nicht ohne Weiteres möglich, die Korrelation der einzelnen Risiken stabil zu halten. 571

c) Risikobegrenzung

Die Begrenzung von Risiken erfolgt durch das Setzen von Risikogrenzen. Diese können definiert werden zB für einzelne Bereiche oder bestimmte Arten von Geschäften. Wenn ein Unternehmen seine Produkte zB in die USA exportiert und in USD fakturiert, so kann zB die Unternehmensleitung bzw. der Bereich, der Eigner des Risikos ist, entscheiden, dass der Export bis zu einem Wechselkurs von 1,25 USD ohne **Währungssicherungsmaßnahmen** erfolgen darf. Verliert der EUR an Wert und fällt unter die Grenze 572

[430] Und nur deshalb erzielt ein Unternehmen idR eine höhere Rendite als ein Sparbuch.
[431] Wolke Risikomanagement S. 95ff.

von 1,25 USD, so kann das Unternehmen festlegen, dass in diesem Fall automatisch Währungssicherungsgeschäfte für einen Teil des noch für das verbleibende Geschäftsjahr geplanten Umsatzes oder für den gesamten noch nicht realisierten Planumsatz abzuschließen sind.

573 Anders als die Risikovermeidung erlaubt die Risikobegrenzung einem Unternehmen, Chancen weiterhin wahrzunehmen. So würde in unserem Beispiel das Unternehmen von einem steigenden Kurswert des US-Dollars profitieren, da beim Verkauf der US-Währung ein höherer EUR-Betrag erlöst werden könnte. Durch die Festlegung eines Wechselkurslimits und der Definition der zu initiierenden Gegenmaßnahmen im Falle eines Kursverfalls des Euros kann das Unternehmen verhindern, dass eine Margenverschlechterung eintritt oder dass das USA-Geschäft gar unprofitabel wird.[432]

574 Dies setzt aber einen Informationsfluss über die aktuelle Entwicklung, in unserem Fall des US-Dollarkurses, und eine stete Kontrolle der Einhaltung der Limits voraus, die sich das Unternehmen gesetzt hat. Darüber hinaus muss die Umsetzung der Gegenmaßnahmen verfolgt werden.

Das hier gewählte Beispiel ist ein aus Anschauungsgründen erheblich vereinfachter Fall einer möglichen Maßnahme der Risikobegrenzung. Bei der Entscheidung, ab welchem Wechselkurs Währungssicherungsgeschäfte abzuschließen sind, müssen unter anderem auch die Kosten der Sicherung berücksichtigt werden, die sich negativ auf die Rendite auswirken. Auch, und das trägt nicht zur Erleichterung der Entscheidungsfindung bei, sind dann die Währungspositionen geschlossen, was bedeutet, dass das Unternehmen für den Rest des Geschäftsjahres nicht mehr von einer noch eintretenden Erholung der Währungsrelation profitieren würde.

d) Risikoweitergabe

575 Im Gegensatz zu den vorgenannten Maßnahmen richtet sich die Risikoweitergabe nicht auf die Gestaltung der Höhe der Eintrittswahrscheinlichkeit oder der maximalen Schadenhöhe des identifizierten Risikos. Vielmehr wird es auf einen außerhalb des Unternehmens befindlichen Dritten verlagert.

576 Dazu ist eine entsprechende **Vereinbarung** erforderlich, die mit einem Geschäftspartner, wie zB einem Lieferanten bzw. Kunden oder mit einem Versicherungsunternehmen getroffen werden kann. In beiden Fällen zahlt das Unternehmen, das sein Risiko auf einen Dritten verlagern möchte, diesem eine Prämie dafür, dass er das Risiko auf seine Bücher nimmt. Dies erfolgt im Fall einer Versicherung durch das Bezahlen einer Versicherungsprämie.[433]

577 Gelingt es, das Risiko auf einen Kunden oder Lieferanten zu verlagern, so muss zwar keine Prämie im engeren Sinne dafür bezahlt werden. Muss jedoch zB der Lieferant einen bestimmten risikobehafteten Leistungsumfang erbringen, der üblicherweise in die Sphäre des Kunden fallen würde, so wird sich dies, abhängig von der Marktmacht der Parteien, in einem höheren Preis des Produktes niederschlagen.[434]

e) Durch das Unternehmen zu tragende Risiken

578 Die nach dem Einsatz der o.g. Maßnahmen im Unternehmen verbleibenden Risikoumfänge entsprechen dem Volumen, das innerhalb der Risikokapazität des Unternehmens

[432] Eine Maßnahme der Risikovermeidung wäre in diesem Fall – zumindest theoretisch – die Fakturierung in EUR. Praktisch ist dies jedoch auf dem amerikanischen Markt nicht durchsetzbar. Das Unternehmen hätte zwar mit dieser Maßnahme erfolgreich das Risiko beseitigt, mit diesem aber auch das Geschäft.

[433] Den Möglichkeiten Risiken zu versichern sind praktisch keine Grenzen gesetzt. Ob es sich um befürchtete Forderungsausfälle oder politische Risiken handelt, Naturkatastrophen, die Gebäude in Mitleidenschaft ziehen und zu Produktionsausfällen führen, Fehlentscheidungen des Managements und selbst Reputationsschäden sind heute versicherbar.

[434] Ein Beispiel hierfür ist die Fremdkapitalaufnahme, bei der sich der Zinssatz ua auch nach dem vom Darlehensgeber identifizierten Kreditrisiko richtet.

liegt und das die Unternehmensleitung bereit ist zu tragen. Auch sollten sie dem Umfang entsprechen, der als betriebswirtschaftlich sinnvolles Risikovolumen betrachtet wird, dem entsprechende ergebnisverbessernde Chancen gegenüberstehen sollten.

Ebenso kann sich die Geschäftsleitung dazu entschließen, Maßnahmen der Risikominimierung zu unterlassen, da die hierzu aufzuwendenden Mittel im Verhältnis zur Eintrittswahrscheinlichkeit und der zu erwartenden Schadenshöhe des Risikos einen unverhältnismäßig hohen Aufwand verursachen würden. Darüber hinaus können Überlegungen, Chancen trotz der inhärenten Risiken nutzen zu wollen dazu führen, dass Risiken weiterhin im Unternehmen verbleiben sollten. 579

Checkliste 22: Steuerung der Unternehmensrisiken

- ❑ Wird eine **effektive Steuerung** der Unternehmensrisiken sichergestellt in Bezug auf Risikostrategie, Risikokapazität, Risikotoleranz und Risikogrenzen?
- ❑ Wird der **Risikoappetit** des Unternehmens berücksichtigt?
- ❑ Werden die Auswirkungen von Risiken auf die **Reputation** und **Kreditwürdigkeit** des Unternehmens betrachtet?
- ❑ Ist die **Risikokapazität** des Unternehmens definiert worden?
- ❑ Wird definiert, welche **Risiken** seitens der Geschäftsleitung **toleriert** werden und welche nicht?
- ❑ Weisen die identifizierten Risiken ein so hohes **Ertragspotential** auf, dass das Eingehen des Risikos gerechtfertigt erscheint?
- ❑ Werden für die einzelnen **Geschäftsbereiche Risikogrenzen** festgelegt?
- ❑ Werden **Maßnahmen** zur Risikosteuerung ausgearbeitet?
- ❑ Welche Maßnahmen werden ergriffen, um Risiken zu vermeiden, zu mindern, zu begrenzen oder Risiken weiterzugeben?

VI. Risikomonitoring

Obwohl es sich um einen klar strukturierten Prozessaufbau handelt, ist beim Risikomanagement wie auch bei allen anderen Unternehmensprozessen eine kontinuierliche Überprüfung der Prozessqualität wünschenswert. Daher sollte der gesamte Prozess des Risikomanagements und dessen einzelne Ergebnisse im Hinblick auf weitere Verbesserungsmöglichkeiten kritisch überprüft werden. 580

Dazu wird die Effizienz und Effektivität der Identifikation der Unternehmensrisiken analysiert und im Rahmen eines **ex-post-Vergleichs** bewertet, ob die identifizierten Risiken sich tatsächlich im Geschäftsverlauf des Unternehmens wiederfanden oder ob völlig andere Risiken unterjährig auftauchten, die eine Bedrohung für die Erreichung der strategischen Ziele des Unternehmens darstellten. Werden bei der Analyse der Prozesse und deren Ergebnisse Defizite festgestellt, sind diese, wie auch der Prozess der Überprüfung selbst, zu dokumentieren. In einem weiteren Schritt sind die identifizierten Schwachstellen durch entsprechende Anpassungen des Risikomanagementprozesses zu beseitigen. 581

Ebenso wichtig wie die kontinuierliche **Verbesserung** der Prozessqualität des Risikomanagements ist die Kontrolle der Wirksamkeit der initiierten Maßnahmen der Risikosteuerung. Es obliegt dem Risikomonitoring daher auch zu überwachen, ob die definierten Gegenmaßnahmen umgesetzt worden sind und ob diese den gewünschten Erfolg gebracht haben. Sollte dies nicht der Fall sein, sind zusätzliche Maßnahmen zu initiieren, die das Risiko entsprechend der definierten Ziele steuern. 582

Darüber hinaus wird im Risikomonitoring das **Umfeld** des Unternehmens beobachtet, um Risiken zu erfassen, die unterjährig auftauchen und unter Umständen von für das Unternehmen bestandsgefährdender Natur sein können. 583

Checkliste 23: Monitoring der Unternehmensrisiken

- ❑ Ist sichergestellt, dass im Unternehmen eine **kontinuierliche Überprüfung der Wirksamkeit** der Risikosteuerung erfolgt?
- ❑ Wird das Unternehmensumfeld auch außerhalb der Berichtsfristen nach **neu in Erscheinung** tretenden Risikolagen beobachtet?
- ❑ Werden alle Ergebnisse des Risikomonitorings ordentlich dokumentiert?

B. Integration in bestehende Unternehmensprozesse

584 Die kurz umrissene Vorgehensweise beim Management klassischer Unternehmensrisiken könnte bei ihrer Integration in die operativen Unternehmensabläufe als isolierter, selbstständiger Prozess implementiert werden. Es ist jedoch vorteilhafter, das Management der Unternehmensrisiken in bereits bestehende Unternehmensprozesse zu integrieren. Dadurch kann auf bestehende Prozessabläufe aufgesetzt und es können bereits vorhandene Organisationsstrukturen genutzt werden. Indem bewährte Vorgehensweisen um die neue Komponente „Risikomanagement „ erweitert werden, kann die Implementierung des Risikomanagementprozesses schneller erfolgen, was sowohl Zeit als auch Kosten spart. Vor allem unter dem Gesichtspunkt des Prozesskostenmanagements ist langfristig die Integration des Risikomanagements die eindeutig günstigere Lösung. Dies bei der Implementierung eines Risikomanagements abzuwägen ist umso wichtiger, je größer das Unternehmen ist, da mit zunehmender Größe idR auch die Komplexität der operativen Prozesse wächst.

585 Neben diesen Vorteilen bietet die Einbettung des Risikomanagementprozesses in bestehende Unternehmensprozesse eine ideale Voraussetzung für die Zuordnung von Verantwortlichkeiten im Rahmen dieses neu einzuführenden Prozesses. Es mag eine Selbstverständlichkeit sein, dass zB mit der Markteinführung eines neuen Produktes für den Vertrieb neue und zusätzliche Verantwortlichkeiten einhergehen. Da das Risikomanagement durchaus noch nicht in der gleichen Weise in den Geschäftsprozessen und damit in den Köpfen der Mitarbeiter als integraler Bestandteil der Tätigkeit zB des Vertriebs verankert ist, soll hier dennoch deutlich erwähnt werden, dass für das Management von Risiken nichts anderes gelten kann.[435]

586 Die Zuweisung neuer Aufgaben, die durch Mitarbeiter und Führungskräfte wahrzunehmen sind, ist regelmäßig nicht nur mit zusätzlicher Arbeit verbunden. Es geht auch eine zum Teil erhebliche, zusätzliche Verantwortung damit einher. Auch ist es im Normalfall nicht damit getan, dass diese Arbeit irgendwie und irgendwann erledigt wird. Vielmehr muss der Mitarbeiter die zusätzliche Leistung iRd ihm vorgegebenen Ziele erbringen, bei deren Nichterfüllung er für seine Fehlleistung Rechenschaft ablegen muss.

587 Die Erfahrung lehrt, dass die Quantität und Qualität der Informationen über Risiken am höchsten bei den **Prozesseignern** ist. Sie kennen aus ihrem Tagesgeschäft, die möglichen Risiken und können abschätzen, wie sich Veränderungen der Rahmenbedingungen positiv oder negativ auf das Geschäft und dessen Risiken auswirken können. Sicher ist eine Vogelperspektive sehr hilfreich, um Interdependenzen zwischen unterschiedlichen Geschäftsrisiken zu erkennen, um Querverbindungen zu ganz anderen Risikogruppen zu identifizieren, die weit außerhalb des Unternehmens liegen können. Die Detailkenntnisse eines Geschäftsprozesses und die mit ihm verbundenen Risiken sind jedoch auf der operativen Arbeitsebene am besten bekannt.

588 Im Verständnis der Mitarbeiter ist das mit ihrer Tätigkeit verbundene Risiko die zweite Seite der immerhin noch selben Medaille. Auch wenn sie das Risiko aufgrund zB der Risikokultur oder aufgrund menschlicher Unzulänglichkeiten, mit Risiken objektiv umzu-

[435] Für Compliance-Risikomanagementprozesse gilt dies noch viel weniger (→ Rn. 634 ff.). Daher soll dieses Thema bereits hier beleuchtet werden.

gehen, vielleicht nicht richtig wahrnehmen können, so sind sie leichter davon zu überzeugen, dass Risiken Teil des von ihnen verantworteten Arbeitsprozesses sind.

Anders ist dies bei Compliance. Nicht selten trifft man auf die Auffassung, dass es für 589
die Compliance-Themen einen Compliance Officer gibt. Dieser ist aus Sicht der Mitarbeiter des Unternehmens für „die Compliance" verantwortlich. Damit wird gleichzeitig auch indirekt gesagt, dass der operative Bereich eben nicht für die Compliance der bei ihm stattfindenden Arbeitsabläufe und Geschäfts zuständig ist.[436]

Will man sich das spezielle Knowhow der Mitarbeiter bezüglich der von ihnen verant- 590
worteten Prozesse für die Zwecke des Risikomanagements erschließen, kommt es folglich entscheidend darauf an, dass die Mitarbeiter verstehen, dass die Risiken integraler Bestandteil ihrer Arbeitsprozesse sind und sie sich daher auch mit diesen befassen müssen, selbst wenn es ein zentrales Risikomanagement im Unternehmen geben sollte. Risiken zu managen ist eben ein Teil der operativen Aufgabe und damit durch auch durch jeden Mitarbeiter wahrzunehmen. Der Prozess der Risikoidentifikation kann und sollte daher grds. nicht von anderen als den für den Arbeitsprozess Verantwortlichen durchgeführt werden. Dies gilt sowohl für das klassische Risikomanagement als auch für das Compliance-Risikomanagement.

Für das Risikomanagement böte es sich deshalb an, in einen **unternehmensübergrei-** 591
fenden Prozess integriert zu werden, der zwar zentralerseits gesteuert, dessen Inhalte jedoch dezentral erfasst werden. Ein solcher Prozess ist der bereits in vielen größeren Unternehmen existierende Prozess der Operativen Planung. In den folgenden Abschnitten sollen daher die Operative Planung als Steuerungsprozess einer Unternehmung allgemein beschrieben werden. In einem zweiten Schritt wird dann, um es möglichst anschaulich zu gestalten, anhand des fiktiven Beispiels der CRM AG der Ablauf eines in die Operative Planung integrierten Risikomanagementprozesses dargestellt.

I. Die Operative Planung

Die operative Planung ist Teil des Planungs- und Kontrollsystems eines Unternehmens. 592
Ähnlich wie beim Begriff des Risikomanagements gibt es noch keine einheitliche Definition des Planungsbegriffs.[437] Die Operative Planung soll daher in unserem Kontext verstanden werden als ein rollierender Planungsprozess, der einen Prognosezeitraum von einem bis maximal fünf Jahren abbildet. Er dient der Planung der Schritte, die zur Erreichung der vom Vorstand und Aufsichtsrat festgelegten Unternehmensziele für diesen Zeitraum erforderlich sind. Es werden dazu die strategischen Unternehmensziele herunter gebrochen, operationalisiert auf Zielvorgaben, die von den einzelnen Unternehmensbereichen, Tochtergesellschaften, Bereichen und Abteilungen erreicht werden müssen. Die Zielerreichung jedes einzelnen Bereichs trägt zur Zielerreichung des Unternehmens bei. Besteht ein **Zielvereinbarungssystem,** werden die Vorstandsziele herunter kaskadiert bis auf die Ebene der untersten Führungskraft, die über die persönliche Zielvereinbarung in das System der der Operativen Planung mit eingebunden ist.

---

[436] Zum Selbstverständnis des Compliance Officer, dessen operativen Aufgaben, insbes. in Bezug auf die wichtigsten Bausteine eines effizienten Compliance-Managementsystems, der inhaltlichen Gestaltung eines Verhaltenskodexes und der erforderlichen Compliance-Richtlinien, dem Aufbau der Compliance-Organisation und -Prozesse, einschließlich einer Whistleblower-Hotline sowie den Maßnahmen zur Verstetigung der Compliance-Arbeit und der Haftung des Compliance Officer s. ausf. Kark, Plötzlich Compliance Officer, 2021.

[437] Horváth Controlling/Gleich/Seiter S. 71 ff. Es kann hier nur in sehr groben Zügen die Operative Planung und deren Einbindung in die Unternehmensführung und strategische Planung angeschnitten werden und nur soweit sie für das Thema Compliance-Risikomanagement von Relevanz ist. Eine detaillierte Beschreibung bleibt der sehr umfangreichen betriebswirtschaftlichen Literatur zur Unternehmensplanung vorbehalten.

593 Der Planungsprozess erfordert nach der Zielvorgabe durch den Vorstand die Festlegung der **Planungsprämissen.** Dazu gehören zB die prognostizierten volkswirtschaftlichen Rahmendaten, die erwartete Wechselkursentwicklung sowie die Rohstoffverfügbarkeit und -preise und vieles mehr. Sofern keine grundlegenden Hindernisse bestehen, die die Erfüllung der Ziele beeinträchtigen könnten,[438] werden im Planungsprozess die zur Erreichung der Unternehmensziele erforderlichen Ressourcen eingestellt. Dies umfasst nicht nur Sachmittel, sondern ggf. auch zusätzliche Personalkapazitäten (oder deren Abbau). Wie bei jeder Planung gehören auch zu diesem Prozess die Beschreibung, wie die zu erreichenden Ziele exakt aussehen sollen sowie die Festlegung von Terminen und Verantwortlichen für die Erreichung eines jeden Hauptziels und dessen Unterziele.[439]

594 Der zeitliche **Planungshorizont** sollte abhängig vom Unternehmensumfeld so gewählt werden, dass Prognosen noch mit einem gewissen Grad an Genauigkeit abgegeben werden können. Denn sind bereits die Prämissen der Planung im Planungszeitraum zur Makulatur geworden, gilt dies für die weiteren Planungsschritte und die Ziele der Planung eben auch. Bewegt sich das Unternehmen in einem langfristig stabilen Markt und ist das weitere Unternehmensumfeld nur geringen Veränderungen unterworfen, so kann der **Planungszeitraum** erheblich länger sein als bei einem Unternehmen, das sich in einem so volatilen Umfeld bewegt, das bereits über einen Zeithorizont von mehr als 18 Monaten hinaus keine sinnvollen Prognosen mehr zulässt.

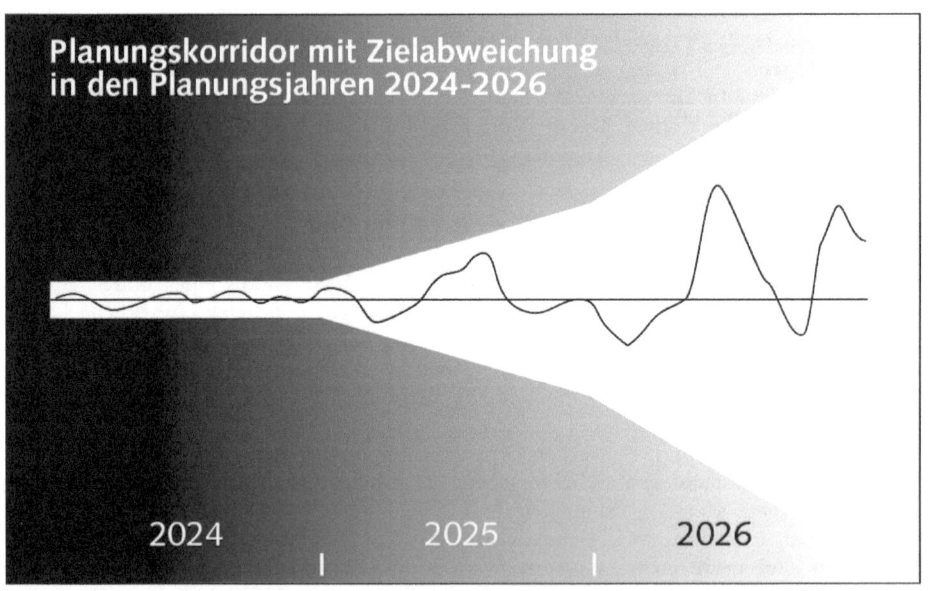

Abb. 6: Planungshorizont der Operativen Planung 2024–2026

595 Daher kann es sinnvoller sein, das erste Planungsjahr sehr genau zu planen und für die darauffolgenden Jahre einen zunehmend gröberen Filter zu verwenden. Die Abweichungen vom geplanten Idealverlauf sollten sich im ersten Planungsjahr nur in einem sehr engen Korridor bewegen, da eine hinreichend genaue Planung möglich sein sollte. Wie Abbildung 6 am Beispiel einer Planung über drei Jahre zeigt, können in den folgenden Jahren Abweichungen in einem breiteren Korridor akzeptiert werden. Dies liegt daran, dass es sich um eine rollierende Planung handelt: Das zweite Jahr der Planung 2024–2026, also das Jahr 2025, ist gleichzeitig das erste Jahr der Planung 2025–2027, was wiederum sehr

[438] Dies wäre zB ein absehbares Handelsembargo oder kriegerische Auseinandersetzungen in einem Absatzgebiet.

[439] Zum Planungsprozess allgemein s. WAE Strategisches Management S. 197ff.

genau geplant werden sollte. Somit kann der Planungsaufwand in Grenzen gehalten und **Scheingenauigkeit** mehrjähriger Planungen vermieden werden.

Beispiel:

Die CRM AG ist ein Konzern mit Sitz in Deutschland. Der Vorstand der Konzernzentrale und die Geschäftsleitungen der drei Geschäftsbereiche führen ein weltweit tätiges Unternehmen, das in mehreren Niedriglohnländern Produktionsgesellschaften unterhält. Zum einen kann dadurch das Kostengefälle zu den Schlüsselmärkten Deutschland und USA ausgenutzt werden. Zum anderen wird die CRM AG damit auch den Anforderungen großer Kunden gerecht, die eine zeitnahe und flexible Belieferung ihrer eigenen Fabriken in diesen Ländern erwarten.

Darüber hinaus sorgen Vertriebsgesellschaften sowie einige Vertriebs-Joint Ventures in Ländern, die eine Kontrolle von Unternehmen durch Ausländer untersagen, für den Verkauf der Produkte auf den Märkten weltweit. Märkte, in welchen die CRM AG keine Vertriebsgesellschaften unterhält, werden entweder über vertraglich gebundene Vertriebspartner oder aus der Zentrale des jeweiligen Geschäftsbereichs in Deutschland heraus betreut. Aufgrund der Bedeutung Asiens für die CRM AG, hat man sich entschlossen, eine Zwischenholding in Hongkong zu etablieren, die von dort aus die Geschäfte der Unternehmensgruppe in sechs asiatischen Ländern sowie die dortigen Landesgesellschaften steuert.

Der Vorstand der Unternehmenszentrale besteht aus sieben Personen. Er setzt sich zusammen aus dem Vorsitzenden des Vorstandes, den beiden Funktionalvorständen für Finanzen und Personal sowie aus den Leitern der Geschäftsführungen der drei Unternehmensbereiche sowie dem Leiter der Holding in Hongkong.

Um die Komplexität und damit die Kosten der Führung der weltweiten Organisation zu reduzieren, gibt es im Ausland in aller Regel nur eine CRM-Tochtergesellschaft im jeweiligen Land, auch wenn mehr als ein Geschäftsbereich dort engagiert ist. Sofern es rechtlich möglich ist, werden akquirierte Unternehmen schnellstmöglich mit der jeweiligen Landesgesellschaft verschmolzen.

Mit zunehmendem Erfolg wurde das Unternehmen und dessen Prozesse immer komplexer. Daher versuchte man dessen Organisationsstruktur zu vereinheitlichen.

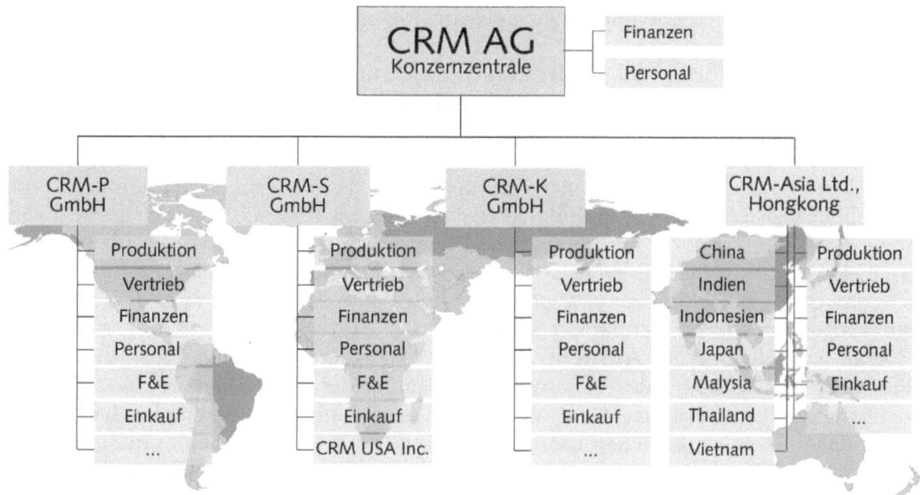

Abb. 7: Die CRM AG

Die Geschäftsleitung einer Landesgesellschaft, wie zB die der CRM USA Inc., eine Tochtergesellschaft der CRM-S GmbH, besteht aus einem CEO und einem CFO. Auch wenn man sich der Komplexität einer Matrixorganisation wohl bewusst ist, berichten der CEO und der CFO jeweils an die drei Geschäftsführer bzw. kaufmännischen Geschäftsführer der deutschen GmbHs, da die CRM USA Inc. Produkte der drei Geschäftsbereiche vertreibt. Die Vertriebsfunktionen werden durch jeweils dedizierte Vertriebsmanager in der CRM USA Inc. wahrgenommen.

Der Vorstand der CRM AG hat in Abstimmung mit dem Prüfungsausschuss des Aufsichtsrates beschlossen, dass eine zusätzliche Funktion „Risikomanagement" zu etablieren ist, die sich mit allen klassischen Unternehmensrisiken der Unternehmensgruppe zu befassen hat. Die dafür erforderlichen Ressourcen sind iRd kommenden Ist-Erwartung einzuplanen und in der Operativen Planung des Unternehmens in den kommenden Geschäftsjahren fortzuschreiben.

1. Operative Planung der CRM AG 2024–2026

596 Im Rahmen der mittel- und langfristigen Planung werden die strategischen Ziele, die die Geschäftsleitung für das Unternehmen festgelegt hat, operationalisiert. Nicht selten wird dazu eine betriebswirtschaftliche Kennzahl als eine solche Zielgröße verwendet. Dies kann zB eine zu erreichende Rendite auf das investierte Kapital, **Return on Investment** (ROI), sein, die vom Vorstand festgelegt worden ist. Diese wird hergeleitet zB aus dem Verzinsungsanspruch der Investoren, die für ihr eingesetztes Kapital und für das mit ihrer Investition verbundene Risiko eine adäquate Verzinsung erwarten. Wie hoch diese Verzinsung sein sollte, hängt darüber hinaus u. a. von der Branche ab, in der das Unternehmen tätig ist und von der Kapitalrendite, die Wettbewerberunternehmen erzielen.

597 In der Operativen Planung werden die Maßnahmen und Ziele bestimmt, bei deren Erreichen das Unternehmen das ihm gestellte ROI-Ziel erfüllt. Dazu gehören neben Produktions-, Umsatz- und Absatz- sowie Marktanteilszielen auch zu erreichende Vorgaben über Investitionen, Kosten, bis hin zu Festlegungen zur Zahl der Mitarbeiter, die in den verschiedenen Bereichen des Unternehmens tätig sind.[440] Der dafür erforderliche Planungsaufwand ist bei der Einführung eines solchen Planungsprozesses erheblich, reduziert sich aber mit jeder weiteren Operativen Planung. Da bei der CRM AG die Operative Planung ein seit langem etabliertes Führungsinstrument ist, beschränkt sich der Aufwand auf die Festlegung der gegenüber dem Vorjahr vorzunehmenden Veränderung der Zielgrößen.

598 In vielen Unternehmen obliegt dem zentralen **Controlling-Bereich** die Koordination der Operativen Planung. Es laufen in diesem Bereich Daten und Informationen zusammen, die dem Vorstand unterjährig iRd Berichtswesens zur Verfügung gestellt werden, damit er zeitnah Entscheidungen auf Basis aktueller Informationen über den Geschäftsverlauf treffen kann. Auf der Grundlage der Informationen, die aus dem Unternehmen an das Controlling berichtet werden, verfolgt dieser Bereich im laufenden Jahr auch die Erreichung der Ziele. Sofern die Leistungen eines Bereichs unterjährig hinter den zu erreichenden Zielen zurückbleiben, erstellt das Controlling Abweichungsanalysen und fordert Korrekturen des eingeschlagenen Weges ein, um die operativen Bereiche darin zu unterstützen, ihre Zielerreichung sicherzustellen.

599 Da als letzte Instanz der **Aufsichtsrat** in der sogenannten Planungssitzung eines jeden Jahres über den Vorschlag des Vorstandes zur Planung der bevorstehenden Geschäftsjahre zu entscheiden hat, erstellt das Controlling einen detaillierten **Planungskalender,** der alle notwendigen Planungsaktivitäten terminlich festlegt, die erforderlich sind, um die Planung rechtzeitig zur Planungssitzung fertigzustellen und dem Aufsichtsrat vorzulegen.

---

[440] Die Liste möglicher Ziele ist beliebig verlängerbar und kann auch weniger leicht quantifizierbare Größen, wie zB Kundenzufriedenheit umfassen. Darüber hinaus sind sehr spezifische Ziele für zB den Service-Bereich oder den Finanzdienstleistungsarm eines Unternehmens denkbar.

Handelt es sich bei der Gesellschaft um ein divisional organisiertes Konzernunternehmen, das über mehrere selbstständig operierende Geschäftsbereiche verfügt, die zudem auch noch juristische Personen sind, wie dies bei der CRM AG der Fall ist, wird dies in den weiteren Planungsschritten durch das Controlling entsprechend berücksichtigt. Das zentrale Controlling bricht zunächst das Konzernziel, in unserem Beispiel ein Return on Investment von 12% p.a., auf die einzelnen Geschäftsbereiche herunter. Dabei sind die spezifischen unterschiedlichen Möglichkeiten und die Leistungsfähigkeit der einzelnen Geschäftsbereiche, zur Zielerreichung beizutragen, entsprechend zu berücksichtigen. Es ist daher durchaus möglich, dass die ROI-Ziele der einzelnen Geschäftsbereiche nicht bei jeweils 12% liegen. Wie in unserem Beispiel kann ein boomender Markt für „Widgets",[441] wie zB in Asien, einen höheren Renditebeitrag zu erbringen haben als ein eher saturierter Markt wie der in Westeuropa. Darüber hinaus haben die wenigen zentralen Funktionalbereiche ebenfalls ihren Beitrag zu leisten. Da Bereiche wie Finanzen und Personal in aller Regel keine Produkte absetzen, beziehen sich deren operative Planungsziele eher auf Vorgaben zB zu Kosten und Personalausstattung, nicht jedoch auf Umsatz, Absatz und Betriebsergebnis (Operating Profit). 600

Im Bereich der Treasury innerhalb des Finanzbereichs kann es jedoch sehr wohl Vorgaben bezüglich eines zu erzielenden Ergebnisbeitrags geben. Dies ist dann der Fall, wenn die Treasury Gewinne in ihrem operativen Geschäft, zB bei der Verwaltung des Unternehmensvermögens oder über den Einsatz derivativer Instrumente (zB Optionsprämien) usw. generiert.

Offiziell wird die Kommunikation mit den Geschäftsbereichen zur Planung der kommenden Geschäftsjahre, in unserem Beispiel die Jahre 2024–2026, mit der Versendung der **Planungsaufforderung** eröffnet. Diese Planungsaufforderung erhalten die jeweiligen Leiter der Geschäftsbereiche. Sie enthalten die von den Geschäftsbereichen jeweils zu erreichenden **Zielvorgaben** sowie die diesen zugrunde liegenden spezifischen Planungsprämissen für die Jahre 2024–2026 (s. Abb. 8, S. 114). 601

Den Controlling-Abteilungen innerhalb der Geschäftsbereiche obliegt es nun zu prüfen, ob die einzelnen Zielvorgaben aus ihrer Sicht überhaupt erreichbar sind. Aufgrund ihrer größeren Nähe zum operativen Geschäft kann es hier durchaus divergierende Ansichten zwischen der Zentrale und den Geschäftsbereichen geben. Diese auszuräumen und zu einer Einigung über das Machbare zu kommen ist im Planungsprozess zwar vorgesehen; wer in diesem Verfahren allerdings am Ende mit seiner Meinung obsiegen und ob ein für die beteiligten Bereiche akzeptabler Kompromiss ausgehandelt werden kann, hängt maßgeblich von der Unternehmenskultur und dem Führungsanspruch der Unternehmenszentrale ab. Daher kann dies von Unternehmen zu Unternehmen außerordentlich stark variieren. 602

[441] „Widget" bedeutet 1: gadget [praktisches Gerät]; 2: an unnamed article considered for purposes of hypothetical example, Merriam Webster Dictionary.

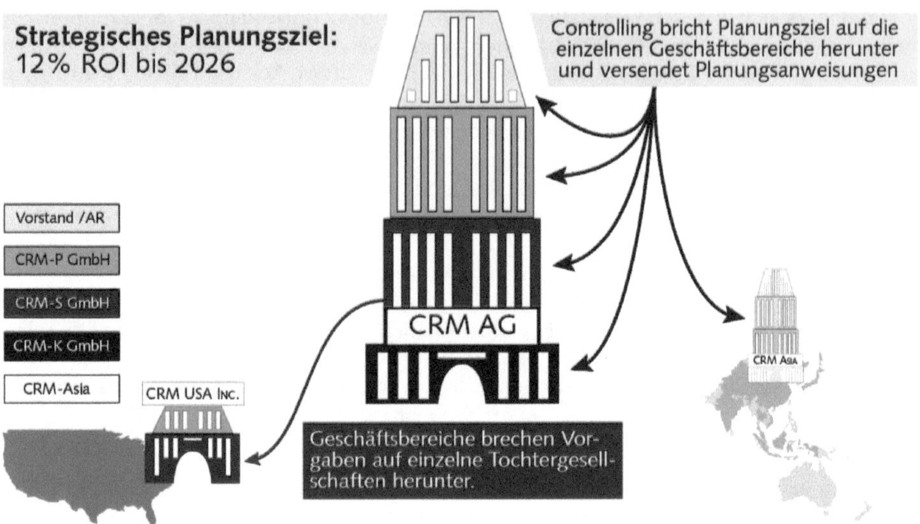

Abb. 8: Die Operative Planung der CRM AG: Die Planungsvorgaben

603 Darüber hinaus muss das Geschäftsbereichscontrolling nun seinerseits die übergeordneten Ziele des eigenen Geschäftsbereichs herunterbrechen und Ziele für die einzelnen Tochtergesellschaften und Funktionalbereiche festlegen. So werden in unserem Beispiel die Geschäftsbereichsziele, die der Geschäftsbereich CRM-S GmbH erhalten hat, auf deren Tochtergesellschaften, wie zB die CRM USA Inc., heruntergebrochen. Auch dieser Vorgang kann ebenso Kontroversen auslösen, wie bereits die Vorgaben zur Planung seitens des zentralen Controlling-Bereichs. Durch ihre größere Nähe zum operativen Geschäft kann die Geschäftsleitung der CRM USA Inc. durchaus der Auffassung sein, dass die gesetzten Ziele seitens der Geschäftsbereichszentrale unangemessen hoch angesetzt worden sind.

604 Innerhalb der Tochtergesellschaften läuft der Prozess wiederum in ähnlicher Form ab. Es wird auch in der CRM USA Inc. geprüft, welche Abteilung welche Kosten- und Umsatz- bzw. Absatzziele erreichen muss, damit die Gesellschaft in Summe die ihr vorgegebenen Ziele erreichen kann.

605 Dieser Prozess läuft in unserem Beispiel zeitgleich und weltweit in der gesamten CRM AG ab, ob im Personalbereich der CRM-P GmbH, in der CRM Asia Holding oder bei den zahlreichen Tochtergesellschaften des Unternehmens. Die Taktung dieses Ablaufes wird durch den **Planungskalender** vorgegeben. Daher werden alle beteiligten Bereiche und Tochtergesellschaften ebenso wie die Funktionalbereiche der Zentrale der CRM AG zu einem konkreten Zeitpunkt ihre spezifischen Planungsprozesse zu einem vorläufigen Zwischenstand entwickeln müssen und an ihre jeweilige zentrale, „vorgesetzte" Stelle berichten.

606 Vom praktischen Ablauf bedeutet dies, dass in unserem Beispiel die Geschäftsleitung der CRM USA Inc., nach entsprechender Aufbereitung durch das eigene Controlling, zunächst gemeinsam mit ihren Abteilungsleitern die Zielvorgaben der Geschäftsbereichszentrale, der CRM-S GmbH, analysiert und die Möglichkeiten erörtert, wie diese zu realisieren sein könnten. Je nach Anspannungsgrad der Planungsvorgaben werden hier bereits kontroverse Diskussionen entstehen über das, was realistisch bzw. unter Aufwendung größter Anstrengungen machbar ist. Ist die Geschäftsleitung der Tochtergesellschaft nicht mit den Planungsvorgaben und -zielen einverstanden, so muss sie einen **Gegenvorschlag** erarbeiten, der aus ihrer Sicht – auch in Bezug auf die zur Verfügung stehenden Ressourcen und Produkte – realistisch erreichbar erscheint.

Letztlich ist es an der Geschäftsleitung der CRM USA Inc. zu entscheiden, ob sie die Planungsvorgaben insgesamt bzw. teilweise akzeptiert oder in ihrer Gänze ablehnt. In jedem Fall muss die CRM USA Inc. spätestens zu dem im Planungskalender vorgesehenen Termin an ihre Zentrale, die CRM-S GmbH, melden, ob und wie sie die Planungsvorgaben umsetzen wird. Ggf. muss sie mit der Geschäftsbereichszentrale ihre eigenen, von den Planungsvorgaben abweichenden Planungsvorstellungen diskutieren. 607

In den Geschäftsbereichszentralen laufen spätestens zu diesem Zeitpunkt weltweit die Planungsinformationen mit den Rückmeldungen ihrer jeweiligen Tochtergesellschaften und Funktionalbereiche zusammen. Spätestens nach einer Auswertung der Daten ist im Geschäftsbereichscontrolling auch bekannt, ob der Geschäftsbereich die Planungsvorgaben der CRM AG Zentrale erfüllen kann oder nicht. Erfahrene Controller wissen dies jedoch bereits vor dem Zeitpunkt der Rückmeldung der Planungsdaten an den Geschäftsbereich. Während der gesamten Planung begleiten sie die Tochtergesellschaften und erfahren auf informellem Wege schon recht frühzeitig, ob die Planungsvorgaben, die der Geschäftsbereich erfüllen soll, in Summe darstellbar sind oder nicht. 608

Dabei kann der Geschäftsbereich entscheiden, intern zB die Planungsvorgaben der CRM USA Inc. aufgrund einer überalterten Produktpalette zu reduzieren und die einer anderen Tochtergesellschaft, die bereits über neue Produkte verfügt, entsprechend zu erhöhen, so dass in Summe die CRM-S GmbH die Planungsziele, die ihr von der CRM AG-Zentrale aufgegeben wurden, erfüllen kann. 609

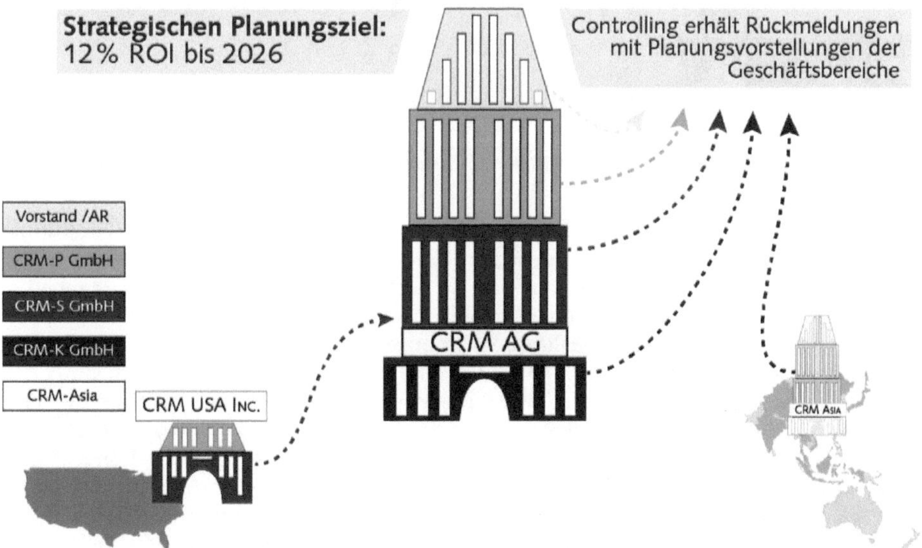

Abb. 9: Die Operative Planung der CRM AG: Rückmeldungen der Geschäftsbereiche

Auf der Ebene der Geschäftsbereiche befasst sich die Geschäftsführung nach einer entsprechenden Aufbereitung ebenfalls mit der Planung und entscheidet darüber, welche Rückmeldung an die CRM AG zu geben ist. Diese kann eine volle Bestätigung beinhalten oder aber auch Gegenvorschläge, die aus der Sicht der Geschäftsleitung der Geschäftsbereiche das realistisch Machbare beinhalten. 610

In der CRM AG gehen im zentralen Controlling die Rückmeldungen der Geschäftsbereiche und die der CRM Asia Holding sowie die der zentralen Funktionalbereiche der CRM AG-Zentrale ein. Im Zweifel weiß man auch in der Zentrale bereits zu diesem Zeitpunkt, ob die Geschäftsbereiche die Planungsansätze akzeptieren oder ob die Zielvorgabe des Vorstandes eines ROI in Höhe von 12% p.a. nur schwer zu erreichen sein wird. 611

612 Das zentrale Controlling gibt dem Vorstand eine entsprechende Rückmeldung. Es hängt maßgeblich von der **Unternehmenskultur** ab, ob und inwieweit sich der Vorstand auf eine Diskussion bzw. Verhandlungen über die zu erreichenden Ziele mit seinen Funktional- und Geschäftsbereichen einlässt. Sicherlich werden uU handwerkliche Fehler, die iRd Planungsprozesses zu unrichtigen Ergebnissen führten, zu diesem Zeitpunkt bereits korrigiert worden sein.

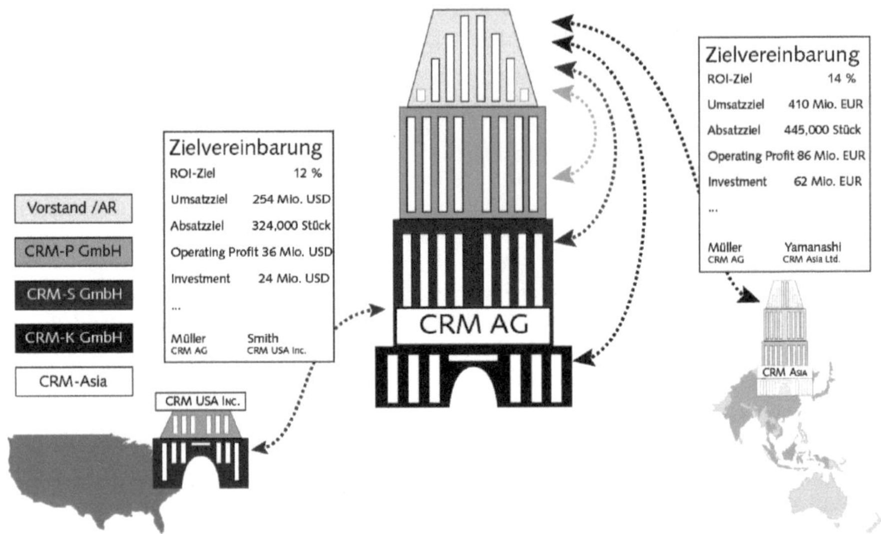

Abb. 10: Die Operative Planung der CRM AG: Zielvereinbarungen mit den Geschäftsbereichen

613 Ist die Planung akzeptiert, werden von der Zentrale und den Leitern der Funktional- und Geschäftsbereiche **Zielvereinbarungen** unterschrieben, die dokumentieren, welche Ziele von wem bis wann zu erreichen sind. Je nachdem wie weit Zielvereinbarungen als Führungsinstrument im Unternehmen verankert sind, wird jede einzelne Führungskraft des Unternehmens mit ihrem jeweiligen Vorgesetzten am Ende dieses Prozesses eine Zielvereinbarung für das Geschäftsjahr 2020 unterschrieben haben.

614 Diese Zielvereinbarungen haben einen bindenden Charakter und sind für die Führungskräfte und die Geschäftsleitungen der CRM AG und ihrer Funktional- und Geschäftsbereiche weltweit von erheblicher Bedeutung. Der Grad der Zielerreichung ist nicht nur indirekt ein Maßstab für die Leistungsfähigkeit der einzelnen Führungskraft. Auch bemisst sich die variable **Vergütung** des Vorstandes und aller nachgeordneten Geschäftsführer und Führungskräfte nach der Erfüllung der mit ihnen jeweils vereinbarten Ziele. Somit hat der Abschluss dieser Zielvereinbarung und die vorausgegangenen Arbeiten und Verhandlungen über deren Abschluss einen wichtigen Einfluss sowohl auf die weitere **Karriereentwicklung** als auch auf das Jahresgehalt der jeweiligen Führungskraft.

615 Der Grad der Zielerreichung wird nach der Erstellung des Jahresabschlusses errechnet, wenn alle Parameter feststehen. Danach bemisst sich, ob die Führungskraft ihre Ziele vollständig erreicht, übererfüllt oder nur zum Teil erreicht hat. Auch hier ist in Einzelgesprächen zwischen der Führungskraft und ihrem Vorgesetzten ein Konsens herzustellen, eine Diskussion, die bei nicht quantifizierten Zielen durchaus kontrovers verlaufen kann.

616 Selbst für Angestellte, die nicht dem Führungskräftekader angehören kommt der Erreichung von in der Operativen Planung definierten Zielen eine erhebliche finanzielle Bedeutung zu. Viele Unternehmen beteiligen mittlerweile ihre Angestellten an der Erreichung der Unternehmensziele mit außertariflichen Bonuszahlungen.

Durch diese Form der Incentivierung wird quasi automatisch ein Verhalten gefördert, das die Erreichung der vereinbarten Ziele zur Grundlage von Entscheidungen der Führungskräfte macht. Dadurch kann, vor allem bei schwieriger Geschäftslage, ein erheblicher Druck bei den Führungskräften verursacht werden. Dies wiederum kann, sofern die Unternehmenskultur diese Möglichkeit eröffnet, auch durchaus objektiv unerwünschte Verhaltensweisen zu Tage treten lassen, auch wenn es den Beteiligten bewusst ist, dass die eigene Zielerreichung nicht ein Zweck ist, der alle Mittel heiligt. 617

2. Organisatorische Einbindung

Dem Controlling kommt iRd Operativen Planung eine bedeutende Rolle zu. Sowohl auf der Konzernebene als auch in den Geschäftsbereichen und deren Tochtergesellschaften nimmt das Controlling grds. sowohl die Aufgabe der Informationskoordination als auch eine Beratungsfunktion für die Entscheidungsträger war.[442] Ein gut aufgestelltes Controlling ist daher im gesamten Unternehmen gut vernetzt und dadurch in der Lage, kritische Situationen, die zB zu einer Planzielverfehlung führen könnten, durch rechtzeitiges Empfehlen von Gegenmaßnahmen abzuwenden.[443] 618

Daher ist der **Controllingbereich** prädestiniert für die Vorbereitung und Durchführung eines sehr komplexen, unternehmensübergreifenden Planungsprozesses. Zum einen verfügt das Controlling bereits über erhebliche Datenmengen über die Geschäftstätigkeit des Unternehmens und all seiner unterschiedlichen Funktionsbereiche entlang der gesamten Wertschöpfungskette. Zum anderen ist das Controlling derjenige Bereich, der über ein möglichst effizientes Berichtswesen den Vorstand und die nachgeordneten Entscheidungsträger mit Informationen und vor allem auch mit Bewertungen versorgt. 619

Das Controlling ist regelmäßig dem **Finanzressort** zugeordnet. Da nicht selten die kaufmännischen Leiter der dezentralen Unternehmenseinheiten führungsorganisatorisch ebenfalls an den Finanzvorstand berichten, besteht in diesen Fällen ein direkter Zugriff auch auf die dezentralen Controlling-Abteilungen der Geschäftsbereiche. Gleiches gilt für die Controlling-Einheiten der anderen Funktionalbereiche, wie zB Personal oder Forschung und Entwicklung, sofern diese über Controller verfügen. 620

Neben der Schlüsselrolle, die dem Controlling im Planungsprozess zukommt, ist buchstäblich jeder Bereich, jede Abteilung und jedes Team des Unternehmens weltweit am Prozess der Erstellung der Operativen Planung beteiligt. Dies gilt auch für das Risikomanagement, das integraler Bestandteil einer jeden Planung ist, sei es für die Operative Planung oder bei der Planung von Projekten. 621

II. Das Risikomanagement in der Operativen Planung

Die Identifizierung und Dokumentation von Risiken, die eine Planung der Geschäftsaktivitäten eines Unternehmens für das bevorstehende Geschäftsjahr in sich birgt, sowie die Entwicklung geeigneter Gegenmaßnahmen, die die Erfüllung der Planziele trotz risikobehafteter Prämissen in der Planung absichern, sind für die strategische Unternehmensführung von erheblicher Bedeutung. Daher muss sich jede Planung auch mit möglichen inhärenten Risiken auseinandersetzen. 622

Die bereits beschriebenen sechs Prozessschritte des klassischen Risikomanagements (→ Rn. 388 ff.) werden auch iRd Operativen Planung durchgeführt, so dass hier nicht nochmals im Einzelnen darauf eingegangen werden muss. Gemeinsam mit anderen Planungsinformationen werden die Bereiche mit der Planungsanweisung aufgefordert, die sie betreffenden Risiken zu identifizierten und die eingeleiteten Gegenmaßnahmen iRd 623

[442] Ausführlich zu den Aufgaben des Controllings Horváth, Controlling, 14. Aufl. 2020.
[443] S. auch Gleißner S. 442 ff.

Planungsprozesses an das Controlling zu berichten. Noch nicht eingeleitete Gegenmaßnahmen sind entsprechend in der Planung zu berichten und die dafür erforderlichen Kosten, zB für Versicherungen, entsprechend einzustellen.

624 Versteht man Risiken als Ursachen für Planabweichungen, so ist eine gute Planung, die auch inhärente Risiken mit in die Betrachtung einbezieht, gleichzeitig ein Mittel zur **Risikoreduzierung.**

C. Organisatorische Einbettung des Risikomanagements

625 Durch seine zentrale Funktion als Informationsdrehscheibe und Prozesskoordinator bietet es sich an, dem Controlling auch die Funktion des Risikomanagements anzuvertrauen. Zahlreiche Berührungspunkte verbinden die **Controlling-Funktion** mit der des Risikomanagements. Eine außerordentlich wichtige gemeinsame Schnittstelle ist die der **Operativen Planung.**

626 Darüber hinaus ist die originäre Funktion des Controllings auf die Vermeidung von negativen Planabweichungen gerichtet. Teilt man die Auffassung, dass Planabweichungen durch die Realisierung von Risiken hervorgerufen werden, so verfügt das Controlling bereits über ein breites Arsenal an Instrumenten, um Planabweichungen frühzeitig zu identifizieren, zu kommunizieren und Vorschläge für entsprechende Gegenmaßnahmen zu entwickeln. Diese finden idR, je nachdem wie ausgefeilt das Berichtswesen eines Unternehmens ist, monatlich oder quartalsweise statt, jedenfalls sehr viel häufiger als die jährlich stattfindende Operative Planung, die naturgemäß primär in die Zukunft gerichtet ist und sich weniger mit aktuellen negativen Veränderungen im Unternehmen oder dessen Umfeld befasst. Dadurch wird das Risikomanagement Teil der Unternehmenssteuerung. Ohne dass ein erheblicher kapazitiver Mehraufwand betrieben werden muss, kann dem Controlling die Wahrnehmung des Risikomanagements übertragen werden.

627 Die gem. § 91 Abs. 2 AktG geforderte Einrichtung eines Frühwarn- und Überwachungssystems kann durch die Integration in bestehende Prozesse und in die Organisation des Controllings effizient und effektiv wahrgenommen werden.

Checkliste 24: Integration des Risikomanagements in bestehende Unternehmensprozesse

- ❑ In welchen bereits existierenden **operativen Geschäftsprozess** kann die Abfrage der Unternehmensrisiken integriert werden?
- ❑ Kann für den Prozess der Risikoabfrage der jährlich stattfindende, **operative Planungsprozess** genutzt werden?
- ❑ Können die Unternehmensrisiken iRv den operativ Verantwortlichen zu beantwortenden **Fragebogen** erfasst werden?
- ❑ Sofern im Unternehmen Jahresgespräche stattfinden, können diese für die Risikoerfassung genutzt werden?
- ❑ Werden die rücklaufenden Antworten auf die Risikoabfrage einer **Validierung** unterzogen?
- ❑ Werden die **Maßnahmen zur Steuerung** der Risiken **akzeptiert** oder sind seitens der zentral für Compliance verantwortlichen Mitarbeiter andere Vorschläge zielführender?
- ❑ Wer hat die organisatorische Federführung bei der Risikoabfrage inne (zB Controlling)?
- ❑ Setzt das Unternehmen **Zielvereinbarungen** ein und enthalten diese Compliance-Ziele?

D. Fazit

Das klassische Risikomanagement ist nicht nur ein integraler Bestandteil moderner vorausschauender Unternehmensführung. Die Einführung eines Frühwarn- und Überwachungssystems ist gem. § 91 Abs. 2 AktG auch eine gesetzliche Pflicht und damit eine Vorgabe, die ein Unternehmen im Rahmen seiner Compliance-Anstrengungen umsetzen muss. Auch wenn sich diese Verpflichtung, Unternehmensrisiken aktiv zu managen, zunächst nur auf klassische Unternehmensrisiken bezogen hat, so treten zunehmend auch Compliance-Risiken in den Fokus der Betrachtung. Aufgrund der erheblichen Haftungsfolgen bei Compliance-Verstößen können diese schnell eine für das Unternehmen bestandsgefährdende Dimension annehmen. 628

Das Management klassischer Unternehmensrisiken ist ein Prozess, der sich in sechs Schritten vollzieht. Auf der Basis der Festlegung der zu betrachtenden Risikoarten durch die Geschäftsleitung übernimmt das Controlling die koordinierende Rolle, unternehmensweit, gemeinsam mit den operativen und anderen funktionalen Bereichen Risiken zunächst zu identifizieren und zu dokumentieren. Die erkannten Risiken werden sodann analysiert und bewertet und den Entscheidungsträgern berichtet, die auf Basis der seitens des Controllings erarbeiteten Vorschläge Gegenmaßnahmen verabschieden. 629

Dieser formale Prozessablauf dient letztlich auch dazu, die nur allzu menschlichen Verhaltensmuster und die Neigung, Risiken zu negieren, zu kanalisieren und eine systematische Erfassung und Steuerung von klassischen Unternehmensrisiken zu ermöglichen. Hierzu ist kein erheblicher Zusatzaufwand erforderlich, wenn es gelingt, die Prozesse des klassischen Risikomanagements in bestehende Abläufe einer modernen Unternehmensführung zu integrieren. 630

Handelt es sich um ein größeres, mehrstufiges Unternehmen, so bietet sich hierzu primär die Operative Planung und das Analyse-, Steuerungs- und Berichtsinstrumentarium des Controllings an, um das gesetzlich geforderte Risikomanagement zu etablieren. Sowohl die Operative Planung als auch die Controllinginstrumente, sind geeignet, drohende negative Abweichungen vom idealen Planungsverlauf zu identifizieren, zu analysieren und den Entscheidungsträgern zu kommunizieren und können somit den Anforderungen an ein modernes Frühwarn- und Überwachungssystem gerecht werden. 631

Compliance-Risiken werden im System des klassischen Risikomanagements bisher nicht abgebildet und gesteuert. Daher wird im folgenden Kapitel (→ Rn. 634 ff.) auf die spezifischen Anforderungen an die Prozesse und die Organisation des Compliance-Risikomanagements eingegangen. 632

Kleine und mittelständische Unternehmen, die bisher noch nicht über ein soweit entwickeltes Führungsinstrumentarium verfügen, müssen sich die Frage stellen, ob und inwieweit der Aufbau eines solchen klassischen Risikomanagementsystems aus unternehmerischer und kaufmännischer Sicht effizient ist. In Kapitel § 6 (→ Rn. 976 ff.) wird dazu ein Vorschlag gemacht, der den Bedürfnissen eines KMU eher entsprechen könnte und der aufzeigt, wie bestehende Risikomanagementansätze sowohl in Bezug auf klassische Unternehmensrisiken wie auch Compliance-Risiken systematisiert werden können. 633

§ 5. Das Management von Compliance-Risiken

Anders als die klassischen Unternehmensrisiken basieren Compliance-Risiken auf Entscheidungen, die gegen maßgebliche Rechtsvorschriften verstoßen. So ist es möglich, dass eine aus rein betriebswirtschaftlicher Sicht sinnvolle und wirtschaftlich damit zunächst risikofreie Entscheidung gegen geltendes Recht verstößt. Damit würde dieser Sachverhalt zwar nicht auf dem Radar des klassischen Risikomanagements erscheinen, sehr wohl aber geeignet sein, durch die mit der Entscheidung ausgelösten Rechtsfolgen dem Unternehmen Schaden zuzufügen. 634

Wie bereits dargestellt, kann durch Compliance-Risiken ein Unternehmen in seinem Bestand gefährdet werden, wenn das Risiko in einen Gesetzesverstoß umschlägt.[444] Daher kommt es entscheidend darauf an, möglichst im Vorfeld zu erkennen, welche Compliance-Risiken im Unternehmen vorliegen und welche Schadensfolgen deren Realisierung auslösen könnte. Nur so lassen sich effektive Gegenmaßnahmen einleiten. Damit ist das Compliance-Risikomanagement der **Schlüssel** zu einem **effektiven** und **effizienten Compliance-Management** im Unternehmen. 635

A. Der Prozess des Compliance-Risikomanagements

Compliance-Risiken sind aufgrund ihres rechtlich geprägten Charakters der Einbindung in ein standardisiertes Vorgehen eines Managements klassischer Unternehmensrisiken nur beschränkt zugänglich. Zum einen fehlt es den Risikomanagern, sei es in einer dedizierten Risikomanagementabteilung oder im Controlling, idR am notwendigen spezialisierten juristischen Fachwissen. Zum anderen greift die Tätigkeit der Compliance viel tiefgehender in das Unternehmen und seine Unternehmenskultur ein, als dies bei dem klassischen Unternehmensrisikomanagement der Fall wäre. Kann man sich als Unternehmen gegen das Risiko bestimmter Schadensereignisse versichern, so ist dies zumeist bei Compliance-Risiken nicht möglich. Das heißt, dass nur durch die Formulierung interner Richtlinien, durch die Schulung der Mitarbeiter, durch eine Korrektur bestehender Prozesse und durch ein langfristiges Hinwirken auf eine Änderung der Unternehmenskultur (→ Rn. 1309 ff.) durch die Geschäftsleitung, in der dann ein Compliance-risikobehaftetes Verhalten nicht mehr toleriert wird, ein Compliance-Risiko abgewendet werden kann. 636

Auch wenn das Management von Compliance-Risiken andere Anforderungen an die damit befassten Mitarbeiter und Führungskräfte stellt, so handelt es sich dennoch um Risiken, deren Management den gleichen logischen Regeln folgen sollte, wie das der **klassischen Unternehmensrisiken.** Darüber hinaus ist es sinnvoll, den Prozess des Compliance-Risikomanagements an dem des klassischen Risikomanagements so weit wie möglich zu orientieren, da dies mehrere Vorteile mit sich bringt. 637

Besteht eine offensichtliche Nähe zum Prozess des klassischen Risikomanagements, werden die zusätzlichen Anforderungen eines Compliance-Risikomanagements im Unternehmen leichter zu vermitteln sein, da es sich um ein im Prinzip bekanntes Vorgehen handelt. Dadurch wird die Implementierung eines Compliance-Risikomanagements erheblich erleichtert, da nur noch die Notwendigkeit des Managements von Compliance-Risiken erläutert werden muss, in Bezug auf den Prozess jedoch weitestgehend auf den bereits etablierten klassischen Unternehmensrisikomanagementprozess verwiesen werden kann. Damit kann die Einführung des Prozesses sehr viel schneller und effizienter erfolgen. 638

Darüber hinaus wird durch eine möglichst dichte Anlehnung an den klassischen Unternehmensrisikomanagementprozess erreicht, dass Compliance nicht als Sonderthema wahr- 639

[444] → Rn. 55 ff., 80 ff.

genommen wird, das allein vom Compliance Officer oder einem Compliance-Bereich verantwortet wird, sondern Teil der normalen Geschäftsabläufe im Unternehmen ist. Dies ist vor allem auch deshalb wichtig, da zB ein in der Zentrale tätiger Compliance Officer allein auf sich gestellt nur schwerlich alle Compliance-Risiken des Unternehmens erfassen, analysieren und quantifizieren kann. Auch wenn der rechtliche Charakter der Compliance-Risiken eine Unterstützung durch die Fachbereiche nicht gerade erleichtert, ist der Compliance Officer zwingend darauf angewiesen, dass die operativ verantwortlichen Führungskräfte und Mitarbeiter ihrer **Verantwortung für das operative Geschäft** eben auch auf dem Gebiet der **Compliance** gerecht werden und ihn in seiner Aufgabe unterstützen.

B. Einbettung in bestehende operative Planungsprozesse

640 Um eine möglichst engmaschige Verknüpfung zu den bestehenden Unternehmensabläufen zu gewährleisten, sollte der Prozess des Compliance-Risikomanagements in die Abläufe der Operativen Planung integriert werden. Eine solche Vorgehensweise birgt eine Reihe, über die oben genannten Vorteile hinausgehenden, Vorzüge, die sich nicht nur auf die Qualität des Compliance-Risikomanagements, sondern sich auch positiv auf die Compliance-Kultur im Unternehmen auswirken.[445]

641 Aus Gründen der Übersichtlichkeit wird daher zunächst erläutert, wie ein **idealtypischer** Compliance-Risikomanagementprozess verläuft. In einem zweiten Schritt wird sodann beschrieben, wie dieser Prozess iRd Operativen Planung eingebettet werden kann und welche Vorteile sich daraus ergeben. Dabei wird bewusst ausführlich erläutert, wie die einzelnen Prozessschritte ineinandergreifen. Da jedes Unternehmen seine spezifischen Anforderungen an ein solches System aufweist, soll diese Beschreibung auch als eine Anregung dienen, einzelne Elemente davon in die eigene Unternehmenspraxis zu übernehmen, so zB bei Unternehmen, die zwar eine Mittelfristplanung als Instrument der strategischen Steuerung einsetzen, diese aber aufgrund des Unternehmenszuschnitts weniger komplex ist als die hier beschriebene.

642 Vor allem kleine und mittelständische Unternehmen verwenden einen sehr viel schlankeren Planungsprozess, in dem sie über sogenannte Jahresgespräche mit ihren Kunden für das neue Geschäftsjahr Lieferungen und Leistungen vereinbaren. Für solche Unternehmen wird in Kapitel § 6. Compliance-Risikomanagement in kleinen und mittelständischen Unternehmen (→ Rn. 976 ff.) ein Modell vorgestellt, das ein Management von Compliance-Risiken außerhalb der Operativen Planung und mit einer reduzierten Komplexität beschreibt.

C. Idealtypischer Compliance-Risikomanagementprozess

643 Anders als beim klassischen Risikomanagement steht in aller Regel für diese Aufgabe kein Controlling-Bereich oder dedizierter Risikomanagementbereich zur Verfügung. Vielmehr ist diese Aufgabe zB durch einen Compliance Officer oder gar von einem Compliance-Bereich wahrzunehmen, der regelmäßig in der Zentrale des Unternehmens angesiedelt ist.

[445] Zur Compliance-Kultur ausführlich → Rn. 1370 ff.

I. Definition der Compliance-Risiken

Compliance-Risiken können ein breit gefächertes Spektrum aufweisen. Vor allem bei der erstmaligen Aufnahme der Compliance-Risiken kommt es daher darauf an, dass die Geschäftsleitung dem Compliance-Managementprozess eine Richtung vorgibt, auf die sich das Compliance-Management zunächst konzentrieren sollte. Welche diese sein kann ist abhängig von der Branche, der Größe und Komplexität sowie dem Grad der Internationalisierung des Unternehmens. Dabei spielt auch die Frage eine wichtige Rolle, ob das Unternehmen in Staaten tätig ist, die in Bezug auf Korruption als **Hochrisikoländer** einzustufen sind.[446] 644

Um solche Vorgaben machen zu können, muss die Geschäftsleitung zunächst eine, wenn auch nur grobe Vorstellung davon haben, wo Compliance-Risiken liegen könnten. Da nicht nur die großen Konzerne, sondern auch zahlreiche mittelständische Unternehmen Geschäftsaktivitäten im Ausland unterhalten, könnte es sich anbieten, mangels konkreter Hinweise auf Compliance-Risiken in anderen Bereichen, zu untersuchen, ob das Unternehmen auch in Hochrisikoländern tätig ist und somit ein Risiko besteht, dass korruptives Verhalten Einzug in die Geschäftsaktivitäten gefunden hat. 645

Auch wenn die Wahrscheinlichkeit nicht besonders hoch sein mag, dass ein deutsches Unternehmen im Ausland seine Aufträge durch zB die Zahlung von Bestechungsgeldern erlangt,[447] so sind jedoch die möglichen Sanktionen, wenn dies doch der Fall sein sollte, gravierend. Aus unterschiedlichen Gründen kann es daher für eine Geschäftsleitung sinnvoll sein, das Thema Korruption als eines der ersten Themen in den Fokus der Compliance-Risikomanagementaktivitäten zu stellen. 646

Zunächst kann der Prozess des Compliance-Risikomanagements an einem Thema erprobt werden, bei dem ein Schadenseintritt vielleicht weniger wahrscheinlich ist, das jedoch gerade durch die Publizität, die es in den Medien gewonnen hat, ein ideales Sachgebiet ist, da jeder Mitarbeiter zumindest auf der Laienebene damit vertraut ist und eine Meinung dazu hat. Auch kann es von Vorteil sein, die Unternehmensorganisation und die Mitarbeiter durch ein Thema wie das der Korruptionsvermeidung, mit den Grundgedanken von Compliance und deren Zielen vertraut zu machen. Es fällt leichter, neue Prozesse und Vorgehensweisen aufzunehmen und zu erlernen, wenn man sich nicht in der Situation sieht, in seinem jeweiligen Verantwortungsgebiet persönlich etwas falsch gemacht zu haben oder sich einem Generalverdacht ausgesetzt sieht. Daher kann mit dieser Vorgehensweise der Aufbau einer defensiven Grundhaltung vermieden werden. 647

Darüber hinaus hat es für die Geschäftsleitung den Vorteil, dass sie im unwahrscheinlichen Fall einer Bestechungstat aus ihrem Unternehmen heraus[448] ihre Haftung zumindest reduzieren kann, sofern sie belegen kann, dass sie sich ernsthaft mit dem Thema befasst hat und dass alle Mittel, deren Einsatz vernünftigerweise erwartet werden darf, auch tatsächlich eingesetzt wurden, um ein solches Verhalten zu unterbinden. 648

[446] Zur Beurteilung, in welchen Ländern ein hohes Risiko besteht, dass geschäftliche Aktivitäten durch Korruption beeinträchtigt werden können, kann der Corruption Perceptions Index von Transparency International herangezogen werden, https://www.transparency.de/cpi/cpi-2022/cpi-2022-tabellarische-rangliste, zuletzt abgerufen am 22.2.2023.

[447] Laut dem „Bribe Payers Index 2011" von Transparency International bewegt sich Deutschland auf Rang 4 der Länder, dessen Unternehmen am wenigsten durch den Einsatz von korruptiven Mitteln auffallen, https://www.transparency.org/en/publications/bribe-payers-index-2011, zuletzt abgerufen am 22.2.2023.

[448] Ein solches Ereignis wird auch als „Black Swan" bezeichnet. Dabei handelt es sich um Geschehnisse, deren Eintritt höchst unwahrscheinlich ist, deren Folgen erheblich sind und von welchen man meint, dass man sie – rückblickend betrachtet – hätte vorhersehen können. Die Finanzkrise ist ein typisches Beispiel für ein solches Ereignis; Taleb, Der schwarze Schwan: Die Macht höchst unwahrscheinlicher Ereignisse, 2008.

Abb. 11: Die sechs Schritte des Compliance-Risikomanagementprozesses

649 In den Folgejahren, wenn sich der Prozess des Compliance-Risikomanagements in die Organisation und das Denken der Mitarbeiter eingeschliffen hat, wird sich die Fokussierung auf spezifische Themen aus den Informationen ergeben, die die Geschäftsleitung und die Compliance Officer unterjährig erhalten und aus welchen sie einen konkreten Handlungsbedarf ableiten. Dennoch kann es erforderlich sein, dass die Geschäftsleitung die Compliance-Aktivitäten des gesamten Unternehmens auf ein spezifisches Thema ausrichten will. Dies kann bspw. durch eine **Gesetzesänderung** notwendig werden, wie zB durch eine Verschärfung des Gesetzes gegen Geldwäsche. Sofern die Geschäftsleitung Erkenntnisse darüber gewonnen hat, dass sich zB ein anderes Unternehmen derselben oder einer ähnlichen Branche mit einer akuten Gefährdungssituation befassen muss, kann es sehr sinnvoll sein, das Compliance-Risikomanagement für einen definierten Zeitraum auf diesen bestimmten Ausschnitt von Risiken zu fokussieren.

650 Die Möglichkeiten, Compliance-Risiken zu managen, hängen hier, ebenso wie beim klassischen Risikomanagementprozess, von den zur Verfügung stehenden **Ressourcen** ab. So spielt es zB eine große Rolle, ob – um beim Beispiel Korruption zu bleiben – die Geschäftsleitung iRd Implementierung ihrer Unternehmensstrategie eine Expansion der Geschäftsaktivitäten in Hochrisikoländer plant und dafür auch dem Compliance-Risiko-

management zusätzliche Ressourcen zur Verfügung stellt. Somit definiert die Geschäftsleitung indirekt die Möglichkeiten der Erfassung der Compliance-Risiken des Unternehmens durch die Bereitstellung entsprechender Ressourcen für das Compliance-Risikomanagement.[449]

II. Identifikation der Compliance-Risiken

Ähnlich wie die Identifikation der klassischen Unternehmensrisiken ist die Erfassung der 651
Compliance-Risiken im Unternehmen entscheidend für die Qualität des Compliance-Risikomanagements. Idealerweise hat der **Compliance Officer** in den Geschäftsbereichen – und diese wiederum bei ihren jeweiligen Tochtergesellschaften -Ansprechpartner, die die Aufgabe eines lokalen Compliance Officer wahrnehmen. Dieses **Netzwerk** lokaler Compliance Officer sollte die jeweiligen Zentralen der Geschäftsbereiche und die Tochtergesellschaften in den wichtigsten bzw. umsatzstärksten Märkten sowie in allen Hochrisikoländern umfassen.

Der zentrale Compliance-Bereich bzw. der Compliance Officer ist regelmäßig dem 652
Vorstandsressort des Vorstandsvorsitzenden zugeordnet. In verschiedenen Unternehmen ist jedoch mittlerweile ein Vorstandsressort „Integrity" geschaffen worden, in dem die Compliance-Abteilung zusammen mit der Rechtsabteilung und der internen Revision angesiedelt ist.[450] Es ist die Aufgabe dieses Bereichs, die Mitarbeiter und Führungskräfte des Unternehmens ebenso wie den Vorstand und den Aufsichtsrat in allen Compliance-Fragen zu unterstützen. Um dies wirksam leisten zu können, muss die Geschäftsleitung zunächst über die im Unternehmen bestehenden Compliance-Risiken informiert werden. Zu diesem Zweck muss der Compliance Officer diese Risiken identifizieren und dokumentieren.

Wie auch bei klassischen Unternehmensrisiken, ist die Kenntnis von möglichen Comp- 653
liance-Risiken bei den operativen Einheiten aufgrund der größeren Nähe zu den relevanten Sachverhalten am größten. Für die Qualität des Prozesses der Compliance-Risikoidentifikation kommt es also entscheidend darauf an, dass der zentrale Compliance Officer in einem systematischen Prozess Zugang zu diesen Information erhält.

Eine systematische Vorgehensweise ist hierbei deshalb besonders wichtig, da Compli- 654
ance-Risiken, noch mehr als klassische Unternehmensrisiken, sowohl durch den allzu menschlichen Umgang mit Risiken im Allgemeinen, vor allem aber auch durch einen Mangel an spezifischen Fachkenntnissen im Speziellen, nicht immer adäquat erfasst bzw. die möglichen Konsequenzen eines Compliance-Verstoßes nicht vollständig erkannt werden.

Für die Qualität des Compliance-Risikomanagementprozesses ist es wichtig – auch im 655
Hinblick auf eine möglicherweise später erfolgende gerichtliche Überprüfung der Vorgehensweise, dass beim Prozessschritt der Risikoidentifikation alle Compliance-Risiken **dokumentiert** werden, die iRd Untersuchung aufscheinen. Eine Bewertung, ob ein Compliance-Risiko wirklich beachtenswert ist oder nicht, bleibt einem separatem Prozessschritt vorbehalten.

---

[449] Die von der Unternehmensleitung für das Compliance-Programm zur Verfügung gestellten Ressourcen sind aus Sicht des DoJ und der SEC ein wichtiges Kriterium bei der Beurteilung, ob die personelle Ausstattung und das Budget des Programmes im Hinblick auf die Größe, Struktur und das Compliance-Risikoprofil des Unternehmens angemessen war, DoJ/SEC, S. 60. Gemäß USAM Insert 9–47.120 – FCPA Corporate Enforcement Policy Abschnitt 3.b, kann ein Unternehmen nur in den Genuss eines Strafnachlasses kommen, wenn es ua die Implementierung eines effektiven „compliance and ethics program" nachweisen kann. Dieses setzt wiederum eine Compliance-Kultur (→ Rn. 1370ff.) voraus, die auch das Bewusstsein der Mitarbeiter umfasst, dass Gesetzesverstöße nicht toleriert werden. Darüber hinaus bedingt es einen angemessenen Umfang an Ressourcen, die das Unternehmen seiner Compliance gewidmet hat.

[450] So verfügen zB die Daimler AG und die Volkswagen AG jeweils über ein Ressort „Integrität und Recht"; ABB Ltd. nennt ein vergleichbares Vorstandsressort „Integrity".

Beispiel:

Die Matrix AG ist ein weltweit tätiges Unternehmen. Ihre Geschäftsleitung hat entschieden, dass sich zunächst die präventiven Compliance-Maßnahmen auf Compliance-Risiken aus dem Bereich der Korruption fokussieren sollten. Nicht nur ist man der Auffassung, dass dies ein idealer erster Schwerpunkt für die neu aufgebaute Compliance-Abteilung ist. Auch ist man auf Basis der letzten Revisionsberichte zu dem Schluss gekommen, dass in Ländern, die ein hohes Korruptionsrisiko aufweisen, auch die Qualität der Arbeitsprozesse insgesamt zu wünschen übrig lässt.

Daher soll in allen Ländern, die nach einem international anerkannten Maßstab als Hochkorruptionsländer gelten, ein lokaler Compliance Officer eingesetzt werden. Welche der Staaten, in denen die Matrix AG tätig ist, als Hochrisikoländer eingestuft werden müssen, wird auf Basis der Untersuchung von Transparency International, dem Corruption Perception Index, bewertet. In dem (fiktiven) Staat Dorotokia, der ein CPI von weniger als 40 (von 100) Punkten aufweist, unterhält der Geschäftsbereich, dessen Aktivitäten in der Matrix-I Ltd. gebündelt sind, eine Tochtergesellschaft, die Matrix Dorotokia Ltd.

Daraufhin wurde u. a. in der Matrix Dorotokia Ltd. ein lokaler Compliance Officer benannt, der aus dem Finanzbereich stammt und an den dortigen kaufmännischen Geschäftsführer organisatorisch angehängt ist. Wie gefordert, berichtet er fachlich an seinen Vorgesetzen, den lokalen Compliance Officer des Geschäftsbereichs Matrix-I Ltd.

656 Als lokale Compliance Officer kommen Mitarbeiter in Frage, die einen guten Überblick über die Unternehmensprozesse haben. Prädestiniert hierfür sind oftmals Mitarbeiter aus dem Controlling oder auch zB Mitarbeiter, die aus ihrer Zuständigkeit für die ISO-Zertifizierung des Unternehmens gewohnt sind, stark in **Prozessabläufen** zu denken. Deren zusätzliche fachliche Weiterbildung zum Thema Compliance wird sich jedoch regelmäßig kaum vermeiden lassen. Wie in diesem fiktiven Beispiel ist es wichtig, dass die lokalen Compliance-Mitarbeiter direkt an den Compliance Officer des jeweiligen Geschäftsbereichs bzw. an die Compliance-Abteilung der Zentrale berichten. Dies sorgt für eine gewisse Unabhängigkeit der jeweiligen Mitarbeiter von den lokalen Machtverhältnissen innerhalb einer Tochtergesellschaft, wenn es darum geht, Compliance-Risiken zu adressieren – auch wenn man sich der Grenzen dieses Modells bewusst sein sollte.

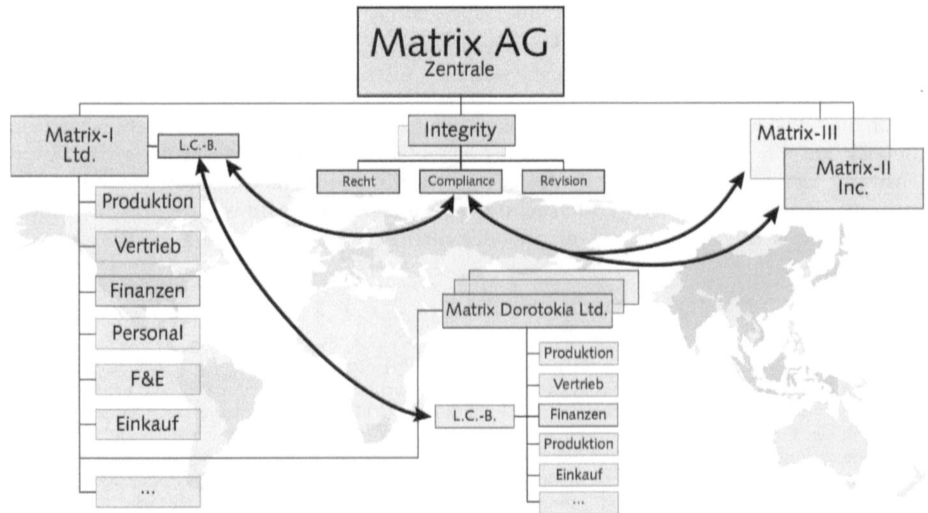

Abb. 12: Compliance-Netzwerk der Matrix AG

Wie auch in der Zentrale ist es die Aufgabe der lokalen Compliance Officer, die Mitarbeiter und Führungskräfte des Geschäftsbereichs bzw. seiner Tochtergesellschaften in allen Compliance-Fragen zu unterstützen. Auch wenn der lokale Compliance Officer erheblich näher an den risikobehafteten Sachverhalten ist, so bleibt er dennoch darauf angewiesen, dass ihm die Mitarbeiter des Geschäftsbereichs oder der Tochtergesellschaft, in der er tätig ist, Hinweise auf mögliche Compliance-Risiken geben. Dazu müssen die Mitarbeiter im Zweifel zunächst einmal instruiert werden, welche Themen aus Compliance-Sicht problematisch sein könnten. 657

Daher liegt regelmäßig einer der Schwerpunkte der Tätigkeit des lokalen Compliance Officers in der Schulung und Information der maßgeblichen Mitarbeiter und Führungskräfte über Compliance-Fragen. 658

Die Notwendigkeit einer engen **Vernetzung** mit den operativen Bereichen wird deutlich, wenn man den Prozess der Identifikation von Compliance-Risiken näher betrachtet. Wie das Beispiel der Matrix AG zeigt, richtet der zentrale Compliance-Bereich seine Anfrage zur Identifikation vorhandener Compliance-Risiken zunächst an seine Ansprechpartner in den drei Geschäftsbereichen sowie an die zentralen Funktionalbereiche und den Vorstand der Matrix AG. 659

Der lokale Compliance Officer in der Matrix-I Ltd. ist, wie auch seine Kollegen in den anderen Geschäfts- und Funktionalbereichen, in der Pflicht, die Compliance-Risiken seines gesamten Geschäftsbereichs, einschließlich der weltweit verstreuten Tochtergesellschaften gemeinsam mit den Prozesseignern zu identifizieren, zu dokumentieren und an die zentrale Compliance-Abteilung zu melden. Diese Funktion ähnelt damit stark der des Controllings beim klassischen Risikomanagement. 660

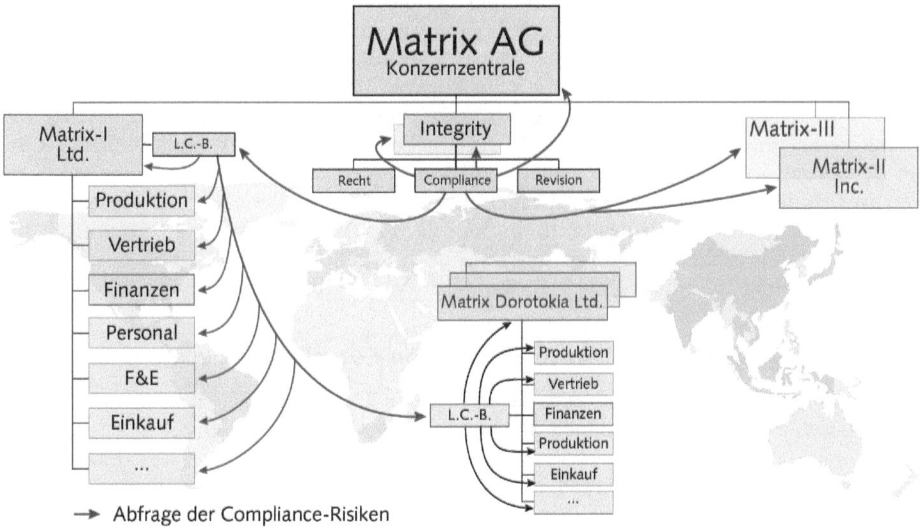

Abb. 13: Die Matrix AG: Die Identifikation von Compliance-Risiken in einer ausgebauten Compliance-Organisation

Der lokale Compliance Officer muss daher eine erhebliche Zahl von Bereichen abdecken und müsste über eine inhaltliche Präsenz von enormer Bandbreite verfügen. Würde er die ihm gestellte Aufgabe im Alleingang bewältigen wollen, bestünde langfristig die Gefahr, dass er mit wenig zielführenden Reaktionen seiner Kollegen in den Fachabteilungen konfrontiert wird: Nur allzu leicht könnte der Eindruck entstehen, dass er derjenige ist, der für die Compliance in dem betreffenden Unternehmensteil verantwortlich ist. 661

Auch wenn dieses Verständnis objektiv falsch ist, macht es dennoch subjektiv aus Sicht der Mitarbeiter viel Sinn, diese Auffassung zu vertreten. Denn schließlich hat der Compli- 662 ance Officer die Risiken allein identifiziert und muss daher auch für die Vollständigkeit der Compliance-Risikoidentifikation die Verantwortung tragen, ebenso wie auch für die weiteren Prozessschritte.

663 Sowohl hinsichtlich der inhaltlichen Qualität der Compliance-Risikoidentifikation als auch in Bezug auf die in dem betreffenden Unternehmensteil gepflegte **Compliance-Kultur** (dazu iE → Rn. 1370 ff.) ist es daher von erheblichem Vorteil, wenn der Compliance Officer seine Aufgabe wiederum an die Compliance-Verantwortlichen der einzelnen Fachbereiche und Abteilungen des Geschäftsbereichs bzw. der Tochtergesellschaft delegiert, für die er zuständig ist. Diese Compliance-Ansprechpartner in den jeweiligen Abteilungen zu gewinnen, wird in aller Regel nur mit der nachdrücklichen Unterstützung der Geschäftsleitung möglich sein, da in der Praxis zumeist nur wenige ein Interesse daran haben dürften, zusätzliche Aufgaben dieser Art zu übernehmen.

664 Es dürfte jedoch im Interesse der Leitung des Geschäfts- bzw. Funktionalbereichs oder der einer Tochtergesellschaft liegen, dass die Compliance-Risiken in inhaltlich möglichst kompetenter Weise erfasst werden, da sie schlussendlich für eingetretene Compliance-Risiken haftet. Daher ist es auch in ihrem Interesse, dass die Organisation versteht, dass Compliance nicht ein esoterisches Thema einer zentralen Compliance-Abteilung ist, sondern es sich vielmehr um einen selbstverständlichen Teil des operativen Geschäftsprozesses handelt, wie etwa das Schreiben eines Angebotes im Vertrieb.

665 Daher wird der lokale Compliance Officer die Abfrage der Compliance-Risiken durch die zentrale Compliance-Abteilung an seine jeweiligen Compliance-Ansprechpartner in den Abteilungen weiterleiten. Sind dem Geschäftsbereich Tochtergesellschaften zugeordnet, so werden die dort jeweils tätigen lokalen Compliance Officer über die Anfrage informiert. Sie werden ihrerseits, wie in unserem Beispiel, bei der Matrix Dorotokia Ltd., ihre jeweiligen Ansprechpartner in den Fachabteilungen um Beantwortung der Anfrage bitten.

666 Der lokale Compliance Officer der Matrix Dorotokia Ltd. wird seinerseits seine Fachkollegen in der Produktion, im Vertrieb, im Finanz-, Personal- und Einkaufsbereich sowie in der Forschung und Entwicklung unterstützen, die spezifischen Compliance-Risiken zu identifizieren und zu dokumentieren. Wichtig dabei ist, dass der lokale Compliance Officer den Prozess unterstützt, ihn steuert und koordiniert. Keinesfalls sollte er jedoch die Verantwortung für das Thema Compliance in den operativen Bereichen an sich ziehen. Es gehört zu den Aufgaben zB des Vertriebs oder des Einkauf einen Beitrag zum wirtschaftlichen Erfolg des Unternehmens zu leisten – und es gehört selbstverständlich auch dazu, dass dieser Beitrag auf eine rechtlich einwandfreie Weise erbracht wird.

1. Informationsquellen zur Identifizierung von Compliance-Risiken

667 Die Quellen, die zur Identifikation auch verborgener Compliance-Risiken genutzt werden können, sind vergleichbar mit denen des klassischen Risikomanagements.

a) Mitarbeiter des Unternehmens

668 Zuvorderst sind daher auch die eigenen Mitarbeiter des Unternehmens zu nennen. Auch wenn sie zum Teil unter einem erheblichen psychischen Druck stehen, Ziele zu erreichen, so haben sie dennoch ein gesundes Rechtsempfinden und eine hohe Fachkompetenz, die Vorgänge in ihrem unmittelbaren Arbeitsumfeld auch einer rechtlichen Würdigung zu unterziehen. Unregelmäßigkeiten oder die Überdehnung gesetzlicher Vorgaben oder interner Richtlinien fallen ihnen auf. Dies gilt auch für die Ordnungsmäßigkeit der Tätigkeit benachbarter Bereiche, wenn zB Mitarbeiter im Finanzbereich in ihren Schnittstellenfunktionen Sachverhalte erkennen können, die unter Umständen einen Compliance-Verstoß beinhalten.

669 Wenn zB der Buchhaltung der Matrix Dorotokia Ltd. eine Rechnung zur Bezahlung zugeleitet würde, so könnte es auf eine Unregelmäßigkeit hindeuten, wenn diese von der

üblichen Form abweicht, da sie zB von Hand geschrieben ist und eine Angabe zur Fälligkeit oder andere wichtige Angaben, wie zB eine Rechnungs- oder Kundennummer fehlen. Würde die Rechnung ohne weitere Nachfrage beglichen, könnte dies wiederum auf ein Compliance-Problem im Finanzbereich hindeuten, da dessen Prozesse nicht geeignet sind, auffällige Vorgänge als solche zu identifizieren und einer speziellen Prüfungsroutine zu unterziehen. In jedem Fall könnte das Vorlegen einer solchen Rechnung dafürsprechen, dass der Einkaufsprozess Schwachstellen aufweist, die es zu überprüfen gilt. Andernfalls könnten uU fiktive Rechnungen oder Rechnungen von Geschäftspartnern zur Bezahlung vorgelegt werden, die ihrerseits Compliance-Probleme haben, die sich auf die Matrix Dorotokia Ltd. übertragen könnten. Da es Teil der Aufgabe der Compliance ist, sicherzustellen, dass das Unternehmen nur mit Partnern Geschäfte abschließt, die ihrerseits die Einhaltung der für sie geltenden Gesetze ernst nehmen, könnte ein weiteres Problem im Prozess der Lieferantenauswahl liegen.

b) Führungskräfte und Mitglieder der Geschäftsleitung

Durch die Auswertung der privilegierten Informationen, die dieser Personenkreis durch seine hervorgehobene Stellung im Rahmen seiner Tätigkeit erhält, können auch in Bezug auf Compliance weitere, den Mitarbeitern so nicht ersichtliche Compliance-Risiken erkennbar werden. So kann zB das Ansinnen von Wettbewerbern, sich im Rahmen einer Fachtagung auch einmal über die den Kunden zu stellenden Preise austauschen zu wollen, dazu führen, dass das Risiko von Kartellabsprachen im Rahmen einer Compliance-Risikoidentifikation benannt werden muss. Gleiches gilt, wenn immer wiederkehrende Diskussionen über die Aufgabenverteilung innerhalb der Geschäftsleitung die Vermutung nahelegen, dass die Regeln zur Corporate Governance nicht mehr zeitgemäß sind. 670

Vor allem die Führungskräfte haben – schon aus eigenem Interesse – eine gute Kenntnis der Compliance-Situation ihres Verantwortungsbereichs und kennen die Stellen, die vielleicht zu einer Überdehnung dessen, was rechtlich noch akzeptabel ist, führen. 671

Abhängig von der jeweiligen Unternehmenskultur kann auch Mut dazugehören, rechtlich fragwürdige Prozesse im Rahmen einer Compliance-Risikoidentifikation zu thematisieren. Hier kann jedoch die Geschäftsleitung ihren Mitarbeitern und Führungskräften helfen, indem sie deutlich und für alle wahrnehmbar kommuniziert, dass sie ein großes Interesse an der Offenlegung solcher Compliance-Schwachstellen im Unternehmen hat und dies auch bereit ist zu honorieren. Dies sollte auch im eigenen Interesse der Geschäftsleitung liegen, da sie uU letztlich für die mangelnde Rechtstreue des Unternehmens und seiner Mitarbeiter haftet. 672

c) Interne Revision

Sofern das Unternehmen über eine interne Revisionsabteilung verfügt, bilden deren Erkenntnisse über die Schwachstellen der Prozesse der überprüften Geschäfts- oder Funktionalbereiche sowie von Bereichen in Tochtergesellschaften eine hervorragende Quelle zur Identifikation von Compliance-Risiken. Daher ist es dringend anzuraten, dass sich sowohl die Compliance-Abteilung selbst als auch die jeweiligen Compliance Officer gemeinsam mit Vertretern der internen Revision mit der Analyse der Revisionsberichte befassen. 673

Dies sollte mit zumindest zwei Zielrichtungen erfolgen. Zum einen sind die konkret in einer überprüften Unternehmenseinheit aufgefallenen Compliance-Risiken zu identifizieren. Das nachlässige Führen einer Portokasse, die tatsächlich nur eine Portokasse ist, mag durchaus im Revisionsbericht Erwähnung finden, stellt aber noch kein Compliance-Risiko dar und schon gar kein für das Unternehmen bestandsgefährdendes Risiko. Sollten jedoch über diese Portokasse Zahlungsvorgänge in bar und an der Hauptkasse vorbei abgewickelt werden, die hinsichtlich der Beträge deutlich über den Ausgaben für Briefmarken liegen, ist dies ein Compliance-relevanter Befund. 674

675 Zum anderen sollte die zweite Stoßrichtung der Analyse der Revisionsberichte auf die Erkennung von Feststellungen gerichtet sein, die auf ein Muster von Schwachstellen in den Prozessen der geprüften Unternehmensteile schließen lassen. Findet die Revision bei ihren Prüfungen mehrfach, dass in verschiedenen Unternehmensteilen zB die Personaldaten nicht hinreichend vor unberechtigtem Zugriff geschützt sind, so kann dies darauf hindeuten, dass auch in bisher nicht geprüften Gesellschaften des Unternehmens ein ähnliches Compliance-Risiko vorhanden ist.

676 Der Compliance-Bereich sollte auch gezielt die interne Revision zum Nutzen der Compliance des Gesamtunternehmens einsetzen, indem sie zB iRd Festlegung des Prüfungsplans für das folgende Jahr Vorschläge macht, welche Tochtergesellschaften oder Fachbereiche in Bezug auf Compliance-Themen einer Prüfung unterzogen werden sollten. Dies ist für den Compliance-Bereich ein probates Mittel, wenn zB eine Tochtergesellschaft in einem Hochrisikoland, dessen operative Prozesse bekanntermaßen nicht gerade für Zuverlässigkeit und eine hohe Qualität stehen, auf die Abfrage der Compliance-Risiken hin meldet, dass sie beim besten Willen kein Compliance-Risiko finden konnte.

d) Rechtsabteilung/Unternehmensanwälte

677 Die Rechtsabteilung oder eine externe Anwaltskanzlei, mit der das Unternehmen zusammenarbeitet, sind eine weitere bedeutende Quelle zur rechtzeitigen Identifizierung von Compliance-Risiken. Sei es durch ihre Einbindung in Vertragsverhandlungen, die juristische Begleitung laufender geschäftlicher Beziehungen oder die rechtliche Auseinandersetzung streitiger Rechtsverhältnisse des Unternehmens, die Hausjuristen sind regelmäßig über rechtliche Risiken auch jenseits von Prozessrisiken informiert.

678 Durch ihre Aufgabe, die operativen Bereiche über die für sie relevanten rechtlichen Veränderungen zu informieren und diese ggf. zu erläutern, kommt der Rechtsabteilung bzw. den externen Rechtsanwälten eine wichtige Aufgabe im Prozess der Identifikation von Compliance-Risiken zu. Vor allem wenn es um Änderungen für das Unternehmen maßgeblicher Gesetze oder um das eigene Unternehmen betreffende Gerichtsurteile geht, können sie daraus entstehende Compliance-Risiken als erste ableiten.

679 Bei Tochtergesellschaften im Ausland, für die der Aufbau einer eigenen Rechtsabteilung unwirtschaftlich wäre, tun die Compliance-Verantwortlichen gut daran, sich regelmäßig über die für ihr Unternehmen maßgeblichen rechtlichen Bestimmungen bei den externen Unternehmensanwälten der Tochtergesellschaft zu informieren. Eine zentrale Rechtsabteilung müsste schon einen erheblichen Umfang aufweisen, wollte sie die Kenntnis über die rechtlichen Rahmenbedingungen aller Länder, in welchen das Unternehmen tätig ist, auf dem jeweiligen neuesten Stand halten.

e) Wirtschaftsprüfer

680 Die Aufgabe der Wirtschaftsprüfung erstreckt sich neben der traditionellen Prüfung des Jahresabschlusses immer häufiger auch auf die Prüfung von Compliance-Managementsystemen. Dazu wurden im Jahre 2011 vom Institut der Wirtschaftsprüfer in Deutschland mit dem Standard IDW PS 980 Grundsätze ordnungsmäßiger Prüfung von Compliance-Managementsystemen veröffentlicht.[451] Durch ihre idR über mehrere Jahre hinweg bestehen-

[451] Zum IDW Standard PS 980 → Rn. 1133 ff. sowie zB: v. Busekist/Hein CCZ 2012, 41; 2012, 86; Schemmel/Minkoff CCZ 2012, 49; MüKoAktG/Spindler AktG § 91 Rn. 61 ff. Der Nutzen dieses Prüfstandards darf jedoch nicht überschätzt werden. Die Beachtung der darin enthaltenen, umfassenden Anmerkungen zu einer wünschenswerten Compliance-Kultur, klar definierten Compliance-Zielen, der Bearbeitung von Compliance-Risiken, dem daraus folgenden Compliance-Programm und -Organisation, sowie der Compliance-Kommunikation und Compliance-Überwachung und -Verbesserung sind für Unternehmen ebenso wie die Prüfung des Compliance-Managementsystems durch den Wirtschaftsprüfer als solche, freiwillig. Daher entfalten sie für die Unternehmensleitung auch keine rechtliche Entlastungswirkung, wenn trotz eines positiven Testats des Wirtschaftsprüfers ein Compliance-Verstoß aufgedeckt wird, BeckOGK/Fleischer AktG § 91 Rn. 81. Zum Verhältnis der Kriterien des ISO 19600 zu den Grundele-

de Tätigkeit für ein Unternehmen gewinnen Wirtschaftsprüfer tiefen Einblick in das Unternehmen, seine Prozesse und deren Qualität. Allein durch diese Kenntnisse können in Gesprächen mit den Prüfern auch außerhalb des üblichen Abschlussprüfungsgesprächs Anhaltspunkte für Compliance-Risiken erkennbar werden.

Es kann im Rahmen einer Jahresabschlussprüfung zu Tage treten, dass zB im Einkaufs- 681
prozess immer wieder Probleme bei der Verbuchung von Belegen auftauchen, da es an einer automatisierten Schnittstelle in das IT-System des Rechnungswesens fehlt und weil Unterschriften nachträglich eingeholt werden müssen, um für den Zahlungsvorgang die erforderlichen Genehmigungen nachweisen zu können. So kann es zu einer unrichtigen, weil nicht periodengerechten Verbuchung von Geschäftsvorfällen kommen.

Darüber hinaus kann in solchen Gesprächen auch die Erfahrung der Wirtschaftsprüfer 682
aus ihrer Tätigkeit für Unternehmen zB in einer vergleichbaren Branche oder hinsichtlich Compliance-Problemen bei spezifischen, branchenunabhängigen Geschäftsabläufen in Unternehmen vergleichbarer Größe genutzt werden. Ohne dass der Wirtschaftsprüfer zu erkennen geben muss, für welche anderen Unternehmen er tätig war, kann er doch die dort gesammelten Erfahrungen neutral weitergeben. Durch seine branchenunabhängige Expertise kann er daher bereits auf Compliance-Risiken aufmerksam machen, bevor diese in einem Unternehmen konkret sichtbar werden.

So kann zB der eher grundsätzliche Hinweis, dass bisher bei vergleichbaren Unterneh- 683
men sowohl das klassische Risikomanagement als auch das Compliance-Risikomanagement vernachlässigt wurden und die Implementierung eines internen Kontrollsystems bisher noch nicht einmal geplant sei, als ein Hinweis verstanden werden, sich diesem Thema zügig anzunehmen.

f) Internes Kontrollsystem (IKS), Umsetzung des Sarbanes-Oxley Act

Bereits die Einführung sowohl eines IKS im Unternehmen, vor allem aber die Implemen- 684
tierung der außerordentlich aufwendigen Verfahrensvorgaben des SOX, bringen einen erheblichen Vorteil für die Compliance-Risikosituation des Unternehmens mit sich. Bereits die notwendigen Vorarbeiten für deren Einführung sind dabei für die Identifikation von Compliance-Risiken außerordentlich nützlich. Wie auch bei der Einführung von Sarbanes-Oxley-kompatiblen Geschäftsprozessen muss auch bei der Einführung eines IKS jeder Prozess in seine Einzelschritte zerlegt und diese dokumentiert werden. Dies ist eine ideale Gelegenheit, nicht nur über die Effizienz und Effektivität dieses Prozesses nachzudenken, sondern auch über dessen Compliance.

Daher können zahlreiche Compliance-Risiken bereits iRd Einführung eines IKS er- 685
kannt und einer Lösung zugeführt werden. Sollte dies nicht sofort möglich sein, zB weil die Compliance des Geschäftsprozesses auch von Veränderungen anderer Betriebsabläufe abhängt und auch diese erst geändert werden müssen, so kann das identifizierte Compliance-Risiko dokumentiert und zur Nachverfolgung gekennzeichnet in einem Themenspeicher gesammelt werden. Dies ist zB bei Themen mit einem IT-Bezug häufig der Fall, wenn eine Compliance-feste Lösung eines problematischen Geschäftsvorgangs am sichersten durch eine noch zu erstellende IT-Applikation zu erreichen ist.

Das implementierte IKS wirft quasi automatisch Compliance-Risiken aus, indem seine 686
Sicherungsfunktionen kritische Geschäftsvorfälle melden. Es ist daher wichtig, dass die Compliance-Abteilung bzw. die Compliance Officer bei der Gestaltung eines IKS von Beginn an involviert sind und nach dessen Implementierung regelmäßig auswerten, welche Fehlermeldungen des IKS auf Compliance-relevante Geschäftsvorfälle hinweisen. Diese sind dann als Compliance-Risiko zu dokumentieren und in den weiteren Prozess des Compliance-Risikomanagements einzuspeisen.

---

menten des IDW Standard PS 980, → Rn. 1032ff. und 1133ff. sowie HML Corporate Compliance/Schmidt Rn. 116ff.

687 Dies gilt in einem noch viel stärkeren Maße für die Einführung von Sarbanes-Oxley-sicheren Prozessen. Aufgrund der außerordentlich hohen Anforderungen, die SOX an die Qualität betrieblicher Prozesse stellt,[452] ist hier in einem noch viel grundsätzlicheren Vorgehen die Analyse der bestehenden Prozesse sowie deren Neuordnung unter SOX-Gesichtspunkten erforderlich. Zusammen mit den sehr detaillierten Dokumentationsanforderungen mag dies Anlass genug sein, zu überlegen, ob der eine oder andere interne Geschäftsprozess nicht sogar verzichtbar ist. Muss ein Unternehmen die SOX-Anforderungen erfüllen, so kann man bei einer durchgängigen Implementierung von SOX-Prozessen davon ausgehen, dass dabei mögliche Compliance-Risiken weitestgehend identifiziert wurden.

g) Whistleblower- und Hinweisgebersysteme

688 Sofern das Unternehmen ein sog. Hinweisgebersystem, oder auch Whistleblower-Hotline genannt, aufgebaut hat, können sich hieraus wichtige Hinweise auf mögliche Compliance-Risiken oder -Verstöße ergeben. Der Schutz von Hinweisgebern wurde in den siebziger Jahren des 18. Jahrhunderts in den USA mit dem Whistleblower Protection Act of 1778 eingeführt.[453] Im modernen Verständnis umschreibt der Begriff eine Einrichtung, bei der sich Mitarbeiter eines Unternehmens oder einer Regierungsbehörde und ggf. auch Dritte melden können, um Hinweise über Compliance-Verstöße zu übermitteln.[454]

Gemäß dem Whistleblower Retaliation Act wird in den USA ein rechtlich geschütztes Whistleblowing durch Bundesangestellte oder Bewerber definiert als „disclosing information which the discloser reasonably believes evidences:

1. a violation of law, rule, or regulation,
2. gross mismanagement,
3. gross waste of funds,
4. an abuse of authority, or
5. a substantial and specific danger to public health or safety.“[455]

689 In Europa hat die EU-Kommission eine Richtlinie zum Schutz von Personen erlassen, die Verstöße gegen das Unionsrecht melden. Diese musste von den Mitgliedstaaten bis zum 17.12.2021 in nationale Rechts- und Verwaltungsvorschriften überführt werden.[456] In Deutschland trat das **Hinweisgeberschutzgesetz** (HinSchG) am 2.7.2023 in Kraft.[457]

---

[452] Diese ist jedoch keineswegs gleichbedeutend mit dem Qualitätsbegriff, den man aus betriebswirtschaftlicher Sicht in Zusammenhang mit Effizienz und Effektivität bringt.

[453] Journals of the Continental Congress, 1774–1789. XI (Thursday, July 30, 1778), 372.

[454] Im Jahre 1989 wurde in den USA der Whistleblower Protection Act of 1989, 5 U.S.C. 2302(b)(8)-(9), Pub.L. 101–12, verabschiedet. Das US-Bundesarbeitsministerium stellt eine umfangreiche Liste weiterer gesetzlicher Vorschriften zur Verfügung, die den Schutz von Hinweisgebern vor Repressionen oder sonstigen Nachteilen sicherstellen sollen, https://www.dol.gov/general/topics/whistleblower, zuletzt abgerufen am 28.02.2023.

[455] Whistleblower Retaliation Act, U.S.C. § 2302(b)(8).

[456] Richtlinie (EU) 2019/1937 des Europäischen Parlaments und des Rates vom 23. Oktober 2019 zum Schutz von Personen, die Verstöße gegen das Unionsrecht melden (ABl. Nr. L 305, 17). Die Bundesregierung hat mehrere Entwürfe für ein Hinweisgeberschutzgesetzt (HinSchG) erstellt, wie zB den Referentenentwurf vom 13.4.2022: Entwurf eines Gesetzes für einen besseren Schutz hinweisgebender Personen sowie zur Umsetzung der Richtlinie zum Schutz von Personen, die Verstöße gegen das Unionsrecht melden, https://www.enorm.bund.de/SharedDocs/Gesetzgebungsverfahren/Dokumente/RefE_Hinweisgeberschutz.pdf;jsessionid=AA3EC269718FADFE77F5C91D4316527E.1_cid361?__blob=publicationFile&v=1, zuletzt abgerufen am 5.4.2023.

[457] Gesetz für einen besseren Schutz hinweisgebender Personen sowie zur Umsetzung der Richtlinie zum Schutz von Personen, die Verstöße gegen das Unionsrecht melden v. 31.5.2023 (BGBl. 2023 I Nr. 140). Die zögerliche Umsetzung der EU-Richtlinie durch den deutschen Gesetzgeber mutet zumindest befremdlich an. Man könnte den Eindruck gewinnen, dass das Zitat von Tucholsky „Im übrigen gilt ja hier derjenige, der auf den Schmutz hinweist, für viel gefährlicher als der, der den Schmutz macht“, noch immer Gültigkeit beanspruchen kann, von Soldenhoff (Hrsg.), Kurt Tucholsky, 1890–1935 Ein Lebensbild, S. 92, Tucholsky in einem Brief an Herbert Ihering vom 10. August 1922.

Das HinSchG sieht vor, dass eine solche Whistleblowing-Funktion **innerhalb eines Unternehmens** eingerichtet werden muss. Damit ist gemeint, dass ein Unternehmen verpflichtet ist, eine entsprechende Meldestelle einzurichten, die durch eigene kundige Mitarbeiter des Unternehmens besetzt ist. Alternativ kann das Unternehmen diese Aufgabe zB einem darauf spezialisierten Rechtsanwalt übertragen, dem sogenannten **Ombudsmann** (§§ 12ff. HinSchG). Auch wenn der anwaltliche Ombudsmann nicht Mitarbeiter des Unternehmens ist, wird er vom Gesetz dennoch als eine interne Meldestelle betrachtet. 690

Diese Verpflichtung besteht für juristische Personen des öffentlichen und privaten Rechts, aber auch Privatpersonen, mit **mehr als 249 Mitarbeitenden** seit dem Inkrafttreten Anfang Juli 2023. Dabei kann auch eine **konzernübergreifende Meldestelle** diese Funktion zentral für die verschiedenen Tochtergesellschaften übernehmen. Für Beschäftigungsgeber mit mehr als **50 bis 249 Mitarbeitern** gilt diese Verpflichtung seit dem 17.12.2023 (§ 42 Abs. 1 HinSchG). 691

Auch wenn der Begriff „Hinweisgebersystem" nahelegt, dass Unternehmen eine **IT-Lösung** für die Einrichtung einer Meldestelle installieren müssen, ist dies jedoch **keineswegs der Fall.** Vielmehr ist es den Unternehmen freigestellt, wie sie die Anforderungen des HinSchG umsetzen wollen. 692

Zusätzlich steht den Mitarbeitern die Möglichkeit offen, sich an eine der in den §§ 19ff. HinSchG genannten **externen Meldestelle** zu wenden, wie zB einer neu zu schaffenden Meldestelle beim Bundesamt für Justiz sowie dem Bundeskartellamt und der Bundesanstalt für Finanzdienstleistungsaufsicht. 693

Durch das HinSchG soll es Beschäftigten ermöglicht werden, **in einem geschützten Meldekanal** Informationen über Verstöße gegen die im HinSchG genannten Rechtsverstöße an die dafür im Unternehmen vorgesehenen Meldestellen weiterzugeben, **ohne** dass der Hinweisgeber **Repressalien** ausgesetzt werden darf. Zu diesen zählen alle ungerechtfertigten Nachteile wie beispielweise Kündigung, Abmahnung, Versagung einer Beförderung, geänderte Aufgabenübertragung, Disziplinarmaßnahmen sowie Diskriminierung, Rufschädigung oder Mobbing des Hinweisgebers. 694

Dazu muss die Meldestelle sicherstellen, dass die Identität des Hinweisgebers sowie die der von der Meldung betroffenen Personen bzw. sonstige in dem Hinweis genannte Personen **vertraulich behandelt** wird. Daher dürfen ausschließlich die für die Aufnahme und für die erforderliche Aufklärung des Sachverhaltes und sonstigen Folgemaßnahmen zuständige Personen die Identität der oben genannten Personen erfahren. 695

Mit einer **internen Whistleblower-Hotline** werden Unternehmen regelmäßig dem Wunsch vieler Mitarbeiter gerecht, einen Regelverstoß innerbetrieblich – und nicht einer Behörde – melden zu können. In einem kleineren, eher mittelständisch geprägten Unternehmen stellt es jedoch eine sehr anspruchsvolle Aufgabe, vor allem, wenn es sich um anonyme Meldungen handeln sollte, sicherzustellen, dass die Vertraulichkeit der Identität des Hinweisgebers und Dritter, die in der Meldung erwähnt werden, gewahrt bleibt und nicht befugten Mitarbeitern der Zugriff darauf verwehrt wird. 696

Bei einer internen Lösung, die durch Mitarbeiter des Unternehmens betreut wird, ist in den meisten Fällen der Compliance Officer der Ansprechpartner der Hinweisgeber.[458] Nicht selten handelt es sich jedoch bei den Anrufen nicht um Meldungen tatsächlicher oder vermuteter Rechtsverstöße, sondern um allgemeinere Beschwerden. Dadurch werden die beschränkten zeitlichen Kapazitäten des Compliance Officer unnötig beansprucht. Auch im Hinblick auf die für eine Meldestelle erforderlichen personellen Kapazitäten mögen die Anforderungen an die Sicherheit des Meldekanals eine externe Ombudsmann-Lösung für eine interne Meldestelle nahelegen. 697

Daher wird der Betrieb eines Hinweisgebersystems gern an einen **externen Compliance-Ombudsmann ausgelagert,** der die Meldestelle für das Unternehmen betreibt. 698

[458] Zu den Aufgaben des Compliance Officer als Meldestelle eines Hinweisgebersystems s. Kark Compliance Officer Rn. 337ff. sowie BHS Compliance Officer/Buchert Rn. § 9 Rn. 1ff.

Diese Aufgabe wird nicht selten von einem **auf Compliance-Themen spezialisierten Rechtsanwalt** übernommen, der über spezifische Fachkenntnisse und Erfahrungen in Bezug auf Compliance im Unternehmen und über das erforderliche Wissen hinsichtlich der relevanten Rechtsgebiete verfügt. Auch kann der anwaltliche Ombudsmann gewährleisten, dass die Identität des Hinweisgebers vertraulich behandelt wird, sodass unbeteiligte Personen keinerlei Informationen über den Hinweis und die davon betroffenen Personen erhalten.

699 Inhaltlich sind Hinweisgeber durch das Gesetz geschützt im Falle der Meldung eines Verstoßes gegen **strafbewehrte Vorschriften** und Verstöße die **bußgeldbewehrt** sind, soweit die verletzte Vorschrift dem Schutz von Leben, Leib und Gesundheit oder dem Schutz der Rechte von Beschäftigten oder ihrer Vertretungsorgane dient, sowie eine Reihe weiterer Verstöße gegen sowohl deutsche Vorschriften als auch gegen europäische Normen, die das Gesetz in einem umfangreichen Katalog näher beschreibt (§ 2 HinSchG).

700 Eine Meldung fällt hingegen nicht unter den Schutz des HinSchG, sofern diese übergeordnete **staatliche Sicherheitsinteressen** insbes. militärische oder sonstige sicherheitsempfindliche Belange betreffen.[459]

701 Dem Vorwurf, dass das HinSchG das Denunziantentum fördern würde, wird entgegengewirkt, indem eine wichtige **Ausnahme** zum Vertraulichkeitsgebot definiert wird. Hinweisgeber, die **vorsätzlich** oder **grob fahrlässig unrichtige Informationen** über Verstöße melden, können sich nicht auf den Schutz nach diesem Gesetz berufen (§ 9 Abs. 1 HinSchG).

702 Weitere wichtigen Ausnahmen vom Schutzrahmen betreffen Strafverfahren, wenn auf Verlangen der Strafverfolgungsbehörden die Identität des Hinweisgebers preiszugeben ist. Gleiches gilt aufgrund einer Anordnung in einem einer Meldung nachfolgenden Verwaltungsverfahren, einschließlich verwaltungsbehördlicher Bußgeldverfahren, und aufgrund einer gerichtlichen Entscheidung (§ 9 Abs. 1 HinSchG).

703 Im Einzelnen sieht das Gesetz (§ 17 HinSchG) vor, dass die interne Meldestelle

1. dem Hinweisgeber den Eingang seiner Meldung spätestens nach sieben Tagen zu bestätigen hat,
2. prüft, ob der gemeldete Verstoß in den sachlichen Anwendungsbereich nach § 2 HinSchG fällt,
3. mit dem Hinweisgeber Kontakt zu halten hat,
4. prüft, ob die eingegangene Meldung stichhaltig ist sowie ggf.
5. weitere Informationen beim Hinweisgeber erfragt und
6. angemessene Folgemaßnahmen ergreift.

704 Sollte sich das Unternehmen entscheiden, einen externen anwaltlichen Ombudsmann damit zu beauftragen, Hinweise entgegenzunehmen, unterscheidet sich der Prozess der Bearbeitung eines Hinweises nur darin, dass der Adressat der Meldung eine andere Person, der Ombudsmann, ist:

[459] S. § 5 HinSchG, der weitere übergeordnete Sicherheitsbelange auflistet.

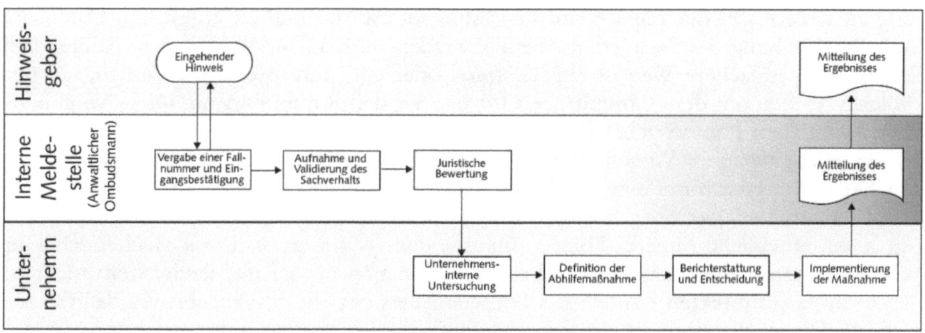

Abb. 14: Prozessmodell eines Hinweisgebersystems

Der Hinweisgeber kann sich zB mittels 705

- eines Anrufs unter der dafür eingerichteten Telefonnummer (Hotline),
- eines E-Mails an die vom Unternehmen oder dem Ombudsmann geschaffene E-Mail-Adresse,
- eines Briefs oder eines Faxes oder
- im Rahmen eines persönlichen Treffens

an die Meldestelle wenden.

Es ist dringend angeraten, den **Prozess des Eingangs** eines Hinweises und dessen weitere Bearbeitung Schritt für Schritt zu durchdenken und im Rahmen einer **Hinweisgeber-Richtlinie** zu **dokumentieren.**[460] 706

Nachdem der Sachverhalt, bei der internen Lösung vom Compliance Officer, bei einer ausgelagerten Meldestelle vom Ombudsmann, aufgenommen und alle wichtigen Aspekte erfasst worden sind, werden die **Informationen validiert.** In einem weiteren Schritt wird der Sachverhalt einer **juristischen Prüfung** unterzogen. 707

Im Falle einer anwaltlichen Ombudsmann-Lösung, wird die Sachverhaltsbeschreibung und das Ergebnis der Analyse, vor allem wenn ein Verdacht besteht, dass ein Compliance-Verstoß bzw. ein nicht unerhebliches Compliance-Risiko vorliegt, dem Compliance Officer sehr **zeitnah übermittelt.** 708

Nachdem das Unternehmen den Hinweis **intern untersucht** und über erforderliche **Abhilfemaßnahmen** entschieden hat, werden über den Compliance Officer, ggf. über den externen Ombudsmann, das Ergebnis der Analyse und die daraus gezogenen Konsequenzen dem Hinweisgeber mitgeteilt. Dies erfolgt innerhalb der engen Fristen, die das HinSchG vorgibt und unter Beachtung der **datenschutzrechtlichen Vorgaben** zum Schutz personenbezogener Daten. Dadurch wird erreicht, dass der Hinweisgeber die Sicherheit haben kann, dass sein Hinweis ernst genommen und verfolgt worden ist. 709

Im Rahmen der **internen Prüfung** des gemeldeten Sachverhalts ist auf Basis des vor der Aufnahme des Betriebs definierten Prozessablaufs auch die Geschäftsführung einzubinden. Abhängig von der Schwere der Verdachtsmomente bzw. bei einem Compliance-Verstoß muss dies ggf. unverzüglich erfolgen. Daher ist sowohl die Hinweisgeber-Richtlinie insgesamt als auch die Details des **Reportings** an die Geschäftsleitung mit der Geschäftsführung bzw. dem Vorstand zuvor abzustimmen. 710

Darüber hinaus kann es sinnvoll sein, iRd Identifikation von Compliance-Risiken zu prüfen, ob der gemeldete Verdacht bezüglich eines Compliance-Verstoßes auch auf Compliance-Risiken in anderen Bereichen des Unternehmens schließen lässt, die sich mit vergleichbaren Sachverhalten befassen. 711

Um die Meldung wichtiger Hinweise daher nicht unnötig zu erschweren, sollte es den **Beschäftigten so leicht wie möglich gemacht werden,** ihre Informationen zur Verfü- 712

[460] Zu den hierbei zu beachtenden arbeitsrechtlichen Vorgaben s. Mengel Compliance § 1 Rn. 176ff.

gung zu stellen. Ob der Einsatz von IT-Lösungen, die mit den erforderlichen Daten und einer Beschreibung des Sachverhalts befüllt werden müssen, dies leistet, mag dahingestellt bleiben. Der einfachere Weg ist ein Telefonat oder ggf. und soweit erforderlich, ein persönliches Treffen mit dem Compliance Officer oder dem Ombudsmann. Diese Vorgehensweise bietet dem Hinweisgeber die Möglichkeit, seinem Gesprächspartner Fragen zu stellen, sei es zur weiteren Vorgehensweise oder in Bezug auf seine eigene Person, sofern er unsicher ist, ob er sich mit einer Meldung selbst Probleme bereiten könnte.[461]

713 Ein Mitarbeiter, der über wichtige Erkenntnisse über einen Compliance-Verstoß verfügt, muss erhebliche (innere) Hürden überwinden, wenn er einen entsprechenden Hinweis im Unternehmen melden möchte, v. a. wenn sich der zu meldende Sachverhalt auf Geschehnisse im direkten Umfeld des Hinweisgebers bezieht, was regelmäßig der Fall sein dürfte.[462] Durch die Einrichtung einer Meldestelle, der er über einen geschützten Kommunikationskanal vertraulich Informationen über einen Compliance-Verstoß geben kann, erleichtert dies zumindest etwas.

714 Auch gilt es zu entscheiden, ob man den Schutz des Gesetzes auf den zwar umfangreichen, aber für den juristischen Laien schwer verständlichen Katalog gesetzlicher Vorschriften des deutschen und europäischen Rechts beschränkt. Ein potenzieller Hinweisgeber, der die inneren Hürden überwunden hat, einen Hinweis über das unrechtmäßige Verhalten von Kollegen abzugeben, müsste in diesem Fall weiter überlegen, ob der Sachverhalt dem **Regelungskatalog** des § 2 HinSchG mit insgesamt **31 Arten verschiedener rechtlicher Themenbereiche** unterfällt oder ob er uU riskiert, nicht in den Genuss eines geschützten Meldekanals zukommen.

715 Daher mag es **sachgerechter** sein, dass das Unternehmen seinen Beschäftigten diesen Schutz **für alle Meldungen gewährt, die einen Verstoß gegen jedwede rechtlichen Vorschriften und internen Richtlinien beinhalten.**

716 Nicht nur dient diese Erweiterung des Anwendungsbereichs dazu, den Mitarbeitern eine Meldung nicht unnötig zu erschweren. Versteht man das Hinweisgebersystem als einen integralen Bestandteil des Compliance-Risikomanagements, so muss die Unternehmensleitung ein Interesse daran haben, auf diesem Wege über *alle* Compliance-Risiken informiert zu werden, einerlei, ob es sich um rechtliche Vorgaben oder interne Richtlinien des Unternehmens handelt. Dies gilt umso mehr, wenn man die sehr zahlreichen spezialgesetzlichen Vorgaben in die Betrachtung miteinbezieht, die ein Unternehmen zu beachten hat. Das diese Vorgehensweise nicht fremd ist, belegt § 5 Nr. 2 Alt. 1 GeschGehG, der von „der Aufdeckung rechtswidriger Handlung" spricht.

717 Aus demselben Grund ist es sinnvoll, den Mitarbeitern zu ermöglichen, eine **Meldung anonym** zu machen.[463] Dies zu gewährleisten fällt im Rahmen eines Hinweisgebersystems, das die Zusammenarbeit mit einem externen **Ombudsmann** vorsieht, relativ leicht. Es bedarf hierzu nur einer entsprechenden Vereinbarung zwischen dem Unternehmen und dem Ombudsmann, durch die Letzterer verpflichtet wird, die **Anonymität des Hinweisgebers** gegenüber dem Unternehmen zu gewährleisten. Rückfragen und die nach dem HinSchG erforderlichen Rückmeldungen an den Hinweisgeber können somit auch im Fall von anonymen Hinweisen problemlos durch den anwaltlichen Ombudsmann erfolgen.

718 Auch dürfte das befürchtete **Denunziantentum** in der Praxis eine untergeordnete Rolle spielen. Zum einen stellt eine, wenn auch vertrauliche, aber dennoch offizielle Weitergabe von Informationen, die einer üblen Nachrede gleichkommt, schon eine gewisse emotionale Hürde im Vergleich zu Äußerungen in der Kaffeeküche unter gleichgesinnten

[461] BHS Compliance Officer/Buchert Rn. § 9 Rn. 62 f.

[462] Zur Abwägung von Vor- und Nachteilen einer Meldung durch Mitarbeiter und der von ihnen im Unternehmen wahrgenommenen psychologischen Sicherheit → Rn. 1447 f.

[463] Zurecht wird jedoch auch auf die durch anonyme Hinweise entstehende Problematik hingewiesen, dass unternehmensfremde Hinweisgeber die Meldestelle u. U. überbelasten können, Thüsing/Musiol/Peisker ZGI 2023, 64.

Kollegen dar. Spätestens in der unternehmensinternen Richtlinie zum Hinweisgebersystem wird der Beschäftigte Erläuterungen finden, die verdeutlichen, dass die Identität einer hinweisgebenden Person, die vorsätzlich oder grob fahrlässig unrichtige Informationen über Verstöße meldet, nicht vom Gesetz geschützt ist (§ 9 Abs. 1 HinSchG), sondern mit den im Einzelfall verhältnismäßigen arbeitsrechtlichen Sanktionen zur Rechenschaft gezogen werden kann. In diesem Fall wäre auch der externe Ombudsmann entsprechend der Vereinbarung mit dem mandatierenden Unternehmen gehalten sein, die Identität eines anonymen Hinweisgebers gegenüber dem Unternehmen offenzulegen.

Damit steht dem Compliance Officer und der Unternehmensleitung ein **wirksames Instrument** zur Verbesserung des Compliance-Risikomanagements zur Verfügung. Die pflichtgemäße Einrichtung eines solchen Hinweisgebersystems eröffnet dem Unternehmen weitere wichtige Informationsquellen über (mögliche) Compliance-Verstöße. 719

Die Aufklärung und Beseitigung von bisher unentdeckt gebliebenen Missständen leisten darüber hinaus einen wichtigen Beitrag für die Stärkung der **Compliance-Kultur** im Unternehmen. Bei Lichte betrachtet, bestünde bei einer entsprechenden, von einer **psychologischen Sicherheit** geprägten Compliance-Kultur, in der Mitarbeiter gewiss sein können, dass ihre Hinweise auf (potenzielle) Missstände im Unternehmen positiv aufgenommen werden, keine Notwendigkeit für ein Gesetz, dass Unternehmen ein solches Hinweisgebersystem aufzwingt (s. zu Compliance-Kultur → Rn. 1370 ff. und zum Konzept der psychologischen Sicherheit → Rn. 1430 ff.). Dies ist in Unternehmen und Behörden jedoch offensichtlich nicht regelmäßig der Fall. 720

h) Wettbewerbsanalyse

Das Wettbewerbsumfeld eines Unternehmens lässt regelmäßig auch Rückschlüsse auf eigene Compliance-Risiken zu. Dabei sollte man bei der Analyse der Compliance-Situation der Wettbewerber den Horizont für die Möglichkeit einer eigenen Betroffenheit nicht zu stark eingrenzen. Hilfreich ist es dabei, wenn man nicht nur nach fast identischen Wettbewerbern sucht und diese analysiert. So ist es auch sehr aufschlussreich, wenn man zB analysiert, welche Unternehmen dieselben Kunden beliefern. 721

So sollte zB das Bekanntwerden eines Bestechungsvorwurfes bei einem Lieferanten von Straßenbahnen in einem Hochrisikoland wie Dorotokia bei einem Anbieter von Stadtbussen Anlass genug sein, die eigenen Aktivitäten zB in Dorotokia und anderen Hochrisikoländern unter dem Gesichtspunkt der Bestechung von Amtsträgern zu überprüfen und auch entsprechende Maßnahmen zu ergreifen, um dieser vorzubeugen. Würde man in diesem fiktiven Beispiel nur andere Hersteller von Stadtbussen betrachten, die ebenfalls in Dorotokia tätig sind, so könnten wertvolle Hinweise auf die Empfänglichkeit von Amtsträgern für Bestechungsgelder in diesem Land verloren gehen und damit eine Chance, präventiv gegen Bestechung aus dem eigenen Unternehmen vorzugehen, vertan werden. 722

Gleiches gilt, wenn zB ein Verkäufer eines Lieferanten unseres Unternehmens sein Auftragsbuch mit Hilfe der Zuwendung von Vorteilen an Einkäufer seiner Kunden füllte. Auch wenn die Lieferungen an Unternehmen erfolgten, die in einer ganz anderen Region ansässig sind und auch einer völlig anderen Branche angehören, sollte dieser Vorfall ausreichen, um ein Compliance-Risiko in der Fortsetzung der Geschäftsbeziehung mit diesem Lieferanten zu sehen. Denn hat ein Verkäufer die Einkäufer anderer Unternehmen durch den Einsatz unlauterer Mittel in ihrer Entscheidung versucht zu beeinflussen, so besteht ein Risiko, dass diese Vorgehensweise auch bei den Mitarbeitern unseres Unternehmens Verwendung finden könnten. 723

Auch wenn sich Wettbewerbsanalysen grds. gern auf Unternehmen beschränken, die derselben Branche angehören, so kann dies jedoch dazu führen, dass bei der Identifikation von Compliance-Risiken eine Reihe von erkennbaren Risiken unentdeckt bleiben, weil sie außerhalb derselben Branche aufscheinen. Es kann daher durchaus sinnvoll sein, über Compliance-Risiken derselben Branche hinaus auch Compliance-Risiken zu analysieren 724 die bei anderen, auch völlig branchenfremden Unternehmen auftauchten, die jedoch ähnliche Prozesse verwenden.

725 Bei IT-gestützten Prozessen ist dies mittlerweile eine Selbstverständlichkeit. Wird zB bekannt, dass eine IT-Applikation Risiken für die Sicherheit von personenbezogenen Geschäftsdaten aufweist, so überprüfen alle Unternehmen, die diese Applikation einsetzen sehr schnell, ob ihr System ebenfalls von dieser Sicherheitslücke betroffen ist. Im Zweifel werden sie dabei sehr aktiv von dem Systemanbieter unterstützt, der größtes Interesse an der Prozesssicherheit seiner Produkte hat.

726 Dieser Gedanke kann auch auf andere Compliance-relevante Sachverhalte übertragen werden. Der Export zB sehr hochwertiger Konsumprodukte kann unter dem Gesichtspunkt der Geldwäsche unter Umständen Compliance-Probleme nach sich ziehen, die für einen Hersteller von Maschinen, die einen gängigen Marktwert haben – und damit leicht fungibel sind – ebenfalls von Relevanz sein könnten. In einem solchen Fall würde sich eine strenge Prüfung des Verkauf- und Fakturierungsprozesses anbieten, die sicherstellt, dass es sich zB bei einer Bestellung nicht um eine Lieferung an eine Briefkastenfirma handelt und dass Lieferung und Rechnung an dasselbe Unternehmen adressiert sind.

727 Wie bereits beim klassischen Risikomanagement erwähnt, stehen auch bei der Identifikation von Compliance-Risiken im Rahmen einer Betrachtung des weiteren Wettbewerbsumfeldes zahlreiche Informationsquellen zur Verfügung. Neben Meldungen in der **Presse** und Informationsblättern der **Fachverbände** bieten Gespräche am Rande von **Tagungen,** mit Kollegen aus anderen Unternehmen der Branche oder über die **Industrie- und Handelskammern** Möglichkeiten, Compliance-Risiken für das eigene Unternehmen zu identifizieren. Branchenkontakte des Einkaufs und des Verkaufs bzw. Vertriebs sollten ebenfalls genutzt werden. Darüber hinaus können sich wertvolle Hinweise aus der Verfolgung der **Rechtsprechung** und der Literatur sowie den Veröffentlichungen von Wirtschaftsprüfern und Steuerberatern ergeben.

i) Fazit

728 Wie auch bei der Identifikation klassischer Unternehmensrisiken kommt es bei der Erfassung der Compliance-Risiken eines Unternehmens auf die Vernetzung von Informationen aus den unterschiedlichsten Quellen an. Zusammengefügt ergeben sie ein Bild der Compliance-Risiken des Unternehmens, das vielleicht nicht ein vollständiges Abbild der Compliance-Situation widerspiegelt, aber dennoch die gravierendsten und dringlichsten Compliance-Probleme aufzeigt.

729 Für die Qualität des Prozesses der Compliance-Risikoidentifikation sind sowohl die Unternehmenskultur, vor allem die gelebte Risikokultur des Unternehmens, als auch die für diese Aufgabe bereitgestellten Ressourcen von ausschlaggebender Bedeutung:

730 Wie bereits mehrfach angesprochen, sollte im Unternehmen auch von der Geschäftsleitung das Verständnis gepflegt werden, dass Compliance ein integraler Bestandteil der operativen Geschäftsabläufe des Unternehmens ist. Jeder Mitarbeiter und jede Führungskraft sollte daher ein originäres Interesse daran haben, dass die Arbeitsabläufe im jeweiligen Verantwortungsbereich auch den maßgeblichen rechtlichen Vorgaben entsprechen. Sollte dies einmal nicht der Fall sein, so sollte es im Unternehmen Anerkennung finden, dass ein Mitarbeiter ein Compliance-Risiko adressiert.

731 Darüber hinaus muss die Geschäftsleitung für die Identifikation von Compliance-Risiken des Unternehmens Personal und Ressourcen in ausreichendem Umfang zur Verfügung stellen. Dabei sollten sich die in der zentralen Compliance-Abteilung oder dezentral als Compliance Officer tätigen Mitarbeiter durch Kompetenz, Glaubwürdigkeit und Vertrauenswürdigkeit auszeichnen. Zum einen ist dies Voraussetzung für eine kundige und kreative Analyse der vielfältigen Informationen über die Compliance-Situation des Unternehmens, bei der nicht nur das Offensichtliche wahrgenommen wird, sondern durch vernetztes Denken auch zunächst verdeckte Compliance-Risiken identifiziert werden kön-

nen. Zum anderen ist es für die Kommunikation von Compliance-Risiken durch Mitarbeiter sehr viel förderlicher, wenn durch ein kompetentes, partnerschaftliches Auftreten der Compliance Officer ein Klima geschaffen wird, in dem es ihnen leichter fällt, auch schwierige Compliance-Situationen zu adressieren. Bereits in diesem frühen Stadium des Compliance-Risikomanagements entscheidet sich, ob die Compliance Officer durch die Mitarbeiter als Unterstützung wahrgenommen werden oder ob deren Tätigkeit eher als eine polizeiliche Überwachungsfunktion gefürchtet wird.

Wie auch bei klassischen Unternehmensrisiken gilt auch bei der Identifikation von 732 Compliance-Risiken, dass man mögliche Ereignisse, die unter Umständen in der Zukunft stattfinden könnten, aufgreifen, dokumentieren und einem Bewertungs- und Risikosteuerungsprozess zuführen muss. Mangels perfekter Informationen über die Zukunft sind damit Unsicherheiten und Ungenauigkeiten verbunden und die subjektive Sicht des Einzelnen spielt eine nicht unerhebliche Rolle, je nachdem wie risikoavers der Mitarbeiter ist.

Dies gilt auch für Compliance-Risiken, vielleicht sogar noch mehr als für klassische 733 Unternehmensrisiken, da Mitarbeiter, die bisher keine Gelegenheit hatten, sich mit diesen Themen zu befassen, noch keinen rechten Maßstab entwickeln konnten, für das was rechtlich noch akzeptabel ist oder jenseits dieser Grenze liegt. Auch wenn sie ein gesundes Rechtsverständnis mitbringen, so verschließen sich nicht selten maßgebliche Rechtsvorschriften genau diesem Zugang, wie dies in vielen Diskussionen zu Tage tritt, in welchen Nichtjuristen auf gesetzliche Regelungen mit kopfschüttelndem Unverständnis reagieren.

Auch dies sollte man beachten, wenn man nach einer Einführung dieses Prozesses das 734 Ergebnis einer erstmaligen Identifikation von Compliance-Risiken betrachtet. Je mehr sich die Mitarbeiter daran gewöhnt haben, dass sie, und nicht eine ferne Compliance- oder Rechtsabteilung, für die rechtliche Korrektheit der Geschäftsabläufe in ihrem Verantwortungsbereich verantwortlich sind, umso besser werden die Ergebnisse der Identifikation von Compliance-Risiken sein.

Checkliste 25: Der Prozess des Compliance-Risikomanagements

- ❑ Hat die Unternehmensleitung, in Abhängigkeit von Branche, Größe sowie der Komplexität und des Grades der Internationalisierung der Gesellschaft, definiert, **welche Compliance-Risiken** zu betrachten sind?
- ❑ Wird im Unternehmen verdeutlicht, dass das Management von Compliance-Risiken sehr wichtig ist?
- ❑ Hat die **Geschäftsleitung** eigene Vorstellungen über mögliche Compliance-Risiken?
- ❑ Bestehen Geschäftsbeziehungen des Unternehmens zu **Hochrisikoländern?**
- ❑ Werden die Mitarbeiter vor einer Risikoabfrage mit dem Grundgedanken der Wichtigkeit von Compliance vertraut gemacht, zB iRv **Compliance-Schulungen?**
- ❑ Unterhält das Unternehmen ein immer **aktuelles Verzeichnis** der für das Unternehmen maßgeblichen **Gesetze** (Rechtskataster)?
- ❑ Werden entsprechende **Ressourcen** bereitgestellt, um den Prozess des Compliance-Risikomanagements adäquat zu begleiten?
- ❑ Wird ein Netzwerk **lokaler Compliance Officer** in den jeweiligen Geschäftsbereichen und Tochtergesellschaften aufgebaut?
- ❑ Werden die lokalen Compliance Officer von der jeweiligen Geschäftsleitung vor Ort **autorisiert,** ihre Kollegen zu Compliance-Themen zu befragen und diese zu beraten?
- ❑ Werden die Compliance Officer **regelmäßig geschult?**
- ❑ Wird der zentrale Compliance-Bereich **organisatorisch richtig angesiedelt** (CEO/CFO)?
- ❑ Werden alle Ergebnisse des Compliance-Risikomanagementprozesses ordnungsgemäß **dokumentiert?**
- ❑ Stellt der Prozess sicher, dass alle Compliance-Risiken erfasst werden, auch wenn die einzelnen Mitarbeiter **keine spezifischen juristischen Fachkenntnisse** besitzen?

- ❑ Werden **alle Informationsquellen** zur Identifizierung von Compliance-Risiken berücksichtigt?
- ❑ Erhalten die operativen Bereiche eine **Liste** der Informationsquellen, die sie ggf. nutzen können, um Compliance-Risiken zu identifizieren?
- ❑ Ist sichergestellt, dass die im Rahmen einer Risikoabfrage erhobenen Informationen **keiner Filterung** durch die operativen Geschäftsbereiche unterzogen worden sind?
- ❑ Werden alle gemeldeten Compliance-Risiken übersichtlich **dokumentiert**, sodass sie einer **Analyse** und **Bewertung** unterzogen werden können?
- ❑ Wird für eine unternehmensinterne Lösung bei der Implementierung eines **Hinweisgebersystems** ein Mitarbeiter des Unternehmens oder ein externer Compliance-Ombudsmann bestellt oder wird eine interne Hybridlösung umgesetzt?
- ❑ Wird zusätzlich eine externe, behördliche Lösung gewählt?
- ❑ Werden die Vorgaben des **Hinweisgeberschutzgesetzes** vollständig umgesetzt?
- ❑ Verfügt das Unternehmen über ein anonymes Hinweisgebersystem, und wenn nicht, warum?[464]
  - Wurde eine **Richtlinie** zum Compliance-Hinweisgebersystem erstellt?
  - Wie wurden Mitarbeiter und Dritte über die Existenz des Hinweisgebersystems **informiert?**
  - Ist der **Prozess der Bearbeitung** eingehender Hinweise definiert?
  - Wurde das Hinweisgebersystem genutzt?
  - Validiert das Unternehmen, ob die Mitarbeiter das Hinweisgebersystem kennen und sich bei dessen Nutzung wohl fühlen?
  - Wie geht das Unternehmen vor, wenn es darum geht, die Schwere der eingegangenen Anschuldigungen zu bewerten?
  - Hatte die Compliance-Funktion uneingeschränkten Zugang zu den Berichts- und Untersuchungsinformationen?
- ❑ Wurde eine dem Sachverhalt angemessene Untersuchung durch **kompetentes Personal** durchgeführt?
  - Wie stellt das Unternehmen fest, welche Hinweise oder Verdachtsmomente eine weitere Untersuchung erfordern?
  - Wie stellt das Unternehmen sicher, dass die **Untersuchungen** einen angemessenen **Umfang** haben?
  - Welche Schritte unternimmt das Unternehmen, um sicherzustellen, dass die Untersuchungen unabhängig, objektiv und angemessen durchgeführt sowie ordnungsgemäß dokumentiert werden?
  - Wie bestimmt das Unternehmen, durch wen eine Untersuchung durchgeführt werden sollte und wer trifft diese Entscheidung?
- ❑ War die **Vorgehensweise** bei der internen Untersuchung angemessen?
  - Wendet das Unternehmen zeitliche Kriterien an, um die Reaktionsfähigkeit zu gewährleisten?
  - Verfügt das Unternehmen über ein Verfahren zur Überwachung der Untersuchungsergebnisse und zur Sicherstellung der Verantwortlichkeit für die Reaktion auf etwaige Feststellungen oder Empfehlungen?
- ❑ Wie stellte sich der **Ressourceneinsatz** und das Ergebnis der Nachbearbeitung dar?
  - Wurde das Hinweisgebersystem und die interne Untersuchung ausreichend mit Ressourcen durch das Unternehmen ausgestattet?
  - Wie hat das Unternehmen Informationen aus seinem Berichtswesen gesammelt, verfolgt, analysiert und genutzt?

[464] Fragen in Anlehnung an DoJ/Criminal Division, Evaluation of Corporate Compliance Programs (Updated March 2023), https://www.justice.gov/criminal-fraud/page/file/937501/download, S. 5 ff., zuletzt aufgerufen am 5.8.2023.

- Analysiert das Unternehmen die Berichte oder Untersuchungsergebnisse regelmäßig auf Muster von Fehlverhalten oder andere Anzeichen für Compliance-Verstöße?
- Wird die Wirksamkeit des Hinweisgebersystems in regelmäßigen Abständen durch das Unternehmen zB durch die Verfolgung einer Meldung von Anfang bis Ende, geprüft.

❑ Wurden die **Folgen** im Fall eines Compliance-Verstoßes **beschrieben** (einschließlich daraus für das Compliance-Managementsystem zu ziehender Lehren)?

❑ Wurde die **Berichterstattung** an die Geschäftsleitung definiert?

2. Informationsrücklauf und Dokumentation der Compliance-Risiken

Wurden unter Ausnutzung der verschiedensten Informationsquellen Compliance-Risiken identifiziert, so werden diese dokumentiert und an die abfragende Stelle zurückgemeldet. 735

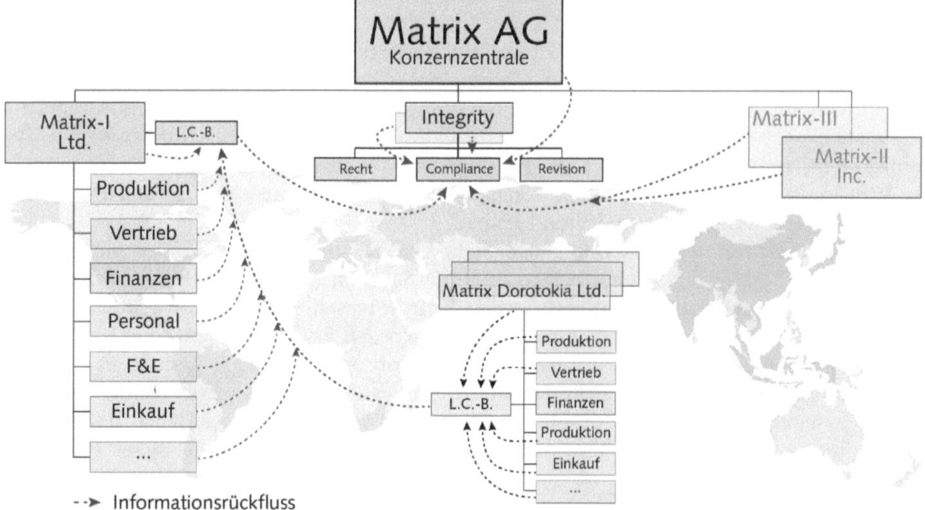

Abb. 15: Die Matrix AG: Die Rückmeldung der Compliance-Risiken

Das bedeutet, dass die Compliance-Verantwortlichen auf der Ebene von Tochtergesellschaften, wie zB der Matrix Dorotokia Ltd. aus allen Bereichen des Unternehmens Informationen über mögliche Compliance-Risiken erhalten. Abhängig von dem Grad der Zentralisierung der Compliance-Arbeit des Unternehmens findet nach der Dokumentation auch die Analyse und Bewertung auf der Ebene des lokalen Compliance-Verantwortlichen statt oder die Informationen über identifizierte Compliance-Risiken werden an die abfragende Stelle, in unserem Beispiel an den lokalen Compliance Officer der Matrix-I Ltd. weitergeleitet. 736

Zur Beschleunigung des Ablaufs ist auch eine Hybridversion des Prozesses denkbar: In einem ersten Schritt werden die Informationen über Compliance-Risiken vor Ort, in diesem Fall der Matrix Dorotokia Ltd., analysiert und bewertet. In einem zweiten Schritt werden die dokumentierten Ergebnisse dieses Prozesses vollständig, dh die Dokumentation aller identifizierten Compliance-Risiken sowie deren Analyse und Bewertung an den lokalen Compliance Officer der Matrix-I Ltd. gesendet. Dieser kann auf Basis der Analyse entscheiden, ob er diese in seine eigene Analyse der Compliance-Risiken des gesamten Geschäftsbereichs aufnimmt oder zunächst eine Überprüfung des Datenmaterials der Tochtergesellschaft vornimmt.

737 Beim lokalen Compliance Officer der Matrix-I Ltd. laufen in diesem Verfahren erhebliche Datenmengen zusammen. Nicht nur liefern diverse Tochtergesellschaften Informationen über identifizierte Compliance-Risiken. Auch aus der Zentrale des Geschäftsbereichs senden die verschiedenen Funktionalbereiche ihre Antworten auf die Abfrage der Compliance-Risiken. Ähnlich wie auf der Ebene der Tochtergesellschaften, kann eine weitere Analyse und Bewertung der Informationen auf der Geschäftsbereichsebene erfolgen, von deren Ergebnisse das zentrale Compliance-Management sodann informiert wird. Alternativ sind ebenfalls eine einfache Durchleitung der Informationen an die zentrale Compliance-Abteilung oder eine Hybridversion denkbar.

738 Es ist jedoch für die Qualität der weiteren Prozessschritte von Bedeutung, dass in diesem frühen Stadium der Identifikation der Compliance-Risiken des Unternehmens das Ergebnis nicht nach größeren Compliance-Risiken gefiltert wird, die man dokumentieren sollte, und kleineren, unmaßgeblichen Risiken, die keine weitere Erwähnung finden brauchen.

739 Zum einen sollte aus Sicht der Qualität des Risikomanagementprozesses eine frühzeitige Filterung des Ergebnisses ohne einen entsprechenden Prozess unterbleiben. Es ist dabei zunächst einerlei, ob dieser nächste Schritt auf der Ebene der Tochtergesellschaften, Geschäftsbereiche oder in der zentralen Compliance-Abteilung vollzogen wird. Wichtig ist dabei vielmehr, dass die Analyse und Bewertung und die damit einhergehende Filterung in beachtenswerte und nicht beachtenswerte Compliance-Risiken nur auf Basis eines systematischen, transparenten und auch für Dritte nachvollziehbaren Prozesses erfolgt. Die Auswahl muss daher dem folgenden, separaten Prozessschritt, der Analyse und Bewertung der Compliance-Risiken, vorbehalten bleiben.

740 Zum anderen wäre es aus Compliance-Sicht unklug, identifizierte Risiken nicht zu dokumentieren. Schlägt ein solches Risiko in einen Schaden um, kann sich die Frage stellen, warum dieses Risiko, ohne das Ergebnis des dafür vorgesehenen Prozessschrittes abzuwarten, aus der weiteren Risikobetrachtung entfernt worden ist. Damit kann sowohl die Qualität des gesamten Compliance-Risikomanagementprozesses in Frage gestellt als auch ein unnötiger Verdacht auf eine gezielte Manipulation des Prozesses ausgelöst werden.

741 Daher sollten identifizierte Compliance-Risiken so vollständig wie möglich und in einer für Dritte nachvollziehbaren Weise **dokumentiert** werden. Am Ende dieses Prozessabschnittes steht dem Unternehmen eine Liste aller identifizierten Compliance-Risiken zur Verfügung.

III. Analyse und Bewertung der Compliance-Risiken

742 Die identifizierten Compliance-Risiken werden in einem weiteren Prozessschritt einer inhaltlichen Analyse unterzogen. Um zu einer Priorisierung der Compliance-Risiken zu gelangen, sind sodann die möglichen Folgen dieser Risiken zu quantifizieren.

1. Analyse der Compliance-Risiken

743 Zunächst sind die erfassten Compliance-Risiken zu sichten. Je größer das Unternehmen ist, umso komplexer wird diese Aufgabe. Auch hier bietet es sich an, eine Gruppierung der Compliance-Risiken vorzunehmen. Diese kann zB nach regionalen Gesichtspunkten erfolgen oder sich an den zugrundeliegenden Sachverhalten orientieren.

744 Eine Aufteilung der Compliance-Risiken, die in als Hochrisikoländern definierten Staaten identifiziert wurden, bietet den Vorteil, dass leicht Quervergleiche gezogen werden können. So können Antworten auf die Compliance-Risikoabfrage gezielt hinterfragt werden. Hat zB die Matrix Dorotokia Ltd. Compliance-Defizite identifiziert, die in einem ähnlich risikoreichen zweiten Marktgebiet jedoch nicht als Risiken gemeldet worden sind, sollte dies Anlass genug für die Compliance Officer sein, die Verantwortlichen dieses zwei-

ten Marktgebietes zu fragen, ob sie sich sicher sind, dass kein derartiges Compliance-Risiko vorhanden ist.

Die Gliederung der identifizierten Compliance-Risiken im Rahmen einer Zuordnung nach Geschäfts- bzw. Funktionalbereichen bietet den Vorteil, dass ähnlich gelagerte Geschäfte oder Fachfunktion mit vergleichbaren Compliance-Risiken konfrontiert werden. Auch kann es, je nach Unternehmen, sinnvoll sein, die identifizierten Risiken den einzelnen Stufen der Wertschöpfungskette zuzuordnen. Dadurch würden Compliance-Risiken zB im Vertrieb, unabhängig von der regionalen oder produktspezifischen Kategorisierung in Gruppen zusammengefasst und einer weiteren Analyse zugänglich gemacht. 745

Natürlich sind eine Vielzahl anderer Möglichkeiten gegeben, unternehmensspezifische Compliance-Risiken zu strukturieren und einer weiteren Analyse, die den konkreten Bedürfnissen und Anforderungen des Unternehmens Rechnung trägt, zuzuführen. Wichtig ist jedoch, unabhängig von der Art der Strukturierung der Compliance-Risiken, dass sie den beteiligten Bereichen gestattet, durch Quervergleiche mögliche Defizite im Prozess der Compliance-Risikoidentifikation aufzudecken. Darüber hinaus sollte es die Gliederung ermöglichen, eine **Kumulation** von Compliance-Risiken zu erkennen. Verantwortet zB eine Tochtergesellschaft den Vertrieb von unterschiedlichen Produktreihen in einem **Hochrisikoland,** so ist das Korruptionsrisiko bereits hoch genug, wenn ein Produkt ausschließlich an Behörden verkauft wird. Stellt sich jedoch heraus, dass die weitere Produktpalette Abnehmer u. a. auch in öffentlichen Einrichtungen findet, kann das Compliance-Risiko für die Tochtergesellschaft bestandsgefährdende Ausmaße erreichen. 746

Checkliste 26: Analyse der Compliance-Risiken

- ☐ Werden die identifizierten Compliance-Risiken entsprechenden **Kategorien** zugeordnet, sodass sie optimal gesichtet und analysiert werden können?
- ☐ Gibt es eine Aufteilung zwischen Compliance-Risiken der **Funktionalbereiche** und jenen der **operativen Einheiten?**
- ☐ Werden **Querverbindungen hergestellt** zwischen Risiken, die zum Beispiel in einem Hochrisikoland gemeldet worden sind, in anderen jedoch nicht?
- ☐ Wird eine Gliederung der Compliance-Risiken entlang der **Wertschöpfungskette** vorgenommen?
- ☐ Können durch die Kategorisierung eventuelle **Defizite** im Prozess der Compliance-Risikoidentifikation einzelner Bereiche aufgedeckt werden?
- ☐ Stellt die Kategorisierung der Compliance-Risiken sicher, dass **Kumulationen** erkennbar werden?

2. Bewertung identifizierter Compliance-Risiken

Ist die Bewertung klassischer Unternehmensrisiken weder einfach noch frei von Unsicherheiten, wird diese Aufgabe bei Compliance-Risiken nicht gerade leichter. Dennoch kommt man nicht umhin, iRd Analyse eine Bewertung der identifizierten Risiken vorzunehmen, da nicht alle Compliance-Risiken die gleiche Bedeutung für den Fortbestand des Unternehmens haben. Vielmehr möchte man als Geschäftsleitung vorrangig denjenigen Risiken entgegenwirken, welchen ein besonders hohes Gefährdungspotential für das Unternehmen zukommt. 747

Darüber hinaus ermöglicht eine Bewertung der Compliance-Risiken eine **Priorisierung** der erforderlichen Gegenmaßnahmen und damit eine **Fokussierung** der begrenzten Unternehmensressourcen. Dadurch kann den besonders akuten und gefährlichsten Risiken gezielt und mit angemessenen Maßnahmen entgegengewirkt werden, statt Ressourcen auf die Mitigierung aller identifizierten Compliance-Risiko gleichzeitig und gleichmäßig einzusetzen. Dies kann allzu leicht dazu führen, dass die relevantesten Risiken nicht schnell und effektiv genug mitigiert werden können, während relativ unbedeutenden Risiken mit 748 der gleichen Dringlichkeit und einem vergleichbaren Ressourceneinsatz entgegengewirkt werden. Im Zweifel kann eine solche „Gießkannenmethode" dazu führen, dass mangels hinreichender Gegenmaßnahmen identifizierte Compliance-Risiken zu Compliance-Verstößen werden.

749 Regelmäßig wird die Bewertung von Compliance-Risiken durch den Umstand erschwert, dass diese, sofern sie in einen Gesetzesverstoß umgeschlagen sind, in der Öffentlichkeit anders wahrgenommen werden als Schäden, die aus klassischen Unternehmensrisiken herrühren. Wurde von einem Unternehmen zB bekannt, dass Vertreter des Unternehmens Beamte bestochen haben, um einen Auftrag zu erhalten, so kommt es nicht darauf an, in welchem Staat sich dieser Gesetzesverstoß ereignet hat. Vielmehr führt das sich nicht an die „Spielregeln" halten fast automatisch zu einem **Reputationsverlust,** der sich keineswegs nur auf das Land beschränkt, in dem der Gesetzesverstoß erfolgte. Das Unternehmen erleidet weltweit einen Reputationsverlust und wird unter Umständen die direkten wirtschaftlichen Konsequenzen zeitnah zu spüren bekommen, indem es von den verschiedenen **Stakeholdern** des Unternehmens abgestraft wird, sei es von Kunden, Lieferanten oder Aufsichtsbehörden. Aufträge werden zurückgezogen und an Wettbewerber vergeben, die Teilnahme an Ausschreibungen wird verweigert, Betriebsprüfungen durch die Finanzbehörden angeordnet und ggf. werden auch Ermittlungsverfahren eingeleitet. Damit kann dieser Gesetzesverstoß eine **Kettenreaktion** von Rechtsfolgen auslösen, die wie ein Lauffeuer ein global tätiges Unternehmen in Bedrängnis bringen kann und die zu einer weiteren Erhöhung des Reputationsschadens führt.[465]

750 Es ist daher sinnvoll, die Elemente der klassischen Unternehmensrisikobewertung, potenzielle maximale Schadenshöhe und Eintrittswahrscheinlichkeit, um die Komponente des Reputationsschadens zu ergänzen.

a) Bemessung der möglichen Gesamtschadenshöhe

751 Rechtsvorschriften sind regelmäßig mit Sanktionen in Form von Strafen oder Geldbußen sowie Gewinnabschöpfung bewehrt. Dadurch kann dem Risiko eines Compliance-Verstoßes ein konkreter Schadensbetrag, der dem Unternehmen durch diesen entstehen könnte, zugeordnet werden.

752 So sieht zB das **Kartellrecht** eine Geldbuße von bis zu **10 Prozent** des in dem der Behördenentscheidung vorausgegangenen Geschäftsjahres erzielten weltweiten Gesamtumsatzes des Unternehmens bzw. des Konzerns vor (§ 81c Abs. 2 GWB). Das **OWiG** sieht eine Geldbuße im Falle einer vorsätzlichen Straftat, die aus dem Unternehmen heraus begangen worden ist und durch die Pflichten, welche das Unternehmen treffen, verletzt worden sind oder es dadurch bereichert worden ist oder werden sollte, bis zu zehn Mio. EUR vor. Handelt es sich um eine fahrlässige Straftat, kann eine Geldbuße bis zu fünf Mio. EUR verhängt werden (§ 30 Abs. 2 OWiG). Der bisher noch nicht verabschiedete Entwurf der Bundesregierung des Gesetzes zur Stärkung der Integrität in der Wirtschaft enthält Vorschriften für ein neues **Verbandssanktionengesetz.** Gem. § 9 Abs. 2 VerSanG beträgt eine Verbandsgeldsanktion bei einem Unternehmen bzw. einem nicht rechtsfähigen Verein oder einer rechtsfähigen Personengesellschaft mit einem durchschnittlichen Jahresumsatz von mehr als 100 Mio. EUR bei einer vorsätzlichen Verbandstat mind. 10.0000 EUR und bis zu **10 Prozent** des durchschnittlichen Jahresumsatzes, bzw. bei einer fahrlässigen Verbandstat mind. 5.000 EUR und höchstens 5 Prozent des durchschnittlichen Jahresumsatzes.[466]

---

[465] S. das Beispiel zum Compliance-Risiko, bei dem eine Bestechung in China Rechtsfolgen nicht nur dort, sondern auch in Deutschland, den USA und Großbritannien nach sich zieht, → Rn. 61 ff.

[466] Bundesregierung „Entwurf eines Gesetzes zur Stärkung der Integrität in der Wirtschaft", Bearbeitungsstand: 16.6.2020 10:03 Uhr, https://www.bmj.de/SharedDocs/Downloads/DE/Gesetzgebung/RegE/RegE_Staerkung_Integritaet_Wirtschaft.pdf?__blob=publicationFile&v=3, zuletzt abgerufen am 28.2.2023.

Darüber hinaus sehen die Vorschriften zB des StGB auch die des OWiG auch eine **Gewinnabschöpfung** vor, da sich Straftaten und Ordnungswidrigkeiten nicht lohnen dürfen (§ 73ff. StGB sowie § 17 OWiG).[467] Die Höhe eines möglichen Verfalls mag zunächst schwer abzuschätzen sein. Doch auch hier, ähnlich wie bei anderen gravierenden Compliance-Verstößen, kann man davon ausgehen, dass es sich aus Sicht der Täter lohnen sollte. Daher kann die **Umsatzrendite** des Geschäftssegmentes, in dem ein Compliance-Risiko im Unternehmen besteht, zusammen mit dem durch das Compliance-Risiko betroffene **Geschäftsvolumen** herangezogen werden, um die Höhe der behördlichen Gewinnabschöpfung zu errechnen. 753

Darüber hinaus werden zB im Fall einer Preisabsprache die beteiligten Unternehmen von ihren übervorteilten Kunden regelmäßig auf Schadensersatz in Anspruch genommen. Auch dies ist ein zu quantifizierender Schaden, der in die Kalkulation der Gesamtschadenshöhe aufzunehmen ist. Auch hier lassen sich Näherungswerte verwenden. So geht eine Studie für die EU-Kommission auf eine kartellbedingte Verteuerung für Kunden von durchschnittlich rund 20 Prozent aus.[468] Ähnlich wie bei der Gewinnabschöpfung würde man den von der Kartellabsprache betroffenen Umsatz mit diesem Prozentwert von zB 20% multiplizieren, um näherungsweise die zu erwartenden Schadensersatzforderungen der Kunden zu quantifizieren. 754

Noch schwieriger wird die Bewertung, wenn ggf. weitere Sanktionen, wie zB der **Ausschluss von öffentlichen Ausschreibungen** (v.g. § 124 GWB) drohen oder Kunden **Zulieferverträge** stornieren oder sich ein **Joint Venture** von einem Partner trennt, der sich einen schweren Compliance-Verstoß hat zuschulden kommen lassen.[469] Hier kann man, je nach Geschäftsmodell des betroffenen Unternehmens, durchaus zu dem Ergebnis kommen, dass in Folge solcher Sanktionen das Unternehmen in seinem Bestand gefährdet ist. 755

Von einer solchen Bedrohung des wirtschaftlichen Fortbestandes des Unternehmens ist auch auszugehen, wenn zwar jede Sanktion für sich genommen verkraftbar erscheint, diese jedoch in Summe zur Insolvenz des Unternehmens führen können. 756

Grds. sollte daher auf dieser Betrachtungsebene mit den schlimmsten anzunehmenden Sanktionsfolgen gerechnet werden. Gleiches gilt für mögliche Schadensersatzforderungen von Seiten Dritter, die durch den Compliance-Verstoß einen Nachteil erlitten haben. 757

Darüber hinaus sollten auch die internen Kosten, die durch einen Compliance-Verstoß verursacht werden, erfasst werden, selbst wenn diese vielleicht nur sehr grob geschätzt werden können. Dies kann Kosten umfassen, die zB in Zusammenhang mit einem notwendigen Produktrückruf entstehen[470] oder auch Kosten für die zusätzliche Arbeitszeit und Managementattention, die ein Ermittlungsverfahren usw. verursacht. 758

Beispiel:

Die Matrix AG hat iRd Compliance-Risikoidentifikation ein massives Risiko bei ihrer Tochtergesellschaft, der Matrix Dorotokia Ltd. entdeckt. Es steht zu befürchten, dass beim geplanten Ausbau der Fertigungshallen, der zur Erweiterung der Produktion im Hochrisikoland Dorotokia dringend erforderlich ist, Bestechungsgelder an die zuständigen Beamten der örtlichen Baubehörde und den Bürgermeister fließen könnten. Da das Unternehmen

[467] KK-OWiG/Mitsch OWiG § 17 Rn. 112ff.

[468] Study prepared for the European Commission, Quantifying antitrust damages, Towards non-binding guidance for courts, Oxera, December 2009, S. 90, https://op.europa.eu/en/publication-detail/-/publication/fc667387-4658-48de-aa44-0f9b0dd3327d, zuletzt abgerufen am 28.02.2023.

[469] So zB: Nach Korruptionsaffaire: Daimler und Thyssen wenden sich von Ferrostaal ab, Augsburger Allgemeine, 9.8.2010, Daimler steigt aus Rüstungsprojekt mit Ferrostaal aus, https://www.augsburger-allgemeine.de/wirtschaft/Daimler-steigt-aus-Ruestungsprojekt-mit-Ferrostaal-aus-id8291681.html, zuletzt abgerufen am 28.10.2023.

[470] Produktüberarbeitung, Produktion, Kommunikation mit Händlern und Kunden, Austausch der bereits ausgelieferten Ware uvm.

auch über US-Dollarkonten verfügt, ist es auch völlig offen, in welcher Währung diese illegalen Zahlungen erfolgen und welchen Weg diese nehmen würden.

759 Im obigen Beispiel der Matrix AG muss der lokale Compliance Officer bei der Bewertung des Compliance-Risikos vom schlimmsten Fall ausgehen. Das bedeutet, es werden Amtsträger bestochen und die Bestechungsgelder werden in USD auf ein Konto außerhalb Dorotokias gezahlt. Damit würde gegen das Recht des Landes Dorotokia und darüber hinaus gegen deutsche, amerikanische sowie britische Anti-Korruptionsbestimmungen verstoßen, ggf. Steuer- und Bilanzierungsvorschriften sowie Bestimmungen zur Geldwäsche verletzt. Darüber hinaus würden verschiedene interne Vorschriften ignoriert.

760 Diese Betrachtungsweise zeigt, dass der Kreis der zu erwartenden Schäden relativ groß werden kann. Den Radius der möglichen Schäden zu verringern indem man zB den zeitlichen Betrachtungshorizont verkürzt oder interne Kosten vernachlässigt, die durch einen Compliance-Verstoß verursacht würden, ist ebenso wenig hilfreich wie die jeweils geringste Geldbuße bei der Bewertung des zu erwartenden Schadens einzustellen.

761 Wie auch bei der Bewertung klassischer Unternehmensrisiken sollten der zu erwartenden Schadenshöhe keine Chancen gegengerechnet werden. Denn auch wenn die Chancen das Compliance-Risiko überwiegen würden, bleibt jedoch das Risiko bestehen. Es würde daher der Transparenz des Prozesses nicht dienlich sein, wenn ein solches Compliance-Risiko unerwähnt bliebe oder nur ein Nettorisikowert anstelle des vollen erwarteten Schadensbetrages dargestellt würde.

762 Unabhängig von diesem eher systematischen Argument kommt eine solche Gegenrechnung schon aus **unternehmensethischen** Gesichtspunkten nicht in Frage. Eine Geschäftsleitung, die sich im Rahmen ihrer Anstrengungen, ein Compliance-Management-System einzuführen, um die Identifizierung der Compliance-Risiken ihres Unternehmens bemüht, kann die Ernsthaftigkeit ihres Anliegens gegenüber ihren Mitarbeitern und anderen Stakeholdern kaum glaubhaft kommunizieren, wenn sie Compliance-Risiken mit Ertragschancen aus möglicherweise rechtswidrigen Geschäftsaktivitäten aufrechnet.[471]

763 Grds. besteht bei der Bewertung von erwarteten Schäden durch Compliance-Risiken die Gefahr, dass ein erheblicher Aufwand getrieben werden müsste, um möglichst genaue Daten erheben zu können. Dieser kann vor allem bei der Neueinführung dieses Prozesses das Compliance-Risikomanagement nicht nur erheblich verlangsamen, sondern das Compliance-Risikomanagement für die gesamte Organisation so arbeitsintensiv gestalten, dass Compliance als solche negativ belegt wird.

764 Daher ist hier ein besonderes Augenmaß gefragt. Gerade bei internen Kosten kann man unter Umständen nur näherungsweise bestimmen, wie hoch ein Schaden durch einen Compliance-Verstoß sein mag. Dennoch ist es für die weiteren Prozessschritte des Compliance-Risikomanagements und damit letztlich für die Geschäftsleitung wichtig zu wissen, dass der potenziell zu erwartenden Schaden auch interne Kosten von oftmals nicht unerheblicher Höhe umfassen kann. Aus Gründen der Transparenz ist es insoweit richtig, diese Kosten ggf. nur zu schätzen und den angegebenen Wert als Schätzung zu kennzeichnen. Insgesamt sollte durch eine offene Kommunikation der Eindruck mathematischer Präzision vermieden werden, wo es an dieser aufgrund der wenig stabilen Daten mangeln muss. Scheingenauigkeit treiben nicht nur die Kosten des **Compliance-Risikobewertungsprozesses** in die Höhe. Sie können auch zu einer unrichtigen Darstellung der Compliance-Risikolandschaft führen und am Ende sogar dafür sorgen, dass das Ergebnis angreifbar und somit die Professionalität und damit wiederum die Glaubwürdigkeit der Compliance-Funktion in Frage gestellt wird.

765 Daher kann es sich auch anbieten, statt mit „präzisen" Zahlenwerten eher mit **Bandbreiten** zu arbeiten. Die Bandbreite kann in Geldwerten bemessen oder zB auch in Prozentwerten vom Operating Profit oder Umsatz angegeben werden. Die Höhe der einzel-

[471] S. Maßnahmen der Compliance-Risikosteuerung → Rn. 828 ff.

nen Bandbreitenelemente hängt von der Unternehmensgröße und dessen Ertragsstärke ab. Ein größerer Konzern mag eine Schadenshöhe von 5 Mio. EUR als „Peanuts" bezeichnen und daher vernachlässigen, während dies für ein KMU eine bestandsgefährdende Größenordnung darstellen kann.

Mit zunehmender Erfahrung in dem Prozess der Risikobewertung wird es immer leich- 766 ter fallen, Risiken zu analysieren und die zu erwartenden Schäden, die ein Compliance-Verstoß kausal verursachen kann, zu bewerten. Auch in Bezug auf die Quantifizierung von zu erwartenden Schäden aus Compliance-Risiken kann die Geschäftsleitung und damit auch die verantwortlichen Mitarbeiter, an welche die Wahrnehmung der Aufgabe delegiert worden ist, die Regeln der **Business Judgement Rule** in Anspruch nehmen.[472]

b) Eintrittswahrscheinlichkeit

Die zweite Komponente bei der Bewertung des zu erwartenden Schadens durch einen 767 Compliance-Verstoß ist die Wahrscheinlichkeit des Eintritts des Schadens durch eine solche Gesetzesverletzung. Ist die Quantifizierung des maximal zu erwartenden Schadens ein schwieriges Unterfangen, so ist die Abschätzung dessen Eintrittswahrscheinlichkeit keineswegs leichter.

Dennoch wird zB im Bereich des Datenschutzes verlangt, dass der Verantwortliche un- 768 ter Berücksichtigung u.a. der „unterschiedlichen Eintrittswahrscheinlichkeit und Schwere der Risiken" geeignete Maßnahmen implementiert, um sicherzustellen und um den Nachweis dafür erbringen zu können, dass die Verarbeitung gemäß der DS-GVO erfolgt.[473]

Da für die Eintrittswahrscheinlichkeit neuer Gefahrenlagen, die zB auf technologische 769 Innovationen zurückzuführen sind, typischerweise statistische Erfahrungswerte fehlen, beschränkt sich Art. 24 DS-GVO darauf, dem Verantwortlichen eine nachvollziehbare und fundierte Prognose abzuringen.[474]

Bei finanz- und leistungswirtschaftlichen Risiken eines Unternehmens existieren nicht 770 selten Statistiken über die Wahrscheinlichkeit des Eintritts eines Risikos. Dies ist dem Umstand geschuldet, dass sich Unternehmen gegen unterschiedlichste Risiken durch Versicherungen oder den Erwerb derivativer Instrumente absichern können. Versicherungen und Banken, die solche Produkte anbieten, legen ihrer Preiskalkulation u.a. historische Werte einer Eintrittswahrscheinlichkeit des zu versichernden Schadensereignisses bzw. eine Projektion der absehbaren Kursentwicklung zugrunde, sei es bei einer Feuerversicherung oder einen Swap für ein Devisengeschäft.

Solche, auf historischen Daten und absehbaren zukünftigen Entwicklungen basierende 771 Statistiken zur Wahrscheinlichkeit unterschiedlicher Gesetzesverstöße existieren nicht.[475] Um sich einer Antwort auf diese Aufgabe zu nähern, sollte ein Katalog von Kriterien erarbeitet werden, anhand dessen die Eintrittswahrscheinlichkeit bestimmt werden kann. Die Auswahl der Kriterien hängt stark von der Branche, in der das Unternehmen tätig ist, von seiner Größe und Komplexität sowie dem Grad seiner Internationalisierung ab. Auch sollten die Kriterien die Kategorisierung berücksichtigen, die iRd Analyse und Quantifizierung der identifizierten Compliance-Risiken verwendet worden sind.

---

[472] S. Business Judgement Rule → Rn. 122ff.

[473] Art. 24 Abs. 1 S.1 Verordnung (EU) 2016/679 des Europäischen Parlaments und des Rates vom 27. April 2016 zum Schutz natürlicher Personen bei der Verarbeitung personenbezogener Daten, zum freien Datenverkehr und zur Aufhebung der Richtlinie 95/46/EG (ABl. L 119, 1, ber. L 314, 72, 2018 L 127, 2 und 2021 L 74, 35).

[474] Paal/Pauly/Martini DS-GVO Art. 24 Rn. 30.

[475] Das Bundeskriminalamt spricht zB nur davon, dass weiterhin von einem großen Dunkelfeld im Bereich der Korruption auszugehen ist, Bundeslagebild, Korruption 2021, 2022, S. 18, https://www.bka.de/SharedDocs/Downloads/DE/Publikationen/JahresberichteUndLagebilder/Korruption/korruptionBundeslagebild2021.pdf?__blob=publicationFile&v=6, zuletzt abgerufen am 28.2.2023.

772 Die anzuwendenden Kriterien sollten dabei die Compliance-Risiken aus unterschiedlichen Perspektiven betrachten. So können Umfeldkriterien zusammen mit unternehmensinternen Aspekten, die die Eintrittswahrscheinlichkeit beeinflussen, kombiniert werden, um zu einer möglichst realistischen Einschätzung zu kommen. Unterhält das Unternehmen zB in einem Staat Geschäftsaktivitäten, der hinsichtlich der Neigung zur Korruption als Hochrisikoland eingeschätzt wird, so ergibt sich automatisch eine sehr hohe Eintrittswahrscheinlichkeit für ein Compliance-Risiko „Korruption". Wurden jedoch entsprechende Compliance-Schulungen für die maßgeblichen Mitarbeiter des Unternehmens durchgeführt, verändert sich die Einschätzung und die Höhe der Eintrittswahrscheinlichkeit ist eine deutlich geringere.

773 Somit können als **externe Kriterien** zB herangezogen werden:

- Wettbewerbssituation (entspannt/.../aggressiv)
- Bestehen zB hohe Markeintrittsbarrieren, ist eine Branche eher kartellgeneigter als in einem Umfeld, in dem überhöhte Preise durch neue Marktteilnehmer schnell unterlaufen werden können. Stärker kartellgeneigt sind auch Branchen, in der ein sehr starker Wettbewerbsdruck herrscht, da auf der Nachfrageseite nur wenige, dafür aber sehr große Kunden einen entsprechenden Druck auf die Margen der Zulieferer und Dienstleister ausüben können.
- Länderrisiko (CPI von weniger als 50 Punkten)[476]
- Gefährdungspotential der Branche
- So gilt zB die Bauindustrie als die am meisten von Korruption betroffene Branche in Deutschland.[477]
- Geschäft mit öffentlichen Einrichtungen/geschäftliche Kontakte mit Amtsträgern
- Exporte ins Ausland
- Durch die sich ständig verändernden Vorgaben des Außenwirtschaftsrechts, können Geschäfte durch neue Embargovorgaben unmöglich gemacht werden.
- Vertrieb von Dual-Use-Gütern oder –Dienstleistungen
- Produkte und Dienstleistungen, die sowohl einem zivilen als auch einen militärischen Nutzen haben, unterliegen ebenfalls strengen exportkontrollrechtlichen Vorgaben.
- Compliance-Verstöße bei Wettbewerbern oder Geschäftspartnern.
- Wenn im geschäftlichen Umfeld des Unternehmens zB Bestechungsleistungen angeboten oder gefordert oder Preisabsprachen durchgeführt worden sind, sollte dies Anlass zu einer Prüfung bzw. Optimierung der eigenen Compliance-Situation geben.

774 Für **interne Faktoren,** die die Eintrittswahrscheinlichkeit eines Compliance-Risikos in einem Unternehmen bzw. einer Tochtergesellschaft beeinflussen, können zB folgende Kriterien Verwendung finden:

- Bestehen eines Compliance-Managementsystems einschließlich einer entsprechenden Compliance-Organisation und -Prozessen
- Bestehen eines internen Kontrollsystems (IKS)
- Gefährdungspotential des Geschäfts- oder Funktionalbereichs
- So haben der Vertrieb und der Einkauf aufgrund ihrer zahlreichen Außenkontakte, verbunden mit ihrem spezifischen Tätigkeitsspektrum, ein anderes Gefährdungspotential als die Buchhaltung.
- Zentralisierte Unternehmensorganisation oder stark dezentralisierte Entscheidungsbefugnisse
- Regelmäßige Durchführung von Compliance-Schulungen
- Implementierung interner Richtlinien zu Compliance-Themen

---

[476] Der Transparency International Corruption Perceptions Index (CPI) ordnet jedem Land einen CPI-Wert zwischen 0 und 100 zu, https://www.transparency.de/cpi/cpi-2022/cpi-2022-tabellarische-rangliste, zuletzt abgerufen am 22.2.2023.

[477] Bundeskriminalamt, Bundeslagebild, Korruption 2021, 2022, S. 2, https://www.bka.de/SharedDocs/Downloads/DE/Publikationen/JahresberichteUndLagebilder/Korruption/korruptionBundeslagebild2021.pdf?__blob=publicationFile&v=6, zuletzt abgerufen am 28.2.2023.

- Überarbeitung der Geschäftsprozesse, um die Vorgaben der Compliance-Richtlinien im operativen Tagesgeschäft abzubilden
- Schreiben, Ansprachen, Newsletter der Geschäftsleitung zum Thema Compliance
- Compliance-Verstöße in der Vergangenheit
- Bewertung in Revisionsberichten (einschließlich der Zusammenarbeit mit der Revision).

Diesen beispielhaft genannten Kriterien können Punkt- oder Prozentwerte zugeordnet 775 werden. Der Durchschnittswert aller Kriterien ergibt den Gesamtwert für die Eintrittswahrscheinlichkeit eines Compliance-Risikos. Wie auch bei der Erfassung der Daten zur potenziellen maximalen Schadenshöhe kann es sinnvoll sein, auch bei den Werten zur Eintrittswahrscheinlichkeiten mit Bandbreiten zu arbeiten. Darüber hinaus kann es eine Einschätzung erleichtern, wenn die Bandbreiten nicht nur durch Zahlenwerte definiert werden, sondern auch eine begriffliche Unterscheidung der einzelnen Bandbreiten hinzugefügt wird. Zum einen werden dadurch Scheingenauigkeiten vermieden und zum anderen geht es primär um Trendaussagen, die sich durch begriffliche Unterscheidung gut abbilden lassen.

Dieses Modell kann beliebig verfeinert werden, indem zB einzelne Kriterien höher ge- 776 wichtet werden als andere. Auch können über interne und externe Kriterien hinaus weitere Kategorien eingeführt werden, die den spezifischen Gegebenheiten eines Unternehmens und seinen unterschiedlichen Geschäftsbereichen besser Rechnung trügen, da sich zB ein IT-Unternehmen ganz anderen Compliance-Risiken gegenübersieht als ein Anlagenbauunternehmen.

Daher ist dieser Kriterienkatalog auch kein statisches Instrument, das, einmal entwickelt, 777 unverändert genutzt werden kann. Vielmehr sollten die Kriterien mit zunehmender Erfahrung im Compliance-Risikomanagement korrigiert bzw. ergänzt werden. Auch sollte die Annäherung an einen Wert für eine Eintrittswahrscheinlichkeit nicht darüber hinwegtäuschen, dass es sich um subjektive Bewertungen handelt, die eine Indikation aufzeigen. Sie entbindet eine Geschäftsleitung nicht, die Ergebnisse zu **hinterfragen** und ggf. zu einer begründeten Neupriorisierung der Compliance-Risiken zu kommen.[478]

[478] → Rn. 122 ff. (Business Judgement Rule).

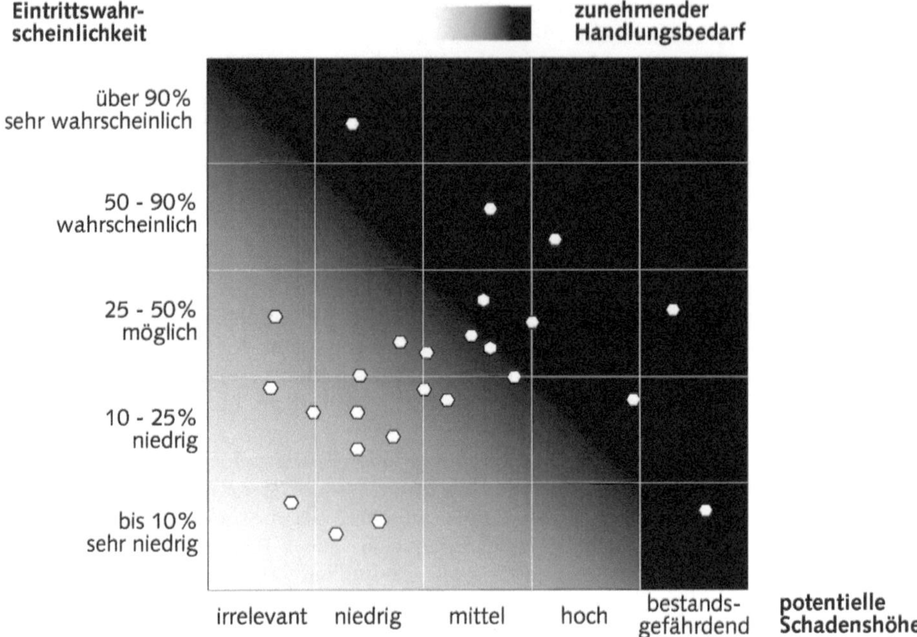

Abb. 16: Die Bewertung von Compliance-Risiken

778 Wurden den einzelnen Compliance-Risiken jeweils Werte zugeordnet, die ihre potenzielle Schadenshöhe und deren jeweilige Eintrittswahrscheinlichkeit bezeichnen, müssen diese Daten auf eine möglichst **transparente** Weise dargestellt werden. Auch hier bietet die Betriebswirtschaft verschiedene Modelle an. Das hier verwendete Portfolio-Modell zeigt dem Betrachter auf einen Blick, wie sich Schadenshöhe und Eintrittswahrscheinlichkeit eines Compliance-Risikos zu den Werten anderer Risiken verhalten und erlaubt auf diese Weise eine schnelle Übersicht über die Compliance-Risikosituation des Unternehmens.[479]

779 Abgesehen von der Übersichtlichkeit der Darstellung liegt ein weiterer Vorteil in der Aufbereitung in einem Portfolio darin, dass die einzelnen Segmente des Portfolios durch eine Farbkodierung als kritisch oder weniger kritisch markiert werden können. So ist es aus Risikomanagementsicht sinnvoll, zB Compliance-Risiken, die eine Schadenshöhe erreichen können, die den Bestand des Unternehmens gefährden können, als Risiken mit dringendem Handlungsbedarf zu klassifizieren.

780 Eine solche Vorgehensweise ist insbes. auch deshalb sinnvoll, da durch solche Vorgaben des Compliance-Risikomanagements Compliance-Risiken in den nachfolgenden Schritten des Compliance-Risikomanagementprozesses auf jeden Fall und unabhängig von ihrer möglicherweise sehr niedrigen Eintrittswahrscheinlichkeit entgegengesteuert werden müssen. Auf diese Weise kann auch sogenannten „Black Swan-Ereignissen" vorgebeugt werden, die aufgrund ihrer sehr niedrigen Eintrittswahrscheinlichkeit aus verschiedenen Gründen vernachlässigt werden, obwohl die mit solchen Ereignissen verbundenen potenziellen Schäden für das Unternehmen katastrophal sein könnten.

[479] Aus Gründen der Übersichtlichkeit wurde in Abbildung 16 auf eine Auflistung der dargestellten Compliance-Risiken verzichtet. Diese können mit Ziffern oder einer Farbkodierung sowie einer entsprechenden Legende den einzelnen Markierungen im Portfolio zugewiesen werden.

In diese Kategorie würden in einem Unternehmen, das primär in Deutschland geschäftlich aktiv ist, vor allem Kartellverstöße und andere Verstöße gegen Normen fallen, die den freien Wettbewerb schützen, wie etwa die §§ 298, 299 StGB. 781

c) Reputationsschaden

Der gute Ruf eines Unternehmens und seiner Marke, das Image, ist ein außerordentlich wertvolles Gut. Ob ein Unternehmen wegen der guten Qualität seiner Produkte, seiner Service-Qualität, wegen ihres hohen Kundennutzens oder ihrer hohen Werthaltigkeit geschätzt wird, ob das Unternehmen das Image eines „good corporate citizens" hat oder als besonders profitabel und daher als eine exzellente langfristige Anlage gilt, die man auch gern für seine Altersvorsorge einsetzt, es handelt sich immer um eine Reputation, die über viele Jahre und Jahrzehnte konsequent und durch harte Arbeit erworben worden ist. 782

Die gute Reputation eines Unternehmens im Markt erfüllt keinen Selbstzweck. Je besser der Ruf eines Unternehmens ist, desto höher ist der wirtschaftliche Vorteil, den das Unternehmen aus seinem Image generieren kann. Die Reputation schlägt sich in der Neigung der Kunden nieder, ein Produkt oder eine Dienstleistung dieses Hauses zu erwerben, im Vergleich zu vergleichbaren Produkten seiner Wettbewerber. Der Ruf erlaubt es dem Unternehmen unter Umständen eine gewisse Kaufpreisprämie für seine Produkte am Markt zu erzielen. Beide Faktoren wirken sich positiv auf das Umsatzvolumen und die Rentabilität des Unternehmens sowie auf die Kundenbindung aus. 783

Darüber hinaus ziehen Unternehmen mit einem exzellenten Ruf exzellente Mitarbeiter an und haben ein besseres Standing bei Behörden und Verbänden. Selbst bei Eigen- und Fremdkapitalgebern spielt die Reputation des Unternehmens trotz der großen Bedeutung betriebswirtschaftlicher Kennzahlen eine Rolle. Daher ist es auch nicht verwunderlich, dass der Markenwert eines Unternehmens in einem speziellen Ranking bewertet wird.[480] 784

Da ein guter Ruf nur über einen längeren Zeitraum erworben und stabilisiert werden kann, ist die Reputation besonders empfindlich in Bezug auf Störungen in der Wahrnehmung des Unternehmens in der Öffentlichkeit. Und die Veränderung hat regelmäßig langfristige Konsequenzen. 785

Verstößt das Unternehmen jedoch gegen ein Gesetz, wird das Verfahren regelmäßig mit der einmaligen Zahlung zB einer uU sehr erheblichen Geldbuße und Auflagen abgeschlossen. Weitere Auswirkungen hat der Gesetzesverstoß auf die Gewinn- und Verlustrechnung nach dieser Berichtsperiode in aller Regel nicht. Anders, wenn durch den Compliance-Verstoß auch der gute Ruf des Unternehmens in Mitleidenschaft gezogen worden ist. Dieser Reputationsverlust kann noch Jahre später die **Profitabilität** des Unternehmens belasten. Dies kann sich in einem geringeren Umsatz niederschlagen, es kann erhöhte Marketingaufwendungen erforderlich machen uvm. Wie hoch der zu erwartende Reputationsschaden eines möglichen Compliance-Verstoßes tatsächlich sein wird, ist jedoch außerordentlich schwer zu erfassen. 786

Wie bei jeder Perspektive, aus der Risiken betrachtet werden, handelt es sich bei der Bewertung eines möglichen Reputationsschadens um einen Blick in die Zukunft. Dieser wird dadurch zusätzlich erschwert, dass die Mitarbeiter des Unternehmens mangels objektiver Kriterien subjektiv entscheiden müssen, wie sich ein Compliance-Verstoß auf die subjektive Wahrnehmung der **Stakeholder** des Unternehmens auswirken könnte. Sie können also nur eine gewisse Indikation der Richtung und der Stärke der Bewegung geben, in der eine Veränderung des Außenbildes des Unternehmens nach einem Compliance-Verstoß stattfinden könnte. 787

Darüber hinaus wird die Einschätzung für die Mitarbeiter des Unternehmens dadurch erschwert, dass der Reputationsschaden maßgeblich beeinflusst wird durch die Aufnahme des Compliance-Verstoßes in der Presse und den modernen **Social Media,** wie etwa 788

[480] S. zB Ranking The Brands, https://www.rankingthebrands.com/The-Brand-Rankings.aspx?rankingID=30, zuletzt abgerufen am 31.01.2023.

Facebook und Twitter. Anders als noch vor wenigen Jahren ist die Reaktion der Medien auf eine Nachricht und damit deren Verbreitungsgrad immer schwerer abzuschätzen. Damit wird auch die Wirkung, die ein Compliance-Verstoß in der Öffentlichkeit auslöst, zunehmend schwerer vorhersagbar.

789 Um sich einer Bewertung der Auswirkung möglicher Compliance-Verstöße auf die Reputation des Unternehmens zu nähern, sollten die Compliance-Risiken in nicht weniger als drei Kategorien eingeteilt werden. Innerhalb dieser Kategorien wird unterschieden zwischen Compliance-Risiken, deren negative Auswirkungen auf die Reputation des Unternehmens gering sind, bis hin zu Reputationsschäden, deren Auswirkungen auf das Unternehmen sehr hoch sein werden. Je größer das Reputationsrisiko ist, desto größer wird das Compliance-Risiko im Compliance-Risikoportfolio dargestellt

790 Zu den Compliance-Risiken mit keinen oder **geringen** Auswirkungen auf den Ruf des Unternehmens gehören v. a. die meisten Verletzungen von internen Unternehmensrichtlinien und anderer Normen, deren Verletzung kein Echo in der Presse bzw. in den Social Media und damit auch keine Resonanz in der öffentlichen Wahrnehmung des Unternehmens findet.

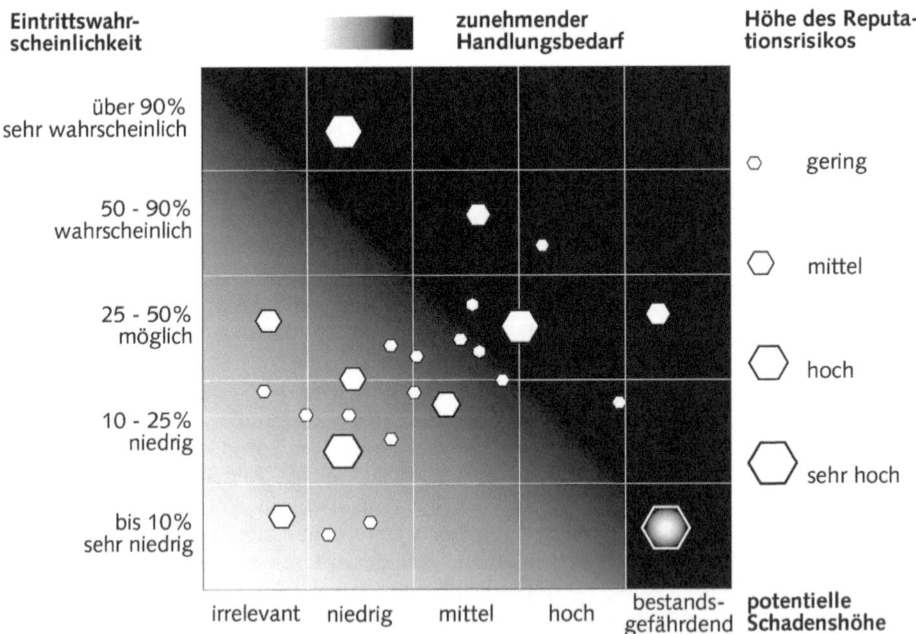

Abb. 17: Compliance-Risikomatrix einschließlich Reputationsrisiken

791 Ein **mittleres** Reputationsrisiko können Compliance-Verstöße verursachen, die zum einen in der lokalen Presse erwähnt werden und Gesetzesverletzungen umfassen, die nur einen sehr begrenzten Personenkreis betreffen, wie zB bei der Verletzung isolierter Arbeitsschutzbestimmungen in einer Tochtergesellschaft.

792 Es besteht bereits ein **hohes** Risiko für die Unternehmensreputation, wenn bekannt wird, dass systematisch zB Arbeits- oder Datenschutzbestimmungen durch Vertreter des Unternehmens verletzt worden sind.[481] Es kann sich in diesem Beispiel um das gezielte Unterlaufen gesetzlicher Mindeststandards bei der Arbeitssicherheit handeln, durch das Kosten eingespart werden sollen. In einem solchen Fall kann ein Unternehmen nicht nur

[481] Dies gilt insbes. in Bezug auf die in der DS-GVO verhängten Sanktionen für Datenschutzverletzungen, von bis zu 4% des gesamten weltweit erzielten Jahresumsatzes des vorangegangenen Geschäftsjahrs, Art. 83 DS-GVO.

seine Reputation als gesuchter Arbeitgeber verlieren. Vielmehr kann es, neben den rechtlichen Konsequenzen, auch Schaden in der Wahrnehmung seiner Endkunden nehmen, wenn es sich zB um einen Hersteller modischer Sportartikel handelt, der ein entsprechend positives Fair-Play-Image pflegt und sich plötzlich in einem Sturm der Entrüstung über die Arbeitsbedingungen bei der Herstellung seiner Produkte in Billiglohnländern durch die nationalen Medien und Social Media wiederfindet.

Den größten Reputationsrisiken sieht sich ein Unternehmen gegenüber, wenn die Ge- 793
schäftsleitung einem staatsanwaltschaftlichen Ermittlungsverfahren ausgesetzt ist. Werden Unternehmenszentralen und die Domizile der Geschäftsleitung von Ermittlungsbeamten durchsucht, geben Vertreter der Staatsanwaltschaft Pressestatements zum Stand der Ermittlungen ab, so ist eine Grenze überschritten, die in einem nachhaltigen Schaden für den Ruf des Unternehmens resultieren kann. Bei einem international tätigen Unternehmen greifen zB bei einem Bestechungsvorwurf nicht nur die jeweiligen staatlichen Behörden den Fall auf, sondern auch die internationalen Medien. Vertragspartner, die nicht in den Sog eines Unternehmens geraten wollen, das ein Compliance-Problem hat, können sich entschließen, Kooperationen oder Joint Ventures abzubrechen. Die qualifiziertesten Mitarbeiter und Führungskräfte fragen sich unter Umständen, ob sie ihren Lebenslauf und damit ihre Karriere mit einem Arbeitgeber belasten wollen, der in der Öffentlichkeit in Verruf geraten ist.

Letzterer Fall mag selten eintreten; die Kombination aus exorbitant hohen Geldbußen, 794
Schadensersatzforderungen und einem massiven Reputationsschaden sowie dem damit einhergehenden Vertrauensverlust im Markt und bei Geschäftspartnern kann bestandgefährdende Ausmaße erreichen. Ein solcher Fall würde in dem Portfolio der Abbildung 17 der invers markierten Fläche rechts unten entsprechen – es mag selten vorkommen, aber wenn dieser Fall eintritt, ist er regelmäßig für das betroffene Unternehmen von einer bestandsgefährdenden Größenordnung.

Alternativ kann auch eine **Compliance-Risikolandkarte** erzeugt werden, die visuali- 795
siert, in welchen Ländern ein Unternehmen Compliance-Risiken hat und in welcher Größenordnung sich diese bewegen. Dadurch gelangt man zu einem Bild, das relativ deutlich zeigt, wo die Geschäftsleitung Schwerpunkte in ihrer Compliance-Arbeit und der des Unternehmens setzen muss. Eine Folge kann zB sein, dass iRd **Personalauswahl** in Bezug auf das Compliance-Verständnis und die Integrität der Führungskräfte und Mitarbeiter in Schlüsselpositionen ein besonderes Augenmerk gelegt wird.

In unserem Beispiel der Matrix AG würde sich die Geschäftsleitung nur für eine Aggre- 796
gation der Auswirkungen der identifizierten Compliance-Risiken interessieren, aus der auf einen Blick deutlich wird, wo akuter Handlungsbedarf aufgrund des Zusammenwirkens von maximaler Schadenshöhe, deren Eintrittswahrscheinlichkeit und den damit verbundenen Reputationsschäden besteht.

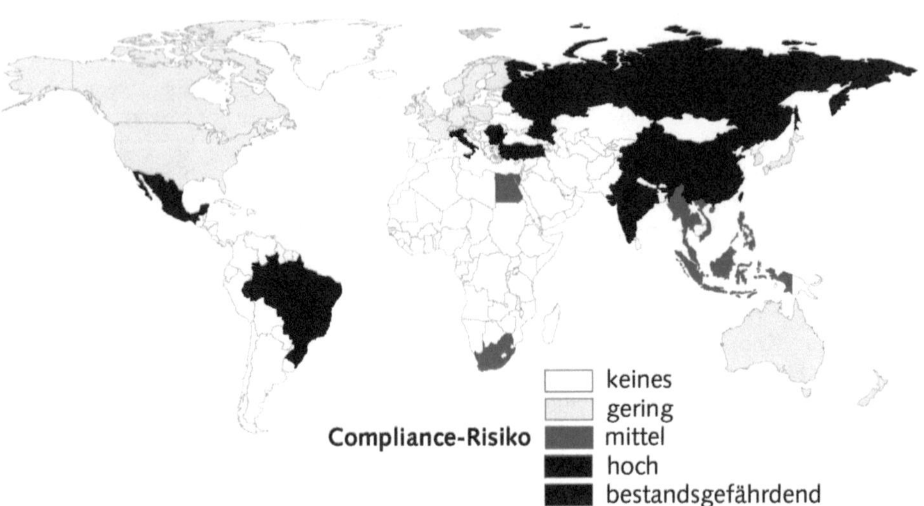

Abb. 18: Compliance-Risikolandkarte der Matrix AG

797 Je nach Unternehmenssituation kann die Information über Compliance-Risiken durch zusätzliche Angaben über die Art des Compliance-Risikos in vielfältigen Varianten, die den spezifischen Bedingungen des Unternehmens Rechnung tragen, dargestellt werden.

798 Konzeptionell kann man sich der Einschätzung der Höhe des Reputationsrisikos annähern, indem man zunächst die verschiedenen **Stakeholder-Gruppen** des Unternehmens identifiziert. Regelmäßig gehören folgende Gruppen zu den Stakeholdern eines Unternehmens:

- Anteilseigner
- Investoren
- Banken
- Lieferanten
- Kunden
- Mitarbeiter
- Betriebsrat
- Gewerkschaft
- Behörden (einschließlich Fiskus)
- Kommunen

799 Auch können zB **Wettbewerber, Nichtregierungsorganisationen** (NGO), **Wirtschaftsverbände** und die **Medien** als Stakeholder betrachtet werden, selbst wenn zu ihnen kein direkter Kontakt bestehen sollte. Darüber hinaus können, je nach Branche und Internationalisierung, weitere Gruppen hinzukommen.

800 In einem zweiten Schritt sind die einzelnen Stakeholder-Interessen auf ihre **Resonanz** in Bezug auf Compliance-Verstöße ihrer Geschäftspartner hin zu analysieren und entsprechend zu gruppieren. Dabei wird sehr schnell eine unterschiedliche Empfindlichkeit erkennbar, inwieweit Compliance-Verstöße toleriert werden können.

801 So reagieren Anteilseigner, die an dem langfristigen Erfolg ihres Unternehmens interessiert sind, ebenso wie renditeorientierte Investoren sehr empfindlich, wenn durch Compliance-Verstöße der Bestand des Unternehmens gefährdet oder zumindest dessen Rentabilität negativ beeinflusst würde. Gleiches gilt für Banken, die als Fremdkapitalgeber strengen

bankaufsichtsrechtlichen Bestimmungen unterliegen und daher das Risiko ihrer Engagements, und damit auch die Compliance-Risiken genau beobachten müssen. Nimmt das Compliance-Risiko zu, so verteuern sich nicht nur die Kosten für die Bank durch eine zu erhöhende Eigenkapitalunterlegung. Es steigt auch das Risiko für das Unternehmen, dass die Bank das Engagement beendet. In ähnlicher Weise trifft dies auch auf Lieferanten zu. Zwar befinden diese sich nicht selten in einem gewissen Abhängigkeitsverhältnis ihren Kunden gegenüber. Jedoch haben auch sie ein Interesse, dass ihre Lieferungen vereinbarungsgemäß bezahlt werden und ihr Kunde nicht durch einen bestandsgefährdenden Compliance-Verstoß insolvent wird.

Anteilseigner, Investoren sowie Banken und Lieferanten haben darüber hinaus regelmä- 802
ßig auch ein Interesse, sich nur mit Geschäften zu befassen, die ihren eigenen guten Ruf nicht schädigen, sondern vielmehr ihre **eigene Reputation im Markt stärken.** Ein gravierender Compliance-Verstoß kann diesem Interesse diametral entgegenstehen. Damit hat diese Gruppe von Stakeholdern sowohl ein klar umrissenes wirtschaftliches Interesse als auch ein eigenes Reputationsinteresse daran, dass das Unternehmen Compliance-Risiken möglichst effektiv eindämmt.

Kunden des Unternehmens unterscheiden sich als Stakeholder von der ersten Gruppe, 803
indem ihre wirtschaftlichen Interessen eine deutlich geringere Rolle spielen, sofern sie auf vergleichbare Produkte anderer Hersteller ausweichen können und dadurch die Lieferfähigkeit zB eines Zulieferers für den Kunden nicht wirklich systemrelevant ist. Sehr viel wichtiger ist es für den Kunden, die eigene Reputation im Markt zu schützen, da die Assoziierung mit aus Compliance-Sicht problematischen Lieferanten sich negativ auf das eigene Image auswirken kann. Bei Endverbrauchern kommen hier ebenfalls ethische Erwägungen zum Tragen: Man möchte nicht mit Produkten gesehen werden, die in Billiglohnländern von Kindern produziert worden sind, da sie das Eigenbild und das Bild, wie man von Dritten gesehen werden möchte, stören.

Mitarbeiter, Betriebsrat, Gewerkschaften sowie die Kommunen, in welchen sich 804
Unternehmensteile befinden haben hingegen zunächst ein primäres Interesse an der Erhaltung der Arbeitsplätze des Unternehmens. Nachgeordnet, und dennoch nicht zu vernachlässigen, ist das Interesse für ein Unternehmen tätig zu sein bzw. tätig zu werden, das sich an die maßgeblichen Gesetze hält und sich nicht aus Profitgründen oder aus Nachlässigkeit über geltendes Recht hinwegsetzt. Dies gilt zB für die Einhaltung von Vorschriften zum Schutz der Umwelt und damit auch der Kommune, in der zahlreiche Mitarbeiter und deren Familien leben, ebenso wie ganz grds. für die Einhaltung aller Vorschriften, die das Wohl der Arbeitnehmer und ihrer Gemeinde direkt oder indirekt schützen. Mit dem Erhalt der Arbeitsplätze geht auch ein entsprechendes Steueraufkommen einher, das ein prosperierendes Unternehmen, das frei von Compliance-Verstößen in seinem Bestand gesichert ist, generiert.

Staatliche Behörden haben ein originäres Interesse an der Einhaltung der Rechtsord- 805
nung.

Nach der Kategorisierung der verschiedenen Stakeholder und ihrer Interessen, gilt es 806
deren potenzielle Reaktion auf die Realisierung unterschiedlicher Compliance-Risiken zu erfassen. Hierzu bietet es sich an, zB in den **Medien** berichtete Reaktionen von Stakeholdern von Unternehmen zu analysieren, bei welchen Compliance-Verstöße aufgedeckt worden sind. Dabei kann man sich an der Veränderung der Reputation von Wettbewerbsunternehmen orientieren, die gegen maßgebliche Gesetze verstoßen haben. Alternativ kann man auch branchenunabhängig die jeweiligen Reaktionen auf bestimmte Arten von Compliance-Verstößen untersuchen. Verfügt das Unternehmen über Mitarbeiter, die die Pressearbeit leisten, so besteht hier ein erhebliches Wissen um die möglichen Reaktionen der Medien, das nicht ungenutzt bleiben sollte.

Darüber hinaus bietet es sich an, sofern es sich um ein börsennotiertes Unternehmen 807
handelt, im Rahmen einer Wettbewerbsanalyse die Auswirkungen eines Compliance-Verstoßes auf die **Aktienkursentwicklung** des betroffenen Unternehmens zu analysieren.

Die Reaktion auf Compliance-Verstöße innerhalb von Wirtschaftsverbänden und Industrie- und Handelskammern mag ebenfalls Aufschluss über das Standing eines Unternehmens nach einem Compliance-Verstoß geben. Die Bewertung der Reputation des eigenen Unternehmens lässt sich darüber hinaus aus Gesprächen zB mit Vertriebspartnern bzw. Händlern und ggf. über Kundenbefragungen ableiten. Letztere würde jedoch eher inzident im Rahmen einer allgemeinen Kundenbefragung erfolgen. Auch die Hausbank mag durchaus in Hinweisen allgemeinerer Art die Reaktionen, die sie auf bekanntgewordene Compliance-Verstöße wahrnimmt, dem Unternehmen widerspiegeln.

808 Insgesamt ist die Einschätzung der Wirkung möglicher Compliance-Verstöße auf die Reputation des Unternehmens aufwendig und wenig präzise. Daher muss man sich als Geschäftsleitung vor allem bewusst machen, dass die Aussagen zu einem möglichen Reputationsschaden wenig mit einer wissenschaftlichen, mathematisch genauen Analyse zu tun haben. Dennoch ist es von großer Bedeutung, dass die Geschäftsleitung zumindest eine **Indikation** erhält, wie sich ein Compliance-Risiko auf die Reputation des Unternehmens auswirken könnte. So wäre es nicht sachgerecht zB bei der Entscheidung, wie Compliance-Maßnahmen zu priorisieren sind, wenn sich die Geschäftsleitung auf die zu erwartende Schadenshöhe als alleinigen Maßstab konzentrieren würde. Auf die, wenn auch unter Umständen wenig präzise, Annäherung an die Folgen eines Compliance-Verstoßes für die Reputation des Unternehmens sollte daher nicht verzichtet werden.

809 Die Analyse und Bewertung der identifizierten Compliance-Risiken ist ordnungsgemäß zu dokumentieren. Dabei ist insbes. wichtig, dass die Transparenz über die Vorgehensweise bei der graphischen Darstellung der Compliance-Risiken erhalten bleibt. Nur so kann in den folgenden Schritten des Compliance-Risikomanagements nachvollzogen werden, wo unter Umständen die gewählte Darstellungsweise zu einer Verkürzung oder Verzerrung der inhaltlichen Aussage des bisherigen Prozessergebnisses geführt hat. Mit anderen Worten, es muss sichergestellt werden, dass die Entscheidungsträger in den nachfolgenden Prozessschritten verstehen, wo die Stärken und vor allem wo die Schwächen der Darstellung und der ihr zugrunde gelegten Bewertungssystematik liegen.

Checkliste 27: Bewertung der Compliance-Risiken

- ❑ Welchen Einfluss hat das identifizierte Compliance-Risiko auf den **Fortbestand des Unternehmens?**
- ❑ Welchen Einfluss hat das identifizierte Compliance-Risiko auf die **Reputation** des Unternehmens (Presse, Analysten, Social Media usw)?
- ❑ Beeinflusst das Compliance-Risiko die Beziehungen zu den **Stakeholdern** des Unternehmens (zB Kunden, Lieferanten, Investoren)?
- ❑ In welcher Höhe drohen dem Unternehmen **Geldbußen** oder **Gewinnabschöpfungen** aus dem identifizierten Compliance-Risiko?
- ❑ In welcher Höhe drohen dem Unternehmen **Schadensersatzforderungen**, zB von Kunden, durch diesen potenziellen Compliance-Verstoß?
- ❑ Welche **internen Kosten** können bei einem gemeldeten Compliance-Risiko entstehen (zB durch Rückrufaktionen, zusätzliche Arbeitszeit iRd internen Aufklärung bzw. eines Ermittlungsverfahrens)?
- ❑ Wird iRd Risikoidentifikation sichergestellt, dass **mögliche Gewinnchancen** nicht im Vorfeld der Berichterstattung mit möglicherweise entstehenden Compliance-Schäden verrechnet worden sind?
- ❑ Existiert ein **Kriterienkatalog,** anhand dessen die **Eintrittswahrscheinlichkeit** der identifizierten Compliance-Risiken bestimmt werden kann?
- ❑ Wird die **Systematik** des Analyse- und Bewertungsprozesses allen Beteiligten transparent dargestellt?

IV. Berichterstattung über die Compliance-Risiken

Über die analysierten und bewerteten Compliance-Risiken sind iRd internen und externen Berichterstattung den Entscheidungsträgern Berichte vorzulegen, auf deren Basis sie frühzeitig Entscheidungen über die Steuerung der Compliance-Risiken treffen müssen. 810

Es stellt sich in diesem Zusammenhang die Frage, ob diese Informationen einen separaten Berichtsweg nehmen oder ob sie gemeinsam mit anderen, klassischen Unternehmensrisiken berichtet werden sollten. 811

Sicherlich folgt die interne Berichterstattung über Compliance-Risiken zunächst eigenen Wegen, vor allem wenn es sich um einen neu etablierten Prozess handelt. Die Adressaten, die bereits während der Erfassung, Analyse und Bewertung über wichtige Erkenntnisse auf dem Laufenden gehalten werden, erhalten die Dokumentation auf schnellstem Wege. Dazu gehören die Leitung der Compliance-Abteilung, der internen Revision und der Rechtsabteilung. 812

Hat die Compliance-Leitung den Bericht für die weitere Kommunikation freigegeben, so erhält den Bericht der zuständige Vorstand, der den Bericht seinen Kollegen in der nächsten Vorstandssitzung erläutert. Danach werden die maßgeblichen Berichtsumfänge an die jeweiligen lokalen Compliance Officer und ggf. an die Mitglieder der Geschäftsleitungen der Geschäftsbereiche und Tochtergesellschaften sowie an die Leiter der betroffenen Funktionalbereiche verteilt. 813

Nach der hier vertretenen Auffassung handelt es sich bei Compliance-Risiken um originäre Geschäftsrisiken, die in einer Linie stehen mit den **klassischen Unternehmensrisiken.** Es bietet sich daher an, die Berichterstattung vollumfänglich in die interne und externe Berichterstattung der klassischen Unternehmensrisiken einzubetten. Nicht nur wird die Berichterstattung über Unternehmensrisiken damit vereinfacht. Auch und vor allem wird damit in die Unternehmensorganisation signalisiert, dass es sich bei einem Compliance-Risiko um ein originäres Geschäftsrisiko handelt, dessen Vermeidung ebenso in der Verantwortung des für die operative Aufgabe verantwortlichen Mitarbeiters liegt, wie die Einhaltung von Kosten-, Umsatz- oder Qualitätszielen. Dass es sich aufgrund des rechtlichen Charakters der Compliance-Risiken um ein vielleicht etwas anders geartetes Risiko handelt als etwa ein Produktionsausfallrisiko durch Unwetter ist sicherlich richtig, ist aber keine hinreichende Begründung zu glauben, dass die Bewältigung dieses Risikos einer fernen Compliance-Abteilung überlassen werden kann. 814

Daher kann hier in Bezug auf die interne und externe Berichterstattung auf die Ausführungen in → Rn. 458 ff. verwiesen werden. Auch hier gilt, dass die Informationsdichte und damit der Aggregationsgrad der Darstellung der Compliance-Risiken dem Empfängerkreis anzupassen ist. 815

Checkliste 28: Berichterstattung über die Compliance-Risiken

- ❑ Wird sichergestellt, dass die analysierten und bewerteten Compliance-Risiken den **maßgeblichen Adressaten** regelmäßig berichtet werden?
- ❑ Wird die Berichterstattung der Compliance-Risiken in die Berichterstattung der klassischen Unternehmensrisiken integriert?

V. Steuerung der Compliance-Risiken – das Compliance-Programm

Ob und in welcher Form den jeweiligen Compliance-Risiken präventive Maßnahmen entgegengestellt werden, hängt von der Compliance-Strategie des Unternehmens ab. 816

1. Compliance-Strategie

817 Anders als bei der Steuerung klassischer Unternehmensrisiken hat die Geschäftsleitung nicht die Wahl zu entscheiden, welche Gesetzesverletzungen in Zusammenhang mit der Erreichung der strategischen Ziele des Unternehmens toleriert werden können, um entsprechende Ertragschancen ausnutzen zu können. Eine solche Vorgehensweise wäre bereits der erste Compliance-Verstoß, da die Geschäftsleitung ihre Legalitätspflicht verletzen würde.

818 Vielmehr hat die Unternehmensleitung iRd Compliance-Strategie die erforderlichen Ressourcen für eine nachhaltige Compliance-Arbeit im Unternehmen zur Verfügung zu stellen, soweit dies wirtschaftlich tragbar ist. Regelmäßig kann jedoch das, was aus Compliance-Sicht nötig wäre, an die Grenzen des wirtschaftlich Möglichen stoßen. In diesem Fall wird die Geschäftsleitung iRd Steuerung von Compliance-Risiken **Prioritäten** festlegen müssen, die sich an einem wirtschaftlich tragfähigen Rahmen orientieren. Darüber hinaus kann die Unternehmensleitung Schwerpunktthemen definieren, die aus ihrer Sicht einer unternehmensweiten prioritären Behandlung seitens der lokalen Compliance Officer und der jeweiligen Geschäftsleitungen bedürfen.

2. Compliance-Risikokapazität, Compliance-Risikotoleranz, Ertragschancen, Compliance-Risikogrenzen

819 Auch die Frage der **Compliance-Risikokapazität** des Unternehmens ist im Unterschied zum klassischen Risikomanagement nur hypothetischer Natur. Sie impliziert nämlich, dass die Geschäftsleitung willens wäre, bis zur Grenze der wirtschaftlichen Tragfähigkeit des Unternehmens, bewusst Compliance-Risiken einzugehen, also die Möglichkeit von Gesetzesverstößen zu tolerieren. Da dies jedoch ein Verstoß gegen das Legalitätsprinzip wäre, kann die Antwort nur lauten, dass es die Unternehmensleitung ablehnt, sich mit dieser Frage zu befassen.

820 Ähnliches gilt für die Frage der **Toleranz** der Geschäftsleitung bezüglich Compliance-Risiken. Nähme es eine Geschäftsleitung billigend in Kauf, dass zB bei einer aggressiven Geschäftsausweitung auch maßgebliche gesetzliche Vorschriften verletzt würden, würde sie sich damit außerhalb des Legalitätsprinzips bewegen.

821 Eine Überlegung anderer Art ist natürlich, dass die Geschäftsleitung aufgrund begrenzter zur Verfügung stehender Ressourcen priorisieren muss, welchen Compliance-Risiken zunächst durch entsprechende Maßnahmen entgegengewirkt werden soll. Indirekt toleriert sie zwar damit den temporären Fortbestand anderer Compliance-Risiken. Die Motivation ist jedoch eine andere, da das Ziel ihrer Entscheidung nicht die Optimierung des operativen Geschäftsergebnisses ist, sondern die Optimierung der Compliance-Situation des Unternehmens angesichts endlicher Ressourcen.

822 Einem Compliance-Risiko ein **Ertragspotential** gegenüber zu stellen, ist aus demselben oben genannten Grunde untunlich, ebenso wie einzelnen Bereichen zu gestatten, innerhalb gewisser **Compliance-Risikogrenzen** tätig zu sein, und erst oberhalb dieser Grenzen ihnen aufzugeben, Gegenmaßnahmen einzuleiten.

823 Es zeigt sich hier, dass der Vergleichbarkeit klassischer Unternehmensrisiken und Compliance-Risiken Grenzen gesetzt sind. Compliance-Risikokapazität, Compliance-Risikotoleranz, Ertragschancen, Compliance-Risikogrenzen folgen anderen, gesetzlichen Regeln. Die Einhaltung der Rechtsordnung hat Vorrang vor einem Interesse des Unternehmens an **„nützlichen Pflichtverletzungen“.**[482] Damit sind der unternehmerischen Entscheidungsfreiheit beim Management von Compliance-Risiken im Vergleich zu klassischen Unternehmensrisiken deutlich engere Grenzen gesetzt.

[482] Daher gibt es iRd Business Judgement Rule auch keinen „sicheren Hafen“ für illegales Verhalten, → Rn. 114ff. (Pflichtverletzung) und → Rn. 122ff. (Business Judgement Rule).

Natürlich könnte man auf den Gedanken kommen, sich dennoch „unternehmerisch" zu verhalten und sich mit Compliance-Risikokapazität, Compliance-Risikotoleranz, Ertragschancen, Compliance-Risikogrenzen auf andere Weise zu befassen. So könnte man, statt in einem offenen und systematischen Prozess wie beim Management klassischer Unternehmensrisiken, diese Themen gedanklich durchspielen und das Ergebnis in die weiteren Entscheidungen über einzuleitende Maßnahmen der Risikosteuerung einfließen lassen. 824

Davon kann nur abgeraten werden, und dies aus Compliance- wie auch aus unternehmerischer Sicht. So besteht zB bei einer erhöhten Toleranz gegenüber klassischen Unternehmensrisiken die Hoffnung, dass sich das erhöhte Risiko in einem erhöhten Ergebnispotential widerspiegelt. Je größer das Risiko, desto größer sollte vernünftigerweise die damit einhergehende ergebnisverbessernde Chance sein. Diese Logik ist zwar durchaus auch auf Compliance-Risiken übertragbar. Die Konsequenzen sind jedoch weitreichendere als im Fall klassischer Unternehmensrisiken, wenn das Kalkül nicht wie geplant aufgehen sollte. 825

Lässt man sich bewusst auf ein Compliance-Risiko ein, um Ertragschancen zu generieren, zB indem man toleriert, dass Mitarbeiter möglicherweise mit Wettbewerbern Preise absprechen, so hat man zum einen den potenziellen Rechtsbruch in Kauf genommen. Ob mit diesem möglichen Rechtsbruch auch automatisch die Realisierung der Ertragschancen einhergeht, hängt von Faktoren ab, die nicht unbedingt in der Entscheidungshoheit des Unternehmens liegen. Vielmehr kann sich in diesem Beispiel der Wettbewerb verschärfen, ein Preiskampf entstehen, bei dem das Unternehmen am Ende nicht mehr Umsatz erwirtschaften kann als vor der Preisabsprache. Konnten sich die Ertragschancen nicht realisieren lassen, so stehen darüber hinaus noch die rechtlichen Konsequenzen für die Kartellabsprache im Raum, die Gewinnabschöpfung und empfindliche Geldbußen sowie Schadensersatzforderungen der Kunden beinhalten können. Anders als bei einer erhöhten Risikotoleranz gegenüber klassischen Unternehmensrisiken, geht das Unternehmen also ein doppeltes Risiko ein. 826

Für die Unternehmens- und **Compliance-Kultur** des Unternehmens sind die Folgen solcher Gedankenspiele ebenfalls relevant. Würde eine Unternehmensleitung ein identifiziertes Compliance-Risiko im Hinblick auf potenzielle Ertragschancen unbeachtet lassen, währenddessen anderen Compliance-Risiken sehr wohl entgegengewirkt wird, so dürfte dies den Mitarbeitern in aller Regel nicht verborgen bleiben.[483] 827

Vor allem wenn Compliance als neue Größe in die Unternehmensprozesse eingeführt wird, suchen Mitarbeiter nach Orientierung. Können sie beobachten, dass ihre Unternehmensleitung bei der Entscheidung, ob man sich möglichst rechtstreu verhält zunächst eine Chancen-Risiko-Abwägung durchführt, würde sie im Hinblick auf ihre Vorbildfunktion für ihre Mitarbeiter eine katastrophale Darbietung abgeben. Sofern die Geschäftsleitung aus Ertragsgründen bewusst das Risiko von Rechtsverletzungen tolerieren würde und währenddessen von ihren Mitarbeitern volle Rechtstreue iRd Compliance-Anstrengungen des Unternehmens einfordert, trägt die Unternehmensleitung nicht nur das oben beschriebene erhebliche wirtschaftliche Risiko, sondern setzt dabei auch noch die eigene Glaubwürdigkeit auf das Spiel. 828

3. Maßnahmen der Compliance-Risikosteuerung

Aufgrund der speziellen Charakteristik von Compliance-Risiken bleiben primär zur Risikosteuerung Maßnahmen, die geeignet sind, präventiv eine Haftung aus Compliance-Verstößen zu verhindern. Ähnlich wie bei klassischen Unternehmensrisiken gehören hierzu vor allem Maßnahmen, die Compliance-Risiken vermeiden helfen oder zumindest geeignet sind, das Risiko zu vermindern. 829

[483] Zur Bedeutung der Unternehmens- und Compliance-Kultur für einen nachhaltigen Erfolg des CMS → Rn. 1371.

a) Compliance-Risikovermeidung

830 Die Vermeidung möglicher Rechtsverstöße sollte das Mittel erster Wahl sein, um einem Compliance-Risiko entgegenzuwirken. Dazu gehört, wie auch bei der Steuerung klassischer Unternehmensrisiken, die Überprüfung kritischer Unternehmensprozesse und deren Optimierung unter Compliance-Gesichtspunkten. So kann zB durch die Einführung einfacher Kontrollen wie dem **Vier-Augen-Prinzip** verhindert werden, dass Rechtsverletzungen durch eine Ungenauigkeit eines Mitarbeiters entstehen können.

831 Hierbei können vor allem IT-gestützte Arbeitsabläufe außerordentlich hilfreich sein. Über die jeweilige **IT-Applikation** lässt sich programmgesteuert sicherstellen, dass Mitarbeiter buchstäblich automatisch die internen Richtlinien und gesetzliche Anforderungen erfüllen müssen, sofern sie den Prozess zB einer Reiseabrechnung oder eines Materialeinkaufs bearbeiten wollen. Ein Abweichen vom intern festgelegten Prozess würde sofort von der IT-Applikation blockiert.

832 Auch gehören sowohl eine entsprechend sorgfältige **Auswahl** von Mitarbeitern und Führungskräften dazu als auch deren **Schulungen** – ebenso wie die der Mitglieder der Geschäftsleitung. Die Schulungen können sich sowohl auf spezifische Trainings zB zum neuen Produktsicherheitsgesetz beziehen als auch auf allgemeinere Themen wie zB das Annehmen oder Überlassen von Geschenken.

833 Ist das Compliance-Risiko durch die genannten Maßnahmen nicht zu vermeiden, kann es erforderlich sein, auf das Geschäft zu verzichten. Muss also eine Geschäftsleitung davon ausgehen, dass die Akquisition eines neuen Kunden nur möglich ist, wenn man sich auf die Zahlung von Bestechungsgeldern einlassen oder eine andere Art von Vorteilen gewähren muss, kann die einzig vernünftige Entscheidung darin liegen, auf diesen Kunden zu **verzichten.**[484]

[484] Zu den vielfältigen Themen der Haftungsvermeidung sei verwiesen auf Hauschka, Corporate Compliance – Handbuch der Haftungsvermeidung im Unternehmen, 3. Aufl. 2016.

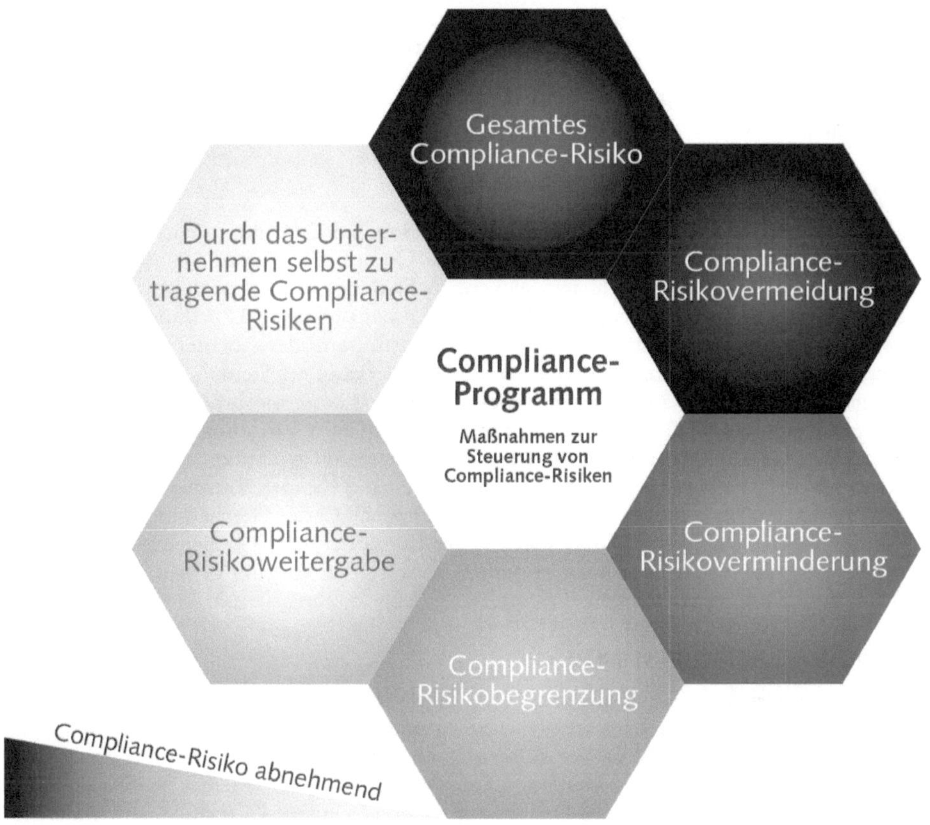

Abb. 19: Das Compliance-Programm: Maßnahmen zur Compliance-Risikosteuerung

b) Compliance-Risikoverminderung

Die Reduzierung eines Compliance-Risikos ist, anders als bei klassischen Unternehmensrisiken, nicht ohne Weiteres möglich. Dies ist darin begründet, dass es sich nicht allein um eine rechnerische Betrachtung der maximalen Schadenshöhe und Eintrittswahrscheinlichkeit handelt. Vielmehr kommt die eher abstrakte Komponente des Rechtsverstoßes hinzu. 834

Durch zB eine Geschäftsausweitung in Länder mit einem geringen Korruptionsrisiko kann zwar rein rechnerisch das Compliance-Risiko, das eine Geschäftsleitung iRd weltweiten Engagements eingeht, reduziert werden. De facto bleibt jedoch das Risiko des Unternehmens weiterhin bestehen, dass durch eine Bestechung ein Compliance-Verstoß aus dem Unternehmen heraus erfolgt. Dabei mag es theoretisch als hilfreich erscheinen, dass die geschäftlichen Aktivitäten in dem konkreten Staat von völlig untergeordneter Bedeutung für das Unternehmen waren. Praktisch bleibt es dennoch ein Gesetzesverstoß. Daher muss sich dann eine Unternehmensleitung auch die Frage stellen, warum in einem Fall, in dem offensichtlich weder Umsatz noch Ergebnis für den Jahresabschluss des Unternehmens eine Relevanz hatten, ein solch erhebliches Compliance-Risiko eingegangen worden ist. 835

Darin unterscheiden sich Compliance-Risiken auch von anderen Rechtsrisiken. Diese lassen sich sehr wohl durch eine Risikostreuung reduzieren, sei es, dass deren Eintrittswahrscheinlichkeit gesenkt oder durch zB die Hinzunahme von Investitionspartner die Schadenshöhe, die das eigene Unternehmen tragen müsste, vermindert werden kann.[485] 836

[485] Staub CCZ 2009, 130.

Anders könnte der Sachverhalt zu beurteilen sein, wenn zB Gutachten anerkannter Rechts- oder Steuerberater die Richtigkeit und rechtliche Unbedenklichkeit der eigenen Vorgehensweise bestätigen. Sollte wider Erwarten ein Compliance-Fall eintreten, könnte unter Umständen der Gutachter in die Haftung genommen werden, so dass die Schadenshöhe reduziert wird.

c) Compliance-Risikobegrenzung

837 Die Definition von Grenzen, bis zu welchen Compliance-Risiken eingegangen werden können, ist abhängig von dem infrage stehenden Compliance-Risiko. Bewegt man sich in einem rechtlichen Grenzbereich, in welchem nicht deutlich erkennbar ist, ob eine Maßnahme zB steuerlich abzugsfähig ist oder nicht, so kann es eine Maßnahme zur Risikobegrenzung sein, zB den Kaufmännischen Geschäftsführern der Tochtergesellschaften des Unternehmens aufzugeben, ein Gutachten einer anerkannten Steuerberatung einzuholen und ggf. den Sachverhalt und dessen steuerrechtliche Würdigung im Rahmen eines Eskalationsprozesses dem CFO der Unternehmensgruppe zur Entscheidung vorzulegen.

838 Konkret würde dies in unserem Beispiel der Matrix AG bedeuten, dass sich der lokale CFO der Matrix Dorotokia Ltd. an eine Steuerberatung wenden müsste, deren Gutachten er zusammen mit seiner eigenen Stellungnahme dem CFO des Geschäftsbereichs, der Matrix-I Ltd., vorlegt. Sieht sich dieser nicht in der Lage oder darf er diesen Fall aufgrund des in Frage stehenden Volumens nicht entscheiden, wäre der Vorgang dem CFO der Matrix AG zur Entscheidung vorzulegen.

d) Compliance-Risikoweitergabe

839 Die Verlagerung der Konsequenzen von fahrlässigen Verstößen gegen maßgebliche Rechtsvorschriften ist durchaus möglich. So können zB über den Abschluss einer Haftpflichtversicherung bzw. **D&O-Versicherung** eine ganze Reihe von Haftungsfolgen auf eine Versicherung übertragen werden. Diese Vorgehensweise scheidet jedoch bei grob fahrlässigen oder gar vorsätzlichen Gesetzesverstößen aus einem Unternehmen heraus grds. aus.[486]

840 Handelt es sich um ein strafrechtliches Compliance-Risiko, ist dessen Weitergabe an einen Vertragspartner bzw. eine Versicherung kaum wirksam darstellbar. Darüber hinaus kann dem Unternehmen der Compliance-Verstoß eines Vertragspartners, wie zB die Bestechung eines Amtsträgers durch einen Vermittler, zugerechnet werden, vor allem dann, wenn der Vertragspartner zuvor nicht ernsthaft auf seine Bonität in Bezug auf Compliance geprüft worden ist.

841 Dennoch können einige haftungsrechtliche Folgen auf einen Vertragspartner vertraglich abgewälzt werden. So sind zB durch eine entsprechende Vertragsgestaltung die Produkthaftungsschäden, die dem Hersteller des Endproduktes durch eine fehlerhafte Produktentwicklung seines Zulieferers entstehen, von Letzterem zu tragen.

e) Durch das Unternehmen zu tragende Compliance-Risiken

842 Nachdem die Mittel zur Reduzierung des Volumens der Compliance-Risiken eines Unternehmens im Vergleich zu den Möglichkeiten, die für die Steuerung klassischer Unternehmensrisiken zur Verfügung stehen, begrenzt sind, liegt der Schluss nahe, dass eine Vielzahl von Compliance-Risiken im Unternehmen verbleiben und von diesem zu tragen sind.

843 Ob klassische Unternehmensrisiken in einen Nachteil für das Unternehmen umschlagen oder nicht, liegt oftmals außerhalb der Einflusssphäre des Unternehmens oder dessen Ge-

[486] Zu D&O-Versicherungen s. MüKoAktG/Spindler AktG § 93 Rn. 245 ff.

schäftsleitung. Im Gegensatz dazu sind die rechtlichen Vorgaben regelmäßig bekannt oder zumindest für die Geschäftsleitung erschließbar.

Bewegt man sich in einer rechtlichen Grauzone, ist man unter Umständen von der Bewertung der Gesetzeslage durch entsprechende Experten abhängig. Dies ist jedoch etwas völlig anderes als auf die unwägbare Entwicklung von Währungskursen oder Rohstoffpreisen reagieren zu müssen. Daher mögen zwar weiterhin Compliance-Risiken im Unternehmen verbleiben. Diese sind jedoch am Ende des Compliance-Risikomanagementprozesses bekannt und deren Steuerung bzw. ob diese in einen Gesetzesverstoß umschlagen, liegt in der Hand der Geschäftsleitung und ihrer Mitarbeiter. 844

Somit kann sich die Geschäftsleitung auch in Bezug auf die im Unternehmen verbleibenden, geringen Compliance-Risiken dazu entschließen, Maßnahmen der Risikominimierung zu unterlassen. Eine solche Entscheidung hat nichts mit einem mangelnden Interesse an der Einhaltung rechtlicher Bestimmungen zu tun. Vielmehr kann es auch Ausdruck eines Vertrauens den Mitarbeitern gegenüber sein, dass die Geschäftsleitung bei Compliance-Risiken, deren Eintrittswahrscheinlichkeit oder deren maximal zu erwartender Schaden gering ist, davon ausgeht, dass Mitarbeiter die richtige und damit rechtskonforme Entscheidung treffen werden. 845

Es ist iRd **Business Judgement Rule** der Geschäftsleitung auch die Entscheidung zuzugestehen, ob sie es für zielführender hält, einen erheblichen Kontroll- und Überwachungsaufwand im Unternehmen zu betreiben, um auch solche kleineren Compliance-Risiken aufzufangen. Angesichts der möglicherweise katastrophalen Auswirkungen zusätzlicher Kontrollprozesse auf die Effizienz der operativen Unternehmensprozesse mag dies zweifelhaft sein. Auch kann eine scharfe Überwachung von den Mitarbeitern als völlig unangemessen empfunden werden. Der Mangel an Vertrauen und das Gefühl, wie potenzielle Gesetzesbrecher behandelt zu werden, kann der **Compliance-Kultur** im Unternehmen einen schlechten Dienst erweisen. 846

Darüber hinaus sind die für die Implementierung detaillierter Compliance-Kontrollprozesse und deren kontinuierlichen Bearbeitung aufzuwendenden personellen und finanziellen **Ressourcen** beträchtlich. Es kann und sollte dem informierten Urteil der Geschäftsleitung überlassen bleiben, ob dieser Ressourceneinsatz in einem adäquaten Verhältnis zur Eintrittswahrscheinlichkeit und der maximalen Schadenshöhe eines Compliance-Risikos steht. 847

So verursachen zB die Bestimmungen der Section 404 des Sarbanes-Oxley Acts einen sehr erheblichen Aufwand auf Seiten der Unternehmen, die diese Vorgaben einhalten müssen. Nicht nur wird das Management verantwortlich gemacht für die Einführung und Dokumentation strenger interner Kontrollprozesse. Auch muss das Management dafür Sorge tragen, dass die Effektivität dieser Kontrollen kontrolliert wird. Dies wird wiederum von Wirtschaftsprüfern kontrolliert. Mag diese erhebliche Kontrolldichte bei massiven Compliance-Risiken noch eine nachvollziehbare Vorsichtsmaßnahme sein, so mag sich dem Betrachter eines abnehmenden Compliance-Risikos die Sinnhaftigkeit der Kontrolle bereits kontrollierter Kontrollprozesse nicht mehr ganz so leicht erschließen.

f) Die Brutto- und Nettobewertung der Compliance-Risiken

In der betriebswirtschaftlichen Betrachtung der leistungs- und finanzwirtschaftlichen Risiken eines Unternehmens macht man sich für die Steuerung der Risikopositionen die Unterscheidung zwischen der sogenannten Brutto- und Nettobewertung der identifizierten Risiken zunutze.[487] 848

Überträgt man diese Herangehensweise auf Compliance-Risiken, so würde die **Bruttobewertung** dem maximal zu erwartenden wirtschaftlichen Schaden entsprechen, den ein Compliance-Risiko auslösen könnte. **Das Netto-Risiko** würde hingegen das vom Unter- 849

[487] Diederichs S. 261 f.

nehmen zu tragende Rest-Compliance-Risiko umschreiben, nachdem bereits Maßnahmen des Compliance-Programms, die den Compliance-Risiken gegensteuern sollen, ihre Wirkung entfaltet haben.

850 Auch der Prüfungsstandard der Wirtschaftsprüfer **IDW PS 980** sieht vor, dass im Rahmen eines zweistufigen Verfahrens, zunächst das Brutto-Risiko zu bestimmen ist, indem die Eintrittswahrscheinlichkeit und das potenzielle Schadensausmaß des Compliance-Risikos, einschließlich der wirtschaftlichen, reputativen oder regulatorischen Schäden zu definieren ist. Dabei sollen Maßnahmen, die iRd Compliance-Programms umgesetzt werden, um das Compliance-Risiko zu mitigieren, zunächst außer Betracht bleiben. Die Wirkung dieser Gegenmaßnahmen wird im Rahmen einer zweiten Betrachtung eingestellt, was dem o.g. Netto-Risiko entspricht.[488]

851 Eine solche Betrachtung ist bei der Analyse bestehender klassischer betriebswirtschaftlicher, eindeutig quantifizierbarer Risiken von großem Nutzen. So kann ein Unternehmen, das zB mit einem Feuerausbruch in einer Fertigungshalle verbundene wirtschaftliche Risiko durch den Abschluss einer entsprechenden Versicherung von einem Brutto-Risiko in Höhe mehrerer Mio. EUR auf ein Netto-Risiko von null EUR reduzieren.

852 In Bezug auf Compliance-Risiken wäre es fraglos wünschenswert, wenn man deren Steuerung mit einer vergleichbaren Brutto- und Nettobewertung der identifizierten Risiken vornehmen könnte. Allerdings ist es auch bei der Betrachtung betriebswirtschaftlicher Risiken ein anerkanntes Problem, dass nicht nur die **Datenlage,** sondern auch die verfügbaren finanziellen und zeitlichen **Ressourcen** im Unternehmen nicht selten so **begrenzt** sind, dass dieser Vorgehensweise enge Grenzen gesetzt sind.

853 Darüber hinaus führen die den betriebswirtschaftlichen Risiken zugrundeliegenden Wirkzusammenhänge nicht selten dazu, dass eine Quantifizierung kaum noch objektiv durchführbar ist. Eine dadurch einzuführende **qualitative Bewertung der Risiken** kann jedoch zu motivationalen oder kognitiven Verzerrungen führen, die wiederum durch entsprechende ausführliche Begründungen der vorgenommenen Schätzungen sowie durch Plausibilitätsprüfungen zu validieren sind. Daher kann die Bruttobewertung selbst bei betriebswirtschaftlichen Risiken eine eher **hypothetische Größe** darstellen.[489]

854 Gleiches gilt in noch höherem Maße für Compliance-Risiken, bei welchen die maximale Schadenshöhe im Falle eines Compliance-Verstoßes aufgrund der zahlreichen Interdependenzen, welchen dieser Wert unterliegt, schon nicht einfach zu erfassen ist. Daher kann es nur näherungsweise gelingen, eine Eintrittswahrscheinlichkeit für die unterschiedlichen Compliance-Risiken zu definieren.[490]

855 Dennoch ist diese Vorgehensweise richtig, wobei man sich als Entscheidungsverantwortlicher darüber im Klaren sein sollte, dass die Datenqualität, die der Bruttobewertung der mit Gegenmaßnahmen zu belegenden Compliance-Risiken sowohl quantitative Umfänge als auch nicht wenige qualitative Bewertungsansätze aufweist.

856 Es wäre nun nur folgerichtig, wenn man nach der Bruttobewertung der Compliance-Risiken nun auch den zweiten Schritt des vom IDW PS 980 und des in der betriebswirtschaftlichen Risikolehre anerkannten Zweistufenmodells durchführen würde, nämlich eine **Nettobewertung** der Compliance-Risiken vorzunehmen.

857 Dies setzt zunächst voraus, dass die Gegenmaßnahmen nicht nur vollständig umgesetzt werden können, sondern auch den erwarteten Erfolg erzielen werden. Anders als bei dem Abschluss einer Feuerversicherung, bei der das Unternehmen sehr genau abschätzen kann, welches Restrisiko es nach dem Abschluss einer solchen Versicherung zu tragen hat, fällt dies bei den Maßnahmen eines Compliance-Programms ungleich schwerer.

---

[488] IDW Prüfungsstandard: Grundsätze ordnungsmäßiger Prüfung von Compliance Management Systemen (IDW PS 980 n.F. (09.2022)), A 25.

[489] Diederichs S. 261.

[490] → Rn. 747 ff. (Bewertung identifizierter Compliance-Risiken).

So sind Compliance-Risiken in aller Regel nicht versicherbar. Die Wirkung von Compliance-Schulungen auf die Rechtstreue des Verhaltens der Mitarbeiter verschließt sich regelmäßig einer Quantifizierung. Gleiches gilt für geschäftsprozessabsichernde Maßnahmen, wie zB die Erstellung neuer Compliance-Richtlinien und entsprechender Arbeitsanweisungen oder der Einführung einer verstärkten Aufgabentrennung oder dem Vier-Augen-Prinzip. 858

Auch wenn es außer Frage steht, dass eine entsprechende Sensibilisierung der Mitarbeiter durch Compliance-Trainings und die Qualitätsverbesserung der Geschäftsprozesse eines Unternehmens zu einer deutlichen Verbesserung der Compliance im Unternehmen führen, so muss man sich bewusst sein, dass die Quantifizierung dieser Effekte nicht nur einen erheblichen Aufwand im Unternehmen verursacht. Vielmehr muss man akzeptieren, dass bereits die **Bruttobewertung der Compliance-Risiken** nicht unerhebliche **qualitative Elemente** beinhaltet. 859

Dieser qualitativen Bruttobewertung der Compliance-Risiken müsste iRd o.g. Zweistufenmodells eine weitere, noch stärker qualitativ geprägte Bewertung der Maßnahmen des Compliance-Programms gegenübergestellt werden, um so zu einem im Unternehmen verbleibenden Netto-Compliance-Risiko zu gelangen. 860

Es mag daher hinterfragt werden, welcher Wert einer solchen Nettobetrachtung als Entscheidungskriterium beizumessen ist, die mit einem erheblichen Aufwand erarbeitet werden muss. Auch kann man, anders als bei im Unternehmen verbleibenden betriebswirtschaftlichen Risiken, in aller Regel **keine Rückstellungen** für Compliance-Restrisiken bilden. Des Weiteren mag es etwas sehr weit gegriffen erscheinen, wenn man für diese Netto-Risiken **Vorhaltungen** iRd **Liquiditätsplanung** des Unternehmens träfe. 861

Daher sollte auch in Bezug auf das **Reporting der Compliance-Risiken** wohl überlegt sein, ob sich die Berichterstattung an die Entscheidungsträger auf die Netto-Compliance-Risiken beschränken sollte. Zum einen handelt es sich um eher qualitativ bewertete Prognosedaten, die inhaltlich uU einem späteren Aufprall in der Realität nicht standhalten werden. Zum anderen können die Betragsuntergrenzen, die für eine Berichterstattung an eine Geschäftsführung oder einen Vorstand überschritten werden müssen, durch eine Netto-Risiko-Berichterstattung nicht erreicht werden. Dies kann wiederum dazu führen, dass hohe Compliance-Risiken keinen Eingang in die Entscheidungsfindung einer Unternehmensleitung finden. Dies wird nicht nur für klassische Unternehmensrisiken in der Betriebswirtschaft kritisch zu sehen sein.[491] 862

Um die im Unternehmen verbleibenden Compliance-Risiken so effektiv wie möglich zu vermeiden kommt daher dem Monitoring eine wichtige Bedeutung zu, wenn man Compliance-Risiken nachhaltig beseitigen möchte. 863

Checkliste 29: Steuerung der Compliance-Risiken durch das Compliance-Programm

- ❑ Welche Maßnahmen wurden zur **Vermeidung** von Compliance-Risiken getroffen (zB „Vier-Augen-Prinzip", Compliance-Schulungen, IT-Applikationen)?
- ❑ Welche Maßnahmen wurden zur **Verminderung** von Compliance-Risiken getroffen?
- ❑ Welche Maßnahmen wurden zur **Begrenzung** von Compliance-Risiken getroffen?
- ❑ Ist die **Weitergabe** von Compliance-Risiken möglich?
- ❑ Ist sich die Geschäftsleitung über die den berichteten Daten zugrundeliegenden Annahmen in Bezug auf die maximale Schadenshöhe und die Eintrittswahrscheinlichkeit der berichteten Compliance-Risiken bewusst?

[491] So etwa Diederichs S. 261 f.

VI. Compliance-Risikomonitoring

864 Anders als beim Management klassischer Unternehmensrisiken liegt der Schwerpunkt der Tätigkeit des Compliance-Risikomonitorings auf der Nachverfolgung der Umsetzung definierter Maßnahmen zur Steuerung der identifizierten Compliance-Risiken. Dies ist darin begründet, dass sich im Fall eines Compliance-Verstoßes eine Geschäftsleitung unter Umständen dem Vorwurf aussetzen würde, das Risiko zwar erkannt zu haben, ihm aber nicht wirksam entgegen getreten zu sein.

865 Dies gilt zwar grds. auch für identifizierte und nicht oder nicht nachhaltig bearbeitete klassische Unternehmensrisiken. Da es sich jedoch bei Compliance-Risiken nicht um zB von volatilen Marktentwicklungen abhängige Risiken handelt, die unter Umständen sehr schnell zu Risiken erheblicher Größenordnung eskalieren können, sondern es sich vielmehr um vergleichsweise statische Themen handelt, wiegt der Vorwurf durchaus schwerer, da das Ziel ein deutlich weniger bewegliches und daher einfacher zu erreichendes ist.

866 Wurden die Gegenmaßnahmen umgesetzt, so obliegt es dem Risikomonitoring auch zu überprüfen, ob die Maßnahmen ihren Zweck erfüllen oder ggf. weitere Maßnahmen initiiert werden müssen.

867 Darüber hinaus kommt dem Risikomonitoring eine weitere, außerordentlich wichtige Aufgabe im Hinblick auf die **unterjährige** Befassung mit Compliance-Risiken zu. Auch wenn sich rechtliche Rahmenbedingungen nicht mit der gleichen Geschwindigkeit ändern wie etwa Wechselkursrelationen, so wäre es doch kurzsichtig zu glauben, dass in jedem Fall eine einmalige Identifikation von Risiken pro Jahr ausreichend ist.

868 Daher obliegt es dem Risikomonitoring, unterjährig die Compliance-Risikosituation nicht nur im Hinblick auf die Effektivität der Compliance-Risikosteuerungsmaßnahmen zu überwachen. Vielmehr sind neu hinzutretende Risiken zu identifizieren, zu analysieren und zu bewerten, um dann, auf Basis eines entsprechenden Berichtes einschließlich Vorschlägen für einzuleitende Gegensteuerungsmaßnahmen, kurzfristig eine Entscheidung über die umzusetzenden Gegenmaßnahmen einzuholen. Handelt es sich um neu hinzutretende Risiken einer entsprechenden Größenordnung, ist nicht zu zögern und den Sachverhalt ggf. auch dem Vorstand und Aufsichtsrat zur Entscheidung vorzulegen – auch außerhalb der normalen Termine des Sitzungskalenders.

869 Des Weiteren ist die **kontinuierliche Verbesserung** der einzelnen Prozessschritte von Bedeutung für die Qualität des Compliance-Risikomanagements. Sie ist daher ebenfalls ein integraler Bestandteil des Compliance-Risikomonitorings. Die unternehmensinternen Prozesse werden weiterentwickelt ebenso wie sich die gesetzlichen Anforderungen verändern. Dies macht eine laufende Kontrolle der Effizienz und Effektivität des Compliance-Risikomanagementprozesses erforderlich. Durch eine **Erfolgskontrolle** des gesamten Prozesses kann verifiziert werden, ob identifizierte Compliance-Risiken tatsächlich bestanden, ob deren Bewertung angemessen war und ob die Gegenmaßnahmen wirksam waren. Vor allem ist es wichtig, im Rahmen einer ex post-Analyse zu prüfen, ob unter Umständen Compliance-Risiken iRd Identifikation von Risiken nicht erkannt worden sind.

870 Wie auch beim Monitoring klassischer Unternehmensrisiken ist der Prozess des Compliance-Risikomonitoring und dessen Ergebnis ebenso zu **dokumentieren** wie die eingeleiteten weiteren Gegenmaßnahmen zur Optimierung der Schwachstellen im Prozess oder bei der Implementierung zuvor definierter Gegenmaßnahmen.

Checkliste 30: Monitoring der Compliance-Risiken

- ❑ Wird in die **Effektivität** der beschlossenen Maßnahmen gegen Compliance-Risiken kontinuierlich auf ihre Wirksamkeit kontrolliert?
- ❑ Stellt der Prozess des Compliance-Risikomonitorings sicher, dass auch **unterjährige Veränderungen**, zB das Inkrafttreten neuer, für das Unternehmen maßgeblicher Gesetze, berücksichtigt werden?

- ❑ Stellt der Compliance-Risikomonitoringprozess sicher, dass eine **kontinuierliche Verbesserung** und Anpassung der einzelnen Prozessschritte des Compliance-Risikomanagements möglich sind?
- ❑ Gewährleistet der Compliance-Risikomonitoringprozess, dass **ex post** überprüft wird, ob dieser tatsächlich **alle relevanten Compliance-Risiken** iRd Identifikation **erkannt** hat?
- ❑ Umfasst der implementierte Prozess des Compliance-Risikomonitorings eine adäquate Dokumentation?

VII. Organisatorische Einbettung

Inhaltlich bewegen sich Compliance-Risiken auf der Ebene gesetzlicher Vorgaben und interner Richtlinien. Das klassische Risikomanagement und das Controlling befassen sich jedoch primär mit betriebswirtschaftlichen Fragestellungen. Auch wenn das Management klassischer Unternehmensrisiken und das der Compliance-Risiken eine gewisse Ähnlichkeit aufweisen, bietet es sich nicht an, die Bearbeitung der Compliance-Risikoprozesse in einem dieser beiden Bereiche anzusiedeln. Darüber hinaus dürften in aller Regel die Mitarbeiter dieser Bereiche nicht über die erforderlichen juristischen Kenntnisse verfügen, so dass man sie mit einer zusätzlichen Aufgabe überfrachten würde, für die sie nicht ausgebildet worden sind. 871

Das Compliance-Risikomanagement ist der **Schlüssel** für jede weitere Compliance-Tätigkeit im Unternehmen. Daher ist es vorzugswürdig, diese Aufgabe einem Compliance Officer und seinen Mitarbeitern sowie lokalen Compliance Officer zu übertragen. 872

Diese organisatorische Aufspaltung der beiden Risikomanagementfunktionen mag nicht optimal erscheinen. Zu Gunsten einer sachgerechten Bearbeitung von Compliance-Risiken ist es jedoch auch von Vorteil, wenn der bearbeitende Bereich – wie am Beispiel der Matrix AG gezeigt – eine organisatorische Nähe zur Rechtsabteilung und internen Revision innerhalb eines Integrity-Bereichs aufweist. Dadurch wird der Informationsaustausch erleichtert und die juristische Bewertung von Sachverhalten vereinheitlicht. Auch geht damit eine gewisse Distanz zum Ergebnisdruck einher, der bisweilen auf einem Controlling-Bereich lastet. 873

Durch eine entsprechende Verknüpfung der Prozesse des klassischen Risikomanagements mit denen des Compliance-Risikomanagements kann jedoch sichergestellt werden, dass sich das Risikomanagement insgesamt gemeinsam weiterentwickelt und der Geschäftsleitung ein integrierter Risikobericht vorgelegt werden kann, der derselben Logik folgt und in dem ein gemeinsames Risikoverständnis zugrunde liegt. 874

Checkliste 31: Organisatorische Einbettung

- ❑ Wird ein **Compliance Officer** benannt/eingestellt?
- ❑ Nimmt in einem kleinen Unternehmen ein entsprechend geschulter Mitarbeiter mit einem **Teil seiner Arbeitszeit** die Aufgabe des Compliance Officers wahr?
- ❑ Gibt es in einem großen Unternehmen einen entsprechend ausgestatteten **Compliance-Bereich?**
- ❑ Verfügen die mit Compliance-Risikomanagement-Aufgaben befassten Mitarbeiter über die erforderlichen **juristischen Kompetenzen?**
- ❑ Haben die Compliance-Mitarbeiter Zugang zu **externem juristischen Fachwissen?**
- ❑ Werden der Mitarbeiter bzw. der Bereich entsprechend der Bedeutung seiner Compliance-Tätigkeit im Organigramm angesiedelt (Nähe zur Geschäftsleitung)?
- ❑ Wurde eine effiziente und effektive **Verknüpfung** der Prozesse des Compliance Risikomanagements mit den Prozessen des **klassischen Risikomanagements** vorgenommen?

VIII. Integration in die Operative Planung

875 Die Nähe des Compliance-Risikomanagementprozesses zum klassischen Risikomanagement legt den Schluss nahe, dass es folgerichtig ist, Compliance-Risiken im Rahmen eines bereits unternehmensweit etablierten Standardprozesses abzufragen und einer weiteren Analyse und Steuerung zuzuführen. Dies hat mehrere Vorteile:

876 Zum einen muss der Compliance-Verantwortliche im Unternehmen keinen separaten Prozess etablieren. Das Thema Compliance an sich mag durch die Mitarbeiter und Führungskräfte bereits als zusätzliche Belastung empfunden werden. Der durch einen separaten Abfrageprozess zur Identifikation von Compliance-Risiken hervorgerufene Mehraufwand würde auf wenig Verständnis stoßen und daher dem Thema nicht dienlich sein.

877 Zum anderen sollte die Lösung von Compliance-Risiken als integraler Bestandteil der operativen Managementaufgaben betrachtet werden. Jede weitere Trennung von klassischen Unternehmensrisiken, auch wenn diese nur im Rahmen zB eines Erfassungsprozesses erfolgt, würde die gegenteilige Wirkung auslösen.

878 Darüber hinaus ist es Ziel einer Geschäftsleitung, sich mit den Risiken des Unternehmens in einer einheitlichen Form gesamthaft zu befassen und zu entscheiden, wie Risiken zu steuern sind. Diesem Ziel ist es nicht dienlich, wenn jedes einzelne Fachressort seinen eigenen Risikobericht in der von ihm als optimal erachteten Form zur Entscheidung stellt. Vielmehr sollte sowohl die Form als auch der Inhalt, wie zB die verwendeten Standards, das verwendete Risikovokabular usw. vereinheitlicht sein, um eine möglichst effektive Behandlung aller Risiken zu gewährleisten. Dies gilt ebenfalls für Compliance-Risiken. Auch sie sollten zusammen mit den klassischen Unternehmensrisiken in einem gemeinsamen Bericht dem Vorstand und dann in einer entsprechend aggregierten Form dem Aufsichtsrat vorgelegt werden.

879 Durch die Einbindung des Compliance-Risikomanagementprozesses in den Ablauf der Operativen Planung lassen sich diese Vorteile realisieren. Darüber hinaus hat es den Vorteil, dass, obwohl inhaltlich von zwei unterschiedlichen Risikokomplexen auszugehen ist – den rechtlichen Compliance-Risiken und den betriebswirtschaftlichen klassischen Unternehmensrisiken – eine enge Zusammenarbeit mit dem Controlling bzw. einem dedizierten Risikomanagementbereich erreicht wird. Dadurch kann das Compliance-Risikomanagement von den betriebswirtschaftlich erfolgreich verwendeten Methoden und Prozessen profitieren. Das Controlling ist in der Lage, durch die enge Zusammenarbeit iRd Operativen Planung Kenntnisse von einer zusätzlichen Risikokategorie zu erhalten, die für das Unternehmen von bestandsentscheidender Bedeutung sein können und kann diese in einem einheitlichen Bericht abbilden.

Checkliste 32: Einbettung der Compliance-Risikoabfrage in bestehende Unternehmensprozesse

- ❑ Werden die Compliance-Risiken **gemeinsam** mit den klassischen Unternehmensrisiken iRd im Unternehmen etablierten Risikomanagementprozesses **abgefragt?**

D. Compliance-Risikomanagement als integraler Bestandteil der Operativen Planung

880 Die Einbindung des Compliance-Risikomanagementprozesses in die Operative Planung nutzt die Vorteile eines etablierten Prozesses und ergänzt diesen um eine für das Unternehmen wichtige Komponente. Der Ablauf der einzelnen Prozessschritte ist nicht zufällig dem des klassischen Risikomanagementprozesses in der Operativen Planung sehr ähnlich.

Daher kann auf die Erörterung einzelner Prozesselemente auf → Rn. 592ff. verwiesen werden.

Aufgrund der rechtlichen Natur der Compliance-Risiken und der damit zusammenhängenden unterschiedlichen organisatorischen Einbindung im Unternehmen sind jedoch einige Besonderheiten zu berücksichtigen. So wird zwar der bestehende Rahmen des operativen Planungsprozesses genutzt, die Rollenverteilung ist jedoch nicht identisch. Auch wenn das **Controlling** die Prozesshoheit über die Operative Planung hat, so ist es jedoch bezüglich der inhaltlichen Umfänge des Compliance-Risikomanagements in der Funktion eines **Dienstleisters** tätig, der den prozessualen Rahmen zur Verfügung stellt. Damit geht einher, dass sich der Compliance-Bereich an die formalen Vorgaben, wie zB Terminstellungen des Planungskalenders, Formate der Abfragen usw. halten muss. Anderenfalls können die Vorteile aus dieser Synthese nicht voll genutzt werden und einander behindern. 881

I. Die Planungsaufforderung zu Compliance-Risiken – Top-Down Ansatz

Im Vorfeld der Operativen Planung erörtert zunächst der Compliance Officer, zB der **Chief Compliance Officer** (CCO) der bereits bekannten CRM AG, mit dem Vorstand welches die dringlichsten Compliance-Probleme des Unternehmens sind. Für diese Diskussion sollte der CCO bereits ein Konzeptpapier entwickelt haben, das dem Vorstand die Richtungsvorgabe erleichtert. Aufgrund seines Herrschaftswissens kann es dem Vorstand der CRM AG iRd weiteren Befassung mit Compliance im kommenden Jahr von besonderer Wichtigkeit sein, dass Mitarbeiter zB verstärkt Compliance-Trainings zum Thema Anti-Korruption besuchen sollten. 882

Darüber hinaus kann es sinnvoll sein, den jeweiligen Geschäftsbereichen spezifische Compliance-Vorgaben zu machen, die aus zentraler Sicht von erheblicher Bedeutung sind. In unserem Beispiel entscheidet sich der Vorstand und der CCO der CRM AG dagegen. 883

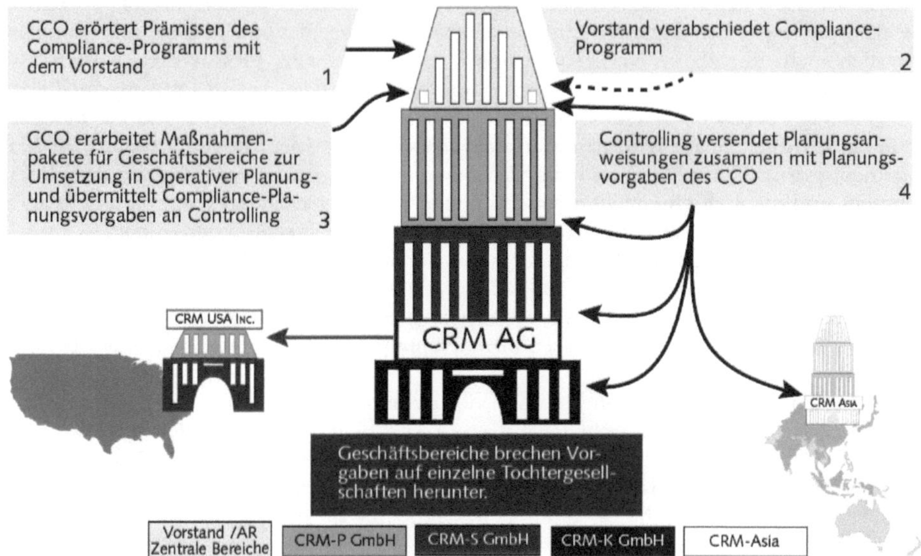

Abb. 20: Die CRM AG: Abfrage der Compliance-Risiken iRd Operativen Planung

Aufbauend auf den Ergebnissen dieses Gesprächs und seinen eigenen Erkenntnissen und den Vorgaben des Vorstandes entwickelt der CCO der CRM AG ein Compliance-Maßnahmenpaket, das im Unternehmen umgesetzt werden soll. Dazu gehören auch Compliance-Ziele, die durch den Vorstand der CRM AG zu erfüllen sind. Einen diesbezüglichen 884

Vorschlag wird der CCO zum Ende der Planungsphase dem Aufsichtsrat bzw. dem Prüfungsausschuss des Aufsichtsrates der CRM AG vorlegen. Dieser wird dann festlegen, welche Compliance-Ziele der Vorstand im vorausliegenden Geschäftsjahr zu erfüllen hat.

885 Das Compliance-Maßnahmenpaket wird in einem entsprechend angepassten Format und zeitlich entsprechend den Vorgaben des Planungskalenders dem Controlling zur weiteren Behandlung zur Verfügung gestellt. Gemeinsam mit den Planungsvorgaben anderer Funktionalbereiche und den im Controlling selbst erarbeiteten Vorgaben für die operativen Ziele der Geschäftsbereiche, werden diese Informationen an die maßgeblichen Ansprechpartner im Unternehmen versendet.

II. Die Operationalisierung der zentralen Compliance-Vorgaben

886 Nachdem die Planungsvorgaben die Geschäftsbereiche erreicht haben, werden diese durch die zuständigen Abteilungen geprüft. Wie auch bei den klassischen betriebswirtschaftlichen Zielvorgaben, wie Umsatz, Absatz oder Ergebnis, muss auch bei den vorgegebenen Compliance-Zielen zunächst analysiert werden, ob die Vorstellungen der Zentrale mit der Compliance-Realität in dem spezifischen Geschäftsbereich in Einklang stehen. Dazu müssen zunächst die Compliance-Risiken identifiziert werden.

887 Um dies leisten zu können, wird der jeweils zuständige lokale Compliance Officer auf die Sachkenntnisse seiner Kollegen in den jeweiligen Funktional- und Produktionsbereichen sowie in den Tochtergesellschaften zurückgreifen müssen. Denn auch wenn er dem operativen Geschäft des Geschäftsbereichs und damit dessen Compliance-Risiken sehr viel näher ist als die Zentrale der CRM AG, so ist auch er wiederum in einer Zentralfunktion tätig. Um ein möglichst realistisches Bild vom Compliance-Risiko zu erhalten, muss er sich um die Mitarbeit seiner jeweiligen Kollegen in den möglicherweise mit Compliance-Risiken behafteten Geschäftsbereichsabteilungen und Tochtergesellschaften bemühen.

888 Dies hat auch den Vorteil, dass auf der Geschäftsbereichsebene den an den operativen Geschäftsprozessen beteiligten Mitarbeitern bewusst gemacht wird, dass sie die Planungsvorgaben nicht nur zB im Vertrieb bezüglich Umsatz, Absatz, Produktmix, Kosten usw. auf ihre Erreichbarkeit überprüfen müssen. Sie werden sich in diesem Prozessmodell auch mit der Frage befassen, welche Compliance-Risiken beim Absatz der Produkte bestehen könnten. Darüber hinaus wird damit erreicht, dass iS eines nachhaltigen Compliance-Managementsystems Compliance als integraler Bestandteil der operativen Tätigkeit des Unternehmens und nicht als eine nicht-wertschöpfende Übung verstanden wird, die in die alleinige Zuständigkeit und Verantwortlichkeit einiger zentraler Rechtsexperten fällt.

889 Um jedoch die zentralen Planungsvorgaben für die einzelnen Bereiche und Tochtergesellschaften des Geschäftsbereichs überprüfbar zu machen, muss entweder die zentrale Compliance-Abteilung in der CRM AG oder nachgelagert der lokale Compliance Officer im jeweiligen Geschäftsbereich die zentralen Planungsvorgaben zunächst einmal operationalisieren.

890 Ob die Compliance-Vorgaben bereits in der Zentrale der CRM AG auf einzelne Tochtergesellschaften heruntergebrochen werden, ist vor allem eine Frage der zur Verfügung stehenden **Kapazitäten.** Je mehr Mitarbeiter sich in der Zentrale mit Compliance befassen, desto detailliertere Vorgaben können erarbeitet und versendet werden. Dies birgt jedoch zumindest zwei Nachteile. Zum einen sind mit dieser Vorgehensweise erhebliche **Kosten** verbunden. Zum anderen kann die größere Entfernung zu dem tatsächlich mit einem Compliance-Risiko behafteten Sachverhalt zu Fehlschlüssen und Fehlreaktionen führen. Beides hilft der Wertigkeit von Compliance im Unternehmen nicht. Daher soll in unserem Beispiel unterstellt werden, dass diese Aufgabe dezentral von den Geschäftsbereichen selbst durchgeführt wird.

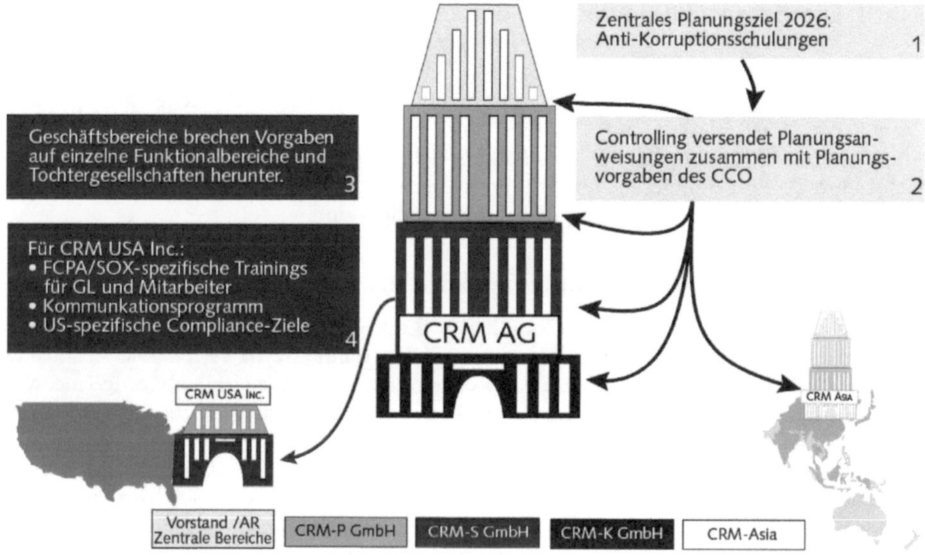

Abb. 21: Die CRM AG: Zentrale Compliance-Vorgaben werden operationalisiert

Im Rahmen dieser Aufgabe sucht der lokale Compliance Officer das Gespräch mit seiner Geschäftsleitung und erläutert dieser die Compliance-Vorgaben der Zentrale der CRM AG. Ziel der Diskussion ist es darüber hinaus, ähnlich wie dies bereits auf der Vorstandsebene der Fall war, die Vorstellungen über spezifische Compliance-Herausforderungen, die aus Sicht der Geschäftsleitung von erheblicher Bedeutung sind, zu erfassen und in den Prozess zu integrieren. 891

Auf Basis der in dem Gespräch mit der Geschäftsleitung gewonnenen Erkenntnisse wird die Planungsvorgabe der Zentrale ergänzt, spezifiziert und wiederum in den laufenden Planungsprozess des Controllings des Geschäftsbereichs eingespeist. Diese leitet die Planungsvorgabe an die jeweiligen Funktional- und Produktionsbereiche sowie die Tochtergesellschaften weiter. 892

Auf diesem Weg erreicht zB die CRM USA Inc. nicht nur die Vorgabe über die Umsatz- und Ergebnisziele des bevorstehenden Planungszeitraums. Sie erhält auch die spezifischen Planungsvorgaben für die Compliance-Ziele. Nachdem der Vorstand der CRM AG vorgegeben hat, dass Anti-Korruptionsschulungen im Unternehmen stattzufinden haben, spezifizierte der lokale Compliance Officer des Geschäftsbereichs, der CRM-S GmbH, dieses Ziel und gibt der amerikanischen Tochtergesellschaft auf, FCPA- und SOX-Trainings für die Geschäftsleitung und die maßgeblichen Mitarbeiter durchzuführen. Darüber hinaus hat die Geschäftsführung des Geschäftsbereichs, der CRM-S GmbH entschieden, dass in den Tochtergesellschaften Compliance-Kommunikationsmaßnahmen intensiviert werden sollen. Der lokale Compliance Officer hat seinerseits die Liste der Compliance-Zielvorgaben um spezifische Ziele für die CRM USA Inc. ergänzt. Dabei kann es sich um konkrete Maßnahmen handeln, wie zB die Umsetzung einer regelmäßigen Personalrotation auf Schlüsselstellungen oder um eine allgemeinere Zielvorgabe, deren konkrete inhaltliche Ausgestaltung der Tochtergesellschaft überlassen bleibt. 893

III. Die dezentrale Bewertung der zentralen Compliance-Vorgaben – Bottom-Up Ansatz

894 Um nachvollziehen zu können, ob die seitens der zentralen Bereiche vorgegebenen Compliance-Ziele relevant und umsetzbar sind, müssen die jeweiligen Tochtergesellschaften und Funktionalbereiche der Geschäftsbereiche ihre Compliance-Risikosituation zunächst einmal selbst evaluieren. Die Planungsvorgaben sind idS also sehr ernstzunehmende Handlungsanweisungen, die jedoch nicht unumstößlich sind.

1. Das Gegenstromverfahren im Compliance-Risikomanagement

895 Zunächst werden die bestehenden Compliance-Risiken identifiziert und dokumentiert.[492] Sie werden sodann analysiert und, soweit möglich, quantitativ bewertet. Die sich daraus ergebende Übersicht kann die Sicht der jeweiligen lokalen bzw. zentralen Compliance Officer bestätigen – oder auch nicht. Dies muss in der Geschäftsleitung diskutiert werden und es müssen daraus die nächsten Schritte abgeleitet werden.

896 Da in dem Prozess der Operativen Planung auch die klassischen Unternehmensrisiken abgefragt und analysiert werden, hat diese Vorgehensweise für die Geschäftsleitung den Vorteil, dass nicht nur die Compliance-Risiken im engeren Sinne, sondern auch die betriebswirtschaftlichen Risiken in der Berichterstattung in einer einheitlichen Form abgebildet werden. Die Geschäftsführung erhält damit einen umfassenden Überblick über die gesamte Risikosituation der Gesellschaft. Diese Gesamtansicht zu erhalten ist darüber hinaus auch wichtig, da zB Maßnahmen zur Steuerung von Compliance-Risiken dazu führen können, dass vorgegebene Umsatzziele nur noch schwer oder gar nicht zu erreichen sind. Dadurch wird ein erheblicher Umfang der Verpflichtung aus § 91 Abs. 2 AktG, die für das Unternehmen bestandsgefährdende Entwicklungen frühzeitig aufzufassen und diesen entgegenzuwirken, erfüllt.

897 Teilt die Geschäftsleitung der Tochtergesellschaft die Auffassung, dass sowohl die identifizierten Compliance-Risiken als auch die vorgegebenen Gegenmaßnahmen aus ihrer Sicht richtig und wirksam sind, kann sie dem Controlling mitteilen, dass sie in diesem Umfang mit den Vorgaben der operativen Planung einverstanden ist.

898 Für den Fall, dass sich die Analyse der identifizierten Compliance-Risiken mit denen der Zentrale decken, die Geschäftsleitung aber der Auffassung ist, dass es effektivere oder effizientere Maßnahmen zur Compliance-Risikovermeidung gibt, so muss sie entscheiden, ob sie die vorgeschlagenen Maßnahmen dennoch akzeptiert oder dem Controlling mitteilt, dass die identifizierten Compliance-Risiken bestätigt werden, jedoch die zentralerseits vorgegebenen Maßnahmen nicht mitgetragen werden können und stattdessen ein anderes Maßnahmenpaket vorgeschlagen wird.

[492] → Rn. 651 ff. Identifikation und → Rn. 736 ff. Dokumentation der Compliance-Risiken.

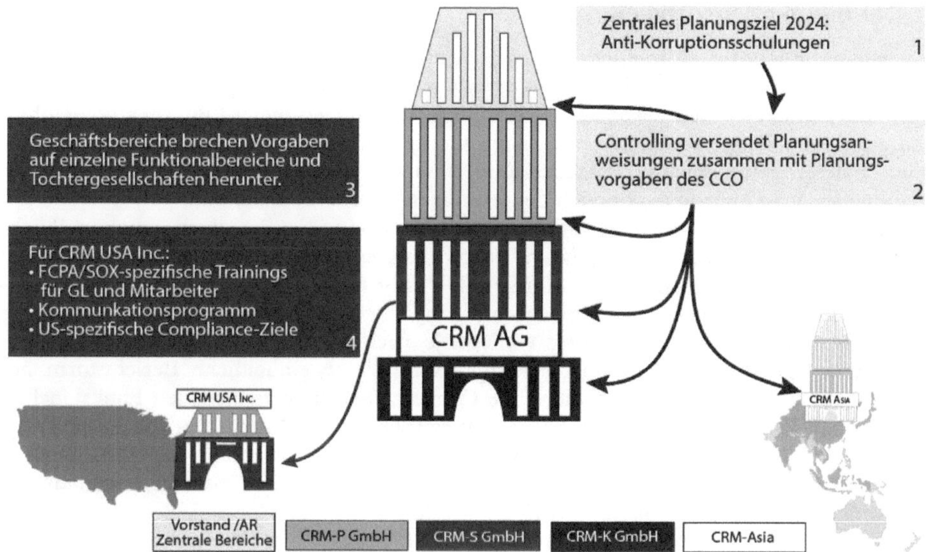

Abb. 22: Die CRM AG: Rückmeldungen der dezentralen Unternehmenseinheiten

Wie so oft ist es jedoch eine Frage der Unternehmenskultur, ob ein solcher Vorschlag tatsächlich gemacht werden kann oder ob die Geschäftsleitung zB aus Gründen der Ökonomie der Konflikte darauf verzichtet eine Diskussion über Compliance-Ziele zu führen, während sie viel größere Probleme zB in Bezug auf die vorgegebenen Umsatzziele auf sich zukommen sieht. 899

Diesen Entscheidungsspielraum hat sie jedoch richtigerweise in nur sehr eingeschränktem Maße, wenn festgestellt wurde, dass die identifizierten Compliance-Risiken andere sind als die von den zentralen Compliance Officer unterstellten. Damit würden die vorgegebenen Maßnahmen nicht nur unnötig Kapazitäten binden und dabei ins Leere gehen, während tatsächlich bestehende Compliance-Risiken nicht weiter adressiert würden. Für den Fall, dass sich ein ihr bekanntes Compliance-Risiko realisieren sollte, haftet die Geschäftsleitung für die Folgen, wenn sie mögliche Gegenmaßnahmen nicht rechtzeitig initiiert hat. Dadurch ist sie in diesem Prozessabschnitt gezwungen, dem Controlling mitzuteilen, dass weder die Compliance-Risiken noch die vorgegebenen Compliance-Maßnahmen aus Sicht der Geschäftsleitung akzeptiert werden können und stattdessen ein Gegenvorschlag gemacht wird.[493] 900

In unserem Beispiel haben die Geschäftsführer der CRM USA Inc. entschieden, dass Anti-Korruptionsschulungen auch aus ihrer Sicht im Interesse der Tochtergesellschaft sind. Statt aber ein allgemeines Compliance-Kommunikationsprogramm zu initiieren, sollte aufgrund der identifizierten Compliance-Risiken verstärkt eine Absicherung der Prozesse im Zahlungsverkehr der Gesellschaft forciert werden. Darüber hinaus sollte aufgrund der hohen Wachstumsgeschwindigkeit des Unternehmens die Implementierung einer IT-Applikation geprüft werden, die zur Analyse der Corporate Governance- und Compliance-Risikosituation sowie für die Nachverfolgung der Steuerungsmaßnahmen geeignet ist. Die eingeforderte Personalrotation wurde bereits umgesetzt. 901

[493] Der hier beschriebene Ablauf ist als eine archetypische Vorgehensweise zu verstehen. In der Unternehmenspraxis sollte man, wie bei allen anderen Themenstellungen, zu welchen unterschiedliche Meinungen zur Vorgehensweise bestehen, sich mit seinen Ansprechpartnern über das identifizierte Problem unterhalten und gemeinsam nach Lösungen suchen. Konnte eine Einigung auf diesem Wege erreicht werden, sollte diese aus Compliance-Gründen ordentlich dokumentiert werden.

2. Der Informationsrücklauf

902 Nachdem die jeweiligen Tochtergesellschaften und Funktionalbereiche intern ihre Compliance-Situation bewertet und mit den Vorgaben der Zentrale abgeglichen haben, werden die Rückmeldungen den jeweiligen Controlling-Abteilungen dieser Unternehmenseinheiten zugeleitet. Diese wiederum senden die Compliance-Rückmeldungen zusammen mit allen anderen erforderlichen Rückmeldungen zu den diversen Themen der Operativen Planung an den Controlling-Bereich des jeweiligen Geschäftsbereichs.

903 Das Controlling leitet wiederum den Compliance-Umfang der eingegangenen Rückmeldungen an den lokalen Compliance Officer des Geschäftsbereichs weiter. Durch diesen Prozessablauf ist gewährleistet, dass ihm derselbe Informationsstand über die in den einzelnen Geschäftsbereichsteilen identifizierten Compliance-Risiken sowie deren Bewertung und Vorschläge zu deren Steuerung vorliegt. Je nach Unternehmensgröße können hier erhebliche Datenmengen kumuliert werden. Sofern eine einheitliche Berichtsform besteht, ist diese zu bewältigen und bietet die Chance, über die verschiedenen Funktionalbereiche und Tochtergesellschaften eines Geschäftsbereichs Muster sich wiederholender Compliance-Risiken zu erkennen. Dadurch kann in einer weiteren Analyse hinterfragt werden, ob zB in einer Tochtergesellschaft Compliance-Risiken übersehen wurden, die von vergleichbaren Gesellschaften gemeldet worden sind.[494]

904 Im Rahmen dieses Prozessschrittes werden nunmehr auch die Abweichungen zwischen Planungsvorgabe und den Vorstellungen der Geschäftsbereichsteile deutlich. Abhängig vom Grad der Delegation der Entscheidungshoheit über die Compliance-Risikosteuerung, kann bereits hier eine erste Diskussion über die richtige weitere Vorgehensweise stattfinden. Die Diskussion wird zunächst zwischen den Compliance-Experten geführt. Handelt es sich um gravierendere Divergenzen wird entsprechend eines Eskalationsprozesses der Teilnehmerkreis erweitert und die Leitung des Funktionalbereichs bzw. der zuständige Geschäftsführer der Tochtergesellschaft in die Gespräche mit einbezogen.

905 Sollte keine Einigung über die weitere Vorgehensweise erzielt werden können, was sicherlich die Ausnahme sein wird, müsste der Sachverhalt zur Konzernebene eskaliert werden. Dort würden auch diejenigen Themen angesprochen werden, die von ihrer Bedeutung die Zuständigkeit der Geschäftsbereichsebene übersteigen. Dies ist sicherlich dann gegeben, wenn zB die CRM USA Inc. es nicht für nötig halten würde, Anti-Korruptionsschulungen durchzuführen. Auch sollte die Geschäftsbereichsebene iS einer Anregung für eine weitere, übergeordnete Behandlung der Compliance-Arbeit Themen in die Gespräche auf der Konzernebene einbringen können.

906 Konnte bereits auf der Ebene der Geschäftsbereiche Einvernehmen über die jeweils im Planungszeitraum zu erreichenden Compliance-Ziele hergestellt werden, leitet der lokale Compliance Officer diese Informationen zusammen mit Themen, die zu **eskalieren** sind, wie auch seine eigenen Anregungen, an das Controlling weiter, nachdem die Geschäftsbereichsleitung diesen Sachstand diskutiert und abgesegnet hat.

907 Auf der Ebene der CRM AG wiederholt sich der Prozess, indem das Controlling die von den Geschäftsbereichen übermittelten Informationen dem zentralen Compliance Officer, im Falle der CRM AG dem CCO, zur weiteren Bearbeitung übergibt. Abhängig von den getroffenen Vereinbarungen erhält der zentrale Compliance Officer das gesamte Datenmaterial, also vollständige Listen über alle unternehmensweit identifizierten Risiken, deren Bewertungen und mögliche Maßnahmen zur Abhilfe. Es mag jedoch vorzugswürdig sein, mit den lokalen Compliance Officer übereinzukommen, dass nur eine aggregierte Zusammenstellung über das Controlling an die Zentrale weitergeleitet werden soll. Je nach Unternehmensgröße können hier andernfalls so erhebliche Datenmengen zusammenkommen, deren Bearbeitung innerhalb des sehr eng getakteten Planungskalenders aus Kapazitätsgründen kaum zu bewältigen sein kann. Davon abgesehen, bleibt es dem zentralen

[494] Die Verbesserung der Compliance-Risikoidentifikation einzufordern und nachzuhalten wäre dann eine Aufgabe des Compliance-Risikomonitorings.

Compliance-Verantwortlichen unbenommen, die Datensätze noch zu einem späteren Zeitpunkt zu sichten, damit er sich iRd **Risikomonitorings** mit der Prozessqualität und deren Resultaten vertraut machen und ggf. Verbesserungen einfordern kann.

Der zentrale Compliance Officer sichtet die ihm übermittelten Ergebnisse seiner Planungsaufforderung. Dabei kommt es ihm zu, zB einen Vergleich zwischen den Rückläufen der jeweiligen Geschäftsbereiche anzustellen und ggf. diese zu hinterfragen, sofern dabei Implausibilitäten deutlich werden. 908

Vor allem kommt es ihm jedoch darauf an zu prüfen, ob die zentralen Compliance-Vorgaben für das Gesamtunternehmen, in unserem Fall das Anti-Korruptionstraining und das Kommunikationsprogramm, aufgrund der Erkenntnisse des Compliance-Risikomanagementprozesses beibehalten, ergänzt oder revidiert werden müssen. Darüber hinaus wird er zu prüfen haben, ob die Vorschläge der geschäftsbereichsspezifischen Compliance-Vorhaben sachgerecht sind oder optimiert werden müssen. Dies wird in Gesprächen mit den jeweiligen Geschäftsbereichsvertretern diskutiert und, sofern ein Einverständnis erzielt wurde, entsprechend dokumentiert. Dieses Einverständnis entfaltet erst eine bindende Wirkung, wenn auch der Vorstand dieser Vorgehensweise zugestimmt hat. 909

In unserem Beispiel der CRM AG konnte der zentrale Compliance Officer erfreut feststellen, dass bis auf wenige Ausnahmen die Anti-Korruptionsschulungen ebenfalls von den dezentralen Unternehmensteilen als wichtig angesehen werden. Überrascht hat ihn, dass CRM-S GmbH vorschlägt, auf das Compliance-Kommunikationsprogramm zu verzichten und stattdessen CRM-S GmbH ein Pilotvorhaben durchführen will, das der Prüfung der Alternativen einer unternehmensweiten Einführung einer IT-Applikation zur Unterstützung der Compliance-Arbeit dienen soll. 910

Nachdem vor allem im angloamerikanischen Rechtskreis darauf hingewiesen wird, dass eine wirksame Compliance-Kommunikation (**tone from the top** usw.) zusammen mit anderen Vorgaben haftungsmindernde bzw. haftungsvermeidende Wirkung haben kann,[495] sieht der CCO keine Möglichkeit, diese Vorgabe aufzugeben. Vielmehr insistiert er auf der Durchführung eines Kommunikationsprogrammes, greift aber die Anregung der CRM USA Inc. auf und einigt sich mit CRM-S GmbH darauf, dass gemeinsam, mit deren amerikanischen Tochtergesellschaft als Pilot, IT-Applikationen zur Unterstützung der Compliance-Arbeit bezüglich einer konzernweiten Einführung geprüft werden sollen. 911

Diese wichtigen Zwischenergebnisse werden an das Controlling weitergeleitet. Zusammen mit allen anderen mittlerweile erreichten Planungsergebnissen werden diese in Form eines komprimierten Planungsentwurfs dem Vorstand in einer Vorlage zur Entscheidung zugeleitet. Auf diese Weise erhält der Vorstand nicht nur eine Übersicht über die wichtigsten Informationen bezüglich der operativen Vorgaben zur Erreichung der strategischen Zielvorgabe eines ROI von 12%. Darüber hinaus erhält er auch eine Darstellung sowohl der klassischen betriebswirtschaftlichen Unternehmensrisiken und deren Management als auch der Compliance-Risiken, die die Erreichung der strategischen Zielvorgabe gefährden könnten. 912

IV. Compliance in der Planungssitzung des Vorstandes

In der Planungssitzung des Vorstandes stellt der zentrale Compliance Officer dem Vorstandsgremium die Zusammenfassung der Compliance-Risikosituation des Unternehmens dar und erläutert die geplanten Gegenmaßnahmen. Dies sollte in Zusammenhang mit der Diskussion über die gesamte Operative Planung stattfinden und nicht in einem separatem Termin. Dadurch erhält der Vorstand eine Gesamtsicht auf die betriebswirtschaftlichen Ziele, die zur Erreichung der strategischen Zielvorgaben des Vorstands umgesetzt werden müssen, sowie aller Unternehmensrisiken, die den angestrebten Erfolg konterkarieren 913

[495] S. zB Bribery Act 2010, Section 7 (2).

könnten. Darüber hinaus wird mit der Behandlung der Compliance-Risiken im standardisierten Format der Planungssitzung des Vorstandes wiederum signalisiert, dass Compliance ein selbstverständlicher Bestandteil des operativen Geschäftes ist und kein juristisches Sonderthema, das nur einen kleinen Expertenkreis betrifft.

914 Stimmt der Vorstand den Vorschlägen zu, werden diese zusammen mit den anderen Berichtsumfängen Bestandteil der verabschiedeten Operativen Planung. Diese wird dem Aufsichtsrat in dessen Planungssitzung durch den Vorstand vorgestellt.

V. Compliance in der Planungssitzung des Aufsichtsrates

915 Sofern der Aufsichtsrat einen Prüfungsausschuss eingerichtet hat, wird dieser im Vorfeld der Planungssitzung vom Vorstand über die Ergebnisse einzelner Aspekte der Operativen Planungsrunde unterrichtet. Dabei wird unter anderem die Risikolage des Unternehmens eine zentrale Rolle spielen, da es gem. § 107 Abs. 3 AktG zu den Aufgaben des Prüfungsausschusses gehört, die Wirksamkeit des Risikomanagementsystems zu überwachen.

916 Daher wird sich der **Prüfungsausschuss** auch detailliert mit der Effektivität des Compliance-Risikomanagements befassen. Dazu ist die Vorgehensweise bei der Identifikation und Bewertung der Compliance-Risiken auf ihre Plausibilität zu prüfen. Die daraus abgeleiteten Maßnahmen zur Steuerung der Compliance-Risiken sind auf ihre Effektivität zu überprüfen. Da es sich bei dieser Betrachtung um eine in die nicht nur unmittelbare Zukunft gerichtete Prognose handelt, müssen die vom Management vorgeschlagenen Maßnahmen zumindest geeignet sein, das Compliance-Risiko wirksam vom Unternehmen abzulenken. Ähnlich wie bei den klassischen Unternehmensrisiken ist jedoch auch bei der Befassung mit der Steuerung der Compliance-Risiken dem Vorstand seitens der Mitglieder des Prüfungsausschusses ein Ermessensspielraum einzuräumen.

917 Kommt der Prüfungsausschuss zum Ergebnis, dass die gewählte Vorgehensweise des Vorstandes bei der Identifikation, Bewertung und Steuerung der Unternehmensrisiken insgesamt sachgerecht ist, werden die übrigen Mitglieder des Aufsichtsrates davon unterrichtet, so dass eine intensivere Befassung mit diesem Themenkomplex für sie nicht mehr erforderlich ist.

918 Wurde seitens des Aufsichtsrates kein Prüfungsausschuss eingerichtet, befasst sich der Aufsichtsrat mit dem Risikomanagement ausführlich. Kommt er dabei ebenfalls zu dem Ergebnis, dass die Vorgehensweise des Vorstandes in Bezug auf das Risikomanagement im Unternehmen im Allgemeinen und hinsichtlich des Compliance-Risikomanagements im Speziellen sachgerecht ist, wird er diesen Umfängen zusammen mit den anderen, betriebswirtschaftlichen Teilen der Operativen Planung zustimmen (zur Überwachung der Risikofrüherkennung durch den Aufsichtsrat → Rn. 160 ff.).

VI. Abschluss von Compliance-Zielvereinbarungen

919 Grds. werden Einzelmaßnahmen, die zur Erreichung der strategischen Ziele eines Unternehmens implementiert werden müssen, gern in einer schriftlichen Vereinbarung niedergelegt. In diesem **Personalführungsinstrument,** der sogenannten Zielvereinbarung zwischen der Führungskraft und seinem Vorgesetzten, wird dokumentiert, welche konkreten Ziele die Führungskraft bis wann zu erreichen hat.[496]

[496] Mittlerweile wird dieses Instrument in manchen Unternehmen auch zur Führung von Sachbearbeitern eingesetzt, was jedoch einen erheblichen zeitlichen Aufwand verursachen kann.

1. Funktionsweise und Bedeutung von Zielvereinbarungen

Beim Abschluss einer solchen Zielvereinbarung sollte darauf geachtet werden, dass sowohl die Ziele als auch die Beschreibung dessen, was als Zielerreichung verstanden wird, möglichst genau definiert sind. Sofern es möglich ist, werden daher Zielgrößen quantitativer Art in die Vereinbarung aufgenommen. Dies ist relativ einfach, wenn es sich um betriebswirtschaftliche Kenngrößen handelt. Bei nicht oder nur schwer quantifizierbaren Zielen sollte eine möglichst präzise Umschreibung dessen, was eine Zielerreichung darstellt, vereinbart werden 920

Dazu wurde zB die strategische Zielgröße der CRM AG, einen ROI von 12% p.a. zu erwirtschaften, in Absatz-, Umsatz-, Kosten-, Investitions- und Ergebnisziele pro Geschäftsbereich heruntergebrochen. Die jeweiligen Tochtergesellschaften der Geschäftsbereiche erhalten wiederum die durch sie zu erfüllenden Ziele, so dass am Ende des Operativen Planungsprozesses das strategische Ziel des Unternehmens bis in die letzte Unternehmenseinheit herunter **kaskadiert** worden ist. 921

Damit erhält jede Führungskraft im Unternehmen seine Ziele, die vielleicht eine Liste von zB 5–8 unterschiedlichen Aufgaben umfasst, die er erfüllen muss. Die Wertigkeit der Ziele untereinander wird durch eine ihnen zugewiesene Prozentzahl ausgedrückt. Dadurch kann ein bestimmtes Ziel, dessen Erreichung eine besonders hohe Bedeutung für das Unternehmen hat, durch eine entsprechend hohe prozentuale Gewichtung im Vergleich zu den übrigen Zielen deutlich hervorgehoben werden. 922

Durch die Definition dessen, was eine Zielerreichung darstellt, zB der Absatz von 10.000 „Widgets“, wird gleichzeitig eine Messgröße für den Erfolg der Führungskraft festgelegt, die für diesen aus mehreren Gründen besonders relevant ist. 923

Die Zielvereinbarung ist idR mit einer **variablen Vergütung** verknüpft, die erfolgsabhängig ist. 924

Dazu wird der Verkauf von 10.000 Widgets als einhundertprozentige Zielerreichung definiert. Damit würde an den Verkäufer eine erfolgsabhängige Bonuszahlung von zB 20.000 EUR für das abgelaufene Geschäftsjahr im Folgejahr ausgezahlt. Gelingt es der Führungskraft und seinem Team 11.000 Einheiten zu verkaufen, so steigert er seine Zielerreichung auf 110% und es würde sich der Bonus auf 22.000 EUR erhöhen.

Neben dieser monetären Komponente enthält dieses Führungsinstrument auch eine für die Führungskräfte mind. ebenso bedeutsame Kompetente für deren Karriereentwicklung. Durch die Beurteilung der Führungskräfte auf Basis eines unternehmensweit einheitlichen Prozesses soll eine gewisse Vergleichbarkeit der Leistung der einzelnen Führungskräfte hergestellt werden. Es leuchtet unmittelbar ein, dass diejenige Führungskraft bessere **Karrierechancen** hat, die regelmäßig ihre vereinbarten Ziele übererfüllt als eine, bei der das Gegenteil der Fall ist. 925

Das Führungsinstrument Zielvereinbarung sollte auch für die Implementierung von Compliance-Zielen im Unternehmen genutzt werden. Dafür spricht eine ganze Reihe von Vorzügen: 926

- Die Compliance-Ziele des Unternehmens sind Ziele, die praktisch genauso und auch unter Ausnutzung derselben Prozesse, wie zB der Operativen Planung, erarbeitet werden. Dies verstärkt die Wahrnehmung, dass Compliance ein ebenso selbstverständlicher Prozess ist wie andere betriebswirtschaftliche Abläufe auch. 927
- Durch die gleichartige Behandlung und durch die Integration in eine Zielvereinbarung zusammen mit den genannten betriebswirtschaftlichen Zielen wird bei den Führungskräften gedanklich sehr stark verankert, dass sie selbst und nicht eine zentrale Compliance-Stelle im Unternehmen für die Rechtmäßigkeit der operativen Prozesse zuständig sind. 928

929 • Wird die Umsetzung von vereinbarten Compliance-Zielen in einer Zielvereinbarung niedergelegt, so erlangen die Compliance-Ziele eine gewisse Gleichrangigkeit gegenüber den traditionellen betriebswirtschaftlichen Zielen:

930 • Vor allem bei wirtschaftlich schwierigen Umfeldbedingungen, die die Erreichung von zB Absatzzielen deutlich erschweren, mag der verantwortlichen Führungskraft die Erfüllung seiner Zielvereinbarung gefährdet erscheinen und damit auch die Höhe seiner variablen Vergütung und unter Umständen sogar die mögliche Perspektive, kurzfristig die in Aussicht befindliche attraktive neue Position im Unternehmen bekleiden zu können. Unter solchen Umständen könnten nicht nur betriebswirtschaftlich wenig sinnvolle, dafür aber absatzwirksame Maßnahmen eingesetzt werden, wie zB das absatzsteigernde Anbieten massiver Rabatte. Es könnten – natürlich nur rein theoretisch – auch Maßnahmen eingesetzt werden, die die Compliance-Risikosituation des Unternehmens verschlechtern.

931 • Indem Compliance-Ziele ebenfalls den Zielerreichungsgrad der Führungskraft beeinflussen und damit die Höhe seiner variablen Vergütung und die Möglichkeiten einer weiteren beruflichen Entwicklung, erhöht die Unternehmensführung über die Nutzung dieses Personalführungsinstrument ebenso die Bedeutung von Compliance – auch in der täglichen operativen Arbeit ihrer Führungskräfte.

932 • Indem in den Zielvereinbarungen einzelnen Zielen durch den ihnen jeweils zugewiesenen prozentualen Anteil am gesamten Zielerfüllungsgrad eine unterschiedliche Gewichtung zugewiesen werden kann, hat es die Geschäftsleitung in der Hand, zB in aus Compliance-Sicht besonders kritischen Situationen die Gewichtung der Erreichung der Compliance-Ziele deutlich zu erhöhen, um deren Dringlichkeit zu unterstreichen.

933 Problematisch ist jedoch bei dieser Vorgehensweise, welchen prozentualen Anteil die Erreichung von Compliance-Zielen im Verhältnis zu anderen Zielvereinbarungspositionen, wie zB Absatz, Umsatz, Kostenreduktion, Qualität oder Kundenzufriedenheit iRd gesamten Zielerreichung haben soll, wie sie also **sinnvoll gewichtet** werden kann.

934 Ist es zB aufgrund der schwierigen Umfeldbedingungen einer Markterschließung in dem Hochrisikoland Dorotokia wichtig, dass die Compliance-Vorgaben des Unternehmens trotz der dort völlig üblichen korruptiven Geschäftspraktiken eingehalten werden, so läge es nahe, den Prozentsatz für die Erreichung der Compliance-Vorgaben mit 25% oder mehr in der Zielvereinbarung zu verankern.

935 Dies führt jedoch dazu, dass für die Incentivierung der Erreichung betriebswirtschaftlicher Zielvorgaben des Unternehmens nur noch in Summe 75% verbleiben. Kritisch könnte man in einem solchen Fall hinterfragen, ob das Unternehmensziel Compliance oder das Erreichen einer nachhaltigen Profitabilität ist.

936 Verankert man Compliance-Ziele mit einem deutlich niedrigeren Prozentsatz, wie zB nur 5%, in einer Zielvereinbarung, so besteht die Gefahr, dass der Vorstand bzw. seine Führungskräfte dieses Ziel ggf. ausblenden, da dessen Erreichung mit hohem zeitlichen Aufwand verbunden sein mag und keinen Beitrag zur Erreichung der originären wirtschaftlichen Ziele leistet. Dies gilt umso mehr, wenn das Anreizsystem die Möglichkeit eröffnet, durch die Übererfüllung einzelner Ziele, die Untererfüllung anderer Ziele zu kompensieren, sodass am Ende des Jahres eine variable Vergütung in voller Höhe ausgezahlt wird.

937 Daher bietet es sich an, kreative Lösungen zu entwickeln. So können im Rahmen einer Zielvereinbarung zB die Compliance-Ziele mit einem, dem Gesamtkontext eines Wirtschaftsunternehmens angemessenen 5-prozentigen Anteil in die Tantiemeberechnung eingehen. Damit erhalten das Mitglied des Vorstandes und seine Führungskräfte eine angemessene Belohnung für ihre Compliance-Anstrengungen. Um der oben erwähnten Gefahr zu begegnen, dass dieser geringe Prozentanteil dazu führt, dass die Compliance-Ziele ignoriert werden, kann man eine Sicherung in die Methodik der Tantiemeberechnung integrieren: Sollten die Compliance-Ziele nicht umgesetzt werden, wird die Erreichung der Compliance-Ziele nicht auf den Wert „null" gesetzt. Vielmehr geht er mit ei-

nem zuvor definierten Maluswert in die Tantiemeberechnung ein. Dies kann zB in Höhe der oben angesprochenen 25% der Fall sein, sodass das Vorstandsmitglied oder seine Führungskräfte ihr Versagen bei der Zielerreichung der Compliance-Vorgaben finanziell deutlich spüren.

Die Verwendung des Führungsinstruments Zielvereinbarung, auch für Compliance-Ziele, ist daher eine konsequente Fortsetzung des Grundgedankens, das Compliance-Risikomanagement in bestehende Unternehmensprozesse zu integrieren und dient daher dem Ziel von mehr Compliance im Unternehmen. 938

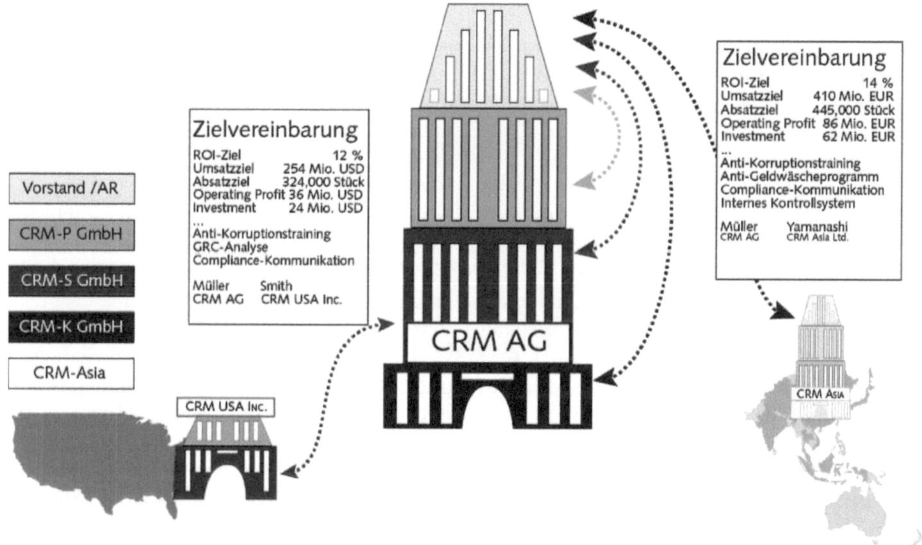

Abb. 23: Die CRM AG Zielvereinbarungen über Compliance-Ziele

2. Die Compliance-Ziele des Vorstandes

Im Vorfeld der abschließenden Behandlung der Operativen Planung im Aufsichtsrat muss der Aufsichtsrat darüber befinden, ob und wenn ja welche Compliance-Ziele den Mitgliedern des Vorstands aufgegeben werden sollen. Da die Einhaltung und Durchsetzung des **Legalitätsprinzips** im Unternehmen eine **Leitungsaufgabe** ist, ist es auch nur folgerichtig, dass auch das oberste Leitungsgremium des Unternehmens seinen überprüfbaren Anteil zur weiteren Compliance-Optimierung des Unternehmens leisten sollte. 939

Dazu wird sich der Aufsichtsrat im Vorfeld darüber informieren, wie die Erreichung der Compliance-Ziele des Unternehmens durch den Vorstand unterstützt werden können. Zu diesem Zweck kann der Aufsichtsrat zB auf die speziellen Kenntnisse einzelner Aufsichtsratsmitglieder zurückgreifen und sich vom zentralen Compliance Officer über den Compliance-Stand ins Bild setzen lassen. 940

In unserem Beispiel würde der Aufsichtsrat der CRM AG in dem Gespräch mit dem CCO erkennen, dass Kommunikationsmaßnahmen für eine nachhaltige Wirkung der Compliance-Aktivitäten und als kurzfristige Maßnahme zur Haftungsvermeidung unabdingbar sind. Daher entschließt sich der Aufsichtsrat, dem Vorstand die Umsetzung klar definierter Compliance-Kommunikationsmaßnahmen für das kommende Jahr aufzugeben. 941

So muss in unserem Beispiel jedes Mitglied des Vorstandes mind. zwei Vorträge in seinem Zuständigkeitsbereich zu Compliance-Themen halten und in internen und externen Medien jeweils mind. eine Veröffentlichung über Compliance bei der CRM AG publizieren. Darüber hinaus erwartet der Aufsichtsrat der CRM AG, dass der Vorstand selbst an Anti-Korruptionsschulungen teilnimmt. 942

3. Compliance-Ziele ins Unternehmen kaskadieren

943 Nachdem der Aufsichtsrat die Operative Planung verabschiedet und damit auch die Compliance-Ziele für den Planungszeitraum festgelegt hat, ist damit auch die Zielvereinbarung mit dem Vorstand definiert. Die betriebswirtschaftlichen Unternehmensziele werden, wie bereits erwähnt, auf die einzelnen Unternehmensteile herunter gebrochen. In spezifischen Zielvereinbarungen zwischen dem Aufsichtsrat und dem Vorstandsvorsitzenden, den Funktionalvorständen sowie den Vorsitzenden der Geschäftsführung des jeweiligen Geschäftsbereichs werden die maßgeblichen Ziele definiert.

944 Dabei werden auch die betriebswirtschaftlichen Ziele um die iRd Compliance-Risikomanagements und des operativen Planungsprozesses identifizierten Compliance-Ziele ergänzt. Dieser Prozess setzt sich fort, bis jede Führungskraft die für sie maßgebliche Zielvereinbarung mit betriebswirtschaftlichen und Compliance-Zielen unterschrieben hat.

4. Compliance-Zielerreichung

945 Am Ende des Geschäftsjahres wird unternehmensweit Bilanz über den Grad der Zielerreichung gezogen. In Bezug auf die Erreichung der vereinbarten Compliance-Ziele bedeutet dies, dass der Vorgesetzte einer jeden Führungskraft bzw. der Aufsichtsrat hinsichtlich der Zielerreichung der einzelnen Mitglieder des Vorstandes, bewerten muss, ob die vereinbarten Ziele umgesetzt wurden und zu welchem Grad dies erfolgte.

946 Dazu wird in unserem Beispiel der CRM AG das jeweilige Vorstandsmitglied dem Aufsichtsrat belegen, dass er an einer Anti-Korruptionsschulung teilgenommen hat, mehrere Publikationen zu Compliance von ihm veröffentlicht wurden und darüber hinaus er die vereinbarten Vorträge zu Compliance-Themen gehalten hat.

947 Zusammen mit den Zielerreichungsdaten der betriebswirtschaftlichen Ziele geht der Wert des Zielerreichungsgrads in die Tantiemekalkulation des Vorstandes bzw. in die Berechnung der variablen Vergütung der Führungskräfte des Unternehmens ein.

Checkliste 33: Einbettung der Compliance-Risikoabfrage in die Operative Planung

- ❑ Wird die Compliance-Risikoabfrage iRd Operativen Planung durchgeführt?
- ❑ Welcher Bereich hat die Federführung in Bezug auf die **Inhalte der Risikoabfrage?**
- ❑ Welcher Bereich hat die Führung in Bezug auf den **operativen Prozess** der Risikoabfrage?
- ❑ Welcher Bereich führt die **Auswertung** der gemeldeten Compliance-Risiken durch?
- ❑ Sofern kein Prozess der Operativen Planung existiert, werden die Compliance-Risiken iRd **Jahresgespräche** durchgeführt?
- ❑ Gibt es **Workshops,** in welchen die operativen Bereiche ihre Compliance-Risiken mit der Unterstützung durch den Compliance-Bereich identifizieren?
- ❑ Beschäftigt sich die **Geschäftsführung** bzw. der **Vorstand** iRd Planung der bevorstehenden Jahre mit der Analyse der Compliance-Risiken?
- ❑ Beschäftigt sich die **Gesellschafterversammlung,** der **Beirat** bzw. der **Aufsichtsrat** des Unternehmens mit den Compliance-Risiken iRd Planungssitzung?
- ❑ Finden die **Steuerungsmaßnahmen,** mit welchen den identifizierten Compliance-Risiken entgegengesteuert werden soll, Eingang in die **Zielvereinbarungen** des **Vorstandes** und der **Führungskräfte** des Unternehmens?

E. Compliance-Risikoaudit

948 Compliance-Risiken treten selten offen zu Tage. Anders als betriebswirtschaftliche Risiken, bedarf die Identifizierung von rechtlichen Risiken im Unternehmen sowohl juristi-

sche Kenntnisse als auch Erfahrung mit betriebswirtschaftlichen Geschäftsprozessen entlang der Wertschöpfungskette eines Unternehmens. Auch wenn Compliance-Risikoaudits gesetzlich nicht vorgeschrieben sind und der Durchführung damit auf freiwilliger Basis erfolgt, erhält die Geschäftsleitung durch die Beauftragung einer solchen Analyse schnell wichtige Hinweise auf bestehende Gefährdungslagen.

Ist es daher der Wunsch der Geschäftsleitung, möglichst **rasch einen Überblick** über bestehende Compliance-Risiken zu erhalten, ist es empfehlenswert, zunächst ein Compliance-Risikoaudit vornehmen zu lassen.[497] Im Rahmen einer solchen Untersuchung werden die Geschäftsprozesse im Hinblick auf ihre Qualität unter Compliance-Gesichtspunkten überprüft. Dabei können bei der Analyse der einzelnen Geschäftsbereiche auch Compliance-Verstöße zutage treten. 949

Hierfür bietet sich entweder eine unternehmensinterne Beauftragung eines Compliance-Risikoaudits oder die Mandatierung eines externen Compliance-Beraters an, der die Analyse durchführt. 950

Allerdings ist die Vorlaufphase für eine **unternehmensinterne Compliance-Risikoabfrage** recht lang, da zunächst intern ein gewisse Know-how aufgebaut werden muss. Das gilt sowohl für den Compliance Officer selbst als auch für die Mitarbeiter, die zunächst einmal verstehen müssen, was es mit Compliance auf sich hat. Daher weist ein extern in Auftrag gegebenes Compliance-Risikoaudit, v. a. zu Beginn des Aufbaus eines Compliance-Managementsystems, deutliche Vorzüge auf. 951

Hat das Compliance-Managementsystem bereits einen gewissen **Reifegrad** entwickelt, kann man den Untersuchungsrahmen enger setzen. Im Rahmen eines solchen Compliance-Risikoaudits kann auch eine fokussierte Prüfung der **Angemessenheit und Wirksamkeit des Compliance-Managementsystems** durchgeführt werden. Dabei steht die Qualität der Compliance-Prozesse und der Compliance-Organisation im Vordergrund der Analyse.[498] 952

Für eine solche Analyse sollte ein externer Compliance-Berater mandatiert werden. Voraussetzung hierfür ist, dass der dieser sollte sowohl mit Compliance-Fragestellungen als auch mit betriebswirtschaftlichen Abläufen sowie mit organisationspsychologischen Aspekten der Compliance und Mitarbeiterführung vertraut sein. Studien belegen, dass sich eine entsprechende **Berufserfahrung signifikant** in der Anzahl und Qualität der Untersuchungsergebnisse im Rahmen einer Auditierung niederschlägt.[499] Daher sollte seitens der Unternehmensleitung auf die **notwendige Expertise** eine entsprechende **Erfahrung des Compliance-Beraters** auf diesen Gebieten besonderer Wert gelegt werden. 953

Ein extern beauftragtes Compliance-Risikoaudit hat den Vorteil, dass der Compliance-Berater im Unternehmen Gespräche führen kann, die nicht durch persönliche Beziehungen oder Abhängigkeiten im Unternehmen gefärbt sind. Dadurch ist ihm eine objektivere Bewertung der auf dieser Basis erfassten Sachverhalte eher möglich als einem Mitarbeiter des Unternehmens. Eine entsprechende Auswahl des Compliance-Beraters gewährleistet darüber hinaus, dass dieser zügig und damit kosteneffizient seinen Auftrag erfüllen kann. Dessen Erfahrungshintergrund ermöglicht die erforderliche Eindringtiefe in die Geschäftsprozesslandschaft des Unternehmens, die erforderlich ist, um valide Compliance-Audit-Ergebnisse zu erzielen. 955

Anderenfalls kann ein Audit sehr schnell erhebliche Kosten verursachen. Darüber hinaus wird ein Mangel an entsprechenden Fachkenntnissen über Compliance und Geschäftsprozesse entlang der Wertschöpfungskette im Konzern bzw. in mittelständischen Strukturen den Mitarbeitern in den Interviews nicht verborgen bleiben. Dadurch kann uU eine Verärgerung über die aus Sicht der Mitarbeiter fehlgeleitete Gesprächsführung entstehen. Aus 954

[497] Zum Thema Compliance-Audit allgemein s. Miege CCZ 2022, 370.
[498] Diese kann mit der Prüfung nach IDW PS 980 verglichen werden.
[499] Nation/Williams/Buxton, Relationship Between Audit Manager Experience and Compliance Audit Outcomes, 19 Journal of Accounting and Finance 101 (2019) 109 ff.

Mitarbeitersicht wird in diesem Fall nur folgerichtige, der mit dem nicht hinreichend qualifiziert durchgeführten Compliance-Audit verursachte wirtschaftliche Aufwand uU als eine Verschwendung knapper Ressourcen betrachtet.

956 Der Compliance-Berater kann das Compliance-Risikoaudit entweder iRv **Interviews** mit den Mitgliedern der Geschäftsleitung sowie den von diesen bestimmten Vertretern der Abteilungen oder auf Basis eines **Fragenkataloges,** durchführen.

957 Der Erfolg von Interviews hängt, neben der Qualifikation des Compliance-Beraters, auch von einer entsprechenden **Vorbereitung der Gespräche** ab. So muss sich der Compliance-Berater mit der Branche und dem Unternehmen selbst möglichst detailliert auseinandersetzen, um das Geschäftsmodell zu verstehen. Selbstverständlich gehört auch dazu, in der Vergangenheit im Unternehmen oder in dessen Branche bekanntgewordene Compliance-Risiken oder -verstöße zu eruieren. Ebenfalls ist es hilfreich, den Werdegang der Gesprächspartner zu kennen.

958 Die konkrete Vorgehensweise bei der Gesprächsführung ist stark abhängig vom Einzelfall. Immer empfiehlt es sich, einen „Merkzettel" vorzubereiten, der als Gedankenstütze hilfreich ist, sodass kein Gesichtspunkt unbeleuchtet bleibt. Der Compliance-Berater sollte jederzeit bereit sein, vom erwarteten Gesprächsablauf abzuweichen, um ein Thema, das vielleicht nur über die Körpersprache des Interviewpartners kommuniziert wurde, aufzugreifen. Dies setzt wiederum eine entsprechende Erfahrung seitens des Compliance-Beraters voraus.

959 Sollte der Compliance-Beraters eine **fragebogengestützte Auditierung** bevorzugen, sollte es jedoch nicht bei einer Abfrage von einmal für diese Zwecke angefertigten Fragebögen bleiben. Vielmehr ist für ein valides Auditresultat erforderlich, dass der Compliance-Berater bereit ist, für jede Auditierung eine auf die spezifischen Anforderungen des beauftragenden Unternehmens maßgeschneiderte, detaillierte Checkliste zu entwickeln, statt ein Standardformular für alle Auditierungskunden zu einzusetzen. Auch in diesem Fall muss der Compliance-Berater jederzeit bereit sein, von den Fragebögen abzuweichen.

960 Eine gründliche Vorbereitung ist daher Voraussetzung, um die richtigen Fragen stellen und um die Antworten richtig einordnen zu können. Erst dadurch wird es möglich sein, die Compliance-Risiken zu identifizieren und angemessen zu bewerten.

961 Zu einem Compliance-Risikoaudit gehört auch, dass nicht nur die bestehenden Risiken aufzeigt, sondern auch Empfehlungen für die jeweiligen **Gegenmaßnahmen** in dem Bericht ausgesprochen werden. Daher ist es mind. so wichtig zu wissen, wie diesen Compliance-Risiken gegengesteuert werden kann.

962 Zusammenfassend kann daher festgestellt werden, dass die Mandatierung eines externen Compliance-Risikoaudits für das Unternehmen eine **Reihe von Vorteilen** hat:

- Ein zeitaufwendiger und kostenintensiver Aufbau eigener Personalkapazitäten ist nicht erforderlich.
- Expertenwissen in Bezug auf die rechtlichen Aspekte von Compliance steht dem Unternehmen sofort zur Verfügung.
- Aufgrund der langjährigen Erfahrung mit Geschäftsprozessen entlang der Wertschöpfungskette in Unternehmen mit unterschiedlicher Größe, Struktur und Geschäftsmodell, kann der Compliance-Berater eine gesamthafte Betrachtung der Compliance-Risikosituation gewährleisten.
- Die Gesprächsführung und Bewertung der erfassten Sachverhalte erfolgen frei von Einflüssen durch persönliche Beziehungen oder gar Abhängigkeiten.
- Breites Knowhow über operative Geschäftsprozesse und -strukturen ermöglicht eine schnelle effiziente und effektive Identifikation von Compliance-Risiken ohne Reibungsverluste.
- Die Geschäftsleitung erhält eine fundierte Analyse der Compliance-Risiken und einen ausführlichen Auditbericht in Form einer Compliance-Risikolandkarte für ihr Unternehmen.

- Für jedes identifizierte Compliance-Risiko enthält der Compliance-Risikoauditbericht einen Vorschlag für eine entsprechende Gegenmaßnahme, die geeignet ist, das Risiko effizient und effektiv zu mitigieren.
- Klar identifizierte Compliance-Risiken ermöglichen den effizienten Einsatz von knappen Unternehmensressourcen, um diesen entgegenzuwirken.

Abhängig von dem Zeit- und damit Kostenaufwand, den die Unternehmensleitung bereit ist zu investieren, kann ein Compliance-Risikoaudit aus den o.g. Gründen eine sehr hilfreiche Vorgehensweise sein. Da diese Analyse von einem **externen Compliance-Berater** durchgeführt wird, kann eine solche Maßnahme unabhängig von dem Stand der Entwicklung des Compliance-Managementsystems durchgeführt werden. Ob sich das Compliance-Managementsystem erst im Aufbau befindet oder bereits vollständig implementiert worden ist, in jedem Fall sollten die Empfehlungen für Maßnahmen zur Steuerung der identifizierten Compliance-Risiken ideal in die bereits bestehenden Compliance-Aktivitäten des auditierten Unternehmens passen, damit es zu einem **integralen Bestandteil** des Compliance-Managementsystems, sei es als Nukleus eines noch aufzubauenden Compliance-Managementsystems oder als wichtige Ergänzung bereits bestehender Aktivitäten, wirken kann. 963

Der Hauptvorteil liegt darin, dass im Unternehmen bereits in einem frühen Stadium Compliance-Know-how bei allen Beteiligten aufgebaut wird. Die Mitarbeiter erleben, wie das Compliance-Managementsystem entsteht und können es daher leichter als ein Teil der Unternehmenspolitik und nicht so sehr als eine Übung eines externen Compliance-Beraters verstehen. 964

Checkliste 34: Compliance-Risikoaudit

- ❑ Entscheidung über **interne Compliance-Risikoabfrage** oder Beauftragung eines Compliance-Risikoaudits durch einen fachlich möglichst erfahrenen **externen Compliance-Berater**
- ❑ Im Fall einer internen Compliance-Risikoabfrage
  - Definition der **Abfragemethodik**
  - **Adressatenkreis** der Abfrage bestimmen
  - Analyse und Bewertung der Rückläufe
  - Umgang mit Problemfällen
    - Themencluster
    - Leermeldungen
    - Unbeantwortete Anfragen
- ❑ Entwicklung von Gegenmaßnahmen für das Compliance-Programm.
- ❑ Im Fall eines **extern mandatierten Compliance-Audits:**
  - **Kriterien für die Auswahl** des externen Compliance-Beraters (Compliance-Auditor)
    - Praktische Erfahrung in Bezug auf Compliance (Aufbau eines Compliance-Managementsystems usw)
    - Juristische Expertise in den relevanten Rechtsgebieten
    - Praktische Erfahrung hinsichtlich operativer Geschäftsprozesse im Unternehmen
    - Branchenkenntnisse
  - **Ausreichendes Budget**
  - Definition der Vorgehensweise bei dem geplanten Compliance-Audit
  - Benennung der richtigen unternehmensinternen Interviewpartner
  - **Abschlussbericht,** einschließlich der Beschreibung effektiver und effizienter **Gegenmaßnahmen.**

F. Fazit und Bewertung des Prozessmodells

965 Die Befassung mit Unternehmensrisiken, ob sie betriebswirtschaftlicher Natur sind oder ob es sich um Compliance-Risiken handelt, ist für viele Unternehmen noch ein eher ungewohntes Terrain. Auch wenn sich große Unternehmen zB aufgrund ihrer Abhängigkeit von Wechselkursentwicklungen und den damit verbundenen Risiken schon seit langem mit dem Management klassischer Unternehmensrisiken befassen, und spätestens seit der Einführung des KonTraG damit befassen müssen, ist die Identifikation, Bewertung und Steuerung von Compliance-Risiken noch nicht sehr weit fortgeschritten.

966 Daher sollte eine Unternehmensleitung ein hohes Interesse daran haben, eine effiziente und effektive Lösung einzusetzen, die mit möglichst geringem Aufwand ein Maximum an Informationen über bestehende Compliance-Risiken generiert und eine hohe Sicherheit gewährleistet dafür, dass Maßnahmen, die Compliance-Risiken entgegenwirken sollen auch tatsächlich implementiert werden.

967 Aufgrund der bestandsgefährdenden Qualität von Compliance-Risiken wird nicht selten ein stark zentralisierter Compliance-Prozess bevorzugt. Diese verständliche Vorgehensweise zielt auf die effektive Lösung der von der Zentrale wahrgenommenen Compliance-Risiken oder auf die Beseitigung von Compliance-Problemen.

968 Je größer und komplexer ein Unternehmen ist, je weiter seine internationale Vernetzung fortgeschritten ist, desto schwerer wird es einem zentralen Compliance-Bereich fallen, alle Compliance-Risiken wahrzunehmen und diese aus der Zentrale heraus zu managen. Daher sollte das Compliance-Risikomanagement für Gegenvorstellungen der dezentralen Unternehmenseinheiten offen sein. Ein Vorstand wäre schlecht beraten, würde er auf der Durchsetzung seiner in einem frühen Stadium des Prozesses gefassten Meinung beharren und andere Compliance-Risiken, die aus der Unternehmensorganisation nach oben gemeldet werden, ignorieren.

969 Dieses Gegenstromverfahren der Operativen Planung – neudeutsch auch „top-down/bottom-up planning“ genannt – ist die Stärke dieser Vorgehensweise beim Compliance-Risikomanagement. Es wird nicht – quasi ex cathedra – zentralerseits entschieden, wo welche Compliance-Risiken bestehen und wer diese wie zu lösen hat (top-down Ansatz). Vielmehr wird die Übersicht der Zentrale genutzt, um in von ihr definierten Themenbereichen unternehmensweite Compliance-Vorstöße zu initiieren. Gleichzeitig lässt dieser Ansatz einen im Prozess definierten Abschnitt zu, der es den operativen Bereichen erlaubt, ihre Sicht der Compliance-Situation darzustellen (bottom-up Ansatz). Im Idealfall sind die beiden Vorstellungen deckungsgleich, was vermutlich eher selten der Fall sein wird.

970 Bestehen unterschiedliche Auffassungen, muss eine Einigung herbeigeführt werden, für die ein Eskalationsprozess vorgegeben ist. So wird sichergestellt, dass eine bewusste Auseinandersetzung über die beste Lösung in einem geordneten Prozess zu einer möglichst optimalen Steuerung der Compliance-Risiken führt.

971 Indem durch dieses Gegenstromverfahren möglichst alle zur Verfügung stehenden Informationen in die Analyse der Compliance-Risiken einbezogen werden können, wird nicht nur die Qualität der Compliance-Arbeit des Unternehmens verbessert. Vielmehr sorgt die Integration der für den jeweiligen operativen Unternehmensprozess verantwortlichen Mitarbeiter dafür, dass diese das Thema Compliance als Teil ihrer täglichen Arbeit verstehen und sich nicht nur als das letzte Glied einer Kette betrachten, das zentrale Anweisungen auszuführen hat. Stattdessen wird der Mitarbeiter in diesem Prozessmodell nach seiner Meinung gefragt, er kann seine Sachkenntnis einbringen, auf die von ihm identifizierten Compliance-Risiken aufmerksam machen und Lösungsvorschläge in den Prozess einbringen.

972 Durch die gleichrangige Behandlung der Compliance-Ziele mit den betriebswirtschaftlichen Zielen werden auch die zwischen beiden Dimensionen bestehenden potenziellen

Konflikte offenkundig. So kann sich zB ein Vertriebsleiter in einem Hochrisikoland dagegen wehren, dieselben hohen Absatzzahlen erreichen zu müssen wie bisher, ohne seinen Kunden die ortsüblichen „Geschenke „ zu machen, wenn gleichzeitig von ihm verlangt wird, dass als Bewertungsmaßstab für die Rechtmäßigkeit seiner Tätigkeit das deutsche Rechtsverständnis und nicht das lokale Geschäftsgebaren maßgeblich ist.[500]

Darüber hinaus stellt die Einbindung des Compliance-Risikomanagementprozesses in den Prozess der Operativen Planung eine effiziente Vorgehensweise dar, wie unternehmensweit Informationen über die bestehenden Compliance-Risiken zu erheben sind. Gleiches gilt für die unternehmensweite Implementierung der Maßnahmen zur Steuerung von Compliance-Risiken über die Vereinbarung von Compliance-Zielen. 973

Es wird die Einführung eines eigenständigen, zusätzlichen Compliance-Risikomanagementprozesses vermieden und zusammen mit dem Management klassischer Unternehmensrisiken gleichzeitig eine vollständige Risikolandkarte des Unternehmens erzeugt.[501] 974

Zusammen mit den bereits genannten Vorteilen, die der Einsatz des Führungsinstruments der Zielvereinbarung für das Management von Compliance-Risiken bietet,[502] vereinigt dieses Prozessmodell für die Identifizierung, Bewertung und Steuerung von Compliance-Risiken zahlreiche Vorteile auf sich. 975

[500] Anzumerken ist hierbei allerdings, dass sich der Vertriebsleiter in der Praxis wohl kaum mit seiner Auffassung wird durchsetzen können. Regelmäßig wird er sich auch nach der Einführung einer strengeren Handhabung von Compliance-Maßstäben weiterhin an den früheren, hohen Absatzzahlen festhalten lassen müssen. Dennoch wird hier ein typischer Zielkonflikt deutlich.

[501] S. auch die ICC Art. 10 c).

[502] → Rn. 919 (Abschluss von Compliance-Zielvereinbarungen).

§ 6. Compliance-Risikomanagement in kleinen und mittelständischen Unternehmen

976 Kleine und mittelständische Unternehmen (KMU) haben eine Reihe von Vorteilen, durch die sie auf den Weltmärkten sehr erfolgreich agieren können. Dazu gehören u. a. sehr schlanke Strukturen und die damit einhergehende hohe Durchlässigkeit von Informationen innerhalb des Unternehmens. Diese wiederum trägt dazu bei, dass Entscheidungen durch die Geschäftsführung sehr zeitnah getroffen werden können, was sich wiederum in einer hohen Innovationskraft und einer geringen time-to-market widerspiegelt.

977 Kleinstunternehmen sind gemäß der Definition der EU-Kommission Unternehmen, die weniger als 10 Mitarbeiter beschäftigen und einen Jahresumsatz bzw. eine Jahresbilanz von unter 2 Mio. EUR aufweisen. In einem kleinen Unternehmen sind nicht mehr als 50 Mitarbeiter tätig, die einen Jahresumsatz bzw. eine Jahresbilanz von unter 10 Mio. EUR erwirtschaften. Mittlere Unternehmen haben weniger als 250 Mitarbeiter und ein Jahresumsatz von unter 50 Mio. EUR bzw. eine Jahresbilanz von unter 43 Mio. EUR.[503]

978 Flache Hierarchien, wenige zentrale Funktionen und das hohe Maß an Kundenorientierung lassen jedoch wenig **Kapazität** für die Befassung mit Unternehmensrisiken im Allgemeinen und ganz besonders Compliance-Risiken im Speziellen.

A. Ausgangssituation

979 Die überschaubare Größenordnung eines KMU ermöglicht der Geschäftsleitung, sich persönlich problematischen Themenstellungen anzunehmen. Die oft langjährige Unternehmenszugehörigkeit der Mitarbeiter und die erfolgreiche Zusammenarbeit haben ein Unternehmensklima von gegenseitigem Vertrauen entstehen lassen. Aufgrund der großen Nähe zum operativen Geschäft und der persönlichen Kenntnis um die Stärken und Schwächen der Führungskräfte und Mitarbeiter des Unternehmens liegt der Schluss nahe, auch die Risiken hinreichend genau zu kennen und richtig zu steuern.

980 Dennoch sind nur wenige Unternehmer mit dem Risikomanagement in ihrem Hause zufrieden.[504] Dies ist verständlich, denn die Nähe zum operativen Geschäft, die enge Beziehung zu den Mitarbeitern sowie der kontinuierliche Veränderungsdruck, den immer neuen Marktanforderungen gerecht zu werden, lassen oft wenig Raum, sich mit einer abstrakten Risikobetrachtung zu befassen. Hinzu kommt, dass die menschliche Natur eine objektive Befassung mit Risiken ebenfalls nicht gerade erleichtert.[505]

981 Dennoch können sowohl klassische Unternehmensrisiken als auch Compliance-Risiken ohne den Einsatz externer Beraterstäbe[506] effizient gemanagt werden, durch eine gezielte Befassung mit den Risiken des eigenen Unternehmens, die auch berücksichtigt, dass selbst ein geschäftsführender Gesellschafter sich nicht immer objektiv mit den Risiken seines Unternehmens befassen kann.

---

[503] Empfehlung der Kommission vom 6. Mai 2003 betreffend die Definition der Kleinstunternehmen sowie der kleinen und mittleren Unternehmen, Anhang Empf. 2003/361/EG (ABl. L 124, 36).

[504] In einer gemeinsamen Studie des B der Deutschen Industrie e.V. und der PricewaterhouseCoopers AG gaben nur 28 % der befragten Unternehmer an, mit ihrem Risikomanagement zufrieden zu sein. Insbes. müssten die Risikoidentifikation und -bewertung, sowie die Risikosteuerung (Vermeidung und Reduzierung von Risiken) optimiert werden und die Vernetzung zur Unternehmenssteuerung verbessert werden, BDI/PwC S. 24.

[505] S. Risikowahrnehmung, Unternehmens- und Risikokultur → Rn. 294 ff.

[506] Moosmayer Compliance Rn. 104.

B. Management klassischer Unternehmensrisiken

982 Auch für KMU, die regelmäßig in der Rechtsform einer GmbH tätig sind, gilt gem. § 43 GmbHG die Vorgabe des § 91 Abs. 2 AktG. Damit ist auch die Geschäftsführung eines KMU verpflichtet, geeignete Maßnahmen zu ergreifen, insbes. ein Überwachungssystem einzurichten, damit die den Fortbestand der Gesellschaft gefährdende Entwicklungen frühzeitig erkannt und Gegenmaßnahmen ergriffen werden können.

983 Grds. sollte sich der Ressourceneinsatz für die Identifikation, Bewertung und Steuerung klassischer Unternehmensrisiken in Relation zur Unternehmensgröße bewegen. Je geringer die Größe des Unternehmens, desto schlanker kann die Befassung mit diesem Thema sein.[507]

I. Risikoidentifikation

984 Bei der Identifikation der klassischen betriebswirtschaftlichen Risiken ist es wichtig, dass die Geschäftsleitung einer Systematik folgt, mit der sie sicherstellt, dass menschliche Schwächen in der Befassung mit Risiken nicht zum Tragen kommen können. Außerdem ist nicht zu vergessen, dass Unternehmen in aller Regel gut geführt sind und daher bereits Risikomanagementaktivitäten zB auf der Ebene einzelner Projekte existieren – auch wenn sie nicht als solche bezeichnet wurden –, da dies schlicht vorausschauende Unternehmensführung darstellt. Daher können durch eine begrenzt formale Vorgehensweise bereits vorhandene Risikomanagementansätze **systematisiert** werden, die dann nur noch ergänzt und weiterentwickelt werden müssen.

985 Dazu gehört zunächst, dass man entscheidet, von welchem Blickwinkel aus Risiken betrachtet werden sollen. Es kann viel Sinn machen, die einzelnen Elemente der Wertschöpfungskette im Unternehmen zu betrachten und es kann noch mehr Sinn machen, den einzelnen Führungskräften bzw. Teamleitern aufzugeben, die Risikosituation ihres jeweiligen Verantwortungsbereichs zu analysieren.

986 Unabhängig von der gewählten Perspektive ist es wichtig, dass die Geschäftsleitung ihren Führungskräften deutlich macht, dass die Analyse ergebnisoffen ist. Es muss allen am Prozess Beteiligten klar sein, dass der Überbringer einer schlechten Nachricht nicht mit dem Verlust seines Kopfes rechnen muss. Darüber hinaus ist es wichtig, dass die Vorgehensweise der Identifikation der Risiken eine einheitliche ist.

987 Dazu bietet es sich an zB die einzelnen Prozessschritte, die in dem Verantwortungsbereich der Führungskraft täglich abgearbeitet werden, auf ihre Risiken hin zu analysieren. Dazu kann es dienlich sein, eine Liste von Themenkomplexen zu erstellen, aus welchen dem Unternehmen in einem spezifischen Punkt im operativen Prozess, zB bei der Produktion, ein Risiko entstehen könnte.

988 Die Inhalte einer solchen Themenliste variieren sicher von Unternehmen zu Unternehmen, können jedoch regelmäßig folgende Positionen enthalten:

1. Strategische Risiken
2. Operative Risiken
3. Finanzielle Risiken
4. Personelle Risiken
5. IT-Risiken

Da diese Liste eher generischer **Risikobegriffe** noch nicht sonderlich greifbar ist, sollten diese Kategorien weiter herunter gebrochen werden, um sie für die Führungskräfte operationalisierbar zu machen.

---

[507] Sofern im KMU Zielvereinbarungen als Führungsinstrument eingesetzt werden, sollten diese auch für die Erreichung von Compliance-Zielen genutzt werden, → Rn. 919 ff.

Auch wenn sich die meisten Führungskräfte bzw. Teamleiter eher weniger mit strategischen Risiken des Unternehmens auseinandersetzen müssen, so ist es dennoch für die Geschäftsleitung von Interesse, deren Meinung zu diesem Themenkomplex iRd Risikoidentifikation einzuholen. Um den Mitarbeitern einen gewissen Rahmen für ihre Überlegungen zu setzen, sollte mit Stichworten näher beschrieben werden, was unter diesem Themenkomplex zu verstehen ist. 989

Es bietet sich hier an zwischen wirtschaftlichen **Markt- und Wettbewerbsrisiken** auf der einen und politischen Risiken auf der anderen Seite zu unterscheiden. Risiken, die sich aus der Positionierung der Produkte des Unternehmens am Markt sowie dem Produktlebenszyklus und Möglichkeiten der Substitution des Produktes ergeben, sind sicherlich an vorderster Stelle zu analysieren, auch im Hinblick auf unter Umständen für den Absatz gefährliche Produktentwicklungen der Wettbewerber. Zu diesem Themenkomplex gehört auch die kritische Analyse des Marktes vor der Entwicklung, Produktion und Einführung eines neuen Produktes. In engem Sachzusammenhang sind notwendig werdende Investitionen auf ihre Zweckmäßigkeit, Zielsetzung usw. zu überprüfen. Gleiches gilt für die Selektion von Unternehmen oder Einzelpersonen, die zB als Vertriebsagenten oder als Zulieferer von Rohmaterialien oder Systemkomponenten Leistungen für das Unternehmen erbringen sollen. 990

Marktrisiken können sich auch in Bezug auf die Lieferanten und Kunden des Unternehmens manifestieren. Sowohl in Bezug auf die Lieferbeziehungen als auch die Kundenbeziehungen können zB Abhängigkeiten entstehen, wenn das Unternehmen auf einen speziellen Lieferanten oder auf die Abnahme seiner Produkte und Leistungen durch einen Großkunden angewiesen ist. 991

Strategische Risiken können sich auch aus Veränderungen auf der politischen Ebene ergeben. Solche **Politikänderungen** können sich in einer Verschlechterung der Standortbedingungen niederschlagen oder sich negativ auf den Verkauf bestimmter Produkte auswirken. Auch kann ein Regierungswechsel zu einer anderen **Förderpolitik** führen, zB durch den Wegfall bestimmter Investitionen oder Subventionen zugunsten anderer Projekte auf der politischen Agenda oder zu Steuererhöhungen, die direkt oder indirekt den Absatz der Unternehmensprodukte erschweren können. Ist das KMU im Ausland tätig, kann sich das sogenannte **Länderrisiko** zB durch Unruhen schlagartig verschlechtern, es kann zu Verstaatlichungen von Schlüsselindustrien kommen. Im Falle eines **Embargos** durch die Bundesregierung, die EU, aber auch durch die Vereinigten Staaten (s. zB das Iran-Embargo) kann es im schlimmsten Fall unmöglich werden, Produkte oder Dienstleistungen in das betreffende Land zu verkaufen, wodurch das Geschäft in Wegfall gerät. 992

Von oftmals noch größerer Bedeutung sind die operativen Risiken, die der Erreichung der strategischen Ziele seines KMU entgegenstehen können. Vor allem in der Produktion spielen die erreichte **Produktqualität** und die Effizienz der Prozesse eine erhebliche Rolle. Risiken, die durch das verwendete Produktionsverfahren oder andere verfahrenstechnische Gegebenheiten das Produktionsergebnis negativ beeinflussen, können sich sofort auf das wirtschaftliche Unternehmensergebnis niederschlagen. Nicht nur kann die Reputation Schaden nehmen und der Absatz zurückgehen. Auch können die Garantie- und Kulanzkosten steigen. 993

Darüber hinaus kann der Grad der Flexibilität der **Fertigungsanlagen** ein Risikofaktor sein. Dies kann in Bezug auf die Möglichkeit, unterschiedliche Produkte auf einer Fertigungslinie herzustellen ebenso der Fall sein, wie auch hinsichtlich der Möglichkeiten kapazitiv zu atmen, also die Produktion schnell zu erhöhen oder schnell zurückzufahren, wenn die Nachfrage steigt oder sinkt. 994

Aufgrund der Konsequenzen für die Kapitalbindung kommt einer effizienten und flexiblen Lagerhaltung und **Logistik** eine bedeutende Rolle zu. Dies gilt auch hinsichtlich der Kundenzufriedenheit, die nicht gerade dadurch gesteigert wird, dass das falsche Produkt zu spät und auch noch beschädigt geliefert wird. 995

996 Das **geistige Eigentum** des Unternehmens ist ebenfalls Risiken ausgesetzt. So können durch Imitationen Warenzeichen verletzt werden oder durch den Diebstahl von Konstruktionsplänen Unternehmen ihre Stand-Alone-Position mit ihrem Produkt verlieren. Aber auch ohne Rechtsverletzungen können Risiken entstehen, wenn zB Patente auslaufen.

997 **Finanzwirtschaftliche** Risiken können, wie schon erwähnt, alle Themen, die sich um die Finanzierung des Unternehmens drehen, betreffen. Dazu gehört die Fremdfinanzierung durch Banken und die damit in Zusammenhang stehenden Fragen wie zB die Darlehensprolongation, die Entwicklung des Zinssatzes nach **Basel II und III** bzw. nach einer sich andeutenden Normalisierung der Geldpolitik der Europäischen Zentralbank. Ähnlich wie bei Marktrisiken kann auch die Fremdfinanzierung durch nur ein Kreditinstitut zu einer erheblichen Abhängigkeit und damit zu Risiken führen. Bei im Ausland tätigen KMU spielt die Entwicklung der Wechselkursrelationen eine erhebliche Rolle, sei es auf der Einnahmen- oder, wie bei der Beschaffung, auf der Ausgabenseite.

998 Auch gehört es im Lichte des demografischen Wandels dazu, personellen Risiken, zB durch die rechtzeitige Suche nach qualifizierten jungen Ingenieuren, die für die weitere Expansion des Unternehmens benötigt werden, sowie die adäquate Fort- und Weiterbildung der **Mitarbeiter** um zB nicht den technischen Anschluss zu verlieren, abzufedern. Ebenso gehört dazu die Nachfolgeregelung für den Fall des plötzlichen Ablebens des geschäftsführenden Gesellschafters oder einer schweren Erkrankung, die ihn längerfristig darin hindert, das Unternehmen zu leiten. Darüber hinaus gehört die Frage nach möglichem Knowhow-Verlust durch die Kündigung von Mitarbeitern in diese Kategorie. Auch sehr praktische personaltechnische Fragen, wie etwa zB Risiken, die für die vorhandene Auslastung der Fertigungsanlagen dadurch entstehen können, dass die Fluktuation steigt oder Mitarbeiter das Unternehmen temporär verlassen, zB wegen Mutterschutz.

999 Die Risiken, die in Zusammenhang mit der Nutzung von **IT-Applikationen** herrühren können, sind ebenfalls außerordentlich vielfältiger Natur. Sie können grds. unterschieden werden in Themen der Verfügbarkeit der **Datenverarbeitungsmittel** und Risiken in Zusammenhang mit ihrer **Nutzung.** Zu letzteren zählen sicherlich Themen des Datenschutzes, wer welchen Zugriff auf welche Daten erhält und ob durch Schutzmaßnahmen, wie zB eine entsprechende Passwortregelung und eine Codierung der Datensätze, sichergestellt wird, dass kein Missbrauch zB mit Kundendaten passieren kann.

1000 Hierbei zeigt sich bereits, dass bei KMU keine allzu strikte Trennung zwischen rechtlichen Compliance-Risiken, wie eben der Verletzung von **Datenschutzbestimmungen** und klassischen betriebswirtschaftlichen Unternehmensrisiken vollzogen werden sollte. Vielmehr sollten die wenigen für diese Aufgabe zur Verfügung stehenden Ressourcen möglichst effizient eingesetzt werden, um die überschaubaren Themenfelder abzudecken.

1001 Die Verfügbarkeit der IT im Unternehmen bezieht sich sowohl auf die Hardware, die auf ihr laufenden Programme als auch auf die auf ihnen gespeicherten Daten. Hardware-Fehler bzw. -Ausfälle können zu erheblichen Folgeschäden führen, wenn zB die Fertigungssteuerung versagt oder auf wichtige Daten nicht mehr zugegriffen werden kann. So stellt sich in diesem Zusammenhang beispielsweise die Frage nach Back-up Systemen und der Wartung der Hardware. Die Frage der Datensicherung in Form von Back-ups stellt sich auch in Zusammenhang mit den Daten, die auf den Speichern des Systems abgelegt sind.

1002 Die auf der Hardware laufenden Computer- bzw. Serverprogramme werden in aller Regel von den Software-Anbietern dem jeweiligen neuesten Stand der Technik angepasst und als Update auf die Datenverarbeitungssysteme installiert. Es kann für die IT-abhängigen Prozesse im Unternehmen eine kritische Situation eintreten, wenn eine bestimmte Applikation nicht mehr aktualisiert wird und über kurz oder lang nicht mehr in die sich weiterentwickelte Software-Architektur passt und daher ausfällt.

1003 Sowohl in Bezug auf die Sicherheit der Hardware als auch der Software und der gespeicherten Daten wird es im Hinblick auf **Hackerangriffe** immer wichtiger, auch die Risiken zu analysieren, die sich auf den Schutz geistigen Eigentums gegen gezielte Diebstähle durch das Einbrechen in Serversysteme beziehen, sei es via Datenleitungen oder über verwendete Mobiltelefone.

Um zu vermeiden, dass diese Liste möglicher Risikofaktoren zu kurz ist, sollte man sich 1004
nicht scheuen, Kriterienkataloge der betriebswirtschaftlichen Literatur zum Risikomanagement zu nutzen. Es geht dabei jedoch nicht um die Erstellung einer möglichst langen und vollständigen Liste. Gerade wenn das Risikomanagement noch am Anfang seiner Implementierung steht, sollte eine Geschäftsleitung den Mut zur Lücke haben und sich auf das Wesentliche konzentrieren. Dies ermöglicht es der Organisation mit dem neuen Thema Risikomanagement umgehen zu lernen und zu beobachten, wie die Geschäftsführer mit der Meldung von Risiken umgehen. Auch sollte bei der Betrachtung der Risiken nicht die Auswirkung auf die Reputation des Unternehmens vernachlässigt werden.

Während sich die Führungskräfte gedanklich durch die Liste möglicher Risiken bewe- 1005
gen, sollte diese Analyse der Risikolage des eigenen Unternehmens auch von den Mitgliedern der Geschäftsführung durchgeführt werden. Wichtig ist dabei, dass alle Beteiligten an diesem Prozess ein Mindestmaß an formalem Ablauf einhalten, damit nicht allein aufgrund des gerade bei der Betrachtung von Risiken allzu oft trügerischen Bauchgefühls Entscheidungen getroffen werden. Daher sind auch die Ergebnisse des Risikoidentifikationsprozesses schriftlich niederzulegen.

Sofern das Unternehmen über Auslandsgesellschaften verfügt oder mit Vertriebsagenten 1006
im Ausland zusammenarbeitet, sollten die Mitglieder der Geschäftsleitung und ihre Führungskräfte Dienstreisen zu den Tochtergesellschaften oder Agenten systematisch nutzen, um auch Gespräche über mögliche Risiken zu führen. Ist man in einem Hochrisikoland tätig, sollte dieser Prozess sehr regelmäßig und sehr formalisiert stattfinden.

II. Risikosteuerung

Nach der Erfassung der klassischen Unternehmensrisiken diskutieren die Mitglieder der 1007
Geschäftsführung mit ihren Führungskräften – wiederum ergebnisoffen – die identifizierten Risiken. Sollten die Ergebnisse der Diskussion aufgrund ihrer offensichtlichen Richtung nicht bereits zu einer Priorisierung der Rangfolge der zu steuernden Risiken führen, kann die Geschäftsleitung eine quantitative Bewertung der Risiken veranlassen. Dies ist ein nicht zu unterschätzender Mehraufwand, der für eine gewisse Klarheit in der Priorisierung sorgt, aber unter Umständen verzichtbar ist.

Sind die Risiken priorisiert kann in derselben Runde diskutiert werden, welche Wege 1008
der Risikovermeidung, -verminderung oder -begrenzung existieren, ob das Unternehmen Risiken an Dritte weitergeben kann oder zB im Hinblick auf ein deutlich höheres Ertragspotential im Unternehmen halten will.[508]

Im Hinblick auf die noch überschaubare Unternehmensgröße kann in derselben Runde 1009
gleichzeitig festgelegt werden, wer bis wann welche Steuerungsmaßnahmen umzusetzen hat.

III. Dokumentation

Durch die formalisierte Vorgehensweise wird – quasi im selben Arbeitsgang – eine Doku- 1010
mentation über den Prozess der Risikoidentifikation und -steuerung erstellt. Damit hat dieses Gestaltungsmodell des Risikomanagementprozesses neben der Systematisierung bestehender Risikomanagementansätze im KMU noch weitere Vorteile.

So kann die Dokumentation die Nachverfolgung der Erledigung der vereinbarten Risi- 1011
kosteuerungsmaßnahmen erleichtern, indem die Liste der vereinbarten Maßnahmen mit deren Umsetzungsstand regelmäßig abgeglichen wird.

[508] Bezüglich der unterschiedlichen Steuerungsmaßnahmen wird auf → Rn. 549 ff. verwiesen.

1012 Durch einen ex post Vergleich der Risikosituation des Unternehmens zum Jahresende kann die Unternehmensleitung iS eines Risikomonitorings prüfen, an welchen Stellen der Risikomanagementprozess noch verbesserungswürdig ist.

1013 Darüber hinaus ist im Hinblick auf § 91 Abs. 2 AktG in Verbindung mit § 43 GmbHG die Geschäftsführung in der Lage, eine aussagefähige Dokumentation vorzulegen, für den Fall, dass ihr ein Verstoß gegen die Verpflichtung, Maßnahmen zur frühzeitigen Erkennung von Risiken zu treffen, vorgeworfen wird.

Checkliste 35: Management klassischer Unternehmensrisiken in KMU

- ❑ Besteht ein effektives Management klassischer Unternehmensrisiken?
- ❑ Werden die Risiken im Rahmen eines **strukturierten Prozesses** zur Risikoidentifikation analysiert?
- ❑ Verwendet das Unternehmen für diesen Prozess unterschiedliche **Kategorien** von Risiken?
- ❑ Werden im Unternehmen strategische, operative, finanzielle, personelle und IT Risiken betrachtet?
- ❑ Werden im Unternehmen auch **politische Risiken** betrachtet (zB Änderungen der Politik, Länderrisiken, Embargos)?
- ❑ Werden im Unternehmen **Gegenmaßnahmen** ergriffen, um identifizierte Risiken zu steuern?
- ❑ Werden die Ergebnisse der Gegenmaßnahmen auf ihre **Wirksamkeit überprüft?**
- ❑ Ist im Unternehmen sichergestellt, dass das Management der klassischen Unternehmensrisiken ordentlich **dokumentiert** wird?

C. Compliance-Risikomanagement

1014 Auch wenn Compliance-Risiken zunächst weniger mit den klassischen Unternehmensrisiken meist betriebswirtschaftlicher Prägung zu tun haben, sollten sie dennoch gemeinsam mit den klassischen Unternehmensrisiken bearbeitet werden. Der Grund hierfür liegt in der Unternehmensgröße und den damit zu Verfügung stehenden Kapazitäten und dem vorhandenen Knowhow im Unternehmen. Beide limitierenden Faktoren erschweren die an sich sachgerechte, getrennte Befassung mit diesen beiden Risikoarten.

1015 Daher gilt in Bezug auf die einzelnen Prozessschritte die im vorausgegangenen Kapitel (→ Rn. 982ff.) beschriebene Vorgehensweise auch für Compliance-Risiken. Die fünf Positionen umfassende Liste der zu betrachtenden Themenblöcke bei der Identifikation von Risiken ist somit um eine sechste Risikokategorie zu ergänzen, die Compliance-Risiken.

I. Compliance-Risikoidentifikation

1016 Wie auch bei den anderen Risikokategorien sollte die Geschäftsleitung auch hier ihren Führungskräften und Mitarbeitern eine nicht als abgeschlossen zu verstehende Liste von Themen an die Hand geben, die das Verständnis erleichtert, was unter Compliance-Risiken zu verstehen ist. Zur Erstellung dieser Liste kann es hilfreich sein, Rat bei dem Anwalt des Unternehmens, bei der Industrie- und Handelskammer oder bei maßgeblichen Wirtschaftsverbänden einzuholen.

1017 Zu den rechtlichen Risiken, die sich auf einer solchen Liste finden werden, gehören zB die **arbeitsrechtlichen** Vorschriften, v.a. die dem Arbeitsschutz dienenden Bestimmungen. Ebenso wird, je nach Art des Unternehmens, auch die Einhaltung von **Umweltschutzvorschriften** von erheblicher Bedeutung sein, sei es bei einem Produktionsunternehmen oder auch bei einer Spedition. Steuerrechtliche Bestimmungen, Vorgaben des

Handels- und Gesellschaftsrechts und die spezialrechtlichen Bestimmungen, die für die jeweilige Branche maßgeblich sind, sollten hier ebenfalls benannt werden. Ist das Unternehmen in **Hochrisikoländern** oder ist es im Behördengeschäft tätig, dürfen die einschlägigen Bestimmungen gegen Korruption auf einer solchen Liste ebenfalls nicht fehlen.

Die Liste der möglicherweise relevanten Themen könnte beliebig verlängert werden. 1018
Zunehmend bedeutsam wird für die deutsche, stark exportorientierte mittelständische Industrie auch der Einfluss des **Außenwirtschaftsrechts.**[509] Immer kompliziertere Exportkontrollvorgaben machen zunehmend aufwendigere Prüfungsverfahren notwendig, durch die es erst möglich ist zu entscheiden, ob ein konkretes Produkt an den designierten Endabnehmer zu dem angegebenen Verwendungszweck verkauft und geliefert werden darf.

Wichtig ist dabei zu berücksichtigen, dass auch in Bezug auf die Identifikation von 1019
Compliance-Risiken der betriebene Aufwand sich in maßvollen Grenzen halten darf, die auch ein Außenstehender als vernünftig und sachgerecht einordnen würde.

Es mag sich daher anbieten, die ersten Schritte bei der Identifikation der Compliance- 1020
Risiken durch eine einfache schriftliche Abfrage mit geringen technischen und prozessualen Aufwand zu gestalten.

Zu diesem Zweck kann ein einfaches Formular verwendet werden, das an die Ge- 1021
schäftsführer und Führungskräfte verteilt wird. Die Rückmeldungen werden wie bereits beschrieben (→ Rn. 735 ff.), analysiert und kritisch zu hinterfragen sein. Dabei ist es wichtig, dass ggf. auftretende Implausibilitäten iRv Gesprächen mit den Führungskräften oder der Geschäftsleitung aufgeklärt werden.

Auch hier ist die Wirkung einer Unterschrift unter die Beantwortung der Compliance- 1022
Risikoabfrage durch die verantwortliche Führungskraft als Bestätigung ihrer Vollständigkeit und Richtigkeit nicht zu unterschätzen. Kann man in einem Gespräch über Compliance-Risiken noch kursorisch über „Kleinigkeiten“ hinweggehen, so erlangt die Rückmeldung durch eine Unterschrift eine andere, sehr viel höhere Qualität und damit Verbindlichkeit.

[509] Zu den umfangreichen Vorgaben des Außenwirtschaftsrechts s. Niestedt, Außenwirtschaftsrecht, 2024 und Pfeil/Mertgen, Compliance im Außenwirtschaftsrecht, 2. Aufl. 2023.

DIV GmbH

Abfrage der Compliance-Risiken 2024

Name, Vorname	Bereich	Datum

Seite 1 von 2

DIV GmbH

	Compliance-Risiko	Gegenmaßnahmen	Bereich / Verantwortliche(r)
01			
02			
03			
04			
05			
06			
07			
08			
09			
10			
...			

Seite 2 von 2

Abb. 24: Formular zur Compliance-Risikoabfrage

II. Compliance-Risikosteuerung und -dokumentation

1023 Letztlich darf man hier nicht außer Acht lassen, dass es in aller Regel eine Selbstverständlichkeit guter unternehmerischer Führung ist, Geschäfte zu machen, ohne dabei den gesetzlich gesteckten Rahmen zu verletzten.

1024 Daher geht es auch beim Compliance-Risikomanagement für ein KMU darum, vorhandene Erkenntnisse und bestehende risikosteuernde Maßnahmen zu **systematisieren.**

Durch die Wahl einer formalisierten Vorgehensweise in diesem Prozess werden auch in Bezug auf Compliance-Risiken die Geschäftsleitung und ihre Führungskräfte in die Lage versetzt, ggf. noch bestehende Compliance-Risiken zu erkennen und frühzeitig Gegenmaßnahmen einzuleiten.

Wie auch beim Management klassischer Unternehmensrisiken kommt es ebenso bei der 1025
Steuerung von Compliance-Risiken darauf an, mit den vorhandenen Kapazitäten im Unternehmen das Nötige und Mögliche zu tun. Für die unterschiedlichen Maßnahmen zur Compliance-Risikosteuerung sei verwiesen auf → Rn. 770 ff.

Der Dokumentation des Managements von Compliance-Risiken kommt eine besondere 1026
Bedeutung zu. Es reicht nicht aus, wenn Mitarbeiter an einer Anti-Korruptionsschulung teilgenommen haben. Man muss dies auch belegen können, wenn man zB im Falle eines arbeitsgerichtlichen Verfahrens gegen einen Mitarbeiter nicht in Beweisnot kommen will.

Checkliste 36: Compliance-Risikomanagement in KMU

- ❑ Rechtfertigt die geringere Unternehmensgröße ein Abweichen von den Standards, die beim Compliance-Risikomanagement für Konzerne gelten sollten?
- ❑ In welchen Bereichen bestehen **Unterschiede** und wie ermöglichen es diese, **einfachere** Compliance-Risikomanagementprozesse zu etablieren, ohne das Ergebnis zu gefährden?
- ❑ Ist im Unternehmen hinreichend **bekannt,** dass Compliance-Risiken den **Bestand** des Unternehmens **gefährden** können, wenn sich diese realisieren?
- ❑ Wurden die Mitarbeiter bezüglich der Compliance-Risiken **geschult?**
- ❑ In welcher Form werden Compliance-Risiken von den operativen Bereichen des KMU abgefragt?

D. Fazit

Mit einem überschaubaren Aufwand können bestehende Compliance-Risiken und deren 1027
Steuerung systematisiert und dokumentiert werden. Ergibt die Analyse, dass noch weitere Compliance-Risiken bestehen, können diese in den beschriebenen formalen Prozess der Risikosteuerung der klassischen Unternehmensrisiken integriert werden.

So entsteht Schritt für Schritt eine immer genauere Risikolandkarte nicht nur über die 1028
bestehenden klassischen Unternehmensrisiken, sondern auch über die Compliance-Risiken. Dies schult den Blick der Mitarbeiter, bestehende Risiken als solche zu identifizieren und diesen mit Steuerungsmaßnahmen gezielt entgegenzutreten. Durch die enge Zusammenarbeit mit der Geschäftsführung wird dadurch auch die Entstehung einer gemeinsam getragenen Risikokultur gestärkt.

Für beide Risikogruppen empfiehlt sich für den Risikomanagementprozess eine relativ 1029
formalisierte Vorgehensweise, die verhindert, dass eine strukturierte Diskussion über die Unternehmensrisiken im Tagesgeschäft untergeht oder auf Basis allein des „Bauchgefühls" bestehende Risiken als doch nicht wirklich relevant abgetan werden.

Für diesen Prozess bietet es sich an, die Analyse auf Basis einer Struktur durchzuführen. 1030
Dazu kann eine Checkliste hilfreich sein, die Risiken auflistet, die für das konkrete Unternehmen relevant sein könnten. Eine solche Liste kann und sollte stark variieren, je nach Branchenzugehörigkeit, Größe, Komplexität und Internationalität des Unternehmens. Eine nicht abschließende Checkliste könnte zB wie folgt aussehen:

Checkliste 37: Übersicht möglicher Risiken in einem KMU

- ❑ Strategische Risiken
  - Markt- und Wettbewerbsrisiken
    - Produktpositionierung
    - Produktlebenszyklus
    - Substitutionsrisiko
    - Investitionen
    - Auswahl von Kooperationspartnern, Vertriebsagenten und Lieferanten
    - Klumpenrisiko durch einen Großkunden bzw. monopolistischen Lieferanten
  - Politische Risiken
    - Verschlechterung der Standortbedingungen
    - Wegfall von staatlichen Investitionen/Fördermitteln
    - Steuererhöhungen
    - Länderrisiken
- ❑ Operative Risiken
  - Produktion
    - Fertigungsqualität
    - Effizienz der Fertigung
    - Garantie- und Kulanz
    - Flexibilität der Fertigung
  - Logistik
    - Effizienz und Flexibilität der Lagerhaltung
    - Kapitalbindung
    - Liefertreue
    - Kundenzufriedenheit
  - Geistiges Eigentum
    - Produktpiraterie
    - Verrat von Betriebsgeheimnissen
    - Ablauf des Patentschutzes
- ❑ Finanzielle Risiken
  - Zugang zu Fremdkapital
  - Zinsänderungsrisiko
  - Basel II und III
  - Abhängigkeit von einer Hausbank
  - Wechselkursveränderungen
- ❑ Personelle Risiken
  - Mitarbeiter- und Führungskräftenachwuchs (demografischer Wandel)
  - Ausreichende Fort- und Weiterbildung
  - Nachfolgeregelung für Geschäftsführung
  - Verlust von Knowhow-Trägern
  - Hohe Fluktuation
- ❑ IT-Risiken
  - Verfügbarkeit
    - Stabil laufende Hardware und
    - Software
    - Back-up für Hard- und Software sowie Nutzerdaten
    - Wartung von Hard- und Software
    - Update-Verfügbarkeit für Software
    - Abwehr von Angriffen von außen.
  - Nutzung
    - Datenschutz
    - Passwortregelungen

- Codierung von Datensätzen
- Zugangsberechtigungsregelung

❑ Compliance-Risiken
- Anti-Korruptionsbestimmungen
- Wettbewerbsrecht (Preisabsprachen)
- Exportkontrollrecht
- Arbeitsschutzvorschriften
- Umweltschutzvorschriften
- Steuerrecht
- Handels- und Gesellschaftsrecht
- Branchenspezifische spezialgesetzliche Regelungen

Das Management von Risiken ist vorausschauende Unternehmensführung. Dies gilt auch für die Compliance-Risiken eines KMU. Aufgrund ihres eher abstrakten Charakters mag der Eindruck entstehen, dass sie sich nicht so leicht erschließen lassen wie etwa betriebswirtschaftliche Risiken. Im Rahmen einer an **unternehmensethischen Prinzipien** ausgerichteten Unternehmensführung werden jedoch zahlreiche Compliance-Risiken gar nicht erst entstehen können. 1031

§ 7. Compliance-Risikomanagementstandards der ISO und des IDW

Die International Organization for Standardization (ISO) ist eine weltweite Vereinigung nationaler Normungsorganisationen (ISO-Mitgliedsorganisationen), die in den letzten Jahren auch Leitlinien verabschiedet hat, die sich mit Compliance befassen. 1032

Dazu gehört die **„Compliance-Managementsysteme – Anforderungen mit Leitlinien zur Anwendung (ISO 37301:2021)"**, die zu Compliance-Managementsystemen Empfehlungen und bewährte Praktiken zusammenfasst.[510] Die Leitlinien und Anmerkungen zu **„Managementsysteme zur Korruptionsbekämpfung (ISO 37001:2016)"** definiert spezifisch die auf Prävention von Bestechungshandlungen ausgerichtete Vorgaben.[511] Die **„Leitlinie zum Risikomanagement (ISO 31000:2018)"** beschreibt den Rahmen für den nicht industrie- oder sektorspezifischen Umgang mit jeglicher Art von Risiken in Organisationen.[512] Darüber hinaus wurde im Hinblick auf die Vorgaben der EU-Whistleblowing-Richtlinie[513] die Leitlinie „Hinweismanagementsysteme – Leitlinien (ISO 37002:2021)" veröffentlicht, die Hinweise zur Umsetzung eines solchen Systems enthält.[514] 1033

Das Institut der Wirtschaftsprüfer in Deutschland e.V. (IDW) hat, bezugnehmend auf die Pflichten des Aufsichtsrates und seiner in § 107 Abs. 3 AktG beschriebenen Überwachungsaufgaben, Verlautbarungen veröffentlicht, die Wirtschaftsprüfern als Prüfungsstandards des Corporate-Governance-Systems des Unternehmens dienen sollen. Es handelt sich im Kontext dieses Kapitels um die **„Grundsätze ordnungsmäßiger Prüfung von Compliance Management Systemen (IDW PS 980)"**[515] auf Basis der Neufassung dieses IDW Prüfungsstandards[516] sowie die **„Grundsätze ordnungsmäßiger Prüfung von Risikomanagementsystemen (IDW PS 981)".**[517] 1034

Es werden in den weiteren Abschnitten des folgenden Unterkapitels zunächst die oben genannten Leitlinien und der Entwurf einer Leitlinie der ISO in ihrem Bezug auf das Compliance-Risikomanagement beschrieben und einer kritischen Würdigung unterzogen.[518] In einem weiteren Unterkapitel werden die Verlautbarungen des IDW näher beleuchtet. 1035

A. Die Standards der ISO

Die ISO hat drei Leitlinien entwickelt, deren Ziel es ist, die Einbettung der Compliance-Anforderungen in die Managementsysteme zu erreichen und es damit einer Organisation zu erleichtern, das Gesamtmanagement ihrer Compliance-Verantwortung besser zu steuern. 1036

---

[510] Compliance-Managementsysteme – Anforderungen mit Leitlinien zur Anwendung (ISO 37301:2021), Stand: November 2021, Ersatz für DIN ISO 19600:2016–12.

[511] Managementsysteme zur Korruptionsbekämpfung – Anforderungen mit Leitlinien zur Anwendung (DIN ISO 37001:2016), Stand: Mai 2018.

[512] Risikomanagement – Leitlinien (ISO 31000:2018), Stand: Oktober 2018.

[513] Richtlinie (EU) 2019/1937 des Europäischen Parlaments und des Rates vom 23. Oktober 2019 zum Schutz von Personen, die Verstöße gegen das Unionsrecht melden (ABl. L 305, 17).

[514] Hinweismanagementsysteme – Leitlinien (ISO 37002:2021), Stand: März 2022.

[515] IDW Prüfungsstandard: Grundsätze ordnungsmäßiger Prüfung von Compliance Management Systemen (IDW PS 980), Stand: 11.03.2011.

[516] IDW Prüfungsstandard: Grundsätze ordnungsmäßiger Prüfung von Compliance Management Systemen (IDW PS 980 n.F. (09.2022)).

[517] IDW Prüfungsstandard: Grundsätze ordnungsmäßiger Prüfung von Risikomanagementsystemen (IDW PS 981), Stand: 3.3.2017.

[518] Eine umfassende Darstellung der ISO-Leitleitlinien findet sich bei Makowicz, Globale Compliance Management Standards: Werteorientierte Umsetzung von DIN ISO 19600 und ISO 37001, 2018.

Daher sollen die im Folgenden näher erläuterten Leitlinien mit den bereits zT seit vielen Jahren bestehenden Managementsystem-Normen, wie zB ISO 9001, ISO 14001, ISO 22000, sowie den allgemeinen Leitlinien, wie der ISO 31000 (Risikomanagement), ISO 26000 (CSR) oder mit den Anforderungen mit Leitlinien zur Anwendung für Compliance-Managementsysteme (ISO 37301) kombiniert werden können.[519]

I. Das Compliance-Risikomanagement in den „Compliance-Managementsysteme – Anforderungen mit Leitlinien zur Anwendung" (ISO 37301)

1037 Die im Jahre 2021 veröffentlichten Anforderungen mit Leitlinien zur Anwendung für Compliance-Managementsysteme[520] ersetzt die Compliance-Managementsysteme-Leitlinien DIN ISO 19600 aus dem Jahre 2016.[521] Es werden mit diesen Anforderungen und Leitlinien Vorgaben definiert bzw. Empfehlungen formuliert „für den Aufbau, die Entwicklung, die Umsetzung, die Bewertung, die Aufrechterhaltung und die Verbesserung eines wirksamen Compliance- Managementsystems innerhalb einer Organisation". Die Anforderungen mit Leitlinien sind unabhängig von der Organisationsform und unabhängig von der Größe, Struktur, Art ihrer Aktivitäten (öffentliche, private oder gemeinnützige Organisationen) anzuwenden.[522]

1038 Daher befassen sich die Leitlinien im Kontext des Aufbaus eines Compliance-Managementsystems auch mit Compliance-Risiken. Zunächst werden Risiken allgemein als Auswirkung von Ungewissheit auf die Ziele definiert. Dabei ist eine Auswirkung zu verstehen als eine Abweichung vom Erwarteten, die sowohl positiv als auch negativ sein kann. Ungewissheit wird beschrieben als ein Zustand des auch teilweisen Fehlens von Informationen im Hinblick auf das Verständnis eines Ereignisses oder Wissen über ein Ereignis, seine Folgen oder seine Wahrscheinlichkeit.[523]

1039 Als **Compliance-Risiko** wird die Wahrscheinlichkeit eines Auftretens und die Folgen von Verstößen gegen Compliance-Verpflichtungen der Organisation, diese zwingend erfüllen muss oder welchen sie sich freiwillig unterworfen hat (Compliance-Anforderungen), verstanden.[524]

1040 Abgeleitet aus dem Kontext der Organisation, sollten externe und interne Themen bestimmt werden, wie zB Compliance-Risiken, die für ihren Zweck relevant sind und sich negativ auf ihre Fähigkeit auswirken, die Ziele ihres Compliance-Managementsystems zu erreichen. Zu diesen Aspekten sollen u. a. gesetzliche, soziale und kulturelle Zusammenhänge, die wirtschaftliche Situation und die internen Richtlinien, Verfahren, Prozesse und Ressourcen gehören.[525]

1041 Im Abschnitt 4.6, der systematisch zum 4. Teil „Kontext der Organisation" gehört, befasst sich die Leitlinie mit der **Identifikation,** der **Analyse** und der **Bewertung** von Compliance-Risiken. Danach ist die Organisation gehalten, ihre Compliance-Risiken zu identifizieren und zu bewerten. Es wird verlangt, dass die Organisation ihre Compliance-Verpflichtungen zu ihren „Aktivitäten, Produkten, Dienstleistungen und relevanten Aspekten ihrer Geschäftstätigkeit in Beziehung setzt". Auch sind Geschäftsprozesse, die outgesourct worden sind, auf diese Weise zu betrachten. Wesentliche Veränderungen im Unternehmen oder in dessen Umfeld müssen ebenfalls eine Neubewertung der Compliance-

[519] DIN ISO 19600, S. 6.
[520] Compliance-Managementsysteme – Anforderungen mit Leitlinien zur Anwendung (DIN ISO 37301:2021–11), Stand: November 2021.
[521] Compliance-Managementsysteme – Leitlinien (ISO 19600:2014), Stand Dezember 2016.
[522] DIN ISO 37301, Punkt 1.
[523] DIN ISO 37301, Punkt 3.7.
[524] DIN ISO 37301, Punkt 3.24 f.
[525] DIN ISO 37301, Punkt 4.1.

Risiken auslösen. Die Ergebnisse des Compliance-Risikomanagements sind zu dokumentieren. Wie all dies zu erfolgen hat, wird nicht weiter erörtert.

So findet sich in den **Anleitungen zur Benutzung der Leitlinien** nur der Hinweis, 1042
dass Compliance-Risiken analysiert werden sollten, indem die Grundursachen und die Quellen sowie die Folgen der Non-Compliance betrachtet werden sollten. Dabei sollte gleichzeitig die Wahrscheinlichkeit des Auftretens dieser Konsequenzen berücksichtigt werden. Die sich aus dieser Bewertung ergebenden Erkenntnisse bilden die Grundlage für die Implementierung des Compliance-Managementsystems. Es ermöglicht die erforderliche Zuweisung von geeigneten und angemessenen Ressourcen und Prozessen zur Bewältigung der identifizierten Compliance-Risiken.[526] Die **Identifizierung** von Compliance-Risiken umfasst die Identifizierung der Risikoquellen und die Definition von Compliance-Risiko-Situationen. Organisationen sollten die Compliance-Risiko-Quellen in den verschiedenen Bereichen, Funktionen und verschiedenen Arten von Aktivitäten der Organisation in Übereinstimmung mit den jeweiligen Verantwortlichkeiten identifizieren. Die Organisation sollte Compliance- Risiko-Quellen regelmäßig identifizieren und die Compliance-Risiko-Situationen entsprechend jeder Compliance-Risiko-Quelle definieren, um eine Liste der Compliance-Risiko-Quellen und eine Liste der Compliance-Risiko-Situationen zu erstellen.

Im Rahmen der Identifizierung von Compliance-Risiken sollen Organisationen deren 1043
Quellen in den unterschiedlichen Abteilungen, Funktionen und verschiedenen Arten von Aktivitäten mit den jeweiligen Verantwortlichkeiten erfassen. Dies sollte regelmäßig Organisation sollte Compliance- Risiko-Quellen in regelmäßigen zeitlichen Abständen erfolgen.

In einem weiteren Schritt sollten daher die Compliance-Risiken **analysiert und be-** 1044
wertet werden. Dazu sind die Ursachen und Quellen der Compliance-Verstöße und der Schweregrad ihrer Folgen sowie die Eintrittswahrscheinlichkeit von Compliance-Verstößen und die damit zusammenhängenden Folgen zu beurteilen. Als mögliche Konsequenzen eines Compliance-Verstoßes werden Personen- oder Umweltschäden, Vermögensschäden sowie eine Rufschädigung und eine verwaltungsrechtliche Verantwortlichkeit genannt.

Die Bewertung eines Compliance-Risikos sollte eine Gegenüberstellung beinhalten 1045
zwischen der Höhe des festgestellten Compliance-Risikos und der Höhe des Compliance-Risikos, das für die Organisation tragbar ist und das sie zu tragen bereit ist. Diese Vorgehensweise soll es einer Organisation ermöglichen, die Risiken und damit den Ressourceneinsatz für deren Mitigierung zu priorisieren.

Diese sogenannte **Beurteilung der Compliance-Risiken** sollte regelmäßig erfolgen 1046
und immer dann, wenn sich die Organisationstätigkeiten, -produkte oder -dienstleistungen sowie die Organisationsstruktur oder -strategie ändern. Auch wenn sich im externen Organisationsumfeld signifikante Änderungen ergeben in Bezug auf die volkswirtschaftlichen Rahmenbedingungen, Marktbedingungen, Haftungsregeln oder Kundenbeziehungen, sollten Compliance-Risiken erneut beurteilt werden. Dies gilt auch, wenn sich Veränderungen bei den bindenden Verpflichtungen ergeben oder ein Compliance-Verstoß gegeben ist.

Auch wird darauf hingewiesen, dass der **Umfang und** die **Eindringtiefe** der Compli- 1047
ance-Risikobeurteilung von einer Reihe unterschiedlicher Faktoren, wie zB der Risikosituation, dem Kontext, der Größe und den Zielen der Organisation abhängt. Auch können spezifische Themengebiete spezifische Beurteilungen erforderlich machen, wie zB Umwelt, Finanzen, Soziales.[527]

Darüber hinaus wird einschränkend bemerkt, dass Compliance-Verstöße nicht von der 1048
Organisation akzeptiert werden sollen, nur weil sie eine geringe Tragweite besitzen. Viel-

---

[526] DIN ISO 37301, A.4.6 Compliance-Risikobeurteilung.
[527] DIN ISO 37301, A.4.6

mehr diene der beschriebene Ansatz der Organisation dazu, ihren Ressourceneinsatz zu priorisieren, um schlussendlich alle Compliance-Risiken abzudecken.[528]

1049 Des Weiteren wird angemerkt, dass die Risikomanagement-Leitlinien (ISO 31000), die ausführliche Leitlinien zur Risikobeurteilung beinhalten, mit der Leitlinie ISO 37301 kombiniert werden können.[529]

1050 Im Rahmen der Festlegung einer sogenannten **Compliance-Politik** sollte die oberste Leitung u. a. den Umfang festlegen, in dem Compliance in andere Funktionalbereiche zu integrieren ist, wie zB Governance, Risikomanagement, Audit und Recht.[530] Darüber hinaus gelte es, bei der Definition der Compliance-Politik die Art und den Grad des Risikos von Compliance-Verstößen zu betrachten.[531]

1051 Die **Planung** des Compliance-Managementsystems muss u. a. auch die gem. Punkt 4.6 der Leitlinien identifizierten, analysierten und bewerteten Compliance-Risiken berücksichtigen. Dadurch sollen die Compliance-Risiken bestimmt werden, die behandelt werden müssen, damit das Compliance-Managementsystem seine Ziele realisieren und unerwünschte Auswirkungen verhindern, erkennen und verringern sowie eine kontinuierliche Verbesserung erreichen kann.

1052 **Maßnahmen** zum Umgang mit diesen Compliance-Risiken sind zu planen, in die Managementprozesse zu integrieren und deren Wirksamkeit zu bewerten. Informationen zu den Compliance-Risiken und über die geplanten Gegenmaßnahmen müssen ordentlich dokumentiert und archiviert werden, wie zB Informationen über die Compliance-Risiken und die Priorisierung ihrer Bewältigung.[532]

1053 Darüber hinaus befassen sich die Leitlinien im Kontext von **Compliance-Schulungen** mit dem Compliance-Risikomanagement, da gute Compliance-Schulungen ein probates Mittel seien, Mitarbeitern bisher nicht identifizierte Compliance-Risiken mitzuteilen.[533]

1054 Um die bestehenden Compliance-Verpflichtungen zu erfüllen, sollten entsprechende Steuerungen und Prozessen eingerichtet werden. Diese sollten u. a. besondere Vorkehrungen für das Erkennen, Melden und Eskalieren von Compliance-Verstößen und Compliance-Risiken berücksichtigen.[534]

1055 In der Zusammenarbeit mit externen Organisationen sollte ebenfalls die Möglichkeit von Compliance-Risiken bedacht werden, sodass zB iRv Vertragsklauseln die Ziele des Compliance-Managementsystems auch gegenüber Vertragspartnern umgesetzt werden können.[535]

1056 Zur Erfassung von compliance-relevanten Information wird in den Leitlinien der Aufbau eines **Informationsmanagementsystems** angeregt, das Probleme und Beschwerden erfassen und die Einordnung und Analyse der Informationen ermöglichen sollte. Dadurch sollte nicht nur die Erfassung, sondern auch die Auswertung erleichtert werden, die es dann ermöglichen, leichter die Ursachen und entsprechende Gegenmaßnahmen zu identifizieren.[536]

1057 Darüber hinaus sollte die Organisation **Indikatoren entwickeln,** die geeignet sind, die Effizienz des Compliance-Managementsystems in Bezug auf die Erreichung der gesteckten Ziele zu quantifizieren. Hierbei seien die Ergebnisse der Beurteilung von Compliance-Risiken zu berücksichtigen. Dadurch soll erreicht werden, dass die richtigen Indikatoren gewählt werden und damit ein Bezug zu den relevanten Eigenschaften der Compliance-Risiken hergestellt wird.[537]

---

[528] DIN ISO 37301, A.4.6.
[529] DIN ISO 37301, S. 6.
[530] DIN ISO 37301, A 5.2.
[531] DIN ISO 37301, A 5.2.
[532] DIN ISO 37301, Punkt 6.1 f. und 7.5.1.
[533] DIN ISO 37301, A 7.2.3.
[534] DIN ISO 37301, A 8.2.
[535] DIN ISO 37301, A 8.1.
[536] DIN ISO 37301, A 9.1.5
[537] DIN ISO 37301, Punkt 9.

Für die Quantifizierung der Leistung eines Compliance-Managementsystems werden einige Beispiele gegeben, die der ISO als geeignet erscheinen. Dazu gehören die prozentuale Zahl der Mitarbeiter, die ein Compliance-Training erhielten, die Anzahl der Kontaktaufnahmen durch Regulierungsbehörden, die Nutzung von Rückmeldungsinstrumenten sowie welche Art von Korrekturmaßnahmen für jede Non-Compliance umgesetzt wurde. Darüber hinaus werden als sinnvolle Indikatoren die Anzahl der identifizierten Vorfälle und Compliance-Verstöße erachtet sowie deren Berichterstattung nach Art, Bereich und Häufigkeit, nach den wirtschaftlichen Konsequenzen der Compliance-Verstöße, wie zB finanzielle Entschädigung, Geldstrafen und andere Sanktionen, Wiederherstellungs-, Reputations- oder Arbeitszeitkosten sowie die Zeit, die für das Melden und das Umsetzen von Korrekturmaßnahmen notwendig war. Darüber hinaus werden als Beispiele sinnvoller Frühwarn-Indikatoren erwähnt: die Risiken von Compliance-Verstößen als möglicher Verlust oder Gewinn bei zB Umsatz, Gesundheit und Sicherheit oder Reputation über Zeit sowie die erwartete Entwicklung von Compliance-Verstößen, basierend auf früheren Entwicklungen.[538] 1058

Es bleibt dem Anwender der Leitlinien überlassen zu beurteilen, ob die gegebenen Beispiele wirklich hilfreich sind, um die richtigerweise als Herausforderung bezeichnete Quantifizierung der Erreichung der Compliance-Managementziele zu realisieren. 1059

II. Das Compliance-Risikomanagement in den Leitlinien und Anmerkungen zu „Managementsysteme zur Korruptionsbekämpfung" (ISO 37001:2016)

Auch die ISO hat erkannt, dass Korruptionsprävention ein wichtiges Thema ist. Da aus ihrer Sicht Gesetze zur Lösung des Problems nicht ausreichen, hätten Organisationen eine Verantwortung, zur Bekämpfung der Korruption aktiv beizutragen. Dies könne durch die Verpflichtung der Führung, „eine Integritätskultur, Transparenz, Offenheit und Compliance festzulegen" erreicht werden. Diese Leitlinie soll die Einführung einer solchen Unternehmenskultur unterstützen. Sie kann in Verbindung mit ISO 19600 und anderen Managementsystemnormen, wie beispielsweise ISO 9001, ISO 14001, ISO 22000 sowie ISO 26000 und ISO 31000 verwendet werden.[539] 1060

Der Anwendungsbereich überlappt mit dem der DIN ISO 19600 (bzw. DIN ISO 37301) zu Compliance-Managementsystemen, soll aber sehr viel spezifischer die Anforderungen beschreiben sowie eine Anleitung zum Aufbau eines Managementsystems zur Korruptionsbekämpfung und dessen operativen Einsatze geben. 1061

Auch diese Leitlinien enthalten eine Definition des Begriffs des Risikos. Danach liegt ein Risiko vor, wenn sich Ungewissheit, also das auch teilweise Fehlen von Informationen im Hinblick auf das Verständnis eines Ereignisses oder Wissen über ein Ereignis, seine Folgen oder seine Wahrscheinlichkeit auf Ziele, in positiver oder negativer Hinsicht auswirkt.[540] 1062

Etwas befremdlich mutet es an, dass die Leitlinien feststellen, dass verschiedene „Arten von Personal [...] verschiedene Arten und Grade von Korruptionsrisiken" darstellen. Daher dürfen diese bei der Beurteilung des Korruptionsrisikos und in den Prozessen des Managements von Korruptionsrisiken der Organisation unterschiedlich behandelt werden.[541] 1063

Wenn überhaupt, so sind bestimmte Funktionen unterschiedlichen Korruptionsrisiken ausgesetzt. Dass ein Vertriebsmitarbeiter per se ein Korruptionsrisiko darstellt, ist weder richtig noch wäre dies in einer „Organisation" vermittelbar. 1064

[538] DIN ISO 37301, Punkt 9 iVm A 9.
[539] DIN ISO 37001, S. 6.
[540] DIN ISO 37001, Punkt 3.12.
[541] DIN ISO 37001, Anmerkung 1 zu Punkt 3.25.

1065 Als Geschäftspartner der Organisation gelten alle Kunden oder Lieferanten bzw. Dienstleister, um sicherzustellen, dass alle externen Kontakte erfasst werden, die ein Korruptionsrisiko darstellen könnten.[542]

1066 Das Managementsystem zur Korruptionsbekämpfung, das die Organisation aufbauen muss, hat u.a. Maßnahmen zu enthalten, die geeignet sind, Korruptionsrisiken zu identifizieren und zu bewerten, damit diese verhindert, erkannt und bekämpft werden können. Dabei muss das System angemessen und verhältnismäßig sein.[543] Dabei wird in den Leitlinien anerkannt, dass es unmöglich sei, das Korruptionsrisiko in der Organisation vollständig zu beseitigen und es auch nicht in der Lage sei, Korruption vollständig zu verhindern oder zu erkennen.[544]

1067 Naturgemäß ähneln die Handlungsanweisung zur Beurteilung von Korruptionsrisiken jenen der Leitlinien der DIN ISO 19600. So müssen auch hier durch die Organisation Korruptionsrisiken identifiziert, beurteilt und priorisiert sowie durch geeignete und wirksame Steuerungen der Organisation vermindert werden.[545]

1068 Dazu muss die Organisation einen Kriterienkatalog entwickeln, der es erlaubt, den Grad des Korruptionsrisikos zu kategorisieren, welche die Politik und Ziele der Organisationen berücksichtigen müssen.[546]

1069 Die Analyse des Korruptionsrisikos der Organisation muss regelmäßig auf Basis eines Zeitplanes überprüft werden. Sofern wesentliche Änderungen hinsichtlich der Struktur oder Tätigkeit der Organisation eintreten, ist eine erneute Prüfung der Korruptionsrisiken vorzunehmen.[547]

1070 Über die Durchführung der Beurteilung der Korruptionsrisiken muss eine Dokumentation angelegt werden, die auch belegt, dass diese Erkenntnisse Eingang in das durch diese Leitlinien vorgegebene Managementsystem gefunden haben. Wie dies zu erfolgen hat, wird in einer ausführlicheren Anleitung beschrieben.[548]

1071 In Anmerkung A.4.1 gibt die ISO ein Beispiel, wie die Beurteilung eines Korruptionsrisikos durchzuführen ist:

1072 Grundsätzlich, so wird vorgegeben, obliegt es dem Ermessen der Organisation, wie die Beurteilung von Korruptionsrisiko erfolgen soll, welche Methoden sie dazu einsetzt, wie die Korruptionsrisiken gewichtet und priorisiert werden sowie in welchem Umfang Compliance-Risiken hingenommen oder toleriert werden.[549]

1073 Zunächst ist dafür der Maßstab zu definieren. Die Organisation kann zwischen einer Klassifizierung der Risiken in „niedrig", „mittel", „hoch" wählen oder eine Skala von fünf oder bis zu sieben detailliertere Stufen oder eine noch feiner granulierte Bewertung verwenden. Dabei wären Faktoren wie die Art des Korruptionsrisikos, die Wahrscheinlichkeit des Auftretens von Korruption und dem Ausmaß der Folgen zu berücksichtigen. Es gilt auch hier die Verhältnismäßigkeit zu wahren. Daher gehen die Leitlinien davon aus, dass in einer kleineren Organisation mit einem Standort und einer zentralisierten Unternehmenssteuerung Korruptionsrisiken einfacher beurteilt werden können als in einem Großunternehmen.[550]

1074 Im Weiteren muss die Organisation die Standorte und die Sektoren, in welchen sie tätig ist oder sein wird, auf den Grad des jeweiligen Korruptionsrisikos untersuchen und dieses

---

[542] DIN ISO 37001, Punkt 3.26.
[543] DIN ISO 37001, Punkt 4.4 und Anmerkung A.3.
[544] DIN ISO 37001, Anmerkung 1 zu Punkt 4.4.
[545] DIN ISO 37001, Punkt 4.5.1.
[546] DIN ISO 37001, Punkt 4.5.2
[547] DIN ISO 37001, Punkt 4.5.3.
[548] DIN ISO 37001, Punkt 4.5.4.
[549] DIN ISO 37001, einleitend zu Anmerkung A.4.1.
[550] DIN ISO 37001, einleitend zu Anmerkung A.4.1. a) und b).

beurteilen. Es kann dabei ein geeignetes Korruptionsregister zu Hilfe genommen werden.[551]

Die Organisation darf höhere Korruptionsrisiken zB als „mittleres“ oder „hohes“ Risiko klassifizieren. Dies führt in der Konsequenz dazu, dass für den betroffenen Standort oder Sektor ein höherer Grad der Steuerung erforderlich ist.[552] 1075

Darüber hinaus ist das Wesen, der Umfang und die Komplexität der Art der Tätigkeiten und Betriebsabläufe der Organisation zu analysieren. Auch hier wird festgestellt, dass in kleineren, weniger komplexen Unternehmen, Korruptionsrisiken einfacher zu steuern sein können als in Großunternehmen, zB der Baubranche.[553] 1076

Auch in Fällen, in welchen bei Auslandsengagements der dortige Regierungsauftraggeber zB fordert, dass ein Teil des Vertragswertes in diesem Land zu investieren sei (sogenannte Kompensationsgeschäfte), ist zu prüfen, dass dies keine verdeckte Korruption darstellt.[554] 1077

Im Unterabschnitt e) dieser Anmerkung wird ein Beispiel für die Beurteilung des Korruptionsrisikos von Geschäftspartnern gegeben. Danach wird zunächst erwähnt, dass auch hier Kunden, die jeweils nur sehr geringe Umsätze mit der Organisation machen auch ein nur ebensolches Korruptionsrisiko für die Organisation mit sich bringen. Daher hält es die ISO in ihren Leitlinien für angemessen, diese Kunden als „niedriges Korruptionsrisiko“ einzustufen, das keine besonderen Kontrollen erfordert. Kunden, die hingegen einen hohen Umsatz mit der Organisation machen und ein bedeutendes Korruptionsrisiko darstellen, „dürfen zB als „mittleres“ oder „hohes“ Korruptionsrisiko erachtet werden“, was wiederum ein höheres Maß an Kontrollen auslösen muss.[555] 1078

Lieferanten, die mit den Kunden der Organisation oder relevanten Amtsträgern in Kontakt stehen, können ebenfalls ein „mittleres“ oder „hohes“ Korruptionsrisiko darstellen. Ist dies alles nicht der Fall, würde es sich folgerichtig um ein nur „niedriges Korruptionsrisiko“ handeln, mit entsprechenden Konsequenzen für das Management der Korruptionsrisiken. Ein „sehr niedriges Korruptionsrisiko“ stellen „zB Lieferanten kleiner Mengen geringwertiger Posten, Dienstleistungen im Online-Verkauf für Flugreisen oder Hotels“ dar.[556] 1079

Vertreter oder Vermittler, die für die Organisation tätig sind, würden vermutlich ein „mittleres“ oder „hohes“ Korruptionsrisiko darstellen. Je stärker die Vergütung provisionsbasiert ist, desto höher wäre das Risiko einzuschätzen.[557] 1080

Auch muss die Beziehung zu Amtsträgern im In- und Ausland untersucht werden. Betrifft die Transaktion zB das Erteilen von Zulassungen und Genehmigungen, könnte dies ein Korruptionsrisiko bedeuten. Auch ist ein Augenmerk auf mögliche Verbote oder Beschränkungen der Bewirtung von Amtsträgern oder der Einsatz von Vertretern zu richten.[558] 1081

In Abhängigkeit vom Standort muss das Korruptionsrisiko zB des Einsatzes von Lieferanten unterschiedlich bewertet werden. 1082

Hat die Organisation auf dieser Basis ihre Korruptionsrisiken beurteilt, ist danach „Art und Grad der angewendeten Kontrollen zur Korruptionsbekämpfung für jede Risikokategorie [zu] bestimmen sowie [zu] beurteilen, ob die bestehenden Kontrollen ausreichend sind.“ Sollte festgestellt werden, dass diese nicht ausreichend sind, können erforderliche Optimierungen durchgeführt werden. 1083

[551] Damit dürfte wohl zB der Korruptionswahrnehmungsindex von Transparency International gemeint sein, s. https://www.transparency.de/cpi/cpi-2022/cpi-2022-tabellarische-rangliste, zuletzt abgerufen am 31.1.2023.
[552] DIN ISO 37001, Anmerkung A.4.1. c).
[553] DIN ISO 37001, Anmerkung A.4.1. d) 1).
[554] DIN ISO 37001, Anmerkung A.4.1. d) 2).
[555] DIN ISO 37001, Anmerkung A.4.1. e) 1).
[556] DIN ISO 37001, Anmerkung A.4.1. e) 2).
[557] DIN ISO 37001, Anmerkung A.4.1. e) 3).
[558] DIN ISO 37001, Anmerkung A.4.1. f) und g).

1084 In der Anmerkung wird unterstrichen, dass die Organisation das Recht hat, einen niedrigen Grad von Steuerung über Tätigkeiten oder Geschäftspartner mit niedrigem Korruptionsrisiko auszuüben.[559]

1085 Um das Korruptionsrisiko zu reduzieren, kann die Organisation „die Art der Transaktion, des Projekts, der Tätigkeit oder der Beziehung ändern".[560]

1086 Insgesamt, wird zusammengefasst, soll die „Beurteilung des Korruptionsrisikos [...] keine überbordende oder zu komplexe Aufgabe sein", zumal sich die Ergebnisse der Beurteilung später uU als falsch herausstellen könnten. Darüber hinaus wird für weitere Hinweise auf DIN ISO 31000 (Leitlinien Risikomanagement) verwiesen.[561]

1087 Im Weiteren machen die Leitlinien Vorgaben zur näheren Ausgestaltung des Managementsystems und beziehen dabei auch die erforderlichen Maßnahmen zB bei der Personaleinstellung ein. Dazu dient auch die Pflicht, die gebührende Sorgfalt bei Neueinstellungen walten zu lassen, wenn es sich um Positionen handelt, die einem höheren Korruptionsrisiko ausgesetzt sind. Gleiches muss für Versetzungen oder Beförderungen gelten, sodass in begründeter Weise davon ausgegangen werden kann, dass die Mitarbeiter mit dem Managementsystem zur Korruptionsbekämpfung übereinstimmen werden.

1088 Dies hat ebenfalls seinen Niederschlag im Vergütungssystem der Organisation zu finden, was es erforderlich macht, dass regelmäßig überprüft wird, dass die Anreizsysteme keine korruptionsfördernden Elemente beinhalten. Auch muss das Personal der obersten Leitungseben und des Leitungsorgans in regelmäßigen Abständen bestätigen, dass sie sich zur Einhaltung der Politik zur Korruptionsbekämpfung bekennen.[562]

1089 Ebenfalls wird in diesen Leitlinien, wie auch schon in den Leitlinien der DIN ISO 19600, die Bedeutung von Compliance-Schulungen zur Abwehr von Compliance-Risiken hervorgehoben. Danach muss ein Compliance-Training die Ergebnisse der Beurteilung des Korruptionsrisikos einbeziehen und darstellen, welche Risiken bestehen und welche negativen Konsequenzen diese für die Organisation haben können.

1090 Je nach Funktion im Unternehmen und dem Korruptionsrisiko, dem das Personal ausgesetzt ist, muss bei diesem regelmäßig „Bewusstsein zur Korruptionsbekämpfung geschaffen und Schulung bereit gestellt werden".[563]

1091 Auch sind Verfahren zu verwirklichen, die das Bewusstsein zur Korruptionsbekämpfung und Schulungen bei Geschäftspartnern realisieren, die im Namen der Organisation handeln und ein höheres Korruptionsrisiko mit sich bringen. Dies umfasst sowohl die Identifizierung der erforderlichen Schulungsinhalte als auch die notwendigen Mittel.[564]

1092 Für das oberste Organ sowie für alle Mitarbeiter und Geschäftspartner, die einem höheren Korruptionsrisiko ausgesetzt sind, werden richtigerweise Präsenzschulungen empfohlen.[565]

1093 In Bezug auf die Compliance-Kommunikation schreiben die Leitlinien einer Organisation vor, dass dem eigenen Personal wie auch den Geschäftspartnern, die ein höheres Korruptionsrisiko darstellen, die Politik zur Korruptionsbekämpfung zur Verfügung gestellt werden muss.[566]

1094 In den weiteren Abschnitten werden sprachlich bisweilen schwer nachvollziehbare Vorgaben über die Aufgabe des Finanzbereichs gemacht, die besagen, dass die Organisation

[559] DIN ISO 37001, Anmerkung A.4.2.

[560] DIN ISO 37001, Anmerkung A.4.3.

[561] DIN ISO 37001, Anmerkung A.4.4.

[562] DIN ISO 37001, Punkt 7.2.2.2.

[563] Diese werden „Bewusstseins- und die Schulungsprogramme" genannt, DIN ISO 37001, Punkt 7.3.

[564] DIN ISO 37001, Punkt 7.3. Die Vermittlung des Bewusstseins kann durch vertragliche Vereinbarungen erfolgen.

[565] DIN ISO 37001, Anmerkung A.9.3.

[566] DIN ISO 37001, Punkt 7.4.2.

die Steuerungen der Finanzen verwirklichen muss, die das Korruptionsrisiko führen und steuern.[567]

Auch eine nicht-finanzielle Steuerung hat durch die Organisation stattzufinden, indem sie das Korruptionsrisiko zB im Beschaffungs-, Betriebs-, Vertriebs-, Geschäfts- und Personalbereich führt und steuert.[568] 1095

Richtigerweise gehen die Leitlinien auf die Bedeutung von Tochtergesellschaften und Geschäftspartnern der Organisation in Bezug auf Korruptionsrisiken ein. Daher müssen Organisationen Verfahren etablieren, die sicherstellen, dass die Tochtergesellschaften das Managementsystem zur Korruptionsbekämpfung der Organisation umsetzen oder ein vergleichbares, eigenes System aufbauen.[569] Bei einem Geschäftspartner mit einem höheren Korruptionsrisiko muss sichergestellt werden, dass dieser über Kontrollen zur Korruptionsbekämpfung verfügt, „die das relevante Korruptionsrisiko führen und steuern".[570] 1096

Hat der Geschäftspartner keine Kontrollen implementiert, muss die Organisation entweder diesen zu deren Implementierung verpflichten oder, wenn dies nicht möglich ist, in ihrer eigenen Korruptionsrisikobetrachtung einsteuern.[571] Sollte das Korruptionsrisiko einer Transaktion durch diese Vorgehensweise nicht geführt und gesteuert werden können, muss sich die Organisation so schnell wie möglich aus diesem Geschäft zurückzuziehen. Neue Projekte sind mit einem solchen Geschäftspartner abzulehnen.[572] 1097

Die Organisation muss fortlaufend bewerten, ob das Managementsystem zur Korruptionsbekämpfung geeignet und wirksam ist, Korruptionsrisiken zu führen und zu steuern. Diese Aufgabe obliegt der Compliance-Funktion der Organisation.[573] 1098

III. Das Compliance-Risikomanagement in den Leitlinien zum Risikomanagement ISO 31000

Die Leitlinien zum Risikomanagement soll für jegliche Art von Risiko in jeglicher Art von Organisation angewendet werden können. Da diese Leitlinien sowohl für interne als auch für externe Zwecke Geltung für sich beanspruchen, ist entsprechenden landesrechtlichen Vorschriften, insbes. im Hinblick auf Themen der Sicherheit, Gesundheitsschutz und Umweltschutz, Rechnung zu tragen. Darüber hinaus wird von *ISO* angeregt, dass im Falle einer aus wirtschaftlichen Gründen eigentlich zu unterlassenden Risikobehandlung diese dennoch durchgeführt werden sollte, wenn „davon Rechtspflichten oder die Sicherheit, der Gesundheitsschutz oder der Umweltschutz betroffen sind".[574] 1099

Aufgrund des sehr generalistischen Ansatzes dieser Leitlinien, deren eigentlicher Regelungsinhalt sich auf 15 Seiten beschränkt, wovon nur ein Teil Hinweise für das operative Management von generischen Unternehmensrisiken enthält, werden weder Compliance-Risiken noch das Compliance-Risikomanagement betrachtet. 1100

Auch kommt Bezügen auf den rechtlichen Rahmen, in dem sich eine „Organisation" bewegt und der entsprechende Pflichten definiert, durch deren Nichteinhaltung bestandsgefährdende Compliance-Risiken entstehen können, nur eine sehr untergeordnete Rolle zu. 1101

---

[567] DIN ISO 37001, Punkt 8.3.
„8.3 Steuerung der Finanzen
Die Organisation muss finanzielle Steuerungen implementieren, die das Korruptionsrisiko führen und steuern."

[568] DIN ISO 37001, Punkt 8.4, eine Regelung, die sprachlich ebenfalls etwas schwer nachvollziehbar ist.

[569] DIN ISO 37001, Punkt 8.5.1.

[570] DIN ISO 37001, Punkt 8.5.2.a.

[571] DIN ISO 37001, Punkt 8.5.2.b und Punkt 8.6.

[572] DIN ISO 37001, Punkt 8.8.

[573] DIN ISO 37001, Punkt 9.4.

[574] Risikomanagement – Leitlinien (ISO 31000:2018–10), Stand: Oktober 2018, S. 3 und 7.

1102 So wird beschrieben, dass die Organisation vor der Gestaltung des Rahmenwerks für das Risikomanagement nicht nur den internen, sondern auch den externen Kontext der Organisation untersuchen und verstehen soll, wozu auch die „rechtlichen Faktoren" gehören.[575]

1103 Die Risikobeurteilung, die auf insgesamt knapp 5 Seiten erläutert wird,[576] erfolgt auf Basis der Risikoidentifikation,[577] deren Ergebnis iRd Risikoanalyse und -bewertung ausgewertet werden soll.[578] Dies findet statt auf Basis der zuvor festgelegten Risikokriterien, die den Risikoappetit der Organisation definieren als die Art und den Umfang der Risiken, die akzeptabel sind bzw. nicht eingegangen werden dürfen.[579]

1104 Auf Basis der hierbei gewonnenen Erkenntnisse werden Maßnahmen zur Risikobehandlung ausgewählt und Pläne zu deren Umsetzung (Risikobehandlung) erstellt.[580] Der Regelkreis wird durch entsprechende Überwachungs- und Überprüfungsmaßnahmen sowie die Dokumentation und Berichterstattung geschlossen.[581]

IV. Das Compliance-Risikomanagement in Hinweismanagementsysteme – Leitlinien (ISO 37002:2021)

1105 Die Leitlinie ISO 37001 soll Organisation dabei unterstützen, iRd Aufbaus und des Betriebs einer Whistleblower-Hotline u. a. die Meldung von Fehlverhalten zu fördern und zu erleichtern, die Hinweisgeber zu schützen, um dadurch das Risiko von Fehlverhalten zu reduzieren.[582]

1106 Dazu soll der Anwendungsbereich des Hinweismanagementsystems auch unter Berücksichtigung der Ergebnisse etwaiger Compliance-Risikobeurteilungen bestimmt werden.[583] In Bezug auf eingehende Meldungen von Hinweisgebern, sollte die Organisation sollte entsprechende Maßnahmen planen, um sicherzustellen, dass mit Risiken und Chancen adäquat umgegangen wird.[584]

1107 Sehr weitgehende Vorschläge fassen in den folgenden Abschnitten die Maßnahmen zusammen, die ein Unternehmen leisten soll, um die Planung eines solchen Hinweisgebersystems zu perfektionieren,[585] welche Unterstützung hierzu erforderlich sei[586] und wie der Betrieb[587] zu organisieren sei. In Abschnitt 9 der Leitlinie wird dargelegt, wie eine Quantifizierung der Leistungsfähigkeit des Hinweisgebersystems erfolgen könnte.[588] Der Gedanke der kontinuierlichen Verbesserung wird im letzten Abschnitt mit entsprechenden Soll-Vorgaben belegt.[589]

575 DIN ISO 31000, Punkt 5.4.1.
576 DIN ISO 31000, Punkt 6.4, S. 19–23.
577 DIN ISO 31000, Punkt 6.4.2. Der gesamte doch sehr komplexe Prozess des Risikomanagements wird in ISO 31000 auf 5 Seiten komprimiert dargestellt.
578 DIN ISO 31000, Punkt 6.4.3 und 6.4.4.
579 DIN ISO 31000, Punkt 6.3.4.
580 DIN ISO 31000, Punkt 6.5.
581 DIN ISO 31000, Punkt 6.6 und 6.7.
582 Hinweismanagementsysteme – Leitlinien (ISO 37002:2021), Stand: März 2022, S. 7.
583 DIN ISO 31002, Punkt 4.3.
584 DIN ISO 31002, Punkt 6.1-.
585 DIN ISO 31002, Punkt 6.1 ff.
586 DIN ISO 31002, Punkt 7.
587 DIN ISO 31002, Punkt 8.
588 DIN ISO 31002, S. 41 ff.
589 DIN ISO 31002, Punkt 10.

V. Kritische Würdigung

Die Meinungen über die hier beschriebenen Leitlinien DIN *ISO* 19600 reichen von kritischen Anmerkungen bis hin zu sehr positiven Aussagen.[590] Es soll an dieser Stelle darauf eingegangen werden, ob die genannten Normen ihrer Funktion als Einstieg in die von ihnen behandelten Themen im Allgemeinen hilfreich sind und inwieweit das speziellere Thema des Compliance-Risikomanagements für den interessierten Unternehmensmitarbeiter auf hilfreiche Weise behandelt wird. 1108

1. Die Leitlinien als Weg zur Integration von Compliance in die Geschäftsprozesse

Bei den in den vorangegangenen Abschnitten näher beschriebenen Vorgaben zu Compliance-Risiken der drei verschiedenen Veröffentlichungen der *International Organisation for Standardisation* handelt es sich um nicht zertifizierbare Leitlinien. Wie auch die innerbetriebliche Umsetzung der ISO-Normen, wirken sich auch die der drei Leitlinien weder aus zivil- noch aus strafrechtlicher Sicht haftungsmindernd aus. 1109

Gleichzeitig wird jedoch von ISO ein erheblicher Anspruch mit diesen Leitfäden verbunden. Auf der einen Seite sollen sie internationale Geltung haben und gleichzeitig auf der anderen Seite für alle Organisationen gelten, unabhängig davon, ob es sich um Kleinstunternehmen oder einen börsennotierten, global operierenden Großkonzern handelt, ob es sich um ein produzierendes Unternehmen, eine öffentliche Anstalt oder ein Dienstleistungsunternehmen handelt. 1110

Um diesen Spagat zu erreichen, so steht zu vermuten, mögen zum einen Kompromisse gemacht worden sein, durch die die Verfasser gezwungen waren, sich an der Oberfläche der Materie zu bewegen, soweit es sich um komplexe Themen, wie das Compliance-Risikomanagement, dreht. Auf der anderen Seite wurden Sollvorgaben für das überschaubare komplizierte Management eines Hinweisgebersystems auf über vierzig Seiten ausgebreitet. Dieser Detaillierungsgrad dürfte viele kleine und mittelständische Unternehmen überfordern. 1111

So sind diese Leitlinien zunächst nur als Handreichung zu verstehen, ohne dass sich diese zu einem späteren Zeitpunkt zu einer Norm entwickeln werden.[591] Einer solchen Aufwertung zu einer Norm würden sich wohl am Ende allerdings viele Unternehmen zu entziehen genauso wenig leisten können, wie auf eine Zertifizierung nach ISO 9001 zu verzichten, sofern sie keinen Wettbewerbsnachteil erleiden wollen.[592] 1112

Im Hinblick auf die Funktion der Leitlinien als praktisch umsetzbare Handreichung muss man sich jedoch fragen, ob diese wirklich hilfreich sind. Compliance im Allgemeinen und das Compliance-Risikomanagement im Besonderen sind eine erklärungsbedürftige Materie. Will man in der Praxis ein effizientes und effektives Compliance-Management- 1113

[590] Zu den kritischen Stimmen zählen Hauschka CCZ 2015, 1; Sünner CCZ 2015, 2; Ehnert CCZ 2015, 6; Deutsches Institut für Compliance e.V. (DICO), Bundesverband der Unternehmensjuristen e.V. (BUJ) – Fachgruppe Compliance, Bundesverband Deutscher Compliance Officer e.V. (BDCO) CCZ 2015, 21. Die Kritik an DIN ISO 19600 für unberechtigt hält Makowicz Globale Compliance Management Standards Rn. 209 ff.

[591] So formulieren Leitlinien: „Die Empfehlungen dieser Internationalen Norm sollen flexibel umgesetzt werden können und die Anwendung der Empfehlungen kann je nach Größe und Reifegrad des Compliance-Managementsystems einer Organisation und je nach Kontext, Art und Komplexität der Tätigkeiten der Organisation, einschließlich der Compliance-Grundsätze und -Ziele variieren" DIN ISO 19600 Einleitung S. 4.

[592] So wurde bereits in der Sitzung des Arbeitskreises „Prüfungsfragen und betriebswirtschaftliche Fragen zu Governance, Risk und Compliance (GRC)" des IDW die Auffassung vertreten, dass aufgrund der grundsätzlichen Bedeutung von ISO-Normen zu erwarten sei, dass sich viele Unternehmen künftig an den Leitlinien der ISO 19600 orientieren werden, IDW, Berichterstattung über Sitzungen, Sitzung des Arbeitskreises „Prüfungsfragen und betriebswirtschaftliche Fragen zu Governance, Risk und Compliance (GRC)" am 8.12.2014.

system aufbauen, so gelingt dies am besten, wenn man über spezifische Rechtskenntnisse verfügt sowie Kenntnisse über Betriebswirtschaft, Organisationslehre, Führungspsychologie, Soziologie, um nur die wichtigsten zu nennen, einbringen kann.

1114 Aufgrund der starken Interdependenzen der oben genannten Themen und den speziellen Anforderungen der deutschen Rechtsordnung, muss man wohl eher zu dem Schluss kommen, dass diese Leitlinien für Adressaten, die sich vielleicht noch nie ernsthaft mit dem Thema auseinandergesetzt haben, nicht nur schwer lesbar, sondern auch reichlich verwirrend sind, auch da man die Leitlinien zum Aufbau und Management eines Compliance-Systems zusammen mit den Leitlinien zur Korruptionsprävention lesen muss.

1115 Das zT sehr hohe Aggregationsniveau verdeutlichen die Leitlinien zum Risikomanagement ISO 31000, die für ein solch komplexes Thema außerordentlich schlank geraten sind.

1116 Als Einstieg in die Materie für einen Mitarbeiter eines Unternehmens, das nicht über eine eigene Rechtsabteilung verfügt, müssen sich die Leitlinien ebenfalls an der Compliance-Literatur messen lassen, die auf dem Markt verfügbar ist.[593] Man wird wohl davon ausgehen können, dass der Mitarbeiter hier sowohl in der Breite als auch in der Tiefe der Materie besser angemessene und sehr gut lesbare Literatur finden kann.

2. Die Leitlinien aus der Perspektive des Compliance-Risikomanagements

1117 Die Befassung der drei Leitlinien mit dem Compliance-Risikomanagement ist aufgrund der oben beschriebenen, extrem breiten Anwendungsmöglichkeiten, die die Autoren der Leitlinien definiert hatten, naturgemäß sehr eingeschränkt. Es werden Aspekte dieses Themas beschrieben, teils sehr detailliert, teils nur kursorisch, sodass sich ein Leser, der bis dahin nur erste Berührungspunkte mit Risikomanagement oder Compliance hatte, sich mit der Lektüre dieser drei Leitlinien nicht ganz leichttun wird.

1118 Beginnt er mit der Durchsicht des Entwurfs der Leitlinien zum Risikomanagement DIN ISO 31000, so kann er aufgrund der Kürze der Beschreibung recht zügig feststellen, dass Compliance-Risikomanagement nicht erwähnt wird und auch rechtliche Themen insgesamt wohl keine Rolle spielen.

1119 Erwirbt er sodann die Leitlinien DIN ISO 37301 (Compliance-Managementsystem), wird er vielleicht erfreut feststellen, dass das Management von Compliance-Risiken dort erwähnt wird. Anders aber als zB in den sehr generisch gehaltenen Leitlinien ISO 31000, findet er keine Unterstützung durch zB eine grafische Darstellung des Compliance-Risikomanagementprozesses. Vielmehr muss er den gesamten Text durcharbeiten und sich die zT dem Leser nicht ohne Weiteres erschließenden Textpassagen erklären.

1120 Aufgrund des bisweilen hohen Aggregationsniveaus, das sich mit Detailhinweisen abwechselt, wird es nicht leichter, ein Compliance-Risikomanagementsystem im eigenen Unternehmen als Teil eines größeren Compliance-Managementsystems aufzubauen.

1121 In den Leitlinien zum „Managementsysteme zur Korruptionsbekämpfung" DIN ISO 37001 wird der Leser ebenfalls zu diesem Thema fündig und wird vielleicht auch Antworten auf einige der Fragen finden, die ihm die Leitlinien DIN ISO 37301 (Compliance-Managementsystem) nicht beantworten konnten.

1122 Der aufmerksame Leser wird jedoch sehr schnell merken, dass er noch weitere Themen im Rahmen eines Compliance-Risikomanagements abdecken muss. Dazu gehören regelmäßig das Kartellrecht, uU die Exportkontrolle, der Datenschutz sowie weitere, noch spezifischere Themen, die im Kontext des konkreten Unternehmens wichtig sind.

1123 Für eine praktisch umsetzbare Handreichung für das spezielle Thema des Compliance-Risikomanagements setzen die ISO-Leitlinien also ein erhebliches Vorwissen und entsprechende berufliche Erfahrung voraus, sofern man als Mitarbeiter eines Unternehmens, der

---

[593] So hat allein der Verlag C.H. Beck 28 Werke in seinem Programm, die den Begriff „Compliance" im Titel tragen.

mit der Implementierung eines Compliance-Managementsystems betraut worden ist, ein für die Geschäftsleitung annehmbares Ergebnis in der Umsetzung darstellen möchte.

Alternativ kann sich das Unternehmen natürlich immer sachkundiger Berater bedienen, was jedoch gerade für mittelständische Unternehmen die Sinnhaftigkeit der Umsetzung der ISO-Leitlinien infrage stellen mag.[594] 1124

Hat der Mitarbeiter dieses Fachwissen, so mögen die ISO-Leitlinien dazu dienen, zu überprüfen, ob hier oder da noch Anregungen zur Vorgehensweise enthalten sind, auf die er durch das Studium leichter lesbarer Werke zum Thema Compliance noch nicht gestoßen ist. 1125

Darüber hinaus entfaltet die Einhaltung der vielleicht sogar zertifizierten ISO-Standards keineswegs die vielleicht erhoffte Vermutungswirkung, durch die die Darlegungs- und Beweislastregel für Vorstände (§ 93 Abs. 2 AktG) unterlaufen werden könnte. Schon gar nicht gilt dies für die hier besprochenen Leitlinien. 1126

Schlussendlich werden mit einer ISO-Zertifizierung Geschäftsprozesse auf Basis rein betriebswirtschaftlicher Praktikabilitätserwägungen implementiert bzw. diesen angepasst. Die Einführung dieser Prozesse ist rechtlich vorgeschrieben. Daher ersetzen ISO-Zertifizierungen auch nicht die Ausübung des Leitungsermessens des Vorstands, das eine eigenverantwortliche Prüfung der Angemessenheit einer bestimmten Organisation und ihrer Prozesse erfordert.[595] 1127

Checkliste 38: Die Standards der ISO

- ☐ Sind **bereits** Standards der ISO in Ihrem Unternehmen **eingeführt** worden?
- ☐ Wenn ja, welche **konkreten Vorteile** hat das Unternehmen durch die Umsetzung der ISO-Leitlinien Compliance-Management?
- ☐ Mit welchen **Kosten** muss das Unternehmen rechnen, wenn die ISO-Leitlinien umgesetzt werden sollen?
- ☐ Verfügt das Unternehmen über **Mitarbeiter**, die mit der Terminologie und der Prozess-Philosophie der ISO **vertraut** sind?
- ☐ Verfügen diese Mitarbeiter über **juristisches Know-how** oder eine Compliance-Ausbildung?
- ☐ Können die Mitarbeiter bei der Umsetzung der ISO-Leitlinien auf **externes Know-how** zugreifen (zB Berater)?

B. Die Prüfungsstandards des IDW

Im Jahre 2011 verabschiedete der Hauptfachausschuss des Instituts der Wirtschaftsprüfer in Deutschland e.V. (IDW) den Prüfungsstandard „Grundsätze ordnungsgemäßer Prüfungen von Compliance Management Systemen" (IDW PS 980). Mit dessen Veröffentlichung wurden die Inhalte einer freiwilligen Prüfung von Compliance-Managementsystemen durch Wirtschaftsprüfer kommuniziert. 1128

Der Prüfungsstandard „Grundsätze ordnungsmäßiger Prüfung von Risikomanagementsystemen" (IDW PS 981) wurde 2017 vom Hauptfachausschuss verabschiedet. Es handelt sich hierbei um einen Standard, der ebenfalls im Rahmen einer freiwilligen Prüfung zur Anwendung kommt. 1129

Zusammen mit den Prüfungsstandards „Grundsätze ordnungsmäßiger Prüfung des internen Kontrollsystems des internen und externen Berichtswesens" (IDW PS 982) und „Grundsätze ordnungsmäßiger Prüfung von internen Revisionssystemen" (IDW PS 983) bilden diese den Kern der IDW Verlautbarungen zu Governance, Risk und Compliance. 1130

[594] So auch Hoffmann/Schieffer NZG 2017, 404.
[595] So zB MüKoAktG/Spindler AktG § 93 Rn. 37.

1131 Hervorzuheben ist, dass der Wirtschaftsprüfer iRd Jahresabschlussprüfung gem. § 317 Abs. 2 und 4 HGB das Risikofrüherkennungs- und -überwachungssystem sowie den risikoorientierten Lagebericht einer Pflichtprüfung zu unterziehen hat. Hierfür gelten die Prüfungsstandards IDW PS 340 für die Prüfung des Risikomanagements bzw. IDW PS 350 für die Prüfung des Lageberichts.[596] Im Kontext der Abschlussprüfung hat der Prüfer die Ordnungsmäßigkeit der Rechnungslegung zu bewerten und stellt ggf. wesentliche falsche Angaben in der Rechnungslegung in seinem Prüfbericht fest.

1132 In den folgenden Unterkapiteln werden die beiden erstgenannten Governance-Prüfungsstandards im Hinblick auf ihre Aussagen zum Compliance-Risikomanagement näher untersucht. Hinsichtlich der Prüfung des Risikomanagements iRd Jahresabschlussprüfung des Unternehmens wird auf die betriebswirtschaftliche Literatur verwiesen[597]

I. Das Compliance-Risikomanagement in dem IDW Prüfungsstandard: Grundsätze ordnungsmäßiger Prüfung von Compliance Management Systemen (IDW PS 980 n.F. (09.2022))[598]

1133 Der Prüfungsstandard beschreibt die Berufsauffassung, nach der Wirtschaftsprüfern die **Angemessenheit** und **Wirksamkeit** eines Compliance-Managementsystems eines Unternehmens beurteilen können.[599] Es ist daher nicht das Ziel dieser **Systemprüfung,** einzelne Regelverstöße zu identifizieren.[600] Eine Neufassung des Prüfungsstandards wurde u. a. als notwendig erachtet, nachdem der BGH in einem Urteil entschieden hatte, dass bei der Bemessung einer Geldbuße gegen ein Unternehmen zu berücksichtigen ist, ob zum Zeitpunkt des Gesetzesverstoßes ein angemessenes und wirksames Compliance-Managementsystem implementiert war.[601]

1134 Im neugefassten Prüfungsstandard wird das Compliance-Managementsystem nunmehr als eines von drei Elementen eines modernen internen Kontroll- und Risikomanagementsystems betrachtet, wodurch der Bedeutung einer rechtlich einwandfreien Unternehmenstätigkeit für den nachhaltigen Bestand des Unternehmens Rechnung getragen wird.[602]

1135 Der **Unternehmensbegriff** ist hierbei weit auszulegen und umfasst auch Vereine, Gesellschaften bürgerlichen Rechts, Gebietskörperschaften, Anstalten des öffentlichen Rechts oder nicht rechtlich selbstständige wirtschaftliche Einheiten.[603]

1136 Das IDW umschreibt den **Begriff des Compliance-Managementsystems** als die von den gesetzlichen Vertretern eingeführten Regelungen, die ein regelkonformes Verhalten der gesetzlichen Vertreter und der Mitarbeiter des Unternehmens sowie ggf. von Dritten sicherstellen sollen, um iRd von den gesetzlichen Vertretern festgelegten Ziele wesentliche Regelverstöße zu verhindern.[604]

1137 Das **Compliance-Risikomanagement** stellt aus Sicht des IDW einen Prozess dar, durch den, unter Berücksichtigung der Compliance-Ziele, Compliance-Risiken identifi-

[596] IDW Prüfungsstandard: Die Prüfung des Risikofrüherkennungssystems nach § 317 Abs. 4 HGB (IDW PS 340), Stand: 11.09.2000 sowie IDW Prüfungsstandard: Prüfung des Lageberichts (IDW PS 350 n.F.), Stand: 29.10.2021.

[597] So zB bei Diederichs S. 92 ff.

[598] IDW Prüfungsstandard: Grundsätze ordnungsmäßiger Prüfung von Compliance Management Systemen (IDW PS 980 n.F. (09.2022)) Werkstand: IDW Life 3 / 2023, Diese Neufassung ersetzt den IDW Prüfungsstandard: Grundsätze ordnungsmäßiger Prüfung von Compliance Management Systemen (IDW PS 980), Stand: 11.3.2011; ausführlich dazu Withus WPg 2015, 261.

[599] IDW PS 980 n.F. Rn. 1.

[600] IDW PS 980 n.F. Rn. 21. Zur Prüfung der Compliance-Risikoanalyse s. auch Moosmayer Compliance-Risikoanalyse/Wendt/Eichler § 11 Rn. 1 ff.

[601] Einleitung zum IDW PS 980 n.F., Rn. 1 ff.; BGH ZStV 2019, 148 (154).

[602] Bei den beiden anderen Elementen handelt es sich um die schon bekannte Sicherung der Wirksamkeit und Wirtschaftlichkeit der Geschäftstätigkeit und die Ordnungsmäßigkeit der Rechnungslegung.

[603] IDW PS 980 n.F. Rn. 14 iVm Rn. A16.

[604] IDW PS 980 n.F. Rn. 13 b) iVm Rn. A9 ff.

ziert werden können, die zu einem Compliance-Verstoß und damit zu einer Verfehlung der von der Unternehmensleitung festgelegten Compliance-Ziele führen können. Dazu ist ein Compliance-Prozess zu implementieren, durch den systematisch Risiken **identifiziert** und **bewertet** werden. Die auf diese Weise identifizierten Risiken werden im Hinblick auf deren **Eintrittswahrscheinlichkeit** und mögliche Folgen analysiert, wobei mögliche **Risikointerdependenzen** zu berücksichtigt sind.[605]

Das Compliance-Managementsystem des Unternehmens auf Basis der Vorgaben des 1138
IDW PS 980 von Wirtschaftsprüfern analysieren zu lassen, ist eine **freiwillige Maßnahme** der Unternehmensleitung, zu der sie rechtlich nicht verpflichtet ist. Im Kern wird somit eine Prüfung der Angemessenheit und Wirksamkeit des Compliance-Managementsystems extern beauftragt.[606]

Dazu sichtet der Wirtschaftsprüfer die Aufzeichnungen und Dokumente der Beschrei- 1139
bung des Compliance-Managementsystems und führt Befragungen der Mitarbeiter, Führungskräfte und der Geschäftsleitung durch, um festzustellen, ob das Compliance-Managementsystem zu einem bestimmten Zeitpunkt implementiert worden ist.[607]

Ziel der **Angemessenheitsprüfung** ist, zu validieren, ob die Beschreibung des Comp- 1140
liance-Managementsystems Aussagen enthält, die Inhalte der Grundsätze und Maßnahmen des Compliance-Managementsystems in allen wesentlichen Belangen in einer Weise beschreiben, die gewährleistet, dass durch diese mit hinreichender Sicherheit sowohl Risiken für wesentliche Compliance-Verstöße rechtzeitig erkannt als auch entsprechende Regelverstöße verhindert werden. Daher müssen die Grundsätze und Maßnahmen zu einem bestimmten Zeitpunkt **implementiert** worden sein.[608]

Im Rahmen der **Angemessenheitsprüfung** soll daher mit hinreichender Sicherheit 1141
validiert werden, dass

- die Beschreibungen der zum Zeitpunkt der Prüfung eingeführten Vorgaben des Compliance-Managementsystems mit den angewandten Grundsätzen eines Compliance-Managementsystem in allen wesentlichen Belangen angemessen dargestellt sind.
- diese Regelungen
  - o in allen wesentlichen Belangen geeignet sind, mit hinreichender Sicherheit
    - – Risiken für wesentliche Regelverstöße rechtzeitig zu erkennen und
    - – solche Regelverstöße zu verhindern.
  - o zu einem bestimmten Zeitpunkt implementiert waren.[609]

Der IDW erachtet Compliance-Regelungen dann als angemessen, wenn diese mit hin- 1142
reichender Sicherheit geeignet sind,

- Risiken für erhebliche Regelverstöße rechtzeitig zu erkennen und solche
- Regelverstöße zu verhindern.
- bereits eingetretene Compliance-Verstöße kurzfristig an die zuständige Stelle im Unternehmen zu berichten, damit entsprechende Gegen- sowie Verbesserungsmaßnahmen des Compliance-Managementsystems getroffen werden können.[610]

Ziel der **Wirksamkeitsprüfung** ist, dass mit einer hinreichenden Sicherheit festgestellt 1143
werden kann, dass

- die implementierten Regelungen des Compliance-Managementsystems angemessen dargestellt werden

[605] IDW PS 980 n.F. Rn 27 iVm Rn. A25.
[606] IDW PS 980 n.F. Rn. 1.
[607] IDW PS 980 n.F. Rn. 59 iVm A49ff.
[608] IDW PS 980 n.F. Rn. 57ff. iVm Rn. A49f.
[609] IDW PS 980 n.F. Rn. 19.
[610] IDW PS 980 n.F. Rn. 22 iVm Rn. A20.

- die dargestellten Regelungen in Übereinstimmung mit den angewandten Compliance-Managementsystemgrundsätzen in allen wesentlichen Belangen während des geprüften Zeitraums geeignet waren
  - o mit hinreichender Sicherheit sowohl Risiken für wesentliche Regelverstöße rechtzeitig zu erkennen als auch solche Regelverstöße zu verhindern, und
  - o während des geprüften Zeitraums wirksam waren.[611]

1144 Die Prüfung der Wirksamkeit der in der Compliance-Managementsystem-Beschreibung dargestellten Regelungen des Compliance-Managementsystem zielt somit zusätzlich über die Prüfung der Angemessenheit hinaus auf die Beurteilung ab, ob die in der Compliance-Managementsystembeschreibung dargestellten Regelungen innerhalb des gesamten zu prüfenden Zeitraums wie vorgesehen eingehalten wurden.[612]

1145 Die Prüfung bezieht sich auf die Grundelemente des Compliance-Managementsystems, namentlich

- Compliance-Kultur
- Compliance-Ziele
- Compliance-Risiken
- Compliance-Programm
- Compliance-Organisation
- Compliance-Kommunikation
- Compliance-Überwachung und Verbesserung.[613]

1146 Die von der Unternehmensführung festgelegten und vom Compliance-Managementsystem zu erreichenden Ziele, dh die Definition der zu betrachtenden Teilbereiche und die für diese maßgeblichen, einzuhaltenden Vorschriften, stellen den Ausgangspunkt für die Beurteilung der Compliance-Risiken dar.[614]

1147 Die Prüfung sollte ergeben, dass die Feststellung der **Compliance-Risiken** die **Grundlage für** die Entwicklung eines angemessenen **Compliance-Programms** darstellt. Dazu identifiziert das Unternehmen Risiken für Regelverstöße in den einzelnen Teilbereichen des Compliance-Managementsystems durch eine systematische Analyse iRv zB Interviews, Workshops oder der Auswertung anderweitig zur Verfügung stehender Information. In der Analysephase finden auch die Entscheidungen der Unternehmensleitung Eingang in Bezug auf risikosteuernde Maßnahmen, wie zB Risikovermeidung, Risikoreduktion, Risikoüberwälzung oder Risikoakzeptanz.[615]

1148 Neben den speziellen, auf die ausgewählten Teilbereiche des Compliance-Managementsystems bezogenen Faktoren, können auch allgemeine Faktoren für die Analyse bedeutsam sein. Dazu gehören

- Änderungen im wirtschaftlichen und rechtlichen Umfeld,
- Personalwechsel,
- neue technologische Entwicklungen ebenso wie
- neue bzw. atypische Geschäftsfelder oder Produkte,
- Restrukturierungen,
- Orte der Geschäftstätigkeit oder
- Expansion in neue Märkte.[616]

1149 Im Rahmen des Compliance-Programms werden die Compliance-Risiken durch entsprechende Grundsätze (dh zB unternehmensinterne Richtlinien, Prozessbeschreibungen, Arbeitsanweisungen uvm) sowie Maßnahmen begrenzt. Zu dessen Maßnahmen gehört zB auch die Einrichtung eines **Hinweisgebersystems** (→ Rn. 688ff.) zur rechtzeitigen Er-

[611] IDW PS 980 n.F. Rn. 17
[612] IDW PS 980 n.F. Rn. 60ff. iVm Rn. A51f.
[613] IDW PS 980 n.F. Rn. 27 iVm Rn. A22ff.
[614] IDW PS 980 n.F. Rn. 27 iVm Rn. A25.
[615] IDW PS 980 n.F. Rn. 27 iVm Rn. A26.
[616] IDW PS 980 n.F. Rn. A25.

kennung von Compliance-Risiken und damit zur Prävention von Compliance-Verstößen.[617]

Um zu gewährleisten, dass das Compliance-Managementsystem wirksam agieren kann, muss die Compliance-Organisation im Hinblick auf die definierten Compliance-Ziele und die bestehenden Compliance-Risiken mit **ausreichenden Ressourcen** zur Konzeption, Einführung, Durchsetzung und Überwachung sowie kontinuierlichen Verbesserung des Compliance-Managementsystems ausgestattet sein. Zu einer Compliance-Organisation gehört auch, dass das Compliance-Risikomanagement in bestehende Systeme wie zB das Risikomanagementsystem integriert ist.[618] 1150

Für die angemessene und wirksame Behandlung von Compliance-Risiken spielt auch eine effektive **Compliance-Kommunikation** eine wichtige Rolle, da geprüft wird, ob adäquate Festlegungen der Berichtspflichten, in Bezug auf Anlässe und Berichtswege der Meldung (zB. an die gesetzlichen Vertreter und ggf. das Aufsichtsorgan) von festgestellten bzw. vermuteten Compliance-Verstößen, getroffen worden sind.[619] 1151

Richtigerweise räumt der IDW dem Thema der **Compliance-Kultur** einen breiten Raum ein, da sie die Basis für die Angemessenheit und Wirksamkeit eines Compliance-Managementsystems darstellt. Die Compliance-Kultur hat einen maßgeblichen Einfluss auf die Mitarbeiter und die Bedeutung, die diese der Beachtung von Regeln beimessen und damit die Bereitschaft zu regelkonformem Verhalten. 1152

Die Grundeinstellung und das Vorleben von Compliance und der Umgang mit Compliance-Risiken durch die Unternehmensleitung wirkt demnach prägend auf die Mitarbeiter. Die Verankerung des Rollenverständnisses der für die Überwachung der Einhaltung rechtlicher und unternehmensinterner Vorgaben Verantwortlichen, ist für eine nachhaltige Compliance ebenso wichtig, wie die zentralen Unternehmenswerte und die Integration der weiteren Grundelemente in der Organisation.[620] 1153

Zusammenfassend kann festgestellt werden, dass aus Sicht des IDW dem Compliance-Risikomanagement richtigerweise eine zentrale Bedeutung für den nachhaltigen Erfolg eines Compliance-Managementsystems zukommt. Dies zeigt sich darin, dass ein wesentlicher Mangel des Compliance-Managementsystems attestiert werden müsste, wenn es nicht geeignet ist, mit „hinreichender Sicherheit sowohl Risiken für wesentliche Verstöße gegen die Regeln, auf deren Einhaltung das Compliance-Managementsystem in den vom Unternehmen abgegrenzten Teilbereichen ausgerichtet ist, rechtzeitig zu erkennen als auch solche Regelverstöße zu verhindern".[621] 1154

II. Das Compliance-Risikomanagement in den Grundsätzen ordnungsmäßiger Prüfung von Risikomanagementsystemen (IDW PS 981)[622]

Der Aufsichtsrat einer Aktiengesellschaft ist verpflichtet, die Wahrnehmung der Leitungsaufgaben des Vorstandes zu überwachen. Damit gehören auch die Kontrolle der Maßnahmen zur frühzeitigen Erkennung bestandsgefährdender Risiken sowie die Einrichtung eines Compliance-Managementsystems.[623] 1155

[617] IDW PS 980 n.F. Rn. 27 iVm Rn. A27.
[618] IDW PS 980 n.F. Rn. A27.
[619] IDW PS 980 n.F. Rn. 27 iVm Rn. A28.
[620] IDW PS 980 n.F. Rn. 27 iVm Rn. A23 sowie Rn. A28, Rn. A54 und Rn. A58.
[621] IDW PS 980 n.F. Rn. 87 ff.
[622] IDW Prüfungsstandard: Grundsätze ordnungsmäßiger Prüfung von Risikomanagementsystemen (IDW PS 981), Stand: 3.3.2017. Dazu ausf. zB Schmidt/Tilch/Lenz/Eibelshäuser WPg 2016, 944.
[623] Gesetzentwurf der Bundesregierung Entwurf eines Gesetzes zur Modernisierung des Bilanzrechts (Bilanzrechtsmodernisierungsgesetz – BilMoG), BT-Drs. 16/10067, 102 sowie näher zur Überwachungspflicht des Aufsichtsrates zum Compliance-Risikomanagement → Rn. 161 ff.

1156 Diese Überwachungsfunktion ist durch die Mitglieder des Aufsichtsrates persönlich zu leisten und damit delegationsfeindlich. Aus Sicht des IDW mag es jedoch für den Aufsichtsrat hilfreich sein, das Risikomanagement durch Wirtschaftsprüfer auf seine Eignung prüfen zu lassen. Dabei werden das Management der wesentlichen strategischen und operativen Risiken aus der Geschäftstätigkeit betrachtet.[624]

1157 Ziel der Prüfung ist es festzustellen, ob das Unternehmen mit seinem Risikomanagementsystem in der Lage ist, diese rechtzeitig zu identifizieren und zu bewerten sowie diese zu steuern und zu überwachen.[625]

1158 Dazu werden die in den Beschreibungen des Risikomanagementsystems enthaltenen Aussagen analysiert.[626] Die **Wirksamkeit** des Systems wird daran gemessen, ob mit hinreichender Sicherheit festgestellt werden kann, dass zum einen die geprüften Regelungen mit den angewendeten Risikomanagementgrundsätzen übereinstimmen. Zum anderen wird geprüft, ob die Regelungen **geeignet** waren, mit hinreichender Sicherheit die wesentlichen Risiken rechtzeitig zu identifizieren und zu bewerten sowie diese zu steuern und zu überwachen. Darüber hinaus wird analysiert, ob die Regelungen während des Prüfungszeitraumes wirksam waren.[627]

1159 Als **Grundelemente** eines Risikomanagementsystems sind zu prüfen:

- die Risikokultur,
- die Ziele des Risikomanagementsystems,
- die Organisation des Risikomanagementsystems,
- die Risikoidentifikation,
- die Risikobewertung,
- die Risikosteuerung,
- die Risikokommunikation sowie
- die Überwachung und Verbesserung des Risikomanagementsystems.[628]

1160 Als Teil der Unternehmenskultur beschreibt die **Risikokultur** des Unternehmens die grundsätzliche Einstellung und Verhaltensweisen der Mitarbeiter und Unternehmensführung beim Umgang mit Risiken. Durch die Risikokultur wird das Risikobewusstsein im Unternehmen geprägt.[629]

1161 Im Weiteren befasst sich der IDW PS 981 nicht speziell mit Compliance-Risiken. Auch wenn die im Fokus stehenden operativen und strategischen Risiken nicht zwingend auch Compliance-Risiken umfassen müssen, so wird dennoch an verschiedenen Stellen nicht nur auf das wirtschaftliche, sondern auch auf das rechtliche Umfeld des Unternehmens Bezug genommen. So hat sich der Wirtschaftsprüfer zB ein Bild vom rechtlichen und wirtschaftlichen Umfeld des Unternehmens zu machen.[630]

III. Kritische Würdigung

1162 Anders als bei den Leitlinien der ISO handelt es sich bei den Prüfungsstandards des IDW um die Darstellung der Berufsauffassung, nach der Wirtschaftsprüfer unbeschadet ihrer Eigenverantwortung derartige, von Seiten des Unternehmens freiwillig in Auftrag gegebene Prüfungen durchführen können.[631] Damit wenden sich diese Prüfungsstandards an einen völlig anderen Adressatenkreis. Dennoch erschließen sich die Inhalte deutlich leichter als die der ISO-Leitlinien.

---

[624] IDW PS 981 Rn. 6f.
[625] IDW PS 981 Rn. 8.
[626] IDW PS 981 Rn. 20.
[627] IDW PS 981 Rn. 22; eine Prüfung, die sich nur mit der Angemessenheit des Risikomanagementsystems befasst, ist ebenfalls möglich, IDW PS 981 Rn. 23.
[628] IDW PS 981 Rn. 31.
[629] IDW PS 981 Rn. 31, zur Risikokultur → Rn. 352ff.
[630] IDW PS 981 Rn. 51.
[631] IDW PS 980 Rn. 1.

Entschließt sich ein Aufsichtsrat oder ein Vorstand bzw. eine Geschäftsführung, das Compliance-Management- bzw. das Risikomanagementsystem einer freiwilligen Prüfung unterziehen zulassen, werden es die Mitarbeiter einfacher finden, sich durch eine vorherige Lektüre der Prüfungsstandards die Wirtschaftsprüfer in ihrer Tätigkeit kundig zu unterstützen. 1163

Wie bereits erwähnt, entfalten zertifizierte ISO-Standards keine Vermutungswirkung, durch die die Darlegungs- und Beweispflicht des Vorstandes (§ 93 Abs. 2 AktG) unterlaufen werden könnte. Gleiches gilt für die oben beschriebenen Prüfungsstandards des IDW. 1164

Anders als die Jahresabschlussprüfung sind diese Prüfungen rechtlich nicht verbindlich und ersetzen dadurch nicht die Ausübung des Leitungsermessens des Vorstands. Auch die Definition gesetzlicher Rechtsbegriffe und die Beschreibung komplexer Prozesse in den Prüfungsstandards ändern nichts daran. Ersteres muss den Gerichten[632] und die Entscheidung, ob ein Prozess der Unternehmensrealität angemessen ist, muss der Unternehmensleitung vorbehalten bleiben. 1165

Insgesamt ergänzen die Standards das Angebot der ISO bzw. der Wirtschaftsprüfer und schaffen somit eine jeweils einheitliche Basis für die Unternehmen, die das Implementieren dieser komplexen Standards für sinnvoll erachten.[633] 1166

III. Das Compliance-Risikomanagement in der Neufassung des IDW Prüfungsstandards: Die Prüfung des Risikofrüherkennungssystems (IDW PS 340 n.F.)[634]

Die Prüfung des gem. § 91 Abs. 2 AktG geforderten Risikofrüherkennungssystems nach § 317 Abs. 4 HGB stellt iRd PS 340 des IDW eine Systemprüfung dar. Sie soll zu einer Beurteilung führen, ob der Vorstand geeignete Maßnahmen implementiert hat, um seiner Pflicht gem. § 91 Abs. 2 AktG gerecht zu werden und dadurch den Fortbestand der Gesellschaft gefährdende Entwicklungen rechtzeitig zu identifizieren und zu bewerten, zu steuern und zu überwachen. 1167

Vergleichbar mit den Vorgaben des IDW PS 980 n.F. ist jedoch nicht Ziel des PS 340 Feststellung darüber zu treffen, ob die vom Vorstand oder nachgeordneten Führungskräften eingeleitete oder durchgeführte Risikosteuerungsmaßnahmen einzeln oder in ihrer Gesamtheit als wirtschaftlich als Reaktion auf identifizierte und bewertete Risiken geeignet oder wirtschaftlich sinnvoll sind.[635] 1168

Von der gesetzlichen Prüfung gemäß § 317 Abs. 4 HGB der Maßnahmen nach 91§ Abs. 2 AktG ist die freiwillige Prüfung von Corporate Governance-Systemen abzugrenzen. Dazu gehören die Prüfung des Compliance Management Systems nach IDW PS 980, des Risikomanagementsystems nach IDW PS 981und des internen Kontrollsystems des internen und externen Berichtswesens nach IDW 982 sowie des Internen Revisionssystems nach IDW PS 983 ebenso abzugrenzen, wie die Prüfung nach IDW PS 340.[636] 1169

Im Hinblick auf die spezifischen IDW-Standards zur Prüfung der Corporate Governance-Systeme eines Unternehmens, erfährt das Compliance-Risikomanagement keine ausführliche Betrachtung iRd IDW PS 340. Dennoch werden richtigerweise Compliance-Risiken im Kontext der Maßnahmen der Risikoidentifikation erwähnt, die sich auf das gesamte Unternehmen erstrecken müssen. 1170

So erfordert die Identifikation von Risiken, die einzeln oder im Zusammenwirken mit anderen Risiken zu bestandsgefährdenden Entwicklungen führen können, unter Berück- 1171

[632] Koch, AktG § 107 Rn. 34.
[633] S. dazu kritisch auch Moosmayer Compliance Rn. 300f.
[634] Neufassung des IDW Prüfungsstandards: Die Prüfung des Risikofrüherkennungssystems (IDW PS 340 n.F. (01.2022)), Stand: 10.1.2022.
[635] IDW PS 340 n.F. Rn. 4 iVm Rn. A43.
[636] IDW PS 340 n.F. Rn. 5 iVm Rn. A1.

sichtigung des wirtschaftlichen und rechtlichen Umfelds des Unternehmens eine ganzheitliche Betrachtung der Unternehmensbereiche und -prozesse. Dazu sind alle Zielkategorien des unternehmensweiten Risikomanagements, seien es strategische und operative Risiken, Risiken der Berichterstattung oder eben auch Compliance-Risiken in die Betrachtung einzubeziehen.[637]

Checkliste 39: Die Standards des IDW

- ❑ Besteht die Absicht, die Compliance der Geschäftsprozesse des Unternehmens durch den **Wirtschaftsprüfer freiwillig analysieren** zu lassen?
- ❑ Welche konkreten **Vorteile** wird das Unternehmen von einer Prüfung dieser Prozesse durch seine Wirtschaftsprüfer haben?
- ❑ Welche **Kosten** entstehen dabei dem Unternehmen?
- ❑ Können diese Kosten durch eine entsprechende **interne Vorbereitung** deutlich gesenkt werden?
- ❑ Verfügt das Unternehmen über Mitarbeiter mit entsprechendem **Know-how**, die dieses leisten können?

[637] IDW PS 340 n.F. Rn. 17 iVm Rn. A14.

§ 8. Anglo-amerikanische Anforderungen an das Compliance-Risikomanagement

Die Internationalisierung der Compliance-Vorgaben nimmt mit der zunehmenden Globalisierung ebenfalls immer weiter zu. Dabei sind vor allem in den **USA** eine Flut von Gesetzen, Richtlinien und Durchführungsverordnungen erlassen worden, die die Einführung von Compliance-Bestimmungen auch außerhalb der USA beeinflussen. Darüber hinaus werden von supranationalen Organisationen, wie zB der **OECD,** initiierte internationale Vereinbarungen und die **EU-Gesetzgebung** in nationales Recht übernommen. 1172

Aufgrund der Vorreiterrolle, die in diesem Zusammenhang den USA zukommt, soll an drei Beispielen gezeigt werden, wie sehr viel weitreichendere staatliche Anforderungen an ein wirksames **Compliance- und Ethikprogramm** und damit auch inzident an ein Compliance-Risikomanagement definiert werden können, als dies bisher in Deutschland der Fall ist.[638] 1173

Auch der in **Großbritannien** im Jahre 2010 verabschiedete **Bribery Act** beschreibt klare Anforderungen an ein Compliance-Managementsystem, das auch die Befassung mit Compliance-Risiken beinhalten muss. 1174

Nach der hier vertretenen Auffassung ist es nur eine Frage der Zeit, bis auch in Deutschland durch den Gesetzgeber oder durch höchstrichterliche Entscheidungen definiert wird, welche Anforderungen im Einzelnen an ein Compliance-Managementsystem und damit auch an ein Compliance-Risikomanagement gestellt werden. Daher werden hier am Beispiel des **US Attorneys' Manual**[639] und des **2018 Federal Sentencing Guidelines Manual**[640] des US Department of Justice sowie anhand eines Releases der SEC[641] das US-amerikanische Verständnis von einem wirksamen Compliance-Risikomanagementsystem und dessen Einbettung in ein Compliance-Managementsystem skizziert. Darüber hinaus soll als das erste in Europa verabschiedete Gesetz, das als **Enthaftungsgrund** ein wirksames Compliance-Managementsystem einschließlich eines Risikomanagements nennt, der britische Bribery Act 2010[642] erläutert werden. 1175

A. US-amerikanische Anforderungen

In den Vereinigten Staaten genießt die Verfolgung von Wirtschaftsverbrechen einen hohen Stellenwert. Dabei wird seitens der Behörden großer Wert darauf gelegt, dass man sich 1176

[638] In Deutschland ist eine Enthaftung durch ein wirksames Compliance-Managementsystem noch umstritten, v. Busekist/Schlitt CCZ 2012, 87. Der BGH hat in einem Urteil wegen Steuerhinterziehung darauf hingewiesen, dass gem. § 30 Abs. 3 OWiG, § 17 Abs. 4 S. 1 OWiG die Geldbuße zwar den wirtschaftlichen Vorteil, der aus der Ordnungswidrigkeit gezogen worden ist, übersteigen soll. Gleichzeitig ist jedoch bei der Bemessung der Geldbuße gem. § § 30 Abs. 1 OWiG von Bedeutung, inwieweit die Nebenbeteiligte ihrer Pflicht, Rechtsverletzungen aus der Sphäre des Unternehmens zu unterbinden, genügt und ein effizientes Compliance-Management installiert hat, das auf die Vermeidung von Rechtsverstößen ausgelegt sein muss. Dabei kann auch eine Rolle spielen, ob das Unternehmen in der Folge dieses Verfahrens entsprechende Regelungen optimiert und seine betriebsinternen Abläufe so gestaltet hat, dass vergleichbare Normverletzungen zukünftig jedenfalls deutlich erschwert werden (BGH BeckRS 2017, 114578; ZStV 2019, 148 (154)).

[639] US Attorneys' Manual 9–28.000 Principles of Federal Prosecution of Business Organizations.

[640] U.S.S.G. § 8 B 2.1, Effective Compliance and Ethics Program.

[641] Securities and Exchange Commission, Securities Exchange Act of 1934, Release No. 44969/October 23, 2001, Accounting and Auditing Enforcement, Release No. 1470/October 23, 2001: Report of Investigation Pursuant to Section 21(a) of the Securities Exchange Act of 1934 and Commission Statement on the Relationship of Cooperation to Agency Enforcement Decisions.

[642] Bribery Act 2010, einschließlich „Explanatory Notes" und „Guidance about procedures which relevant commercial organisations can put into place to prevent persons associated with them from bribing (section 9 of the Bribery Act 2010)."

nicht als Gegner der Wirtschaft und ihrer Unternehmensführer sieht. Vielmehr wird betont, dass sowohl die Strafverfolgungsbehörden als auch die Unternehmer identische Interessen verfolgen. Dazu gehört es, die Integrität der **freien Marktwirtschaft** und **Kapitalmärkte** ebenso zu schützen wie die Konsumenten, Investoren und Unternehmen, die miteinander im freien Wettbewerb und in dem von der Rechtsordnung gesetzten Rahmen konkurrieren. Ein weiteres gemeinsames Interesse wird im Schutz des amerikanischen Volkes vor strafbaren Handlungen gesehen, die zu **Umweltschäden** führen.[643]

1177 Die Strafverfolgungsbehörden sind sich bewusst, dass das Vertrauen der Wirtschaft in ihre Tätigkeit u.a. davon abhängt, ob im Rahmen eines Ermittlungsverfahrens auch Beweise erhoben werden, die die Bereitschaft der Staatsanwaltschaft demonstrieren, Unternehmen in ihren Compliance-Anstrengungen und Bemühungen der freiwilligen **Selbstkontrolle** zu ermutigen.[644] Daher wurden Richtlinien seitens des US Departement of Justice und der Securities and Exchange Commission veröffentlicht, die die Voraussetzungen für eine Strafmilderung oder gar einen Verzicht auf eine Strafverfolgung eines Unternehmens definieren.

I. US Department of Justice

1178 Für die US-Bundesstaatsanwaltschaft wurden Strafzumessungsbestimmungen in einem Handbuch zusammengefasst, dem **Department of Justice, Justice Manual** (DoJ JM), die in dem **2018 Federal Sentencing Guidelines Manual** (U.S.S.G.) weiter detailliert wurden. Auch wenn bereits eingangs dieser Zusammenfassung angemerkt wird, dass Unternehmen, aus welchen heraus Straftaten verübt worden sind, keine Nachsicht erwarten dürften, so wird doch eingeräumt, dass es eine Reihe von Faktoren gibt, die im Ermittlungsverfahren und bei der **Strafzumessung** zu berücksichtigen seien.[645]

1179 Neben den vor einer Anklageerhebung üblichen Überlegungen hinsichtlich der Qualität des Beweismaterials, der Erfolgswahrscheinlichkeit der Anklage, den Konsequenzen einer Verurteilung sowie der Angemessenheit nichtstrafrechtlicher Konsequenzen für die Prävention sind jedoch die Besonderheiten, die mit einer Anklage eines Unternehmens und damit einer juristischen und nicht einer natürlichen Person verbunden sind, zu berücksichtigen. Daher wurden im USAM zehn zusätzliche **Faktoren** definiert, die die Staatsanwaltschaft bei ihrer Entscheidung berücksichtigen muss, ob eine Anklage gegen ein Unternehmen erhoben oder das Ermittlungsverfahren (gegen Auflagen) eingestellt werden soll. Dabei ist einer der Faktoren das Vorhandensein eines wirksamen Compliance-Programmes.[646]

1180 Diese zehn Kriterien umfassen:

1181 1. Die Natur und **Schwere** des Deliktes und der Schaden, der der Öffentlichkeit zugefügt wurde. Hier wird auch die spezielle Strafverfolgungspolitik einzelner Behörden berücksichtigt, die, wie zB die der Antitrust Division oder die der Tax Division, für eine unnachsichtigere Verfolgung von Gesetzesverstößen stehen.

1182 2. Die **Verbreitung** des Fehlverhaltens im Unternehmen, einschließlich einer Beihilfe durch das Management.

1183 3. Das vergleichbare Fehlverhalten in der **Vergangenheit,** einschließlich früherer behördlicher Verfolgung strafrechtlicher, zivilrechtlicher oder anderer Art gegen das Unternehmen.

1184 4. Der Wille des Unternehmens die Behörden bei ihren Ermittlungen gegen Mitarbeiter und andere Vertreter des Unternehmens zu unterstützen.

---

[643] US Attorneys' Manual 9–28.100 Principles of Federal Prosecution of Business Organizations, U.S.S.G. § 8 B 2.1.

[644] U.S.S.G. § 8 B 2.1.

[645] DoJ JM 9.28–200, General Considerations of Corporate Liability.

[646] DoJ JM 9.28–300, Factors to Be Considered, insbes. Teil A. General Principle Nr. 5 und Nr. 6.

5. Das Bestehen eines wirksamen **Compliance-Programms,** bevor die Straftat verübt wurde. 1185
6. Die frühzeitige und freiwillige **Mitarbeit** des Unternehmens bei der Offenlegung des Fehlverhaltens.
7. Die **Abhilfemaßnahmen,** die das Unternehmen eingeleitet hat, einschließlich seiner Anstrengungen zur Einführung eines wirksamen Compliance-Programms oder der Verbesserung eines bestehenden Compliance-Programms. Dazu gehört auch der Austausch von verantwortlichen Führungskräften, Disziplinarmaßnahmen oder Kündigung von Mitarbeitern, die sich ein Fehlverhalten haben zuschulden kommen lassen, wie auch die Zahlung von Entschädigungen und die Kooperation mit den relevanten Regierungsbehörden. 1186
8. Die mittelbar durch eine Strafverfolgung **verursachten Nachteile,** einschließlich überproportional hoher Schäden für die Aktionäre, Pensionsberechtigten, Mitarbeiter und anderen, die selbst nicht schuldhaft gehandelt haben sowie für die Öffentlichkeit. 1187
9. Die **Angemessenheit** einer Strafverfolgung von Personen, die für die Gesetzesverletzung des Unternehmens verantwortlich sind. 1188
10. Die Angemessenheit des Einsatzes zivilrechtlicher oder anderer behördlicher Maßnahmen. 1189

Das DoJ betont, dass es die Einführung von Compliance-Programmen unterstützt, einschließlich der freiwilligen Mitteilung von Gesetzesverstößen, die durch das Unternehmen aufgedeckt worden sind. Das Vorhandensein eines solchen Programmes an sich ist jedoch für die Staatsanwaltschaft nicht ausreichend, um von einer Strafverfolgung eines Unternehmens abzusehen. Darüber hinaus führen bestimmte Gesetzesverstöße, wie zB die Verletzung von wettbewerbsrechtlichen Bestimmungen, dazu, dass im Interesse der nationalen **Strafverfolgungspolitik** auch trotz eines bestehenden Compliance-Programmes gegen das Unternehmen Anklage erhoben wird.[647] 1190

Auch kann ein Unternehmen nicht erwarten einer Strafverfolgung zu entgehen, indem es abstrakte Richtlinien erlässt, die es den Vertretern des Unternehmens untersagen, gegen gesetzliche Bestimmungen zu verstoßen, sofern das Unternehmen nicht dem Risiko eines Gesetzesverstoßes entsprechende angemessene Schritte unternimmt, um die Einhaltung dieser Richtlinien durchzusetzen.[648] Dennoch wird die Existenz solcher internen Richtlinien bei der Bewertung der Frage berücksichtigt, ob der Mitarbeiter bei der Verletzung gesetzlicher Vorschriften auch im Interesse des Unternehmens gehandelt hat.[649] 1191

Das DoJ lässt den Unternehmen nach, dass grds. kein Compliance-Programm in der Lage ist, jegliche Art krimineller Handlungen der Mitarbeiter eines Unternehmens zu verhindern. Daher hat es einen Kriterienkatalog aufgestellt, anhand dessen die Staatsanwaltschaft prüfen muss, ob das **Compliance-Programm** 1192

- hinreichend gut gestaltet wurde, um eine größtmögliche **Wirksamkeit** zu entfalten bei der Prävention und Entdeckung von Rechtsverstößen durch Mitarbeiter des Unternehmens und
- durch das Management des Unternehmens **durchgesetzt** wird oder ob das Management konkludent Mitarbeiter ermutigt oder gar unter Druck setzt, Gesetzesverstöße zu begehen, um so die gesetzten Unternehmensziele zu erreichen.[650]

---

[647] DoJ JM 9–28.800, Corporate Compliance Programs, Teil A. General Principle, United States v. Basic Constr. Co., 711 F.2d 570, 573 (4th Cir. 1983).
[648] United States v. Hilton Hotels Corp., 467 F.2d 1000, 1007 (9th Cir. 1972), sogenannte „paper programs".
[649] United States v. Beusch, 596 F.2d 871, 878 (9th Cir. 1979).
[650] DoJ JM 9–28.800, Corporate Compliance Programs, Teil B. Comment. In dem in → Rn. 972 beschriebenen Beispiel würde es daher einer Unternehmensleitung in den USA schwerfallen, sich zu exkulpieren, wenn sie einem Vertriebsmitarbeiter Ziele aufgibt, bei welchen allen Beteiligten klar ist bzw. gewesen sein musste, dass diese nur unter Einsatz von Bestechungsgeldern zu erreichen sind.

1193 Dieser Kriterienkatalog ist im 2018 Federal Sentencing Guidelines Manual zusammengefasst. Danach muss ein Unternehmen, um in den Genuss einer **Strafmilderung** oder einer Straffreiheit zu kommen,

1194 1. ein wirksames Compliance- und Ethikprogramm implementiert haben, das bei Ausübung der im Verkehr erforderlichen Sorgfalt dazu geeignet ist, Gesetzesverstöße zu verhindern bzw. aufzudecken und eine Unternehmenskultur zu fördern, die eine ethische Unternehmensführung und die Einhaltung der Gesetze fördert.[651]

1195 2. Dazu ist ein Katalog von **Minimalanforderungen** zu erfüllen, der folgende Positionen umfasst:

1196 • Das Unternehmen muss **Richtlinien** erstellen und **Prozesse** implementieren, die kriminelles Verhalten vermeiden und aufdecken.

1197 • Die Führungsebene des Unternehmens[652] soll über ein gut fundiertes **Wissen** bezüglich der Inhalte und Funktionsweise des Compliance- und Ethikprogramms des Unternehmens verfügen sowie dessen Implementierung und Wirksamkeit beaufsichtigen.

1198 • Die operative Verantwortung für das Compliance- und Ethikprogramm ist einem oder mehreren dedizierten **Mitarbeitern** zu übertragen. Dieser berichtet regelmäßig einer hochrangigen Führungskraft, wann immer angemessen, der Führungsebene oder einem entsprechenden Ausschuss der Führungsebene des Unternehmens über die Wirksamkeit des Programmes. Dazu erhält diese Person direkten Zugang zum genannten Führungskreis. Für die Erfüllung dieser Aufgabe sind diesem Mitarbeiter ausreichend Ressourcen zur Verfügung zu stellen und ausreichend Kompetenzen einzuräumen.

1199 • Bei der Auswahl der operativ für das Compliance- und Ethikprogramm verantwortlichen Personen hat das Unternehmen die notwendige **Sorgfalt** aufzuwenden, so dass nicht Mitarbeiter, die bereits gegen Gesetze verstoßen haben, mit dieser Aufgabe betraut werden.

1200 • Auch hat das Unternehmen in vernünftigem Maße regelmäßig und auf eine praktische Weise die Richtlinien und Prozesse und andere Aspekte des Compliance- und Ethikprogramms zu **kommunizieren** und zu schulen. Adressaten sind hierbei die Mitglieder der Geschäftsleitung, die Führungskräfte und Mitarbeiter sowie ggf. auch externe Vertreter.

1201 • Das Unternehmen hat darüber hinaus durch vernünftige Maßnahmen sicherzustellen, dass das Compliance- und Ethikprogramm **befolgt** und dessen Einhaltung **überwacht** und **überprüft** wird. Auch ist regelmäßig die Wirksamkeit des Programmes zu prüfen. Dazu gehört auch die Einrichtung eines Informationsweges, durch den Fehlverhalten auch anonym bzw. vertraulich gemeldet werden oder um Rat nachgefragt werden kann, ohne mit Repressalien rechnen zu müssen.

1202 • Das Unternehmen soll für die Einhaltung des Compliance- und Ethikprogramms durch eine adäquate **Incentivierung** werben, sowie dessen Einhaltung durchsetzen durch angemessene Disziplinarmaßnahmen für strafbare Handlungen oder für das Unterlassen vernünftiger Maßnahmen zu deren Unterbindung oder Aufdeckung.

1203 • Nachdem eine strafbare Handlung entdeckt worden ist, hat das Unternehmen auf vernünftige Weise auf die Straftat zu reagieren und angemessene Maßnahmen zu veranlassen, die künftige **Straftaten** dieser Art unterbinden, auch durch die Anpassung des bestehenden Compliance- und Ethikprogramms.[653]

1204 3. Im Rahmen der Implementierung eines Compliance- und Ethikprogramms soll das Unternehmen in regelmäßigen Abständen die Risiken krimineller Handlungen **bewer-**

[651] U.S.S.G. § 8 B 2.1., Effective Compliance and Ethics Program, Buchstabe (a), dazu auch Withus CCZ 2011, 63.
[652] „Governing Authorities" sind die Mitglieder der Geschäftsführung bzw. des Vorstandes, U.S.S.G. § 8 B 2.1., Commentary, Application Notes, 1. Definitions.
[653] U.S.S.G. § 8 B 2.1., Effective Compliance and Ethics Program, Buchstabe (b).

ten und die unter Punkt 2. genannten Minimalanforderungen einführen bzw. verbessern bzw. ergänzen, sodass das Risiko krimineller Handlungen reduziert wird.[654]

Damit hat das Department of Justice sowohl in den USAM als auch in den U.S.S.G. die Bedeutung eines wirksamen Compliance- und Ethikprogramms hervorgehoben, zu dessen Inhalt auch das Compliance-Risikomanagement gehört. 1205

II. US Securities and Exchange Commission

Für deutsche Unternehmen ist die SEC als Börsenaufsichtsbehörde vor allem dann relevant, wenn sich das Unternehmen über den amerikanischen **Kapitalmarkt** refinanziert. In dieser Funktion ist sie für die Durchsetzung zahlreicher Gesetze verantwortlich und mit außerordentlich weitreichenden Kompetenzen ausgestattet.[655] 1206

Ähnlich wie das DoJ ist auch die SEC bereit, bei der Entscheidung, ob und in welchem Umfang Ermittlungen gegen ein Unternehmen wegen eines Compliance-Verstoßes aufgenommen werden, abzuwägen zwischen den Interessen der Investoren und dem Interesse an der Durchsetzung der maßgeblichen Gesetze. 1207

Dazu wurde auch seitens der SEC ein **Kriterienkatalog** aufgestellt, in dem sie definiert, welche Anforderungen an ein Unternehmen gestellt werden, wenn es durch eine freiwillige Selbstüberwachung, eine Selbstanzeige, der Korrektur der Folgen des Gesetzesverstoßes und der Kooperation mit der SEC eine wohlwollendere Betrachtung des Falles durch die SEC erreichen will. Dabei kann die SEC in außergewöhnlichen Fällen von einer Strafverfolgung absehen, die Anklage auf weniger schwere Vergehen beschränken oder auf eine weniger harte Strafe plädieren, bis hin zur Verwendung wohlwollenderer Formulierungen in den über ein Verfahren zu veröffentlichenden Dokumenten.[656] 1208

Gleichzeitig macht jedoch die SEC deutlich, dass dieser Katalog keineswegs abschließend sei und sie sich auch an diesen nicht in ihrem **Ermessen** gebunden fühlt, wenn es darum geht im Einzelfall zu entscheiden, ob und in welchem Umfang Ermittlungen aufgenommen und Sanktionen verhängt werden sollen. So kann es sein, dass aufgrund der Schwere des Gesetzesverstoßes zB eine auch noch so umfangreiche Zusammenarbeit mit den Mitarbeitern der SEC nicht dazu führen wird, dass die Täter mit einer Straffreiheit rechnen können, da im Vordergrund jedweder Abwägung über eine Verfolgung von Gesetzesverletzungen das Investoreninteresse stehe. 1209

Der **Kriterienkatalog** der SEC umfasst dreizehn Punkte: 1210

1. Welcher **Natur** war das Fehlverhalten? 1211
   (Unachtsamkeit bis vorsätzliches Verhalten bzw. flagrante Käuflichkeit; wurden Wirtschaftsprüfer irregeführt?).
2. **Gründe** für das Fehlverhalten? 1212
   (Druck auf Mitarbeiter, spezifische Ziele zu erreichen, Geschäftsleitung bewirkt Klima des mangelnden Interesses an der Rechtmäßigkeit des Handelns, Existenz von Comp-

[654] U.S.S.G. § 8 B 2.1., Effective Compliance and Ethics Program, Buchstabe (c). In § 8 C 2. 5(f) und (g) wird eine Berechnungsmethode vorgegeben, wie sich die Existenz eines wirksamen Compliance- und Ethikprogramm rechnerisch auf den sogenannten „culpability score" des Unternehmens auswirkt.

[655] Zu den bekanntesten Gesetzen gehören der Securities Exchange Act of 1934 (15 U.S.C. § 78a), Securities Act of 1933 (15 U.S.C. § 77a), der Trust Indenture Act of 1939 (15 U.S.C. § 77aaa), der Investment Company Act of 1940, der Investment Advisers Act of 1940 (15 U.S.C. §§ 80a-1) und der Sarbanes–Oxley Act of 2002 (Pub.L. 107–204).

[656] Securities and Exchange Commission, Securities Exchange Act of 1934, Release No. 44969/October 23, 2001, Accounting and Auditing Enforcement, Release No. 1470/October 23, 2001: Report of Investigation Pursuant to Section 21(a) of the Securities Exchange Act of 1934 and Commission Statement on the Relationship of Cooperation to Agency Enforcement Decisions; in diesem Verfahren wurde mit einer Mitarbeiterin eines Unternehmens ein Vergleich geschlossen, der der Vorwurf gemacht wurde, verantwortlich zu sein für die fehlerhafte Buchführung und die Veröffentlichung unrichtiger Angaben in der periodischen Finanzberichterstattung ihres Arbeitgebers und diese Fehler verschleiert zu haben.

liance-Prozessen, die das Fehlverhalten hätten aufdecken können und Gründe für deren Versagen).

1213 3. Ist das Fehlverhalten **symptomatisch** für die Führung der Geschäfte des Unternehmens?
(In welchem Unternehmensteil erfolgte der Gesetzesverstoß und wie hoch in der Unternehmenshierarchie wusste man von dem Fehlverhalten oder war man an dem Fehlverhalten beteiligt bzw. reagierte nicht auf offensichtliche Anzeichen eines Fehlverhaltens? Handelte es sich um systematische Verstöße und beteiligte sich das Management an diesen oder war es ein isolierter Einzelfall?).

1214 4. Wie lange **dauerte** das Fehlverhalten an?
(Länger als ein Quartal oder gar über mehrere Jahre fortgesetzt? Erleichterte es den Börsengang des Unternehmens?)

1215 5. Wie hoch ist der **Schaden,** der Investoren und anderen Stakeholdern des Unternehmens durch das Fehlverhalten zugefügt wurde?
(Sank der Aktienkurs nach Bekanntwerden des Fehlverhaltens signifikant?)

1216 6. Wer hat das Fehlverhalten auf welche Weise **entdeckt?**

1217 7. Wie viel **Zeit** benötigte das Unternehmen nach der Entdeckung des Fehlverhaltens für wirksame Gegenmaßnahmen?

1218 8. Welche **Schritte** unternahm das Unternehmen, nachdem das Fehlverhalten entdeckt worden ist?
(Sind die Mitarbeiter, die für das Fehlverhalten verantwortlich sind, noch im Unternehmen beschäftigt, und wenn ja, bekleiden sie noch dieselbe Position? Wurden die Öffentlichkeit und die Behörden zeitnah und vollständig von dem Fehlverhalten unterrichtet? Hat das Unternehmen Schritte unternommen, um mögliches weiteres Fehlverhalten zu identifizieren und hat es versucht, die Schadenshöhe zu bestimmen, die Investoren und anderen Stakeholdern entstanden ist? Hat das Unternehmen diejenigen, die Nachteile aus dem Fehlverhalten erlitten, angemessen entschädigt?).

1219 9. Welche **Prozesse** nutzt das Unternehmen, um diesbezügliche Informationen zu erhalten?
(Waren der Aufsichtsrat und das Audit Committee (Prüfungsausschuss) vollumfänglich informiert – und seit wann?).

1220 10. War das Unternehmen entschlossen, die volle **Wahrheit** über das Fehlverhalten so schnell wie möglich zu erfahren?
(Wurde eine umfassende Analyse der Ursachen und Auswirkungen des Fehlverhaltens durchgeführt? Wurde diese Untersuchung durch die Geschäftsführung, den Aufsichtsrat oder durch vom Unternehmen beauftragte unabhängige Berater geleitet und wurde sie durch das Unternehmenspersonal oder durch externe Kräfte durchgeführt? Sofern externe Berater tätig waren, waren diese schon früher für das Unternehmen tätig und bestanden Einschränkungen bezüglich des Untersuchungsfeldes der Berater, und wenn ja, welche?).

1221 11. Wurden die Untersuchungsergebnisse sowie die Dokumentation der Reaktion des Unternehmens auf das Fehlverhalten den Mitarbeitern der SEC zeitnah und vollständig **zur Verfügung gestellt?**
(Wurden auch Beweise der SEC zur Verfügung gestellt, die sie selbst nicht hätte erlangen können und hat das Unternehmen seine Mitarbeiter zur Zusammenarbeit mit der SEC aufgefordert?).

1222 12. Welche **Zusicherungen** bestehen, dass sich ein solches Fehlverhalten nicht wiederholen kann?
(Hat das Unternehmen neue, strengere interne Kontrollen und Prozesse eingeführt, die geeignet sind, eine Wiederholung zu verhindern, und wurde die Dokumentation dieser Veränderung der SEC übergeben, sodass deren Mitarbeiter die Wirksamkeit der Neuerungen bewerten können?).

13. Ist das Unternehmen, bei dem das Fehlverhalten eintrat, identisch mit demjenigen, gegen das ermittelt wird oder war es Gegenstand eines Unternehmenszusammenschlusses oder einer Reorganisation im Rahmen eines Insolvenzverfahrens? 1223

Mit diesem Kriterienkatalog hat die SEC über die in verschiedenen Gesetzen bereits bestehenden Vorgaben zu einer verstärkten Compliance und einer intensiven Zusammenarbeit mit den Behörden hinaus,[657] unterstrichen, wie bedeutsam für den Verlauf der Ermittlungen die Bereitschaft des Unternehmens ist, präventiv tätig zu sein und, sofern trotz aller Anstrengungen eine Gesetzesverletzung eingetreten ist, ohne Einschränkung eine rückhaltlose Aufklärung zu betreiben und die dabei gewonnenen Erkenntnisse in einer Verbesserung des Compliance-Risikomanagements umzusetzen. 1224

III. Gemeinsame Initiative des US Department of Justice und der US Securities and Exchange Commission

In einem im November 2012 vom US-amerikanischen Bundesjustizministerium und der Börsenaufsichtskommission gemeinsam veröffentlichen Leitfaden zum Foreign Corrupt Practices Act, der im Juli 2020 überarbeitet worden ist,[658] werden in umfassender Weise detaillierte Informationen über die Durchsetzung der Bestimmungen des FCPA[659] veröffentlicht und beschrieben, von welchen Prioritäten sich dabei die beiden Behörden leiten lassen. 1225

Der Leitfaden erläutert ua, welcher Personenkreis unter die Anti-Korruptionsbestimmungen und Bilanzierungsvorschriften des FCPA fällt und wie der Begriff „ausländischer **Amtsträger**" definiert wird. Es wird erklärt, was unrechtmäßige Geschenke, Reise- oder Bewirtungsspesen ausmacht und was sogenannte **Facilitation Payments** sind. Darüber hinaus wird der Unterschied zwischen einer zivilrechtlichen und einer strafrechtlichen Verfolgung von Verstößen gegen die Vorschriften des FCPA beschrieben. 1226

Im Kontext des Compliance-Risikomanagements sind jedoch vor allem die **Leitprinzipien** der Durchsetzung des FCPA von Bedeutung.[660] Diese unterstreichen die außerordentliche Bedeutung eines gut aufgebauten, durchdacht implementierten und konsequent durchgesetzten Compliance- und Ethikprogrammes bei der Prävention sowie bei der Aufdeckung, Beseitigung und der Berichterstattung über Fehlverhalten, einschließlich von Verstößen gegen den FCPA.[661] 1227

Aufgrund dieser weitgehenden Formulierung erlangt dieser **Leitfaden** eine maßgebliche Bedeutung über die Grenzen des FCPA hinaus für die Compliance-Anstrengungen von Unternehmen insgesamt. Daher ist es in diesem Zusammenhang hilfreich, dass der Leitfaden die Kennzeichen eines wirksamen Compliance-Programmes in zehn Punkten zusammenfasst.[662] 1228

Dazu gehören: 1229

1. Das **Commitment** der Unternehmensleitung sowie eine deutlich formulierte Anti-Korruptions-Politik.
2. Ein **Verhaltenskodex** sowie Compliance-Richtlinien und -Verfahrensweisen.
3. **Überwachung,** Unabhängigkeit und Ressourcenverfügbarkeit iRd Umsetzung des Compliance- und Ethikprogrammes.
4. Risikoabschätzung.
5. **Schulungen** und kontinuierliche Beratung.

[657] ZB Section 10 A des Securities Exchange Act of 1934, 15 U.S.C. § 78j-1, U.S.S.G § 8 C 2. 5 (f) und (g), New York Stock Exchange Rules 342.21 und 351(e).
[658] DoJ/SEC, A Resource Guide to the US Foreign Corrupt Practices Act, 2nd Edition, July 2020
[659] Pub. L. 105–366.
[660] DoJ/SEC S. 50f.
[661] DoJ/SEC S. 56f.
[662] DoJ/SEC, Hallmarks of Effective Compliance Programs, S. 58f.

6. **Incentivierung** und Disziplinarmaßnahmen.
7. **Due Diligence** von Dritten und von Zahlungen über diese.
8. Vertrauliche **Berichterstattung** und interne Untersuchungen.
9. Kontinuierliche **Verbesserung:** Regelmäßige Tests, kritische Überprüfung.
10. **Mergers & Acquisitions:** Pre-Acquisition Due Diligence und Post-Acquisition Integration

1230 In Bezug auf das Compliance-Risikomanagement werden vom Bundesjustizministerium und der Börsenaufsicht klare Vorgaben definiert.

1231 So wird in Zusammenhang mit den Buchführungsvorschriften des FCPA ein **internes Kontrollsystem** gefordert, das sicherstellt, dass die Erstellung der Finanzabschlüsse und die Finanzberichterstattung eines Unternehmens verlässlich ist. Nach dem Verständnis beider Behörden gehört dazu auch eine entsprechende Risikobewertung. Das geforderte Risikomanagement bezieht sich jedoch nicht nur auf klassische Unternehmensrisiken, sondern vor allem auch auf Compliance-Risiken, die, wenn sie in eine Verletzung des FCPA umschlagen, sich regelmäßig auch in einer unrichtigen Bilanzierung niederschlagen.

1232 Daher ist ein wirksames Compliance-Programm eine entscheidende Komponente eines internen Kontrollsystems. Dieses muss die operativen Gegebenheiten wie auch deren Risiken des Unternehmens berücksichtigen. Daher muss auch das Compliance-Programm Faktoren wie zB die Art der Produkte, deren Art der Vermarktung sowie das regulatorische Umfeld ebenso einbeziehen wie den Umfang des Behördengeschäftes oder Geschäftsaktivitäten in Hochrisikoländern.[663]

1233 Der Bewertung der Risikosituation des Unternehmens wird folglich eine „fundamentale“ Bedeutung beigemessen, wenn es um die Entwicklung eines überzeugenden Compliance-Programmes geht.[664] Daher ist das Risikomanagement für beide Behörden ein gesonderter Aspekt, der zur Bewertung der Qualität eines Compliance- und Ethikprogramms geprüft wird.

1234 Ein standardisiertes Compliance-(Risiko-)Management, das nicht den spezifischen Anforderungen eines Unternehmens Rechnung trägt, wird jedoch aus Sicht des DoJ und der SEC den Ansprüchen regelmäßig nicht gerecht. Sie sind im Allgemeinen schlecht konzipiert und unwirksam, da sie die beschränkt verfügbaren Ressourcen in Märkten mit den niedrigsten Compliance-Risiken einsetzen. Vielmehr wird erwartet, dass ein den spezifischen Compliance-Herausforderungen des Unternehmens angepasstes Compliance-(Risiko-)Management etabliert wird und Ressourcen dort eingesetzt werden, wo die Compliance-Risiken am höchsten sind.

1235 Daher sind das DoJ und die SEC bereit, einem Unternehmen signifikant entgegenzukommen, wenn dieses ein risikobasiertes Compliance-Programm implementiert hat, selbst wenn es trotz bester Intentionen in einem Niedrigrisikogebiet zu einer Gesetzesverletzung gekommen sein sollte, da die begrenzten Ressourcen zur Vermeidung von Verstößen in **Hochrisikogebieten** eingesetzt wurden. Im umgekehrten Fall wird das Wohlwollen der Behörden ein geringeres sein, wenn bei einer wirtschaftlich bedeutsamen, mit einem hohen Compliance-Risiko verbundenen Transaktion, das Unternehmen nicht mit der gebotenen Sorgfalt die Compliance-Risiken steuert.

1236 Auch weisen die Behörden darauf hin, dass das Compliance-Risikomanagement kein statischer Prozess ist, sondern dem Wachstum des Unternehmens entsprechend erweitert und verändert werden muss. Dazu gehören auch eine regelmäßige Überprüfung durch die **interne Revision** sowie **due diligence**-Aktivitäten. Ob und in welchem Umfang due diligence-Maßnahmen durchzuführen sind, ist vom jeweiligen Sachverhalt abhängig und kann nicht für alle Unternehmen in gleicher Art und Weise beantwortet werden. Vielmehr hängt es ab von den spezifischen Compliance-Risiken der Branche, des Landes, in dem das Unternehmen tätig ist, der Unternehmensgröße, sowie den Risiken in Zusam-

[663] DoJ/SEC S. 40.
[664] DoJ/SEC S. 60.

menhang mit der Art der Transaktion und der Zahlungsweise und Höhe der Vergütung Dritter. Ebenso relevant ist der Umfang der Behördengeschäfte bzw. die Qualität der Geschäftspartner, die Regulierungsdichte und Kontrollintensität des Landes, in dem die Transaktion abgewickelt werden soll.

Bei der Bewertung der Qualität und Wirksamkeit des Compliance-Programms eines Unternehmens berücksichtigen das DoJ und die SEC, in welchem Umfang das Unternehmen die spezifischen Compliance-Risiken analysiert und diesen entgegengesteuert hat.[665] 1237

Die besondere Bedeutung, die der Implementierung dieses compliance-risikobasierten Ansatzes beim Aufbau eines Compliance-Programms aus Sicht des DoJ und der SEC zukommt, wird in der Beschreibung der richtigen Vorgehensweise in Zusammenhang mit Dritten, die für das Unternehmen Geschäfte anbahnen, unterstrichen.[666] 1238

In der Zusammenarbeit mit **Handelsbeauftragten,** Beratern oder Vertragshändlern sehen das DoJ und die SEC ein erhebliches Compliance-Risiko, da gewöhnlich über solche Beziehungen zu Personen außerhalb des Unternehmens Zahlungen von Bestechungsgeldern abgewickelt werden. Beide Behörden messen daher der Analyse der Compliance-Risiken, die mit Beziehungen zu Dritten einhergehen, die im Auftrag eines Unternehmens tätig werden, ein erhebliches Gewicht bei der Beurteilung der Qualität und der Wirksamkeit des Compliance-Programmes zu. 1239

Auch hier gilt, dass die Tiefe und Breite der Analyse von zB der Branche des Unternehmens, der Art und des Volumens der Transaktion, der Dauer und Art der Beziehung zu dem Geschäftsanbahnenden abhängt. Dennoch gelten drei Grundprinzipien, die von Unternehmen einzuhalten sind. 1240

Erstens müssen Unternehmen bei einer risikobasierten Compliance-Programmgestaltung nachvollziehen, welche Qualifikationen und welche Geschäftsverbindungen der Geschäftsanbahnende unterhält und welche Reputation er im Markt genießt. Je mehr verdächtig erscheinende Informationen zu Tage treten, je detaillierter sollte die Analyse werden. 1241

Als zweites sollte das Unternehmen prüfen, ob es überhaupt der Involvierung eines Dritten bedarf, und wenn ja, dessen Rolle und Aufgaben bei der Transaktion mit ihm vertraglich exakt beschreiben. Auch sollte Klarheit über die Zahlungsmodalitäten bestehen, die im Einklang mit den Usancen des Landes für vergleichbare Dienstleistungen stehen und dass die vereinbarten Dienstleistungen auch tatsächlich erbracht worden sind, bevor eine Zahlung an ihn getätigt wird. 1242

Darüber hinaus sollte das Unternehmen die Aktivitäten des Dritten und, sofern erforderlich, dessen Aktivitäten vor Ort, iRv Audits regelmäßig überprüfen. Ggf. kann das Unternehmen seine Vertreter oder dessen Mitarbeiter schulen oder sich eine schriftliche Bestätigung ihrer Compliance-Anstrengungen vorlegen lassen.[667] 1243

Bei der Bewertung des Einzelfalls fällt weiterhin positiv ins Gewicht, wenn ein Unternehmen den Dritten über sein Compliance-Programm unterrichtet hat. Gleiches gilt, wenn das Unternehmen von diesem Geschäftspartner dessen Verpflichtungserklärung zu gesetzmäßigem und ethischem Handeln einzusehen verlangt sowie die Bestätigung über dessen Einhaltung von einer unparteiischen Seite zu sehen wünscht. 1244

III. US Department of Justice, Criminal Division – Überprüfung der Wirksamkeit eines Compliance-Managementsystems

Das US Justizministeriums stellt seit dem Jahre 2019 mit einem zwischenzeitlich mehrfach aktualisierten Dokument Staatsanwälten einen Fragenkatalog zur Verfügung, mit dem diese im Rahmen eines Strafverfahrens die Wirksamkeit eines Compliance-Managementsys- 1245

[665] DoJ/SEC S. 60, so auch ICC Art 10.
[666] DoJ/SEC S. 62 f.
[667] So auch ICC Art. 3.

tems zum Zeitpunkt der Straftat überprüfen können.[668] Auch dient dieses Dokument als Orientierungshilfe bei der Beantwortung der Frage, ob das Compliance-Managementsystem zum Zeitpunkt der Entscheidung über eine Anklageerhebung wirksam war, um zu einer Entscheidung zu gelangen, ob

1. eine Anklage erhoben werden muss oder eine andere Lösungsmöglichkeit erwogen werden sollte,
2. eine Geldbuße verhängt bzw.
3. weitere Compliance-Verpflichtungen, wie zB ein Monitor das Unternehmen überwachen oder besondere Berichterstattungspflichten, erfüllt werden müssen.[669]

1246 Anhand dieses Fragenkataloges hat der Staatsanwalt die Möglichkeit, die Wirksamkeit des Compliance-Managementsystems strukturiert zu bewerten. Dazu bieten drei Leitfragen den entsprechenden Rahmen:

1. Ist das Compliance-Managementsystem des Unternehmens gut konzipiert?
2. Ist das Compliance-Managementsystem mit ausreichenden Ressourcen und Befugnissen ausgestattet, um effektiv funktionieren zu können?
3. Funktioniert das Compliance-Managementsystem des Unternehmens in der Praxis?[670]

Diesen Leitfragen sind jeweils zahlreiche Detailfragen zugeordnet, deren Beantwortung eine Entscheidung zur weiteren Vorgehensweise der Staatsanwaltschaft (→ Rn. 1225) erleichtern soll.

1247 Durch die Beantwortung der **ersten Leitfrage** und der ergänzenden Detailfragen soll es einem Staatsanwalt ermöglicht werden, in strukturierter Form zunächst die Qualität der Konzeption des Compliance-Managementsystems des Unternehmens zu validieren. Da auch ein gut durchdachtes Konzept nur so gut funktionieren kann, wie es implementiert wurde, ist die Frage nach der Ressourcenausstattung und den Kompetenzen des Compliance Officer mehr als berechtigt. Vor allem zeigt sich bei der Beantwortung dieser **zweiten Leitfrage,** ob es sich um ein **„Papierprogramm"** handelt, das nur auf der Basis eines Verhaltenskodexes und einiger Compliance-Richtlinien existiert, die aber nicht umgesetzt und schon gar nicht gelebt werden, sondern nur zur Befriedigung von Kundennachfragen konzipiert worden sind.

1248 Mit der **dritten Leitfrage** erfolgt der Test, ob das gut durchdachte und implementierte Konzept praxistauglich ist und in der Realität zumindest geeignet war, Compliance-Verstöße zu verhindern bzw. wesentlich zu erschweren. Dies ist sicherlich der herausforderndste Teil der Analyse, da der Staatsanwalt die Angemessenheit und Wirksamkeit des Compliance-Managementsystems des Unternehmens sowohl zum Zeitpunkt der Straftat und als auch zum Zeitpunkt der Entscheidung über die Anklageerhebung bewerten muss. Die dadurch erforderliche Betrachtung des Compliance-Verstoßes auf Basis eines Ex-ante-Wissens ist eine erhebliche Herausforderung, da der Staatsanwalt die nachträgliche erworbenen Kenntnisse um die Entstehung des Rechtsverstoßes bei der Bewertung der Frage, ob das Compliance-Managementsystem zum Zeitpunkt der Straftat effektiv funktionierte, unberücksichtigt lassen muss.[671]

1249 Die Staatsanwaltschaft hat bei ihrer Bewertung darüber hinaus zu berücksichtigen, dass das Vorliegen eines Compliance-Verstoßes noch nicht bedeutet, dass das Compliance-Managementsystem zum Zeitpunkt der Straftat nicht funktionierte oder unwirksam war.[672]

[668] Für eine detaillierte Befassung mit diesem Evaluierungsfragebogen in Form von Checklisten s. Kark Compliance Officer § 4 Rn. 697–776.

[669] DoJ/Criminal Division, Criminal Division of the US Department of Justice Evaluation of Corporate Compliance Programs (Updated March 2023), https://www.justice.gov/criminal-fraud/page/file/937501/download, zuletzt abgerufen am 29.3.2023.

[670] DoJ/Criminal Division, S. 1 f. Der Begriff „compliance program" dürfte am ehesten mit dem hier verwendeten Begriff „Compliance-Managementsystem" gleichzusetzen sein, da sich in Deutschland der Terminus „Compliance-Programm" eher auf die verschiedenen Gegenmaßnahmen zur Mitigierung der Compliance-Risiken bezieht.

[671] DoJ/JM 9–28.300.

[672] U.S.S.G. § 8B2.1(a).

Vielmehr erkennt das US Justizministerium an, dass kein Compliance-Managementsystem in der Lage ist, jedwedes kriminelle Verhalten von Mitarbeitern zu unterbinden.[673]

Sofern im Unternehmen durch das Compliance-Managementsystem, ein Compliance-Verstoß **aufgedeckt** und auf Basis etablierter Compliance-Prozesse **Abhilfemaßnahmen** und ggf. eine Selbstanzeige imitiert wurde, sollte ein Staatsanwalt dies als ein **starkes Indiz** dafür ansehen, dass das Compliance-Managementsystem effektiv funktioniert hat.[674] 1250

Bei der Beantwortung dieser drei „fundamentalen Fragen"[675] kommt **dem Compliance-Risikomanagement eine zentrale Bedeutung** zu. Bereits im ersten Fragenblock zur Konzeption des Compliance-Managementsystems hat der Staatsanwalt eine Analyse der Qualität der Compliance-Risikobewertung vorzunehmen. Dazu ist zunächst das **Geschäftsmodell** des Unternehmens zu analysieren, um darauf aufbauend nachvollziehen zu können, wie das Unternehmen seine Compliance-Risiken definiert, ermittelt und bewertet hat. Diesen Erkenntnissen werden dann die Kontrollmaßnahmen zusammen mit den zur Verfügung gestellten Ressourcen gegenübergestellt. 1251

In diesem Zusammenhang soll ein Staatsanwalt prüfen, ob das Compliance-Managementsystem geeignet war, branchenspezifische Compliance-Risiken oder Risiken in einem komplexen regulatorischen Umfeld aufzudecken und zu verhindern. So soll besonderes Augenmerk auf standortspezifische Risikosituationen gerichtet werden, die zB entstehen können durch 1252

- den Standort der Geschäftstätigkeit,
- den Industriesektor,
- die Wettbewerbsintensität des Marktes,
- das regulatorische Umfeld,
- potenzielle Kunden und Geschäftspartner,
- Transaktionen mit ausländischen Regierungen,
- Zahlungen an ausländische Amtsträger,
- die Inanspruchnahme Dritter,
- Geschenke, Reise- und Bewirtungskosten sowie
- wohltätige und politische Spenden.[676]

Auch ist die Wirksamkeit der Risikobewertung des Unternehmens ebenso zu analysieren wie auch die Art und Weise, in der das Compliance-Managementsystem auf der Grundlage dieser Risikobewertung zugeschnitten wurde. Ebenfalls ist zu klären, ob die Kriterien der Risikobewertung regelmäßig aktualisiert worden sind. 1253

Hervorzuheben ist, dass selbst bei einem festgestellten Compliance-Verstoß Staatsanwälte gehalten sind, ein angemessenes Compliance-Managementsystem positiv in die Bewertung einfließen zu lassen, sofern es im Lichte der während des Ermittlungsverfahrens gewonnenen Erkenntnisse von der Unternehmensleitung überarbeitet worden ist. 1254

Im Einzelnen sind zum **Compliance-Risikomanagementprozess** folgende Fragen zu beantworten:[677] 1255

- Welche Methodik hat das Unternehmen angewandt, um die besonderen Risiken, denen es ausgesetzt ist, zu identifizieren, zu analysieren und zu behandeln?
- Welche Informationen oder Messgrößen hat das Unternehmen gesammelt und verwendet, um die Art des fraglichen Fehlverhaltens aufzudecken?
- Wie haben die Informationen oder Kennzahlen das Compliance-Programm des Unternehmens beeinflusst?

[673] DoJ/JM 9–28.800
[674] DoJ/Criminal Division, S. 14.
[675] DoJ/Criminal Division, S. 2.
[676] DoJ/Criminal Division, S. 2.
[677] DoJ/Criminal Division, S. 3.

1256 Zur risikogerechten **Ressourcenallokation** sind Feststellung zu folgenden Fragestellungen zu treffen:

- Wendet das Unternehmen unverhältnismäßig viel Zeit für die Überwachung von Bereichen mit geringem Risiko auf, anstatt den Fokus auf Bereiche mit hohem Risiko zu richten, wie z B fragwürdige Zahlungen an externe Berater, verdächtige Handelsaktivitäten oder übermäßige Rabatte für Wiederverkäufer und Vertriebshändler?
- Widmet das Unternehmen risikoreichen Transaktionen (zB einem Großauftrag mit einer Regierungsbehörde in einem Hochrisikoland) eine größere Aufmerksamkeit als bescheideneren und routinemäßigen Bewirtungen und Einladungen?

1257 Die Anstrengungen, die ein Unternehmen für die **Aktualisierungen und Überarbeitungen** des bestehenden Compliance-Managementsystems unternimmt, sind ebenfalls zu hinterfragen:

- Ist die Risikobewertung aktuell und wird sie regelmäßig überprüft?
- Beschränkt sich die regelmäßige Überprüfung auf eine „Momentaufnahme" oder basiert sie auf einem kontinuierlichen Zugang zu operativen Daten und Informationen über alle Funktionen hinweg?
- Hat die regelmäßige Überprüfung zu Aktualisierungen von Richtlinien, Verfahren und Kontrollen geführt?
- Tragen diese Aktualisierungen den Risiken Rechnung, die durch Fehlverhalten oder andere Probleme mit dem Compliance-Programm aufgedeckt wurden?

1258 Die Frage, ob zB aus **vergangenen Compliance-Verstößen** gezogene Lehren Eingang in das Compliance-Managementsystem gefunden haben (lessons learned), wird ebenfalls betrachtet:

- Verfügt das Unternehmen über ein Verfahren zur Nachverfolgung und Einbeziehung der Lehren aus früheren Problemen des Unternehmens oder anderer Unternehmen, die in der gleichen Branche und/oder geografischen Region tätig sind, in die regelmäßige Risikobewertung?

1259 Auch die Inhalte und der Teilnehmerkreis von **Compliance-Schulungen** in einem Unternehmen sollten risikoorientiert ausgewählt werden. Daher wird von Staatsanwälten erwartet, dass sie validieren, ob den Mitarbeitern die Inhalte des Compliance-Managementsystems iRv Compliance-Trainings erfolgreich vermittelt worden sind, um auf der Basis dieser Erhebung entscheiden zu können, ob das Compliance-Managementsystem wirksam ist.[678]

- Welche Schulungen haben Mitarbeiter in den relevanten Kontrollfunktionen erhalten?
- Wurden Mitarbeitern, die einem hohen Compliance-Risiko ausgesetzt sind bzw. Mitarbeitern in Kontrollfunktionen vom Unternehmen maßgeschneiderte Compliance-Schulungen angeboten?
- Wurden Compliance-Schulungen, die sich mit den Risiken in dem Bereich befassen, in dem ein Fehlverhalten aufgetreten ist, angeboten?
- Haben Führungskräfte eine andere Compliance-Schulung oder zusätzliche Compliance-Trainings erhalten?
- Welche Analyse hat das Unternehmen durchgeführt, um festzustellen, wer zu welchen Themen geschult werden sollte?

1260 Nach der hier vertretenen Auffassung stellt ein wirksames **Hinweisgebersystem** einen integralen Bestandteil eines effektiven Compliance-Risikomanagements dar (→ Rn. 688 ff.). Diese Auffassung wird auch in den USA geteilt, da ein solches Hinweisgebersystem als sehr aussagekräftig dafür angesehen wird, ob ein Unternehmen Corporate-Governance-Mechanismen eingerichtet hat, die Fehlverhalten wirksam aufdecken und verhindern können.

1261 Daher müssen Staatsanwälte iRd Bewertung der Wirksamkeit eines Compliance-Managementsystems prüfen, ob im Unternehmen ein effizientes und vertrauenswürdiges Hin-

[678] DoJ/Criminal Division, S. 5.

weisgebersystem etabliert worden ist, über das Mitarbeiter auch **anonym** Informationen über (mögliche) Compliance-Verstöße mitteilen können. Auch soll evaluiert werden, ob das Unternehmen proaktiv eine Atmosphäre kreiert, in der keine Angst vor Vergeltungsmaßnahmen besteht. Darüber hinaus sollten angemessene Prozesse für das Geben eines Hinweises existieren, die auch den Schutz des Hinweisgebers vor Sanktionen oder anderen Repressionen umfassen.[679]

Naturgemäß kommt der Untersuchung eines Hinweises eine erhebliche Bedeutung zu, 1262 insbes., ob die richtigen Personen involviert wurden und ob die interne Untersuchung zeitnah zu einem Ergebnis und ggf. zu Sanktionen geführt hat.

Daher muss sich in diesem Zusammenhang ein Staatsanwalt mit vier Fragekomplexen 1263 befassen:

1. Besteht ein wirksames Hinweisgebersystem?
2. Wurde eine dem Sachverhalt angemessene Untersuchung durch kompetentes Personal durchgeführt?
3. War die Vorgehensweise bei der internen Untersuchung angemessen?
4. Wie stellte sich der Ressourceneinsatz und Ergebnis der Nachbearbeitung dar?

Im Einzelnen müssen folgende Themen untersucht werden:[680] 1264

1. Besteht ein wirksames Hinweisgebersystem?
   - Verfügt das Unternehmen über ein anonymes Hinweisgebersystem, und wenn nicht, warum?
   - Wie wurden Mitarbeiter und Dritte über die Existenz des Hinweisgebersystems informiert?
   - Wurde das Hinweisgebersystem genutzt?
   - Validiert das Unternehmen, ob die Mitarbeiter das Hinweisgebersystem kennen und sich bei dessen Nutzung wohl fühlen?
   - Wie geht das Unternehmen vor, wenn es darum geht, die Schwere der eingegangenen Anschuldigungen zu bewerten?
   - Hatte die Compliance-Funktion uneingeschränkten Zugang zu den Berichts- und Untersuchungsinformationen?
2. Wurde eine dem Sachverhalt angemessene Untersuchung durch kompetentes Personal 1265 durchgeführt?
   - Wie stellt das Unternehmen fest, welche Hinweise oder Verdachtsmomente eine weitere Untersuchung erfordern?
   - Wie stellt das Unternehmen sicher, dass die Untersuchungen einen angemessenen Umfang haben?
   - Welche Schritte unternimmt das Unternehmen, um sicherzustellen, dass die Untersuchungen unabhängig, objektiv und angemessen durchgeführt sowie ordnungsgemäß dokumentiert werden?
   - Wie bestimmt das Unternehmen, durch wen eine Untersuchung durchgeführt werden sollte und wer trifft diese Entscheidung?
3. War die Vorgehensweise bei der internen Untersuchung angemessen? 1266
   - Wendet das Unternehmen zeitliche Kriterien an, um die Reaktionsfähigkeit zu gewährleisten?
   - Verfügt das Unternehmen über ein Verfahren zur Überwachung der Untersuchungsergebnisse und zur Sicherstellung der Verantwortlichkeit für die Reaktion auf etwaige Feststellungen oder Empfehlungen?
4. Wie stellte sich der Ressourceneinsatz und das Ergebnis der Nachbearbeitung dar? 1267
   - Wurde das Hinweisgebersystem und die interne Untersuchung ausreichend mit Ressourcen durch das Unternehmen ausgestattet?

[679] DoJ/Criminal Division, S. 6.
[680] DoJ/Criminal Division, S. 6.

- Wie hat das Unternehmen Informationen aus seinem Berichtswesen gesammelt, verfolgt, analysiert und genutzt?
- Analysiert das Unternehmen die Berichte oder Untersuchungsergebnisse regelmäßig auf Muster von Fehlverhalten oder andere Anzeichen für Compliance-Verstöße?
- Wird die Wirksamkeit des Hinweisgebersystems in regelmäßigen Abständen durch das Unternehmen zB durch die Verfolgung einer Meldung von Anfang bis Ende, geprüft.

1268 Auch eine adäquate und somit risikoorientierte **Geschäftspartnerprüfung** ist durch die Staatsanwaltschaft zu überprüfen. Hervorzuheben ist hierbei, dass sich das Justizministerium in dem folgenden Abschnitt v. a. auf Dritte bezieht, die für das Unternehmen nach außen auftreten, wie zB **Agenten, Berater und Vertriebsmittler,** die üblicherweise eingesetzt werden, um Fehlverhalten zu verschleiern, wie zB die Zahlung von Bestechungsgeldern an ausländische Beamte bei internationalen Geschäftsvorgängen. Dabei räumt das Justizministerium ein, dass der Umfang einer solchen Überprüfung je nach Größe und Art des Unternehmens und der Transaktion sowie der Geschäftspartner variieren kann. Dennoch sollte das Unternehmen die Qualifikation und das Verbindungsnetzwerk der Geschäftspartner kennen.

1269 Auch sollte validiert werden, ob das Unternehmen die geschäftlichen Gründe kennt, die die Einbeziehung eines Geschäftspartners erforderlich machen und die von diesem ausgehenden Risiken, einschließlich der **Reputation** des Geschäftspartners und dessen etwaige Beziehungen zu ausländischen Beamten. So sollte beispielsweise überprüft werden, ob das Unternehmen sichergestellt hat, dass in den Verträgen mit Geschäftspartnern die **zu erbringenden Dienstleistungen** genau **beschrieben** sind. Auch sollte der Dritte die Arbeit tatsächlich ausführt haben. Die Staatsanwälte sollten darüber hinaus prüfen, dass dessen **Vergütung angemessen** im Vergleich zu in dieser Branche und geografischen Region geleisteten Arbeit ist. Darüber hinaus sollte das Unternehmen die Beziehungen zu Dritten des zu prüfenden Geschäftspartners laufend überwachen, sei es durch aktualisierte Geschäftspartnerprüfungen, Schulungen, Audits und/oder jährliche Compliance-Zertifizierungen durch den Geschäftspartner.[681]

1270 Aus der Sicht eines wirksamen Compliance-Risikomanagements wurden daher zum Umgang mit Geschäftspartnern wiederum Fragen für eine Unternehmensprüfung durch die Staatsanwaltschaft zu vier Themenschwerpunkten abgeleitet:

1. Risikobasierte und integrierte Prozesse
2. Angemessene Kontrollen
3. Management der Geschäftsbeziehungen
4. Echte Maßnahmen und Konsequenzen.[682]

1271 1. Risikobasierte und integrierte Prozesse

- Wie wurde der Prozess des Unternehmens zur Verwaltung von Geschäftspartnern an die Art und den Umfang des vom Unternehmen ermittelten Compliance-Risikos angepasst?
- Wie wurde dieser Prozess in die relevanten Beschaffungs- und Lieferantenmanagementprozesse integriert?

1272 2. Angemessene Kontrollen

- Wie stellt das Unternehmen sicher, dass es eine angemessene geschäftliche Begründung für den Einsatz von Geschäftspartnern gibt?
- Wenn Dritte an dem zugrundeliegenden Compliance-Verstoß beteiligt waren, was waren die geschäftlichen Gründe für den Einsatz dieser Dritten?
- Welche Mechanismen gibt es, um sicherzustellen, dass die Vertragsbedingungen genau die zu erbringenden Leistungen beschreiben, dass die Zahlungsbedingungen an-

[681] DoJ/Criminal Division, S. 7.
[682] DoJ/Criminal Division, S. 15 ff.

gemessen sind, dass die beschriebene Leistung erbracht wird und dass die Vergütung in einem angemessenen Verhältnis zu den erbrachten Leistungen steht?

3. Management der Geschäftsbeziehungen 1273
   - Wie hat das Unternehmen die Vergütungs- und Anreizstrukturen für Geschäftspartner im Hinblick auf Compliance-Risiken geprüft und analysiert?
   - Wie überwacht das Unternehmen seine Geschäftspartner?
   - Verfügt das Unternehmen über Auditierungsrechte, um die Bücher und Konten der Geschäftspartner zu analysieren?
   - Hat das Unternehmen diese Rechte in der Vergangenheit ausgeübt?
   - Wie schult das Unternehmen seine für die Pflege der Geschäftspartnerbeziehungen zuständigen Mitarbeiter in Bezug auf Compliance-Risiken und den Umgang mit diesen?
   - Wie schafft das Unternehmen Anreize für Compliance und ethisches Verhalten seiner Geschäftspartner?
   - Kümmert sich das Unternehmen während der gesamten Dauer der Geschäftsbeziehung um das Compliance-Risikomanagement mit Geschäftspartnern oder hauptsächlich während des Onboarding Prozesses?
4. Echte Maßnahmen und Konsequenzen 1274
   - Verfolgt das Unternehmen Warnsignale (red flags), die bei der Geschäftspartnerprüfung festgestellt werden, und wie wird mit diesen Warnsignalen umgegangen?
   - Beobachtet das Unternehmen Dritte, die die Geschäftspartnerprüfung des Unternehmens nicht bestehen oder denen gekündigt wird auch danach?
   - Ergreift das Unternehmen Maßnahmen, um sicherzustellen, dass diese Art von Geschäftspartnern nicht zu einem späteren Zeitpunkt eingestellt oder erneut eingestellt werden?
   - Wenn Geschäftspartner in den Compliance-Verstoß, um den es bei der Untersuchung geht, verwickelt waren, wurden bei der Due-Diligence-Prüfung oder nach der Einstellung bzw Beauftragung des Geschäftspartners Warnsignale bekannt und wie wurden diese beseitigt?
   - Wurde ein ähnlicher Geschäftspartner aufgrund von Compliance-Problemen suspendiert, gekündigt oder geprüft?

Mit der Beantwortung der **dritten Leitfrage,** ob das Compliance-Managementsystem des Unternehmens **in der Praxis funktioniert,** sollten sich die Staatsanwälte u. a. auch mit der Prüfung der im Unternehmen vorgefundenen Compliance-Kultur befassen.[683] 1275

Im Hinblick darauf, dass sich das Unternehmen selbst ebenso in einem stetigen Wandel befindet, wie auch sein Umfeld, sollen Staatsanwälte darüber hinaus hinterfragen, ob das Unternehmen sinnvolle Anstrengungen unternommen hat, um sein **Compliance-Managementsystem** zu überprüfen und sicherzustellen, dass es **nicht veraltet ist** und neu hinzutretende Compliance-Risiken adäquat berücksichtigt werden. 1276

Aus Sicht des *DoJ* gehört es zur **„Best Practice“,** wenn Unternehmen ihre Mitarbeiter befragen, um zu einer Einschätzung der im Unternehmen herrschenden Compliance-Kultur zu gelangen. Ebenfalls wird es als sehr sinnvoll erachtet, wenn Unternehmen Compliance-Audits initiieren, um zu prüfen, wie gut die Kontrollen funktionieren. Dabei wird eingeräumt, dass die Größe und Komplexität des jeweiligen Unternehmens bei einer Bewertung durch den Staatsanwalt entsprechend zu berücksichtigen ist.[684] 1277

Konkret zur **Compliance-Kultur** sollten folgende Fragen durch den Staatsanwalt geklärt werden:[685] 1278

- Wie oft und auf welche Weise misst das Unternehmen seine Compliance-Kultur?

[683] DoJ/Criminal Division, S. 16.
[684] DoJ/Criminal Division, S. 15.
[685] DoJ/Criminal Division, S. 16.

- Auf welche Weise stärken die Einstellungs- und Anreizstruktur des Unternehmens das Engagement für eine Compliance-Kultur?
- Befragt das Unternehmen alle Mitarbeiter, um festzustellen, ob sie das Engagement der Geschäftsleitung und der mittleren Führungsebene für die Einhaltung der rechtlichen Vorgaben wahrnehmen?
- Welche Schritte hat das Unternehmen als Reaktion auf die Ergebnisse der Messung der Compliance-Kultur (zB auf Basis der Umfrageergebnisse) unternommen?

1279 Auch wenn einige Fragen, der Abteilung für Strafverfolgung des US Justizministeriums zur „Evaluation of Corporate Compliance Programs" aus deutscher Sicht sehr weitreichend sind, so zeigen sie, wie ernst die Angemessenheit und Wirksamkeit eines Compliance-Managementsystems in den Vereinigten Staaten genommen werden und welch große Bedeutung dem Compliance-Risikomanagements beigemessen wird.

1280 Eine solch **strukturierte Vorgehensweise,** die sich keineswegs mit der Papierform zufriedengibt, kann daher auch für deutsche Unternehmen dienlich sein, wenn es darum geht, die **Angemessenheit und Wirksamkeit des eigenen Compliance-Managementsystems zu überprüfen.**

IV. Fazit

1281 Aus Sicht deutscher Unternehmen sind diese Vorgaben mind. in zweifacher Hinsicht von Bedeutung.

1282 Zum einen enthalten sie relativ klare Handlungsanweisungen und Beschreibungen, wie ein wirksames Compliance-Managementsystem aufgebaut sein sollte. Dass dabei die Identifikation und Steuerung der Compliance-Risiken zentrale Punkte eines solchen integrierten Ansatzes sind, spiegelt wider, dass das Compliance-Risikomanagement der Schlüssel zu einem effektiven Compliance-Programm ist.

1283 Nach der hier vertretenen Auffassung ist es nur eine Frage der Zeit, bis auch der deutsche Gesetzgeber bzw. die Gerichte ähnliche Vorgaben für ein Compliance-Management, das auf einem Compliance-Risikomanagement aufbaut, definieren. Die Geschäftsleitung, die die Compliance-Anstrengungen ihres Unternehmens systematisieren und weiter optimieren will, kann sich daher an amerikanischen Vorgaben und vor allem an der diesen zugrunde liegenden Logik orientieren. Dabei sollte jedoch behutsam vorgegangen werden, um das Unternehmen nicht mit einem verwaltungstechnischen Aufwand zu überziehen, der vielleicht den erheblichen SOX-Anforderungen gerecht würde, der aber von der deutschen Rechtsordnung und europäischen Vorschriften (noch) nicht gefordert wird.

1284 Zum anderen ist es für deutsche Unternehmen, die in den USA tätig sind bzw. die anderweitige Berührungspunkte mit den US Justizbehörden haben könnten, wichtig zu wissen, welchen Maßstab die dortige Bundesstaatsanwaltschaft an ein qualitativ hochwertiges, effektives Compliance-Programm stellt. Wenn man sich im „Ernstfall" auf ein solches berufen möchte, müssen vorher entsprechende Maßnahmen eingeleitet worden sein, um unter Umständen eine Enthaftung zu erreichen.

1285 Dass die Behörden die Angemessenheit und Wirksamkeit des Compliance-Managementsystems eines Unternehmens, aus dem heraus eine Straftat begangen wurde, sehr ernst nehmen, wird durch einen Fragebogen unterstrichen, den das U.S. Justizministerium seinen Staatsanwaltschaften zur Verfügung gestellt hat. In einer strukturierten Weise wird anhand eines an drei Leitfragen aufgebauten Fragenkatalogs die Angemessenheit und Wirksamkeit eins Compliance-Managementsystem durch Staatsanwälte überprüft. Diesen Fragenkatalog kann man sich als Unternehmen unabhängig vom eigenen geographischen Standort zunutze machen, um den Stand des eigenen Compliance-Managementsystems zu evaluieren.

Checkliste 40: US-amerikanische Anforderungen

- ❑ Weisen die geschäftlichen Aktivitäten des Unternehmens mit den **USA Berührungspunkte** auf?
- ❑ **Vertreibt** das Unternehmen Produkte oder Dienstleistungen **in den USA?**
- ❑ **Kauft** das Unternehmen in den USA **Rohstoffe** oder **Komponenten** für die Fertigung in anderen Ländern als in den USA ein?
- ❑ Verwendet das Unternehmen **US-amerikanisches Know-how** in seinen Produkten?
- ❑ Vertreibt das Unternehmen Produkte in Ländern, die einem **US-Embargo** unterliegen?
- ❑ Werden für das Unternehmen **US-Dollar Zahlungen** getätigt?
- ❑ **Finanziert** sich das Unternehmen auf US-amerikanischen Kapitalmärkten?
- ❑ Sofern eine oder mehrere Fragen positiv beantwortet werden, bestehen Kenntnisse über die **Compliance-Anforderungen des** US-amerikanischen **Justizministeriums** und der dortigen **Börsenaufsicht?**
- ❑ Berücksichtigt das Compliance-Managementsystem die **Vorgaben der US-amerikanischen Strafzumessungsrichtlinien** in Bezug auf die vorausgesetzten Minimalanforderungen an ein solches System?
- ❑ Berücksichtigt das Compliance-Managementsystem auch die **13 Kriterien** der US-amerikanischen **Börsenaufsicht,** was im Fall eines Compliance-Verstoßes zu einer **wohlwollenderen Behandlung** durch die Behörde führen kann?
- ❑ Sind die **Führungskräfte mit den Inhalten** der Strafzumessungsrichtlinien des amerikanischen Justizministeriums und dem **Kriterienkatalog** der Börsenaufsicht **vertraut?**
- ❑ Hat der **DoJ/SEC Resource Guide** zum FCPA Eingang in das Compliance-Managementsystem des Unternehmens gefunden?
- ❑ Welcher Personenkreis fällt unter die Anti-Korruptionsbestimmungen und Bilanzierungsvorschriften des FCPA?
- ❑ Ist im Unternehmen bekannt, wie die US-Behörden **ausländische Amtsträger** definieren?
- ❑ Sind im Unternehmen die US-Regeln für **Geschenke, Einladungen und Bewirtungen** bekannt?
- ❑ Sofern das Unternehmen **Facilitation Payments** zahlt, wird vor der Zahlung geprüft, ob dabei die amerikanischen Vorschriften eingehalten werden?
- ❑ Ist im Unternehmen der Unterschied zwischen **zivilrechtlicher** und **strafrechtlicher Verfolgung** von Verstößen gegen die Vorschriften des FCPA bekannt?
- ❑ Entspricht das **Compliance-Risikomanagementsystem** den Vorgaben des US-Justizministeriums und der US-Börsenaufsicht?
- ❑ Ist das Unternehmen mit den Fragen des *DoJ* zur **Evaluierung** der Angemessenheit und Wirksamkeit eines Compliance-Managementsystems vertraut?
- ❑ Hat das Unternehmen diesen Fragenkatalog verwendet oder hat es auf dessen Basis einen auf die Anforderungen des Unternehmens adaptierten, eigenen Fragenkatalog entwickelt?
- ❑ Wurde eine **Angemessenheits- und Wirksamkeitsprüfung** des Compliance-Managementsystems durchgeführt?

Checkliste 41: Reaktion des Unternehmens nach einem Compliance-Vorfall

- ❑ Wurde der Compliance-Verstoß durch das Compliance-Managementsystem **aufgedeckt?**
- ❑ Wurden auf Basis etablierter Compliance-Prozesse **Abhilfemaßnahmen ausgelöst?**
- ❑ **Wurden im Rahmen dieser Prozesse** ggf. eine Selbstanzeige imitiert?[686]

[686] Die folgenden Checklisten entstanden in Anlehnung an DoJ/Criminal Division.

Checkliste 42: Konzeption des Compliance-Risikomanagement iRd Compliance-Managementsystem

- ☐ Wurde das **Geschäftsmodell** im Hinblick iRd Konzeption des Compliance-Risikomanagement berücksichtigt?
- ☐ Ist auch bei einer externen Prüfung **nachvollziehbar**, wie das Unternehmen seine Compliance-Risiken definiert, ermittelt und bewertet?
- ☐ Wurden iRd Umsetzung des Compliance-Risikomanagementdarüber hinaus entsprechende **Kontrollmaßnahmen** implementiert?
- ☐ Wurde das Compliance-Risikomanagement mit entsprechenden Ressourcen ausgestattet?
- ☐ Ist das Compliance-Managementsystem geeignet, **branchenspezifische Compliance-Risiken** oder Risiken in einem komplexen regulatorischen Umfeld aufzudecken und zu verhindern?
- ☐ Ist es geeignet, **standortspezifische Risikosituationen** gerecht zu werden wie zB
  - dem Standort der Geschäftstätigkeit?
  - dem Industriesektor?
  - der Wettbewerbsintensität des Marktes?
  - dem regulatorischen Umfeld?
  - potenzielle Kunden und Geschäftspartner?
  - Transaktionen mit ausländischen Regierungen?
  - Zahlungen an ausländische Amtsträger?
  - der Inanspruchnahme Dritter?
  - Geschenke, Reise- und Bewirtungskosten?
  - wohltätige und politische Spenden?

Checkliste 43: Effektivität der Compliance-Risikobewertung

- ☐ Ist die Compliance-Risikobewertung des Unternehmens wirksam?
- ☐ Entspricht die Art und Weise des Zuschnitts des Compliance-Managementsystem den Erkenntnissen der Risikobewertung?
- ☐ Werden die **Kriterien** der Risikobewertung regelmäßig **aktualisiert?**
- ☐ Wurden die während eines **Ermittlungsverfahrens** gewonnenen Erkenntnisse iRd Optimierung des Compliance-Risikomanagement berücksichtigt?

Checkliste 44: Der Compliance-Risikomanagementprozess

- ☐ Welche **Methodik** hat das Unternehmen angewandt, um die besonderen Risiken, denen es ausgesetzt ist, zu identifizieren, zu analysieren und zu behandeln?
- ☐ Welche **Informationen oder Messgrößen** hat das Unternehmen gesammelt und verwendet, um die Art des fraglichen Fehlverhaltens aufzudecken?
- ☐ Wie haben die Informationen oder **Kennzahlen** das Compliance-Programm des Unternehmens **beeinflusst?**

Checkliste 45: Ressourcen des Compliance-Risikomanagements

- ☐ Wurde eine risikogerechte **Ressourcenallokation** vorgenommen?
- ☐ Wendet das Unternehmen unverhältnismäßig viel Zeit für die Überwachung von Bereichen mit geringem Risiko auf?
- ☐ Wird stattdessen Bereiche mit **hohem Risiko vernachlässigt,** wie z B fragwürdige Zahlungen an externe Berater, verdächtige Handelsaktivitäten oder übermäßige Rabatte für Wiederverkäufer und Vertriebshändler?
- ☐ Widmet das Unternehmen **risikoreichen Transaktionen** (zB einem Großauftrag mit einer Regierungsbehörde in einem Hochrisikoland) eine größere Aufmerksamkeit als bescheideneren und routinemäßigen Bewirtungen und Einladungen?

Checkliste 46: Aktualisierungen und Überarbeitungen des bestehenden Compliance-Risikomanagements

- ❑ Ist die Risikobewertung **aktuell** und wird sie regelmäßig **überprüft?**
- ❑ Beschränkt sich die regelmäßige Überprüfung auf eine „Momentaufnahme" oder basiert sie auf einem kontinuierlichen Zugang zu operativen Daten und Informationen über alle Funktionen hinweg?
- ❑ Hat die regelmäßige Überprüfung zu Aktualisierungen von Richtlinien, Verfahren und Kontrollen geführt?
- ❑ Tragen diese Aktualisierungen den Risiken Rechnung, die durch Fehlverhalten oder andere Probleme mit dem Compliance-Programm aufgedeckt wurden?

Checkliste 47: Konsequenzen aufgedeckter Compliance-Verstöße

- ❑ Wurde aus vergangenen Compliance-Verstößen Lehren für das Compliance-Managementsystem gezogen **(lessons learned)?**
- ❑ Verfügt das Unternehmen über ein **Verfahren zur Nachverfolgung** und Einbeziehung der Lehren aus früheren Problemen des Unternehmens oder anderer Unternehmen, die in der gleichen Branche und/oder geografischen Region tätig sind, in die regelmäßige Risikobewertung?

Checkliste 48: Compliance-Schulungen und Compliance-Risikomanagement

- ❑ Werden die Inhalte und der Teilnehmerkreis von **Compliance-Schulungen** risikoorientiert ausgewählt?
- ❑ Werden den Mitarbeitern die Inhalte des Compliance-Managementsystems iRv Compliance-Trainings **erfolgreich vermittelt?**
- ❑ Welche Schulungen haben Mitarbeiter in den relevanten Kontrollfunktionen erhalten?
- ❑ Wurden **Mitarbeitern,** die einem **hohen Compliance-Risiko** ausgesetzt sind bzw. Mitarbeitern in Kontrollfunktionen vom Unternehmen maßgeschneiderte Compliance-Schulungen angeboten?
- ❑ Wurden Compliance-Schulungen, die sich mit den Risiken in dem Bereich befassen, in dem ein Fehlverhalten aufgetreten ist, angeboten?
- ❑ Haben **Führungskräfte** eine andere Compliance-Schulung oder zusätzliche Compliance-Trainings erhalten?
- ❑ Welche **Analyse** hat das Unternehmen durchgeführt, um festzustellen, wer zu welchen Themen geschult werden sollte?

Checkliste 49: Compliance-Risikomanagement und Geschäftspartnerprüfung

- ❑ Risikobasierte und integrierte Prozesse
  - Wie wurde der Prozess des Unternehmens zur Administration von Geschäftspartnern an die Art und den Umfang des vom Unternehmen ermittelten Compliance-Risikos angepasst?
  - Wie wurde dieser Prozess in die relevanten Beschaffungs- und Lieferantenmanagementprozesse integriert?
- ❑ **Angemessene Kontrollen**
  - Wie stellt das Unternehmen sicher, dass es eine angemessene geschäftliche Begründung für den Einsatz von Geschäftspartnern gibt?
  - Wenn Dritte an dem zugrundeliegenden Compliance-Verstoß beteiligt waren, was waren die geschäftlichen Gründe für den Einsatz dieser Dritten?
  - Welche Mechanismen gibt es, um sicherzustellen, dass die Vertragsbedingungen genau die zu erbringenden Leistungen beschreiben, dass die Zahlungsbedingungen angemessen sind, dass die beschriebene Leistung erbracht wird und dass die Vergütung in einem angemessenen Verhältnis zu den erbrachten Leistungen steht?

- ❑ **Management** der **Geschäftsbeziehungen**
  - Wie hat das Unternehmen die Vergütungs- und Anreizstrukturen für Geschäftspartner im Hinblick auf Compliance-Risiken geprüft und analysiert?
  - Wie überwacht das Unternehmen seine Geschäftspartner?
  - Verfügt das Unternehmen über **Auditierungsrechte**, um die Bücher und Konten der Geschäftspartner zu analysieren?
  - Hat das Unternehmen diese Rechte in der Vergangenheit ausgeübt?
  - Wie schult das Unternehmen seine für die Pflege der Geschäftspartnerbeziehungen zuständigen Mitarbeiter in Bezug auf Compliance-Risiken und den Umgang mit diesen?
  - Wie schafft das Unternehmen Anreize für Compliance und ethisches Verhalten seiner Geschäftspartner?
  - Kümmert sich das Unternehmen während der gesamten Dauer der Geschäftsbeziehung um das Compliance-Risikomanagement mit Geschäftspartnern oder hauptsächlich während des Onboarding Prozesses?
- ❑ **Echte Maßnahmen und Konsequenzen**
  - Verfolgt das Unternehmen Warnsignale **(red flags)**, die bei der Geschäftspartnerprüfung festgestellt werden, und wie wird mit diesen Warnsignalen umgegangen?
  - Beobachtet das Unternehmen Dritte, die die Geschäftspartnerprüfung des Unternehmens nicht bestehen oder denen gekündigt wird auch danach?
  - Ergreift das Unternehmen Maßnahmen, um sicherzustellen, dass diese Art von Geschäftspartnern nicht zu einem späteren Zeitpunkt eingestellt oder erneut eingestellt werden?
  - Wenn Geschäftspartner in den **Compliance-Verstoß**, um den es bei der Untersuchung geht, verwickelt waren, wurden bei der Due-Diligence-Prüfung oder nach der Einstellung bzw Beauftragung des Geschäftspartners Warnsignale bekannt und wie wurden diese beseitigt?
  - Wurde ein ähnlicher Geschäftspartner aufgrund von Compliance-Problemen suspendiert, gekündigt oder geprüft?

B. Der britische Bribery Act 2010

1286 Mit dem im Jahre 2010 in Kraft getretenen Bribery Act hat Großbritannien die bisher weltweit schärfsten Anti-Korruptionsbestimmungen verabschiedet.[687] Für deutsche Unternehmen ist es in zweierlei Hinsicht von Relevanz.

1287 Gem. Section 7 Bribery Act gilt der Bribery Act auch für Unternehmen, die außerhalb Großbritanniens gegründet worden sind und eine Geschäftstätigkeit in Großbritannien unterhalten. Daher wäre zB ein deutsches Unternehmen auf Basis des Bribery Act 2010 haftbar, wenn aus ihm heraus eine Bestechungszahlung in einem Hochrisikoland getätigt wurde und das Unternehmen zu diesem Zeitpunkt eine Filiale in London unterhielt, auch wenn letztere mit diesem Vorgang nichts zu tun hatte.

1288 Darüber hinaus ermöglicht es der Bribery Act 2010, dass sich ein Unternehmen exkulpieren kann, indem es nachweist, dass, auch wenn es zu einer Bestechung gekommen ist, ein wirksames Compliance-Managementsystem installiert war (Sec. 7 (2) Bribery Act). In einem Leitfaden, der gem. Section 9 (1) Bribery Act veröffentlicht wurde, hat die britische Regierung mittlerweile näher erläutert, wie ein wirksames Compliance-Programm auszu-

[687] Deister/Geier CCZ 2011, 12 ff. The Bribery Act 2010, Guidance about procedures which relevant commercial organisations can put into place to prevent persons associated with them from bribing (section 9 of the Bribery Act 2010), dazu Deister/Geier CCZ 2011, 81.

sehen hat, wenn ein Unternehmen in den Genuss einer Straffreiheit oder doch zumindest einer Strafminderung kommen möchte.[688]

I. Guidance zum Bribery Act 2010

Bereits in der Einleitung zu diesem Leitfaden wird betont, wie wichtig es dem Justizministerium ist, dass Unternehmen einen risikobasierten Compliance-Ansatz zur Prävention von Bestechungshandlungen verwenden. Die Compliance-Prozesse sollten der Höhe des Risikos einer Bestechungshandlung aus dem Unternehmen heraus angemessen sein. Ähnlich wie auch die amerikanischen Behörden, gibt das Justizministerium den Unternehmen nach, dass kein Compliance-System in der Lage ist zu verhindern, dass Straftaten im Unternehmen begangen werden. Der risikobasierte Ansatz sorgt jedoch aus Sicht der Regierung dafür, dass die Ressourcen dort eingesetzt werden, wo das Risiko einer Gesetzesverletzung am höchsten ist. Auch sorgt dieser Ansatz dafür, dass die unterschiedlichen Erfordernisse an Compliance berücksichtigt werden, je nachdem in welchem Land das Unternehmen tätig ist, welcher Branche es angehört, welcher Qualität ihre geschäftsanbahnenden Partner sind und welchen Charakter die Transaktion aufweist.[689] 1289

Folglich wird die Identifikation und Bewertung der Compliance-Risiken des Unternehmens als erster, logisch notwendiger Schritt der Präventionsprozesse gefordert. Dabei wird betont, dass neben den o.g. Merkmalen auch die Größe, Branche und Komplexität des Unternehmens eine wichtige Rolle für den Zuschnitt des Compliance-Risikomanagements spielt. Jedoch können auch kleinere Unternehmen signifikante Compliance-Risiken aufweisen, die daher aufwendigere Prozesse erforderlich machen als in Unternehmen in einem Umfeld geringerer Risiken. Dennoch könnte es im Einzelfall ausreichen, dass sich die Kommunikation der Compliance-Vorgaben bei sehr kleinen Unternehmen auf deren verbale Erörterung beschränkt.[690] 1290

Compliance-Programme, deren Ziel die wirksame **Prävention** von Bestechungshandlungen aus einem Unternehmen heraus ist, sollten aus Sicht des britischen Justizministeriums zumindest sechs **Grundprinzipien** gerecht werden. Es handelt sich dabei um: 1291

1. Dem Umfang der Bestechungsrisiken angepasste Compliance-Prozesse. 1292
2. Commitment der Geschäftsführung.
3. Risikobewertung.
4. Due diligence von beauftragten Dritten.
5. Kommunikation (einschließlich Schulungen).
6. Überwachung und Überprüfung.[691]

Gleichzeitig wird unterstrichen, dass diese Liste zwar Beispiele beinhaltet, jedoch nicht abschließend ist.

1. Risk Assessment

Die Risikobewertung wird als eines der Grundprinzipien einer wirksamen Prävention gegen Bestechungshandlungen in dem Leitfaden zum Bribery Act 2010 ausführlich erläutert. Damit wird deutlich, welche Bedeutung einem soliden Compliance-Risikomanagement beigemessen wird. Dieses wird umschrieben als eine regelmäßige, informierte und dokumentierte Bewertung der Art und des Umfangs der Belastung des Unternehmens mit internen oder externen Bestechungsrisiken.[692] 1293

[688] The Bribery Act 2010, Guidance about procedures which relevant commercial organisations can put into place to prevent persons associated with them from bribing (section 9 of the Bribery Act 2010), 2011.
[689] Guidance S. 7 Rn. 6.
[690] Guidance S. 21 Rn. 1.2.
[691] Guidance S. 20ff.
[692] Guidance S. 25.

1294 Eine solche Bewertung kann im Rahmen einer allgemeinen Analyse klassischer Unternehmensrisiken erfolgen. Sie kann auch eine spezifisch auf Bestechungsrisiken ausgerichtete Analyse erforderlich machen. Die Breite und die Eindringtiefe der Analyse werden bestimmt von der Unternehmensgröße und -struktur sowie von der Natur, dem Umfang und der geographischen Verteilung der Unternehmensaktivitäten. Je umfassender das Verständnis der Bestechungsrisiken ist, desto effektiver wird deren Prävention sein.[693]

1295 Der Prozess einer Risikoanalyse, der die Risiken einer Bewertung und Priorisierung zugänglich macht, umfasst regelmäßig folgende **Charakteristika:**

- Überwachung durch die Geschäftsführung.
- Angemessene Ressourcen, die dem Umfang der Aufgabe entsprechend der Unternehmensgröße und der Risikosituation gerecht werden.
- Identifizierung der internen und externen Informationsquellen, die es ermöglichen, Risiken zu bewerten und zu überprüfen.
- Due diligence Analysen von beauftragten Dritten.
- Exakte und angemessene Dokumentation der Risikobewertung und den aus ihr gezogenen Schlussfolgerungen.[694]

1296 Auch wird erwartet, dass die Prozesse des Compliance-Risikomanagements der Expansion des Unternehmens, zB in neue Märkte, entsprechend Rechnung tragen. Daher kann es notwendig werden, die Compliance-Prozesse zu überarbeiten und der neuen, veränderten Geschäftssituation anzupassen.[695]

1297 Häufig sehen sich Unternehmen Bestechungsrisiken ausgesetzt, die sich in Länder-, Branchen- und Transaktionsrisiken sowie Risiken in Zusammenhang mit bestimmten Geschäftsmöglichkeiten und Geschäftspartnern zusammenfassen lassen:

1298 • Länderrisiken
Ein hohes Länderrisiko zeigt sich in einem hohen Wert der wahrgenommenen Korruption,[696] an einem Fehlen wirksam umgesetzter Anti-Korruptionsvorschriften und einem Versagen der Behörden, der Medien, der dortigen Geschäftswelt und der Gesellschaft insgesamt, die Einführung transparenter Beschaffungs- und Investitionsprozesse zu unterstützen.[697]

1299 • Branchenrisiken
Das Risiko von Bestechungen variiert je nach Branche. Als Industriesektoren mit einem hohen Korruptionsrisiko wird die Rohstoffindustrie und die der großen Infrastrukturprojekte angesehen.

1300 • Transaktionsrisiken
Gewisse Arten von Transaktionen beinhalten regelmäßig ein höheres Korruptionsrisiko als andere. Dazu gehören zB Spenden an soziale Einrichtungen oder politische Parteien für soziale oder politische Zwecke,[698] Lizenz- oder Genehmigungsvergaben oder öffentliche Beschaffungsvorhaben.

1301 • Risiken in Zusammenhang mit bestimmten Geschäftsmöglichkeiten
Risiken dieser Art betreffen regelmäßig Projekte, deren Auftragsvolumen sehr hoch ist oder die zB zahlreiche Subunternehmen oder Vermittler involvieren. Auch gehören Geschäfte zu dieser Kategorie korruptionsrisikobehafteter Transaktionen, die offensichtlich nicht zu Marktpreisen durchgeführt werden sollen oder bei welchen sich einem Betrachter ein seriöser Geschäftszweck nicht erschließt.

---

[693] Damit geht einher, dass auch die exkulpierende Wirkung eines entsprechend großzügig ausgelegten Risikobewertungsprozesses größer ist, s. Guidance S. 25 Rn. 3.1.

[694] Guidance S. 25 Rn. 3.3.

[695] Guidance S. 25 Rn. 3.4.

[696] Hiermit wird indirekt ein Bezug zu dem von Transparency International jährlich veröffentlichten Corruption Perception Index hergestellt.

[697] Guidance S. 26 Rn. 3.5.

[698] Über den Umweg einer Spende für soziale oder politische Zwecke können leicht verdeckte Bestechungsgelder gezahlt werden, ohne dass daraus eine direkte Verbindung zB zu einem Amtsträger abgeleitet werden kann.

- Risiken in Zusammenhang mit Geschäftspartnern 1302
  Manche Geschäftsbeziehungen sind mit höheren Korruptionsrisiken verbunden als andere. Dazu gehört der Einsatz von Vermittlern bei Transaktionen mit ausländischen Amtsträgern oder Konsortial- und Joint Venture-Partnern. Ebenfalls sind Verbindungen zu im politischen Leben des Landes exponierten Personen kritisch zu analysieren, wenn die geplante Transaktion diesen Politiker involviert oder zu diesem in Verbindung gebracht werden kann.

Neben der Bewertung der externen Risiken einer Korruption und der Implementierung von Schritten, wie diesen zu begegnen ist, muss das Compliance-Risikomanagement auch analysieren, welche unternehmensinternen Strukturen und Prozesse ihrerseits risikoerhöhend wirken können. Auch hier gibt es eine Reihe **interner Faktoren,** die regelmäßig als kritisch angesehen werden können: 1303

- Unzulänglichkeiten bei den Schulungen der Mitarbeiter, sowie bei deren Kenntnisse und Fähigkeiten. 1304
- Eine Unternehmenskultur, die durch entsprechende Zusatzgratifikationen das Eingehen unverhältnismäßig hoher Risiken fördert.
- Unklare Vorgaben in den Richtlinien und Prozessen des Unternehmens zur Bewirtung von Firmenkunden, zu Marketingaufwendungen und zu Spenden an soziale Einrichtungen oder politische Parteien.
- Mangelhafte interne Kontrollen der Finanzprozesse.
- Fehlen einer deutlichen Aussage der Geschäftsleitung gegen Korruption.[699]

2. Due Diligence

Darüber hinaus kommt der Analyse von beauftragten Dritten eine erhebliche Bedeutung beim Management von Compliance-Risiken zu.[700] Daher wird von einem wirksamen Compliance-Managementsystem, das präventiv Bestechungen entgegenwirkt, verlangt, dass iRd Überprüfung von Vermittlern und anderen geschäftsanbahnenden Personen ein risikobasierter Ansatz verwendet wird.[701] 1305

Konsequent wird daher verlangt, dass die Analyse der Geschäftspartner umso intensiver erfolgt, je höher das Risiko korruptiven Verhaltens ist und je mehr Verdachtsmomente für ein solches Verhalten vorliegen. Diesbezüglich werden sehr umfangreiche Aufklärungsmaßnahmen erwähnt, die vor einer vertraglichen Bindung an Geschäftspartner durchgeführt werden sollten. Dazu können direkte Nachfragen bei den Geschäftspartnern, indirekte Nachforschungen oder zumindest eine allgemeine Recherche über den Hintergrund des Betreffenden gehören. Wenn es sich um ein höheres Risiko handelt, kann auch eine kontinuierliche Beobachtung und Bewertung der betreffenden Person erforderlich sein.[702] 1306

II. Fazit

Ähnlich wie in den USA ist es auch in Großbritannien einem Unternehmen möglich, sich von korruptivem Verhalten Einzelner im Unternehmen zu exkulpieren, wenn es belegen kann, dass ein risikobasiertes, wirksames Compliance-Programm existiert. Auch wenn die Leitlinie zum Bribery Act 2010 auf sich hat warten lassen, so erläutert diese die Anforde- 1307

[699] Guidance S. 26 Rn. 3.6.
[700] Guidance S. 25 Rn. 3.2.
[701] Guidance S. 27 f.
[702] Auf weitere Beispiele zB zur Bedeutung des klassischen Risikomanagements in Großbritannien sei hier verzichtet (s. zB Companies Act 2006 (c. 46), Sec. 417 (3)(b) zum Inhalt des Business Reviews der Direktoren eines Unternehmens, der auch eine Beschreibung der Hauptrisiken und Unsicherheiten beinhalten muss, welchen sich das Unternehmen gegenübersieht).

rungen an ein solches Compliance-Programm und hebt die denklogische Voraussetzung eines Compliance-Risikomanagements hervor.

1308 Auch wenn der Bribery Act 2010 für deutsche Unternehmen, die keine geschäftlichen Aktivitäten in Großbritannien unterhalten, nicht direkt von Relevanz ist, so bietet dieses Gesetz dennoch Orientierung beim Aufbau eines eigenen Compliance-Managementsystems und vor allem auch in Bezug auf die Schlüsselstellung, die dabei dem Compliance-Risikomanagement zukommt.

Checkliste 50: Britische Anforderungen

- ❑ Verfügt das Unternehmen über **nennenswerte Geschäftsaktivitäten** im Vereinigten Königreich?
- ❑ Für den Fall, dass solche Geschäftsaktivitäten bestehen, wurde geprüft, ob im Unternehmen die Vorgaben des **UK Bribery Act 2010** bekannt sind?
- ❑ Sind im Unternehmen die Voraussetzungen bekannt, die erfüllt sein müssen, um in den Vorzug einer **Straffreiheit** des Bribery Act zu kommen?
- ❑ Setzt das Unternehmen die **sechs Grundprinzipien** eines effektiven Compliance-Programms zur wirksamen Prävention von Bestechungshandlungen um?
- ❑ Erfüllt der Prozess des **Compliance-Risikomanagements** die im Bribery Act genannten **Charakteristika** für ein effektives System?
- ❑ Sind die **Risikokategorien** des Bribery Act bekannt?
- ❑ Sind die **unternehmensinternen risikoerhöhenden Schwachstellen** bekannt, die auch das Risiko von Compliance-Verstößen erhöhen?
- ❑ Wird die **Beauftragung** von Dritten, die im Namen des Unternehmens tätig sind, einer **sorgfältigen Analyse** vor dem Vertragsschluss unterzogen?

§ 9. Compliance-Kultur als Grundvoraussetzung eines erfolgreichen Compliance-Risikomanagements

Unabhängig von der Art, Größe und Organisation des Unternehmens, die zu beachtenden Vorschriften, die geografische Präsenz wie auch Verdachtsfälle aus der Vergangenheit[703] oder vom gewählten Prozessmodell für das Compliance-Risikomanagementsystem des Unternehmens, wird der Erfolg maßgeblich durch den Umgang der beteiligten Personen sowohl mit Risiken als auch von ihrem Verständnis des Themas „Compliance" beeinflusst. 1309

Unsere Risikowahrnehmung wird durch unsere nur gering entwickelte Affinität zur Befassung mit Risiken deutlich beeinträchtigt. Darüber hinaus prägt die im Unternehmen erlebte Risikokultur das Verhalten der Mitarbeiter in Bezug auf den Umgang mit Risiken, unabhängig davon, ob es sich um klassische betriebswirtschaftliche Risiken handelt oder um die als eher abstrakt wahrgenommenen rechtlichen Compliance-Risiken.[704] 1310

Die geringe Affinität der menschlichen Psyche zur Befassung mit Risiken und unsere, nicht selten suboptimalen Reaktionen auf eigentlich erkennbare Gefährdungslagen, können durch entsprechende Geschäftsprozesse ausgeglichen werden. So zwingt der Prozess des Compliance-Risikomanagements die Mitarbeiter, Führungskräfte sowie die Geschäftsleitung, den Aufsichtsrat[705] oder die Gesellschafterversammlung, sich mit Compliance-Risiken und den diesen entgegenwirkenden Compliance-Maßnahmen zu befassen. 1311

In Bezug auf klassische Unternehmensrisiken können entsprechende Risikomanagementprozesse nur das gewünschte Ergebnis erreichen, wenn die im Unternehmen vorherrschende **Risikokultur** die Risikowahrnehmung und den Umgang mit Risiken durch die Mitarbeiter unterstützt und nicht konterkariert. 1312

Verfolgen manche Unternehmen eine risikoaverse Geschäftspolitik, stehen für andere die mit den Risiken oft verbundenen Chancen im Vordergrund. Eine konservative Unternehmenspolitik wird eine ebensolche Risikokultur mit sich bringen, die der Beherrschbarkeit von Risiken einen hohen Stellenwert einräumt. Durch entsprechende interne Richtlinien werden den Mitarbeitern enge Grenzen gesetzt, innerhalb derer Risiken eingegangen werden dürfen. Hierbei handelt es sich zumeist um betriebswirtschaftliche Vorgaben, in der die jeweilige Risikokultur ihren Ausdruck findet. 1313

So wie die Unternehmenskultur den Erfolg des Unternehmens insgesamt nachhaltig beeinflusst, wirkt sich die im Unternehmen gelebte Compliance-Kultur (und Risikokultur) auf die Nachhaltigkeit des Erfolges des Compliance-Risikomanagements und der gesamten Compliance-Anstrengungen des Unternehmens aus. 1314

Es ist leicht nachvollziehbar, dass das beste Compliance-Risikomanagementsystem nur dann zufriedenstellende Ergebnisse erreichen wird, wenn es von einer entsprechend gelebten **Compliance-Kultur** getragen wird. Ist diese nicht gegeben, wird Compliance nicht als selbstverständlicher Bestandteil operativer Geschäftsprozesse im Unternehmen täglich gelebt, wird der Überwachungs- und Kontrollaufwand zunehmend wachsen und das Compliance-Ziel, die rechtlich einwandfreie Unternehmenstätigkeit, nicht nachhaltig erreicht. 1315

Mit Recht stellt daher das *Institut der Wirtschaftsprüfer in Deutschland e. V.* (IDW) in seinem aktualisierten Prüfungsstandard **„IDW Prüfungsstandard: Grundsätze ordnungsmäßiger Prüfung von Compliance Management Systemen (IDW PS 980 n.F. (09.2022))** fest, dass die Compliance-Kultur als integraler Bestandteil eines Compliance-Managementsystems die Grundlage für dessen Angemessenheit und Wirksamkeit darstellt. Dabei sind aus Sicht des IDW vor allem die Grundeinstellungen und Verhaltensweisen des 1316

[703] LG München I BeckRS 2014, 1998.

[704] S. Abschnitt „Risikowahrnehmung und Risikokultur", → Rn. 294 ff.

[705] Zu den Aufgaben des Aufsichtsrats beim Compliance-Risikomanagement s. Kark Aufsichtsrat S. 50 f.

Managements sowie die Rolle des Aufsichtsorgans prägend für die Compliance-Kultur. Sie beeinflusst die Bedeutung, welche die Mitarbeiter des Unternehmens der Beachtung von Regeln beimessen und damit ihre Bereitschaft zu regelkonformem Verhalten.[706]

1317 Die Befassung mit der Gestaltung einer nachhaltigen Compliance-Kultur im Unternehmen erscheint umso wichtiger im Lichte einer **Studie,** nach der 43% der befragten Beschäftigten deutscher Unternehmen die Auffassung vertreten, dass Bestechung bzw. **korrupte Methoden** im Geschäftsleben hierzulande **weit verbreitet** sind. „Konsequenterweise" halten es ein Viertel der Befragten in der Altersgruppe der 25 bis 34-Jährigen, also der Generation Y und damit der künftigen Führungskräftegeneration, für gerechtfertigt, Barzahlungen für den Abschluss eines Vertrages anzubieten, wenn dies dazu beiträgt, ein Unternehmen über einen Wirtschaftsabschwung zu retten.[707]

1318 Zusätzliche Bedeutung erhält die Implementierung einer auf nachhaltige, rechtstreue Unternehmenstätigkeit ausgerichtete Compliance-Kultur angesichts einer Untersuchung in den USA zu den wirtschaftlichen Folgen einer Strafverfolgung wegen Verstößen gegen den FCPA. Danach „lohnt" sich eine Bestechung für Unternehmen, die dadurch ein Projektzuschlag erhalten, selbst wenn die Bestechung aufgedeckt wird, da die Bestechungszahlung und die zu zahlenden Strafen so gering sind, dass der Netto-Kapitalwert des Projekts für das Unternehmen immer noch positiv und der Reputationsverlust négligeable war.[708]

1319 Wenn ein erheblicher Teil der Mitarbeiter der Auffassung ist, dass der Zweck die eingesetzten Mittel heiligt, und sich der Eindruck verbreitet, dass es in der Tat „nützliche Rechtsverletzungen" gibt,[709] stellt diese Entwicklung ein erhebliches Problem für eine nachhaltige Compliance im Unternehmen dar.

1320 In den folgenden Abschnitten werden daher der Begriff und die Bedeutung der Unternehmenskultur aus interdisziplinärer Sicht näher beleuchtet. Im Weiteren wird dann auf dieser Basis der Begriff der Compliance-Kultur inhaltlich analysiert, um daraus die elementare Bedeutung der Compliance-Kultur für den nachhaltigen Erfolg des Compliance-Risikomanagementsystems und damit der Compliance-Anstrengungen des Unternehmens insgesamt zu erarbeiten.

A. Unternehmenskultur, werteorientierte Führung und Unternehmenserfolg

1321 Als Basis der im Unternehmen vorherrschenden Risikokultur und Compliance-Kultur, wird in den folgenden beiden Abschnitten zunächst auf den Begriff der Unternehmenskultur eingegangen und welche Bedeutung diese für den Unternehmenserfolg hat. In diesem Kontext wird auch die Bedeutung werteorientierter Führung zu erörtern sein.[710]

---

[706] IDW PS 980 n.F. Rn. 27 sowie Rn. A23.

[707] Der Vergleichswert aus dem Jahre 2015 lag noch bei 26%, EY, EMEIA Fraud Survey – Ergebnisse für Deutschland April 2017, S. 7 und 14.

[708] Allerdings wurde auch festgestellt, dass die wirtschaftlichen Folgen einer Strafverfolgung, die nicht auf einen Bestechungstatbestand beschränkt war, sondern auch Betrug/Untreue umfassten, höher waren und somit das durch eine Bestechungszahlung zu befördernde Projekt einen negativen Netto-Kapitalwert für das Unternehmen aufwies, Karpoff, Leeb, Martin, Foreign Bribery: Incentives and Enforcement, April 7, 2017, https://papers.ssrn.com/sol3/papers.cfm?abstract_id=1573222, S. 40, zuletzt abgerufen am 30.1.2023.

[709] Dass dem nicht so ist, s. zB bei GroßkommAktG/Hopt/Roth AktG § 93 Rn. 134.

[710] Ihren Ausdruck findet die Compliance-Kultur in dem v.a. in den USA seitens des DoJ und der SEC eingeforderten „compliance and ethics program" eines Unternehmens. Die amerikanischen „Organizational Sentencing Guidelines" formulieren die Erwartung, dass, sofern ein Unternehmen in den Genuss von Straferleichterungen kommen möchte, das Unternehmen eine Unternehmenskultur stärkt, die ein ethisches Verhalten sowie ein Commitment zu Compliance fördert („promote an organizational culture that encourages ethical conduct and a commitment to compliance with the law"), U.S.S.G. § 8 B2.1(a)–(b); s. auch → Rn. 1193ff.

I. Unternehmenskultur als Begriff

Ähnlich dem Planungsbegriff oder dem des Risikomanagements ist auch die Bedeutung dessen, was unter dem Terminus *Unternehmenskultur* zu verstehen ist, alles andere als einheitlich. Wirtschaftswissenschaftler, Psychologen, Soziologen und Anthropologen blicken auf dieses Thema aus ihrer jeweiligen fachspezifischen Perspektive,[711] die bisweilen deutlich komplexer ist, als die der Mitarbeiter eines Unternehmens. Diese haben nicht selten eine klare Vorstellung davon, was einerseits ein akzeptiertes Verhalten im Unternehmen darstellt und was andererseits nicht zum Stil des Hauses passt, zu den Dingen gehört, die „wir nicht tun". 1322

1. Die betriebswirtschaftliche Perspektive

Aus betriebswirtschaftlicher Sicht wird die Unternehmenskultur oftmals als ein wichtiger **Erfolgsfaktor** verstanden,[712] den es daher zu gestalten gilt, ähnlich wie die Unternehmensorganisation neuen Anforderungen des Marktes gerecht werden muss. Daher ist es in diesem Verständnis auch folgerichtig, den Fokus auf wahrnehmbare Artefakte zu richten, sei es ein veröffentlichtes „Unternehmensleitbild" bis hin zu einem idealerweise dazu passenden architektonischen Stil der Unternehmensgebäude und dessen Einrichtung. Genauso zählen zu den Artefakten unternehmensinterne Richtlinien und Verhaltensmuster sowie Umgangsformen bis hin zu einer typisierten Kleiderordnung[713] oder das Auftreten gegenüber Kunden und Lieferanten. 1323

Das zugrundeliegende Verständnis lässt somit Unternehmenskultur als **leicht veränderbar** erscheinen. Diese kann durch entsprechende Vorgaben der Unternehmensleitung und darauf aufbauenden, wahrnehmbaren Änderungen der Artefakte, neuen Anforderungen angepasst werden. Diese Erfordernisse können externer, marktgetriebener Natur sein, oder auch der Notwendigkeit geschuldet sein, durch die Entwicklung eines Wir-Gefühls die Mitarbeiter stärker an einem gemeinsamen Ziel auszurichten und somit die Integration im Unternehmen voranzutreiben. 1324

Somit stehen hier sehr praktische Erwägungen der **marktnahen Ausrichtung** des Unternehmens und der unternehmensinternen Integration im Vordergrund. Es gilt, konkrete operative Ziele umzusetzen und die Unternehmenskultur leistet hierzu ihren Beitrag. Wenig Raum findet hingegen die Betrachtung der dem wahrnehmbaren Verhalten zugrundeliegenden Motivationen, den grundlegenden Überzeugungen oder Annahmen der Mitarbeiter. 1325

2. Die sozial- und organisationspsychologische Perspektive

Aus der Sicht der Sozialpsychologie und Organisationswissenschaft handelt es sich bei **Artefakten** um sicht- und fühlbare Produkte tieferliegender Grundannahmen der Mitarbeiter eines Unternehmens. Nach dieser Auffassung stellen Artefakte also nicht die Unternehmenskultur an sich dar, sondern sind vielmehr nur deren **Manifestation.** Damit 1326

[711] Sackmann Cultural knowledge S. 7–16.

[712] Heinen/Frank Unternehmenskultur S. 20.

[713] Das Nichttragen von Krawatten mag einem aktuellen Modediktat oder hohen Temperaturen geschuldet sein, soll aber ganz sicher auch einen Kulturwandel signalisieren, so Denner, Vorsitzender der Geschäftsführung, Robert Bosch GmbH: „… ich weiß, dass zum Beispiel in der Start-up-Szene Schlipsträger als rückständig gelten." „Ich möchte im Unternehmen eine Start-up-Kultur etablieren. Ich möchte, dass wir ständig Neues wagen. Und das Hemd ohne Krawatte ist nun mal ein wichtiges Signal für diese andere Kultur. In der Hightech-Industrie trägt keiner Krawatte, in der traditionellen Automobilbranche auch immer weniger." „Geld wirkt demotivierend", FAZ, 25.9.2015, https://www.faz.net/aktuell/karriere-hochschule/recht-und-gehalt/bosch-chef-volkmar-denner-im-interview-ueber-krawattenzwang-13813042.html#void, zuletzt abgerufen am 30.1.2023.

entzieht sich die Unternehmenskultur der **direkten Steuerung** durch Vorgaben der Geschäftsleitung, die auf eine Veränderung der Artefakte abzielen.

1327 Die Unternehmenskultur wird nach dieser Auffassung vielmehr durch die von Mitarbeitern **gewählten Überzeugungen** und Werte sowie den noch tieferliegenden, als selbstverständlich betrachteten **Grundannahmen** gebildet.[714]

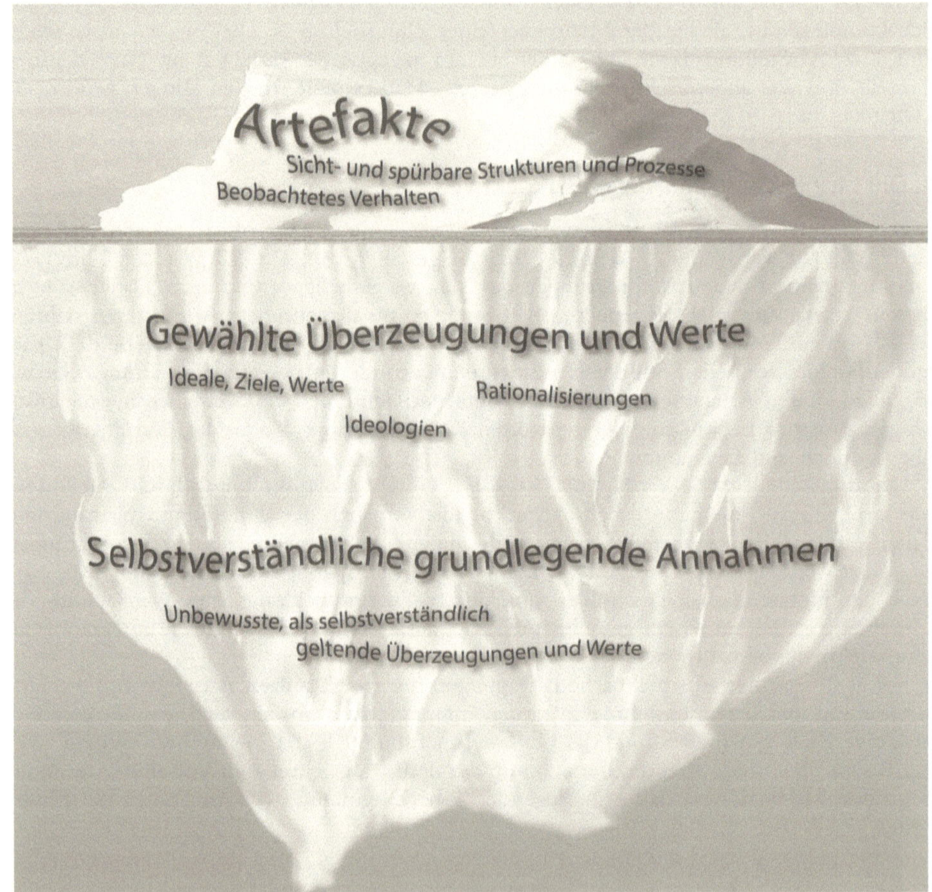

Abb. 25: Ebenen der Unternehmenskultur nach *Schein*[715]

a) Artefakte

1328 Auch im Verständnis der Psychologie und Organisationswissenschaft handelt es sich bei Artefakten um Phänomene, die uns auffallen, wenn wir Menschen einer uns bis dato fremden Kultur begegnen. Dies umfasst die sichtbaren Produkte dieser Kultur, wie zB die Architektur ihrer Gebäude und deren Ausstattung. Aber auch die von ihr hervorgebrachten Technologien und Produkte oder ihre künstlerischen Errungenschaften sind Belege für eine bestimmte Unternehmenskultur. Ebenso findet eine Unternehmenskultur in den ungeschriebenen Regeln des Umgangs der Kollegen untereinander ihren Ausdruck, in deren

---

[714] Schein S. 14ff.

[715] Schein S. 15. Das Drei-Ebenen-Modell Edgar Schein's ist jedoch nicht zu verwechseln mit dem Eisbergmodell von Hall, Beyond Culture, 1989.

Diktion, wie auch in deren **Verhaltensmustern.** Selbst in ihrem bevorzugten Bekleidungsstil findet die Unternehmenskultur ihren Niederschlag.[716]

Darüber hinaus sind das **Narrativ eines Unternehmens,** die immer wieder erzählten 1329
Anekdoten, Geschichten zurückliegender Jahre oder gar Mitarbeitergenerationen, die Mythen, die sich im Unternehmen über das Unternehmen oder Mitarbeiter bzw. die Führungskräfte und Unternehmensleitung gebildet haben, ein wichtiger Ausdruck der Unternehmenskultur. Die im Unternehmen gelebten Traditionen, Rituale und Zeremonien sind ebenfalls durch Dritte wahrnehmbare Elemente der Unternehmenskultur.

Auch **formalere Beschreibungen** der Unternehmensaktivitäten, wie zB das interne 1330
Regelwerk des Unternehmens, wie die Geschäftsordnung des Vorstandes und die darauf aufbauenden internen Richtlinien, seine Stellen- und Geschäftsprozessbeschreibungen, die unvermeidlichen Organigramme sowie die veröffentlichte Liste der Unternehmenswerte bzw. der im Zeitalter der Compliance geforderte Verhaltenskodex, vermitteln ebenfalls ein spezifisches Bild einer bestimmten Unternehmenskultur.

So leicht wie sich diese wahrnehmbaren Artefakte identifizieren lassen, so schwer ist es 1331
jedoch, aus ihnen Annahmen über die zugrundeliegende Unternehmenskultur abzuleiten. Zu leicht wird man bei diesem Versuch Opfer des eigenen persönlichen kulturellen Hintergrundes, der die Interpretation des Beobachteten verfälscht, solange nicht Zusatzinformationen bekannt sind über die den Artefakten zugrundeliegenden, übernommenen Glaubenssätze und Werte der Mitarbeiter sowie deren, von ihnen als Selbstverständlichkeit angesehenen Grundannahmen.

b) Gewählte Überzeugungen und Werte

Jeder Mitarbeiter eines Unternehmens verfügt über persönliche Überzeugungen und Wer- 1332
te, die sich im Rahmen seiner Sozialisation herausgebildet haben und die diesen Mitarbeiter von anderen unterscheiden. In einem Team werden Mitarbeiter jedoch immer wieder mit neuen Situationen konfrontiert, in welchen regelmäßig der Vorgesetzte entscheidet, wie in dieser Situation zu verfahren ist.[717]

Diese Vorgabe ist zunächst nur eine Manifestation der Überzeugungen und Werte der 1333
Führungskraft. Mitarbeiter, die sich nicht sicher sind, ob dies eine wirklich gute Vorgehensweise darstellt, könnten diese Entscheidung in Frage stellen, diskutieren oder auch auf ihre Validität testen.

Beispiel: 1334

Der Vorstand der CRM AG legt in der Operativen Planung des Unternehmens fest, dass der Absatz im Hochrisikoland Dorotokia im kommenden Jahr um 15 % gesteigert werden muss. Die Mitarbeiter des zuständigen Vertriebsleiters sind der Überzeugung, dass nur durch das Bestechen der maßgeblichen Entscheidungsträger in der öffentlichen Verwaltung Dorotokias die zur Zielerreichung erforderlichen Aufträge erhalten werden können. Sie beginnen bereits zu überlegen, wie dafür die erforderlichen Finanzmittel in noch aufzubauenden schwarzen Kassen generiert werden können.

Als der Vertriebsleiter von diesem Vorhaben unterrichtet wird, erklärt er seinen Mitarbeitern, dass das Unternehmen durch seine Produktqualität und das Preis-Leistungs-Verhältnis besticht, und durch nichts Anderes. Er besteht darauf, dass alle Aktivitäten zur vorgeschlagenen Vorgehensweise eingestellt werden und stattdessen die Mitarbeiter alle Anstrengungen unternehmen sollen, die Ziele auf rechtmäßige Art zu erreichen.

Behält der Vorgesetzte mit dieser und weiteren in diesen Kontext gehörenden Entschei- 1335
dungen recht, so wird die Wahrnehmung, dass in diesem Sachverhalt die beschlossene

[716] Schein S. 15f. mwN.
[717] Schein S. 17f.

Vorgehensweise die beste ist, zunächst in das System gemeinsamer übernommener Überzeugungen und Werte aufgenommen.

1336 **Beispiel (Fortsetzung):**

Die Staatsführung Dorotokias hat eine Anti-Korruptionskampagne gestartet, um die durch Korruption verursachte, immer rasanter um sich greifende Unzufriedenheit der Bevölkerung mit der staatstragenden Partei einzudämmen.

Gegen Vertreter der Konkurrenten der CRM AG werden Ermittlungsverfahren eingeleitet, die Unternehmen von den Ausschreibungen ausgeschlossen. Der Vertriebsleiter kann dem Vorstand der CRM AG berichten, dass in einem sehr schwierigen Umfeld die ambitionierten Zielvorgaben erfüllt werden konnten.

1337 Ist diese Vorgehensweise auch über einen längeren Zeitraum messbar erfolgreich, so kann es zu einer als selbstverständlich angesehenen Grundannahme werden, dass Bestechung nicht zielführend ist.[718]

1338 Es sind jedoch keineswegs alle Überzeugungen und Werte validierbar. Zum einen sind sie nicht alle und immer erfolgreich. Zum anderen entziehen sich Vorgaben des Vorgesetzten zB zu religiösen, kulturellen, moralischen oder auch nur ästhetischen Themen einer Kontrolle durch die Mitarbeiter. Dennoch sind diese Vorgaben einer sozialen Validierung zugänglich und können dadurch das Verhalten der einzelnen Mitarbeiter definieren.

1339 Dies ist dann der Fall, wenn die Mitglieder eines Teams erkennen, dass das Handeln entlang der vom Vorgesetzten postulierten Überzeugungen und Werte von Vorteil ist. Dies ist nicht in konkreten Umsatz- oder Ergebniszahlen messbar. Vielmehr manifestiert sich der Erfolg in Form eines **angenehmen und angstfreien Lebens** und Arbeitens in diesem Team, solange man das eigene Verhalten entsprechend an den vorgegebenen Glaubenssätzen und Werte ausrichtet. Diese **Reduzierung von Unsicherheit** wird von den Mitarbeitern als ein Positivum wahrgenommen, was wiederum die Überzeugungen und Werte als erfolgreich bestätigt.

1340 Diese **soziale Validierung** erfolgt nicht automatisch. Es ist ein bewusster Prozess, der für die Gruppe darüber hinaus den Nutzen hat, dass er die Gruppe mit einem normativen oder moralischen Verhaltenskodex ausstattet. Dies ermöglicht den Teammitgliedern, in bestimmten Schlüsselsituationen entsprechend dieser Vorgaben zu reagieren und ermöglicht neuen Teammitgliedern, schnell das „richtige“ Gruppenverhalten zu erlernen.

1341 Konsequenterweise führt dies jedoch im umgekehrten Fall dazu, wenn Mitarbeiter diese Überzeugungen und Werte nicht in ihr Verhalten integrieren wollen oder können, Gefahr laufen, aus der Gruppe ausgeschlossen zu werden.

1342 Wirken diese Überzeugungen und Werte darüber hinaus auch noch **sinngebend** und vermitteln den Mitarbeitern **Sicherheit** und **Geborgenheit,** so können sie zu nicht mehr zu hinterfragenden Grundannahmen werden, selbst wenn sie in keinster Weise quantifizierbare oder andere, mit der Leistung der Gruppe korrelierende Wirkungen aufweisen.

1343 Andererseits besteht in nicht wenigen Unternehmen die Situation, dass die sinn- und sicherheitsgebenden Überzeugungen und Werte nicht kongruent mit den Überzeugungen und Werten sind, die für eine effektive Aufgabenwahrnehmung stehen.

1344 Es kann daher zwischen einem gewünschten Verhalten und dem eingehaltenen Verhalten differenziert werden. Mitarbeiter stellen dies nicht selten fest, wenn sie die publizierten Unternehmenswerte, zB ein „vertrauensvolles und respektvolles Verhalten“, mit den persönlichen Erlebnissen abgleichen und dabei erkennen, dass eine erhebliche Diskrepanz zwischen den Texten der Hochglanzbroschüren und der Unternehmensrealität klafft.[719]

1345 Ein modischer Trend, wie zB das Propagieren der überragenden Vorteile einer praktisch hierarchiefrei agierenden und agilen Schwarm-Organisation, steht häufig in einem deutlich wahrnehmbaren Gegensatz von sichtbaren und nicht so offensichtlichen Insignien von

---

[718] Dazu → Rn. 1332 ff.

[719] Schein S. 15 ff. mwN.

Hierarchie und Macht, ebenso wie die Renumeration der Mitarbeiter regelmäßig immer noch eher Individualleistungen belohnt als den Teamerfolg. Das postulierte Bild der Agilität nimmt schnell Schaden, wenn man plötzlich in einem Großraumbüro arbeiten soll, in dem es keine festen Arbeitsplätze mehr gibt und man als Führungskraft Teambesprechungen organisieren will und keinen passenden Raum buchen kann.

Somit gibt es zum einen Überzeugungen und Werte, die die selbstverständlichen Grundannahmen reflektieren. Zum anderen gibt es jedoch auch die oben genannten inkongruenten Glaubenssätze und Werte sowie solche, die ein Teil der Ideologie oder Philosophie des Unternehmens oder nur abstrakte Zielvorgaben darstellen. Nicht selten widersprechen sich die offiziell kommunizierten Überzeugungen und Werte, wenn zB der Vorstand in den Unternehmensleitsätzen postuliert, dass alle Mitarbeiter danach streben, die Interessen der Aktionäre, Mitarbeiter und Kunden sowie anderen Stakeholdern zu erfüllen. Man muss kein Arbeitsrechtler sein, um zu wissen, dass die Wahrung der Interessen der Aktionäre und der der Mitarbeiter ein praktisches Beispiel für ein Oxymoron darstellen können. 1346

Will man also verstehen, welche Motivationen sich in bestimmten Verhalten ausdrücken, muss man sich mit den tieferliegenden, selbstverständlichen Grundannahmen befassen. 1347

c) Selbstverständliche, grundlegende Annahmen

Überzeugungen und Werte werden von den Mitarbeitern als grundlegende Annahmen übernommen, die immer wieder **zuverlässig funktionierende Lösungen** für Problemstellungen darstellen, welchen sich die Gruppe ausgesetzt sieht. Dabei werden diese Grundannahmen als so selbstverständlich angesehen, dass sie eine stark vereinheitlichende Wirkung entfalten und in der Gruppe praktisch kaum abweichende Auffassungen dazu bestehen. So würde es einem Rechtsanwalt nicht in den Sinn kommen, bewusst Vereinbarungen, die die Interessen seines Mandanten verletzen, in einen Vertragsentwurf zu formulieren. Vielmehr ist es für ihn eine Selbstverständlichkeit, dass seine Vertragsentwürfe die Interessen des Mandanten bestmöglich absichern.[720] 1348

Grundannahmen bestimmen darüber, wie wir Ereignisse wahrnehmen, wie wir über sie denken, wie wir auf ein Ereignis emotional reagieren oder mit welchen Handlungen wir auf ein Ereignis reagieren. Sie befinden sich auf einer so tiefen Ebene, dass man ihnen nicht entgegentreten oder über sie diskutieren kann. 1349

Dadurch sind Grundannahmen nur sehr **schwer zu verändern.** Ihre Infragestellung rüttelt an unseren jeweiligen kognitiven Strukturen, was wiederum zu einer zeitweisen Verunsicherung in Bezug auf unsere Wahrnehmungen und hinsichtlich unserer Interaktion mit unserer Umwelt führt. 1350

Dies ist eine nicht besonders angenehme Erfahrung. Anstatt diese Unsicherheit für einen gewissen Zeitraum hinzunehmen, definieren wir daher lieber Ereignisse als kongruent mit unseren Grundannahmen, obgleich sie es nicht sind. Dabei nutzen wir ähnliche Vermeidungsstrategien wie bei der unerwünschten Befassung mit Risiken: um Ereignisse in Einklang mit unseren Grundannahmen zu bringen, wird der Sachverhalt in Abrede gestellt, verzerrt oder uminterpretiert. 1351

Checkliste 51: Unternehmenskultur als Begriff

- ❑ Besteht im Vorstand bzw. in der Geschäftsführung ein **einheitliches Verständnis** über die Bedeutung der Unternehmenskultur für den wirtschaftlichen Erfolg des Unternehmens?

[720] Schein S. 17ff.

- ❑ Existiert auf der Führungsebene eine **Definition** des Begriffs Unternehmenskultur?
- ❑ **Befassen** sich die Unternehmensleitung und Führungskräfte regelmäßig mit der Gestaltung der Unternehmenskultur?
- ❑ Gibt es eine „**Zielkultur**", auf die die Unternehmensleitung **hinarbeitet?**
- ❑ Ist der Unterschied zwischen **Artefakten**, gewählten **Überzeugungen** und Werten sowie selbstverständlicher **grundlegender Annahmen** bekannt?
- ❑ Wird **aktiv die Unternehmenskultur** durch das **Schaffen von Artefakten gestaltet**, die die positiven Wirkungen von Compliance belegen?
- ❑ Arbeitet die Unternehmensleitung auf die **Gestaltung** der gewählten **Überzeugungen und Werte** der Mitarbeiter sowie auf deren **grundlegenden Annahmen** hin, um langfristig eine nachhaltige und positive Compliance-Kultur im Unternehmen zu etablieren?

II. Die Bedeutung der Unternehmenskultur für Mitarbeiter und das Unternehmen

1352 Die Unternehmenskultur entfaltet eine vielfältige Wirkung im Unternehmen, sowohl auf der Ebene des einzelnen Mitarbeiters als auch für das Unternehmen insgesamt. Die der Unternehmenskultur zugrundeliegenden selbstverständlichen Annahmen geben dem Mitarbeiter vor, wie er sich zu verhalten hat, welche Dinge bedeutsam sind oder unbeachtlich bleiben können. Sie definiert, welche emotionale Reaktion angemessen ist und wie diese zum Ausdruck gebracht werden darf.[721]

1. Die Bedeutung der Unternehmenskultur für den Mitarbeiter

1353 Die Unternehmenskultur bietet den Mitarbeitern eine Verankerung in einer gemeinsamen, verbindenden Identität und bewirkt damit auch eine Erhöhung des eigenen Selbstwertgefühls.[722]

1354 Unternehmenskultur wirkt für Mitarbeiter sinngebend und vermittelt das Gefühl der Sicherheit und Geborgenheit, indem sie ein angenehmes und angstfreies Leben und Arbeiten in diesem Team ermöglicht. Daher fühlen sich Mitarbeiter auch am wohlsten, wenn sie in einem Team tätig sind, dessen Mitglieder von denselben Grundannahmen ausgehen.

1355 Umgekehrt fühlt sich ein Mitarbeiter unwohl, wenn er sich in einem Umfeld wiederfindet, das anderen Grundannahmen als den seinen folgt, da er uU wahrgenommene Verhaltensweisen nicht nur nicht nachvollziehen kann, sondern sogar fehlinterpretiert.[723]

1356 **Beispiel:**

Es kommt nicht selten zu mehr als nur Missverständnissen zwischen einer im westlichen Wertesystem aufgewachsenen Führungskraft und seinen Mitarbeitern in einem fernöstlichen Land, wie zB Japan, China oder Südkorea. Die von der Führungskraft angeordnete Maßnahme, die auf seinen Grundannahmen und damit auf westlichen Problemlösungsmodellen beruht, führt unter Umständen aus Sicht seines asiatischen Mitarbeiters nicht zum gewünschten Ergebnis.

Für zB einen japanischen Mitarbeiter ist es jedoch außerordentlich wichtig, ein gutes Verhältnis zum Vorgesetzten zu haben, sodass er daher alles tun muss, um dessen „Gesicht zu wahren". Aufgrund seiner Grundannahmen ist er nunmehr in der für ihn unmöglichen Situation, dem Vorgesetzten nicht sagen zu können, dass seine Idee nicht wirklich brillant

---

[721] Schein S. 19.
[722] Ashforth/Mael S. 21 ff.
[723] Schein S. 22 f. mwN.

war und vielleicht sogar zu einer Verschlimmerung des Problems führen wird, das sie eigentlich lösen sollte.

Sofern tatsächlich ein Vertrauensverhältnis besteht und die Führungskraft aufmerksam ist, wird sie bemerken, dass sich der Mitarbeiter nicht wohl fühlt, sich – in Grenzen – windet und sich bestimmt nicht zu Beifallsbekundungen hinreißen lässt, sondern sich vielmehr sehr bedeckt hält. In diesem Fall hat er die Chance, durch geschicktes Agieren, dem dann sehr erleichterten Mitarbeiter Türen zu öffnen, die es diesem ermöglichen, einen besseren, zielführenderen Vorschlag vorzutragen.

Besteht ein solches Vertrauensverhältnis nicht und versteht die Führungskraft es nicht, zwischen den Zeilen zu lesen oder Anhaltspunkte für eine Dissonanz in der Körpersprache seines Mitarbeiters zu deuten, wird die Maßnahme bestenfalls von den Mitarbeitern verschleppt, schlimmstenfalls tatsächlich umgesetzt. Zwingt er den Mitarbeiter zu einer Stellungnahme, wird dieser aufgrund seiner Verpflichtung, das Gesicht seines Vorgesetzten zu wahren, gezwungenermaßen die unsinnige Entscheidung für gutheißen.

Widerfährt dies einem Vorgesetzten mehrfach, liegt die Schlussfolgerung nicht selten nahe, dass er von unfähigen Mitarbeitern umgeben ist, die es schnellstmöglich loszuwerden gilt.

All dies passiert nur aufgrund sehr unterschiedlicher Grundannahmen, ein Umstand, der den Betroffenen nicht bewusst ist.

2. Die Bedeutung der Unternehmenskultur für das Unternehmen und dessen Compliance

Erfolgreiche Unternehmen zeichnen sich durch eine dominante und schlüssige Unternehmenskultur aus, die eine starke Kunden- und Marktorientierung aufweist. Die Überzeugungen, Werte und das erwünschte Verhalten der Mitarbeiter, die das Unternehmen erfolgreich gemacht haben, sorgen dafür, dass sie, ohne dafür Richtlinien oder Prozessanweisungen zu benötigen, das Richtige tun werden, um den Unternehmenserfolg zu mehren. 1357

Andere, weniger erfolgreiche Unternehmen mögen zwar ebenfalls über eine stark ausgeprägte Unternehmenskultur verfügen. Diese ist jedoch regelmäßig auf interne Vorgänge und Prozesse oder auf Kennzahlen fokussiert und nicht auf die Produkte und die Mitarbeiter, die diese herstellen und verkaufen.[724] 1358

Erfolgreiche Unternehmen haben verstanden, dass jeder Mitarbeiter nach dem **Sinn in seiner Tätigkeit** sucht und dass dieser meistens nicht in der Bonuszahlung am Jahresende liegt. Das Wertesystem des Unternehmens trägt den Erfordernissen seiner wirtschaftlichen Gesundheit, der Kundenorientierung und Sinngebung für die Mitarbeiter in einer integrierten Weise Rechnung.[725] 1359

Bereits 1960 wurde festgestellt, dass das menschliche Verhalten Gegenstand von Management- und Kontrollsystemen ist, die auf dem Gedanken basieren, dass man Menschen nur lange genug nach bestimmten Grundannahmen behandeln muss, um sie langfristig zu einer Verhaltensänderung zu bewegen, damit ihre Umwelt stabiler und damit vorhersagbarer wird.[726] Entscheidend ist jedoch für den Erfolg solcher Systeme, dass sie dem Wunsch nach der Sinnhaftigkeit des eigenen Tuns der Mitarbeiter Rechnung tragen, da sie anderenfalls nicht die gewünschte oder sogar im Gegenteil, eine dysfunktionale Unternehmenskultur erzeugen. 1360

So sah man die Aufgabe der Führungsebene eines Unternehmens darin, sicherzustellen, dass die für die Unternehmenstätigkeit erforderlichen Ressourcen bereitgestellt werden. Das Management hat die Aufgabe, die Mitarbeiter anzuleiten, zu motivieren, zu kontrol- 1361

[724] Peters/Waterman S. 92 ff.
[725] Peters/Waterman S. 103.
[726] Schein S. 19.

lieren und ggf. ihr Verhalten durch entsprechende Maßnahmen den Anforderungen des Unternehmens anzupassen.

1362 Dies klingt relativ modern, ist aber dennoch wenig zielführend, wenn man die tradierte Auffassung vertritt, dass sich Mitarbeiter ohne eine aktive Führung gegenüber den Bedürfnissen des Unternehmens bestenfalls passiv, wenn nicht sogar ablehnend verhalten. Daher werden Mitarbeiter nur durch ein auf Überzeugung, Belohnung und Bestrafung ausgerichtetes Management- und Kontrollsystem im Interesse des Unternehmens tätig sein können.

1363 Dem liegt die „Erkenntnis" zugrunde, dass der durchschnittliche Mitarbeiter arbeitsscheu ist, es ihm an Ehrgeiz fehlt, er Verantwortung ablehnt und am liebsten geführt werden will. Dies ist auch notwendig, da ihm aufgrund seiner Ich-Bezogenheit die Bedürfnisse des Unternehmens gleichgültig sind und er daher auch veränderungsresistent ist.

1364 Dem aufmerksamen Leser ist aufgefallen, dass bei dieser Sichtweise der **Eigenmotivation** der Mitarbeiter keine Bedeutung zukommt. Diese oben beschriebene, bereits seit vielen Jahrzehnten als unrichtig erkannte Sichtweise ignoriert, dass jeder Mensch bestrebt ist, zunächst seine physiologischen und sodann seine psychologischen Bedürfnisse zu verwirklichen.[727]

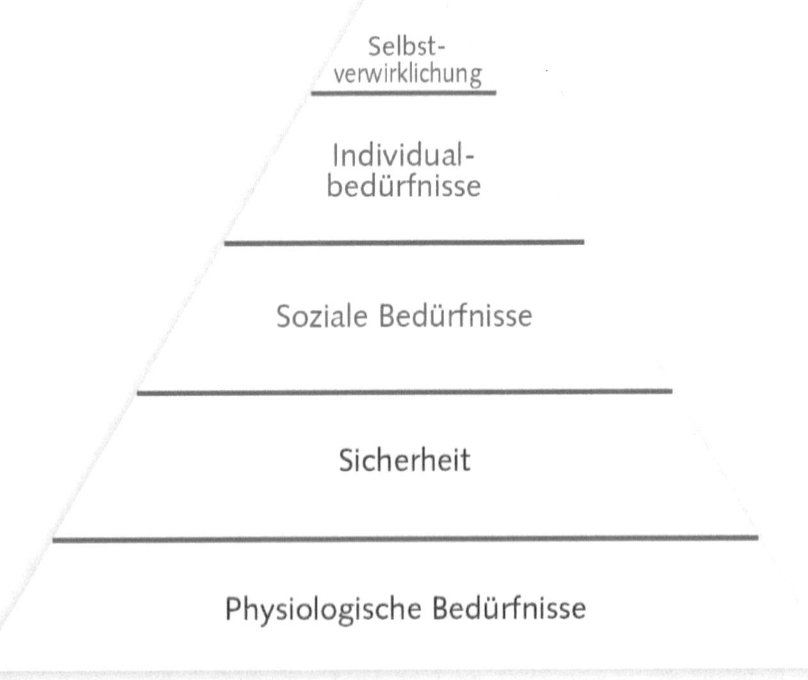

Abb. 26: Bedürfnishierarchie nach *Maslow*[728]

1365 Sind die physiologischen Bedürfnisse und die Sicherheitsbedürfnisse des Mitarbeiters befriedigt, versagen Management- und Kontrollsysteme zunehmend, da das Streben die hierarchisch höheren Ziele zu erreichen, das Verhalten der Mitarbeiter bestimmt.

[727] McGregor S. 43 ff.
[728] Maslow, A Theory of Human Motivation, 50 Psychological Review 370 (1943).

Es mutet daher etwas archaisch an, wenn in Zusammenhang mit der Durchsetzung der Compliance-Anforderungen in Unternehmen von **Zero-Tolerance,**[729] oder von einem erforderlichen Kulturwandel gesprochen wird, der jedoch eine **Kultur der Einschüchterung** meint, die mit entsprechenden Sanktionen, seien sie straf- oder zivilrechtlicher Natur, bewehrt ist. Dabei ist es erstaunlich, dass man sich nicht wundert, warum bei manchen Unternehmen dennoch immer wieder neue, in Einzelfällen außerordentlich kostspielige Compliance-Verstöße zutage treten.[730] 1366

Daher sollte die Erkenntnis Raum gewinnen, dass Mitarbeiter, auch in Bezug auf ihre operativen Aufgaben, die auch deren Compliance umfassen, durchaus nicht passiv sind und sehr wohl Interesse am Wohlergehen des Unternehmens haben, in dem sie ihren Lebensunterhalt verdienen. Es ist daher die Aufgabe der Unternehmensleitung und ihrer Führungskräfte, die damit einhergehende **Motivation der Mitarbeiter** in die richtigen Bahnen zu **lenken.** Dazu müssen sie die organisatorischen Rahmenbedingungen schaffen, die es den Mitarbeitern ermöglichen, effektiv, effizient und compliant im Interesse das Unternehmen tätig zu sein.[731] 1367

Trotz aller, seit den sechziger Jahren entwickelten und umgesetzten Managementtheorien, die unter dem Begriff **„Leadership"** die Führungsbeziehungen im Unternehmen auf eine neue Basis stellen sollten,[732] mag man an ihrer nachhaltigen Wirksamkeit seine Zweifel haben. Es ist auffällig, dass sich heute unter dem Begriff der Work-Life Balance schlussendlich ein Phänomen verbirgt, dass bereits *McGregor* beschrieb, wonach Mitarbeiter (immer noch) daran gewöhnt sind, in Unternehmen „gelenkt, manipuliert und kontrolliert" zu werden.[733] Damals wie heute verfolgen Mitarbeiter ihre sozialen und Individualbedürfnisse sowie ihre Selbstverwirklichung außerhalb des Unternehmens. 1368

Es mag daher nicht verwundern, dass Compliance-Programme implementiert werden, ohne sich mit der Compliance-Kultur des Unternehmens zu befassen, die eingebettet sein sollte in eine Unternehmenskultur, die die Mitarbeiter motiviert, aus eigenem Antrieb und nicht aus Angst vor Sanktionen das Richtige zu tun und somit rechtlich einwandfrei für das Unternehmen tätig zu sein. 1369

Checkliste 52: Die Bedeutung der Unternehmenskultur für das Unternehmen und dessen Compliance

- ❑ Trägt die Unternehmenskultur der Erkenntnis Rechnung, dass Mitarbeiter nach dem **Sinn ihrer Tätigkeit** suchen und ein Interesse am Wohlergehen des Unternehmens haben?
- ❑ Wird bei der Entwicklung des Compliance-Risikomanagementsystems berücksichtigt, dass eine gelebte Compliance-Kultur die Basis für **ein nachhaltig wirksames Compliance-Managementsystem** ist?

---

[729] Hierzu kritisch Kark CCZ 2012, 180.

[730] Zur Entwicklung einer zielorientierten Compliance-Kultur, → Rn. 1539 ff. Die FCA stellte in einem Diskussionspapier fest, dass die „financial services industry, in particular, has demonstrated instances of rate-rigging, rogue trading and mis-selling in the last 10 years since the global financial crisis. Despite record fines, increasing investigations and an expanding compliance industry, misconduct remains. Why?, FCA, Transforming Culture in Financial Service, Discussion Paper, DP18/2, March 2018, S. 9. IÜ ist dies ein Phänomen, das auch in Deutschland nicht unbekannt ist, nachdem Unternehmen, die zunächst in Bestechungsskandale verwickelt waren, einige Jahre später auch noch erhebliche Verstöße gegen das Kartellrecht begangen haben.

[731] McGregor S. 59 ff.

[732] Für einen Überblick über die Variantenvielfalt der Führungstheorien, s. Weibler S. 337 ff.

[733] „People today are accustomed to being directed, manipulated, controlled in industrial organizations…", McGregor S. 89.

B. Die Compliance-Kultur

1370 Die Compliance-Kultur wird als Teil der Unternehmenskultur in den folgenden Abschnitten näher beschrieben. Dabei wird zum einen auf die Wahrnehmung von Compliance-Risiken in einer Unternehmensorganisation eingegangen. Zum anderen werden die unterschiedlichen Herausforderungen analysiert, welchen sich Unternehmen beim Aufbau und der Pflege einer nachhaltigen Compliance-Kultur gegenübersehen.

I. Compliance-Kultur als Begriff

1371 Compliance ist als Begriff nicht einheitlich definiert. Sie reicht von der stark juristisch geprägten Übersetzung als Haftungsvermeidung bis zu der hier bevorzugten Definition einer **rechtlich einwandfreien Unternehmenstätigkeit.**

1372 Ebenso normativ ist der Begriff der Compliance-Kultur. Vor allem in den USA haben sich Rechts-, und Wirtschaftswissenschaftler, Psychologen, Soziologen und Anthropologen mit diesem Thema befasst. In den letzten Jahren haben aber auch zunehmend die *SEC* und das *DoJ* die Bedeutung einer gelebten Compliance-Kultur für ein nachhaltig wirksames Compliance-Managementsystem erkannt.

1. Compliance-Kultur aus der Sicht des US Department of Justice und der US Securities and Exchange Commission

1373 Bereits seit vielen Jahren weisen die Behörden in den USA darauf hin, dass ein wirksames „Compliance and Ethics Program" unabdingbar ist.[734] Seit einiger Zeit wird jedoch zunehmend in Vorträgen und anderen Veröffentlichungen deutlich, dass der *SEC* und dem *DoJ* gute Absichten und entsprechende Unternehmensprozesse nicht ausreichen. Vielmehr ist erforderlich, dass Compliance in die Kultur des Unternehmens eingebettet ist. Dabei wird betont, dass es ein immer wichtigerer Bestandteil der Untersuchungsprogramme im Rahmen behördlicher Ermittlungen ist, ob eine entsprechende Compliance-Kultur im Unternehmen existiert.[735]

---

[734] Zu den Anforderungen des DoJ und der SEC, die an ein wirksames compliance and ethics program gestellt werden → Rn. 1172ff.

[735] Lori A. Richards, Director, Office of Compliance Inspections and Examinations, SEC, „The Culture of Compliance", Spring Compliance Conference: National Regulatory Services, Tucson, Arizona (April 23, 2003), https://www.sec.gov/news/speech/spch042303lar.htm, sowie „Working Towards a Culture of Compliance: Some Obstacles in the Path", National Society of Compliance Professionals 2007 National Membership Meeting, Washington, D.C. (October 18, 2007), https://www.sec.gov/news/speech/2007/spch101807lar.htm; Leslie R. Caldwell, Assistant Att'y Gen. for the Criminal Div., DoJ, Remarks at the 22nd Annual SIFMA Ethics and Compliance Conference (Oct. 1 2014), https://www.justice.gov/opa/speech/remarks-assistant-attorney-general-criminal-division-leslie-r-caldwell-22nd-annual-ethics; Stephen L. Cohen, Associate Director of Enforcement, DoJ, Remarks at SCCE's Annual Compliance & Ethics Institute, SCCE Annual Conference, Washington D.C. (Oct. 7, 2013), https://www.sec.gov/news/speech/spch100713slc; Mary Ann Gadziala, Associate Director, Office of Compliance Inspections and Examinations, SEC, „Rebuilding Ethics and Compliance in the Securities Industry" Remarks before the NYSE Regulation First Annual Securities Conference, New York, NY (June 23, 2005), https://www.sec.gov/news/speech/spch062305mag.htm; Carlo V. di Florio, Director, Office of Compliance Inspections and Examinations, SEC, „The Role of Compliance and Ethics in Risk Management", NSCP National Meeting (October 17, 2011), sowie FINRA, Targeted Exam Letter „Establishing, Communicating and Implementing Cultural Values" (Feb. 2016), https://www.finra.org/rules-guidance/guidance/targeted-exam-letter/establishing-communicating-and-implementing-cultural-values, alle zuletzt abgerufen am 29.10.2023.
Dies hat auch Eingang in die Federal Sentencing Guidelines for Organizations gefunden:
§ 8 B2.1. Effective Compliance and Ethics Program
(a) To have an effective compliance and ethics program, for purposes of subsection (f) of § 8 C2.5 (Culpability Score) and subsection (b)(1) of § 8 D1.4 (Recommended Conditions of Probation – Organizations), an organization shall –

Durch eine entsprechende Compliance-Kultur soll eine Atmosphäre der Integrität im Unternehmen geschaffen werden, die dafür sorgt, dass sich die Mitarbeiter nicht nur an die rechtlichen Vorgaben halten, sondern immer das Richtige tun, selbst wenn sie nicht von Behörden, Anwälten, Kunden oder anderen beobachtet werden. Das Richtige zu tun, bedeutet in diesem Zusammenhang, auf Basis von durch sittliche Werte bestimmten Entscheidungsprozessen ethisch richtig zu handeln. Richtigerweise wird dabei betont, dass eine Compliance-Kultur nicht nur in der Compliance-Abteilung gelebt werden muss, sondern vielmehr **im gesamten Unternehmen** herrschen muss.[736] 1374

Der Vorsitzende der *SEC* betrachtet eine Unternehmenskultur, die sich in Übereinstimmung mit den langfristigen Zielen der Investoren, Mitarbeitern Kunden und gesellschaftlichen Interessen, ebenso wie mit Recht und Ordnung befindet, als **alternativlos** oder kurz: „culture is not an option".[737] Compliance-Programme, Richtlinien und Prozesse, Compliance-Schulungen sowie eine, entsprechende Compliance-Interessen berücksichtigende Personalauswahl und Leistungsevaluierungs- und Vergütungspolitik werden unterstützt durch eine entsprechend formulierte Unternehmensmission, der die Interessen der langfristigen Investoren zugrunde liegt.[738] 1375

Diese Beschreibung des Wesens einer Compliance-Kultur ist jedoch nicht besonders hilfreich, wie auch die SEC indirekt zugibt.[739] Noch viel weniger gibt sie Anhaltspunkte darüber, wie ein Unternehmen die gewünschte, auf ethischen Maßstäben basierende Compliance-Kultur implementieren soll. 1376

Dennoch ist zusammenfassend hervorzuheben, dass das *DoJ* und die *SEC* eine **Entwicklung** vollzogen haben, die zunächst ein **„compliance and ethics program"** einforderte. Seit einigen Jahren wird jedoch sehr viel weitergehend erwartet, dass eine Compliance-Kultur in den Unternehmen gelebt wird. Eine rechtlich einwandfreie Unternehmenstätigkeit wird als Selbstverständlichkeit unterstellt. Darüber hinaus wird jedoch eine **Kultur der Compliance** gefordert, durch die jedem Mitarbeiter vermittelt wird, dass es darauf ankommt, das Richtige zu tun und nicht nach juristischen Schlupflöchern zu suchen und/oder diese auszunutzen, obwohl man weiß, dass man gegen den Geist des Gesetzes verstößt.[740] 1377

2. Compliance-Kultur aus deutscher Sicht

Die in den USA seit den 1990er Jahren geführte, interdisziplinäre Diskussion zu den Themen ***Business Ethics*** und Compliance-Kultur findet in Deutschland bisher in dieser Ausprägung noch nicht statt.[741] Es mutet daher wenig verwunderlich an, dass zB im gesamten 1378

(1) exercise due diligence to prevent and detect criminal conduct; and
(2) otherwise promote an organizational culture that encourages ethical conduct and a commitment to compliance with the law.

[736] Lori A. Richards, „Working Towards a Culture of Compliance: Some Obstacles in the Path", National Society of Compliance Professionals 2007 National Membership Meeting, Washington, D.C. (October 18, 2007), https://www.sec.gov/news/speech/2007/spch101807lar.htm, zuletzt abgerufen am 14.02.2023.

[737] S. dazu Kark, Compliance-Kultur ist nicht optional, CCZ, Editorial 4/2019.

[738] Jay Clayton, SEC Chairman, „Observations on Culture at Financial Institutions and the SEC", New York, NY (June 18, 2018), https://www.sec.gov/news/speech/speech-clayton-061818, zuletzt abgerufen am 14.02.2023.

[739] „Culture is one of those concepts that everyone recognizes, but no one can define. As a Supreme Court Justice once said, in another context, you know it when you see it.", Lori A. Richards, Director, Office of Compliance Inspections and Examinations, SEC, „The Culture of Compliance", Spring Compliance Conference: National Regulatory Services, Tucson, Arizona (April 23, 2003), https://www.sec.gov/news/speech/spch042303lar.htm, zuletzt abgerufen am 14.02.2023.

[740] Dies entspricht dem aristotelischen Gedanken der Billigkeit, → Rn. 1386.

[741] HML Corporate Compliance/Wendt Rn. 60.

Deutschen Corporate Governance Kodex das Wort „Ethik" nur einmal enthalten ist, und dies auch nur in der Präambel.[742]

1379 Im Gegensatz dazu hat die ***BaFin*** für den Geltungsbereich des WpHG der Bedeutung einer entsprechenden Compliance-Kultur für die rechtmäßige Unternehmenstätigkeit Rechnung getragen: Um das Vertrauen der Anleger in das ordnungsmäßige Funktionieren der Wertpapiermärkte zu fördern und den Schutz der Gesamtheit der Anleger und die institutionelle Funktionsfähigkeit der Kapitalmärkte zu stärken, sowie dem Schutz des Wertpapierdienstleistungsunternehmens und seiner Mitarbeiter zu dienen, hat die *BaFin* im Rahmen eines Rundschreibens festgelegt, dass Wertpapierdienstleistungsunternehmen eine **unternehmensweite „Compliance-Kultur"** fördern und bestärken, indem sie Rahmenbedingungen für eine Förderung des Anlegerschutzes durch die Mitarbeiter und eine angemessene Wahrnehmung von Compliance-Angelegenheiten schaffen.[743]

1380 Soweit es für die Aufgabenerfüllung der Compliance-Funktion erforderlich und gesetzlich zulässig ist, soll dem Compliance Officer das Recht eingeräumt werden, an Sitzungen der Geschäftsleitung oder des Aufsichtsorgans (soweit vorhanden) teilzunehmen. Um ermitteln zu können, bei welchen Sitzungen eine Teilnahme erforderlich ist, muss der Compliance Officer über eingehende Kenntnisse hinsichtlich der Organisation, der **Unternehmenskultur** und der Entscheidungsprozesse des Wertpapierdienstleistungsunternehmens verfügen.[744]

1381 Darüber hinaus hat sich der Begriff *Compliance-Kultur* als Bestandteil eines erfolgreichen Compliance-Programms in der Literatur etabliert.[745]

3. Interdisziplinäres Verständnis einer nachhaltigen Compliance-Kultur

1382 Unternehmen befinden sich in einem Umfeld widerstreitender Rahmenbedingungen. Ein stetig steigender **Innovationsdruck** und das Ziel der Maximierung des Kundennutzens stehen Beschränkungen entgegen, die u. a. aus den damit verbundenen **Kosten** und dem Interesse der Eigentümer, seien es Gesellschafter oder Aktionäre, an der Profitabilität ihrer Investitionen sowie dem der Mitarbeiter an in jeder Beziehung **attraktiven Arbeitsplätzen** resultieren.

1383 Diese Rahmenbedingungen werden durch die **Legalitätspflicht** nicht einfacher. Dies gilt insbes., wenn man sich zB als deutsches Unternehmen im Ausland an deutsche rechtliche Vorgaben, wie zB das Bestechungsverbot, halten muss, die zwar dem jeweiligen Landesrecht ebenfalls bekannt sind, jedoch nicht durchgesetzt und damit von den Wettbewerbern nicht beachtet werden. Die alte Regel „When in Rome, do as the Romans do"[746] ist zumindest im Kontext der Compliance nicht wirklich hilfreich.

---

[742] Regierungskommission Deutscher Corporate Governance Kodex, „Der Kodex verdeutlicht die Verpflichtung von Vorstand und Aufsichtsrat, im Einklang mit den Prinzipien der Sozialen Marktwirtschaft für den Bestand des Unternehmens und seine nachhaltige Wertschöpfung zu sorgen (Unternehmensinteresse). Diese Prinzipien verlangen nicht nur Legalität, sondern auch ethisch fundiertes, eigenverantwortliches Verhalten (Leitbild des Ehrbaren Kaufmanns)", https://www.dcgk.de//files/dcgk/usercontent/de/download/kodex/220627_Deutscher_Corporate_Governance_Kodex_2022.pdf, zuletzt abgerufen am 17.2.2023. Dies ist jedoch immerhin ein Fortschritt, da zB im Jahre 2013 das Wort Ethik im DCGK gar nicht zu finden war.

[743] BaFin, Rundschreiben 05/2018 (WA) – Mindestanforderungen an die Compliance-Funktion und weitere Verhaltens-, Organisations- und Transparenzpflichten – MaComp, Geschäftszeichen WA 31 – Wp 2002–2017/0011, Datum: 19.4.2018, zuletzt geändert am 30.6.2023, BT 1.1 Stellung der Compliance-Funktion, Absatz 5.

[744] BaFin, Rundschreiben 05/2018 (WA) vom 24.4.2018, geändert am 9.5.2018, BT 1.3.1.2 Befugnisse der Compliance-Mitarbeiter, Absatz 2.

[745] S. zB HML Corporate Compliance/Wendt § 9 Rn. 1–75, HML Corporate Compliance/Dittrich/Matthey § 26 Rn. 50.

[746] Ein Sprichwort, das auf den Heiligen Ambrosius von Mailand (337–397) zurückgeht, der den Heiligen Augustinus von Hippo (354–430) dahingehend belehrte, dass er sich besser an die Regeln der Kirche halten solle, die er besucht, will er „keinen Skandal geben oder empfangen." [„Romanum venio, ieiuno

Die Geschäftsleitung und ihre Mitarbeiter sehen sich durch die Legalitätspflicht einem **Wettbewerbsnachteil** ausgesetzt, den sie aber durch ein vergleichbares Handeln nur unter Verstoß der Legalitätspflicht ausgleichen können. Damit bleibt ihnen vermeintlich nur die Wahl zwischen Skylla und Charybdis. 1384

Daher kann die Frage, was *„Compliance-Kultur"* bedeutet, nicht aus einem allein rechts- oder wirtschaftswissenschaftlichen Ansatz heraus beantwortet werden. Vielmehr bedarf es einer **interdisziplinären Betrachtung,** die die Erkenntnisse der Psychologie, Soziologie und Anthropologie verbindet mit jenen der Rechts- und Wirtschaftswissenschaft. 1385

a) Das Billigkeitsverständnis bei Aristoteles

Compliance ist ein sehr alter Wein in neuen Schläuchen. Die Anforderungen des *DoJs* und der *SEC* an eine Compliance-Kultur im Unternehmen[747] entsprechen einem schon vor rund 2.500 Jahre, von ***Aristoteles*** formulierten Rechtsgedanken, der *ἐπιείκεια (Epikie)* oder Billigkeit.[748] Diese Tugend dient als Korrektiv für die Probleme, die allgemein formulierte Gesetze zwangsläufig mit sich bringen können: ihre gedankenlose, am Buchstaben haftende Anwendung kann im konkreten Einzelfall zu einer zu harten und damit ungerechten Lösung führen. 1386

Daher stellte Aristoteles der Tugend der Gerechtigkeit *(δικαιοσύνη)* die Tugend der Billigkeit zur Seite, durch die der Mensch seine persönliche Gerechtigkeit unter Beweis stellen und seine **Urteilskraft** herausfordern soll.[749] Diese Urteilskraft **eigenverantwortlich** einzusetzen ist eine Aufgabe, die der Gesetzgeber bis heute von den Adressaten der Rechtsvorschriften verlangt.[750] 1387

Aristoteles verstand die Billigkeit jedoch keineswegs als eine nur Gesetzesfolgen mildernde Tugend. Wie bei so vielen seiner Erkenntnisse, ist es auch hier beachtenswert, dass er sehr lebensnah, die Billigkeit auch in die entgegengesetzte Richtung angewendet wissen wollte. 1388

Aufgrund seines allgemeingültigen Charakters kann die wortgetreue Anwendung eines Gesetzes dazu führen, dass die Adressaten einer solchen Vorschrift diese entgegen des vom Gesetzgebers intendierten Zweckes für sich ausnutzen bzw. dessen **Zielsetzung unterlaufen,** indem sie ein **Schlupfloch,** das die Gesetzesformulierung eröffnet, für ihre eigenen Zwecke ausnutzen.[751] Daher sollen es in einem solchen Fall Erwägungen der Billigkeit sein, die den Menschen Gerechtigkeit üben lassen und damit aus Billigkeitsgründen auf eine zwar nach dem Gesetzeswortlaut zulässige, dem Sinn des Gesetzes jedoch widersprechende Handlung zu verzichten, sich also mit anderen Worten **gerecht zu verhalten.** 1389

Dieses im aristotelischen Sinne tugendhafte Verhalten führt schlussendlich zu einer rechtmäßigen Unternehmenstätigkeit: man hält sich als Geschäftsleitung und Mitarbeiter an bestehende Rechtsvorschriften und interne Unternehmensrichtlinien und vermeidet es, sich in als **rechtliche Grauzonen** erkannten Themengebieten zu bewegen, in dem man tatsächlich oder vermeintliche Schlupflöcher zum eigenen Vorteil nutzt. 1390

b) Compliance als selbstverständliche, grundlegende Annahme

Wie bereits beschrieben, sehen Mitarbeiter eine Grundannahme als so selbstverständlich an, dass sie eine stark **vereinheitlichende Wirkung** hat und in der Gruppe praktisch 1391

Sabbato; hic sum, non ieiuno: sic etiam tu, ad quam forte ecclesiam veneris, eius morem serva, si cuiquam non vis esse scandalum nec quemquam tibi"], St. Augustine, Letters, Volume I, xxxvi, 32.

[747] → Rn. 1373ff.

[748] Aristoteles, Nikomachische Ethik, Buch V, 1137a ff.

[749] Höffe Gerechtigkeit S. 57f.

[750] So muss ein Mitarbeiter seine Urteilskraft einsetzen, um zu entscheiden, ob eine Bewirtung im geplanten Umfang im konkreten Einzelfall sozialadäquat ist, also von der Allgemeinheit gebilligt bzw. sich im Rahmen des sozial Üblichen bewegt, MüKoStGB/Korte StGB § 331 Rn. 134ff.

[751] Aristoteles, Nikomachische Ethik, Buch V, 1137b. Eine detaillierte Analyse dazu findet sich in Austin/Klimchuk/Klimchuk, Equity and the Rule of Law, Kapitel 11.

kaum abweichende Auffassungen dazu bestehen.[752] Will man also eine nachhaltige Compliance-Kultur in ein Unternehmen implementieren, erscheint es sinnvoll, Compliance als ein Teil der kulturprägenden, selbstverständlichen grundlegenden Annahmen zu etablieren, die damit ein integraler Bestandteil der umfassenderen Unternehmenskultur wird.

1392 Ziel ist es daher, die **Rechtstreue** des Unternehmens als eine **selbstverständliche Grundannahme** seiner Führung und seiner Mitarbeiter zu verfestigen. Damit erreicht sie die im Unternehmen erforderliche Legitimität auch gegenüber den anderen, eher auf den betriebswirtschaftlichen Erfolg fokussierten Grundannahmen.

II. Compliance-Risiken und Compliance-Kultur

1393 Die Legitimität der Compliance-Anforderungen an eine rechtmäßige Unternehmenstätigkeit steht in einem Unternehmen in Konkurrenz mit den ökonomischen Anforderungen, welchen sich das Unternehmen gegenübersieht.

1394 In diesem Kontext wurde die Aufgabe der Mitglieder des Vorstands kontrovers und sehr grds. diskutiert. Der Auffassung, dass ein Unternehmen eine soziale Verantwortung habe, wurde entgegengehalten, dass ein Unternehmen nur die Fiktion einer (juristischen) Person sei und daher selbst keine Verantwortung tragen könne. Die Mitglieder der Unternehmensleitung hingegen seien nur Angestellte der Eigentümer des Unternehmens. Die einzelnen Mitglieder des Unternehmens seien daher ausschließlich den Interessen der Gesellschafter bzw. Aktionäre verpflichtet, wie jeder andere Mitarbeiter auch. Und dieses Interesse richtet sich darauf, so viel Geld wie möglich zu verdienen. Damit beschränke sich die Verantwortung des Managements auf die Profitmaximierung.[753]

1395 Diese von ausgewiesener Stelle vertretene Auffassung über die eigentliche Aufgabe des Managements, legt bei oberflächlicher Betrachtung nahe, dass die Gewinnmaximierung als oberstes Ziel der Geschäftsleitung, ihrer Führungskräfte und Mitarbeiter somit auch konsequenterweise dazu führt, dass dieser Zweck alle Mittel heiligt. Dies war jedoch nie so postuliert worden.

1396 Vielmehr definierte *Friedman* die Verantwortung des Managements dahingehend einschränkend, dass der Vorstand die Geschäfte so zu führen habe, dass das langfristige Interesse der Eigentümer möglichst viel Geld zu verdienen, nur iRd grundlegenden Regeln der Gesellschaft, ausgedrückt in ihren Gesetzen und ethischen Sitten, zu erfüllen ist.

1. Drei Perspektiven auf Compliance-Risiken

1397 Die oftmals nicht weiter zur Kenntnis genommene, differenzierte Sicht *Friedmans* auf die Verantwortung des Managements hat erhebliche Auswirkungen auf die Perspektive, aus welcher die Geschäftsleitung und ihre Mitarbeiter Compliance-Risiken betrachten.[754]

a) Vom ehrbaren Kaufmann zur Corporate Social Responsibility

1398 Nimmt man als Unternehmensführung die Legalitätspflicht und die Interessen der Gesellschafter iSv *Friedman* ernst, so muss man für die Ausgestaltung des Compliance-Managementsystems folgern, dass die Sanktionen, die das Unternehmen bei einem Verstoß gegen die Legalitätspflicht erwarten, auch die gesamten gesellschaftlichen Kosten eines Compliance-Verstoßes umfassen.[755]

---

[752] Zu selbstverständlichen, grundlegenden Annahmen einer Unternehmenskultur → Rn. 1348 ff.

[753] So Nobelpreisträger Milton Friedman, The Social Responsibility of Business is to Increase its Profits, New York Times Magazine, September 13, 1970.

[754] Dazu ausführlich Langevoort, Cultures of Compliance, 54 American Criminal Law Review 933 (2017). Zur Bedeutung des Begriffs des ehrbaren Kaufmanns und der CSR für das heutige Verständnis unternehmerischen Handelns s. Kort NZG 2012, 926.

[755] Eine ökonomische Analyse von Compliance-Verstößen bietet Miller S. 254 ff.

Es ist eine Frage der Ehre, der persönlichen Ehre des Geschäftsleiters und dem Bild, das das Unternehmen als Ganzes in der Gesellschaft darstellen will – iSd Corporate Social Responsibilty, ob man sich diesem umfassenden Verständnis anschließt.[756] 1399

Aus diesem Grund werden die Maßnahmen, die der Sicherstellung rechtmäßiger Unternehmenstätigkeit dienen, ebenfalls umfassend sein. Das Unternehmen wird ein Compliance-Managementsystem implementieren, das darauf ausgerichtet ist, die Mitarbeiter zu motivieren, Compliance als Teil ihrer Tätigkeit für das Unternehmen als selbstverständlich zu betrachten. Die Unternehmensleitung wird, ganz iSd Gesetzgebers, die Ziele der rechtlichen Normen beachten und ihre Mitarbeiter dazu motivieren, sich „einfach" an der Absicht des Gesetzgebers zu orientieren und nicht den Wortlaut der Vorschriften in einer Weise zu interpretieren, die dessen Schwächen verwendet, um Schlupflöcher auszunutzen.[757] 1400

b) Von der Gewinnmaximierung zu nützlichen Rechtsverletzungen

Ganz andere Konsequenzen in Bezug auf Compliance des Unternehmens und für die Compliance-Kultur des Unternehmens hat es, nach selektivem Lesen *Friedmans,* die Gewinnmaximierung in den Fokus der Unternehmensführung zu stellen. Beides steht im deutlichen Kontrast zu den Erwartungen der US-amerikanischen Behörden an ein „compliance and ethics program" und an eine entsprechend im Unternehmen gelebte Compliance-Kultur. 1401

Denkt man diesen falsch verstandenen Ansatz der Gewinnmaximierung zu Ende, muss man konsequenterweise das Compliance-Managementsystem auf eine Weise gestalten, dass es, abgestimmt auf die beschränkten Ermittlungsmöglichkeiten des Staates, gerade so viel leistet, dass ein optimales Verhältnis zwischen Compliance-Risiko und Unternehmensgewinn erreicht wird. Es wird also ein Kalkül angestellt, dessen Resultat bestimmt, ob ein Rechtsverstoß lohnend ist oder nicht. 1402

Auf der einen Seite dieser Berechnung werden die Kosten eines Compliance-Programms und die der dahinterstehenden Organisations- und Prozesslandschaft erfasst.[758] Darüber hinaus kann man, wenn man wirklich konsequent diese unlautere Vorgehensweise betreibt, auch noch den Wert der durch Compliance-Vorgaben entgangenen geschäftlichen Chancen hinzuaddieren. 1403

Auf der anderen Seite stehen die negativen Auswirkungen eines Compliance-Verstoßes. Die Berechnung des zu erwartenden Compliance-Schadens wird jedoch vor dem Hintergrund des Ziels der Gewinnmaximierung auch die Möglichkeit der Behörden kalkulieren, den Compliance-Verstoß aufzudecken, zu beweisen und entsprechend zu sanktionieren. 1404

---

[756] Zur historischen Entwicklung des Begriffs des „ehrbaren Kaufmanns", Schneider/Schmidpeter CSR/Schwalbach/Klink, S. 178 ff.

[757] Das Thema Corporate Social Responsibility erhielt im Jahre 2018 überraschende Unterstützung durch Lawrence Fink, Vorstandsvorsitzender von BlackRock Incorporated, mit einem verwalteten Vermögen von über 8,6 Bio. USD (2022) einer der größten Investmentfonds der Welt. Er erinnerte die CEOs der Unternehmen, in die BlackRock investiert hatte, sehr eindeutig daran, dass die Beteiligungsunternehmen BlackRocks ihre gesellschaftliche Verantwortung wahrzunehmen haben:

„Society is demanding that companies, both public and private, serve a social purpose. To prosper over time, every company must not only deliver financial performance, but also show how it makes a positive contribution to society. Companies must benefit all of their stakeholders, including shareholders, employees, customers, and the communities in which they operate."

Larry Fink's Letter Annual Letter to CEO's: A Sense of Purpose, https://www.blackrock.com/corporate/investor-relations/larry-fink-ceo-letter, zuletzt abgerufen am 14.2.2023. In den folgenden jährlichen Schreiben an die CEOs unterstreicht Larry Fink die Bedeutung nachhaltigen Wirtschaftens, zuletzt in „The Power of Capitalism", https://www.blackrock.com/corporate/investor-relations/larry-fink-ceo-letter, zuletzt abgerufen am 14.02.2023

[758] Zur Analyse und Bewertung der Compliance-Risiken → Rn. 742 ff.

Strafen, Geldbußen oder Gewinnabschöpfungen werden in einer Risikobetrachtung daher zu Aufwendungen, die in Zusammenhang mit der Geschäftstätigkeit entstehen.[759]

1405 Es wird deutlich, dass Compliance ein bedauerliches, aber minimierbares Problem auf dem Weg zur Gewinnmaximierung darstellt. Eine solche Erkenntnis führt in einem so aufgestellten Unternehmen dazu, dass eine Compliance-Kultur ebenso wenig diesen Namen verdient, wie das gesamte Compliance-Managementsystem. Tatsächlich wird die Realisierung der Legalitätspflicht der Gewinnorientierung untergeordnet und auf ein absolutes, unumgängliches Minimum beschränkt.

1406 Damit wird Compliance auf recht zynische Weise zu einem Begriff, der nicht mehr mit Haftungsvermeidung durch rechtlich einwandfreie Unternehmenstätigkeit übersetzt wird, sondern mit Haftungsvermeidung durch Sich-nicht-erwischen-lassen.

c) Vom ehrbaren Kaufmann bis zum Homo oeconomicus

1407 Zwischen diesen beiden, in den vorausgegangenen Abschnitten beschriebenen Perspektiven zum Umgang mit Compliance und damit verbundenen möglichen Risiken, bewegen sich Menschen zwischen diesen Positionen, bisweilen auch situationsabhängig. Je nach persönlicher Disposition, tendieren Mitarbeiter mehr in die Richtung des regelkonformen Verhaltens oder des eigennützigen Verhaltens eines homo oeconomicus,[760] ohne jedoch die jeweils andere Perspektive völlig aus den Augen zu verlieren.

2. Der Eigennutz als Compliance-Risiko

1408 Auf welchem Punkt sich ein Mitarbeiter zwischen den beiden Polen bewegt hängt stark von seinem Eigeninteresse ab. Das Eigeninteresse steuert das menschliche Verhalten automatisch, auf der Basis sehr tiefliegender (Ur-) Emotionen und ist auf die Verbesserung der eigenen Situation gerichtet. Sie erzeugen daher automatisierte, voreingenommene Entscheidungen, von deren Richtigkeit wir dennoch überzeugt sind.[761]

1409 Gern sehen wir uns dabei als gute, moralische Menschen und werden ebenso gern als solche von anderen wahrgenommen. In der Kombination mit dem Eigeninteresse führt dies dazu, dass wir den automatisierten Prozessen zwar nicht entkommen können, da diese außerordentlich schnell ablaufen; die langsamer ablaufenden Prozesse der Identitätspflege, sich selbst und durch andere als guter Mensch zu sehen bzw. angesehen zu werden, bewahren uns jedoch davor, in einer Weise zu handeln, die unserem Selbstbild widersprechen.[762]

---

[759] Gneezy/Rustichini, A Fine is a Price, 29 Journal of Legal Studies 1 (2000). Karpoff/Lee/Martin zeigen, dass Unternehmen, gegen die wegen Bestechungszahlungen ermittelt wurde, durchschnittlich direkte Kosten in Höhe von 2,66% ihrer Marktkapitalisierung tragen mussten. Gleichzeitig waren die Folgen des in Zusammenhang mit den Ermittlungen entstehenden Reputationsverlustes negligable. Interessanterweise betrug der Nettobarwert der durch Bestechungstaten akquirierten Projekte ex ante 2,64% der Marktkapitalisierung. Da jedoch bei Unternehmen, die bei Bestechungstaten erwischt worden sind, ex post der Wert dieser Projekte noch 0,42% der Marktkapitalisierung betrug, lässt sich folgern, dass die Strafen nicht ausreichend abschreckend sind. Karpoff, Leeb, Martin, Foreign Bribery: Incentives and Enforcement, April 7, 2017, https://papers.ssrn.com/sol3/papers.cfm?abstract_id=1573222, S. 39, zuletzt abgerufen am 14.2.2023.

[760] Zum Begriff des homo oeconomicus stellte bereits im Jahre 1739 David Hume in, Traktat über die menschliche Natur, Buch III „Über Moral", Teil 2 Rechtssinne und Widerrechtlichkeit, S. 268 fest „…Dein Korn ist heute reif, das meinige wird es morgen sein. Es ist für uns beide vorteilhaft, daß ich heute bei dir arbeite und du morgen bei mir. Ich habe keine Neigung zu dir, und weiß, daß du ebenso wenig Neigung zu mir hast. Ich strenge mich daher nicht um deinetwillen an; und würde ich um meinetwillen, dh in Erwartung einer Erwiderung bei dir arbeiten, so weiß ich, daß ich enttäuscht werden und vergeblich auf deine Dankbarkeit rechnen würde. Also lasse ich dich bei deiner Arbeit allein. Und du behandelst mich in gleicher Weise. Nun aber wechselt das Wetter; wir verlieren beide unsere Ernte vermöge des Mangels an gegenseitigem Vertrauen und der Unmöglichkeit, uns einer auf den anderen zu verlassen."

[761] Zu den automatisierten Denkprozessen, dem „System 1" nach Kahneman, → Rn. 296 ff.

[762] Dazu ausf. Ariely S. 31 ff.

In Bezug auf Compliance führt dieses Verhalten dazu, dass wir aus eigennützigen Gründen durchaus bereit sind, Rechtsverletzungen zu begehen, uns aber die Abwägung der Auswirkungen auf das Eigenbild vor größeren Rechtsverletzungen bewahren. Um diesen Spagat zwischen absoluter Rechtstreue auf der einen und kleinen Ungenauigkeit auf der anderen Seite in unserem Leben zu bewältigen, können wir uns auf die hervorragende Unterstützung durch eine „motivierte Informationsverarbeitung“ unseres Gehirns verlassen. Eine flexible, kreative und eigennützige Informationsbeschaffung, -aufnahme und -verarbeitung ermöglicht es uns, sowohl egoistisch zu handeln, uns aber gleichzeitig als moralisch einwandfrei agierend zu betrachten.[763] 1410

Wir tun uns mit dieser subjektiven und eigennützigen Interpretation umso leichter, je weniger eindeutig die Faktenlage ist. Je mehr Interpretationsspielraum besteht, umso eher sind wir in der Lage, für uns persönlich schlüssig sowohl eigennützig zu handeln als auch unserem positiven Bild unserer Person zu entsprechen, die wir ja schließlich auch sein wollen. Rechtlich einwandfrei für ein Unternehmen tätig zu sein ist vor diesem Hintergrund zunächst durchaus eine Herausforderung für die Mitarbeiter. 1411

3. Die Mehrdeutigkeit, Vielfalt und Durchsetzung gesetzlicher Vorschriften als Compliance-Risiko

Auf der einen Seite steht der individuelle Eigennutz, der automatisiert Entscheidungen trifft, die nicht zwingend in Einklang mit den rechtlichen Vorgaben stehen. Als Korrektiv wirkt das Ziel, das gewünschte Eigenbild eines guten Menschen zu pflegen und nach außen zu manifestieren. 1412

Auf der anderen Seite sind jedoch rechtliche Vorgaben häufig durchaus auslegungsfähig. Zusammen mit der individuellen Wahrnehmung und Interpretation des zugrundeliegenden Sachverhaltes haben die Mitarbeiter also im vorgenannten Sinne, vielfältige Möglichkeiten, ihr Verhalten bzw. ihre Entscheidung auf einer aus Compliance-Sicht wenig hilfreichen Weise zu gestalten, ohne dass sie sich dessen bewusst sind, da sie sich selbst ja noch als guten Menschen wahrnehmen.[764] 1413

Ob der Mitarbeiter jedoch den richtigen Schluss zieht und sich compliant verhält, hängt darüber hinaus auch davon ab, ob die bestehenden rechtlichen Normen als legitim betrachtet werden. 1414

Grds. akzeptieren und halten sich Menschen an gesetzliche Vorgaben. Können jedoch Mitarbeiter immer weniger Sinn in Regelungen sehen, sei es, dass diese kleinteilig in jeden Lebens- oder Tätigkeitsbereich eindringen oder sei es, dass die Sinnhaftigkeit der Regeln nicht mehr erkennbar ist oder sei es, dass der Eindruck entsteht, dass die gesetzlichen Vorschriften nicht mehr einheitlich angewendet werden[765], desto geringer ist die Akzeptanz dieser Vorgaben.[766] 1415

4. Die moralischen Entwicklungsstufen des Menschen als Compliance-Risiko

Das Sich-an-Regeln halten, ob es sich um Vorgaben des Gesetzgebers oder gesellschaftlich vorgegebene Verhaltensregeln handelt, ist kein im Menschen angelegter Automatismus. 1416

[763] GNW S. 191 ff. Hier schließt sich der Kreis zu dem in Kapitel § 3 B IV beschriebenen subjektiv geprägtem, oftmals nicht wirklich optimalem Umgang mit Risiken, deren Wahrnehmung, Bewertung und Vorsorge → Rn. 294 ff.

[764] Feldman/Harel S. 100 ff. mwN.; Feldman/Smith S. 147 ff.

[765] „Immer sind es die Schwächeren, die nach Recht und Gleichheit suchen, die Stärkeren aber kümmern sich nicht darum.“ Aristoteles, Politik, 1318 b4–5.

[766] Langevoort S. 959 ff.

Vielmehr basiert die Fähigkeit, Recht und Unrecht zu unterscheiden, auf einer moralischen Entwicklung, die der Mensch im Laufe seines Lebens durchläuft.[767]

1417 Die Fähigkeit, Recht von Unrecht zu unterscheiden, entwickelt sich in sechs Stufen, deren jeweiliges Erreichen nicht nur eine Zunahme des Wissens um kulturelle Anforderungen umfasst. Es ändert sich mit dem Erreichen einer höheren Stufe auf nicht umkehrbare Weise die Form bzw. Struktur des Denkens, da jede Entwicklungsstufe weitere kognitive Fähigkeiten erfordert, die der Mensch erst in zunehmendem Alter erwirbt.[768]

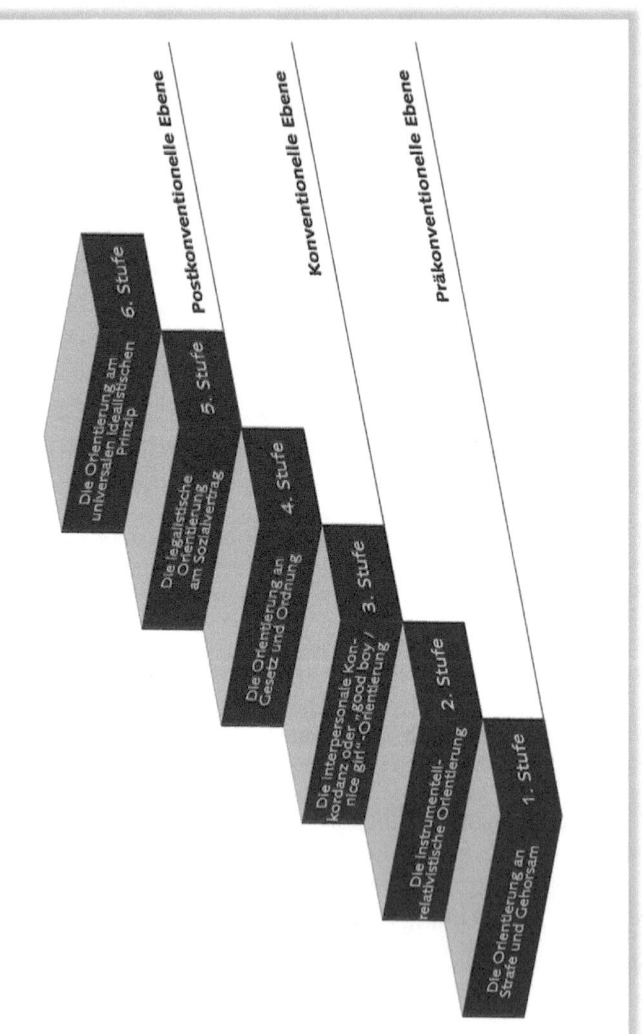

Abb. 27: Stufen der moralischen Entwicklung nach *Kohlberg*[769]

[767] Moral iSd lateinischen mos verstanden, das nicht nur Brauch und Sitte bedeutet, sondern auch in diesem Kontext relevante Begriffe, wie Gebrauch und Vorschrift umfasst.

[768] Kohlberg entwickelte ein „Sechs-Stufen-Modell" der moralischen Entwicklung des Menschen auf Basis der Studien des Entwicklungspsychologen Piaget, Le jugement moral chez l'enfant (1932), s. Kohlberg Moralentwicklung S. 123 ff.

[769] Kohlberg Moralentwicklung S. 123 ff.

Die ersten beiden, *frühkindlichen Stufen* werden als präkonventionelle Moral zusammengefasst, bei der die Ich-Bezogenheit im Vordergrund steht. Es wird hier das als richtig angesehene Verhalten aus der Sorge vor Bestrafung abgeleitet oder ergibt sich durch ein Austauschverhältnis iS eines „Eine-Hand-wäscht-die-andere". 1418

Die meisten erwachsenen Menschen bewegen sich auf den Stufen 3 und 4 der konventionellen kognitiven Moral. Der Mensch versteht sich nunmehr als soziales Wesen und erkennt, dass die Erfüllung der Erwartungen der Familie oder Gruppe, aber auch der des Staates, dem man angehört, ein eigener Wert zukommt, unabhängig von den damit verbundenen Konsequenzen. Auf dieser Stufe wandelt sich Konformität zu Loyalität gegenüber den persönlichen Erwartungen anderer, wie zB der Eltern oder der vorherrschenden sozialen Ordnung. 1419

Der Mensch versteht sich also als soziales Wesen, der seine Rechte und Pflichten aus den Anforderungen des gesellschaftlichen Umfeldes ableitet. Damit werden Entscheidungen, ob ein bestimmtes Verhalten dem Recht oder Unrecht zuzuordnen ist, maßgeblich in Abhängigkeit von den Erwartungen wichtiger Menschen im Umfeld oder entsprechender gesetzlicher Vorgaben entschieden. 1420

Wird das eigene Urteil und damit auch das eigene Verhalten von den Vorstellungen einer Gruppe über das, was Recht oder Unrecht ist, bestimmt, so wird deutlich, welch wichtige Bedeutung den Mitgliedern der Geschäftsleitung eines Unternehmens und ihren Führungskräften zukommt. Auch wenn die Wirkungsbeziehung noch nicht abschließend erforscht ist, steht dennoch fest, dass die ethische Infrastruktur eines Unternehmens eine wichtige Rolle in Bezug auf dessen Compliance zukommt.[770] 1421

Die Bedeutung der Vorbildfunktion der Führungskraft, und in noch höherem Maße der Geschäftsleitung, für eine nachhaltige Compliance des Unternehmens und seiner Mitarbeiter, kann nicht genug betont werden. **Ethische Führung** wird in diesem Zusammenhang definiert als normativ beispielgebendes Verhalten. Dies erfolgt durch das ethische Handeln und Entscheiden der Führungskraft, es manifestiert sich im Umgang mit den Mitarbeitern, deren ethisches Verhalten er iRv Gesprächen fordert und fördert, ebenso wie durch ein ethisch einwandfreies Verhalten auch im privaten Bereich der Führungskraft. Mit anderen Worten, er lebt ethisches Verhalten und wird damit zu einem positiven Leitbild und zu einer Identifikationsfigur.[771] 1422

In verschiedenen Studien wurde nachgewiesen, dass ein ethisches Führungsverhalten als solches von den Mitarbeitern wahrgenommen wird. Es wirkt sich positiv auf die Arbeitszufriedenheit der Mitarbeiter aus,[772] erhöht die affektive Bindung und das Engagement und reduziert die Wechselbereitschaft der Mitarbeiter.[773] 1423

Darüber hinaus wurde festgestellt, dass ethische Führung regelabweichendes und unethische Verhalten der Mitarbeiter reduziert. Es ist ebenfalls belegt, dass ethische Führung von einer Führungsebene in die ihr nachgeordnete Ebenen herunter kaskadiert und damit auch auf der nachgelagerten Führungsebene positive Wirkungen zeigt.[774] 1424

Für ein Compliance-Managementsystem ist das Hinweisgebersystem ein wichtiges Instrument (→ Rn. 688 ff.) Wissen Mitarbeiter, dass sie in einem System ethischer Führung bei der Meldung eines Compliance-Verstoßes von ihren Kollegen und Führungskräften unterstützt werden, fühlen sie sich deutlich sicherer.[775] Dies hat Auswirkungen auf die Quantität und Qualität der eingehenden Hinweise und damit auf die Effektivität des Hinweisgebersystems. 1425

[770] KNK S. 642 ff. S. dazu Unterkapitel III.1. Die ethische Infrastruktur des Unternehmens → Rn. 1472 ff.
[771] BTH S. 120.
[772] JBTF S. 674 ff.; BTH S. 119 ff.
[773] NCKRC S. 165 ff.; TBSL S. 230.
[774] MKGBS S. 7 ff.
[775] MNKTSS S. 100. Zu dem damit in engem Zusammenhang stehenden Thema der psychologischen Sicherheit → Rn. 1430 ff.

1426 Es gehören jedoch nicht nur Führungskräfte zu dem Umfeld eines Mitarbeiters, das dessen kognitive moralischen Urteilsbildung beeinflusst. Die Einstellung der Kollegen zu moralischer und damit auch rechtlich einwandfreier beruflicher Tätigkeit im Unternehmen hat erheblichen Einfluss auf die Bereitschaft eines Mitarbeiters, sich an rechtliche oder gesellschaftliche Vorgaben zu halten. So wurde zB bei einer Untersuchung des Verhaltens von Inspektoren der Fahrzeugabgasprüfstellen in den USA nachgewiesen, dass sich die Prüfer nach einem Wechsel der Prüfstelle sehr schnell das betrügerische Verhalten ihrer Kollegen im neuen Prüfzentrum zu eigen machten und ebenfalls die Prüfergebnisse manipulierten, sodass mehr Fahrzeuge die Tests bestanden.[776]

1427 Stellt auf dieser **Stufe der konventionellen kognitiven Moral** das Umfeld ein Compliance-Risiko dar, so stellt die höchste Stufe der moralischen Urteilsbildung geradezu den Idealzustand aus Compliance-Sicht dar. Auf den beiden höchsten Stufen, der der **postkonventionellen Moral,** entscheidet der Mensch über sein Handeln nicht mehr in Abhängigkeit von Machtverhältnissen oder aufgrund von aus Loyalitätsbeziehung abgeleiteten Vorgaben.

1428 Vielmehr trifft der Mensch seine Entscheidungen autonom und auf Basis übergeordneter und universeller Prinzipien der Gerechtigkeit und des Rechts iSd kategorischen Imperatives von *Immanuel Kant.* Auch wenn dieser moralische Entwicklungsstand aus Compliance-Sicht außerordentlich erfreulich ist, so muss doch konstatiert werden, dass zB in den USA nur weniger als 20% der erwachsenen Bevölkerung diesen Stand erreicht haben.[777]

1429 Es stellt sich somit die Frage, wie die große Zahl der Mitarbeiter, deren Verhalten nicht durch universal-ethische Prinzipien bestimmt wird, veranlasst werden können, unter Umständen sogar gegen die eigenen, egoistischen Interessen zu handeln, um sich rechtstreu zu verhalten. Daher ist die Bedeutung der im Unternehmen wahrgenommenen psychologischen Sicherheit in diesem Kontext von Bedeutung, ebenso wie die Möglichkeiten, die im Unternehmen zur Verfügung stehen, um darüber hinaus die Compliance-Kultur positiv zu gestalten.

5. Fehlende psychologische Sicherheit im Unternehmen als Compliance-Risiko

1430 Bereits Mitte der sechziger Jahre setzten sich in den USA Organisationspsychologen wissenschaftlich mit der Frage auseinander, warum es für Menschen keineswegs eine Selbstverständlichkeit darstellt, Risiken im Rahmen zwischenmenschlicher Beziehungen einzugehen, um zB am Arbeitsplatz aus ihrer Sicht wünschenswerte Veränderungen herbeizuführen.

1431 So untersuchten *Schein* und *Bennis* im Jahre 1965 die Fragestellung, unter welchen Bedingungen eine Führungskraft bereit ist, das eigene **Selbstbild zu korrigieren** auf Basis von Erkenntnissen, die sie im Rahmen sich wandelnder Herausforderungen des Unternehmens im Kontakt mit anderen Personen über sich selbst gewonnen hat. Dabei spielt aus ihrer Sicht ein Klima der Sicherheit eine entscheidende Rolle, um diesen Lern- und damit Veränderungsprozess bei dem Betroffenen überhaupt zu ermöglichen.[778]

1432 Das Vorhandensein psychologischer Sicherheit wurde bald als eine unabdingbare Voraussetzung für einen Menschen identifiziert, wenn es darum geht, die **innere Abwehrhaltung** oder eine Lernangst zu **überwinden,** nachdem die eigenen Erwartungen oder Hoffnungen durch die Realität widerlegt worden sind. Dies begründete *Schein* damit, dass erst das Gefühl der Sicherheit es dem Einzelnen ermöglicht, sich auf die Ziele der Gemeinschaft, sei es ein Team oder ein Unternehmen, sowie Problemlösungen zu fokussieren, statt eine defensive Haltung der Selbstverteidigung einzunehmen.[779]

---

[776] Pierce/Snyder S. 19ff., zuletzt abgerufen am 14.2.2023.
[777] TWR S. 955. Zur Kritik an Kohlbergs Sechs-Stufen-Theorie s. Crain S. 134ff.
[778] Schein/Bennis S. 271ff.
[779] Schein, How Can Organizations Learn Faster? The Challenge of Entering the Green Room, 34 Sloan Management Review 85 (1993).

Auf Basis zahlreicher wissenschaftlicher Untersuchungen wird es heute als gesichert angesehen, dass Mitarbeiter, die nicht das Risiko einer Bestrafung oder Demütigung befürchten müssen, sich offen auch über unangenehme Themen äußern.[780] Für ein wirksames Compliance-Risikomanagement ist psychologische Sicherheit daher eine unabdingbare Voraussetzung, sodass Mitarbeiter frei von Angst vor Sanktionen, Repressionen oder anderen Nachteilen bestehende Compliance-Risiken oder gar Compliance-Verstöße adressieren können. 1433

Ob die Implementierung eines effektiven und effizienten Compliance-Risikomanagements erfolgreich ist, hängt wie andere Themen auch, von der **Führungskultur** im Unternehmen ab. Inzwischen ist in Deutschland ein zunehmender Riss zwischen Mitarbeitern und ihren Arbeitgebern zu beobachten. Im Rahmen einer Studie gaben nur noch 13 Prozent der befragten Arbeitnehmer an, eine hohe emotionale Bindung an ihre Arbeitgeber zu haben. Dem stehen 69 Prozent dieser Mitarbeiter gegenüber, die nur eine **geringe** bzw. 18 Prozent der Befragten, die gar **keine emotionale Bindung an ihren Arbeitgeber** haben. Dies sind die tiefsten Werte seit 2012.[781] 1434

Dabei liegen die Vorteile einer hohen emotionalen Bindung der Mitarbeiter an ihren Arbeitgeber auf der Hand. Allein die **Auswirkungen einer auf die Wirtschaftlichkeit** des Unternehmens, sollte Motivation genug sein, die Führungskultur zu verbessern. So ist nachgewiesen, dass eine hohe emotionale Bindung bei den Mitarbeitern einen Rückgang der Fluktuation bewirkt, dass die Krankentage und Arbeitsunfälle abnehmen und die Arbeitsqualität sich verbessert, was sich wiederum in einer höheren Kundenzufriedenheit widerspiegelt.[782] In Bezug auf die Compliance des Unternehmens wirkt sich eine enge emotionale Bindung, wie bereits erwähnt, ebenfalls entsprechend positiv aus. 1435

Im Hinblick auf eine rechtlich einwandfreie Unternehmenstätigkeit und ein effektives Management der Compliance-Risiken im Unternehmen kann somit das fehlende Vertrauen in den eigenen Vorgesetzten sowie die sich lösenden emotionalen Bindungen an den Arbeitgeber zu einem erheblichen Problem werden. Daher kommt der Betrachtung der psychologischen Sicherheit zur Mitigierung von Compliance-Risiken eine bedeutsame Funktion zu. 1436

Psychologische Sicherheit stellt ein Gefühl dar, sich so zu zeigen können, wie man ist und sich entsprechend zu engagieren, ohne Angst vor negativen Konsequenzen für das eigene Selbstbild, den eigenen Status oder die Karriere haben zu müssen. Dies setzt ein entsprechendes Vertrauen in das jeweilige Umfeld voraus, sei es die eigene Familie oder andere Gruppen oder Organisationen, wie zB ein Unternehmen.[783] 1437

In deutschen Unternehmen ist jedoch das Vertrauen gegenüber dem eigenen Vorgesetzten weiter rückläufig. Nur noch 41 Prozent der Befragten vertrauen der eigenen Führungskraft noch uneingeschränkt.[784] Dies ist keine gute Voraussetzung, um Mitarbeiter davon zu überzeugen, dass es in aller Interesse ist, auch unliebsame Themen, wie etwa Compliance-Risiken oder Rechtsverstöße zu adressieren. 1438

---

[780] Einen guten Überblick gibt hierzu Edmondson/Lei, Psychological Safety: The History, Renaissance, and Future of an Interpersonal Construct, 1 Annual Review of Organizational Psychology and Organizational Behavior 23 (2014).

[781] Gallup, Engagement Index 2022 | Deutschland, S. 3, https://www.gallup.com/de/472028/bericht-zum-engagement-index-deutschland.aspx1, zuletzt abgerufen am 29.3.2023

[782] Im Einzelnen lauten die Werte:
- 18% bis 43% geringere Fluktuation (43% bei Unternehmen mit einer niedrigen bzw. 18% bei hoher Fluktuation)
- 81% weniger Fehlzeiten (Krankentage)
- 64% weniger Arbeitsunfälle
- 41% weniger Qualitätsmängel
- 10% bessere Kundenbewertungen, Gallup S. 7.

[783] Kahn, Psychological Conditions of Personal Engagement and Disengagement at Work, 33 Academy of Management Journal 692 (1990), 708 ff. mwN.

[784] Gallup, S. 15.

1439 Das Maß dieses für eine offene Kommunikation erforderlichen Vertrauens wurden **vier Faktoren** zugeschrieben:

- den zwischenmenschlichen Beziehungen
- der Dynamik innerhalb einer Gruppe (Gruppendynamik) bzw. der Dynamik zwischen Gruppen
- dem Führungsstil und den Managementprozesse sowie
- den Regeln innerhalb der Organisation.[785]

1440 **Zwischenmenschliche Beziehungen** fördern psychologische Sicherheit, sofern Sie von Vertrauen geprägt sind und als unterstützend wahrgenommen werden. Dadurch wird es Menschen möglich, Neues auszuprobieren, ohne negative Konsequenzen wegen Fehlversuchen zu erleiden.

1441 Die **Gruppendynamik** und die **Dynamik zwischen verschiedenen Gruppen** ist für die Wahrnehmung psychologischer Sicherheit ebenfalls von Relevanz, da die nicht anerkannten oder unbewusst übernommenen Rollenverhalten einzelner Mitglieder einer Gruppe diese beeinflussen, indem unbewusste Allianzen oder verdeckt funktionierende Kooperationen das individuelle Verhalten der einzelnen Personen beeinflussen. Gehört ein Mitarbeiter zu einer nichtdominanten Gruppe, führt dies zu einem Mangel an psychologischer Sicherheit, sodass die Person – entsprechend der Verteilung der Macht und Autorität in der Organisation – die Äußerung seiner eigenen Meinung unterdrückt.[786]

1442 Nicht überraschend ist, dass sich auch der **Führungsstil** und die Qualität der **Managementprozesse** auf die Wahrnehmung psychologischer Sicherheit auswirken, da die Art, wie Unternehmensvorgaben an die Mitarbeiter weitergegeben werden, darüber entscheidet, ob die Führungskraft als bedrohend oder als unterstützend und offen wahrgenommen wird. Gewährt eine Führungskraft ihren Mitarbeiter den Freiraum, sanktionsfrei zu experimentieren, auch auf die Gefahr hin, dass ein Ziel nicht auf dem direkten Weg erreicht wird, entsteht psychologische Sicherheit. Gleiches gilt, wenn ein Mitarbeiter einen gewissen Grad an Gestaltungsmacht bzw. Kontrolle über die eigene Tätigkeit ausüben darf. Fehlt es daran, vermittelt damit die Führungskraft den Eindruck, dass sie den eigenen Mitarbeitern nicht vertraut. Verstärkt wird dieses Signal durch ein unvorhersehbares, sich widersprechendes oder überkritisches Verhalten der Führungskraft.

1443 **Regeln innerhalb der Organisation** beschreiben die Erwartung einer Organisation an das allgemeine Verhalten seiner Mitglieder. Solange man diese Erwartungen erfüllt, entsteht psychologische Sicherheit. Stellt man diese Vorgaben in Frage, wird man als Abweichler ausgegrenzt, das Gefühl von Angst und Frustration macht sich breit.[787]

[785] Kahn S. 708 ff.
[786] Kahn S. 709 f.
[787] Kahn S 711 f.

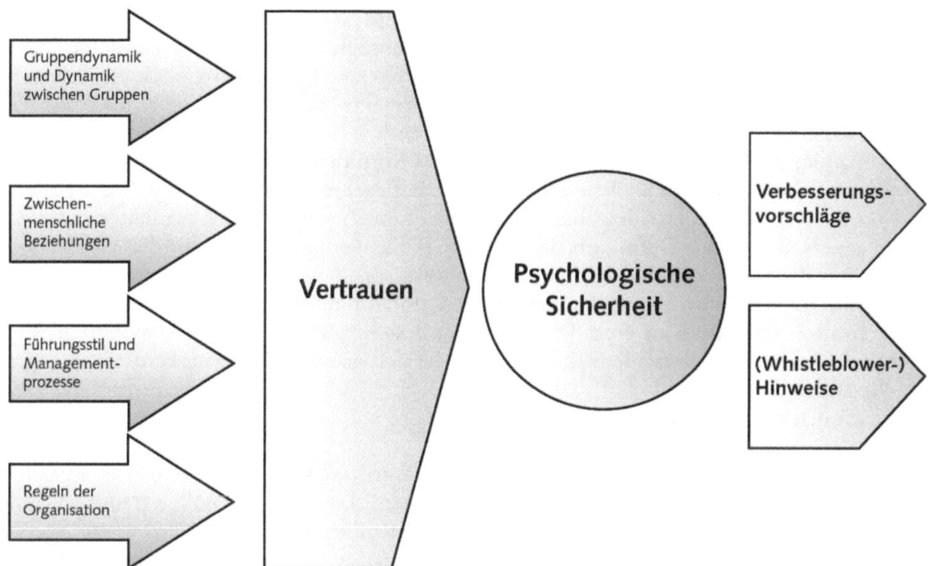

Abb. 28: Voraussetzungen und Wirkung psychologischer Sicherheit im Unternehmen

Kommt die vom Einzelnen wahrgenommene psychologische Sicherheit bereits eine bedeutende Funktion bei der Definition des eigenen Rollenverhaltens zu, so wird die Bedeutung dieses Themas für die Compliance-Risikoidentifikation noch offensichtlicher, wenn die Perspektive auf das Ansprechen kritischer Themen außerhalb der Gruppe und gegenüber hierarchisch Höherrangigen gerichtet wird. Dieses als **„speak-up"** bezeichnete Sich-äußern steht in einem direkten Zusammenhang mit der Frage, ob ein Compliance-Hinweisgebersystem erforderlich ist.[788] 1444

„Speak-up" steht für das **offene Eintreten für Veränderungen** gegenüber Personen, die die Macht haben (sollten) dafür zu sorgen, dass sich die Organisation dem Thema annimmt und die innerhalb der Organisation so viel Einfluss ausüben können, dass sie in der Lage sind, entsprechende Ressourcen dafür zu investieren. 1445

Das **Infragestellen des Status' Quo** und das Angebot von Verbesserungsvorschlägen, um das eigene Wohlergehen oder das des Unternehmens zu erhöhen, kann von Mitarbeitern nur erwartet werden, wenn Sie das Gefühl haben, sich selbst dadurch nicht erheblichen Nachteilen auszusetzen. So kann es ein Mitarbeiter als riskant ansehen, Veränderungen bei denjenigen einzufordern, die die zu verbessernde Situation bisher gestaltet haben, für diese verantwortlich sind oder die sich dem Erhalt des Status Quo verbunden fühlen. Da man das Hinweisgeben nicht wirklich erzwingen kann, wird sich ein Mitarbeiter dazu nur durchringen, wenn die eigenen **Vorteile** die möglichen Nachteile **überwiegen.** In diesem Zusammenhang werden als Vorteile eine Gehaltserhöhung bzw. ein Bonus, eine Beförderung oder auch immaterielle Vorteile, wie zB eine Anerkennung und statuswirksame Vorteile erwähnt. Am anderen Ende des Spektrums möglicher Reaktionen auf ein Infragestellen werden eine hierarchische Herabstufung oder gar Kündigung sowie Demütigungen und Verlust an gesellschaftlichem Ansehen genannt.[789] 1446

---

[788] Anschaulicherweise nennt zB die BMW Group ihr Hinweisgeber „SpeakUP Line", durch das Mitarbeitern die Möglichkeit gegeben wird, Hinweise auf mögliche Rechtsverstöße bzw. Compliance-Risiken im Unternehmen anonym und vertraulich abzugeben, BMW Group, Verhaltenskodex, S. 23, https://www.bmwgroup.com/de/unternehmen/compliance.html, zuletzt abgerufen am 28.2.2023.

[789] Detert/Burris, Leadership Behavior and Employee Voice: Is The Door Really Open? 50 The Academy of Management Journal 869 (2007), 870.

1447 Damit kommt der **Führungskraft** eine **doppelte Bedeutung** zu, wenn es darum geht, ihren Mitarbeitern eine Atmosphäre der psychologischen Sicherheit zu bieten. Zum einen verfügen sie über die **Machtmittel,** Belohnungen in Form von Gehaltserhöhungen, Beförderungen oder der Übertragung wichtiger Projekte zu gewähren, aber auch Bestrafungen auszusprechen oder Repressionen auszuüben.

1448 Zum anderen kann die Führungskraft durch das **Signalisieren ihres Interesses** an Verbesserungsvorschlägen erheblichen Einfluss auf das Ergebnis der Abwägung von Chancen und Risiken eines offenen Eintretens für Veränderungen seitens der Mitarbeiter nehmen. Denn anders als bei der Definition des eigenen Rollenverhaltens, kommt der psychologischen Sicherheit eine erhöhte Bedeutung zu, wenn es für einen Mitarbeiter darum geht, durch einen Verbesserungsvorschlag den Status Quo zu hinterfragen.

1449 **Persönlich Initiative** zu ergreifen um einen bestehen Zustand (zum Besseren) zu verändern, bedingt drei unterschiedliche Aspekte, die sich gegenseitig verstärken:

- Selbstständigkeit,
- Eigeninitiative und
- Überwindung von Hindernissen.

1450 Mitarbeiter mit einer **stark ausgeprägten Eigeninitiative** werden jedoch nicht selten von Ihrem Umfeld als **anstrengend** wahrgenommen, da sie mit den angestrebten Veränderungen den Status Quo gefährden, was grds. bei Kollegen und Vorgesetzten auf Skepsis stößt. Führungskräfte können solche Mitarbeiter sogar als **rebellisch** einordnen, da diese selten Anweisungen Folge leisten, ohne diese zuvor zu hinterfragen.

1451 Daraus folgt, dass der Eigeninitiative der Mitarbeiter nicht immer Wertschätzung entgegengebracht wird, obgleich es langfristig für ein Unternehmen von entscheidender Bedeutung ist, dass Mitarbeiter persönlich Initiative ergreifen.[790] Gilt dies für den betriebswirtschaftlichen Erfolg eines Unternehmens, so ist diese Bedeutung der Eigeninitiative der Mitarbeiter zur Verbesserung der Compliance-Situation ihres Unternehmens von ebenso großer Bedeutung.

1452 Daher ist aus Compliance-Sicht ebenso die differenzierte Betrachtung der **Art der gegebenen Hinweise** von Bedeutung wie auch die Frage, ob diese wiederum in Beziehung zur im Unternehmen durch die Mitarbeiter wahrgenommene psychologische Sicherheit steht.

1453 In Studien konnten **zwei unterschiedlichen Typen von Hinweisen** identifiziert. Bei der ersten Gruppe handelt es sich um **Hinweise, die zum Nutzen des Unternehmens auf die Verbesserung bestehender Abläufe abzielen.** IdR sind mit dem Hinweis konkrete Vorschläge zur Verbesserung einer als unbefriedigend angesehenen Situation verbunden. Auch wenn diese Initiativen für die beteiligten Personen kurzfristig Veränderungen und zusätzliche Arbeitsbelastung mit sich bringen, so kann langfristig doch die ihnen innewohnende gute Absicht erkannt werden, die zu einer Verbesserung im Unternehmen führt.[791]

1454 Demgegenüber stehen in der zweiten Gruppe die Übermittlung von Informationen im Vordergrund, durch die der Hinweisgeber seine Sorge zum Ausdruck bringen will, dass **Geschehnisse oder bestehende Abläufe bzw. Verhaltensweisen dem Unternehmen Schaden zufügen.** Regelmäßig beschränkt sich die Information auf eine Beschreibung des Missstandes, ohne jedoch Verbesserungsvorschläge zu beinhalten. Anders als die vorgenannte Gruppe von Hinweisen, impliziert diese zweite Gruppe quasi automatisch, dass die für den Vorgang verantwortlichen Kollegen oder Führungskräfte Fehler gemacht haben. Auch wenn die diesem Hinweis zugrundeliegende Intention ebenfalls eine positive, nach Abhilfe für einen Missstand suchende ist, wird diese zunächst selten von den Betroffenen

[790] Frese/Fay, Personal initiative: An active performance concept for work in the 21st century, in Straw/Sutton (Hrsg.), 23 Research in organizational behavior, 133 (2001), 141 f., 164.

[791] Liang/Farh/Farh, Psychological antecedents of promotive and prohibitive voice: a two-wave examination, 55 Academy of Management Journal 71 (2012), 74 ff.

so wahrgenommen. Vielmehr sind die möglichen Reaktionen eher negativ und defensiver Natur.[792] Die Meldung dieser Art von Hinweisen soll durch das HinSchG gefördert werden.[793]

Das Geben von Hinweisen kann demnach durch eine Führungskraft in dem Umfang 1455 gefördert werden, wie sie in der Lage ist, den Mitarbeitern das Gefühl von psychologischer Sicherheit zu vermitteln, in welchem Umfang Mitarbeiter eine Verpflichtung wahrnehmen, ihrem Unternehmen durch Vorschläge für konstruktive Veränderungen etwas zurückzugeben und das Ausmaß, in dem ein Mitarbeiter glaubt, ein **fähiges, bedeutendes und würdiges Mitglied** des Unternehmens zu sein.[794]

Dies kann ein Vorgesetzter unterstützen, indem er gegenüber Ideen ihrer Mitarbeiter 1456 **Offenheit** beweist und Gelegenheiten für eine **formelle oder informelle Mitsprache** bietet. Dadurch erhöht sie den ersten wichtigen Aspekt, die Wahrnehmung psychologischer Sicherheit. Geht damit einher, dass die Führungskraft ihren Mitarbeitern **Wertschätzung** entgegenbringt und diese daran erinnert, dass sie einen wertvollen Beitrag für das Unternehmen leisten, erhöht sie das Selbstwertgefühl der Mitarbeiter ihres Teams.

Dabei ist es einerlei, ob Mitarbeiter Verbesserungsvorschläge vortragen oder einen Miss- 1457 stand aufdecken dürfen. Diese Möglichkeit wahrnehmen zu können erhöht das Gefühl, als Mitarbeiter dem Unternehmen etwas zurückgeben zu können, was wiederum die wahrgenommene Verpflichtung für konstruktiven Wandel befriedigt.[795]

Dabei korrelieren sowohl die Förderung der Wahrnehmung der psychologischen Si- 1458 cherheit als auch die der gefühlten Verpflichtung für konstruktive Veränderungen in besonders hohem Maße mit der Wahrscheinlichkeit, sich zu äußern. Gelingt es also der Führungskraft, **Mitsprache durch Mitarbeiter zu einer positiven Erfahrung** zu machen, ist die Voraussetzung dafür geschaffen, dass Mitarbeiter wahrscheinlich auch in Zukunft Hinweise geben werden.[796]

Will ein Vorgesetzter seine Verantwortung auch in Bezug auf **Compliance** gerecht 1459 werden, so sollte er seine Mitarbeiter durch sein Führungsverhalten darin bestärken, Compliance-Risiken und Compliance-Verstöße zu melden, sei es als Hinweise, die mit Vorschlägen für risikomitigierende Gegenmaßnahmen verbunden sind oder ob es das Aufzeigen von potenziellen Compliance-Problemen betrifft.

Es wäre in diesem Kontext jedoch zu kurz gesprungen, würde man die Wirkung psy- 1460 chologischer Sicherheit allein auf den einzelnen Mitarbeiter reduziert betrachten. Vielmehr spiegelt sich die in einem Team wahrgenommene psychologische Sicherheit in dessen Arbeitsergebnisse wider. So wurde bereits im Jahre 1999 gezeigt, dass die psychologische Sicherheit, die innerhalb eines Teams besteht, sich auf die **Leistungsfähigkeit des Teams** positiv auswirkt, in dem sie ein Klima des Vertrauens, des gegenseitigen Respekts vor der Kompetenz der Kollegen und der gegenseitigen Fürsorge entstehen lässt.[797]

In diesem Zusammenhang wurde nachgewiesen, dass zB Unternehmen, die nicht in 1461 Prozessinnovation investierten, wenig überraschend, nur mäßig profitabel und erfolgreich waren. Allerdings führte ein hohes Maß an **Prozessinnovationen** im Unternehmen, die nicht in ein Umfeld von Eigeninitiative und psychologischer Sicherheit eingebettet waren,

---

792 Ebenda.

793 BT-Drs. 20/5992, 28, vom 14.03.2023, Entwurf eines Gesetzes für einen besseren Schutz hinweisgebender Personen sowie zur Umsetzung der Richtlinie zum Schutz von Personen, die Verstöße gegen das Unionsrecht melden; s. dazu → Rn. 688 ff.

794 LFF S. 80, 88 f.

795 LFF S. 88. Zu den Möglichkeiten der Gestaltung einer angstfreien Organisation s. Edmondson, Die angstfreie Organisation: Wie Sie psychologische Sicherheit am Arbeitsplatz für mehr Entwicklung, Lernen und Innovation schaffen, 2019, S. 133 ff.

796 LFF S. 89.

797 Edmondson, Psychological Safety and Learning Behavior in Work Teams, 44 Administrative Science Quarterly, 350 (1999), 379 f.

dazu, dass diese Unternehmen sogar schlechtere Ergebnisse erzielten als Unternehmen, die nicht in Prozessinnovationen investiert hatten.

1462 Nur wenn Innovationen in einem für Eigeninitiative und psychologische Sicherheit förderlichen Unternehmensklima stattfanden, waren Unternehmen erfolgreicher als in den beiden vorgenannten Szenarien. Möchte daher ein Unternehmen sein **Innovationspotentiale nutzen,** wird dies nur gelingen, wenn es Eigeninitiative und psychologische Sicherheit fördert.[798]

1463 Im **Bankensektor** wurde der Wirkzusammenhang zwischen der fehlenden psychologischen Sicherheit und Compliance-Verstößen untersucht. Anhand öffentlich zugänglicher Informationen dreier international operierender Großbanken, die durch Compliance-Verstöße aufgefallen waren, konnte festgestellt werden, dass eine **erhebliche Korrelation zwischen dem Fehlen der Attribute psychologischer Sicherheit und Compliance-Verstößen** besteht.[799]

1464 Psychologische Sicherheit ist somit ein „entscheidender Treiber qualitativ hochwertiger Entscheidungsfindung, einer gesunden Gruppendynamik und zwischenmenschlichen Beziehungen sowie wirksameren Abläufen in Unternehmen."[800]

1465 Nach der hier vertretenen Auffassung ist die Mitwirkung der Mitarbeiter eines Unternehmens ein kritischer Erfolgsfaktor eines wirksamen Compliance-Risikomanagements.[801] Gelingt es im Unternehmen, ein Klima der psychologischen Sicherheit und ein damit einhergehendes Klima zu schaffen, das die Eigeninitiative der Mitarbeiter fördert, wird es dem Compliance Officer erst möglich, verborgenere Compliance-Risiken mit Hilfe der Mitarbeiter zu identifizieren.

1466 Die Studien über das Verhältnis zwischen Führungskräften und ihren Mitarbeitern in Deutschland,[802] gibt Anlass zur Befürchtung, dass hier für ein erfolgreiches Compliance-Risikomanagement noch ein durchaus großes Optimierungspotential verborgen liegt. Aus diesem Grund ist das HinSchG (→ Rn. 688 ff.) ausdrücklich zu begrüßen, auch wenn es mehr als 30 Jahre später als der amerikanische Whistleblower Protection Act of 1989 implementiert wurde. Bis es in Unternehmen gelingt, eine von psychologischer Sicherheit getragene Compliance-Kultur zu verankern, ist ein geschützter Meldekanal nicht selten der einzige Weg für Mitarbeiter, Hinweise über Compliance-Missstände zu geben. Allerdings steht zu befürchten, dass Mitarbeiter, die für die Verbesserung der Compliance des Unternehmens wichtige Hinweise geben könnten, trotz des Schutzes, den das HinSchG Beschäftigten gewährt, eine Abwägung vornehmen werden, ob die Meldung für sie persönlich mehr Vor- als Nachteile mit sich bringen wird (→ Rn. 1447 f.). Damit hängt der Erfolg eines Hinweisgebersystems wiederum von der Wahrnehmung psychologische Sicherheit seitens der Beschäftigten ab. Dennoch ist das HinSchG eines der wenigen, praktisch wirksamen Möglichkeiten, wie seitens des Gesetzgebers das Compliance-Risikomanagement unterstützt werden kann.

---

[798] Ergebnisse einer in deutschen Unternehmen durchgeführten Studie von Baer/Frese, Innovation is not enough: climates for initiative and psychological safety, process innovations, and firm performance, 24 Journal of Organizational Behavior 45 (2003), 61.

[799] Fengler CCZ 2022, 45.

[800] Edmondson/Mortensen, What Psychological Safety Looks Like in a Hybrid Workplace, Harvard Business Review, April 19, 2021, (übersetzt vom Verfasser), https://hbr.org/2021/04/what-psychological-safety-looks-like-in-a-hybrid-workplace, zuletzt abgerufen am 28.2.2023.

[801] → Rn. 668 ff.

[802] → Rn. 1533 ff.

Checkliste 53: Die Bedeutung der Compliance-Kultur für das Unternehmen und dessen Compliance

- ❑ Ist im Unternehmen bekannt, welche **große Bedeutung** US-amerikanische Behörden einer **gelebten Compliance-Kultur** beimessen?
- ❑ Ist der Unternehmensführung bewusst, dass eine positive **Compliance-Kultur** Grundvoraussetzung für ein **nachhaltiges Compliance-Risikomanagement** ist?
- ❑ Auf welchem Punkt des Spektrums zwischen der Erfüllung der Legalitätspflicht auf der einen Seite und der Gewinnmaximierung, auch unter dem Ausnutzen „nützlicher Rechtsverletzungen" auf der anderen Seite bewegen sich die Geschäftsleitung, die Führungskräfte und die Mitarbeiter des Unternehmens?
- ❑ Wie beeinflussen der Eigennutz der Mitarbeiter sowie die Mehrdeutigkeit, Vielfalt und nicht immer perfekte Durchsetzung gesetzlicher Vorschriften das Verhalten der Mitarbeiter?
- ❑ Ist der Unternehmensleitung, bei den Führungskräften und im Personalbereich das **Modell moralischer Entwicklungsstufen** des Menschen und deren Auswirkungen auf das Compliance-Risiko des Unternehmens bekannt?
- ❑ Ist in der Unternehmensführung bekannt, welche Bedeutung die Wahrnehmung **psychologischer Sicherheit** für die ein effektives Compliance-Risikomanagement hat?
- ❑ Besteht bei den Mitarbeitern im Unternehmen die Wahrnehmung, dass sie in einem Umfeld psychologischer Sicherheit tätig sind, dass sie ihrem Unternehmen durch Vorschläge für **konstruktive Veränderungen** etwas zurückzugeben und dass der Mitarbeiter glaubt, ein **fähiges, bedeutendes und würdiges Mitglied der Organisation** zu sein?
- ❑ Wird im Unternehmen die **Eigeninitiative** der Mitarbeiter **gefördert?**
- ❑ Werden die Möglichkeiten im Unternehmen genutzt, um **psychologische Sicherheit** zu etablieren, um eine **positive Compliance-Kultur** zu fördern?
- ❑ Sind sich die Geschäftsleitung und die Führungskräfte des Unternehmens darüber bewusst, dass sie durch ihr Verhalten maßgeblich die Wahrnehmung psychologischer Sicherheit bei den Mitarbeitern fördern können?

III. Möglichkeiten zur Gestaltung der Compliance-Kultur

Warum sich Mitarbeiter ethisch richtig verhalten und warum sie in bestimmten Situationen den Pfad moralischen Handelns verlassen und Rechtsverstöße begehen, hängt von verschiedensten Faktoren ab. Sie reichen von der individuellen Prägung des einzelnen Mitarbeiters, dem Einfluss seiner Kollegen und Vorgesetzten bis hin zu den Wirkungen, die organisatorische Maßnahmen im Unternehmen haben. 1467

1468 Der Entscheidung, sich rechtlich einwandfrei oder anders zu verhalten liegen also komplexe Wirkzusammenhänge zugrunde, die in vielerlei Hinsicht noch nicht wissenschaftlich erforscht sind.[803] Wie komplex die **Wirkzusammenhänge** sind, illustriert Abbildung 29.

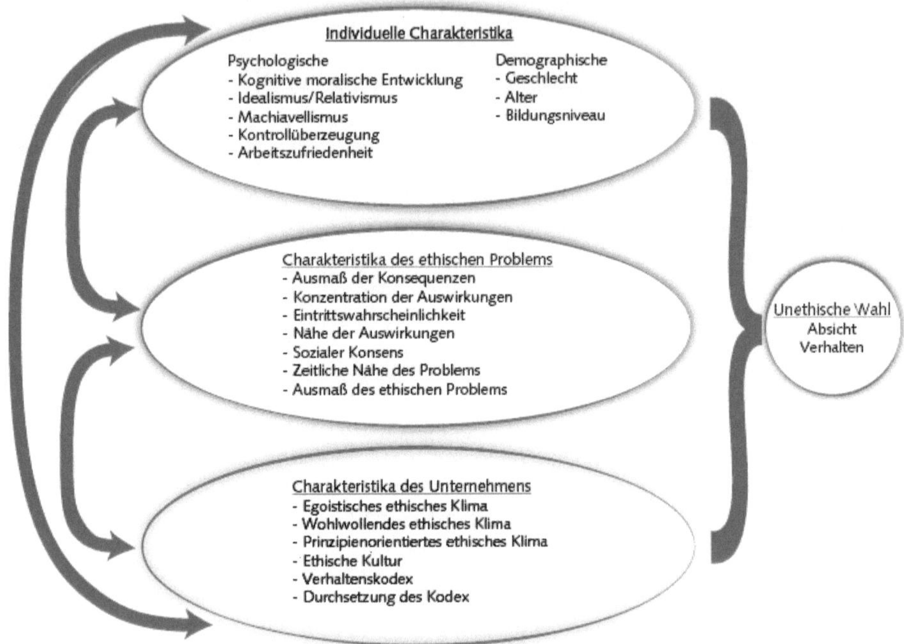

Abb. 29: Ursachen unethischer Entscheidungen[804]

1469 Dennoch ist es bereits heute klar, dass Unternehmen nur in engen Grenzen Einfluss auf das ethische Verhalten ihrer Mitarbeiter nehmen können, die, bevor sie überhaupt für das Unternehmen tätig werden, über viele Jahre auf unterschiedlichste Weise sozialisiert worden sind. Gleichwohl sollten Unternehmen ihre Möglichkeiten, ethisch richtiges, und damit rechtstreues Verhalten zu unterstützen, wahrnehmen.

1470 Will die Unternehmensleitung Compliance-Risiken wirksam und nachhaltig entgegentreten, ist es nicht nur hilfreich, sondern essenziell, die bereits bekannten Wirkzusammenhänge zu verstehen. Dadurch können auf der einen Seite Compliance-Maßnahmen in ihrer positiven Wirkung verstärkt und auf der anderen Seite negative Effekte von zB Compliance-Programmen vermieden werden. Auch wird durch die bisher gewonnenen Erkenntnisse deutlich, dass bestimmte Maßnahmen gar keinen Einfluss auf das Verhalten von Mitarbeitern haben, solange sie nicht durch weitere Maßnahmen flankiert werden.

1471 In diesem Zusammenhang ist die im Unternehmen vorherrschende Unternehmens- und damit auch Compliance-Kultur von elementar wichtiger Bedeutung. Für die Unternehmensleitung beeinflussbare Faktoren, die das Verhalten der Mitarbeiter in gewisser Weise determinieren können, zählt auf der einen Seite die **ethische Infrastruktur des Unternehmens.** Auf der anderen Seite beeinflussen die **interpersonellen Beziehungen** im Unternehmen das Verhalten der Mitarbeiter maßgeblich.

[803] Eine umfangreiche Darstellung des Forschungsstandes findet sich bei Klebe Treviño/den Nieuwenboer/Kish-Gephart, (Un)Ethical Behavior in Organizations, 85 Annual Review of Psychology 635 (2014).
[804] KHK S. 3.

1. Die ethische Infrastruktur des Unternehmens

Unter der ethischen Infrastruktur eines Unternehmens sind die formellen und informellen Systeme zu verstehen, die das ethische Verhalten der Mitarbeiter beeinflussen.[805] 1472

a) Formelle Systeme

Zu den formellen Vorgaben für ein ethische richtiges und rechtlich einwandfreies Verhalten gehören der **Verhaltenskodex** sowie alle **Compliance-Richtlinien** des Unternehmens. Darüber hinaus kann das Compliance-Programm des Unternehmens dem formellen System zugerechnet werden. 1473

Allen ist gemeinsam, dass sie für jeden Mitarbeiter und selbst für Außenstehende sichtbar dokumentiert sind. Dies gilt sowohl für den Verhaltenskodex, den viele Unternehmen sogar auf ihrer Webseite abrufbar der Öffentlichkeit zur Verfügung stellen, als auch die Inhalte des Compliance-Programms. Diese sind regelmäßig ordnungsgemäß dokumentiert, nicht zuletzt um einen Nachweis über die initiierten Aktivitäten und deren Wirksamkeit führen zu können. 1474

aa) Der Verhaltenskodex. Die Verabschiedung und Veröffentlichung eines Verhaltenskodexes ist für viele Unternehmen, ob für börsennotierte Konzerne oder deren mittelständische Zulieferer zu einem Standard geworden. Es wäre jedoch sehr kurz gedacht, wenn eine Unternehmensleitung der Auffassung wäre, dass damit ihre Aufgabe erledigt sei. Aus gutem Grund fordern die US-amerikanischen Behörden, dass die Unternehmensführung die Inhalte des Verhaltenskodexes leben muss. Ein **Vorstand** hat also seiner **Vorbildfunktion** durch ein aktives Vorleben der im Verhaltenskodex beschriebenen Verhaltungsweisen gerecht zu werden. 1475

So bestehen Hinweise, dass die Einführung eines Verhaltenskodexes für sich allein genommen keinerlei Auswirkungen auf das Verhalten der Mitarbeiter hat.[806] Dies ist darin begründet, dass sie mittlerweile als Standard gelten und damit in den Augen der Mitarbeiter **an Bedeutungswert verlieren.** 1476

Werden die Inhalte des Verhaltenskodexes vorgelebt und ein Fehlverhalten durch Mitarbeiter des Unternehmens entsprechend sanktioniert, ist es nicht überraschend, dass der Verhaltenskodex das ethische Verhalten und damit die Compliance der Mitarbeiter befördert. 1477

Negative Verhaltensänderungen kann jedoch ein Verhaltenskodex bei den Mitarbeitern dann auslösen, wenn diese den Eindruck gewinnen, dass es sich hierbei nur um Schönfärberei handelt und im Zweifel der Vorstand und die Führungskräfte sich eben nicht an dessen Vorgaben halten und diese gezielt unterlaufen. Somit wird ein Zeichen durch die Unternehmensführung gesetzt, dass aufgestellte Verhaltensregeln eben doch nicht für jeden Geltung entfalten.[807] 1478

So verfügte zB *Enron Corporation*[808] über einen mehr als sechzig Seiten starken Verhaltenskodex, gegen dessen Einhaltung sich der Vorstand entschieden hatte, um Bilanzmanipulationen zu ermöglichen.[809] 1479

Darüber hinaus verstärkt es die Wirkung eines Verhaltenskodexes, wenn Mitarbeiter und Führungskräfte *vor* einer für das Unternehmen kritischen Situation, von zB einem Projekt in einem Hochrisikoland bis hin zur Erstellung von Quartals- oder Jahresabschlüs- 1480

805 TSU S. 287 ff.

806 KHK S. 21 ff.

807 Dies schließt wiederum den Kreis zur bereits oben angesprochenen fehlenden Akzeptanz von Regeln, wenn diese nicht einheitlich angewendet werden; → Rn. 1412 ff. Dies ist durchaus vergleichbar mit der Wahrnehmung von CSR-Maßnahmen, die nicht selten von Mitarbeitern und der weiteren Öffentlichkeit reichlich zynisch als reine Public-Relations-Aktionen abgetan werden.

808 → Rn. 2 ff.

809 KHK S. 21.

sen, schriftlich bestätigen, sich an die Vorgaben des Verhaltenskodexes (und weiterer Compliance-Richtlinien) halten zu werden.[810]

1481 Im Vergleich dazu stellt die Forderung, eine Compliance-Bestätigung *nach* dem Ereignis zu unterschreiben, die Mitarbeiter vor das Problem, dass sie ex post beurteilen müssen, ob sie alle Verhaltensregeln eingehalten haben, obgleich ihnen die spezifischen Vorgaben des Verhaltenskodexes in Ermangelung einer stetigen Übung nicht präsent waren.

1482 **Empfehlung:**

Zu den Maßnahmen, durch welche eine Unternehmensführung zusammen mit dem Verhaltenskodex eine das Mitarbeiterverhalten positiv ändernde Wirkung erzeugen kann, gehören daher,

- dessen Inhalte selbst vorzuleben,
- dessen Inhalte einheitlich im Unternehmen, unabhängig von Hierarchie oder sonstigen Differenzierungskriterien, anzuwenden,
- dessen Inhalte in das System variabler Vergütung durch eine entsprechende Bonifizierung bzw. Sanktionierung von Mitarbeiterverhalten einzubinden.
- vor kritischen Geschäftssituationen die Mitarbeiter schriftlich bestätigen zu lassen, dass sie sich an den Verhaltenskodex halten werden.

1483 **bb) Das Compliance-Programm.** Compliance-Programme umfassen regelmäßig

- Compliance-Schulungen,
- ein Hinweisgebersystem (Compliance-Ombudsmann oder auch Whistleblowing Hotline genannt) für eine auch anonyme Meldung von Compliance-Verstößen,
- einen Prozess zur internen Untersuchung möglicher Verstöße sowie
- entsprechende Regeln zur Sanktionierung der Verletzung rechtlicher Vorschriften oder interner Unternehmensrichtlinien, wie zB den Verhaltenskodex oder die Anti-Korruptionsrichtlinie.

1484 Auch hier gilt, dass es maßgeblich darauf ankommt, dass die Unternehmensführung für die **Umsetzung** jedes einzelnen Moduls des Compliance-Programms sorgen muss, wenn sie die Ausbildung ethischen Verhaltens fördern will.

1485 Wenn zB richtigerweise festgelegt worden ist, dass zumindest alle Führungskräfte und bestimmte Mitarbeitergruppen an einem **Compliance-Training** teilzunehmen haben, so ist es diesem Ziel nicht dienlich, wenn sich der Vorstand von dieser Regelung ausnimmt, selbst wenn er im eigentlichen Sinne nicht zu den Mitarbeitern des Unternehmens zählt.

1486 Einen Bärendienst erweist der Vorstand der Stärkung ethischen Verhaltens, wenn sich bestimmte Führungskräfte immer wieder und mit bisweilen fadenscheinigen Entschuldigungen ihrer Teilnahme an Compliance-Schulungen entziehen dürfen, ohne hierfür sanktioniert zu werden. Allein schon die Androhung negativer Konsequenzen würde in den meisten Fällen dafür sorgen, dass auch diese Kandidaten sehr schnell in den Schulungsterminen auftauchen würden.

1487 Gleiches gilt für die effektive **Verfolgung** von eingegangenen Hinweisen über mögliche Compliance-Verstöße. Betrifft dies anerkannte Leistungsträger, so ist es umso wichtiger, dass diese Vorwürfe untersucht und aufgeklärt werden. Dies ist sowohl im Interesse des Betroffenen selbst als auch des Unternehmens. Eine verfrühte Einstellung des in solchen Fällen vorgesehenen Vorgehens, wird den Mitarbeitern im Unternehmen nicht verborgen bleiben und für mehr Zynismus und damit unerwünschte Verhaltensweisen sorgen.

1488 Darüber hinaus wird es das Hinweisgebersystem entwerten – denn warum sollte man etwas melden, wenn es folgenlos bleibt? Des Weiteren wird es ein Signal an den Leistungsträger senden, durch das ihm bedeutet wird, dass er über den Regeln steht. Keine dieser Effekte kann eine Unternehmensleitung wollen, da sie alle zum selben Resultat führen: mehr unethisches Verhalten und damit mehr Compliance-Verstöße.

[810] SMGAB S. 15.197 ff.

Die Wahrnehmung der Mitarbeiter, dass das Unternehmen **gerecht und fair** für die Durchsetzung der gesetzlichen und unternehmensinternen Richtlinien sorgt, ist von maßgeblicher Bedeutung für die Ausbildung von ethisch richtigem und damit rechtlich einwandfreiem Verhalten seitens der Mitarbeiter.[811] 1489

cc) Formelle Kommunikationssysteme. Über etablierte Medien wird den im Unternehmen tätigen Mitarbeitern und Führungskräften vermittelt, welches Verhalten die Führungsspitze des Unternehmens offiziell als ethisch richtig und rechtlich einwandfrei betrachtet. Dazu gehören zB regelmäßig stattfindende Mitarbeiterbesprechungen, die unternehmensinterne Mitarbeiterzeitschrift, Newsletter, aber auch die regelmäßig stattfindenden Vorstandssitzungen, deren Ergebnisse der ersten Führungsebene kommuniziert werden und von dieser in die weiteren Führungsebenen kaskadiert werden. 1490

dd) Formelle Überwachungs- und Sanktionssysteme. Um gewünschtes Verhalten von Mitarbeitern zu fördern und unerwünschte Handlungen zu unterdrücken, bedarf es entsprechend ausgebauter Führungs-, Kontroll- und Sanktionsmechanismen im Unternehmen. Diese reichen im Hinblick auf die Förderung von erwünschtem Verhalten von Führungsgesprächen und Zielvereinbarungssystemen mit entsprechender Bonifikation für die Erreichung vereinbarter Ziele mit ethisch und rechtlich einwandfreien Mitteln, bis hin zu Sanktionsmechanismen. Zu diesen gehören die weniger erfreuliche Art des Führungsgespräches, sowie das gesamte arbeitsrechtliche Instrumentarium von einer Abmahnung bis hin zur außerordentlichen Kündigung und Schadensersatzklage. 1491

Diese formellen Überwachungs- und Sanktionssysteme stehen im Vordergrund der Compliance-Vorgaben zB der US-amerikanischen Behörden und spiegeln sich auch wider in den Anforderungen, die das LG München I iRd **Siemens/Neubürger-Entscheidung** an die Wahrnehmung der Compliance-Verantwortung durch den Vorstand stellt.[812] 1492

b) Informelle Systeme

Bereits im Jahre 1938 hat *Barnard* festgestellt, dass neben dem formellen Überwachungs- und Sanktionssystem, das den Kern der Führungsaufgaben ausmacht, ein weiteres informelles System wichtige Leistungen in Bezug auf die informelle Kommunikation im Unternehmen leistet.[813] 1493

Anders als die formellen Vorgaben für ein ethisches Verhalten, sind die informellen Systeme idR nur den Mitarbeitern im Unternehmen zugänglich, ohne jedoch, dass diese dokumentiert sind. Vielmehr handelt es sich dabei um zwar wahrnehmbare, aber indirekte Signale, die von Mitarbeitern darüber vermittelt werden, wie ein ethisch richtiges Verhalten Ausdruck findet. Hierbei wird also durch Kollegen und Führungskräften vermittelt, welches Verhalten wirklich wertgeschätzt wird – und dies können ethische, aber auch unethische Verhaltensweisen sein.[814] 1494

Hierbei handelt es sich also um das ethische Klima und die Ethik-Kultur, die durch informelle Kommunikationssysteme entstehen. 1495

aa) Das ethische Klima. Als Teil des Arbeitsklimas wird das ethische Klima als die überwiegend als typisch wahrgenommene Vorgehensweise bei Prozessen oder Entscheidungen verstanden, die einen ethischen Bezug aufweisen. 1496

Die Wahrnehmung des vorherrschenden ethischen Klimas durch den Mitarbeiter erleichtert ihm die Beantwortung der Frage, welches Verhalten von ihm erwartet wird. Dies betrifft die nicht dokumentierten Vorgaben der Organisation in Bezug auf Ge- und Ver- 1497

---

811 Weaver/Treviño, Organizational Justice and Ethics Program Follow-Through Influences on Employees Harmful and Helpful Behavior, 11 Business Ethics Quarterly 652 (2001).
812 Dazu → Rn. 102, LG München NZWiSt 2014, 183 mAnm Rathgeber.
813 Barnard S. 65 ff. zur formellen und Barnard S. 114 ff. zur informellen Organisation.
814 TSU S. 291 ff.

bote sowie andere Vorschriften über moralische Pflichten, die der Einzelne innerhalb der Organisation zu erfüllen hat.[815]

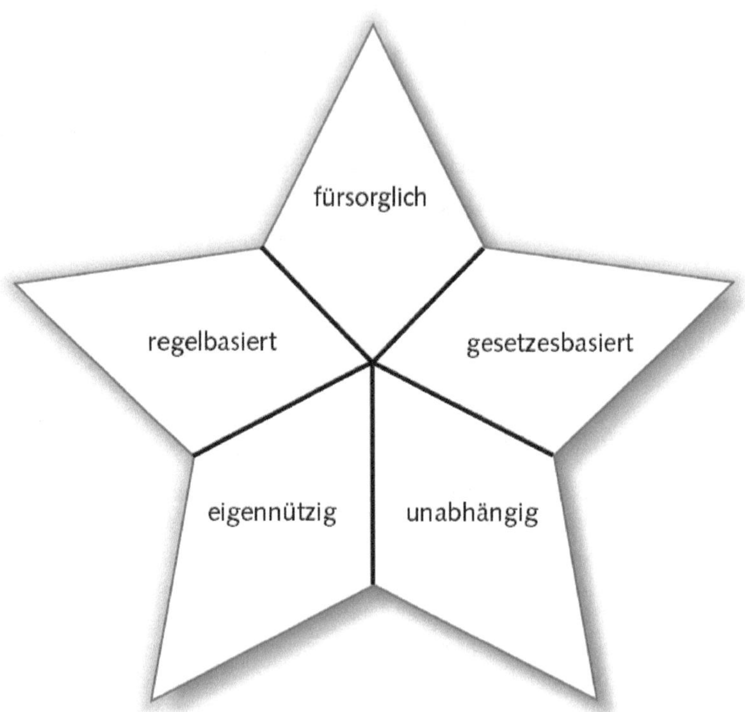

Abb. 30: Die fünf Ethik-Klimatypen nach *Martin* und *Cullen*

1498 Es wurden fünf verschiedene Ethik-Klimatypen unterschieden. In einem von **Eigeninteressen** geprägten Klima stehen die Interessen des Unternehmens oder der Vorteil des einzelnen Mitarbeiters in seinem Fokus der Entscheidungsfindung, auch wenn dies anderen zum Nachteil gereicht. Bei einem **fürsorglichen Klima** stellen die Mitarbeiter hingegen die Interessen und das Wohlergehen anderer in das Zentrum ihrer Überlegungen ein. In einem von **Unabhängigkeit** geprägten Compliance-Klima treffen Mitarbeiter ihre Entscheidungen auf Basis ihrer eigenen Prinzipien und selbstverständlichen, grundlegenden Annahmen. In einem **regelbasierten** bzw. **gesetzesfokussierten Klima** stehen bei der Entscheidungsfindung des Mitarbeiters die unternehmensinternen Richtlinien bzw. die für das Unternehmen geltenden rechtlichen Vorschriften im Vordergrund.[816]

1499 Abhängig von dem im Unternehmen vorherrschenden Klima, ergeben sich entsprechende Konsequenzen für das ethische Verhalten seiner Mitarbeiter und damit für die Compliance des Unternehmens. Darüber hinaus hat das ethische Klima Auswirkungen auf ihr Engagement für das Unternehmen, ihre Arbeitszufriedenheit sowie das psychische

[815] Victor/Cullen S. 101 f.
[816] Martin/Cullen S. 178 ff.

Wohlbefinden des Mitarbeiters. Das ethische Klima kann jedoch auch ein dysfunktionales Verhalten der Mitarbeiter bewirken.

Herrscht ein fürsorgliches Klima, durch das sich die Mitarbeiter wertgeschätzt fühlen, 1500 vergelten sie es dem Unternehmen mit Loyalität und Vertrauenswürdigkeit. Genauso wenig überraschen die Auswirkungen eines von Eigeninteresse dominierten Klimas auf die Mitarbeiter. Nicht nur fühlen sie sich dem Unternehmen weniger verbunden, vielmehr zeigen sie ein dysfunktionales Arbeitsverhalten. Dies ist weder für die Effizienz noch für die Compliance eines Unternehmens wünschenswert.

Ebenso führte ein von Mitarbeitern wahrgenommenes, auf internen Regeln basierendes 1501 Ethik-Klima zu schlechteren Ergebnissen. Wenngleich es als Kontrollinstrument Wirkung zu erzielen scheint, so bewirkt ein solches Klima keine emotionale Bindung des Mitarbeiters mit seinem Arbeitgeber.[817]

Für die Unternehmensleitung kommt es daher maßgeblich darauf an, bewusst Einfluss 1502 auf das von den Mitarbeitern wahrgenommene Klima zu nehmen, sofern es ihr Ziel ist, Compliance-Risiken zu minimieren und, sofern tatsächlich Risiken bestehen, über diese rechtzeitig von ihren Mitarbeitern informiert zu werden.

Ein Vorstand, der Mitarbeiter und Führungskräfte mit Bonuszahlungen für die Errei- 1503 chung der gesetzten Ziele belohnt, ohne zu hinterfragen, mit welchen Mitteln diese Ziele erreicht worden sind, eine Geschäftsführung, die eigennütziges Verhalten toleriert statt sanktioniert, wird sich nicht wundern dürfen, dass die Mitarbeiter die Wahrnehmung haben, dass in einem von Eigeninteressen dominierten Klima, der Compliance nun wirklich keine besondere Relevanz bei ihrer Tätigkeit für das Unternehmen zukommt und damit unethisches und rechtswidriges Verhalten gefördert wird.[818]

Empfehlung: 1504

Nicht nur aus Compliance-Sicht sollte daher die Etablierung eines fürsorglichen Ethik-Klimas im Unternehmen angestrebt werden. Dies hat nichts mit einem Freizeitpark gemein, sondern es werden die Interessen der unterschiedlichen Stakeholder des Unternehmens, wie zB die der Mitarbeiter, der Kunden und der Gemeinde, in der das Unternehmen tätig ist, berücksichtigt, um so den langfristigen Geschäftserfolg abzusichern.

bb) Die Ethik-Kultur. Teil der Compliance-Infrastruktur ist auch die Ethik-Kultur. Als 1505 Teil der Unternehmenskultur bezeichnet die Ethik-Kultur die Wechselwirkungen zwischen dem formellen und informellen Systemen des Unternehmens, die die Mitarbeiter beeinflussen, sich ethisch oder unethisch zu verhalten.[819] Allerdings steht auch hier die Forschung noch am Anfang, die vielfältigen Wirkbeziehungen zu analysieren und zu deuten.[820]

cc) Informelle Kommunikationssysteme. Über das Netz informeller Kommunikati- 1506 onssysteme eines Unternehmens werden inoffizielle Informationen zu dem im Unternehmen als richtig wahrgenommen ethischen Verhalten kommuniziert. Dieses Verhalten kann sowohl ethisch vorbildlich, aber auch das genaue Gegenteil sein, wird aber als das korrekte Verhalten im Unternehmen weitergegeben.

Dies geschieht auf dem Wege des altbekannten **„Flurfunks“**, also Gespräche über den 1507 Schreibtisch hinweg, beim Mittagessen, in der Kaffeeküche oder am Rande einer Besprechung oder im Rahmen einer Schulungspause. Es hinterlässt einen bleibenden Eindruck, wenn sich in der Belegschaft verbreitet, dass die Geschäftsleitung oder wieder einmal der Vertrieb die gesetzlichen Vorgaben und/oder internen Richtlinien bricht, um ein lukrati-

817 Martin/Cullen S. 188.
818 KHK S. 21.
819 Zu den formellen Systemen → Rn. 1473 ff., zu den informellen Systemen → Rn. 1493 ff.
820 KNK S. 641 f.

ves Geschäft abzuschließen, wie im Falle von *Enron Corporation,*[821] oder wenn sie entscheidet, sich an die gesetzten Regeln zu halten und daher das Geschäft anderen überlässt.

1508 Dazu gehören auch **informelle Informationssysteme,** durch die Kollegen und Vorgesetzte von den ethischen oder unethischen Methoden erfahren, die zum Zwecke zB der Zielerreichung eingesetzt werden. Diese Informationskanäle funktionieren außerhalb der formellen Aufklärungs-, Controlling- bzw. Überwachungs- und Kontrollsysteme, die zB durch den Finanzbereich, die interne Revision oder die Wirtschaftsprüfer wahrgenommen werden.[822] Auch hier gilt, dass das ethisch richtige Verhalten nicht zwingend auch in Einklang mit den rechtlichen Vorschriften stehen muss. Maßgeblich ist, was als im Unternehmen als ethisch richtig wahrgenommen wird.

1509 Das **informelle Sanktionssystem** sorgt außerhalb der durch den Vorgesetzten bzw. die Personalabteilung eingesetzten und administrierten offiziellen Sanktionsmechanismen, wie Führungsgespräche, Abmahnungen usw., dafür, dass das ethische oder unethische Verhalten eines Mitarbeiters durch die Gruppe, zu der er gehört, abgestraft wird. So kann in der Gruppe (oder Abteilung) die objektiv ethisch richtige Meldung eines Fehlverhaltens an das Hinweisgebersystem als unethisch betrachtet und durch einen entsprechenden Gruppendruck verhindert werden. Die Sanktionsmöglichkeiten sind vielfältiger Natur und können bis zum Mobbing eines Mitarbeiters oder dem Ruinieren einer vielversprechenden beruflichen Laufbahn reichen.

2. Die interpersonellen Beziehungen

1510 Neben der ethischen Infrastruktur des Unternehmens spielen die interpersonellen Beziehungen innerhalb des Unternehmens eine sehr maßgebliche Rolle dabei, ob wir uns dafür entscheiden, uns ethisch und rechtmäßig zu verhalten oder nicht. Dies liegt in facettenreichen sozial-kognitiven Lernvorgängen begründet, die der Entscheidung, ob wir eine Handlung als ethisch einwandfrei ansehen oder nicht, vorausgehen.

1511 Damit kommt dem ethischen Verhalten des Vorstands, der Führungskräfte und der Mitarbeiter sowie ihrem Verständnis, dass eine rechtlich einwandfreie Unternehmenstätigkeit tatsächlich alternativlos ist, eine elementar wichtige Rolle beim Erreichen nachhaltiger Erfolge beim Compliance-Risikomanagement und dem Compliance-Managementsystem insgesamt zu. Daher werden im folgenden Abschnitt diese sozial-kognitiven Lernprozesse sowie die diesen entgegenwirkende moralische Entkoppelung näher beschrieben, um daraus Schlussfolgerungen für Unternehmen in Bezug auf die Pflege einer ethischen Unternehmens- und damit Compliance-Kultur abzuleiten.

a) Der sozial-kognitive Lernprozess

1512 Die sozialen Verhaltensregeln, die einer solchen Entscheidung zugrunde liegen, werden iRd Sozialisierung internalisiert. Diese Standards werden generiert aus bestehenden Regeln, aus der Bewertung sozialer Reaktionen auf ein bestimmtes Verhalten sowie Modellen moralischer Verpflichtungen. Sie determinieren damit unsere Verhaltensweisen. Bei der Entwicklung dieser individuellen Standards lernen wir, welche Faktoren für eine ethische Entscheidung wichtig sind und wie wir diese zu gewichten haben. Dabei entwickeln wir mit zunehmender Komplexität der Entscheidungssituation zunehmend komplexere Standards, die situativ bedingt, die entscheidungsrelevanten Faktoren in dem einen Fall übergewichten und in einem anderen Fall untergewichten.[823]

---

[821] Zu Enron → Rn. 2ff. und → Rn. 1475ff.
[822] TSU S. 292f.
[823] Bandura, Social cognitive theory of moral thought and action, S. 61f.

Jedoch haben wir nicht für jede denkbare Situation Verhaltensmuster internalisiert. In diesen Fällen orientieren wir unsere Entscheidung über die angemessene Verhaltensweise in dieser speziellen Situation an den erwarteten sozialen und rechtlichen Konsequenzen.[824] 1513

Findet man sich in einer Zwangslage wieder, in der zu entscheiden ist, wie man sich moralisch richtig verhält, ohne dass existierende individuelle Standards das als ethisch richtig erachtete Verhalten vorgeben, findet ein zweistufiger Entscheidungsprozess statt. 1514

Zunächst werden die Elemente, welchen eine moralische Qualität beigemessen wird, aus den in der Situation zur Verfügung stehenden Informationen herausgefiltert. In einem zweiten Schritt werden diese ausgewählten Informationen gewichtet und in das individuelle System ethischer Regeln eingeordnet, die zur Bewertung von Verhaltensweisen dienen. Diese als Verhaltensmaßstab geltenden Standards unterliegen sozialen Einflüssen. 1515

Durch diese Auswahl der zu verarbeitenden Informationen lenken die Standards unsere Aufmerksamkeit auf die für uns maßgeblichen Entscheidungskriterien. Im Rahmen der Integration der Informationen in unsere Standards schaffen wir uU auch die notwendigen Begründungen, um Informationen anders zu gewichten. So können zunächst unwichtige Details für eine Entscheidung über das ethisch richtige Verhalten wichtig und vormals bedeutsame Faktoren untergewichtet werden. Zum Beispiel kann die öffentliche Meinung bezüglich des richtigen, moralischen Verhaltens in der Entscheidungssituation dafür sorgen, dass man die Möglichkeit sozialer Sanktionen so deutlich übergewichtet, dass die Entscheidung über das eigene Verhalten von den eigenen Verhaltensmustern abweicht. 1516

Zu den Faktoren, die wir in einem solchen multidimensionalen Entscheidungsprozess berücksichtigen, gehören zB 1517

- die Häufigkeit des Eintretens einer solchen Situation,
- die Größe der Abweichung vom ethischen Standard,
- die kurz- und langfristigen Konsequenzen, die mit der Entscheidung verbunden sind
  - verursacht die Entscheidung eine Körperverletzung oder eine Sachbeschädigung,
  - ist die Handlung gegen eine „anonyme" juristische Person oder gegen eine natürliche Person gerichtet,
- die individuellen Eigenschaften des Täters und des Opfers (Geschlecht, Alter, gesellschaftlicher Status usw.) sowie
- die jeweilige Möglichkeit dem Opfer die Schuld zuzuweisen.

b) Die moralische Entkoppelung

Diese auf komplexen Standards basierenden Entscheidungsmodelle können jedoch durch komplett andere Überlegungen ersetzt werden, sofern mit dem unethischen Verhalten ein persönlicher Vorteil verbunden ist. Bereits im Kindesalter lernen wir, dass Maßregelungen durch den Vortrag mildernder Umstände vermieden werden können. Wir können dadurch unsere erlernten Standards außer Kraft setzen und uns auf diese Weise ermöglichen, die uns vorgegebene Selbstbeschränkung aufzugeben und die Vorteile des unethischen Verhaltens zu genießen, ohne die moralischen Konsequenzen der Selbstverurteilung für das tadelnswerte Verhalten ertragen zu müssen. Dieser Prozess wird als moralische Entkopplung bezeichnet.[825] 1518

So können wir durch eine **moralische Rechtfertigung** das unethische Verhalten persönlich und gesellschaftlich akzeptabel erscheinen lassen, indem wir den Sachverhalt gedanklich umkonstruieren und dem Handeln damit einen moralischen Zweck bzw. Anstrich geben.[826] 1519

---

[824] Bandura, Social cognitive theory of moral thought and action, S. 56.

[825] Die sog. „moralische Entkoppelung" (moral disengagement), s. dazu und im Weiteren Bandura S. 375 ff.

[826] Bandura erwähnt in diesem Zusammenhang als Beispiel die regelmäßig als unmoralisch abzulehnende Tötung eines Menschen, die jedoch im Rahmen militärischer Auseinandersetzungen durch eine kognitive Rekonstruktion völlig akzeptabel werden und sogar Belohnungen in Form von Orden oder Fronturlaub erfahren kann. Als ein moralisch höherwertiges Anliegen werden bis heute religiöse Prinzipien, redliche

1520 Eine **euphemistische Umbenennung** eines Sachverhaltes erleichtert es, diesen als moralisch einwandfrei zu betrachten. So spricht man in Unternehmen zB im Zusammenhang von Kosteneinsparungsprogrammen gern von einer „Leistungsverdichtung". Gemeint ist natürlich nicht, dass die Prozesse effizienter gestaltet werden, sondern vielmehr, dass aufgrund von als erforderlich angesehenen Kündigungen die bestehenden Aufgaben auf weniger Mitarbeiter zu verteilen sind. Die zu entlassenden Mitarbeiter werden nicht gekündigt, sondern „freigesetzt". Damit wird suggeriert, dass man ihnen einen Gefallen tut, denn das Gegenteil von „freisetzen" ist schließlich „festsetzen", was landläufig mit Gefängnis assoziiert wird, gerade so, als wäre die bisherige berufliche Tätigkeit mit Arbeiten unter Haftbedingungen vergleichbar gewesen.

1521 Die **Verlagerung der Verantwortung** für die eigene Handlung auf eine höhere Autorität ermöglicht es dem Mitarbeiter, den Standpunkt zu vertreten, dass er nur auf Anweisung gehandelt und daher auch die Konsequenzen seines unethischen Tuns nicht zu vertreten hat. Damit kann seine Standardreaktion, sich ein solches Verhalten zu versagen, unterbleiben.

1522 Je größer ein Unternehmen ist, desto öfter kann man die **Diffusion der Verantwortung** wahrnehmen. Eine unethische Entscheidung wird in diesem Fall nicht von einer Person allein getroffen, sondern von einem Gremium. Damit wird erreicht, dass die kausale Verbindung der eigenen Entscheidung und ihrem unethischen Ergebnis geschwächt und die Verantwortung für die Entscheidung verdeckt wird. Dieses Ergebnis kann durch Arbeitsteilung erreicht werden, aber auch durch das Überführen einer unethischen Entscheidung an ein Gremium, das diese dann als Beschluss der Gruppe trifft.

1523 Die **Missachtung oder Verfälschung der negativen Konsequenzen** einer unethischen Entscheidung ermöglichen es vor allem im Fall des Handelns eines Einzelnen zum eigenen Nutzen, sich das Tun schön zu reden, da es ja nicht so schlimm war. Hierzu gehören das Ignorieren, Verharmlosen und Verfälschen ebenso, wie das aktive In-Abrede-Stellen der verursachten Nachteile.

1524 Durch eine **Dehumanisierung** des Opfers einer unethischen Handlung eröffnet sich der Täter die Möglichkeit, die ihm als Mensch eigene Empathie und damit das Unwohlsein, das mit der schlechten Behandlung, die man einem Mitmenschen zuteilwerden lässt, zu reduzieren bzw. auszuschalten.

1525 Um dieses Ziel zu erreichen, wird „das" Gegenüber, sei es eine einzelne Person oder eine (ganze Volks-) Gruppe durch sprachliche Wendungen, wie zB Schlitzauge, Ungeziefer, Rothaut usw. oder entsprechende bildliche Darstellungen abqualifiziert und seiner menschlichen Qualität beraubt. Handelt es sich bei dem Gegenüber dadurch nicht mehr nicht um einen Menschen, sondern um Ungeziefer, greifen die Schranken der ethischen Standards, die für diese Entscheidungen bestehen, nicht mehr. Diese Vorgehensweise funktioniert iÜ auch gegenüber Wettbewerbern.

1526 Die **Zuweisung von Schuld** ist ein weiterer Weg, die eigenen Standards zu unterlaufen, um eine unethische Entscheidung zu ermöglichen. Dabei wird suggeriert, dass die unethische Entscheidung eine völlig richtige Reaktion darstellt, die ja nur durch das provokative Verhalten des Opfers ausgelöst worden ist. Dass der Entscheidung ein uU ebenso provokantes Verhalten des Täters vorausging, wird gern ignoriert, da man ja selbst das schuldlose Opfer ist. Auch können die widrigen „Umstände" diesem „schuldablenkenden" Zweck erfüllen.

c) Der Einfluss der Kollegen

1527 Durch das sozial-kognitive Erlernen der im direkten Arbeitsumfeld und im Unternehmen insgesamt als ethisch angesehenen Verhaltensmodelle, passen Mitarbeiter ihre Verhaltensstandards an. Aussagen und Handlungen ihrer Arbeitskollegen erlauben ihnen, Rück-

Ideologien und nationalistische Imperative herangezogen, Bandura Social cognitive theory of moral thought and action S. 67 f.

schlüsse auf das in der eigenen Abteilung als ethisch richtig angesehene Verhalten zu ziehen.

Ist ein Mitarbeiter in seiner Abteilung über einen längeren Zeitraum den ethischen Standards der Abteilung ausgesetzt, die von jenen des Unternehmens und den gesellschaftlichen Maßstäben eines als ethisch angesehenen Verhaltens abweichen, so können diese **„lokalen" ethischen Standards** des Arbeitsumfeldes die allgemeingültigen Standards überlagern.[827] 1528

Damit können auch in einem nach ethischen Prinzipien geführten Unternehmen isolierte Nester unethischen Verhaltens existieren, die ein erhebliches Compliance-Risiko darstellen. 1529

d) Der Einfluss der Vorgesetzten

Haben bereits Kollegen, die sich hierarchisch und auch in Bezug auf sonstige persönliche Eigenschaften, wie zB ihre Ausbildung oder den beruflichen Werdegang, auf einer vergleichbaren Ebene bewegen, erheblichen Einfluss auf das ethische Verhalten des Einzelnen in dieser Gruppe, so ist die Bedeutung der ethischen Ausrichtung einer Führungskraft oder eines Mitglieds des Vorstandes ungleich höher. 1530

Ethische Führung wird beschrieben als das Vorleben eines normativ angemessenen Verhaltens durch persönliches Handeln und einen entsprechenden zwischenmenschlichen Umgang. Darüber hinaus wird durch die Führungskraft ethisches Verhalten der Mitarbeiter gefördert, indem sie mit den Mitarbeitern dazu in einen Dialog tritt, indem er ethisches Verhalten belohnt bzw. unethisches Verhalten sanktioniert und indem er Entscheidungen trifft, die deren ethische Konsequenzen berücksichtigen, die fair und nachvollziehbar sind.[828] 1531

Nicht sonderlich überraschend ist, dass Mitarbeiter dazu tendieren, dass Verhalten ihres Vorgesetzten zu emulieren. 1532

Zunächst ist ein ethisch einwandfrei handelnder Vorgesetzter für seine Mitarbeiter **attraktiv,** da er auch in Bezug auf diejenigen Themen, die besondere Relevanz für seine Untergebenen haben, ethisch richtige Entscheidungen treffen wird. Dazu gehört auch offen für deren Input zu sein und ausgewogen und fair die Interessen seiner Mitarbeiter zu berücksichtigen. 1533

Die ethisch agierende Führungskraft ist auch durch ihre **Glaubwürdigkeit** als Vorbild besonders geeignet. Eine **altruistische Motivation,** die keinen Raum für eigennützige Entscheidungen lässt, trägt dazu bei, dass das ebenfalls sehr attraktive Bild eines Vorgesetzten entsteht, der an der Schaffung eines gerechten Arbeitsumfeldes interessiert ist. 1534

Das faire und gerechte Verhalten gegenüber seinen Mitarbeitern stärkt die **Legitimität,** mit der der Vorgesetzte seine Führungsaufgabe wahrnimmt. Auch diese Eigenschaft stärkt seine Vorbildfunktion. Die Wahrnehmung der Legitimität seiner Entscheidung wird wiederum die Compliance seines Verantwortungsbereichs erhöhen, da seine Mitarbeiter seinen Vorgaben freiwillig und umfänglich Folge leisten werden.[829] 1535

Darüber hinaus geht mit der Vorgesetztenfunktion ein erheblicher **Status** einher. Dieser dokumentiert den Erfolg der Führungskraft in der Unternehmensorganisation, er versetzt die Führungskraft in die Lage, das Verhalten und die Ergebnisse anderer zu beeinflussen. Diese Wirkung wird in Unternehmen verstärkt, die mit der jeweiligen hierarchischen Einordnung der Führungskräfte ein entsprechendes Prestige verknüpfen, was sich in den Insignien der Macht wahrnehmbar manifestiert, wie zB die Größe des Büros oder des Dienstwagens. Dass eine Führungskraft die zentrale Rolle bei der Festlegung der Renumeration 1536

---

[827] Moore/Gino S. 57.

[828] BTH S. 120 ff. und s. dazu die bereits oben erwähnte Bedeutung einer ethischen Führung im Kontext der moralischen Entwicklungsstufen des Menschen → Rn. 1416 ff.

[829] BTH S. 123.

bis hin zu der Anzahl der gewährten Stock Options spielt, erhöht nur noch die Effektivität seiner Vorbildfunktion.[830]

1537 Es ist daher nachvollziehbar, dass ein Vorgesetzter, der seine Mitarbeiter durch **verbale** Äußerungen und sein **nonverbales Verhalten** beleidigt, ein zunehmend unethisches Verhalten seiner Mitarbeiter hervorruft und es gleichzeitig unwahrscheinlicher wird, dass diese ein Fehlverhalten melden werden.[831]

e) Der Einfluss des Vorstandes

1538 Eine vergleichbare Wirkung übt die ethische Führung durch die Mitglieder des Vorstands auf ihre Führungskräfte aus. Man kann daher von einem **Kaskadeneffekt ethischer Unternehmensführung** sprechen. Allerdings bedeutet die größere Entfernung des Vorstandes zum einfachen Sachbearbeiter gleichzeitig, dass die Auswirkung der ethischen Führung durch den Vorstand nicht so effektiv ist, wie die ethische Führung der Mitarbeiter einer Abteilung durch ihren direkten Vorgesetzten.[832]

Checkliste 54: Die Compliance-Kultur

- ❑ Ist es im Unternehmen, das Geschäftsbeziehungen zu den **USA** unterhält, bekannt, dass in den USA die Behörden eine **gelebte Compliance-Kultur fordern?**
- ❑ Besteht ein Verständnis im Unternehmen, dass nicht nur der Wortlaut, sondern auch der **intendierte Zweck** der Gesetze maßgeblich ist, wenn eine rechtlich und ethisch einwandfreie Entscheidung zu treffen ist?
- ❑ Wo sehen sich die Mitglieder der Unternehmensleitung und ihre Führungskräfte auf der Skala zwischen den Positionen **„ehrbarer Kaufmann"** und **„homo oeconomicus"?**
- ❑ Sind sich die Unternehmensleitung und ihre Führungskräfte der Wirkung des Eigeninteresses auf die Qualität ihrer Entscheidungen bewusst?

3. Schlussfolgerungen für die operative Gestaltung der Compliance-Kultur

1539 Die sozial-kognitiven Lernprozesse und die ihr entgegenwirkende moralische Entkoppelung sind für das Management von Compliance-Risiken von erheblicher Relevanz.

1540 Mitarbeiter, die sich die Fähigkeit bewahren können, auf Basis ihrer internalisierten ethischen Verhaltensstandards über ihre Handlungen zu entscheiden, werden sich im Rahmen dieser selbst gesetzten Regeln bewegen, da sie damit eine Selbstverurteilung ihres Verhaltens vermeiden können.[833]

1541 Dieses inhärente Regulativ versagt, wenn der Mitarbeiter im Unternehmen auf ein (un) ethisches Klima trifft, das es ihm erst ermöglicht oder zumindest erleichtert, diesen Regelkreis von Fehlverhalten und folgender Selbstverurteilung zu durchbrechen. Damit können unethische Handlungen ohne die sonst zu befürchtende Selbstverurteilung erfolgen, die nicht nur gegen moralische Standards, sondern auch gegen rechtliche Vorschriften verstoßen können.

1542 Das Unternehmen verliert dadurch ein mächtiges Instrument zur nachhaltigen Vermeidung von Compliance-Risiken, da dieses sich selbst regulierende System aus sich heraus das gesetzmäßige Handeln des Mitarbeiters bewirkt.

1543 Verzichtet daher die Unternehmensleitung auf die Forderung und Förderung ethisch richtigen Verhaltens, bleibt ihr nur das formelle Überwachungs- und Sanktionssystem, um das Ziel einer rechtlich einwandfreien Unternehmenstätigkeit zu erreichen.

---

[830] Bandura S. 207.
[831] Ergebnis einer Studie beim US-Militär, HSPLTKADD S. 581.
[832] MKGBS S. 10.
[833] MDKBM S. 4.

Die sozial-kognitiven Lernprozesse sind für das Management von Compliance-Risiken in dreierlei Hinsicht von erheblicher Relevanz. 1544

1. **Soziale Einflüsse,** wie zB die Werturteile der Kollegen oder Vorgesetzten über das, was als ethisch einwandfreies Verhalten wahrgenommen wird, haben einen erheblichen Einfluss auf die Bildung unserer eigenen Verhaltensstandards.
2. Der **kollektive Rückhalt** verstärkt das Festhalten an ethisch einwandfreien Entscheidungsstandards auch in schwierigen Situationen.
3. Unsere **sozial-kognitiven Lernprozesse** versetzen uns jedoch in die Lage, Argumentationen zu entwickeln, die uns eine moralische Entkoppelung von diesen Standards ermöglichen und dadurch unsere moralischen Überzeugungen zugunsten eigener Vorteile auszusetzen, ohne die sonst diesem sich selbstregulierenden System inhärente Selbstverurteilung besorgen zu müssen.

Daher kommt der ethischen Haltung und dem richtigen Compliance-Verständnis der Mitarbeiter, Führungskräfte und des Vorstandes eine entscheidende Vorbildfunktion hinsichtlich der Nachhaltigkeit des Erfolges des Compliance-Risikomanagements und damit des gesamten Compliance-Managementsystems zu. Statt dem Konzept des auf „Command-and-Control" basierenden Führungsverständnisses zu folgen, sollten Mitarbeiter durch ihre Vorgesetzten durch eine wertebasierte Führung unterstützt werden, ethisch richtige Entscheidungen zu treffen und entsprechend zu handeln, will man eine nachhaltige Compliance des Unternehmens erreichen. 1545

Empfehlung: 1546

Daher sollten die Mitglieder der Führungsebenen eines Unternehmens
- vertrauenswürdig sein,
- gerechte und ausgewogene Entscheidungen treffen,
- ethisch beispielhaftes Verhalten im Unternehmen zeigen,
- in ihrem Privatleben sich ebenfalls ethisch einwandfrei verhalten,
- den Mitarbeitern zuhören,
- Verletzung ethischer Standards sanktionieren,
- das Wohl der Mitarbeiter berücksichtigen,
- aktiv das Gespräch über ethische Fragestellungen mit den Mitarbeitern suchen,
- offen ethische Erwägungen in den Entscheidungsprozess integrieren,
- Erfolge nicht nur am Ergebnis messen, sondern auch daran, wie dieser Erfolg erreicht worden ist.[834]

Darüber hinaus sollten die Mitarbeiter durch ihre Führungskräfte zu einem rechtlich einwandfreien Verhalten durch die Legitimität der internen organisatorischen und rechtlichen Vorgaben motiviert werden, ohne dass Sanktionen angedroht werden.[835] 1547

Diese Charakteristika mögen sich wie eine Aneinanderreihung von Selbstverständlichkeiten lesen. Dass sie es ganz sicher nicht sind, belegt eine Studie aus dem Jahre 2022, wonach in Deutschland 87 % der Befragten keine oder nur eine geringe emotionale Bindung zu ihrem Arbeitgeber hatten. Von den Befragten bezweifeln 71 %, dass ihre Geschäftsleitung künftige Herausforderungen erfolgreich meistern wird. Gleichzeitig ist das Vertrauen in die unmittelbar vorgesetzte Führungskraft weiter auf 41 %, nach 49 % im Jahre 2019, gesunken.[836] 1548

Unternehmen bezahlen dafür einen hohen Preis. Fehlzeiten, die durch mangelnde emotionale Bindung der Beschäftigten entstanden sind, kosteten deutsche Unternehmen 1549

[834] Brown/Treviño/Harrison, Ethical leadership: A social learning perspective for construct development and testing, 97 Organizational Behavior and Human Decision Processes 117 (2005).

[835] Tyler, Reducing corporate criminality: The role of values, 51 The American Criminal Law Review 267 (2014).

[836] Gallup, Bericht zum Engagement Index Deutschland 2022, S. 5 und 15, https://www.gallup.com/de/472028/bericht-zum-engagement-index-deutschland.aspx, zuletzt geöffnet am 4.11.2023.

im Jahr 2016 rund sieben Mrd. EUR. Die durch die aus dem gleichen Grund verursachte Fluktuation in Unternehmen für Bewerbungsverfahren und die Einarbeitung neuer Mitarbeiter beliefen sich in einem Unternehmen mit eintausend Mitarbeitern im Durchschnitt auf jährlich mehr als 615.000 EUR.[837]

1550 Für den Vorstand sind diese Wirkzusammenhänge nicht nur hinsichtlich der Verbesserung der Nachhaltigkeit der Compliance des Unternehmens eine wichtige Erkenntnis. Auf Basis ethischer Prinzipien führende Vorgesetzte bewirken, dass ihre Mitarbeiter eine höhere Arbeitszufriedenheit wahrnehmen und eher bereit sind, sich und ihre Ideen einzubringen. Beides verbessert das wirtschaftliche Ergebnis des Unternehmens.[838]

1551 Es empfiehlt sich daher, bei der Einstellung von neuen Führungskräften nicht nur die fachliche Eignung abzuprüfen. Vielmehr sollten deren Integrität und ihre moralischen Standards im Rahmen eines entsprechend strukturierten Auswahlprozesses validiert werden.[839]

1552 Damit ist ethische Führung nicht nur ein Thema für Psychologen, Soziologen und Anthropologen. Vielmehr hat sie direkte Auswirkungen auf die Compliance und die betriebswirtschaftlichen Ergebnisse des Unternehmens. Auch wenn die Forschung auf diesem Gebiet noch kein vollständiges Bild der Wirkzusammenhänge ergibt, so können jedoch bereits heute im Unternehmen aus den Erkenntnissen über die Entstehung von Unternehmens- und Compliance-Kultur Lehren gezogen werden in Bezug auf Maßnahmen, die dazu beitragen, dass Mitarbeiter und Führungskräfte nachhaltig verstehen, dass ethisches Verhalten von der Geschäftsleitung gefördert und gefordert wird.

a) Artefakte schaffen

1553 Nach der hier vertretenen Auffassung ist die betriebswirtschaftliche Sicht auf die Gestaltungsmöglichkeiten der Unternehmenskultur deutlich zu kurz gegriffen. Einfach einen Verhaltenskodex ins Intranet des Unternehmens zu stellen und dann mit Hilfe eines E-Learning-Programms abzufragen, ob die Mitarbeiter den Inhalt gelesen und verstanden haben, mag zwar ein löblicher Ansatz sein, wird jedoch regelmäßig, außer vielleicht einigen sarkastischen Bemerkungen der Mitarbeiter, nur einen geringen Beitrag zur Änderung der Unternehmens- und Compliance-Kultur leisten können.

1554 Es kommt nach der hier vertretenen Auffassung vielmehr darauf an, eine planvolle Entwicklung hin zu einer nachhaltigen Unternehmens- und Compliance-Kultur zu erreichen. Dazu ist es zunächst erforderlich, dass die gewählten Überzeugungen und Werte sowie die tieferliegenden selbstverständlichen Grundannahmen hin zu einer ethischen Unternehmenskultur (weiter)entwickelt werden.

1555 Um dies zu erreichen ist es nicht ausreichend, dass sich iS eines **zu kurz** gegriffenen **„tone from the top"** der Vorstand einmal im Jahr zum Thema Compliance und Ethik schriftlich in einer internen Mitteilung äußert.[840] Vielmehr bedarf es einer auf langfristige Wirkung ausgelegten **Kommunikationsplanung.**

1556 Zunächst müssen **Artefakte geschaffen** werden, die den Mitarbeitern und Führungskräften wahrnehmbar verdeutlichen, wie das gewünschte Verhalten aussieht. Dies passiert bereits heute regelmäßig in Form der Veröffentlichung eines Verhaltenskodexes oder Compliance-Richtlinien. Wichtiger ist es jedoch, dass auf dieser formalen Basis aufbauend, der Vorstand und die Führungskräfte ethisch richtige Entscheidungen und Handlungen tatsächlich als vorbildhaftes Ereignisse kommunizieren und somit zu einer positiven Mythenbildung beitragen, in der nicht der Clevere, der Held ist, der andere, sei es Kunden,

---

837 FAZ, Fünf Millionen Deutsche haben innerlich gekündigt, 29.8.2018, https://www.faz.net/aktuell/karriere-hochschule/buero-co/merheit-der-arbeitnehmer-haben-innerlich-schon-gekuendigt-15753720.html, zuletzt abgerufen am 30.1.2023.

838 Nach Schneider/Hanges/Smith/Salvaggio besteht eine signifikante, positive Korrelation zwischen der Arbeitszufriedenheit und dem Return on Assets und dem Gewinn pro Aktie, SHSS S. 843.

839 So auch MKGBS S. 10.

840 So auch Krieger/Schneider Managerhaftung-HdB/Kremer/Klahold Rn. 25.15 und 25.19.

Behörden oder Kollegen und Vorgesetzte, zu seinem (persönlichen) Vorteil „über den Tisch gezogen hat", sondern der, der durch ethisch einwandfreies Verhalten erfolgreich war.

Im Rahmen einer langfristigen Kommunikationsplanung sollte definiert werden, welche Unternehmensanlässe und welche sonstigen Ereignisse genutzt werden können, um positive Compliance-Botschaften zu transportieren. Diese Botschaften müssen durchaus nicht immer direkt das Thema „Compliance" oder „Ethik" beinhalten, sondern können dies auch sehr indirekt ansprechen, aber dennoch die gewünschte Wirkung entfalten. Diese im **Marketing** als **indirekte Kommunikation** bekannte Vorgehensweise stellt die Sprachmuster der Zielgruppe ebenso in Rechnung wie deren Mentalität. Ein Finanzbuchhalter ist idR eben anders zu erreichen als ein Verkaufsmitarbeiter. 1557

Da sowohl die Vermittlung von Werten als auch Unternehmensethik nicht (mehr) zum Curriculum der Schulen und Hochschulen gehören, sondern der Schwerpunkt auf der Vermittlung von fachspezifischen Kenntnissen liegt, sind ethisches und werteorientiertes Verhalten sowie Compliance durchaus Themen, die nicht selbsterklärend sind und automatisch tagtäglich im Unternehmen gelebt werden. 1558

Daher handelt es sich um erklärungsbedürftige Themenstellungen und es ist daher durchaus angemessen, die Erkenntnisse des Marketings zu nutzen, um die gewünschte, nachhaltige Änderung der Unternehmens- und Compliance-Kultur zu erreichen. 1559

Auf Basis der Artefakte ist daran zu arbeiten, dass Mitarbeiter und Führungskräfte Gelegenheiten erhalten, zu erfahren, dass sich ethisches Handeln und rechtmäßige Unternehmenstätigkeit langfristig auszahlen. Dadurch wächst die **innere Überzeugung,** dass diese Vorgehensweise die erfolgversprechendste ist. Auf diese Weise können aus gemeinsam übernommenen Überzeugungen und Werten langfristig als **selbstverständlich angesehene Grundannahmen** werden. 1560

Am wirksamsten ist Kommunikation, wenn sie Bezug auf einen **konkreten Sachverhalt** nehmen kann, bei dem ein Mitarbeiter oder eine Führungskraft entscheiden muss, welche der zur Verfügung stehenden Alternativen er zur Lösung des Problems auswählt.[841] Es ist daher eine wichtige Aufgabe der Unternehmensleitung in Zusammenarbeit mit den Bereichen Compliance und Unternehmenskommunikation bzw. Marketing, Themen zu isolieren, die für die Vermittlung der Compliance-Botschaft wirksam genutzt werden können. 1561

Darüber hinaus können im Unternehmen gängige Verhaltens- und Sprachmuster gezielt geändert werden, die nur dazu dienen Compliance-Risiken zu beschönigen oder gar zu tarnen. Hier mag als Beispiel die „Kundenpflege" dienen, die im konkreten Fall nur ein Euphemismus für nicht sozialadäquate Zuwendung war. 1562

Es wird damit deutlich, dass es nicht mit sporadischen und eher zufälligen Statements des Vorstandes getan ist, sondern eines die Erkenntnisse des Marketings nutzenden, langfristigen Kommunikationsplans bedarf, die alle Führungsebenen einbinden muss, um auch die Mitarbeiter zu erreichen, die de facto ausschließlich von ihrem direkten Vorgesetzten informiert und instruiert werden. 1563

b) Vorbild geben und ein fürsorgliches Klima schaffen

In den vorangegangenen Abschnitten wurde bereits ausführlich erläutert, welchen entscheidenden Einfluss die Führungskräfte und die Mitglieder des Vorstandes auf die Unternehmens- und Compliance-Kultur haben.[842] Es kann nicht genug betont werden, dass es sich hierbei um langfristig angelegte und glaubhafte Anstrengungen handeln muss. 1564

Dazu gehört auch, dass im Lichte der Erkenntnisse der Organisationspsychologie die Leitungsebene ein fürsorgliches Klima im Unternehmen schaffen sollte, wenn sie bei ihren 1565

[841] Tenbrunsel/Diekmann/Wade-Benzoni/Bazerman, The ethical mirage: A temporal explanation as to why we aren't as ethical as we think we are, 30 Research in Organizational Behavior 153 (2010).

[842] → Rn. 1530 ff. sowie im Kontext der psychologischen Sicherheit → Rn. 1434 ff.

Mitarbeitern glaubhaft ethisches und damit rechtlich einwandfreies Verhalten bewirken will. Auch hier mag es verwundern, dass dies durchaus keine Selbstverständlichkeit ist. Vor allem in Krisenzeiten, in welchen Kosten eingespart werden müssen, zeigt sich oftmals für die Mitarbeiter, ob eine ethische und rechtlich einwandfreie Unternehmensführung erlebbar wird oder ob es sich in der Krise als eine Hochglanzfassade ohne Substanz herausstellt.

1566 Auch dies ist nicht wirklich eine neue Erkenntnis, da bereits Kant im Jahre 1785 postulierte, dass der Mensch nie als Mittel zum Zweck, sondern immer als Zweck an sich behandelt werden sollte.[843]

c) Personalpolitik

1567 Die **Auswahl,** das **Vergütungs- und Belohnungssystem** spielen eine wichtige Rolle iRd formellen und informellen Kommunikation. Hier kann der Personalbereich einen entscheidenden Beitrag zum Erfolg einer nachhaltigen Compliance-Arbeit leisten.

1568 **aa) Die Personalauswahl.** Bereits bei der Auswahl von neu einzustellenden Mitarbeitern und Führungskräften beginnt bereits die Compliance-Aufgabe des Personalbereichs. Es muss hier bereits sichergestellt werden, dass nur Mitarbeiter und v. a. Führungskräfte in das Unternehmen geholt werden, die nicht nur fachlich eine ideale Besetzung einer Stelle darstellen, sondern auch die ethischen Ziele des Unternehmens mittragen und im Unternehmen bereit sind, diese durch das Vorleben der Werte zu transportieren. Dies mag durchaus nicht einfach sein. So mag ein Verkäufer in Bezug auf seine innovativen und erfolgreichen Methoden in der Vergangenheit ein nur geringes Störgefühl entwickelt haben, auch wenn diese aus Compliance-Sicht nicht nur grenzwertig waren.

1569 Die **Beförderung** eines Mitarbeiters stellt ebenfalls ein wichtiges Signal dar. Befördert das Unternehmen einen Mitarbeiter, der ethisch und rechtlich vorbildlich für das Unternehmen tätig und dabei geschäftlich sehr erfolgreich war, wird eine ganz andere, positive Nachricht gesendet, als im Fall der Beförderung eines Mitarbeiters, der für seine wenig vorbildlichen Methoden bekannt ist.

1570 **bb) Vergütungs- und Belohnungssystem.** Auch hier wirken dieselben Kommunikationsmechanismen: Belohne ich mit **Gehaltserhöhungen** erreichte Ergebnisse, ohne zu berücksichtigen, auf welche Weise sie zustande gekommen sind, so mag eine ernste Folge sein, dass sich in der Belegschaft der Eindruck durchsetzt, dass der Zweck alle Mittel heilige.

1571 Gleiches gilt für das **Zielvereinbarungssystem** eines Unternehmens. Legt der Vorstand unrealistisch hohe Vorgaben iRd Zielvereinbarungsgespräche fest, kann er damit ungewollt, aber dennoch erfolgreich seinen Mitarbeitern signalisieren, dass ethisch richtiges Verhalten in diesem Unternehmen nicht erwartet wird.

1572 Andererseits kann Compliance eine wichtige Rolle iRd Zielvereinbarung finden. Das **Dilemma** besteht hier darin, dass man Compliance-Ziele im Verhältnis zu den Absatz-, Umsatz- oder Ergebniszielen nicht übergewichten darf. Würde man Compliance-Zielen einen großen Anteil an dem für eine Bonuszahlung zu erreichenden Prozentsatz der zu erfüllenden Ziele geben, kann dies negative Auswirkungen auf die wirtschaftlichen Ergebnisse des Unternehmens haben. Legt man die Wertigkeit der Compliance-relevanten Ziele zu niedrig fest, werden sie uU ignoriert, da sie leicht durch die Übererreichung betriebswirtschaftlicher Ziele kompensiert werden können.

[843] „Denn vernünftige Wesen stehen alle unter dem Gesetz, dass jedes derselben sich selbst und alle andere niemals bloß als Mittel, sondern jederzeit zugleich als Zweck an sich selbst behandeln solle", Kant, Grundlegung zur Metaphysik der Sitten, AA IV, S. 433.

Hier mag es hilfreich sein, sich über innovative Lösungen Gedanken zu machen, wie zB die Vereinbarung von Compliance-Zielen, die bei Erreichen einen Bonusanteil von für das Unternehmensergebnis verträglichen 5% oder 10% für die Führungskraft ausmachen.[844] 1573

Es gibt somit zahlreiche Wege, wie eine Geschäftsleitung und ihre Führungskräfte kommunizieren können, dass ihnen ein ethisch und damit auch rechtlich einwandfreies Verhalten wichtig ist und sie auch bereit sind, dies zu honorieren. 1574

C. Fazit

Die in einem Unternehmen gelebte Unternehmenskultur und Compliance-Kultur haben einen maßgeblichen Einfluss auf die Nachhaltigkeit des Erfolges seines Compliance-Risikomanagements und damit des gesamten Compliance-Managementsystems. 1575

Dem Wunsch, die eigene Legalitätspflicht zu erfüllen und den gesetzlichen und behördlichen Vorgaben gerecht zu werden, stehen in Unternehmen zur Durchsetzung der Compliance-Ziele primär die formellen Überwachungs- und Sanktionssysteme im Vordergrund, wie sie zB von US-amerikanischen Behörden oder in der Siemens/Neubürger-Entscheidung durch das LG München gefordert werden. 1576

Diese Vorgehensweise ist sicherlich richtig und wichtig, lässt aber weitestgehend interdisziplinäre Erkenntnisse der Sozial- und Organisationspsychologie außer Acht. Dadurch bleibt ein erhebliches Potential zur Unterstützung ethisch richtigen Verhaltens durch die Mitarbeiter und Führungskräfte, das sich wiederum in einer rechtlich einwandfreien Unternehmenstätigkeit niederschlägt, ungenutzt. 1577

Auch wenn die Treiber ethisch richtigen Verhaltens bisher nicht abschließend wissenschaftlich erklärt werden konnten und die Erkenntnisse in Bezug auf die Wirkzusammenhänge der verschiedenen Aspekte, die menschliches Verhalten beeinflussen und damit bestimmen, ob sich Mitarbeiter aus eigener Überzeugung regeltreu verhalten oder nicht, weitergehender Vertiefung bedürfen, so besteht doch eine Vielzahl von Ansatzpunkten für einen Vorstand oder seine Führungskräfte, ethisch und rechtlich einwandfreies Verhalten zu fördern. 1578

Will man Compliance-Risiken nachhaltig minimieren und soll das Compliance-Managementsystem seine gesetzten Ziele erreichen, so sollte man sich als Unternehmensleitung dieser Möglichkeiten annehmen. Denn auch die betriebswirtschaftliche Performance des Unternehmens verbessert sich, wenn sich die Mitarbeiter in diesem gut aufgehoben fühlen, sich mit ihren vorbildlich agierenden Vorgesetzten und Vorstandsmitgliedern identifizieren können und eine emotionale Bindung zu ihrem Unternehmen haben. 1579

Checkliste 55: Möglichkeiten zur Gestaltung der Compliance-Kultur

- ❑ Sind die Wirkzusammenhänge der **Ursachen unethischer Entscheidungen** im Unternehmen bekannt?
- ❑ Wie sieht die **ethische Infrastruktur** des Unternehmens aus?
- ❑ Welche **formellen Systeme** ethischer Infrastruktur bestehen im Unternehmen?
- ❑ Welche **informellen Systeme** ethischer Infrastruktur bestehen im Unternehmen?
- ❑ Wie würde die Unternehmensleitung das ethische Klima des Unternehmens beschreiben?
- ❑ Wie beschreiben Unternehmensleitung und Führungskräfte die bestehende **Ethikkultur** des Unternehmens?
- ❑ Werden im Unternehmen die Folgen **sozial-kognitiver Lernprozesse** bei der Gestaltung des Compliance-Risikomanagementsystems **berücksichtigt?**

[844] S. → Rn. 340ff. und → Rn. 919ff. sowie das Beispiel einer Bonus-/Malusregelung in einer Zielvereinbarung, die auch Compliance-Ziele umfasst → Rn. 933ff.

- ❑ Wirkt die Unternehmensleitung und ihre Führungskräfte verschiedenen Mechanismen **„moralischer Entkopplung"** entgegen, um nachhaltigere Erfolge beim Compliance-Risikomanagement zu erreichen?
- ❑ Wird die erhebliche Bedeutung des **Einflusses** von **Kollegen** und **Vorgesetzten** sowie der **Unternehmensleitung** auf das ethisch richtige Verhalten des einzelnen Mitarbeiters entsprechend berücksichtigt und ein vorbildliches Verhalten aller im Unternehmen gefordert und gefördert?
- ❑ Welche **Maßnahmen** ergreift die Unternehmensleitung zur **operativen Gestaltung** der Compliance-Kultur des Unternehmens?
- ❑ Werden in diesem Kontext **Artefakte gestaltet**, um Compliance positiv bei Mitarbeitern zu verankern?
- ❑ Gibt es im Unternehmen eine entsprechende **Kommunikationsplanung?**
- ❑ Wird seitens der Unternehmensleitung und ihrer Führungskräfte ein **vorbildliches Verhalten** gegeben und ein **fürsorgliches Klima** im Unternehmen geschaffen?
- ❑ Wird bereits bei der Personalauswahl, bei Beförderungen und iRd Vergütungs- und Belohnungssystems entsprechend ethisch vorbildliches Verhalten gefördert und gefordert?
- ❑ Wie oft und auf welche Weise **misst** das Unternehmen seine Compliance-Kultur?[845]
- ❑ Auf welche Weise stärken die **Einstellungs- und Anreizstruktur** des Unternehmens das Engagement für eine Compliance-Kultur?
- ❑ **Befragt** das Unternehmen alle Mitarbeiter, um festzustellen, ob sie das Engagement der Geschäftsleitung und der mittleren Führungsebene für die Einhaltung der rechtlichen Vorgaben wahrnehmen?
- ❑ Welche Schritte hat das Unternehmen als **Reaktion** auf die Ergebnisse der Messung der Compliance-Kultur (zB auf Basis der **Umfrageergebnisse**) unternommen?

[845] Fragen in Anlehnung an DoJ/Criminal Division.

Nachwort zur 3. Auflage

Auch wenn das Nachwort zur 2. Auflage vor rund fünf Jahren formuliert worden ist, erscheint die Entwicklung seither noch prononcierter zu verlaufen, als seinerzeit beschrieben. Mehr Unternehmen bemühen sich durch die Einführung eines Compliance-Managementsystems den rechtlichen Anforderungen zu entsprechen und das Richtige zu tun.

Gleichzeitig wächst die Regelungsdichte auf ein kaum noch zu überblickendes Niveau. Der Gesetzgeber definiert immer neue Unternehmenspflichten in einer Zeit, in der auch den Regierenden bekannt sein sollte, dass ein akuter Mangel an qualifizierten Mitarbeitern besteht. Immer mehr und immer komplexere Vorgaben treffen auf Unternehmen, welchen es nicht selten an Personal fehlt, ihre originären Aufgaben zu bewältigen, um ihre Geschäftsziele in einem volkswirtschaftlich schwierigen Umfeld zu erreichen. So wird die Umsetzung einer nachhaltigen Compliance in Unternehmen eine immer aufwendigere Aufgabe und das Management der Compliance-Risiken zu einer immer größeren Herausforderung – v. a. für kleine und mittelständische Unternehmen.

In diesem komplexen Umfeld kommt es daher umso mehr darauf an, in den Unternehmen eine Kultur zu entwickeln, die darauf gerichtet ist, Mitarbeiter zu inspirieren, zu motivieren und einzubinden. Dies wird sich wiederum positiv auf die Herausbildung einer nachhaltigen Kultur der Compliance auswirken. Sie vermittelt die erforderliche psychologische Sicherheit, Irrtümer, Fehler oder auch Regelverstöße zu melden, ohne Repressionen fürchten zu müssen – ganz ohne ein Hinweisgeberschutzgesetz. Ohne eine Compliance-Kultur wird ein Unternehmen langfristig den wachsenden Anforderungen der Gesetzgeber und der Stakeholder des Unternehmens nur noch schwer gerecht werden können.

Daher ist es nur folgerichtig, dass das Bundesjustizministerium der Vereinigten Staaten ihren Staatsanwälten aufgibt, im Rahmen eines Ermittlungsverfahrens zu evaluieren, ob in dem Unternehmen, aus dem heraus eine Straftat begangen worden ist, eine Kultur der Compliance herrschte – oder eben nicht.

Nachwort zur 2. Auflage

„Je verdorbener der Staat, desto mehr Gesetze hat er.“
Tacitus (55 – 120 n. Chr.)[847]

Es ist einer der Widersprüche unserer Zeit, dass auf der einen Seite beklagt wird, dass der Gesetzgeber mit immer neuen Vorschriften die letzten Winkel der Lebensbereiche seiner Bürger detaillierten Regelungen unterwirft. Gleichzeitig kann jeder Autofahrer bestätigen, dass auf deutschen Straßen den Bestimmungen der StVO nicht selten nur noch ein Vorschlagscharakter beigemessen wird. Der Wunsch des Einzelnen, seiner Individualität Ausdruck zu verleihen und sich gelegentlich einer Autofahrt auch noch in den Social Media mit neuen „Postings“ zu präsentieren, sorgt dafür, dass keine Zeit mehr bleibt, Unfallopfern zu helfen oder ihre Würde zu achten und sie nicht in verletztem, hilflosem Zustand zu filmen.

Unternehmen ihrerseits klagen ebenfalls über immer mehr und detaillierte Regulierung ihrer Geschäftstätigkeit. Seien es die immer komplizierteren Steuergesetze, die immer aufwendiger umzusetzenden Arbeitsschutzbestimmungen oder das Dickicht der Exportkontrollregeln. All dies vermittelt den Eindruck, dass man als Unternehmer aufgrund der Vielzahl und Komplexität der Regeln gar nicht mehr überblicken kann, welche rechtlichen Vorgaben nun beachtet werden müssen.

Aber auch in der Unternehmenswelt zeigen nicht zu enden scheinende Fälle von Compliance-Verstößen zu belegen, dass das Verhalten der Entscheidungsträger wohl noch weiterer regulierender Beschränkungen bedarf. Dass das Eigeninteresse das Handeln der Mitarbeiter, Führungskräfte und Vorstände in Unternehmen stark beeinflusst, ist keine Erkenntnis, die erst mit dem Zusammenbruch der Bank *Lehman Brothers* gewonnen wurde. Bereits Adam Smith sah sich im Jahre 1776 zu der Feststellung veranlasst: „Leute der gleichen Handelsbranche treffen sich selten, sei es selbst zum Vergnügen oder zur Zerstreuung, ohne dass die Unterhaltung in einer Verschwörung gegen das Publikum oder in einem Plan endet, die Preise zu erhöhen.“[848] Allerdinges sprengen die Dimensionen der Konsequenzen, die das Fehlverhalten in Unternehmen heute auslösen, jegliches Vorstellungsvermögen. Die Finanzkrise der Jahre 2008/2009, die sich in diesen Wochen zum zehnten Mal jährt, zeigte, dass unethisches Verhalten, Hand in Hand mit massiven Compliance-Verstößen, in einer globalen Wirtschaftskrise resultierte, deren Schaden nach verschiedenen Schätzungen allein für die USA auf oberhalb von 25 Bio. USD bezifferte wurde.[849]

Im Bemühen um rechtlich einwandfreie Unternehmenstätigkeit haben zahlreiche Unternehmen Anstrengungen unternommen, Compliance-Systeme aufzubauen und ihre Compliance-Risiken zu steuern.[850] Um ihre Compliance zu verbessern fordern mittlerweile große Konzerne ihre Zulieferer ultimativ auf, ihrerseits Compliance-Systeme einzuführen. Dies ist sinnvoll, da es dafür sorgt, dass Compliance nicht nur ein Thema weniger Großunternehmen bleibt, die bei Compliance-Verstößen ertappt worden sind. Vielmehr sorgt es dafür, das Compliance in die Wirtschaftswelt kaskadiert wird.

Und dennoch reicht dies allein nicht aus. Vielmehr zeigt die nicht abnehmende Zahl von zum Teil sehr gravierenden Compliance-Verstößen, dass dieser Entwicklung entge-

---

847 „Corruptissima re publica plurimae leges“, Tacitus, Annalen III, 27.

848 „People of the same trade seldom meet together, even for merriment and diversion, but the conversation ends in a conspiracy against the public, or in some contrivance to raise prices.“ Adam Smith, An Inquiry into the Nature and the Causes of the Wealth of Nations, Vol. I, 129 (1776).

849 New York Times, The cost of the financial crisis is still being tallied, https://www.nytimes.com/2014/01/22/business/economy/the-cost-of-the-financial-crisis-is-still-being-tallied.html, zuletzt abgerufen am 18.02.2023.

850 Ob dies auch für die Finanzwelt gilt, mag bezweifelt werden, vgl. The Economist, Has finance been fixed? The world has not learned the lessons of the financial crisis, 6.9.2018.

genzutreten ist – eine Herausforderung, der sich jede Unternehmensführung gegenübersieht. Ein allein auf formellen Überwachungs- und Sanktionssystemen basierendes Compliance-System, wie es zB von den US-amerikanischen Behörden oder auch in der Siemens/Neubürger-Entscheidung gefordert wird, kann diesen Personenkreis nicht erreichen und allein durch immer mehr gesetzliche Vorschriften und interne Vorgaben zum Einhalten bestehender Regeln bewegen.

Vielmehr sollten Unternehmen ebenso wie der Gesetzgeber sich einen mehr interdisziplinären Ansatz zu eigen machen, der auch die menschliche Natur in Rechnung stellt. Diese Natur sorgt nicht nur für eine alles andere als optimale Befassung mit (Compliance-) Risiken.

Am Ende entscheiden die im Unternehmen und bei seinen Mitarbeitern verankerten Überzeugung und Werte sowie die als selbstverständlich betrachteten Grundannahmen darüber, ob die Einhaltung der Legalitätspflicht eine Selbstverständlichkeit ist oder dass der Zweck, die Gewinnmaximierung, die Mittel heiligt und alles was nicht expressis verbis verboten ist, erlaubt sein muss und ins Arsenal unternehmerischen Handels aufgenommen werden darf.

Ein nachhaltiges Compliance-Risikomanagement fängt daher weit im Vorfeld an. Es setzt bei der Gestaltung einer Compliance-Kultur an, die die Mitarbeiter und Führungskräfte sowie die Geschäftsleitung motiviert, die Einhaltung gesetzlicher Vorgaben nicht als Belastung, sondern als Selbstverständlichkeit zu betrachten.

Werte mögen nicht justiziabel sein, sie sorgen jedoch für die Einhaltung der Regeln.

Andreas Kark

Nachwort

In der amerikanischen und britischen Gesetzgebung werden Anforderungen an ein wirksames Compliance-Programm definiert. Dabei wird richtigerweise die Einhaltung der maßgeblichen rechtlichen Vorschriften mit ethisch korrektem Verhalten gleichgesetzt.[851] Bei aller Strenge dieser Vorschriften wird ein gesetzlich gewünschtes und damit ethisch richtiges Verhalten seitens des Gesetzgebers durch eine Strafmilderung oder gar einen Verzicht auf Bestrafung honoriert.

Durch das Legalitätsprinzip wird in Deutschland die Achtung der bestehenden Rechtsordnung eingefordert. Es gibt aber nur sehr vereinzelt Hinweise, welche Mindestanforderungen staatlicherseits an die Compliance-Anstrengungen eines Unternehmens gestellt werden, wenn diese denn als qualitativ ausreichend und hinreichend wirksam eingeordnet werden sollen. Eine möglicherweise mit der Implementierung eines risikobasierten, wirksamen Compliance-Programms verbundene Exkulpation des Unternehmens bzw. seiner Geschäftsleitung ist derzeit nicht in Sicht.

Es bleibt die Androhung von Sanktionen und eine ständig zunehmende Zahl von zu beachtenden rechtlichen Bestimmungen der EU, des Bundes sowie der Länder und Gemeinden. Es sollte jedoch bedacht werden, dass es Menschen sind, die diese Bestimmungen mit Leben füllen sollen. Menschen ausschließlich durch Sanktionen zu dem gewünschten, gesetzestreuen Verhalten motivieren zu wollen, ist jedoch eine recht einseitige Methode, die die Kraft einer positiven, zielorientierten Motivation durch entsprechende Anreize ungenutzt lässt. Gleichzeitig ist allen bewusst, dass auch das wirksamste Compliance-Risikomanagementsystem nicht verhindern kann, dass Einzelne trotzdem illegale Handlungen aus einem Unternehmen heraus begehen.[852]

Dabei ist Compliance ein Kostenfaktor für Unternehmen, der proportional zu der Zahl der maßgeblichen Vorschriften wächst. Fairer Weise sollte der geschäftsführende Gesellschafter eines kleinen oder mittelständischen Unternehmens ebenso wie ein Konzernvorstand ein Mindestmaß an Gewissheit haben, dass sein in einem Compliance-Programm manifestiertes Interesse am rechtmäßigen Verhalten seiner Mitarbeiter auch dann honoriert wird, wenn es in einem Einzelfall zu Gesetzesübertretungen gekommen sein mag. Dazu sollte es, ähnlich wie in den USA und Großbritannien, auch in Deutschland einen Katalog von Mindestanforderungen an ein risikobasiertes, wirksames Compliance-Programm geben, das auch zu einer Enthaftung der Geschäftsleitung führen kann.

Es bleibt daher zu hoffen, dass unsere Gesetzgeber die Initiative ergreifen oder auf europäischer Ebene Beschlüsse gefasst werden, die die Anforderungen an Compliance-Programme in Unternehmen auf eine praxisnahe Weise definieren. Auch sollte in diesem Zusammenhang eine Verknüpfung von Compliance- und Ethikprogrammen in Erwägung gezogen werden, damit rechtmäßiges Handeln auch mit ethisch einwandfreiem Handeln gleichgesetzt werden kann.

---

[851] In den U.S.S.G. § 8 B 2.1 wird regelmäßig von einem Compliance- und Ethikprogramm gesprochen; Guidance S. 22 Rn. 1.7.

Anders in Deutschland: Es findet sich genau ein Hinweis auf Unternehmensethik oder ethisch einwandfreies Verhalten im gesamten DCGK (Deutscher Corporate Governance Kodex, idF v. 28.4.2022). Es heißt dort in der Präambel:

„Der Kodex verdeutlicht die Verpflichtung von Vorstand und Aufsichtsrat, im Einklang mit den Prinzipien der sozialen Marktwirtschaft unter Berücksichtigung der Belange der Aktionäre, der Belegschaft und der sonstigen mit dem Unternehmen verbundenen Gruppen (Stakeholder) für den Bestand des Unternehmens und seine nachhaltige Wertschöpfung zu sorgen (Unternehmensinteresse). Diese Prinzipien verlangen nicht nur Legalität, sondern auch ethisch fundiertes, eigenverantwortliches Verhalten (Leitbild des Ehrbaren Kaufmanns)."

Immerhin, ein Hinweis mehr als im DCGK von 2012.

[852] Eine Binsenweisheit, die von den anglo-amerikanischen Behörden anerkannt wird; s. zB DOJ JM 9.28–200, General Considerations of Corporate Liability.

Zusammenfassung der Checklisten

§ 2. Rechtliche Bedeutung der Risikofrüherkennung im Unternehmen

Checkliste 1: Risikofrüherkennung als Leitungsfunktion

❑ Nehmen die Geschäftsführung bzw. der Vorstand im Rahmen ihrer **Leitungsfunktion** ihre Verantwortung wahr, für den **Aufbau**
- eines angemessenen **Risikomanagements** zur Früherkennung bestandsgefährdender Entwicklungen?
- einer internen Revision?

Checkliste 2: Klassische Arten der Unternehmensrisiken

❑ Sind die unterschiedlichen Klassifizierungen klassischer Unternehmensrisiken bekannt und werden diese erfasst?
❑ Welche finanz- und leistungswirtschaftlichen Risiken gibt es im Unternehmen?
❑ Werden die Risiken aus den Lieferketten des Unternehmens identifiziert und wird diesen ggf. rechtzeitig entgegengesteuert?

Checkliste 3: Risikosegmentierung des Deutsche Rechnungslegungs Standards Committee e.V.

❑ Wird die Klassifizierung klassischer Unternehmensrisiken des **DRS Nr. 20** genutzt?

Checkliste 4: Compliance-Risiken

❑ Sind die gravierendsten Compliance-Risiken bekannt, welchen das Unternehmen ausgesetzt ist?
❑ Sind im Unternehmen auch die **lokalen Vorschriften** der Auslandsmärkte bekannt, in welchen es Geschäftsaktivitäten unterhält?
❑ Unterhält das Unternehmen Geschäftskontakte in die **USA** oder **Großbritannien,** die u. a. besonders scharfen Antikorruptionsregeln unterworfen sind?
❑ Sind im Unternehmen die möglichen **straf- und zivilrechtlichen Konsequenzen** von Compliance-Verstößen bekannt?

Checkliste 5: Bestandsgefährdung durch Unternehmensrisiken

❑ Werden die **Unternehmensrisiken erfasst** und im Hinblick auf ihren bestandsgefährdenden Charakter **bewertet?**
❑ Hat das Unternehmen **Kriterien** entwickelt, ab wann quantitative und qualitative Planabweichungen als bestandsgefährdende Risiken eingestuft werden?
❑ Gibt es im Unternehmen Geschäftsprozesse, die Risiken identifizieren und den rechtzeitigen Einsatz von Gegenmaßnahmen erlauben?

Checkliste 6: Anzuwendender Sorgfaltsmaßstab beim Aufbau eines Risikomanagements

- ❑ Wird berücksichtigt, dass das Risikomanagement den Anforderungen gerecht werden muss, die einhergehen mit
  - der Unternehmensgröße?
  - dem Internationalisierungsgrad?
  - der Branche?
  - der Unternehmensstruktur?
  - dem Kapitalmarktzugang?
  - der Historie vergangener Compliance-Verstöße?

Checkliste 7: Organisations- und Überwachungspflicht

- ❑ Wird der Vorstand seiner **Leitungsverantwortung** gerecht, indem er das Unternehmen so organisiert hat, dass keine Rechtsverstöße aus dem Unternehmen heraus erfolgen?
- ❑ Sind die diesbezüglichen Anforderungen der „Siemens/Neubürger"-Entscheidung bekannt?
- ❑ Wird im Unternehmen ein wirksames Kontroll- und Überwachungssystem installiert, das auch Compliance-Risiken erfasst?

Checkliste 8: Mögliche Pflichtverletzung durch die Unternehmensleitung

- ❑ Wurde durch eine mangelhafte Risikofrüherkennung eine allgemeine **Sorgfaltspflicht** des Vorstandes im Innenverhältnis verletzt?
- ❑ Wurden die Organpflichten aus dem **Aktiengesetz,** der Unternehmenssatzung, der Geschäftsordnung des Vorstandes oder seinem Anstellungsvertrag verletzt?
- ❑ Wurden Pflichten des Vorstandes im **Außenverhältnis** verletzt (zB Zivilrecht, Strafrecht, Ordnungswidrigkeitenrecht)?
- ❑ Wurde bei Rahmen internationaler Geschäftsaktivitäten **lokales Recht** verletzt?
- ❑ Wurden die Vorschriften supranationaler Organisationen (zB der **EU**) verletzt?

Checkliste 9: Business Judgement Rule

- ❑ Handelt es sich um eine **Ermessensentscheidung** oder ist der Vorstand in seiner Entscheidung **rechtlich gebunden?**
- ❑ Handelt der Vorstand **gutgläubig** und zum **Wohle der Gesellschaft,** ohne sachfremde Einflüsse oder um **Sonderinteressen** wahrzunehmen?
- ❑ Handelt der Vorstand auf einer der Komplexität des Sachverhaltes und dem Risiko, das mit der Entscheidung für das Unternehmen einhergeht, angemessenen **Informationsgrundlage?**

Checkliste 10: Überwachung der Risikofrüherkennung durch den Aufsichtsrat

- ❑ Wird dem Aufsichtsrat die **Funktionsweise** des (Compliance-) Risikomanagementsystems und die **Ressourcenallokation** erläutert?
- ❑ Wird der Aufsichtsrat über eingeleitete **Gegenmaßnahmen** informiert und über die Schritte zur Verbesserung **der Compliance-Kultur** unterrichtet?
- ❑ Gibt es eine regelmäßige **Fortschrittsberichterstattung** zu den Compliance-Risiken und deren Steuerung?

§ 3. Das Management von Risiken

Checkliste 11: Grundsätzliche Vorgehensweise beim Risikomanagement

- ❑ Wird die **„Value at Risk"**-Methode zur Quantifizierung von Risiken im Unternehmen verwendet und sind deren Nachteile bekannt?
- ❑ Werden bei unternehmerischen Entscheidungen auch deren **ethische** Tragweite berücksichtigt?

Checkliste 12: Risikomanagement im Unternehmen

- ❑ Werden die bilanzierungs- und steuerrechtlichen Vorgaben für Rückstellungen berücksichtigt (zB **HGB, IAS**)?

Checkliste 13: Compliance-Risiken und Unternehmensrating

- ❑ Weist das Unternehmen **Ratingagenturen** aktiv auf das bestehende Compliance-Risikomanagementsystem zur Optimierung des Unternehmensratings hin?
- ❑ Nutzt das Unternehmen aktiv das bestehende Risikomanagement als Argument zur Optimierung der Konditionen der **Bankenfinanzierung?**

Checkliste 14: Betriebswirtschaftliche Zielsetzung des Risikomanagements

- ❑ Wird das Risikomanagement der Branche des Unternehmens angepasst und wird es seinem Ziel gerecht, die **Ertragskraft** zu erhöhen und die **Liquiditätsplanung** zu erleichtern?
- ❑ Wird das Management der Risiken des **Kerngeschäfts** als ausreichend erachtet oder sollten **spezielle Risiken** besonders betrachtet werden (zB Treasury, Projekte, Supply Chain, Umweltschutz)?

Checkliste 15: Spezialisierte Risikomanagementfunktionen

- ❑ Wurde der eingeführte Risikomanagementprozess der Branche des Unternehmens angepasst?
- ❑ Wurde der Tatsache Rechnung getragen, dass bestimmte Bereiche des Unternehmens andere Risikomanagementprozesse benötigen, als das Kerngeschäft des Unternehmens dies vorgibt?
- ❑ Beispiele
  - Treasury-Risikomanagement

- Projekte-Risikomanagement
- Supply-Chain-Risikomanagement
- Umweltrisikomanagement
- Krisenmanagement

Checkliste 16: Risikowahrnehmung und Risikokultur

- ❑ Werden bei der Betrachtung von Risiken die **Schwächen** der menschlichen **Risikowahrnehmung** durch entsprechende Prozesse ausgeglichen?
- ❑ Sind die menschlichen **Verhaltensmuster** bekannt, die eine objektive Befassung mit Risiken erschweren und werden diese durch Prozesse aufgefangen?
- ❑ Ist das **Vergütungssystem** so gestaltet, dass Führungskräfte nicht ermutigt werden, überhöhte Risiken einzugehen?
- ❑ Wird die Risikokultur des Unternehmens aktiv gestaltet durch
  - eine effektive Risiko-Governance?
  - eine effektive Definition des Risikorahmens (risk appetite)?
  - effektive Anreizsysteme, die ein angemessenes Risikoverhalten erzeugen?
- ❑ Gibt es im Unternehmen eine **standardisierte,** qualitativ hochwertige **Risikoberichterstattung,** mit der sich die Unternehmensleitung **regelmäßig** befasst?
- ❑ Basiert die Risikoberichterstattung auf einer einheitlichen Terminologie?
- ❑ Wird sichergestellt, dass die mit der Risikoanalyse beauftragten Mitarbeiter als **ernstzunehmende** Experten wahrgenommen werden?
- ❑ Werden die **Mitarbeiter** über die Zusammenhänge zwischen ihrer Aufgabenwahrnehmung und daraus resultierenden, möglichen Compliance-Risiken **geschult?**

§ 4. Das Management klassischer Unternehmensrisiken

Checkliste 17: Prozessschritte und Definition klassischer Unternehmensrisiken

- ❑ Erfüllt die Geschäftsleitung ihre **Legalitätspflicht,** indem sie Unternehmensrisiken managt?
- ❑ Werden die zu betrachtenden Unternehmensrisiken (Risikosuchfelder) **definiert?**
- ❑ Werden in diesem Prozess Unternehmensrisiken identifiziert, analysiert und bewertet?
- ❑ Wird die **Geschäftsleitung** regelmäßig über Unternehmensrisiken und deren Steuerung **unterrichtet?**
- ❑ Werden der Erfolg der Risikosteuerung und die Risikolandschaft unterjährig **überwacht?**
- ❑ Sind die Risikosuchfelder der **Größe, Komplexität** und dem Grad der **Internationalisierung** des Unternehmens angepasst?
- ❑ Berücksichtigen die Risikosuchfelder auch die zukünftige **strategische Ausrichtung** des Unternehmens?
- ❑ Wurden **adäquate Ressourcen** für das Risikomanagement allokiert?

Checkliste 18: Identifikation der Unternehmensrisiken

- ❑ Wird sichergestellt, dass in dem Prozess der Risikoidentifikation zunächst **alle Risiken**– unabhängig von ihrer Bewertung – erfasst werden?
- ❑ Stellt der **formalisierte Prozess** der Risikoabfrage sicher, dass die **menschlichen Unzulänglichkeiten** bei der Risikobefassung ausgeglichen werden?

- ❑ Erfolgt die Risikoabfrage bei den **Prozesseignern,** auch wenn es sich um ein großes Unternehmen handelt?
- ❑ Folgt der Weg der Risikoabfrage dem anderer Prozesse entlang der **Wertschöpfungskette?**
- ❑ Wird die erwartete **Eintrittswahrscheinlichkeit** abgefragt?
- ❑ Wird die **maximale Schadenshöhe** beim Eintritt des Risikos abgefragt?
- ❑ Sind Reputationsrisiken zu melden?
- ❑ Werden die **Maßnahmen** zur Risikosteuerung abgefragt?
- ❑ Erfolgt die Abfrage über ein IT-System oder auf Basis eines Fragebogens, sodass eine **einheitliche Terminologie** verwendet werden muss?
- ❑ Hat die Geschäftsleitung die zu betrachtenden Risiken in Bezug auf ihre **Größenordnung eingeschränkt?**
- ❑ Trägt der Prozess der Risikoabfrage der **Organisationsstruktur** des Unternehmens Rechnung (Matrixorganisation, divisionale Struktur)?
- ❑ Werden **alle Informationsquellen** über Risiken im Unternehmen berücksichtigt?

Checkliste 19: Analyse und Bewertung der Unternehmensrisiken

- ❑ Stellt die Kategorisierung von Risiken sicher, dass es zu keinen **Doppelnennungen** kommen kann?
- ❑ Bietet die Kategorisierung die Möglichkeit, **Wechselwirkungen** zwischen Risiken sichtbar zu machen?
- ❑ Können **Klumpenrisiken** erkannt werden?
- ❑ Existiert ein **Scoring-Modell,** das die Bewertung von Risiken darstellen kann (Eintrittswahrscheinlichkeit und Schadenshöhe)?
- ❑ Wird eine **aussagekräftige,** leicht verständliche **Darstellungsform** für die Berichterstattung der Analyse- und Bewertungsergebnisse gewählt?

Checkliste 20: Berichterstattung der Unternehmensrisiken

- ❑ Werden alle maßgeblichen **internen und externen Adressaten** bei der Berichterstattung über die Risiken berücksichtigt?
- ❑ Entspricht die **Frequenz und Form** der Berichterstattung der Größe, Struktur und Komplexität des Unternehmens?

Checkliste 21: Externe Berichterstattung der Unternehmensrisiken

- ❑ Ist ein **Konzernlagebericht** zu erstellen und enthält er die rechtlich vorgeschriebenen Inhalte in Bezug auf das Risikomanagement?
- ❑ Werden alle Vorgaben des **DRS 20** bzw. **DRS 16** berücksichtigt?
- ❑ Werden alle rechtlichen Vorgaben zur **Halbjahresfinanzberichterstattung** (DRS 16) eingehalten?
- ❑ Werden alle Vorgaben nach **IFRS** entsprechend der Leitlinie zur Managementberichterstattung des **IASB** berücksichtigt?

Checkliste 22: Steuerung der Unternehmensrisiken

- ❑ Wird eine **effektive Steuerung** der Unternehmensrisiken sichergestellt in Bezug auf Risikostrategie, Risikokapazität, Risikotoleranz und Risikogrenzen?
- ❑ Wird der **Risikoappetit** des Unternehmens berücksichtigt?

- ❑ Werden die Auswirkungen von Risiken auf die **Reputation** und **Kreditwürdigkeit** des Unternehmens betrachtet?
- ❑ Ist die **Risikokapazität** des Unternehmens definiert worden?
- ❑ Wird definiert, welche **Risiken** seitens der Geschäftsleitung **toleriert** werden und welche nicht?
- ❑ Weisen die identifizierten Risiken ein so hohes **Ertragspotential** auf, dass das Eingehen des Risikos gerechtfertigt erscheint?
- ❑ Werden für die einzelnen **Geschäftsbereiche Risikogrenzen** festgelegt?
- ❑ Werden **Maßnahmen** zur Risikosteuerung ausgearbeitet?
- ❑ Welche Maßnahmen werden ergriffen, um Risiken zu vermeiden, zu mindern, zu begrenzen oder Risiken weiterzugeben?

Checkliste 23: Monitoring der Unternehmensrisiken

- ❑ Ist sichergestellt, dass im Unternehmen eine **kontinuierliche Überprüfung der Wirksamkeit** der Risikosteuerung erfolgt?
- ❑ Wird das Unternehmensumfeld auch außerhalb der Berichtsfristen nach **neu in Erscheinung** tretenden Risikolagen beobachtet?
- ❑ Werden alle Ergebnisse des Risikomonitorings ordentlich dokumentiert?

Checkliste 24: Integration des Risikomanagements in bestehende Unternehmensprozesse

- ❑ In welchen bereits existierenden **operativen Geschäftsprozess** kann die Abfrage der Unternehmensrisiken integriert werden?
- ❑ Kann für den Prozess der Risikoabfrage der jährlich stattfindende, **operative Planungsprozess** genutzt werden?
- ❑ Können die Unternehmensrisiken iRv den operativ Verantwortlichen zu beantwortenden **Fragebogen** erfasst werden?
- ❑ Sofern im Unternehmen Jahresgespräche stattfinden, können diese für die Risikoerfassung genutzt werden?
- ❑ Werden die rücklaufenden Antworten auf die Risikoabfrage einer **Validierung** unterzogen?
- ❑ Werden die **Maßnahmen zur Steuerung** der Risiken **akzeptiert** oder sind seitens der zentral für Compliance verantwortlichen Mitarbeiter andere Vorschläge zielführender?
- ❑ Wer hat die organisatorische Federführung bei der Risikoabfrage inne (zB Controlling)?
- ❑ Setzt das Unternehmen **Zielvereinbarungen** ein und enthalten diese Compliance-Ziele?

§ 5. Das Management von Compliance-Risiken

Checkliste 25: Der Prozess des Compliance-Risikomanagements

- ❑ Hat die Unternehmensleitung, in Abhängigkeit von Branche, Größe sowie der Komplexität und des Grades der Internationalisierung der Gesellschaft, definiert, **welche Compliance-Risiken** zu betrachten sind?
- ❑ Wird im Unternehmen verdeutlicht, dass das Management von Compliance-Risiken sehr wichtig ist?
- ❑ Hat die **Geschäftsleitung** eigene Vorstellungen über mögliche Compliance-Risiken?

- ❑ Bestehen Geschäftsbeziehungen des Unternehmens zu **Hochrisikoländern?**
- ❑ Werden die Mitarbeiter vor einer Risikoabfrage mit dem Grundgedanken der Wichtigkeit von Compliance vertraut gemacht, zB iRv **Compliance-Schulungen?**
- ❑ Unterhält das Unternehmen ein immer **aktuelles Verzeichnis** der für das Unternehmen maßgeblichen **Gesetze** (Rechtskataster)?
- ❑ Werden entsprechende **Ressourcen** bereitgestellt, um den Prozess des Compliance-Risikomanagements adäquat zu begleiten?
- ❑ Wird ein Netzwerk **lokaler Compliance Officer** in den jeweiligen Geschäftsbereichen und Tochtergesellschaften aufgebaut?
- ❑ Werden die lokalen Compliance Officer von der jeweiligen Geschäftsleitung vor Ort **autorisiert,** ihre Kollegen zu Compliance-Themen zu befragen und diese zu beraten?
- ❑ Werden die Compliance Officer **regelmäßig geschult?**
- ❑ Wird der zentrale Compliance-Bereich **organisatorisch richtig angesiedelt** (CEO/CFO)?
- ❑ Werden alle Ergebnisse des Compliance-Risikomanagementprozesses ordnungsgemäß **dokumentiert?**
- ❑ Stellt der Prozess sicher, dass alle Compliance-Risiken erfasst werden, auch wenn die einzelnen Mitarbeiter **keine spezifischen juristischen Fachkenntnisse** besitzen?
- ❑ Werden **alle Informationsquellen** zur Identifizierung von Compliance-Risiken berücksichtigt?
- ❑ Erhalten die operativen Bereiche eine **Liste** der Informationsquellen, die sie ggf. nutzen können, um Compliance-Risiken zu identifizieren?
- ❑ Ist sichergestellt, dass die im Rahmen einer Risikoabfrage erhobenen Informationen **keiner Filterung** durch die operativen Geschäftsbereiche unterzogen worden sind?
- ❑ Werden alle gemeldeten Compliance-Risiken übersichtlich **dokumentiert,** sodass sie einer **Analyse** und **Bewertung** unterzogen werden können?
- ❑ Wird für eine unternehmensinterne Lösung bei der Implementierung eines **Hinweisgebersystems** ein Mitarbeiter des Unternehmens oder ein externer Compliance-Ombudsmann bestellt oder wird eine interne Hybridlösung umgesetzt?
- ❑ Wird zusätzlich eine externe, behördliche Lösung gewählt?
- ❑ Werden die Vorgaben des **Hinweisgeberschutzgesetzes** vollständig umgesetzt?
- ❑ Verfügt das Unternehmen über ein anonymes Hinweisgebersystem, und wenn nicht, warum?
  - Wurde eine **Richtlinie** zum Compliance-Hinweisgebersystem erstellt?
  - Wie wurden Mitarbeiter und Dritte über die Existenz des Hinweisgebersystems **informiert?**
  - Ist der **Prozess der Bearbeitung** eingehender Hinweise definiert?
  - Wurde das Hinweisgebersystem genutzt?
  - Validiert das Unternehmen, ob die Mitarbeiter das Hinweisgebersystem kennen und sich bei dessen Nutzung wohl fühlen?
  - Wie geht das Unternehmen vor, wenn es darum geht, die Schwere der eingegangenen Anschuldigungen zu bewerten?
  - Hatte die Compliance-Funktion uneingeschränkten Zugang zu den Berichts- und Untersuchungsinformationen?
- ❑ Wurde eine dem Sachverhalt angemessene Untersuchung durch **kompetentes Personal** durchgeführt?
  - Wie stellt das Unternehmen fest, welche Hinweise oder Verdachtsmomente eine weitere Untersuchung erfordern?
  - Wie stellt das Unternehmen sicher, dass die **Untersuchungen** einen angemessenen **Umfang** haben?
  - Welche Schritte unternimmt das Unternehmen, um sicherzustellen, dass die Untersuchungen unabhängig, objektiv und angemessen durchgeführt sowie ordnungsgemäß dokumentiert werden?

  - Wie bestimmt das Unternehmen, durch wen eine Untersuchung durchgeführt werden sollte und wer trifft diese Entscheidung?
- ❑ War die **Vorgehensweise** bei der internen Untersuchung angemessen?
  - Wendet das Unternehmen zeitliche Kriterien an, um die Reaktionsfähigkeit zu gewährleisten?
  - Verfügt das Unternehmen über ein Verfahren zur Überwachung der Untersuchungsergebnisse und zur Sicherstellung der Verantwortlichkeit für die Reaktion auf etwaige Feststellungen oder Empfehlungen?
- ❑ Wie stellte sich der **Ressourceneinsatz** und das Ergebnis der Nachbearbeitung dar?
  - Wurde das Hinweisgebersystem und die interne Untersuchung ausreichend mit Ressourcen durch das Unternehmen ausgestattet?
  - Wie hat das Unternehmen Informationen aus seinem Berichtswesen gesammelt, verfolgt, analysiert und genutzt?
  - Analysiert das Unternehmen die Berichte oder Untersuchungsergebnisse regelmäßig auf Muster von Fehlverhalten oder andere Anzeichen für Compliance-Verstöße?
  - Wird die Wirksamkeit des Hinweisgebersystems in regelmäßigen Abständen durch das Unternehmen zB durch die Verfolgung einer Meldung von Anfang bis Ende, geprüft.
- ❑ Wurden die **Folgen** im Fall eines Compliance-Verstoßes **beschrieben** (einschließlich daraus für das Compliance-Managementsystem zu ziehender Lehren)?
- ❑ Wurde die **Berichterstattung** an die Geschäftsleitung definiert?

Checkliste 26: Analyse der Compliance-Risiken

- ❑ Werden die identifizierten Compliance-Risiken entsprechenden **Kategorien** zugeordnet, sodass sie optimal gesichtet und analysiert werden können?
- ❑ Gibt es eine Aufteilung zwischen Compliance-Risiken der **Funktionalbereiche** und jenen der **operativen Einheiten?**
- ❑ Werden **Querverbindungen hergestellt** zwischen Risiken, die zum Beispiel in einem Hochrisikoland gemeldet worden sind, in anderen jedoch nicht?
- ❑ Wird eine Gliederung der Compliance-Risiken entlang der **Wertschöpfungskette** vorgenommen?
- ❑ Können durch die Kategorisierung eventuelle **Defizite** im Prozess der Compliance-Risikoidentifikation einzelner Bereiche aufgedeckt werden?
- ❑ Stellt die Kategorisierung der Compliance-Risiken sicher, dass **Kumulationen** erkennbar werden?

Checkliste 27: Bewertung der Compliance-Risiken

- ❑ Welchen Einfluss hat das identifizierte Compliance-Risiko auf den **Fortbestand des Unternehmens?**
- ❑ Welchen Einfluss hat das identifizierte Compliance-Risiko auf die **Reputation** des Unternehmens (Presse, Analysten, Social Media usw)?
- ❑ Beeinflusst das Compliance-Risiko die Beziehungen zu den **Stakeholdern** des Unternehmens (zB Kunden, Lieferanten, Investoren)?
- ❑ In welcher Höhe drohen dem Unternehmen **Geldbußen** oder **Gewinnabschöpfungen** aus dem identifizierten Compliance-Risiko?
- ❑ In welcher Höhe drohen dem Unternehmen **Schadensersatzforderungen,** zB von Kunden, durch diesen potenziellen Compliance-Verstoß?

- ❑ Welche **internen Kosten** können bei einem gemeldeten Compliance-Risiko entstehen (zB durch Rückrufaktionen, zusätzliche Arbeitszeit iRd internen Aufklärung bzw. eines Ermittlungsverfahrens)?
- ❑ Wird iRd Risikoidentifikation sichergestellt, dass **mögliche Gewinnchancen** nicht im Vorfeld der Berichterstattung mit möglicherweise entstehenden Compliance-Schäden verrechnet worden sind?
- ❑ Existiert ein **Kriterienkatalog,** anhand dessen die **Eintrittswahrscheinlichkeit** der identifizierten Compliance-Risiken bestimmt werden kann?
- ❑ Wird die **Systematik** des Analyse- und Bewertungsprozesses allen Beteiligten transparent dargestellt?

Checkliste 28: Berichterstattung über die Compliance-Risiken

- ❑ Wird sichergestellt, dass die analysierten und bewerteten Compliance-Risiken den **maßgeblichen Adressaten** regelmäßig berichtet werden?
- ❑ Wird die Berichterstattung der Compliance-Risiken in die Berichterstattung der klassischen Unternehmensrisiken integriert?

Checkliste 29: Steuerung der Compliance-Risiken durch das Compliance-Programm

- ❑ Welche Maßnahmen wurden zur **Vermeidung** von Compliance-Risiken getroffen (zB „Vier-Augen-Prinzip“, Compliance-Schulungen, IT-Applikationen)?
- ❑ Welche Maßnahmen wurden zur **Verminderung** von Compliance-Risiken getroffen?
- ❑ Welche Maßnahmen wurden zur **Begrenzung** von Compliance-Risiken getroffen?
- ❑ Ist die **Weitergabe** von Compliance-Risiken möglich?
- ❑ Ist sich die Geschäftsleitung über die den berichteten Daten zugrundeliegenden Annahmen in Bezug auf die maximale Schadenshöhe und die Eintrittswahrscheinlichkeit der berichteten Compliance-Risiken bewusst?

Checkliste 30: Monitoring der Compliance-Risiken

- ❑ Wird in die **Effektivität** der beschlossenen Maßnahmen gegen Compliance-Risiken kontinuierlich auf ihre Wirksamkeit kontrolliert?
- ❑ Stellt der Prozess des Compliance-Risikomonitorings sicher, dass auch **unterjährige Veränderungen,** zB das Inkrafttreten neuer, für das Unternehmen maßgeblicher Gesetze, berücksichtigt werden?
- ❑ Stellt der Compliance-Risikomonitoringprozess sicher, dass eine **kontinuierliche Verbesserung** und Anpassung der einzelnen Prozessschritte des Compliance-Risikomanagements möglich sind?
- ❑ Gewährleistet der Compliance-Risikomonitoringprozess, dass **ex post** überprüft wird, ob dieser tatsächlich **alle relevanten Compliance-Risiken** iRd Identifikation **erkannt** hat?
- ❑ Umfasst der implementierte Prozess des Compliance-Risikomonitorings eine adäquate Dokumentation?

Checkliste 31: Organisatorische Einbettung

- ❑ Wird ein **Compliance Officer** benannt/eingestellt?
- ❑ Nimmt in einem kleinen Unternehmen ein entsprechend geschulter Mitarbeiter mit einem **Teil seiner Arbeitszeit** die Aufgabe des Compliance Officers wahr?
- ❑ Gibt es in einem großen Unternehmen einen entsprechend ausgestatteten **Compliance-Bereich?**
- ❑ Verfügen die mit Compliance-Risikomanagement-Aufgaben befassten Mitarbeiter über die erforderlichen **juristischen Kompetenzen?**
- ❑ Haben die Compliance-Mitarbeiter Zugang zu **externem juristischen Fachwissen?**
- ❑ Werden der Mitarbeiter bzw. der Bereich entsprechend der Bedeutung seiner Compliance-Tätigkeit im Organigramm angesiedelt (Nähe zur Geschäftsleitung)?
- ❑ Wurde eine effiziente und effektive **Verknüpfung** der Prozesse des Compliance Risikomanagements mit den Prozessen des **klassischen Risikomanagements** vorgenommen?

Checkliste 32: Einbettung der Compliance-Risikoabfrage in bestehende Unternehmensprozesse

- ❑ Werden die Compliance-Risiken **gemeinsam** mit den klassischen Unternehmensrisiken iRd im Unternehmen etablierten Risikomanagementprozesses **abgefragt?**

Checkliste 33: Einbettung der Compliance-Risikoabfrage in die Operativen Planung

- ❑ Wird die Compliance-Risikoabfrage iRd Operativen Planung durchgeführt?
- ❑ Welcher Bereich hat die Federführung in Bezug auf die **Inhalte der Risikoabfrage?**
- ❑ Welcher Bereich hat die Führung in Bezug auf den **operativen Prozess** der Risikoabfrage?
- ❑ Welcher Bereich führt die **Auswertung** der gemeldeten Compliance-Risiken durch?
- ❑ Sofern kein Prozess der Operativen Planung existiert, werden die Compliance-Risiken iRd **Jahresgespräche** durchgeführt?
- ❑ Gibt es **Workshops,** in welchen die operativen Bereiche ihre Compliance-Risiken mit der Unterstützung durch den Compliance-Bereich identifizieren?
- ❑ Beschäftigt sich die **Geschäftsführung** bzw. der **Vorstand** iRd Planung der bevorstehenden Jahre mit der Analyse der Compliance-Risiken?
- ❑ Beschäftigt sich die **Gesellschafterversammlung,** der **Beirat** bzw. der **Aufsichtsrat** des Unternehmens mit den Compliance-Risiken iRd Planungssitzung?
- ❑ Finden die **Steuerungsmaßnahmen,** mit welchen den identifizierten Compliance-Risiken entgegengesteuert werden soll, Eingang in die **Zielvereinbarungen** des **Vorstandes** und der **Führungskräfte** des Unternehmens?

Checkliste 34: Compliance-Risikoaudit

- ❑ Entscheidung über **interne Compliance-Risikoabfrage** oder Beauftragung eines Compliance-Risikoaudits durch einen fachlich möglichst erfahrenen **externen Compliance-Berater**
- ❑ Im Fall einer internen Compliance-Risikoabfrage
  - Definition der **Abfragemethodik**
  - **Adressatenkreis** der Abfrage bestimmen
  - Analyse und Bewertung der Rückläufe

- Umgang mit Problemfällen
  - Themencluster
  - Leermeldungen
  - Unbeantwortete Anfragen

❑ Entwicklung von Gegenmaßnahmen für das Compliance-Programm.
❑ Im Fall eines **extern mandatierten Compliance-Audits:**

- **Kriterien für die Auswahl** des externen Compliance-Beraters (Compliance-Auditor)
  - Praktische Erfahrung in Bezug auf Compliance (Aufbau eines Compliance-Managementsystems usw)
  - Juristische Expertise in den relevanten Rechtsgebieten
  - Praktische Erfahrung hinsichtlich operativer Geschäftsprozesse im Unternehmen
  - Branchenkenntnisse
- **Ausreichendes Budget**
- Definition der Vorgehensweise bei dem geplanten Compliance-Audit
- Benennung der richtigen unternehmensinternen Interviewpartner
- **Abschlussbericht,** einschließlich der Beschreibung effektiver und effizienter **Gegenmaßnahmen.**

§ 6. Compliance-Risikomanagement in kleinen und mittelständischen Unternehmen

Checkliste 35: Management klassischer Unternehmensrisiken in KMU

❑ Besteht ein effektives Management klassischer Unternehmensrisiken?
❑ Werden die Risiken im Rahmen eines **strukturierten Prozesses** zur Risikoidentifikation analysiert?
❑ Verwendet das Unternehmen für diesen Prozess unterschiedliche **Kategorien** von Risiken?
❑ Werden im Unternehmen strategische, operative, finanzielle, personelle und IT Risiken betrachtet?
❑ Werden im Unternehmen auch **politische Risiken** betrachtet (zB Änderungen der Politik, Länderrisiken, Embargos)?
❑ Werden im Unternehmen **Gegenmaßnahmen** ergriffen, um identifizierte Risiken zu steuern?
❑ Werden die Ergebnisse der Gegenmaßnahmen auf ihre **Wirksamkeit überprüft?**
❑ Ist im Unternehmen sichergestellt, dass das Management der klassischen Unternehmensrisiken ordentlich **dokumentiert** wird?

Checkliste 36: Compliance-Risikomanagement in KMU

❑ Rechtfertigt die geringere Unternehmensgröße ein Abweichen von den Standards, die beim Compliance-Risikomanagement für Konzerne gelten sollten?
❑ In welchen Bereichen bestehen **Unterschiede** und wie ermöglichen es diese, **einfachere** Compliance-Risikomanagementprozesse zu etablieren, ohne das Ergebnis zu gefährden?
❑ Ist im Unternehmen hinreichend **bekannt,** dass Compliance-Risiken den **Bestand** des Unternehmens **gefährden** können, wenn sich diese realisieren?
❑ Wurden die Mitarbeiter bezüglich der Compliance-Risiken **geschult?**
❑ In welcher Form werden Compliance-Risiken von den operativen Bereichen des KMU abgefragt?

Checkliste 37: Übersicht möglicher Risiken in einem KMU

- ❑ Strategische Risiken
  - Markt- und Wettbewerbsrisiken
    - Produktpositionierung
    - Produktlebenszyklus
    - Substitutionsrisiko
    - Investitionen
    - Auswahl von Kooperationspartnern, Vertriebsagenten und Lieferanten
    - Klumpenrisiko durch einen Großkunden bzw. monopolistischen Lieferanten
  - Politische Risiken
    - Verschlechterung der Standortbedingungen
    - Wegfall von staatlichen Investitionen/Fördermitteln
    - Steuererhöhungen
    - Länderrisiken
- ❑ Operative Risiken
  - Produktion
    - Fertigungsqualität
    - Effizienz der Fertigung
    - Garantie- und Kulanz
    - Flexibilität der Fertigung
  - Logistik
    - Effizienz und Flexibilität der Lagerhaltung
    - Kapitalbindung
    - Liefertreue
    - Kundenzufriedenheit
  - Geistiges Eigentum
    - Produktpiraterie
    - Verrat von Betriebsgeheimnissen
    - Ablauf des Patentschutzes
- ❑ Finanzielle Risiken
  - Zugang zu Fremdkapital
  - Zinsänderungsrisiko
  - Basel II und III
  - Abhängigkeit von einer Hausbank
  - Wechselkursveränderungen
- ❑ Personelle Risiken
  - Mitarbeiter- und Führungskräftenachwuchs (demografischer Wandel)
  - Ausreichende Fort- und Weiterbildung
  - Nachfolgeregelung für Geschäftsführung
  - Verlust von Knowhow-Trägern
  - Hohe Fluktuation
- ❑ IT-Risiken
  - Verfügbarkeit
    - Stabil laufende Hardware und
    - Software
    - Back-up für Hard- und Software sowie Nutzerdaten
    - Wartung von Hard- und Software
    - Update-Verfügbarkeit für Software
    - Abwehr von Angriffen von außen.
  - Nutzung
    - Datenschutz

  - Passwortregelungen
  - Codierung von Datensätzen
  - Zugangsberechtigungsregelung
- ❑ Compliance-Risiken
  - Anti-Korruptionsbestimmungen
  - Wettbewerbsrecht (Preisabsprachen)
  - Exportkontrollrecht
  - Arbeitsschutzvorschriften
  - Umweltschutzvorschriften
  - Steuerrecht
  - Handels- und Gesellschaftsrecht
  - Branchenspezifische spezialgesetzliche Regelungen

§ 7. Compliance-Risikomanagementstandards der ISO und des IDW

Checkliste 38: Die Standards der ISO

- ❑ Sind **bereits** Standards der ISO in Ihrem Unternehmen **eingeführt** worden?
- ❑ Wenn ja, welche **konkreten Vorteile** hat das Unternehmen durch die Umsetzung der ISO-Leitlinien Compliance-Management?
- ❑ Mit welchen **Kosten** muss das Unternehmen rechnen, wenn die ISO-Leitlinien umgesetzt werden sollen?
- ❑ Verfügt das Unternehmen über **Mitarbeiter,** die mit der Terminologie und der Prozess-Philosophie der ISO **vertraut** sind?
- ❑ Verfügen diese Mitarbeiter über **juristisches Know-how** oder eine Compliance-Ausbildung?
- ❑ Können die Mitarbeiter bei der Umsetzung der ISO-Leitlinien auf **externes Know-how** zugreifen (zB Berater)?

Checkliste 39: Die Standards des IDW

- ❑ Besteht die Absicht, die Compliance der Geschäftsprozesse des Unternehmens durch den **Wirtschaftsprüfer freiwillig analysieren** zu lassen?
- ❑ Welche konkreten **Vorteile** wird das Unternehmen von einer Prüfung dieser Prozesse durch seine Wirtschaftsprüfer haben?
- ❑ Welche **Kosten** entstehen dabei dem Unternehmen?
- ❑ Können diese Kosten durch eine entsprechende **interne Vorbereitung** deutlich gesenkt werden?
- ❑ Verfügt das Unternehmen über Mitarbeiter mit entsprechendem **Know-how,** die dieses leisten können?

§ 8. Anglo-amerikanische Anforderungen an das Compliance-Risikomanagementsystem

Checkliste 40: US-amerikanische Anforderungen

- ❑ Weisen die geschäftlichen Aktivitäten des Unternehmens mit den **USA Berührungspunkte** auf?
- ❑ **Vertreibt** das Unternehmen Produkte oder Dienstleistungen **in den USA?**
- ❑ **Kauft** das Unternehmen in den USA **Rohstoffe** oder **Komponenten** für die Fertigung in anderen Ländern als in den USA ein?
- ❑ Verwendet das Unternehmen **US-amerikanisches Know-how** in seinen Produkten?
- ❑ Vertreibt das Unternehmen Produkte in Ländern, die einem **US-Embargo** unterliegen?
- ❑ Werden für das Unternehmen **US-Dollar Zahlungen** getätigt?
- ❑ **Finanziert** sich das Unternehmen auf US-amerikanischen Kapitalmärkten?
- ❑ Sofern eine oder mehrere Fragen positiv beantwortet werden, bestehen Kenntnisse über die **Compliance-Anforderungen des** US-amerikanischen **Justizministeriums** und der dortigen **Börsenaufsicht?**
- ❑ Berücksichtigt das Compliance-Managementsystem die **Vorgaben der US-amerikanischen Strafzumessungsrichtlinien** in Bezug auf die vorausgesetzten Minimalanforderungen an ein solches System?
- ❑ Berücksichtigt das Compliance-Managementsystem auch die **13 Kriterien** der US-amerikanischen **Börsenaufsicht,** was im Fall eines Compliance-Verstoßes zu einer **wohlwollenderen Behandlung** durch die Behörde führen kann?
- ❑ Sind die **Führungskräfte mit den Inhalten** der Strafzumessungsrichtlinien des amerikanischen Justizministeriums und dem **Kriterienkatalog** der Börsenaufsicht **vertraut?**
- ❑ Hat der **DoJ/SEC Resource Guide** zum FCPA Eingang in das Compliance-Managementsystem des Unternehmens gefunden?
- ❑ Welcher Personenkreis fällt unter die Anti-Korruptionsbestimmungen und Bilanzierungsvorschriften des FCPA?
- ❑ Ist im Unternehmen bekannt, wie die US-Behörden **ausländische Amtsträger** definieren?
- ❑ Sind im Unternehmen die US-Regeln für **Geschenke, Einladungen und Bewirtungen** bekannt?
- ❑ Sofern das Unternehmen **Facilitation Payments** zahlt, wird vor der Zahlung geprüft, ob dabei die amerikanischen Vorschriften eingehalten werden?
- ❑ Ist im Unternehmen der Unterschied zwischen **zivilrechtlicher** und **strafrechtlicher Verfolgung** von Verstößen gegen die Vorschriften des FCPA bekannt?
- ❑ Entspricht das **Compliance-Risikomanagementsystem** den Vorgaben des US-Justizministeriums und der US-Börsenaufsicht?
- ❑ Ist das Unternehmen mit den Fragen des *DoJ* zur **Evaluierung** der Angemessenheit und Wirksamkeit eines Compliance-Managementsystems vertraut?
- ❑ Hat das Unternehmen diesen Fragenkatalog verwendet oder hat es auf dessen Basis einen auf die Anforderungen des Unternehmens adaptierten, eigenen Fragenkatalog entwickelt?
- ❑ Wurde eine **Angemessenheits- und Wirksamkeitsprüfung** des Compliance-Managementsystems durchgeführt?

Checkliste 41: Reaktion des Unternehmens nach einem Compliance-Vorfall

- ❑ Wurde der Compliance-Verstoß durch das Compliance-Managementsystem **aufgedeckt?**
- ❑ Wurden auf Basis etablierter Compliance-Prozesse **Abhilfemaßnahmen ausgelöst?**
- ❑ **Wurden im Rahmen dieser Prozesse** ggf. eine Selbstanzeige imitiert?[853]

Checkliste 42: Konzeption des Compliance-Risikomanagement iRd Compliance-Managementsystem

- ❑ Wurde das **Geschäftsmodell** im Hinblick iRd Konzeption des Compliance-Risikomanagement berücksichtigt?
- ❑ Ist auch bei einer externen Prüfung **nachvollziehbar,** wie das Unternehmen seine Compliance-Risiken definiert, ermittelt und bewertet?
- ❑ Wurden iRd Umsetzung des Compliance-Risikomanagementdarüber hinaus entsprechende **Kontrollmaßnahmen** implementiert?
- ❑ Wurde das Compliance-Risikomanagement mit entsprechenden Ressourcen ausgestattet?
- ❑ Ist das Compliance-Managementsystem geeignet, **branchenspezifische Compliance-Risiken** oder Risiken in einem komplexen regulatorischen Umfeld aufzudecken und zu verhindern?
- ❑ Ist es geeignet, **standortspezifische Risikosituationen** gerecht zu werden wie zB
  - dem Standort der Geschäftstätigkeit?
  - dem Industriesektor?
  - der Wettbewerbsintensität des Marktes?
  - dem regulatorischen Umfeld?
  - potenzielle Kunden und Geschäftspartner?
  - Transaktionen mit ausländischen Regierungen?
  - Zahlungen an ausländische Amtsträger?
  - der Inanspruchnahme Dritter?
  - Geschenke, Reise- und Bewirtungskosten?
  - wohltätige und politische Spenden?

Checkliste 43: Effektivität der Compliance-Risikobewertung

- ❑ Ist die Compliance-Risikobewertung des Unternehmens wirksam?
- ❑ Entspricht die Art und Weise des Zuschnitts des Compliance-Managementsystem den Erkenntnissen der Risikobewertung?
- ❑ Werden die **Kriterien** der Risikobewertung regelmäßig **aktualisiert?**
- ❑ Wurden die während eines **Ermittlungsverfahrens** gewonnenen Erkenntnisse iRd Optimierung des Compliance-Risikomanagement berücksichtigt?

Checkliste 44: Der Compliance-Risikomanagementprozess

- ❑ Welche **Methodik** hat das Unternehmen angewandt, um die besonderen Risiken, denen es ausgesetzt ist, zu identifizieren, zu analysieren und zu behandeln?
- ❑ Welche **Informationen oder Messgrößen** hat das Unternehmen gesammelt und verwendet, um die Art des fraglichen Fehlverhaltens aufzudecken?

---

[853] Die folgenden Checklisten entstanden in Anlehnung an DoJ/Criminal Division.

- ❑ Wie haben die Informationen oder **Kennzahlen** das Compliance-Programm des Unternehmens **beeinflusst?**

Checkliste 45: Ressourcen des Compliance-Risikomanagements

- ❑ Wurde eine risikogerechte **Ressourcenallokation** vorgenommen?
- ❑ Wendet das Unternehmen unverhältnismäßig viel Zeit für die Überwachung von Bereichen mit geringem Risiko auf?
- ❑ Wird stattdessen Bereiche mit **hohem Risiko vernachlässigt,** wie z B fragwürdige Zahlungen an externe Berater, verdächtige Handelsaktivitäten oder übermäßige Rabatte für Wiederverkäufer und Vertriebshändler?
- ❑ Widmet das Unternehmen **risikoreichen Transaktionen** (zB einem Großauftrag mit einer Regierungsbehörde in einem Hochrisikoland) eine größere Aufmerksamkeit als bescheideneren und routinemäßigen Bewirtungen und Einladungen?

Checkliste 46: Aktualisierungen und Überarbeitungen des bestehenden Compliance-Risikomanagements

- ❑ Ist die Risikobewertung **aktuell** und wird sie regelmäßig **überprüft?**
- ❑ Beschränkt sich die regelmäßige Überprüfung auf eine „Momentaufnahme" oder basiert sie auf einem kontinuierlichen Zugang zu operativen Daten und Informationen über alle Funktionen hinweg?
- ❑ Hat die regelmäßige Überprüfung zu Aktualisierungen von Richtlinien, Verfahren und Kontrollen geführt?
- ❑ Tragen diese Aktualisierungen den Risiken Rechnung, die durch Fehlverhalten oder andere Probleme mit dem Compliance-Programm aufgedeckt wurden?

Checkliste 47: Konsequenzen aufgedeckter Compliance-Verstöße

- ❑ Wurde aus vergangenen Compliance-Verstößen Lehren für das Compliance-Managementsystem gezogen **(lessons learned)?**
- ❑ Verfügt das Unternehmen über ein **Verfahren zur Nachverfolgung** und Einbeziehung der Lehren aus früheren Problemen des Unternehmens oder anderer Unternehmen, die in der gleichen Branche und/oder geografischen Region tätig sind, in die regelmäßige Risikobewertung?

Checkliste 48: Compliance-Schulungen und Compliance-Risikomanagement

- ❑ Werden die Inhalte und der Teilnehmerkreis von **Compliance-Schulungen** risikoorientiert ausgewählt?
- ❑ Werden den Mitarbeitern die Inhalte des Compliance-Managementsystems iRv Compliance-Trainings **erfolgreich vermittelt?**
- ❑ Welche Schulungen haben Mitarbeiter in den relevanten Kontrollfunktionen erhalten?
- ❑ Wurden **Mitarbeitern,** die einem **hohen Compliance-Risiko** ausgesetzt sind bzw. Mitarbeitern in Kontrollfunktionen vom Unternehmen maßgeschneiderte Compliance-Schulungen angeboten?
- ❑ Wurden Compliance-Schulungen, die sich mit den Risiken in dem Bereich befassen, in dem ein Fehlverhalten aufgetreten ist, angeboten?

- ❑ Haben **Führungskräfte** eine andere Compliance-Schulung oder zusätzliche Compliance-Trainings erhalten?
- ❑ Welche **Analyse** hat das Unternehmen durchgeführt, um festzustellen, wer zu welchen Themen geschult werden sollte?

Checkliste 49: Compliance-Risikomanagement und Geschäftspartnerprüfung

- ❑ **Risikobasierte** und integrierte **Prozesse**
  - Wie wurde der Prozess des Unternehmens zur Administration von Geschäftspartnern an die Art und den Umfang des vom Unternehmen ermittelten Compliance-Risikos angepasst?
  - Wie wurde dieser Prozess in die relevanten Beschaffungs- und Lieferantenmanagementprozesse integriert?
- ❑ **Angemessene Kontrollen**
  - Wie stellt das Unternehmen sicher, dass es eine angemessene geschäftliche Begründung für den Einsatz von Geschäftspartnern gibt?
  - Wenn Dritte an dem zugrundeliegenden Compliance-Verstoß beteiligt waren, was waren die geschäftlichen Gründe für den Einsatz dieser Dritten?
  - Welche Mechanismen gibt es, um sicherzustellen, dass die Vertragsbedingungen genau die zu erbringenden Leistungen beschreiben, dass die Zahlungsbedingungen angemessen sind, dass die beschriebene Leistung erbracht wird und dass die Vergütung in einem angemessenen Verhältnis zu den erbrachten Leistungen steht?
- ❑ **Management** der **Geschäftsbeziehungen**
  - Wie hat das Unternehmen die Vergütungs- und Anreizstrukturen für Geschäftspartner im Hinblick auf Compliance-Risiken geprüft und analysiert?
  - Wie überwacht das Unternehmen seine Geschäftspartner?
  - Verfügt das Unternehmen über **Auditierungsrechte,** um die Bücher und Konten der Geschäftspartner zu analysieren?
  - Hat das Unternehmen diese Rechte in der Vergangenheit ausgeübt?
  - Wie schult das Unternehmen seine für die Pflege der Geschäftspartnerbeziehungen zuständigen Mitarbeiter in Bezug auf Compliance-Risiken und den Umgang mit diesen?
  - Wie schafft das Unternehmen Anreize für Compliance und ethisches Verhalten seiner Geschäftspartner?
  - Kümmert sich das Unternehmen während der gesamten Dauer der Geschäftsbeziehung um das Compliance-Risikomanagement mit Geschäftspartnern oder hauptsächlich während des Onboarding Prozesses?
- ❑ **Echte Maßnahmen und Konsequenzen**
  - Verfolgt das Unternehmen Warnsignale **(red flags),** die bei der Geschäftspartnerprüfung festgestellt werden, und wie wird mit diesen Warnsignalen umgegangen?
  - Beobachtet das Unternehmen Dritte, die die Geschäftspartnerprüfung des Unternehmens nicht bestehen oder denen gekündigt wird auch danach?
  - Ergreift das Unternehmen Maßnahmen, um sicherzustellen, dass diese Art von Geschäftspartnern nicht zu einem späteren Zeitpunkt eingestellt oder erneut eingestellt werden?
  - Wenn Geschäftspartner in den **Compliance-Verstoß,** um den es bei der Untersuchung geht, verwickelt waren, wurden bei der Due-Diligence-Prüfung oder nach der Einstellung bzw Beauftragung des Geschäftspartners Warnsignale bekannt und wie wurden diese beseitigt?
  - Wurde ein ähnlicher Geschäftspartner aufgrund von Compliance-Problemen suspendiert, gekündigt oder geprüft?

Checkliste 50: Britische Anforderungen

- ❑ Verfügt das Unternehmen über **nennenswerte Geschäftsaktivitäten** im Vereinigten Königreich?
- ❑ Für den Fall, dass solche Geschäftsaktivitäten bestehen, wurde geprüft, ob im Unternehmen die Vorgaben des **UK Bribery Act 2010** bekannt sind?
- ❑ Sind im Unternehmen die Voraussetzungen bekannt, die erfüllt sein müssen, um in den Vorzug einer **Straffreiheit** des Bribery Act zu kommen?
- ❑ Setzt das Unternehmen die **sechs Grundprinzipien** eines effektiven Compliance-Programms zur wirksamen Prävention von Bestechungshandlungen um?
- ❑ Erfüllt der Prozess des **Compliance-Risikomanagements** die im Bribery Act genannten **Charakteristika** für ein effektives System?
- ❑ Sind die **Risikokategorien** des Bribery Act bekannt?
- ❑ Sind die **unternehmensinternen risikoerhöhenden Schwachstellen** bekannt, die auch das Risiko von Compliance-Verstößen erhöhen?
- ❑ Wird die **Beauftragung** von Dritten, die im Namen des Unternehmens tätig sind, einer **sorgfältigen Analyse** vor dem Vertragsschluss unterzogen?

Checkliste 51: Unternehmenskultur als Begriff

- ❑ Besteht im Vorstand bzw. in der Geschäftsführung ein **einheitliches Verständnis** über die Bedeutung der Unternehmenskultur für den wirtschaftlichen Erfolg des Unternehmens?
- ❑ Existiert auf der Führungsebene eine **Definition** des Begriffs Unternehmenskultur?
- ❑ **Befassen** sich die Unternehmensleitung und Führungskräfte regelmäßig mit der Gestaltung der Unternehmenskultur?
- ❑ Gibt es eine **„Zielkultur“**, auf die die Unternehmensleitung **hinarbeitet?**
- ❑ Ist der Unterschied zwischen **Artefakten,** gewählten **Überzeugungen** und Werten sowie selbstverständlicher **grundlegender Annahmen** bekannt?
- ❑ Wird **aktiv die Unternehmenskultur** durch das **Schaffen von Artefakten gestaltet,** die die positiven Wirkungen von Compliance belegen?
- ❑ Arbeitet die Unternehmensleitung auf die **Gestaltung** der gewählten **Überzeugungen und Werte** der Mitarbeiter sowie auf deren **grundlegenden Annahmen** hin, um langfristig eine nachhaltige und positive Compliance-Kultur im Unternehmen zu etablieren?

Checkliste 52: Die Bedeutung der Unternehmenskultur für das Unternehmen und dessen Compliance

- ❑ Trägt die Unternehmenskultur der Erkenntnis Rechnung, dass Mitarbeiter nach dem **Sinn ihrer Tätigkeit** suchen und ein Interesse am Wohlergehen des Unternehmens haben?
- ❑ Wird bei der Entwicklung des Compliance-Risikomanagementsystems berücksichtigt, dass eine gelebte Compliance-Kultur die Basis für **ein nachhaltig wirksames Compliance-Managementsystem** ist?

Checkliste 53: Die Bedeutung der Compliance-Kultur für das Unternehmen und dessen Compliance

- ❑ Ist im Unternehmen bekannt, welche **große Bedeutung** US-amerikanische Behörden einer **gelebten Compliance-Kultur** beimessen?
- ❑ Ist der Unternehmensführung bewusst, dass eine positive **Compliance-Kultur** Grundvoraussetzung für ein **nachhaltiges Compliance-Risikomanagement** ist?
- ❑ Auf welchem Punkt des Spektrums zwischen der Erfüllung der Legalitätspflicht auf der einen Seite und der Gewinnmaximierung, auch unter dem Ausnutzen „nützlicher Rechtsverletzungen" auf der anderen Seite bewegen sich die Geschäftsleitung, die Führungskräfte und die Mitarbeiter des Unternehmens?
- ❑ Wie beeinflussen der Eigennutz der Mitarbeiter sowie die Mehrdeutigkeit, Vielfalt und nicht immer perfekte Durchsetzung gesetzlicher Vorschriften das Verhalten der Mitarbeiter?
- ❑ Ist der Unternehmensleitung, bei den Führungskräften und im Personalbereich das **Modell moralischer Entwicklungsstufen** des Menschen und deren Auswirkungen auf das Compliance-Risiko des Unternehmens bekannt?
- ❑ Ist in der Unternehmensführung bekannt, welche Bedeutung die Wahrnehmung **psychologischer Sicherheit** für die ein effektives Compliance-Risikomanagement hat?
- ❑ Besteht bei den Mitarbeitern im Unternehmen die Wahrnehmung, dass sie in einem Umfeld psychologischer Sicherheit tätig sind, dass sie ihrem Unternehmen durch Vorschläge für **konstruktive Veränderungen** etwas zurückzugeben und dass der Mitarbeiter glaubt, ein **fähiges, bedeutendes und würdiges Mitglied der Organisation** zu sein?
- ❑ Wird im Unternehmen die **Eigeninitiative** der Mitarbeiter **gefördert?**
- ❑ Werden die Möglichkeiten im Unternehmen genutzt, um **psychologische Sicherheit** zu etablieren, um eine **positive Compliance-Kultur** zu fördern?
- ❑ Sind sich die Geschäftsleitung und die Führungskräfte des Unternehmens darüber bewusst, dass sie durch ihr Verhalten maßgeblich die Wahrnehmung psychologischer Sicherheit bei den Mitarbeitern fördern können?

Checkliste 54: Die Compliance-Kultur

- ❑ Ist es im Unternehmen, das Geschäftsbeziehungen zu den **USA** unterhält, bekannt, dass in den USA die Behörden eine **gelebte Compliance-Kultur fordern?**
- ❑ Besteht ein Verständnis im Unternehmen, dass nicht nur der Wortlaut, sondern auch der **intendierte Zweck** der Gesetze maßgeblich ist, wenn eine rechtlich und ethisch einwandfreie Entscheidung zu treffen ist?
- ❑ Wo sehen sich die Mitglieder der Unternehmensleitung und ihre Führungskräfte auf der Skala zwischen den Positionen **„ehrbarer Kaufmann"** und **„homo oeconomicus"?**
- ❑ Sind sich die Unternehmensleitung und ihre Führungskräfte der Wirkung des Eigeninteresses auf die Qualität ihrer Entscheidungen bewusst?

Checkliste 55: Möglichkeiten zur Gestaltung der Compliance-Kultur

- ❑ Sind die Wirkzusammenhänge der **Ursachen unethischer Entscheidungen** im Unternehmen bekannt?
- ❑ Wie sieht die **ethische Infrastruktur** des Unternehmens aus?
- ❑ Welche **formellen Systeme** ethischer Infrastruktur bestehen im Unternehmen?
- ❑ Welche **informellen Systeme** ethischer Infrastruktur bestehen im Unternehmen?

- ❑ Wie würde die Unternehmensleitung das ethische Klima des Unternehmens beschreiben?
- ❑ Wie beschreiben Unternehmensleitung und Führungskräfte die bestehende **Ethikkultur** des Unternehmens?
- ❑ Werden im Unternehmen die Folgen **sozial-kognitiver Lernprozesse** bei der Gestaltung des Compliance-Risikomanagementsystems **berücksichtigt?**
- ❑ Wirkt die Unternehmensleitung und ihre Führungskräfte verschiedenen Mechanismen **„moralischer Entkopplung"** entgegen, um nachhaltigere Erfolge beim Compliance-Risikomanagement zu erreichen?
- ❑ Wird die erhebliche Bedeutung des **Einflusses** von **Kollegen** und **Vorgesetzten** sowie der **Unternehmensleitung** auf das ethisch richtige Verhalten des einzelnen Mitarbeiters entsprechend berücksichtigt und ein vorbildliches Verhalten aller im Unternehmen gefordert und gefördert?
- ❑ Welche **Maßnahmen** ergreift die Unternehmensleitung zur **operativen Gestaltung** der Compliance-Kultur des Unternehmens?
- ❑ Werden in diesem Kontext **Artefakte gestaltet,** um Compliance positiv bei Mitarbeitern zu verankern?
- ❑ Gibt es im Unternehmen eine entsprechende **Kommunikationsplanung?**
- ❑ Wird seitens der Unternehmensleitung und ihrer Führungskräfte ein **vorbildliches Verhalten** gegeben und ein **fürsorgliches Klima** im Unternehmen geschaffen?
- ❑ Wird bereits bei der Personalauswahl, bei Beförderungen und iRd Vergütungs- und Belohnungssystems entsprechend ethisch vorbildliches Verhalten gefördert und gefordert?
- ❑ Wie oft und auf welche Weise **misst** das Unternehmen seine Compliance-Kultur?[854]
- ❑ Auf welche Weise stärken die **Einstellungs- und Anreizstruktur** des Unternehmens das Engagement für eine Compliance-Kultur?
- ❑ **Befragt** das Unternehmen alle Mitarbeiter, um festzustellen, ob sie das Engagement der Geschäftsleitung und der mittleren Führungsebene für die Einhaltung der rechtlichen Vorgaben wahrnehmen?
- ❑ Welche Schritte hat das Unternehmen als **Reaktion** auf die Ergebnisse der Messung der Compliance-Kultur (zB auf Basis der **Umfrageergebnisse**) unternommen?

[854] Fragen in Anlehnung an DoJ/Criminal Division.

Sachverzeichnis

Die Zahlen verweisen auf die entsprechenden Randnummern des Werkes.